卓越工程师教育培养计划配套教材

工程基础系列

简明工程力学

（第2版）

李培超　主　编

范志毅　刘小妹　副主编

清华大学出版社

北　京

内 容 简 介

《简明工程力学(第2版)》是根据工科专业基础课的教学要求,借鉴国内外优秀教材并结合教师的教学经验编写而成的。全书共分为4篇:静力学、运动学、动力学、材料力学。本书注重增强对理论的理解和应用,并大量引入与建筑、机械、材料、汽车、航空等专业相关的工程实例,将理论与实际紧密联系。每章配置了适量的习题,以助于学生通过练习掌握相关知识。本书内容全面,适合高等院校工科各专业学生使用,也可供相关技术人员学习参考。

图书在版编目(CIP)数据

简明工程力学/李培超主编.—2版.—北京:清华大学出版社,2016(2025.1重印)
(卓越工程师教育培养计划配套教材.工程基础系列)
ISBN 978-7-302-45473-1

Ⅰ.①简… Ⅱ.①李… Ⅲ.①工程力学-高等学校-教材 Ⅳ.①TB12

中国版本图书馆CIP数据核字(2016)第274703号

责任编辑:赵 斌
封面设计:常雪影
责任校对:王淑云
责任印制:丛怀宇

出版发行:清华大学出版社
网 址:https://www.tup.com.cn,https://www.wqxuetang.com
地 址:北京清华大学学研大厦A座 **邮 编**:100084
社 总 机:010-83470000 **邮 购**:010-62786544
投稿与读者服务:010-62776969,c-service@tup.tsinghua.edu.cn
质量反馈:010-62772015,zhiliang@tup.tsinghua.edu.cn
印 装 者:涿州市般润文化传播有限公司
经 销:全国新华书店
开 本:185mm×260mm **印 张**:20 **字 数**:486千字
版 次:2013年8月第1版 2016年12月第2版 **印 次**:2025年1月第6次印刷
定 价:56.00元

产品编号:068671-02

卓越工程师教育培养计划配套教材

总编委会名单

主　任：丁晓东　汪　泓

副主任：陈力华　鲁嘉华

委　员：（按姓氏笔画为序）

丁兴国　王岩松　王裕明　叶永青　匡江红

刘晓民　余　粟　吴训成　李　毅　张子厚

张莉萍　陆肖元　陈因达　徐宝纲　徐新成

徐滕岗　程武山　谢东来　魏　建

PREFACE

序言

《国家中长期教育改革和发展规划纲要(2010—2020)》明确指出“提高人才培养质量。牢固确立人才培养在高校工作中的中心地位，着力培养信念执著、品德优良、知识丰富、本领过硬的高素质专门人才和拔尖创新人才。……支持学生参与科学研究，强化实践教学环节。……创立高校与科研院所、行业、企业联合培养人才的新机制。全面实施‘高等学校本科教学质量与教学改革工程’。”教育部“卓越工程师教育培养计划”(简称“卓越计划”)是为贯彻落实党的“十七大”提出的走中国特色新型工业化道路、建设创新型国家、建设人力资源强国等战略部署，贯彻落实《国家中长期教育改革和发展规划纲要(2010—2020)》实施的高等教育重大计划。“卓越计划”对高等教育面向社会需求培养人才，调整人才培养结构，提高人才培养质量，推动教育教学改革，增强毕业生就业能力具有十分重要的示范和引导作用。

上海工程技术大学是一所具有鲜明办学特色的地方工科大学。长期以来，学校始终坚持培养应用型创新人才的办学定位，以现代产业发展对人才需求为导向，努力打造培养优秀工程师的摇篮。学校构建了以产学研战略联盟为平台，学科链、专业链对接产业链的办学模式，实施产学合作教育人才培养模式，造就了“产学合作、工学交替”的真实育人环境，培养有较强分析问题和解决问题能力，具有国际视野、创新意识和奉献精神的高素质应用型人才。

上海工程技术大学与上海汽车集团公司、上海航空公司、东方航空公司、上海地铁运营有限公司等大型企业集团联合创建了“汽车工程学院”“航空运输学院”“城市轨道交通学院”“飞行学院”，校企联合成立了校务委员会和院务委员会，企业全过程参与学校相关专业的人才培养方案、课程体系和实践教学体系的建设，学校与企业实现了零距离的对接。产学合作教育使学生每年都能够到企业“顶岗工作”，学生对企业生产第一线有了深刻的了解，学生的实践能力和社会适应能力不断增强。这一系列举措都为“卓越工程师教育培养计划”的实施打下了扎实基础。

自2010年教育部“卓越工程师教育培养计划”实施以来，上海工程技术大学先后获批了第一批和第二批5个专业8个方向的试点专业。为此，学校组成了由企业领导、业务主管与学院主要领导组成的试点专业指导委员会，根据各专业工程实践能力形成的不同阶段的特点，围绕课内、课外培养和学校、企业培养两条互相交叉、互为支撑的培养主线，校企双方共同优化了试点专业的人才培养方案。试点专业指导委员会聘请了部分企业高级工程师、技术骨干和高层管理人员担任试点专业的教学工作，参与课程建设、教材建设、实验教学建设等教学改革工作。

“卓越工程师教育培养计划配套教材——工程基础系列”是根据培养卓越工程师“具备扎实的工程基础理论、比较系统的专业知识、较强的工程实践能力、良好的工程素质和团队合作能力”的目标进行编写的。本系列教材由公共基础类、计算机应用基础类、机械工程专业基础类和工程能力训练类组成，共22册，涵盖了“卓越计划”各试点专业公共基础及专业基础课程。

该系列教材以理论和实践相结合作为编写的理念和原则，具有基础性、系统性、应用性等特点。在借鉴国内外相关文献资料的基础上，加强基础理论，对基本概念、基础知识和基本技能进行清晰阐述，同时对实践训练和能力培养方面作了积极的探索，以满足卓越工程师各试点专业的教学目标和要求。如《高等数学》适当融入“卓越工程师教育培养计划”相关专业（车辆工程、飞行技术）的背景知识并进行应用案例的介绍。《大学物理学》注意处理物理理论的学习和技术应用介绍之间的关系，根据交通（车辆和飞行）专业特点，增加了流体力学简介等，设置了物理工程的实际应用案例。《C语言程序设计》以编程应用为驱动，重点训练学生的编程思想，提高学生的编程能力，鼓励学生利用所学知识解决工程和专业问题。《现代工程图学》等7本机械工程专业基础类教材在介绍基础理论和知识的同时紧密结合各专业内容，开拓学生视野，提高学生实际应用能力。《现代制造技术实训习题集》是针对现代化制造加工技术——数控车床、数控铣床、数控雕刻、电火花线切割、现代测量等技术进行编写。该系列教材强调理论联系实际，体现“面向工业界、面向世界、面向未来”的工程教育理念，努力实践上海工程技术大学建设现代化特色大学的办学思想和特色。

这种把传统理论教学与行业实践相结合的教学理念和模式对培养学生的创新思维，增强学生的实践能力和就业能力会产生积极的影响。以实施卓越计划为突破口，一定能促进工程教育改革和创新，全面提高工程教育人才培养质量，对我国从工程教育大国走向工程教育强国起到积极的作用。

陈关龙
上海交通大学机械与动力工程学院教授、博士生导师、副院长
教育部高等学校机械设计制造及自动化教学指导委员会副主任
中国机械工业教育协会机械工程及自动化教学委员会副主任

FOREWORD

第2版前言

《简明工程力学》立足于中少学时课程，理论阐述力求简明，文字简洁，通俗易懂，注重加强学生工程观念的培养，侧重于工程应用，以努力适应当前大学教学改革及高等教育大众化的需要。此书第1版自出版至今已在我校三届本科生中大面积使用，学生总体反响较好，认为此教材简明易学，较适合我校以工程应用为主的工科专业学生群体。令人欣慰的是，此教材于2015年4月荣获上海普通高校优秀教材奖。

虽然此教材已在我校使用三届，然而编者也清楚认识到，因成书仓促和囿于编者水平等诸多因素，此教材仍存在不少不妥、缺陷乃至错误之处。在近三年的使用中，很多学生和任课教师都指出了书中存在的问题，并提出了一些建设性的意见和建议。

与此同时，据清华大学出版社反馈，《简明工程力学》自出版以来，已被国内部分地方工科院校选为工程力学教材或指定为教学参考书。此教材初次印刷3000册已售罄，并于2015年和2016年先后进行了三次重印。这令我们惶恐之余，更倍感肩上的责任和压力。

以上诸多方面，都时刻提醒我们，此教材的修订势在必行，迫在眉睫。因此，编者有义务尽快修订此教材，尽量减少错误，并补充完善，以期此教材第2版尽快面世，使我校更多学生和读者受益。

此书第2版保持第1版的基本内容不变，主要作了如下改动：

(1) 第7章刚体的平面运动，增加了“基点法求平面图形内各点的加速度”一节。

(2) 第16章组合变形，增加了“斜弯曲”一节。

(3) 补充了一些典型例题和习题，并对全部习题及参考答案进行了修订和复核。

(4) 修订和改写了部分文字和附录图表，重绘了部分插图，改正了个别排版疏漏和不妥之处。

(5) 规范了全书术语和符号。

本书可作为高等工科院校非力学专业中少学时工程力学课程的教材，也可作为继续教育、高职高专、开放大学等相应课程的教材。

限于编者水平，本书疏漏之处仍在所难免，还望广大教师和读者不吝指教，以期进一步提高教材质量。如有任何宝贵意见或建议，欢迎联系 cemse2016@163.com。

编　者

2016年6月

FOREWORD

第1版前言

本书是依据教育部非力学专业力学基础课程教学指导分委员会制定的"理工科非力学专业基础力学课程教学基本要求"，为适应高等教育大众化和当前大学教学改革的需要，面向工程应用型人才培养而编写的工程力学课程教材。

随着我国高等教育专业调整和课程体系改革的不断进行，工程力学课程的课时越来越少已成为不争的事实。对于高等工科院校非力学专业，编写面向工程应用型人才培养的工程力学简明教材是当前大势所趋。

本书立足于"中少学时"，理论阐述力求由浅入深，文字简洁，讲授基础的知识与方法，删减一些偏深和偏难的内容，舍弃某些专题的讨论(如非惯性系动力学、分析力学基础、碰撞、机械振动基础、能量法、动载荷与交变应力等)；同时加强学生工程观念的培养，突出力学在工程实践中的应用，努力编入一些密切结合工程实际的例题与习题，以供教师选用和学生练习之用。通过对工程实例的简化和分析，培养学生建立力学模型和解决实际问题的能力。本书适合高等工科院校非力学专业中少学时工程力学课程使用。

本书第 1～9 章由范志毅编写，第 14 章和附录由刘小妹编写，绪论及其余章节由李培超编写。

在编写过程中，编者参考借鉴了国内外众多同类优秀教材，吸取了它们的长处，选用了其中的部分例题和习题。需要指出的是，除了已列入参考文献的书目外，编者也参考了其他很多相关书目和资料，限于篇幅，难以逐一列出，编者在此一并对其作者表示衷心的感谢。

由于编者水平所限，教材中难免有不妥和错误之处，恳请广大读者批评指正。

编　者

2013 年 6 月

CONTENTS

目录

第2篇　运　动　学

第3篇　动　力　学

第4篇 材料力学

主要符号表

$\boldsymbol{a}$ 加速度
$\boldsymbol{a}_a$ 绝对加速度
$\boldsymbol{a}_e$ 牵连加速度
$\boldsymbol{a}_C$ 科氏加速度
$\boldsymbol{a}_r$ 相对加速度
$\boldsymbol{a}_n$ 法向加速度
$\boldsymbol{a}_t$ 切向加速度
A 面积
A_s 剪切面面积
A_{bs} 挤压面面积
b 宽度
C 质心,重心,形心
d 力偶臂,直径,距离,力臂
D 直径
e 偏心距
E 弹性模量,杨氏模量
f 动摩擦因数
f_s 静摩擦因数
$\boldsymbol{F}$ 集中力,集中载荷
$\boldsymbol{F}_{cr}$ 临界载荷
$\boldsymbol{F}_d$ 动摩擦力
$\boldsymbol{F}_I$ 惯性力
$\boldsymbol{F}_N$ 法向约束反力,轴力
$\boldsymbol{F}_s$ 静摩擦力,剪力
$\boldsymbol{F}_R$ 合力
g 重力加速度
G 切变模量
h 高度
i 平面图形的惯性半径
$\boldsymbol{i}$ x 轴的基矢量
$\boldsymbol{I}$ 冲量
I_p 平面图形的极惯性矩
I_y,I_z 平面图形对 y、z 轴的惯性矩
$\boldsymbol{j}$ y 轴的基矢量
J 转动惯量
J_z 刚体对 z 轴的转动惯量
J_{xy} 刚体对 x、y 轴的惯性积
J_C 刚体对质心的转动惯量
k 弹簧刚度系数
$\boldsymbol{k}$ z 轴的基矢量
K 应力集中因数
l 长度,跨度
m 质量
M 主矩,弯矩,力偶矩
M_e 外力偶矩
M_I 惯性力的主矩
M_O 平面力系对其平面内点 O 的主矩
$\boldsymbol{M}_O(\boldsymbol{F})$ 力 $\boldsymbol{F}$ 对点 O 的矩
$\boldsymbol{M}_O(m\boldsymbol{v})$ 质点对 O 点的动量矩
M_y,M_z 对 y 轴、z 轴的弯矩
$M_x(\boldsymbol{F}),M_y(\boldsymbol{F}),M_z(\boldsymbol{F})$ 力 $\boldsymbol{F}$ 对 x 轴、y 轴、z 轴的矩
n 转速,安全因数,个数
n_b 强度安全因数
n_s 屈服安全因数
n_{st} 稳定安全因数
p 全应力,压强
$\boldsymbol{p}$ 动量
P 功率
$\boldsymbol{P}$ 重力
q 分布载荷集度
$\boldsymbol{r}$ 矢径
$\boldsymbol{r}_O$ 点 O 的矢径
$\boldsymbol{r}_C$ 质心的矢径
r,R 半径
S 路程,弧长,面积
S_y,S_z 平面图形对 y 轴、z 轴的静矩
t 摄氏温度,时间

T	周期，动能，扭矩	Δ	变形，位移
$\boldsymbol{v}$	速度	ε	线应变，正应变
$\boldsymbol{v}_a$	绝对速度	ε_e	弹性应变
$\boldsymbol{v}_e$	牵连速度	ε_p	塑性应变
$\boldsymbol{v}_r$	相对速度	σ	正应力
υ_d	畸变能密度	σ_b	强度极限
υ_V	体积改变能密度	σ_c	压应力
υ_ε	应变能密度	σ_{cr}	临界应力
$\boldsymbol{v}_C$	质心速度	σ_e	弹性极限
V	势能，体积	σ_p	比例极限
w	挠度	σ_s	屈服极限
ω	角速度	σ_t	拉应力
W	功	$\sigma_1, \sigma_2, \sigma_3$	主应力
W_t	抗扭截面系数	λ	柔度，长细比
W_z	抗弯截面系数	μ	泊松比，长度因数
α	角，角加速度，方位角，扭转相关系数	ψ	断面收缩率
β	角，扭转相关系数	φ	转角，扭转角，折减系数
γ	切应变，角，扭转相关系数	τ	切应力
δ	厚度，伸长率，位移	θ	转角，角度

INTRODUCTION 绪论

工程力学(engineering mechanics)是一门研究物体机械运动的一般规律和相关构件的强度、刚度、稳定性理论的学科。

生产实践中的各种机械或工程结构,通常是由各种构件装配组合而成的。当机械或工程结构工作时,其构件会受到其他物体或构件的机械作用,这种机械作用称为**力**(force)。构件在力的作用下,通常会产生两种效应:一是整个构件的位置将随时间而发生变化,即使得构件的机械运动状态发生了改变,这称为力的**运动**(motion)效应(或外效应);二是构件的形状、尺寸将发生变化,即引起了构件的变形,这称为力的**变形**(deformation)效应(或内效应)。因此,工程力学主要研究两方面的内容,即与运动效应有关的物体机械运动的一般规律(通常称为**理论力学**(theoretical mechanics)),以及与变形效应有关的构件强度、刚度和稳定性问题(通常称为**材料力学**(mechanics of materials))。

工程力学的研究对象往往比较复杂,在实际力学分析中,必须抓住一些实质性的主要因素,舍弃次要因素,从而将物体抽象化为理想的力学模型。质点、质点系、刚体、变形固体等即是各种不同的力学模型,它们是工程力学的主要研究对象。

研究力的运动效应,就是分析受力构件的机械运动规律,包括研究构件平衡时作用力之间的关系、运动的几何特性以及力与运动之间的关系。这分别对应于本书的前三篇,即第 1 篇**静力学**(statics),第 2 篇**运动学**(kinematics)和第 3 篇**动力学**(dynamics)的内容。

研究力的变形效应,就是研究受力构件的变形规律,这对应于本书的第 4 篇,即材料力学部分的内容。为保证机械或工程结构能够正常工作,其各个组成构件必须具备足够的承载能力。构件的承载能力通常需满足三个方面的基本要求:

(1) 强度要求。**强度**(strength)是指构件在载荷(外力)作用下抵抗破坏的能力。满足强度要求就是要求构件在正常工作时不发生破坏。

(2) 刚度要求。**刚度**(rigidity)是指构件在载荷作用下抵抗变形的能力。满足刚度要求就是要求构件在正常工作时产生的变形不超过允许范围。

(3) 稳定性要求。**稳定性**(stability)是指构件保持原有平衡状态的能力。满足稳定性要求就是要求构件在正常工作时不失稳。

在设计结构或构件时,除应满足上述三项基本要求外,还应尽可能地合理选用材料与节省材料,从而降低制造成本并减轻构件重量。工程力学的任务之一就是研究构件在载荷作用下的受力、变形与破坏或失效的规律,为合理设计构件提供有关强度、刚度与稳定性分析的基本原理和方法，以保证构件和结构按设计要求正常工作，并充分发挥材料的性能，使设计的结构既安全可靠又经济合理。

工程力学是现代工程技术的重要理论基础之一，它已被广泛应用于各种工程领域，如机械、土建、水利水电、航空航天、船舶、矿业、石油、交通、材料、电子电气、自动控制、生物医学等领域，解决了很多工程实际问题。同时工程力学也是学习相关后续课程（如弹性力学、结构力学、流体力学、机械原理及机械设计等）的基础，因此，工程力学是工科类各专业所需完整知识体系的一个重要组成部分，学好工程力学对于学生后续学习专业知识及以后从事工程技术工作具有深远的影响。

工程力学是一门理论性较强的技术基础课，在学习中要准确理解基本概念，熟悉基本理论，掌握分析问题的基本思路和方法，以便培养正确分析问题和求解问题的能力，为今后解决生产实践问题、从事科学研究工作打下良好的基础。

ARTICLE

第1篇

静力学

第1章

静力学基础

静力学(statics)主要研究物体处于**平衡**(equilibrium)状态时,其上作用力所满足的条件。本章首先介绍刚体与力的概念及静力学公理,然后阐述工程中常见的约束和约束反力,最后介绍物体的受力分析和受力图。

1.1 刚体和力

1. 刚体

刚体(rigid body)是在外力作用下形状和尺寸都不改变的物体。物体在力的作用下,实际都会产生不同程度的变形。有时变形相对物体尺寸来说比较微小,且对研究的问题不起主要作用,可以略去不计,从而简化了问题。因此,刚体是抽象化的理想力学模型。例如,研究房屋结构受力问题时,柱和梁可视为刚体。本书第1~3篇主要研究力的运动效应(外效应)而非变形效应(内效应),通常可忽略其研究对象(质点、质点系等)的变形,因此可将其研究对象视为刚体处理。

2. 力

力是物体间相互的机械作用。按照其产生方式,大致可分为两类:一类是直接接触产生,例如手抓球,手对球产生力的作用;另一类是“力场”对物体的作用,例如地球引力场对物体的引力。

力有三个要素:力的大小、方向和作用点。

可用矢量来表示力的三个要素,如图1.1所示。矢量$\overrightarrow{AB}$的长度按一定的比例尺表示力的大小;矢量的方向表示力的方向;矢量的起点(或终点)表示力的作用点;矢量$\overrightarrow{AB}$指向(图1.1上的虚线)表示力的作用线。力的矢量常用黑体字母$\boldsymbol{F}$表示,而用普通字母F表示力的大小。力的单位为牛顿(N)或千牛顿(kN)。

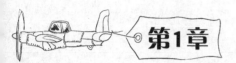

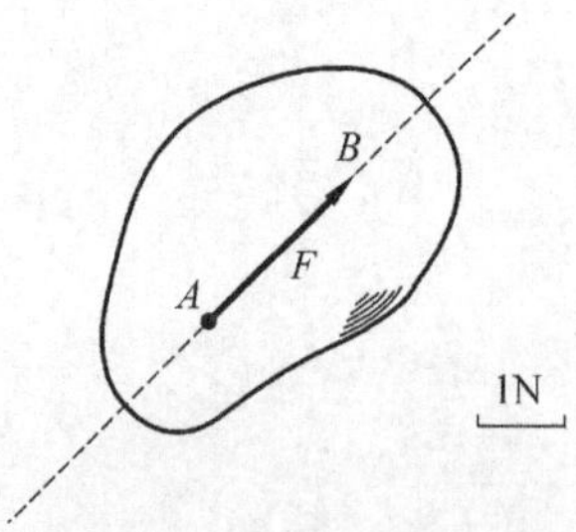

图 1.1

1.2　静力学公理

1. 力的平行四边形法则

作用在刚体上同一点的两个力，可以合成为一个**合力**(resultant force)。合力的作用点不变，合力的大小和方向由这两个力为边构成的平行四边形的对角线确定(图 1.2(a))，即

$$\boldsymbol{F}_R = \boldsymbol{F}_1 + \boldsymbol{F}_2 \tag{1.1}$$

此公理亦可表述为三角形法则：平行移动其中一个力，使两个力首尾相接(图 1.2(b)、(c))。合力 $\boldsymbol{F}_R$ 从起点 O 指向终点，与 $\boldsymbol{F}_1$ 和 $\boldsymbol{F}_2$ 形成三角形。

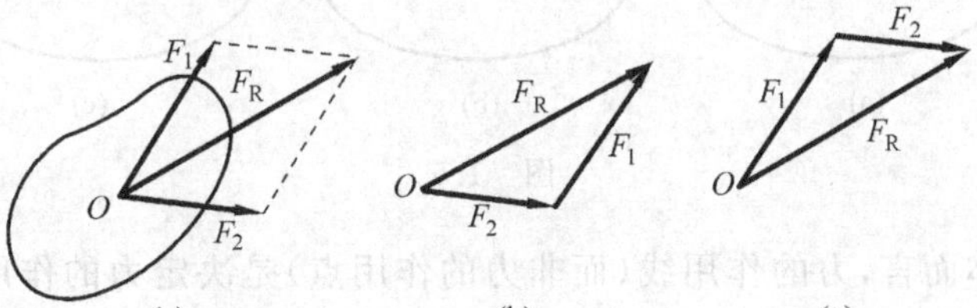

图　1.2

2. 二力平衡公理

作用在刚体上的两个力，使刚体保持平衡的充要条件是这两个力的大小相等、方向相反，且在同一直线上(图 1.3)，即

$$\boldsymbol{F}_1 = -\boldsymbol{F}_2 \tag{1.2}$$

工程中经常遇到两个作用点上各作用一个力而平衡的构件，称为**二力构件或二力杆**(two-force member)。根据二力平衡公理，这两个力的作用线必然沿着两个作用点连线，大小相等、方向相反，如图 1.4 中的 BC 杆。

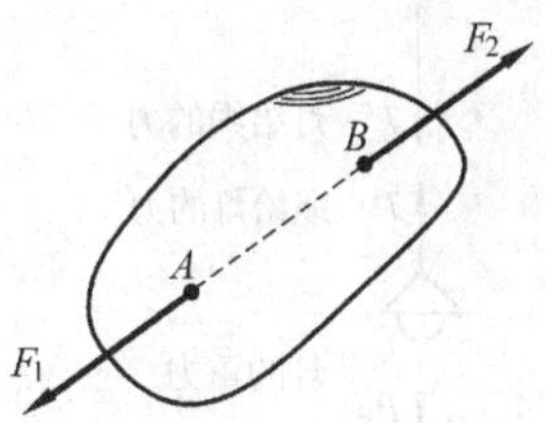

图　1.3

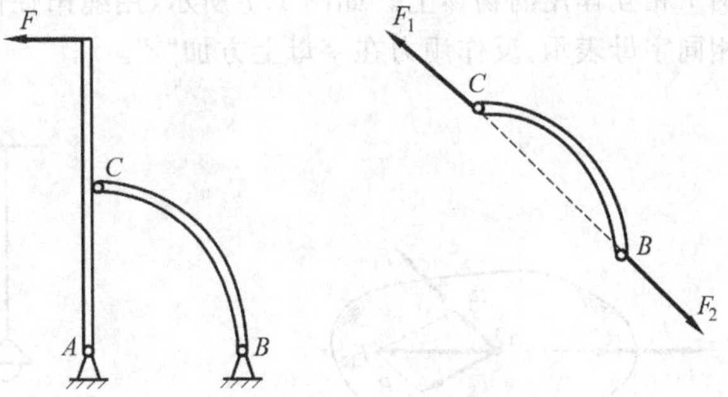

图　1.4

3. 加减平衡力系公理

在某一力系上加上或减去任意的平衡力系，得到的新力系并不改变对刚体的作用效应，因此可以等效替换原力系。

根据上述公理可以导出下列推理。

推理1 力的可传性

作用于刚体上某点的力，可以沿着其作用线移到刚体内任意一点，不改变力对刚体的作用效应。

证明：设力 $\boldsymbol{F}$ 作用在刚体上的点 A(图1.5(a))。根据加减平衡力系公理，可在力的作用线上任取一点 B，并加上两个相互平衡的力 $\boldsymbol{F}_1$ 和 $\boldsymbol{F}_2$，使 $\boldsymbol{F}=\boldsymbol{F}_1=-\boldsymbol{F}_2$(图1.5(b))。由于力 $\boldsymbol{F}$ 和 $\boldsymbol{F}_2$ 也是一个平衡力系，故可除去，这样只剩下一个力 $\boldsymbol{F}_1$(图1.5(c))。于是，原来的这个力 $\boldsymbol{F}$ 与力系($\boldsymbol{F},\boldsymbol{F}_1,\boldsymbol{F}_2$)以及力 $\boldsymbol{F}_1$ 均等效，即原来的力 $\boldsymbol{F}$ 沿其作用线移到了点 B。

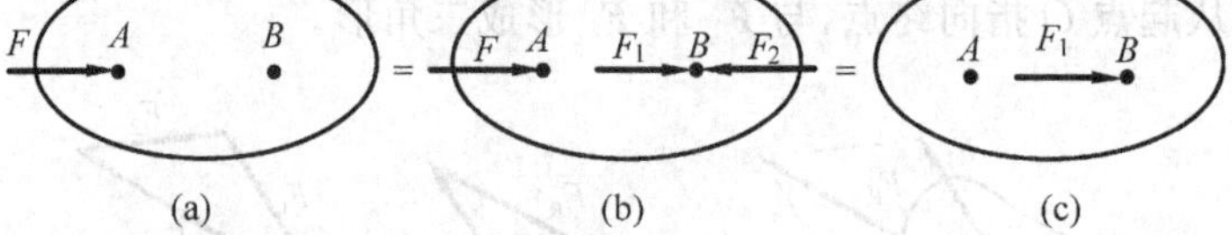

图 1.5

可见，对于刚体而言，力的作用线(而非力的作用点)是决定力的作用效应的要素。因此，作用于刚体上的力的三要素是：力的大小、方向和作用线。

推理2 三力平衡汇交定理

作用于刚体上三个相互平衡的力，若其中两个力的作用线汇交于一点，则此三个力必在同一平面内，且第三个力的作用线通过汇交点。

证明：如图1.6所示，在刚体的 A、B、C 三点上，分别作用三个相互平衡的力 $\boldsymbol{F}_1$、$\boldsymbol{F}_2$、$\boldsymbol{F}_3$。根据力的可传性，将 $\boldsymbol{F}_1$ 和 $\boldsymbol{F}_2$ 移到汇交点 O，然后根据力的平行四边形规则，得合力 $\boldsymbol{F}_{12}$，则 $\boldsymbol{F}_3$ 应与 $\boldsymbol{F}_{12}$ 平衡。由于两个力平衡必须共线，所以 $\boldsymbol{F}_3$ 必定与 $\boldsymbol{F}_1$ 和 $\boldsymbol{F}_2$ 共面，且通过 $\boldsymbol{F}_1$ 与 $\boldsymbol{F}_2$ 的交点 O，于是定理得证。

4. 作用力与反作用力定律

作用力和反作用力总是同时存在，两力的大小相等、方向相反，沿着同一直线分别作用在两个相互作用的物体上。如图1.7所示，用绳吊住的灯，$\boldsymbol{T}$ 和 $\boldsymbol{T}'$ 互为作用力和反作用力，用相同字母表示，反作用力在字母上方加“′”。

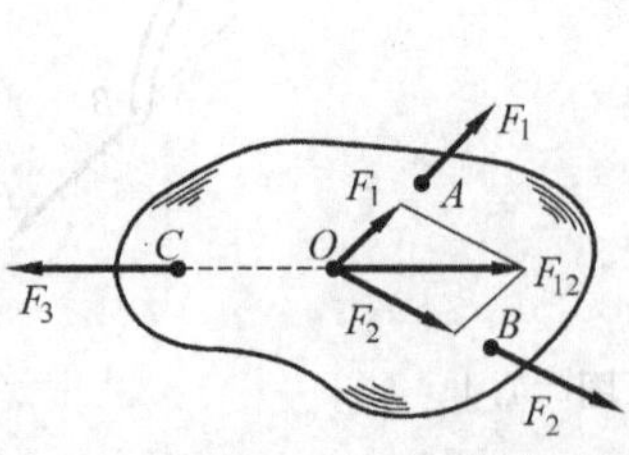

图 1.6

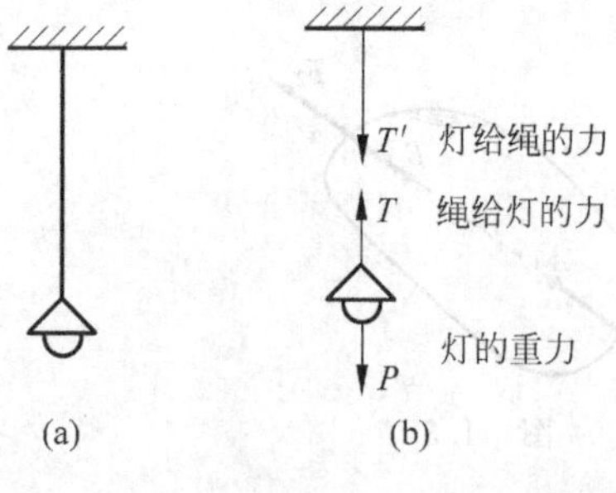

图 1.7

5. 刚化原理

变形体在某一力系作用下处于平衡，如将此变形体视为刚体，其平衡状态保持不变。

如图 1.8 所示，绳索在等值、反向、共线的两个拉力作用下处于平衡，如将绳索刚化成刚体，其平衡状态保持不变。绳索在两个等值、反向、共线的压力作用下不能平衡，这时绳索就不能刚化为刚体。但刚体在上述两种力系的作用下都是平衡的。

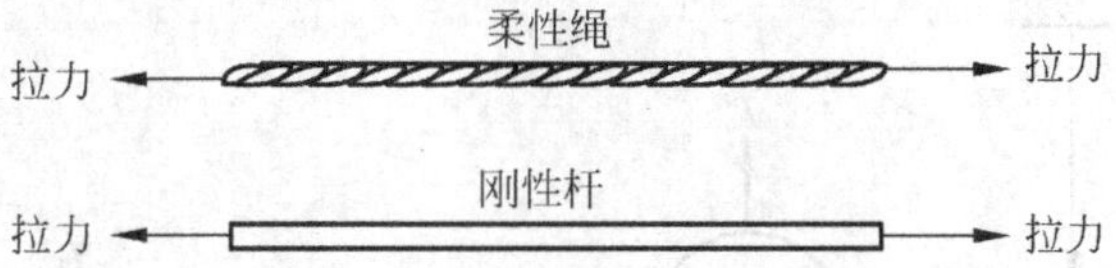

图 1.8

由此可见，刚体的平衡条件是变形体平衡的必要条件，而非充分条件。

1.3 约束和约束反力

位移不受限制的物体称为**自由体**(free body)，例如空中自由飞行的飞机。物体在空间的位移受到一定限制，如机车只能在轨道上行驶，为非自由体。对非自由体的某些位移起限制作用的周围物体称为**约束**(constraint)，例如轨道对于机车是约束。

约束阻碍着物体的位移，约束对物体的作用是通过力来实现的，这种力称为**约束反力**(constraint reaction)，简称反力。约束反力有三个特征：

(1) 大小通常未知，由主动力决定；

(2) 方向与物体被约束限制的位移方向相反；

(3) 作用点在约束与物体的接触点。

下面是几种在工程中常遇到的约束类型及其约束反力的确定方法。

1. 光滑接触面约束

物体间相互触碰，接触面上的摩擦力忽略不计时，属于光滑接触面约束，例如物体放置在固定面(图 1.9(a)、(b))，两个齿轮相互啮合(图 1.9(c))。

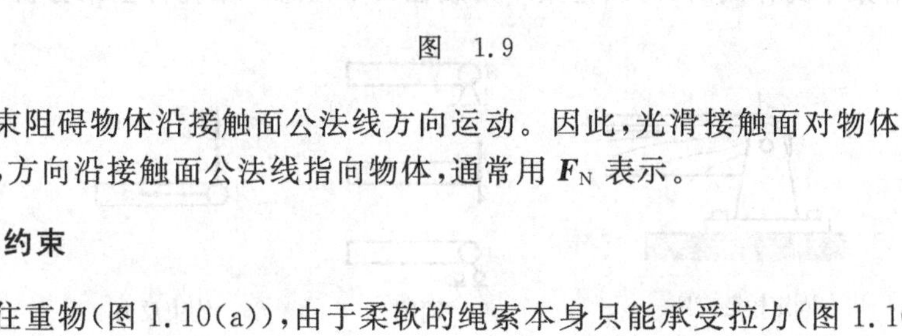

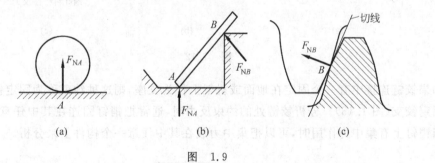

图 1.9

这类约束阻碍物体沿接触面公法线方向运动。因此，光滑接触面对物体的约束反力作用在接触点，方向沿接触面公法线指向物体，通常用 $\boldsymbol{F}_N$ 表示。

2. 柔体约束

细绳吊住重物(图 1.10(a))，由于柔软的绳索本身只能承受拉力(图 1.10(b))，所以它给物体的约束反力只可能是拉力(图 1.10(c))。因此，绳索对物体的约束反力，作用在接触点，方向沿着绳索背离物体。通常用 $\boldsymbol{T}$ 或 $\boldsymbol{F}_T$ 表示这类约束反力。

链条或运输皮带也都只能承受拉力。当它们绕在轮子上时，对轮子的约束反力沿轮缘的切线方向(图 1.11)。

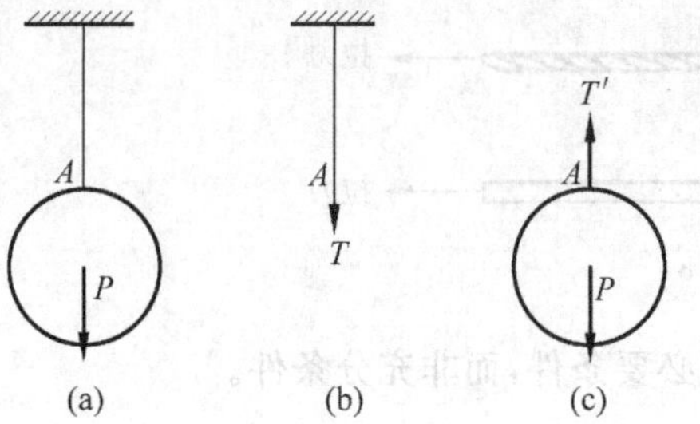

图 1.10

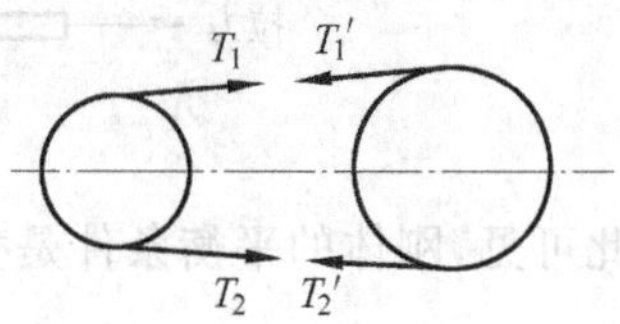

图 1.11

3. 光滑铰链约束

圆柱铰链是由圆柱销钉将两个带相同孔洞的构件连接在一起而成，简称铰链(图 1.12(a))。圆柱铰链的简易画法见图 1.12(b)。销钉与孔洞之间可以认为是光滑接触面约束，销钉对构件的约束反力应沿接触点的公法线方向且通过孔洞中心。接触点的位置由主动力决定，通常不能预先确定，所以可以用一对正交分力 $\boldsymbol{F}_{Ax}$ 和 $\boldsymbol{F}_{Ay}$ 来表示(图 1.12(c))，指向通常假设沿坐标轴正向。

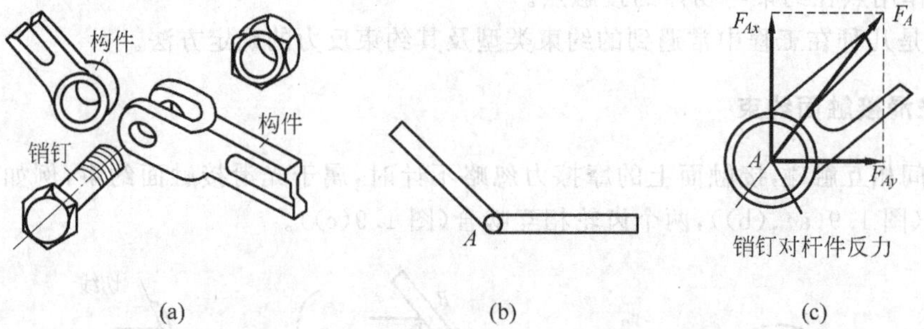

图 1.12

如果铰链连接中有一个固定在地面或机架上作为支座，则这种约束称为固定铰链支座，简称固定铰支(图 1.13)。分析铰链处的约束反力时，通常把销钉固连在其中任意一个构件上。当销钉上有集中力作用时，可以把集中力放在其中任意一个构件上来分析。

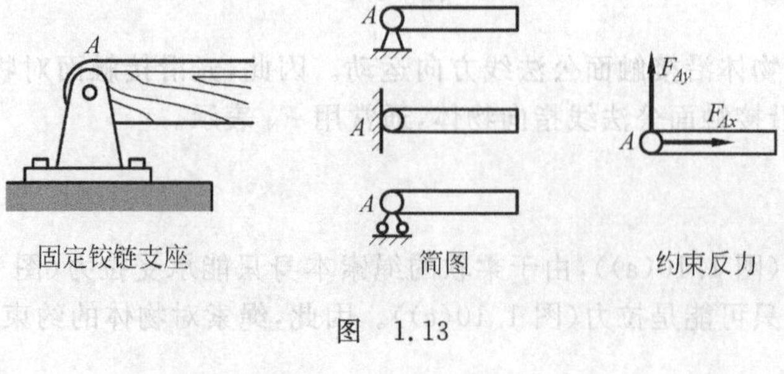

图 1.13

图 1.14 所示为向心轴承，只允许转轴沿轴线方向微小移动，因此，对转轴的约束反力可以看作与固定铰链支座相同。

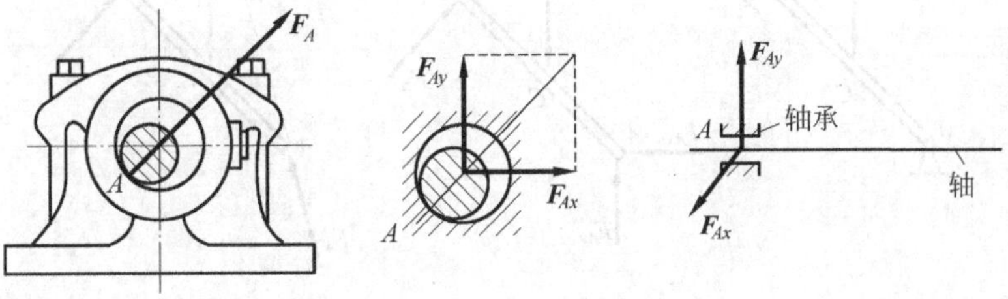

图 1.14

4. 滚动铰链支座

在铰链支座与光滑支承面之间用几个滚柱连接，就是滚动铰链支座(图 1.15)，简称滚动支座。滚动铰链支座可以沿支承面移动，允许结构跨度在温度等因素作用下的自由伸缩。桥梁、屋架等结构中经常采用滚动支座。其约束性质类似于光滑接触面约束，其约束反力必沿支承面法线方向，但指向未定。

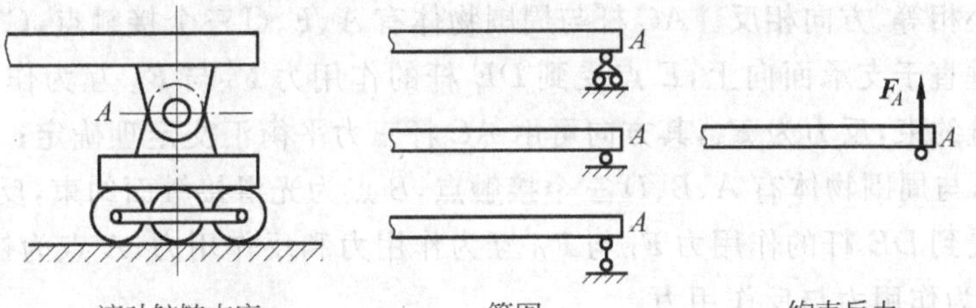

图 1.15

1.4 物体的受力分析和受力图

静力学研究刚体在力系作用下的平衡问题。首先要确定研究对象，分析物体受了几个力、每个力的作用点和作用线，即受力分析。为把研究对象的受力情况清晰地表示出来，要将研究对象和周围约束分开，进行受力分析，并单独画出简图，这样的图称为**受力图**(free body diagram)。

例 1.1 图 1.16(a)所示简支梁 AB，梁的自重不计，试画出 AB 梁的受力图。

解 (1) 取 AB 梁为研究对象(即取分离体)，并单独画出其简图。

(2) 分析主动力，C 点有一主动力 $\boldsymbol{F}$。

(3) 分析约束反力，AB 梁与周围物体接触点在 A 点和 B 点，A 点固定铰链，方向不能预先确定，反力用一对正交分力 $\boldsymbol{F}_{Ax}$ 和 $\boldsymbol{F}_{Ay}$ 表示。B 点滚动铰链，约束反力 $\boldsymbol{F}_B$ 垂直于支承面，如图 1.16(b)所示。受力图还可以如图 1.16(c)所示，由于 A 点作用一个力，AB 梁受到了三个力的作用，根据三力平衡汇交定理，可以确定 A 点力的方向，$\boldsymbol{F}_A$ 作用线必然通过 $\boldsymbol{F}$ 与 $\boldsymbol{F}_B$ 的汇交点 D。

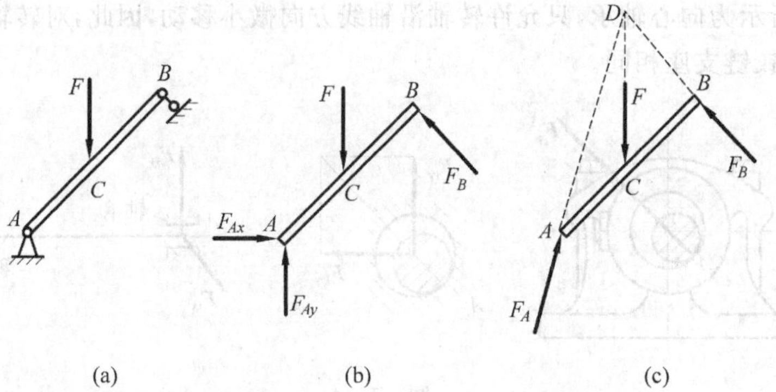

图 1.16

例 1.2 图 1.17(a)所示结构，不考虑构件自重，试画出整体及结构中各个构件的受力图。

解 (1) 取整体为研究对象，先分析主动力，在 H 点有一主动力 $\boldsymbol{F}$；然后分析约束反力，整体与周围约束的接触点为 B、C 两点，均为光滑接触面约束，约束反力垂直于支承面(图 1.17(b))指向受力物体。

(2) 构件的分析顺序通常从受力简单的构件开始。DE 杆与周围物体接触点有 D、E 两点，约束均为圆柱铰链，由于在两个力作用下而平衡，因此为二力杆，D、E 两点反力的方向可以确定，大小相等、方向相反。AC 杆与周围物体有 A、E、C 三个接触点，C 点为光滑接触面约束，反力垂直于支承面向上，E 点受到 DE 杆的作用力 $\boldsymbol{F}'_E$ 与 $\boldsymbol{F}_E$ 互为作用力和反作用力，A 点为铰链约束，反力为 $\boldsymbol{F}_A$，其方向可由 AC 杆三力平衡汇交定理确定；AB 杆在 H 点作用主动力 $\boldsymbol{F}$，与周围物体有 A、B、D 三个接触点，B 点为光滑接触面约束，反力垂直于支承面向上，D 点受到 DE 杆的作用力 $\boldsymbol{F}'_D$ 与 $\boldsymbol{F}_D$ 互为作用力和反作用力，A 点为铰链约束，反力为 $\boldsymbol{F}'_A$ 与 $\boldsymbol{F}_A$ 互为作用力与反作用力。

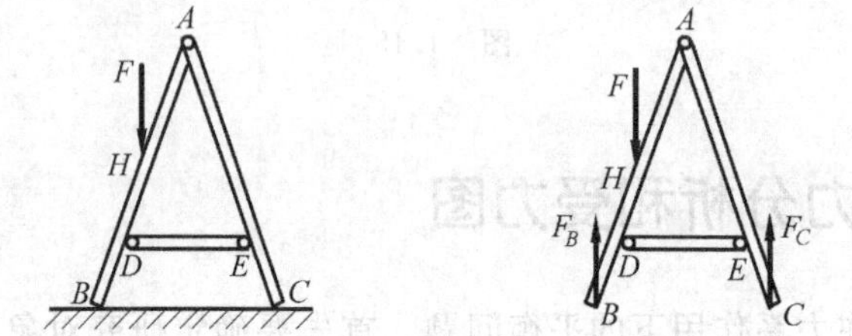

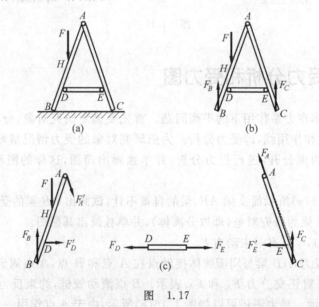

图 1.17

正确地画出物体的受力图，是分析、解决力学问题的基础。画受力图时必须注意以下几点：

(1) 复杂系统的单个构件分析，应从受力简单的构件开始。如有二力构件，应先画该构件受力图。

（2）确定研究对象，取分离体，通常先画主动力，再在约束作用点处，画上约束反力。

（3）分析两物体间相互的作用力时，应遵循作用力与反作用力定律。当画整体的受力图时，构件间连接点处的相互作用力属于内力，不必画出，只需画出全部外力。

（4）力的表示要注意区别，同一符号表示相同的力。

（5）整体和局部要统一，整体与局部上同一个点、对应同样的力，符号要相同。

习题

1.1　试画出以下各题中圆柱或圆盘的受力图，与其他物体接触处的摩擦力均略去。

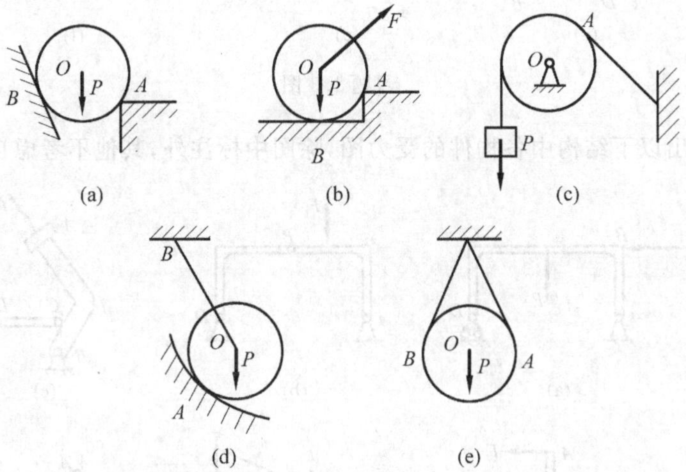

习题 1.1 图

1.2　试画出以下各题中 AB 杆的受力图，除图中标注外，其他不考虑自重。

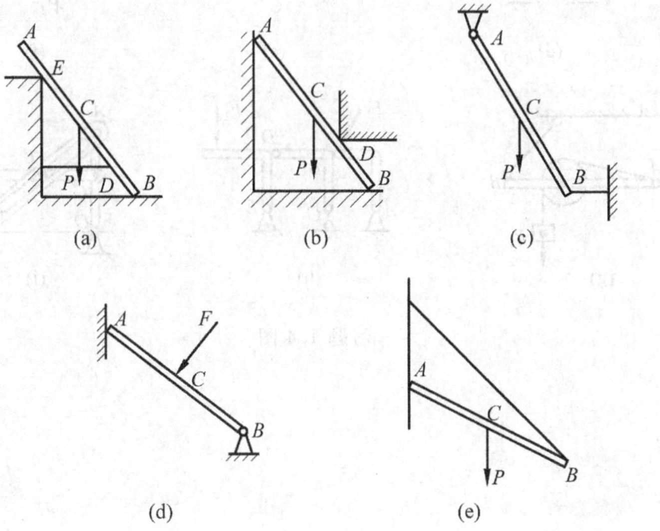

习题 1.2 图

1.3　试画出以下各题中 AB 梁的受力图，除图中标注外，其他不考虑自重。

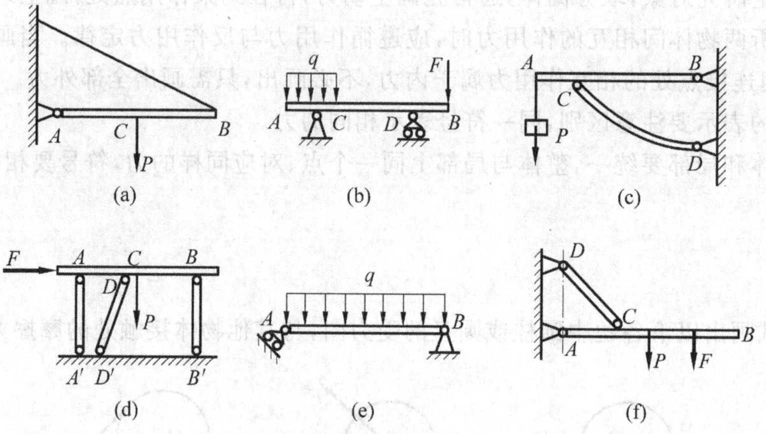

习题 1.3 图

1.4　试画出以下结构中各构件的受力图，除图中标注外，其他不考虑自重。

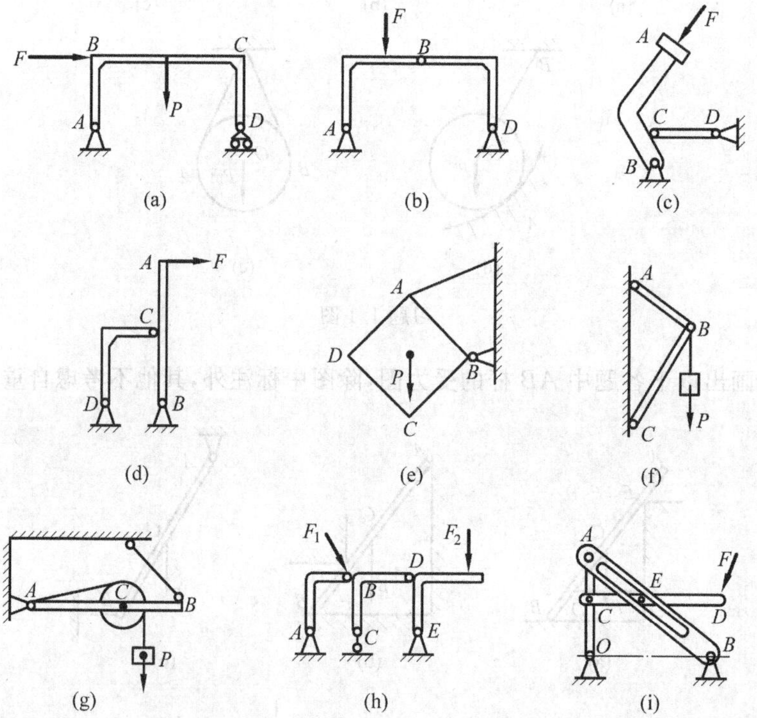

习题 1.4 图

第2章

平面力系

本章介绍平面汇交力系、平面力偶系及平面任意力系，并研究这三种力系的合成与平衡问题。

2.1 平面汇交力系合成与平衡的几何法

1. 平面汇交力系合成的几何法(力多边形法)

各力作用线在同一平面且汇交于一点的力系称为**平面汇交力系**(coplanar system of concurrent forces)。如图 2.1(a)所示，刚体受到平面汇交力系 $\boldsymbol{F}_1$，$\boldsymbol{F}_2$，$\boldsymbol{F}_3$，$\boldsymbol{F}_4$ 的作用，作用点分别为 A_1、A_2、A_3、A_4，各力作用线汇交于点 O。根据力的可传性，可将各力沿其作用线移至汇交点 O，如图 2.1(b)所示。求此力系合力，可连续使用三角形法则，逐步两两合成各力，最后求得一个通过汇交点 O 的合力 $\boldsymbol{F}_R$。具体做法如图 2.1(c)所示，$\boldsymbol{F}_1$ 在 O 点不动，平行移动 $\boldsymbol{F}_2$ 使两个力首尾相接，此时 $\boldsymbol{F}_{R1}=\boldsymbol{F}_1+\boldsymbol{F}_2$，$Ob$ 代表两个力的合力大小和方向；接着平行移动 $\boldsymbol{F}_3$，得到 Oc 边，代表 $\boldsymbol{F}_{R2}=\boldsymbol{F}_{R1}+\boldsymbol{F}_3$；最后平行移动 $\boldsymbol{F}_4$，得到 Od 边，代表平面汇交力系合力 $\boldsymbol{F}_R=\boldsymbol{F}_{R2}+\boldsymbol{F}_4=\boldsymbol{F}_1+\boldsymbol{F}_2+\boldsymbol{F}_3+\boldsymbol{F}_4$。$Oabcd$ 称为此平面汇交力系的力多边形。合成时平行移动各分力，使各分力首尾相接。由此组成的力多边形有一缺口，而合力则应沿相反方向封闭此缺口，构成力多边形的封闭边。平行移动各分力时可任意变换各分力的作图次序，得到形状不同的力多边形，但其合力仍然不变。

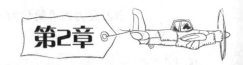

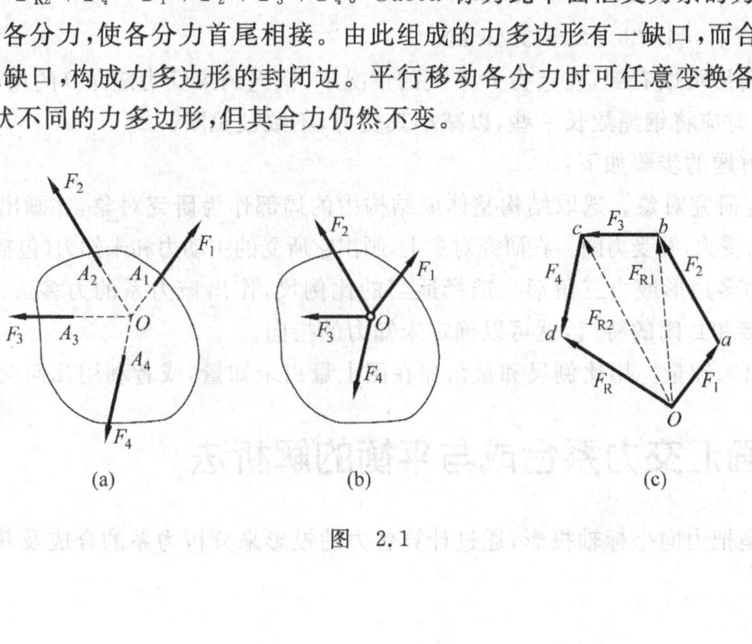

图 2.1

平面汇交力系可简化为一合力，合力的作用线通过汇交点，其合力等于各分力的矢量和，即

$$\boldsymbol{F}_{\mathrm{R}} = \boldsymbol{F}_1 + \boldsymbol{F}_2 + \cdots + \boldsymbol{F}_n = \sum_{i=1}^{n} \boldsymbol{F}_i \tag{2.1}$$

合力 $\boldsymbol{F}_{\mathrm{R}}$ 对刚体的作用与原力系平面汇交力系 $\boldsymbol{F}_1$，$\boldsymbol{F}_2$，…，$\boldsymbol{F}_n$ 对刚体的作用等效。

2. 平面汇交力系平衡的几何条件

平面汇交力系平衡的充要条件是：该力系的合力等于零。用矢量方程表示为

$$\sum_{i=1}^{n} \boldsymbol{F}_i = \boldsymbol{0} \tag{2.2}$$

平面汇交力系平衡，则其力多边形终点与起点重合，没有缺口，力多边形自行封闭。这就是平面汇交力系平衡的几何条件。

用几何法求解平面汇交力系的平衡问题时，可按比例先画出封闭的力多边形，然后，用尺和量角器在图上量得所要求的未知量；也可根据图形的几何关系，求出未知量。

例 2.1 如图 2.2(a)所示，用钢丝绳起吊一钢梁，钢梁重量 $P=6\ \mathrm{kN}$，$\theta=30°$，试求平衡时钢丝绳的约束反力。

解 取钢梁为研究对象。主动力：钢梁重力 $\boldsymbol{P}$，钢绳约束反力 $\boldsymbol{T}_A$ 和 $\boldsymbol{T}_B$。三力汇交于 O 点，受力如图 2.2(a)所示。

首先选择力的比例尺，1 cm 长度代表 2 kN，作力多边形。重力 $\boldsymbol{P}$ 的矢量不移动，平行移动 $\boldsymbol{T}_A$ 和 $\boldsymbol{T}_B$，使三个力首尾相接，形成封闭的三角形（图 2.2(b)）。

按比例尺量得 $\boldsymbol{T}_A$ 和 $\boldsymbol{T}_B$ 长度为

$$ab = 1.73\ \mathrm{cm}, bO = 1.73\ \mathrm{cm}$$

即

$$T_A = 1.73 \times 2 = 3.46\ \mathrm{kN}$$

$$T_B = 1.73 \times 2 = 3.46\ \mathrm{kN}$$

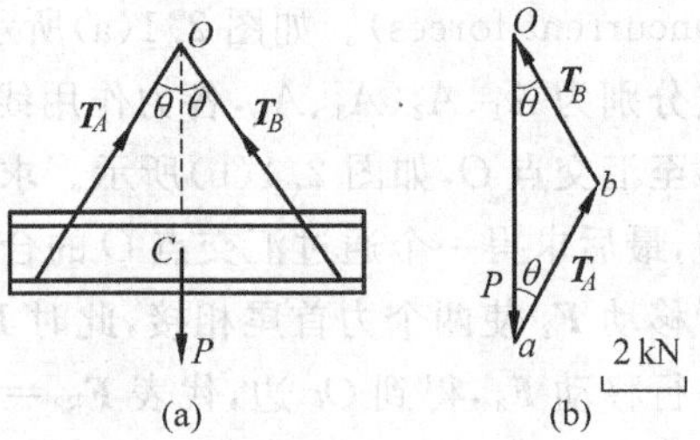

图 2.2

从力三角形可以看到，在重力 $\boldsymbol{P}$ 不变的情况下，钢绳约束反力随角 θ 的增加而加大。因此，起吊重物时应将钢绳放长一些，以减小其受力，不致被拉断。

几何法解题的步骤如下：

(1) 确定研究对象。选取结构整体或结构中的局部作为研究对象，并画出简图。

(2) 分析受力，画受力图。在研究对象上，画出它所受的主动力和未知力（包括约束反力）。

(3) 作力多边形或力三角形。选择适当的比例尺，作出该力系的力多边形。根据各力必须首尾相接和封闭的特点，就可以确定未知力的指向。

(4) 求出未知量。用比例尺和量角器在图上量出未知量，或者利用几何关系计算出来。

2.2 平面汇交力系合成与平衡的解析法

解析法是把力向坐标轴投影，通过计算各力的投影来分析力系的合成及其平衡条件。

1. 力在正交坐标轴的投影与力的解析表达式

从力的矢量两端向轴做垂线，得到力的投影，力 $\boldsymbol{F}$ 在 x、y 轴上的投影分别为

$$\left.\begin{aligned} X &= F\cos\alpha = F\sin\beta \\ Y &= F\cos\beta = F\sin\alpha \end{aligned}\right\} \tag{2.3}$$

力在轴上的投影为代数量，当力的投影方向与轴正向一致，其值为正，反之为负(图 2.3)。

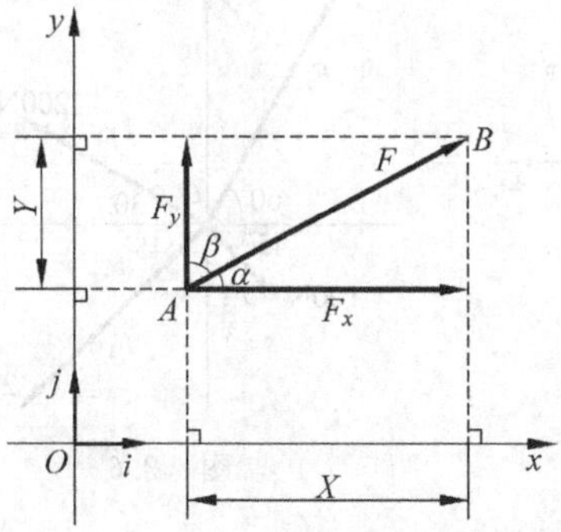

图　2.3

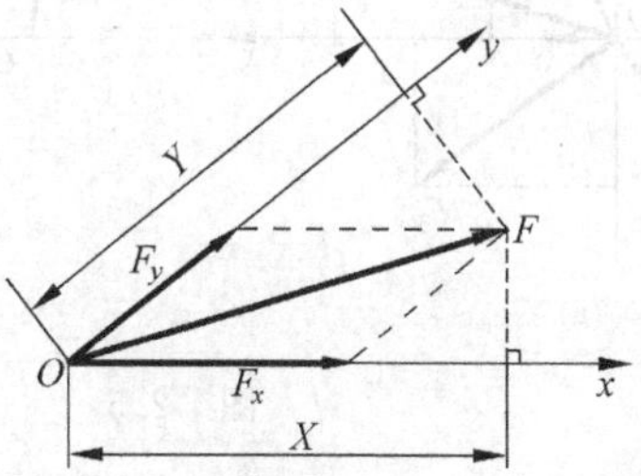

图　2.4

由图 2.3 可知，力 $\boldsymbol{F}$ 沿正交轴 Ox、Oy 可分解为两个分力 $\boldsymbol{F}_x$ 和 $\boldsymbol{F}_y$，其分力与力的投影之间有下列关系：

$$\boldsymbol{F}_x = X\boldsymbol{i},\ \boldsymbol{F}_y = Y\boldsymbol{j}$$

由此，力的解析表达式为

$$\boldsymbol{F} = X\boldsymbol{i} + Y\boldsymbol{j} \tag{2.4}$$

其中 $\boldsymbol{i}$、$\boldsymbol{j}$ 分别为 x、y 轴的单位矢量，即基矢量。

显然，已知力 $\boldsymbol{F}$ 在平面内两个正交轴上的投影 X 和 Y 时，该力矢的大小和方向余弦分别为

$$F = \sqrt{X^2 + Y^2},\cos(\boldsymbol{F},\boldsymbol{i}) = \frac{X}{F},\cos(\boldsymbol{F},\boldsymbol{j}) = \frac{Y}{F} \tag{2.5}$$

必须注意，力在轴上的投影 X、Y 为代数量，而力沿轴的分量 $\boldsymbol{F}_x = X\boldsymbol{i}$ 和 $\boldsymbol{F}_y = Y\boldsymbol{j}$ 为矢量，二者不可混淆。当 Ox、Oy 两轴不相垂直时，力沿两轴的分力 $\boldsymbol{F}_x$、$\boldsymbol{F}_y$ 在数值上也不等于力在两轴上的投影 X、Y，而是满足平行四边形法则，如图 2.4 所示。

2. 平面汇交力系合成的解析法

设由 n 个力组成的平面汇交力系作用于一个刚体上，以汇交点 O 作为坐标原点，建立直角坐标系 xOy(图 2.5(a))。根据式(2.5)，此汇交力系的合力 $\boldsymbol{F}_\mathrm{R}$ 的解析表达式为

$$\boldsymbol{F}_\mathrm{R} = F_{\mathrm{R}x}\boldsymbol{i} + F_{\mathrm{R}y}\boldsymbol{j} \tag{2.6}$$

式中，$F_{\mathrm{R}x}$、$F_{\mathrm{R}y}$ 分别为合力 $\boldsymbol{F}_\mathrm{R}$ 在 x、y 轴上的投影(图 2.5(b))。

根据合力投影定理：合力在某一轴上的投影等于各分矢量在同一轴上投影的代数和，将式(2.1)向 x、y 轴投影，可得

$$\left.\begin{aligned} F_{Rx} &= X_1 + X_2 + \cdots + X_n = \sum_{i=1}^{n} X_i \\ F_{Ry} &= Y_1 + Y_2 + \cdots + Y_n = \sum_{i=1}^{n} Y_i \end{aligned}\right\} \tag{2.7}$$

其中 X_1 和 Y_1，X_2 和 Y_2，…，X_n 和 Y_n 分别为各分力在 x、y 轴上的投影。

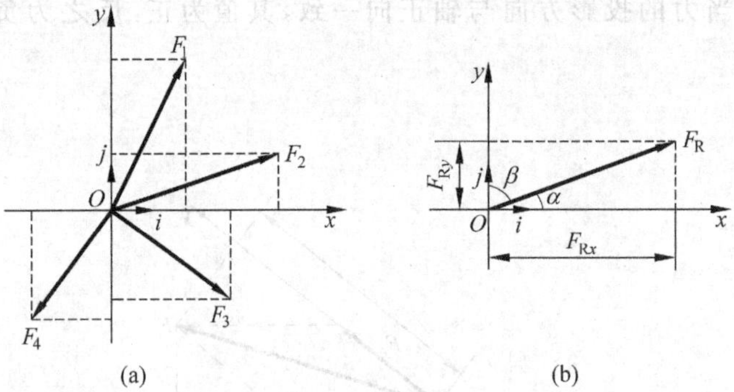

图 2.5

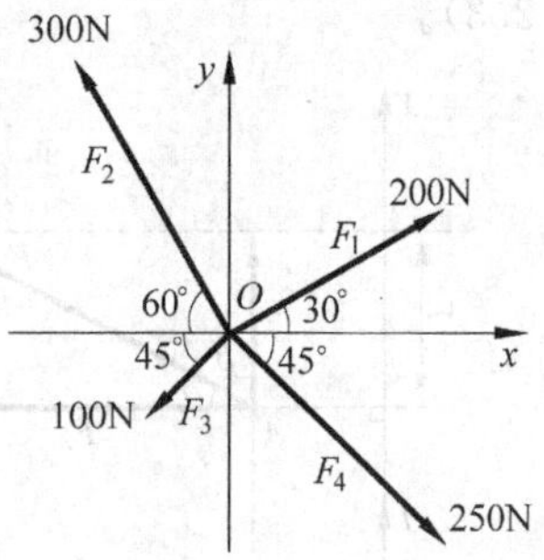

图 2.6

根据式(2.6)可求得合力矢的大小和方向余弦为

$$F_R = \sqrt{F_{Rx}^2 + F_{Ry}^2} = \sqrt{\left(\sum_{i=1}^{n} X_i\right)^2 + \left(\sum_{i=1}^{n} Y_i\right)^2}$$

$$\cos(\boldsymbol{F},\boldsymbol{i}) = \frac{F_{Rx}}{F_R},\ \cos(\boldsymbol{F},\boldsymbol{j}) = \frac{F_{Ry}}{F_R} \tag{2.8}$$

例 2.2 求图 2.6 所示平面汇交力系的合力。

解 由式(2.7)和式(2.8)计算，得

$$\begin{aligned} F_{Rx} &= \sum_{i=1}^{4} X_i = F_1\cos 30° - F_2\cos 60° - F_3\cos 45° + F_4\cos 45° \\ &= 200\cos30° - 300\cos60° - 100\cos45° + 250\cos45° \\ &= 129.3\ \text{N} \end{aligned}$$

$$\begin{aligned} F_{Ry} &= \sum_{i=1}^{4} Y_i = F_1\cos 60° + F_2\cos 30° - F_3\cos 45° - F_4\cos 45° \\ &= 200\cos60° + 300\cos30° - 100\cos45° - 250\cos45° \\ &= 112.3\ \text{N} \end{aligned}$$

$$F_R = \sqrt{F_{Rx}^2 + F_{Ry}^2} = \sqrt{129.3^2 + 112.3^2} = 171.3\ \text{N}$$

$$\cos\alpha = \frac{F_{Rx}}{F_R} = \frac{129.3}{171.3} = 0.7548,\ \cos\beta = \frac{F_{Ry}}{F_R} = \frac{112.3}{171.3} = 0.6556$$

则合力 $\boldsymbol{F}_R$ 与 x、y 轴夹角分别为

$$\alpha = 40.99°,\ \beta = 49.01°$$

合力 $\boldsymbol{F}_R$ 的作用线通过汇交点 O。

3. 平面汇交力系的平衡方程

平面汇交力系平衡的充要条件是：该力系的合力 $\boldsymbol{F}_R$ 等于零。由式(2.8)有

$$F_R = \sqrt{F_{Rx}^2 + F_{Ry}^2} = 0$$

欲使上式成立，必须同时满足 $F_{Rx}=0$ 和 $F_{Ry}=0$。根据式(2.7)，有

$$\left.\begin{aligned}\sum_{i=1}^{n} X_i = 0\\ \sum_{i=1}^{n} Y_i = 0\end{aligned}\right\}$$

如果省略下标，则上式可简写为

$$\left.\begin{aligned}\sum X = 0\\ \sum Y = 0\end{aligned}\right\} \tag{2.9}$$

于是，平面汇交力系平衡的充要条件是：各力在两个直角坐标轴上投影的代数和分别等于零。式(2.9)称为平面汇交力系的**平衡方程**(equations of equilibrium)。这是两个独立的方程，可以求解两个未知量。

下面举例说明平面汇交力系平衡方程的实际应用。

例 2.3　如图 2.7(a)所示，重物 $P=20$ kN，用钢丝绳挂在支架的滑轮 B 上，钢丝绳的另一端缠绕在铰车 D 上。杆 AB 与 BC 铰接，并分别以铰链 A、C 与墙连接。如两杆和滑轮的自重不计，并忽略摩擦和滑轮的大小，试求平衡时杆 AB 和 BC 所受的力。

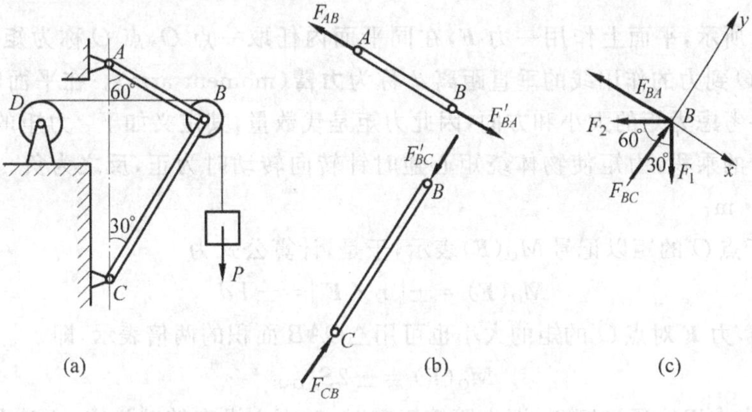

图　2.7

解

(1) 确定研究对象。由于 AB、BC 两杆都是二力杆，假设杆 AB 受拉力、杆 BC 受压力(图 2.7(b))。为了求出这两个未知力，可通过求两杆对滑轮的约束反力来解决，因此选取滑轮 B 为研究对象。

(2) 画受力图。滑轮受到钢丝绳的拉力 $\boldsymbol{F}_1$ 和 $\boldsymbol{F}_2$，且大小与 $\boldsymbol{P}$ 相等。此外杆 AB 和 BC 对滑轮的约束反力为 $\boldsymbol{F}_{BA}$ 和 $\boldsymbol{F}_{BC}$。由于滑轮的大小可忽略不计，故这些力可看作是汇交力系(图 2.7(c))。

(3) 列平衡方程。选取坐标轴如图 2.7(c)所示。为使每个未知力只在一个轴上有投影，在另一轴上的投影为零，坐标轴应尽量取在与未知力作用线相垂直的方向。这样在一个平衡方程中只有一个未知数，不必联立方程组求解，即

$$\sum X = 0, -F_{BA} + F_1\cos 60° - F_2\cos 30° = 0 \quad \text{(a)}$$

$$\sum Y = 0, F_{BC} - F_1\cos 30° - F_2\cos 60° = 0 \quad \text{(b)}$$

(4) 求解方程。

由式(a)得

$$F_{BA} = -0.366P = -7.321\ \text{kN}$$

由式(b)得

$$F_{BC} = 1.366P = 27.32\ \text{kN}$$

所求结果，F_{BC}为正值，表示该力的假设方向与实际方向相同，即杆 BC 受压。F_{AB}为负值，表示该力的假设方向与实际方向相反，即杆 AB 也受压力。

2.3 平面力对点之矩

力对刚体作用产生运动效应使刚体的运动状态发生改变(包括移动与转动)。其中力对刚体的移动效应可用力矢来度量，而力对刚体的转动效应可用力对点的矩(简称**力矩**)(moment of force about a point)来度量，力矩是度量力对刚体转动效应的物理量。

1. 力对点之矩

如图 2.8 所示，平面上作用一力 $\boldsymbol{F}$，在同平面内任取一点 O，点 O 称为**矩心**(center of moment)，点 O 到力的作用线的垂直距离 d 称为**力臂**(moment arm)。在平面问题中，力对点的矩只需要考虑力矩的大小和方向，因此力矩是代数量，其定义如下：力矩的大小等于力的大小与力臂的乘积，力矩使物体绕矩心逆时针转向转动时为正，反之为负。力矩单位为 N·m 或 kN·m。

力 $\boldsymbol{F}$ 对于点 O 的矩以记号 $M_O(\boldsymbol{F})$表示，于是，计算公式为

$$M_O(\boldsymbol{F}) = \pm|\boldsymbol{r}\times\boldsymbol{F}| = \pm Fd \quad (2.10)$$

不难看出，力 $\boldsymbol{F}$ 对点 O 的矩的大小也可用△OAB 面积的两倍表示，即

$$M_O(\boldsymbol{F}) = \pm 2S_{\triangle OAB}$$

显然，当力作用线通过矩心，即力臂等于零时，对矩心没有转动效应，这时力矩等于零。

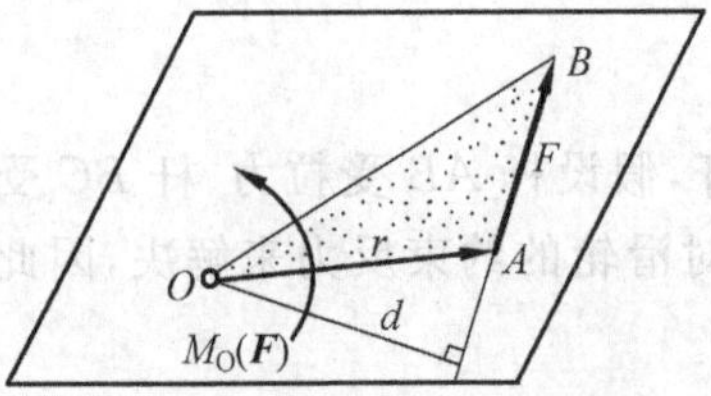

图 2.8

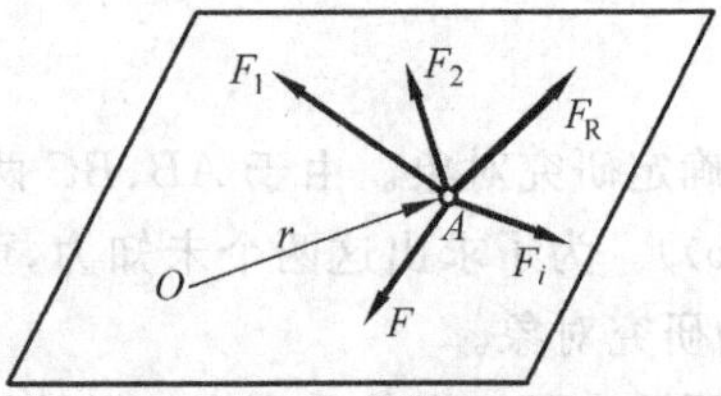

图 2.9

2. 合力矩定理(theorem of moment of resultant force)

合力矩定理：合力对于作用面内任一点之矩等于各分力对该点之矩的代数和。

证明 如图 2.9 所示，$\boldsymbol{r}$ 为矩心 O 到汇交点 A 的矢径，$\boldsymbol{F}_R$ 为平面汇交力系 $\boldsymbol{F}_1, \boldsymbol{F}_2, \cdots,$

$\boldsymbol{F}_n$ 的合力，即

$$\boldsymbol{F}_{\mathrm{R}} = \boldsymbol{F}_1 + \boldsymbol{F}_2 + \cdots + \boldsymbol{F}_n$$

以 $\boldsymbol{r}$ 对上式两端作矢积，有

$$\boldsymbol{r} \times \boldsymbol{F}_{\mathrm{R}} = \boldsymbol{r} \times \boldsymbol{F}_1 + \boldsymbol{r} \times \boldsymbol{F}_2 + \cdots + \boldsymbol{r} \times \boldsymbol{F}_n$$

由于力 $\boldsymbol{F}_1, \boldsymbol{F}_2, \cdots, \boldsymbol{F}_n$ 与点 O 共面，上式各矢积平行，因此上式矢量和可按代数和计算。而各矢量积的大小就是力对点 O 之矩，证得

$$M_O(\boldsymbol{F}_{\mathrm{R}}) = M_O(\boldsymbol{F}_1) + M_O(\boldsymbol{F}_2) + \cdots + M_O(\boldsymbol{F}_n) = \sum_{i=1}^{n} M_O(\boldsymbol{F}) \tag{2.11}$$

例 2.4　计算力 $\boldsymbol{F}$ 对平面上点 O 的矩，如图 2.10 所示。

解

解法一：按照力矩的定义计算

$$M_O(\boldsymbol{F}) = Fd = F\sqrt{l^2 + b^2}\sin\beta$$

解法二：把力 $\boldsymbol{F}$ 看成一合力，将其分解成 $\boldsymbol{F}_x, \boldsymbol{F}_y$，然后利用合力矩定理计算

$$M_O(\boldsymbol{F}) = M_O(\boldsymbol{F}_x) + M_O(\boldsymbol{F}_y) = F\sqrt{l^2 + b^2}\sin\beta$$

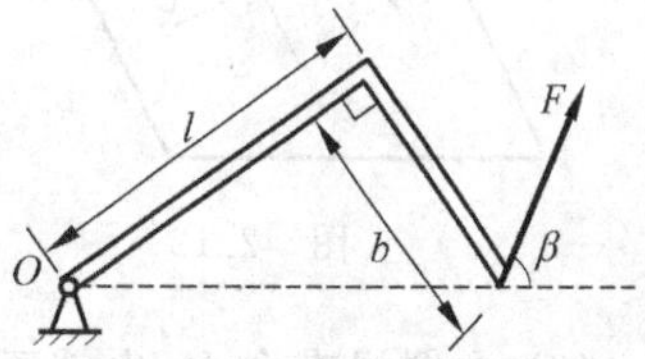

图　2.10

2.4　平面力偶系

1. 力偶与力偶矩

由两个大小相等、方向相反且不共线的平行力组成的力系，称为**力偶**(couple)。汽车司机用双手转动驾驶盘(图 2.11(a))，电动机的定子磁场对转子作用电磁力(图 2.11(b))，均为力偶，用$(\boldsymbol{F}, \boldsymbol{F}')$表示。力偶对刚体产生转动效应。力偶的两力之间的垂直距离 d 称为**力偶臂**(arm of couple)，力偶所在的平面称为力偶的作用面。

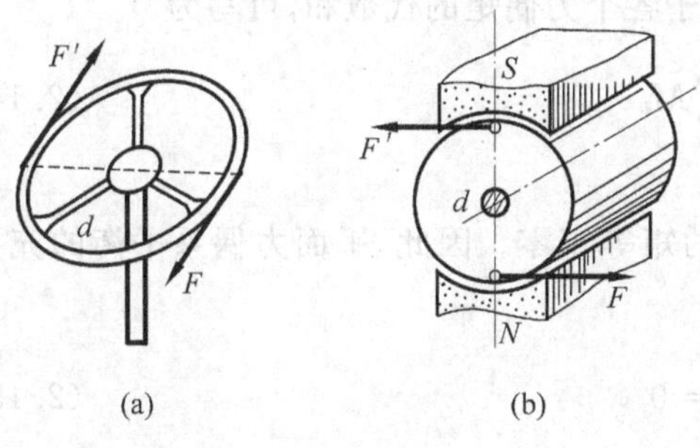

图　2.11

力偶没有合力，它只改变物体的转动状态。力偶对物体的转动效应，可用**力偶矩**(moment of couple)来度量

$$M = \pm Fd \tag{2.12}$$

F 为力的大小，d 为力臂。对平面力偶而言，力偶矩是一个代数量，正负号表示力偶的转向：以逆时针转向为正，反之为负。力偶矩的单位与力矩单位相同，为 N·m 或 kN·m。

2. 力偶的性质

(1) 力偶可以在其作用面内任意移动，而不改变它对刚体的转动效应。

如图 2.12 所示，力偶对平面上任一点 O 取矩，O 点到 $\boldsymbol{F}'$ 的距离为 b，则力偶两个力对 O 的矩之和为

$$M_O(\boldsymbol{F},\boldsymbol{F}') = -Fb + F(b+d) = Fd \tag{2.13}$$

由此，可知力偶对其作用面上任一点的矩等于力偶矩，与矩心 O 的位置无关，因此力偶可以在其作用面上任意移动，效应不变。

(2) 只要力偶矩 M 的大小和转向不变，可以同时改变力的大小和力臂长短，而不改变力偶对刚体的转动效应。

如图 2.13 所示，图中三对力偶，由于力偶矩相同，因此它们等效。

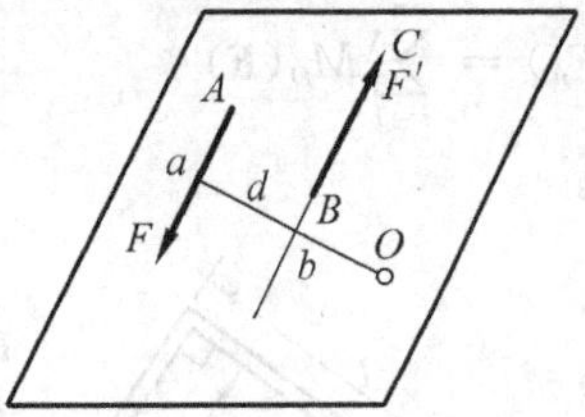

图 2.12

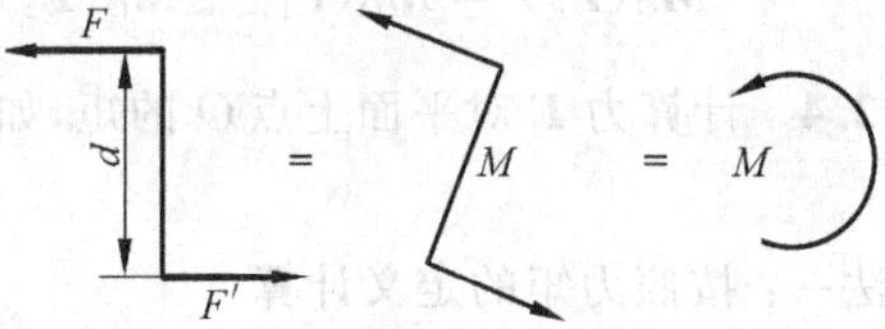

图 2.13

(3) 力偶没有合力，也就不能用一个力来等效替换或平衡。力偶改变刚体的转动效应，因此，力偶只能用力偶来平衡。

由此可见，力偶的臂和力的大小都不是力偶的特征量，只有力偶矩是力偶作用的唯一度量。今后常用图 2.13 所示的符号表示力偶。M 为力偶的矩。

3. 平面力偶系的合成和平衡条件

1) 平面力偶系的合成

力偶可以在其作用面上任意移动，而不改变对刚体的作用效应。力偶矩是力偶对刚体作用效应的唯一度量。平面力偶使刚体逆时针（正力偶矩）或顺时针转动（负力偶矩），因此平面力偶系可以合成为一个合力偶，合力偶矩等于各个力偶矩的代数和，可写为

$$M = \sum_{i=1}^{n} M_i \tag{2.14}$$

2) 平面力偶系的平衡条件

由合成结果可知，力偶系平衡时，其合力偶的矩等于零。因此，平面力偶系平衡的充要条件是：所有各力偶矩的代数和等于零，即

$$\sum_{i=1}^{n} M_i = 0 \tag{2.15}$$

例 2.5 如图 2.14 所示的工件上作用有三个力偶。已知三个力偶的矩分别为 $M_1 = M_2 = 10\ \text{N}\cdot\text{m}$，$M_3 = 20\ \text{N}\cdot\text{m}$；固定螺柱 A 和 B 的距离 $l = 200\ \text{mm}$。求两个光滑螺柱所受的水平力。

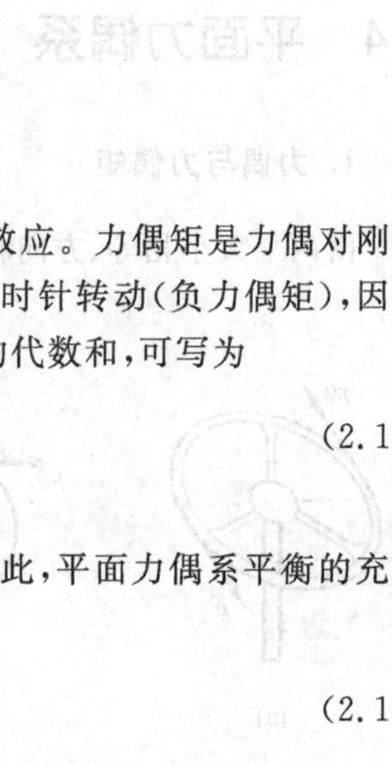

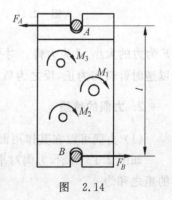

图 2.14

解 选工件为研究对象。工件在水平面内受三个力偶和两个螺柱的水平反力的作用。根据力偶系的合成定理，三个力偶合成后仍为一力偶，如果工件平衡，必有一反力偶与它相平衡。因此螺柱 A 和 B 的水平反力 $\boldsymbol{F}_A$ 和 $\boldsymbol{F}_B$ 必组成一力偶，它们的方向假设如图 2.14 所示，则 $F_A = F_B$。由力偶系的平

衡条件有

$$\sum M = 0, F_A l - M_1 - M_2 - M_3 = 0$$

得

$$F_A = \frac{M_1 + M_2 + M_3}{l}$$

代入已给数值后，得

$$F_A = 200\ \text{N}$$

F_A 是正值，即与假设的方向一致，而螺柱 A、B 所受的力则应与 $\boldsymbol{F}_A$、$\boldsymbol{F}_B$ 大小相等、方向相反。

例 2.6　图 2.15(a)所示机构的自重不计。圆轮上的销钉 A 放在摇杆 BC 上的光滑导槽内。圆轮上作用一力偶，其力偶矩为 $M_1=2\ \text{kN}\cdot\text{m}$，$OA=r=0.5\ \text{m}$。图示位置时 OA 与 OB 垂直，$\alpha=30°$，且系统平衡。求作用于摇杆 BC 上力偶的矩 M_2 及铰链 O、B 处的约束反力。

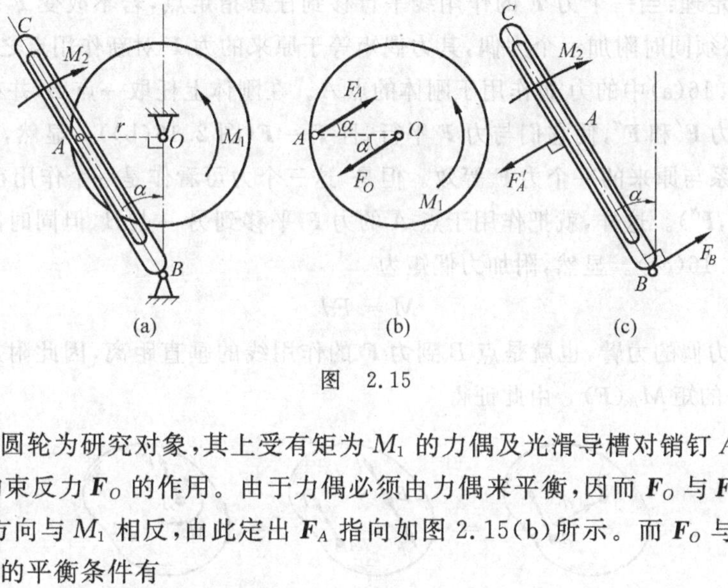

图　2.15

解　先取圆轮为研究对象，其上受有矩为 M_1 的力偶及光滑导槽对销钉 A 的作用力 $\boldsymbol{F}_A$ 和铰链 O 处约束反力 $\boldsymbol{F}_O$ 的作用。由于力偶必须由力偶来平衡，因而 $\boldsymbol{F}_O$ 与 $\boldsymbol{F}_A$ 必定组成一力偶，力偶矩方向与 M_1 相反，由此定出 $\boldsymbol{F}_A$ 指向如图 2.15(b)所示。而 $\boldsymbol{F}_O$ 与 $\boldsymbol{F}_A$ 等值且反向。由力偶系的平衡条件有

$$\sum M = 0, \quad M_1 - F_A r \sin\alpha = 0$$

解得

$$F_A = \frac{M_1}{r\sin 30°} \tag{a}$$

再以摇杆 BC 为研究对象，其上作用有矩为 M_2 的力偶及力 $\boldsymbol{F}'_A$ 与 $\boldsymbol{F}_B$，如图 2.15(c)所示。同理，$\boldsymbol{F}'_A$ 与 $\boldsymbol{F}_B$ 必组成力偶，由平衡条件

$$\sum M = 0, \quad -M_2 + F'_A \frac{r}{\sin\alpha} = 0 \tag{b}$$

其中 $F'_A = F_A$。将式(a)代入式(b)，得

$$M_2 = 4M_1 = 8\ \text{kN}\cdot\text{m}$$

$\boldsymbol{F}_O$ 与 $\boldsymbol{F}_A$ 组成力偶，$\boldsymbol{F}_B$ 与 $\boldsymbol{F}'_A$ 组成力偶，则有

$$F_O = F_B = F_A = \frac{M_1}{r\sin 30^\circ} = 8\ \text{kN}$$

方向如图 2.15(b)、(c)所示。

2.5 平面任意力系

平面任意力系(coplanar general force system)指作用在刚体上各力的作用线都在同一平面内，但不汇交于一点也不相互平行，而是呈任意分布。以下将详述平面任意力系的简化和平衡问题，并介绍平面简单桁架杆件内力的计算方法。

2.5.1 平面任意力系向一点简化

1. 力线平移定理

力线平移定理：当一个力 $\boldsymbol{F}$ 的作用线平行移到任意指定点，若不改变 $\boldsymbol{F}$ 对刚体原来的作用效果，则必须同时附加一个力偶，其力偶矩等于原来的力 $\boldsymbol{F}$ 对新作用点之矩。

证明：图 2.16(a)中的力 $\boldsymbol{F}$ 作用于刚体的点 A。在刚体上任取一点 B，并在点 B 加上两个等值反向的力 $\boldsymbol{F}'$ 和 $\boldsymbol{F}''$，使它们与力 $\boldsymbol{F}$ 平行，且 $\boldsymbol{F}'=\boldsymbol{F}$(图 2.16(b))。显然，三个力 $\boldsymbol{F}$、$\boldsymbol{F}'$、$\boldsymbol{F}''$ 组成的新力系与原来的一个力 $\boldsymbol{F}$ 等效。但是，这三个力可看作是一个作用在点 B 的力 $\boldsymbol{F}'$ 和一个力偶($\boldsymbol{F}$,$\boldsymbol{F}''$)。这样，就把作用于点 A 的力 $\boldsymbol{F}$ 平移到另一点 B，但同时附加上一个相应的力偶(图 2.16(c))。显然，附加力偶矩为

$$M = Fd$$

其中 d 为附加力偶的力臂，也就是点 B 到力 $\boldsymbol{F}$ 的作用线的垂直距离，因此附加力偶矩也等于力 $\boldsymbol{F}$ 对点 B 的矩 $M_B(\boldsymbol{F})$。由此证得

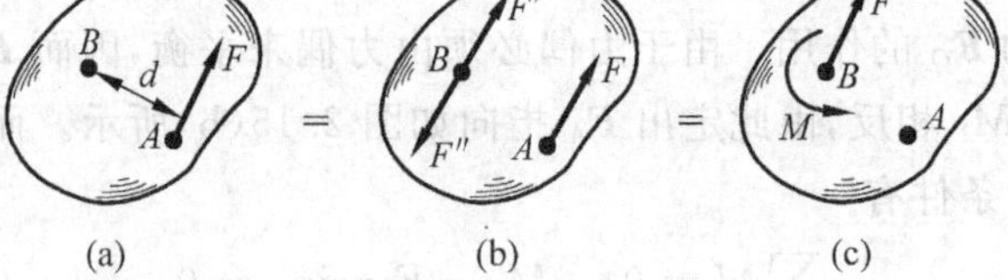

图 2.16

$$M = M_B(\boldsymbol{F})$$

该定理指出，一个力可等效为作用在同平面内的一个力和一个力偶。其逆定理表明，在同平面内的一个力和一个力偶可等效或合成一个力。

力线平移定理不仅是任意力系简化工具，也是分析力对物体作用效应的重要方法。例如，攻螺纹时，必须双手握扳手，而且用力要相等。若用一只手用力 $\boldsymbol{F}$ 扳动扳手(图 2.17(a))，与作用在点 C 的一个力 $\boldsymbol{F}'$ 和一个矩为 M 的力偶等效(图 2.17(b))。这个力偶使丝锥转动，而这个力 $\boldsymbol{F}'$ 易使丝锥折断。

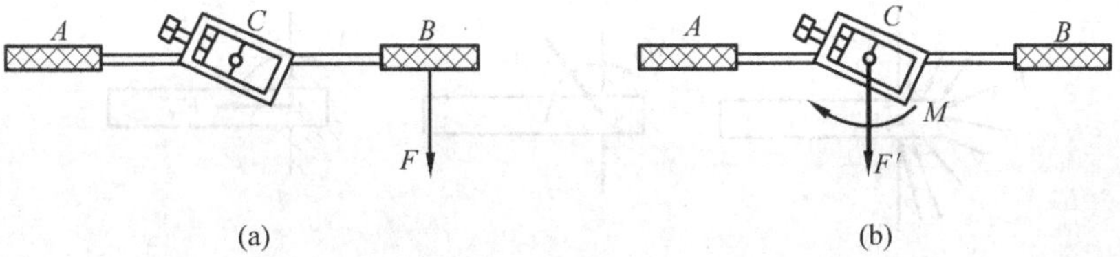

图　2.17

2. 平面任意力系向一点简化·主矢和主矩

应用力线平移定理简化平面任意力系，设刚体上有 n 个力 $\boldsymbol{F}_1, \boldsymbol{F}_2, \cdots, \boldsymbol{F}_n$ 组成的平面任意力系(图 2.18(a))。在力系作用面内任取一点 O，称为**简化中心**(center of reduction)，将各力等效平移至点 O，得到作用于点 O 的力 $\boldsymbol{F}_1'$、$\boldsymbol{F}_2'$，$\cdots$，$\boldsymbol{F}_n'$，以及相应的附加力偶，其力偶矩分别为 $M_1, M_2, \cdots, M_n$(图 2.18(b))。

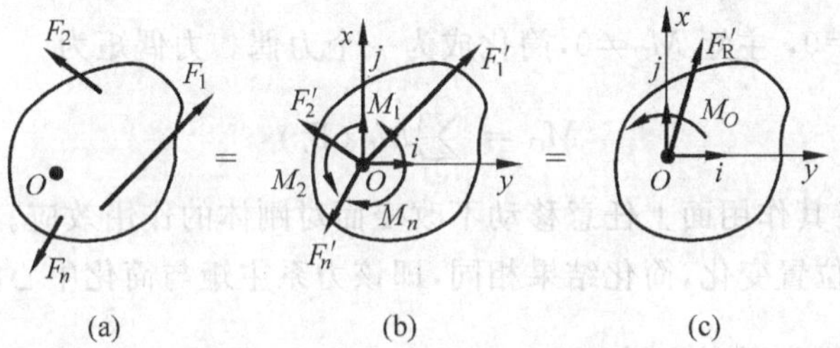

图　2.18

这样，原力系等效成平面汇交力系和平面力偶系。然后，再分别合成这两个力系，得到过 O 点的一个合力 $\boldsymbol{F}_R'$ 和一个合力偶 M_O(图 2.18(c))。

力系中各力的矢量和称为力系的主矢量，简称主矢，即

$$\boldsymbol{F}'_{\mathrm{R}} = \sum_{i=1}^{n} \boldsymbol{F}_i \tag{2.16}$$

力系中各力对简化中心 O 之矩的代数和称为力系对简化中心的主矩，即

$$M_O = \sum_{i=1}^{n} M_O(\boldsymbol{F}_i) \tag{2.17}$$

综上所述，主矢等于各力的矢量和，与简化中心位置无关。主矩等于各力对简化中心之矩的代数和，主矩与简化中心位置有关，简化中心位置变化则各力的力臂也发生变化，因此，必须指明力系对于哪一点的主矩。

可以用上述方法分析固定端约束及其约束反力。当梁的一端插入柱子或墙内，不能移动和转动，这类约束称为固定端约束或插入端约束(图 2.19(a))。梁在接触面上受到了一群约束反力 $\boldsymbol{F}_i(i=1,2,3,\cdots,n)$ 作用，将这群力向作用平面内点 A 简化得到一个力和一个力偶(图 2.19(b))，这个力的方向一般不能事先确定，可用两个未知分力来代替。因此，固定端 A 处的约束反力作用可简化为两个约束分力 $\boldsymbol{F}_{Ax}$、$\boldsymbol{F}_{Ay}$，和一个矩为 M_A 的约束反力偶(图 2.19(c))。

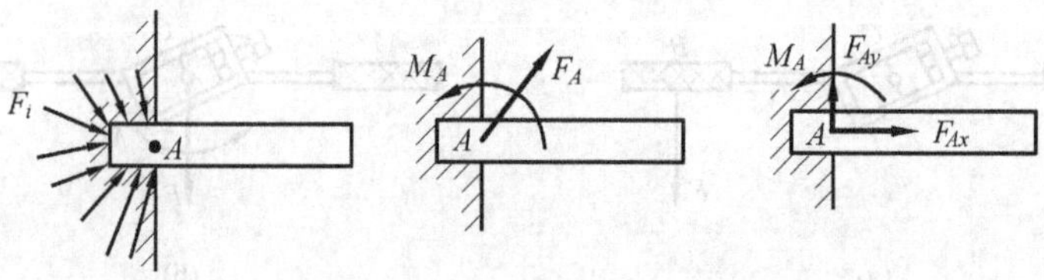

图 2.19

2.5.2 平面任意力系的简化结果

平面任意力系向作用面内一点简化，一般可以得到一个合力和一个合力偶，进一步分析有以下几种情况。

1. 简化为一个力偶

力系的主矢 $\boldsymbol{F}'_R=0$，主矩 $M_O\neq0$，简化成为一个力偶。力偶矩为

$$M_O=\sum_{i=1}^{n}M_O(F_i) \tag{2.18}$$

平面力偶可以在其作用面上任意移动不改变而对刚体的作用效应。若力系简化成为一个力偶时，简化中心位置变化，简化结果相同，即该力系主矩与简化中心的选择无关。

2. 简化为一个合力/合力矩定理

(1) 力系的主矢 $\boldsymbol{F}'_R\neq0$，主矩 $M_O=0$，简化成为一个力。合力为

$$\boldsymbol{F}'_R=\sum_{i=1}^{n}\boldsymbol{F}_i$$

合力的作用线恰好通过选定的简化中心。

(2) 力系的主矢 $\boldsymbol{F}'_R\neq0$，主矩 $M_O\neq0$，可以再进一步简化为一个力。

如图 2.20(a)所示，力系向 O 点简化得 $\boldsymbol{F}'_R$ 和 M_O，主矩 M_O 用两个力 $\boldsymbol{F}_R$ 和 $\boldsymbol{F}''_R$ 表示，并令 $\boldsymbol{F}'_R=-\boldsymbol{F}''_R$(图 2.20(b))。再去掉平衡力系($\boldsymbol{F}'_R$、$\boldsymbol{F}''_R$)，得到一个作用在点 O 的力 $\boldsymbol{F}_R$，合力 $\boldsymbol{F}_R$ 的大小和方向与主矢 $\boldsymbol{F}'_R$ 相同(图 2.20(c))。作用线到简化中心的距离为

$$d=\left|\frac{M_O}{F_R}\right| \tag{2.19}$$

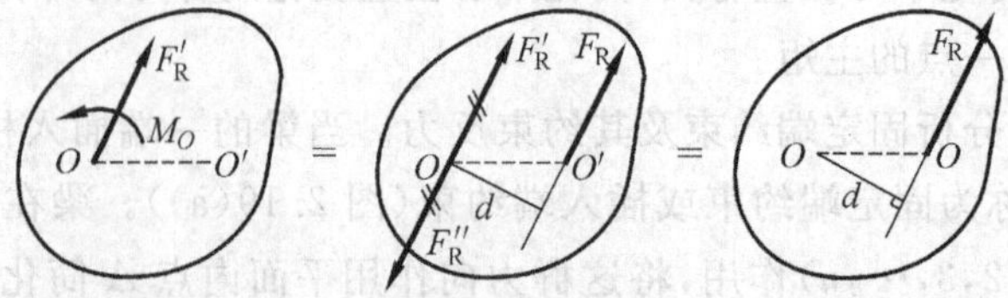

图 2.20

力系等效简化后，对刚体的作用效应相同，$\boldsymbol{F}_{\mathrm{R}}$ 对简化中心 O 的矩和主矩 M_O 相同($F_{\mathrm{R}}d=M_O$)，得到

$$M_O(\boldsymbol{F}_{\mathrm{R}})=\sum_{i=1}^{n}M_O(\boldsymbol{F}_i) \tag{2.20}$$

式(2.20)表明，当平面任意力系可以简化成一个合力时，该合力对作用面内任意一点的矩等于力系中各力对于同一点的矩的代数和，此即合力矩定理，与式(2.11)相同。

3. 平面任意力系平衡的情形

力系的主矢 $\boldsymbol{F}_{\mathrm{R}}'=0$，主矩 $M_O=0$，力系平衡，这种情形将在下节详细讨论。

例 2.7 重力坝受力情形如图 2.21(a)所示。设 $P_1=450\mathrm{kN}$，$P_2=200\mathrm{kN}$，$F_1=300\mathrm{kN}$，$F_2=70\mathrm{kN}$。求：(1)力系向 O 点的简化结果；(2)进一步简化的结果。

解

(1) 先将力系向点 O 简化，求得其主矢 $\boldsymbol{F}_{\mathrm{R}}'$和主矩 M_O(图 2.21(b))。

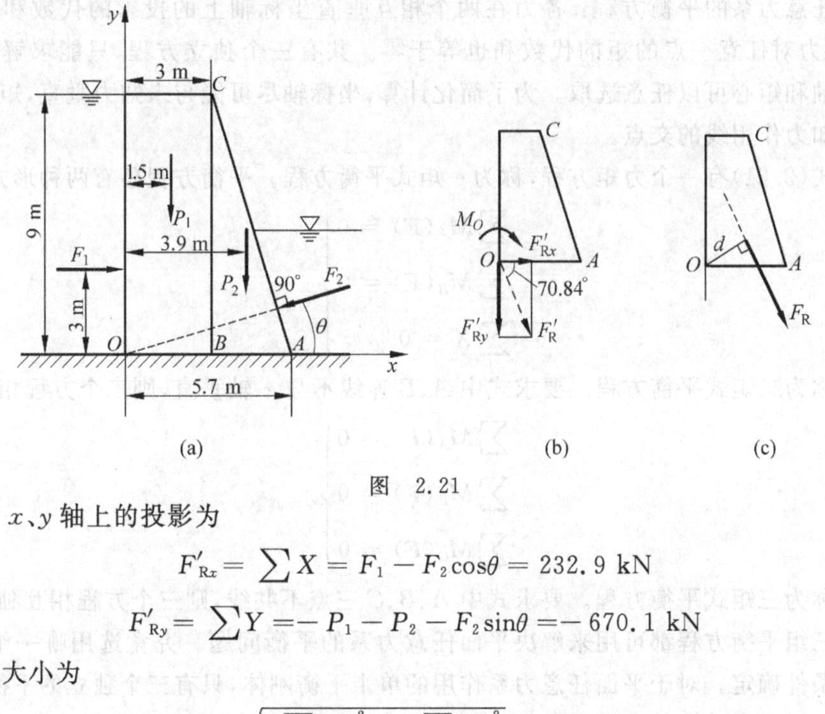

图 2.21

主矢 $\boldsymbol{F}_{\mathrm{R}}'$在 x、y 轴上的投影为

$$F_{\mathrm{R}x}'=\sum X=F_1-F_2\cos\theta=232.9\ \mathrm{kN}$$

$$F_{\mathrm{R}y}'=\sum Y=-P_1-P_2-F_2\sin\theta=-670.1\ \mathrm{kN}$$

主矢 $\boldsymbol{F}_{\mathrm{R}}'$的大小为

$$F_{\mathrm{R}}'=\sqrt{\left(\sum X\right)^2+\left(\sum Y\right)^2}=709.4\ \mathrm{kN}$$

主矢 $\boldsymbol{F}_{\mathrm{R}}'$的方向余弦为

$$\cos(\boldsymbol{F}_{\mathrm{R}}',\boldsymbol{i})=\frac{\sum X}{F_{\mathrm{R}}'}=0.3283$$

由主矢在 x、y 轴上的投影的正负，可知 $\boldsymbol{F}_{\mathrm{R}}'$在第四象限内，与 x 轴的夹角为$-70.84°$。

力系对点 O 的主矩为

$$M_O=\sum M_O(\boldsymbol{F})=-3F_1-1.5P_1-3.9P_2=-2355\ \mathrm{kN\cdot m}$$

(2) 可以进一步简化为一个合力 $\boldsymbol{F}_{\mathrm{R}}$，其大小和方向与主矢 $\boldsymbol{F}_{\mathrm{R}}'$相同(图 2.21(c))，作用线

到简化中心的距离为

$$d = \left|\frac{M_O}{F_R}\right| = \frac{2355}{709.4} = 3.320\ \text{m}$$

2.5.3 平面任意力系的平衡条件

平面任意力系平衡的充要条件是：力系的主矢和主矩都等于零，即

$$\left.\begin{aligned} F'_R &= 0 \\ M_O &= 0 \end{aligned}\right\}$$

建立直角坐标系 Oxy，并将上式写成投影式

$$\left.\begin{aligned} \sum X &= 0 \\ \sum Y &= 0 \\ \sum M_O(\boldsymbol{F}) &= 0 \end{aligned}\right\} \tag{2.21}$$

得到平面任意力系的平衡方程：各力在两个相互垂直坐标轴上的投影的代数和分别等于零，以及各力对任意一点的矩的代数和也等于零。共有三个独立方程，只能求解三个未知量。坐标轴和矩心可以任意选取。为了简化计算，坐标轴尽可能与未知力垂直，矩心则尽可能选择未知力作用线的交点。

因为式(2.21)有一个力矩方程，称为一矩式平衡方程。平衡方程还有两种形式：

$$\left.\begin{aligned} \sum M_A(\boldsymbol{F}) &= 0 \\ \sum M_B(\boldsymbol{F}) &= 0 \\ \sum X &= 0 \end{aligned}\right\} \tag{2.22}$$

式(2.22)称为二矩式平衡方程。要求式中 A、B 连线不与 x 轴垂直，则三个方程相互独立。

$$\left.\begin{aligned} \sum M_A(\boldsymbol{F}) &= 0 \\ \sum M_B(\boldsymbol{F}) &= 0 \\ \sum M_C(\boldsymbol{F}) &= 0 \end{aligned}\right\} \tag{2.23}$$

式(2.23)称为三矩式平衡方程。要求式中 A、B、C 三点不共线，则三个方程相互独立。

上述三组平衡方程都可用来解决平面任意力系的平衡问题。究竟选用哪一组方程，需根据具体条件确定。对于平面任意力系作用的单个平衡刚体，只有三个独立的平衡方程，因此只能求解三个未知量。多余的方程只是三个独立方程的线性组合。

例 2.8 外伸梁的尺寸及载荷如图 2.22(a)所示，试求铰支座 A 及滚动支座 B 的约束反力。

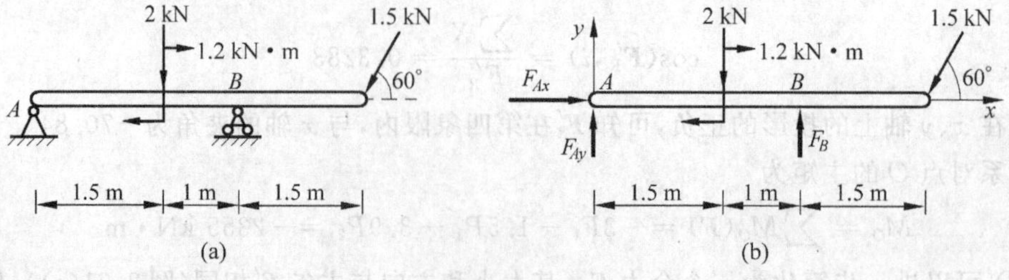

图 2.22

解　取 AB 梁为研究对象，受力如图 2.22(b)所示。建立图示坐标系，由平面任意力系的平衡方程

$$\sum X = 0, F_{Ax} - 1.5 \times \cos 60^\circ = 0$$

$$\sum Y = 0, F_{Ay} + F_B - 2 - 1.5 \times \sin 60^\circ = 0$$

$$\sum M_A(\boldsymbol{F}) = 0, F_B \times 2.5 - 1.2 - 2 \times 1.5 - 1.5 \times \sin 60^\circ \times 4 = 0$$

解得

$$F_{Ax} = 0.75\ \text{kN}, F_{Ay} = -0.45\ \text{kN}, F_B = 3.75\ \text{kN}$$

F_{Ay} 为负，其方向与假设的相反。

为校核所得结果是否正确，可应用多余的平衡方程，如

$$\sum M_B(\boldsymbol{F}) = 2 \times 1 - F_{Ay} \times 2.5 - 1.2 - 1.5 \times \sin 60^\circ \times 1.5 = 0$$

例 2.9　起重机重 $P_1 = 10$ kN，可绕铅直轴 AB 转动；起重机的挂钩上挂一重为 $P_2 = 40$ kN 的重物(图 2.23(a))。起重机的重心 C 到转动轴的距离为 1.5 m，其他尺寸如图 2.23(a)所示。求在止推轴承 A 和轴承 B 处的反作用力。

解　以起重机为研究对象，它所受的主动力有 $\boldsymbol{P}_1$ 和 $\boldsymbol{P}_2$。由于对称性，约束反力和主动力都位于同一平面之内。止推轴承 A 处有两个约束反力 $\boldsymbol{F}_{Ax}$、$\boldsymbol{F}_{Ay}$，轴承 B 处只有一个与转轴垂直的约束反力 $\boldsymbol{F}_B$，约束反力方向如图 2.23(b)所示。取坐标系如图 2.23(b)所示，列平面任意力系的平衡方程，即

$$\sum X = 0, F_{Ax} + F_B = 0$$

$$\sum Y = 0, F_{Ay} - P_1 - P_2 = 0$$

$$\sum M_A(\boldsymbol{F}) = 0, -F_B \times 5 - P_1 \times 1.5 - P_2 \times 3.5 = 0$$

解得

$$F_{Ay} = 50\ \text{kN}, F_B = -31\ \text{kN}, F_{Ax} = 31\ \text{kN}$$

F_B 为负值，说明它的方向与假设的方向相反。

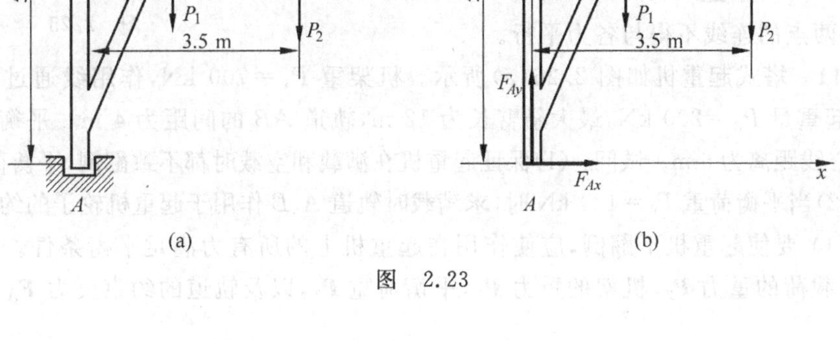

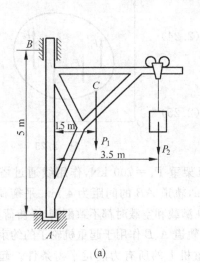

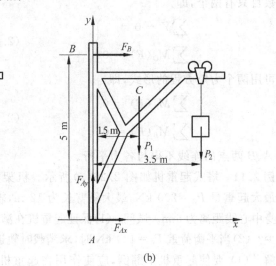

图　2.23

例 2.10 图 2.24(a)所示的水平横梁 AB，A 端为固定铰链支座，B 端为一滚动支座。梁的长为 $4a$，梁重 P，作用在梁的中点 C。在梁的 AC 段上受均布载荷 q 作用，在梁的 BC 段上受力偶作用，力偶矩 $M=Pa$。试求 A 和 B 处的约束反力。

解 选梁 AB 为研究对象。它所受的主动力有均布载荷 q、重力 P 和矩为 M 的力偶。它所受的约束反力有铰链 A 的两个分力 $\boldsymbol{F}_{Ax}$ 和 $\boldsymbol{F}_{Ay}$ 及滚动支座 B 处竖直向上的约束反力 $\boldsymbol{F}_B$。取坐标轴(图 2.24(b))，列出平衡方程

$$\sum M_A(\boldsymbol{F})=0, F_B\times 4a-M-P\times 2a-q\times 2a\times a=0$$

$$\sum X=0, F_{Ax}=0$$

$$\sum Y=0, F_{Ay}-q\times 2a-P+F_B=0$$

解得

$$F_B=\frac{3}{4}P+\frac{1}{2}qa,\ F_{Ax}=0,\ F_{Ay}=\frac{P}{4}+\frac{3}{2}qa$$

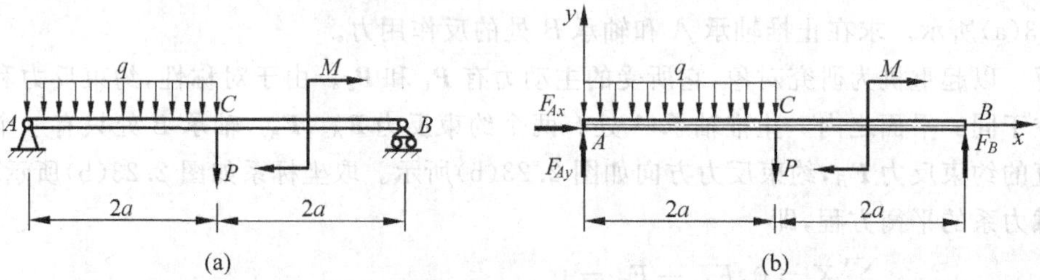

图 2.24

2.5.4 平面平行力系的平衡方程

平面力系 $\boldsymbol{F}_1,\boldsymbol{F}_2,\cdots,\boldsymbol{F}_n$，各力的作用线相互平行(图 2.25)，称为平面平行力系。选取 x 轴与各力垂直，各力在 x 轴上的投影恒等于零，即 $\sum X=0$。因此，平行力系的独立平衡方程的数目只有两个，即

$$\left.\begin{aligned}\sum Y=0\\ \sum M_O(\boldsymbol{F})=0\end{aligned}\right\}\qquad(2.24)$$

或者可用两个力矩方程的形式，即

$$\left.\begin{aligned}\sum M_A(\boldsymbol{F})=0\\ \sum M_B(\boldsymbol{F})=0\end{aligned}\right\}\qquad(2.25)$$

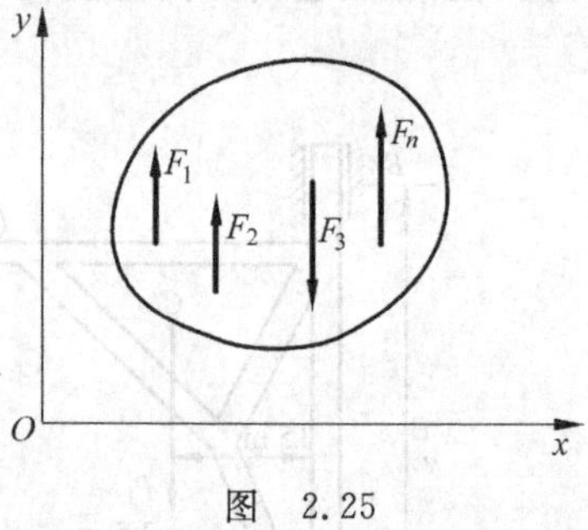

图 2.25

其中 A、B 两点的连线不得与各力平行。

例 2.11 塔式起重机如图 2.26(a)所示。机架重 $P_1=700$ kN，作用线通过塔架的中心。最大起重量 $P_2=200$ kN，最大悬臂长为 12 m，轨道 AB 的间距为 4 m。平衡荷重 P_3，到机身中心线距离为 6 m。试问：(1)保证起重机在满载和空载时都不致翻倒，平衡荷重 P_3 应为多少？(2)当平衡荷重 $P_3=180$ kN 时，求满载时轨道 A、B 作用于起重机轮子的约束反力。

解 (1) 要使起重机不翻倒，应使作用在起重机上的所有力满足平衡条件。起重机所受的力有：载荷的重力 $\boldsymbol{P}_2$，机架的重力 $\boldsymbol{P}_1$，平衡荷重 $\boldsymbol{P}_3$，以及轨道的约束反力 $\boldsymbol{F}_A$ 和 $\boldsymbol{F}_B$，如

图 2.26(b)所示。

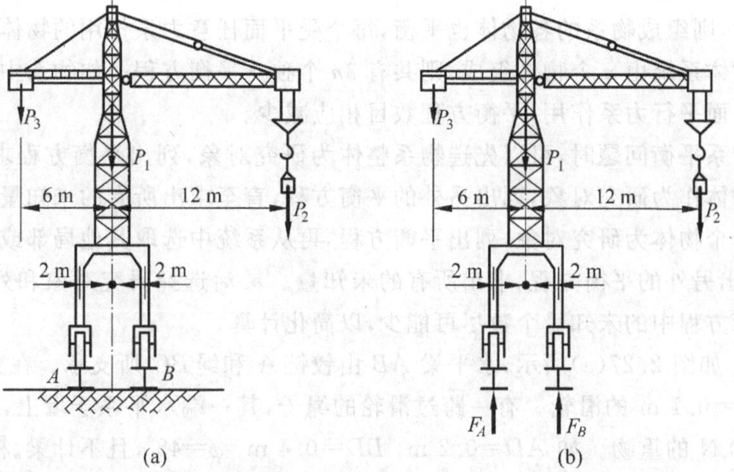

图 2.26

当满载时，为使起重机不绕点 B 翻倒，这些力必须满足平衡方程 $\sum M_B(\boldsymbol{F})=0$。在临界情况下，$F_A=0$。这时求出的 P_3 值是所允许的最小值。

$$\sum M_B(\boldsymbol{F})=0,P_{3\min}\times(6+2)+2P_1-P_2\times(12-2)=0$$

$$P_{3\min}=\frac{1}{8}(10P_2-2P_1)=75\ \text{kN}$$

当空载时，$P_2=0$。为使起重机不绕点 A 翻倒，所受的力必须满足平衡方程 $\sum M_A(\boldsymbol{F})=0$。在临界情况下，$F_B=0$。这时求出的 P_3 值是所允许的最大值。

$$\sum M_A(\boldsymbol{F})=0,P_{3\max}\times(6-2)-2P_1=0$$

$$P_{3\max}=\frac{2P_1}{4}=350\ \text{kN}$$

起重机实际工作时不允许处于极限状态，要使起重机不会翻倒，平衡荷重应在这两者之间，即

$$75\ \text{kN}<P_3<350\ \text{kN}$$

(2) 此时，起重机在力 $\boldsymbol{P}_2$、$\boldsymbol{P}_3$、$\boldsymbol{P}_1$ 以及 $\boldsymbol{F}_A$、$\boldsymbol{F}_B$ 的作用下平衡。根据平面平行力系平衡方程，有

$$\sum M_A(\boldsymbol{F})=0,P_3\times(6-2)-P_1\times 2-P_2\times(12+2)+F_B\times 4=0$$

$$\sum Y=0,-P_3-P_1-P_2+F_A+F_B=0$$

解得

$$F_B=870\ \text{kN},F_A=210\ \text{kN}$$

2.6 物体系统的平衡

工程中经常遇到多个物体组成的结构，如组合梁、三铰拱等结构，称为**物体系统**，简称**物系**(body system)。研究物系，将作用于物系上的力称为外力，系统内各物体间的相互作用，

称为系统内力。内力总是成对出现，研究物系的整体平衡时，不考虑内力。内力和外力是随研究对象不同而转变，如研究单个物体时，物体间的相互作用则为外力。

物系平衡，则组成物系的各物体也平衡，每个受平面任意力系作用的物体有三个独立平衡方程。如物体系统由 n 个物体组成，则共有 $3n$ 个独立平衡方程。如物系中的物体受平面汇交力系或平面平行力系作用，平衡方程数目相应减少。

在求解物系平衡问题时，可以先选物系整体为研究对象，列出平衡方程求解，再从系统中选取某些物体作为研究对象，列出另外的平衡方程，直至求出所有的未知量。也可先取系统的局部或单个物体为研究对象，列出平衡方程，再从系统中选取其他局部或单个物体作为研究对象，列出另外的平衡方程，求出所有的未知量。灵活选择研究对象和列平衡方程，应使每一个平衡方程中的未知量个数尽可能少，以简化计算。

例 2.12　如图 2.27(a)所示，水平梁 AB 由铰链 A 和绳 BC 所支承。在梁上 D 处用销钉安装半径 $r=0.1$ m 的滑轮。有一跨过滑轮的绳子，其一端水平系于墙上，另一端悬挂有重为 $P=1800$ N 的重物。如 $AD=0.2$ m，$BD=0.4$ m，$\varphi=45°$，且不计梁、杆、滑轮和绳的重力。求铰链 A 和杆 BC 对梁的约束反力。

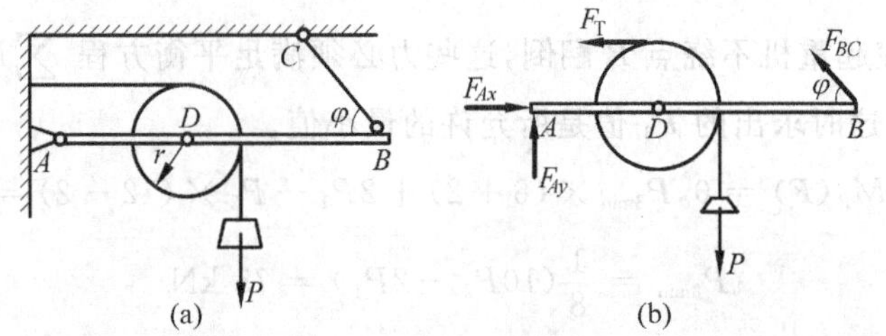

图　2.27

解

由于绳索静止平衡，则

$$F_T = P = 1800 \text{ N}$$

整体受力分析如图 2.27(b)所示，得

$$\sum X = 0, F_{Ax} - F_T - F_{BC}\cos 45° = 0$$

$$\sum Y = 0, F_{Ay} - P + F_{BC}\sin 45° = 0$$

$$\sum M_A(\boldsymbol{F}) = 0,\ F_T r - P(AD + r) + F_{BC}\sin 45°(AD + BD) = 0$$

解得

$$F_{Ax} = 2400 \text{ N}, F_{Ay} = 1200 \text{ N}, F_{BC} = 848.5 \text{ N}$$

例 2.13　图 2.28(a)所示的组合梁由 AC 和 CD 在 C 处铰接而成。梁的 A 端插入墙内，B 处为滚动支座。已知：$F=20$ kN，均布载荷 $q=10$ kN/m，$M=20$ kN · m，$l=1$ m。试求插入端 A 及滚动支座 B 的约束反力。

解　先以整体为研究对象，组合梁在主动力 M、$\boldsymbol{F}$、q 和约束反力 $\boldsymbol{F}_{Ax}$、$\boldsymbol{F}_{Ay}$、M_A 及 $\boldsymbol{F}_B$ 作用下平衡，受力如图 2.28(b)所示。其中均布载荷的合力通过点 C，大小为 $2ql$。列平衡方程

$$\sum X = 0, F_{Ax} - F_B\cos 60° - F\sin 30° = 0 \quad \text{(a)}$$

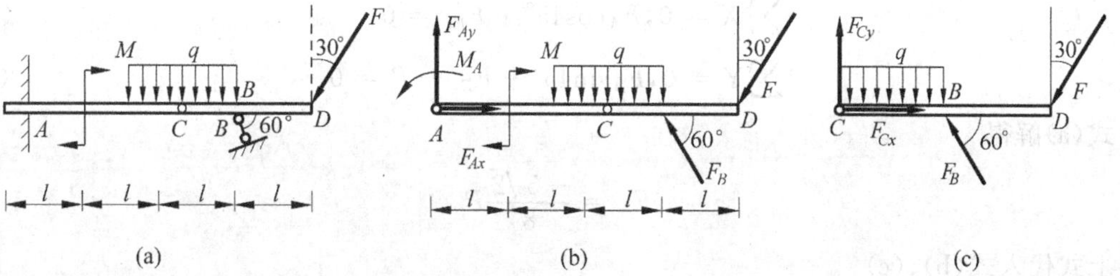

图　2.28

$$\sum Y = 0, F_{Ay} + F_B \sin 60^\circ - 2ql - F\cos 30^\circ = 0 \tag{b}$$

$$\sum M_A(\boldsymbol{F}) = 0, M_A - M - 2ql \times 2l + F_B \sin 60^\circ \times 3l - F\cos 30^\circ \times 4l = 0 \tag{c}$$

以上三个方程中包含有四个未知量，必须再补充方程才能求解。为此可取梁 CD 为研究对象，受力如图 2.28(c)所示，列出对点 C 的力矩方程

$$\sum M_C(\boldsymbol{F}) = 0,\ F_B \sin 60^\circ \times l - ql \times \frac{l}{2} - F\cos 30^\circ \times 2l = 0 \tag{d}$$

由式(d)可得

$$F_B = 45.77\ \text{kN}$$

代入式(a)，(b)，(c)求得

$$F_{Ax} = 32.89\ \text{kN}, F_{Ay} = -2.32\ \text{kN}, M_A = 10.37\ \text{kN} \cdot \text{m}$$

若求解铰链 C 处的约束反力，可以梁 CD 为研究对象，由平衡方程 $\sum X = 0$ 和 $\sum Y = 0$ 求得。

此题也可先取梁 CD 为研究对象，求得 F_B 后，再以整体为研究对象，求出 $\boldsymbol{F}_{Ax}$、$\boldsymbol{F}_{Ay}$ 及 M_A。

例 2.14　图 2.29(a)中，已知重力 P，$DC=CE=AC=CB=2l$；定滑轮半径为 R，动滑轮半径为 r，且 $R=2r=l$，$\theta=45^\circ$。试求：A、E 支座的约束反力及 BD 杆所受的力。

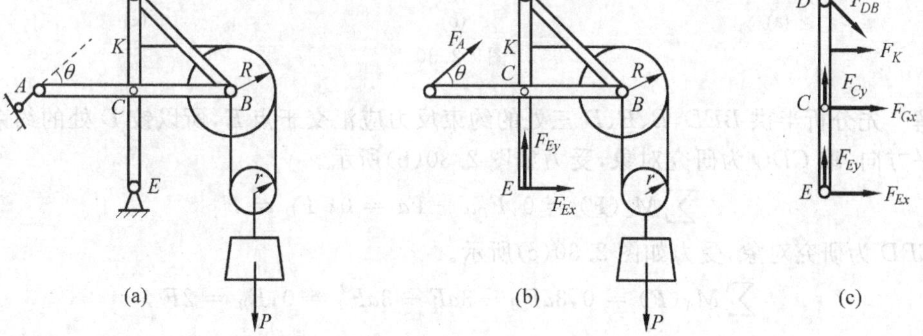

图　2.29

解　先取整体为研究对象，其受力图如图 2.29(b)所示，列平衡方程

$$\sum M_E(\boldsymbol{F}) = 0, F_A \times \sqrt{2} \times 2l + P\,\frac{5}{2}l = 0 \tag{a}$$

$$\sum X = 0, F_A \cos 45° + F_{Ex} = 0 \qquad \text{(b)}$$

$$\sum Y = 0, F_A \sin 45° + F_{Ey} - P = 0 \qquad \text{(c)}$$

由式(a)解得

$$F_A = \frac{-5\sqrt{2}}{8}P$$

将上式代入式(b)、(c)

$$F_{Ex} = -F_A \cos 45° = \frac{5}{8}P$$

$$F_{Ey} = P - F_A \sin 45° = \frac{13P}{8}$$

求 BD 杆所受的力，取包含此力的物体或局部为研究对象。取杆 DCE 为研究对象最为方便，杆 DCE 的受力图如图 2.29(c)所示。列平衡方程

$$\sum M_C(\boldsymbol{F}) = 0, F_{DB}\cos 45° \times 2l - F_K \times l + F_{Ex} \times 2l = 0 \qquad \text{(d)}$$

其中 $F_K = \frac{P}{2}, F_{Ex} = \frac{5P}{8}$；代入上式，得

$$F_{DB} = \frac{3\sqrt{2}P}{8}$$

例 2.15 三个半拱相互铰接，其尺寸、约束和受力情况如图 2.30(a)所示。设各拱自重均不计，试计算支座 B 的约束反力。

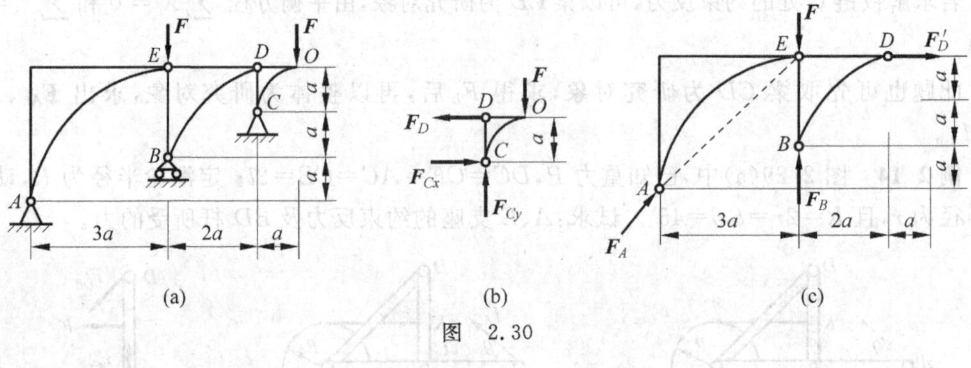

图 2.30

解 先分析半拱 BED，B、E、D 三处的约束反力应汇交于点 E，所以铰 D 处的约束反力为水平方向，取 CDO 为研究对象，受力如图 2.30(b)所示。

$$\sum M_C(\boldsymbol{F}) = 0, F_D a - Fa = 0;\ F_D = F$$

以 $AEBD$ 为研究对象，受力如图 2.30(c)所示。

$$\sum M_A(\boldsymbol{F}) = 0, 3aF_B - 3aF - 3aF'_D = 0; F_B = 2F$$

2.7 平面简单桁架

由若干直杆在两端相互连接而构成的几何形状不变的结构称为**桁架**(truss)。工程中，屋架、桥梁、起重机、油田井架、电视塔等结构，常采用桁架结构(图 2.31)。

所有杆件都在同一平面内的桁架，称为平面桁架。杆端连接处称为**节点**(joint)。节点

(a) 屋架　　(b) 桥梁结构

图　2.31

常用铆接、焊接、铰接或螺栓连接，也可用榫接（木材）。为了简化计算，对于平面桁架常采用以下基本假设：

(1) 杆件两端约束为光滑铰链；

(2) 外力作用在节点上，且在桁架平面内；

(3) 杆件自重忽略不计或均分到节点上；

(4) 杆件均为二力构件。

平面简单桁架的组成是在基本三角形框架上，每增加一个节点，需增加两根杆来固定该节点（图 2.32）。

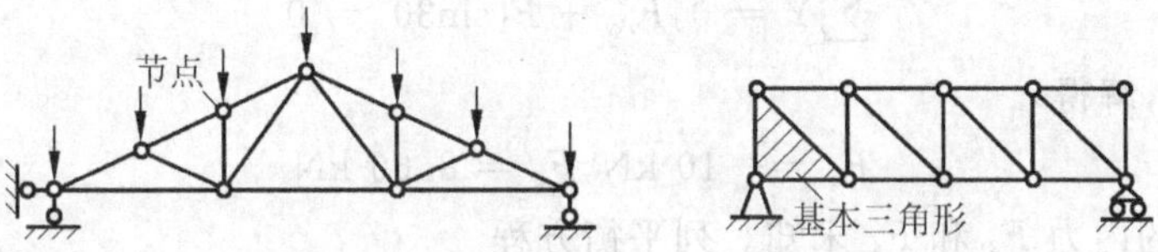

(a)　　(b)

图　2.32

其节点数 n 与杆数 m 之间有如下关系：

$$m = 2n - 3 \tag{2.26}$$

平面简单桁架具有几何形状不变的稳定性，且为静定桁架。计算其杆件内力有下面两种方法。

1. 节点法（method of joints）

桁架的每个节点都受到一个平面汇交力系的作用。可以逐个地取节点为研究对象，用平面汇交力系平衡方程求解。一个节点通常可以求解两个未知力，由已知力求出全部未知力（杆件的内力），这就是**节点法**。

例 2.16　平面桁架的尺寸和支座如图 2.33(a)所示，在节点 D 处受一集中载荷 $F=$ 10kN 的作用。试求桁架各杆件所受的内力。

解　(1) 求约束反力。

以桁架整体为研究对象。在桁架上受 4 个力 $\boldsymbol{F}$、$\boldsymbol{F}_{Ay}$、$\boldsymbol{F}_{Bx}$、$\boldsymbol{F}_{By}$ 作用，如图 2.33(b)所示。列平衡方程

$$\sum X = 0, F_{Bx} = 0$$

$$\sum M_A(\boldsymbol{F}) = 0,\ F_{By} \times 4 - F \times 2 = 0$$

$$\sum M_B(\boldsymbol{F}) = 0, F \times 2 - F_{Ay} \times 4 = 0$$

解得

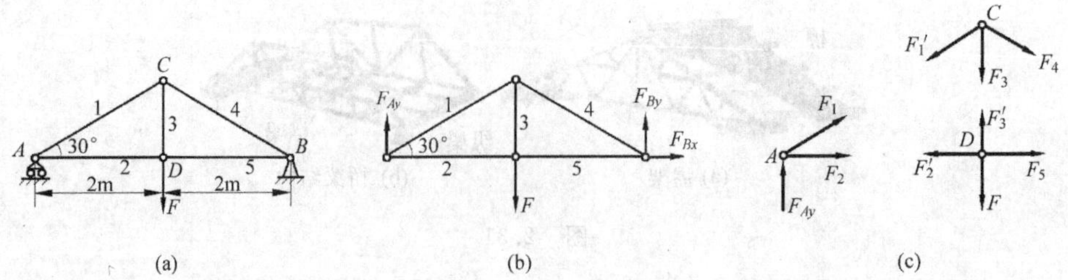

图 2.33

$$F_{Bx}=0, F_{Ay}=F_{By}=5\ \text{kN}$$

(2) 依次取一个节点为研究对象，计算各杆内力。

假定各杆均受拉力，各节点受力如图 2.33(c)所示，为计算方便，最好逐次列出只含两个未知力的节点的平衡方程。

节点 A，杆的内力 $\boldsymbol{F}_1$ 和 $\boldsymbol{F}_2$ 均未知。列平衡方程

$$\sum X=0, F_2+F_1\cos30^\circ=0$$

$$\sum Y=0, F_{Ay}+F_1\sin30^\circ=0$$

代入 F_{Ay} 的值后，解得

$$F_1=-10\ \text{kN}, F_2=8.66\ \text{kN}$$

节点 C，杆的内力 F_3 和 F_4 未知。列平衡方程

$$\sum X=0, F_4\cos30^\circ-F_1'\cos30^\circ=0$$

$$\sum Y=0, -F_3-(F_1'+F_4)\sin30^\circ=0$$

代入 $F_1'=F_1$，解得

$$F_4=-10\ \text{kN}, F_3=10\ \text{kN}$$

节点 D，只有一个杆的内力 F_5 未如。列平衡方程

$$\sum X=0, F_5-F_2'=0$$

代入 $F_2'=F_2$ 值后，得

$$F_5=8.66\ \text{kN}$$

(3) 判断杆件受拉或受压。

假定各杆均受拉力，计算结果 F_2、F_5、F_3 为正值，表明杆 2、5、3 受拉力；F_1 和 F_4 的结果为负，表明杆 1 和 4 承受压力。

(4) 校核计算结果。

求出各杆内力之后，可用尚未应用的节点平衡方程校核已得的结果。例如，可对节点 D 列出另一个平衡方程

$$\sum Y=0, F-F_3'=0$$

解得 $F_3'=10\ \text{kN}$，与已求得的 F_3 相等，计算无误。

桁架内常常会有内力为零的杆件，称为零杆。为保证桁架形状的固定性，不可移去零杆。如果是下面两种情况，可以不计算直接判断零杆：

(1) 两杆节点无载荷、且两杆不在一条直线上时，该两杆是零杆(图 2.34(a))。

(2) 三杆节点无载荷、其中两杆在一条直线上，另一杆必为零杆(图 2.34(b))。

2. 截面法(method of sections)

适当地选取一截面，假想把桁架一分为二，考虑其中任一部分的平衡，应用平面力系平衡方程，求被截杆件的内力，这就是**截面法**。

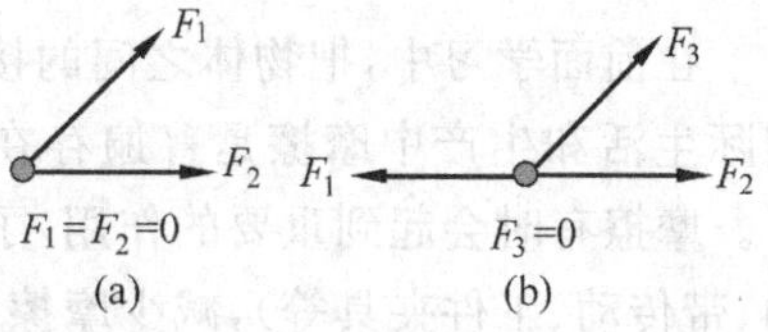

图　2.34

例 2.17　如图 2.35(a)所示平面桁架，各杆件的长度都等于 1 m。在节点 E 上作用载荷 $P_1=10$ kN，在节点 G 上作用载荷 $P_2=7$ kN。试计算杆 1、2 和 3 的内力。

解　先求桁架的支座反力。以桁架整体为研究对象，如图 2.35(b)所示。在桁架上受主动力 $\boldsymbol{P}_1$ 和 $\boldsymbol{P}_2$ 以及约束反力 $\boldsymbol{F}_{Ax}$、$\boldsymbol{F}_{Ay}$ 和 $\boldsymbol{F}_{By}$ 的作用。列出平衡方程

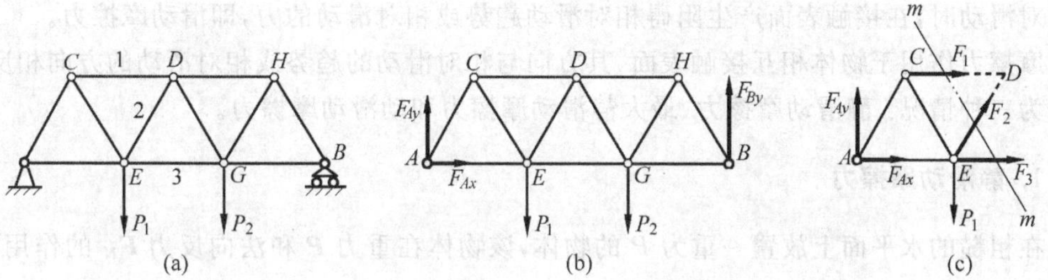

图　2.35

$$\sum X = 0, F_{Ax} = 0$$

$$\sum Y = 0, F_{Ay} + F_{By} - P_1 - P_2 = 0$$

$$\sum M_B(\boldsymbol{F}) = 0, P_1 \times 2 + P_2 \times 1 - F_{Ay} \times 3 = 0$$

解得

$$F_{Ax} = 0, F_{Ay} = 9\ \text{kN}, F_{Ay} = 8\ \text{kN}$$

为求杆 1、2 和 3 的内力，可作一截面 m—m 将三杆截断。选取桁架左半部分为研究对象。假定所截断的三杆都受拉力，受力如图 2.35(c)所示，为一平面任意力系。列平衡方程

$$\sum M_E(\boldsymbol{F}) = 0, -F_1 \times \frac{\sqrt{3}}{2} \times 1 - F_{Ay} \times 1 = 0$$

$$\sum Y(\boldsymbol{F}) = 0, F_{Ay} + F_2 \sin 60° - P_1 = 0$$

$$\sum M_D(\boldsymbol{F}) = 0, P_1 \times \frac{1}{2} + F_3 \times \frac{\sqrt{3}}{2} \times 1 - F_{Ay} \times 1.5 = 0$$

解得

$$F_1 = -10.4\ \text{kN(压力)}, F_2 = 1.15\ \text{kN(拉力)}, F_3 = 9.81\ \text{kN(拉力)}$$

如选取桁架的右半部分为研究对象，可得同样的结果。还可以用截面法截断另外三根杆件计算其他各杆的内力，或用于校核已求得的结果。

由上例可见，采用截面法时，选择适当的力矩方程，常可较快地求得某些指定杆件的内

力。当然，应注意到，平面任意力系只有三个独立的平衡方程，因而，作截面时每次最多只能截断三根内力未知的杆件。如截断内力未知的杆件多于三根时，可以再联合使用节点法求解。

2.8 摩擦

在前面学习中，把物体之间的接触表面都看作是理想光滑的，忽略了摩擦的影响，但在实际生活和生产中摩擦是普遍存在的，只是研究某些问题时，把摩擦看成次要因素而忽略了。摩擦有时会起到重要的作用，了解摩擦的作用，可以帮助我们更好利用摩擦（如摩擦制动、带传动、工件夹具等），减少摩擦导致的损耗（如摩擦磨损、损坏零件等）。本章只研究固体与固体间的摩擦，即干摩擦。

2.8.1 滑动摩擦

两个表面粗糙的物体，当其中一个物体在外力的作用下对另一个物体有相对滑动趋势或相对滑动时，在接触表面产生阻碍相对滑动趋势或相对滑动的力，即滑动摩擦力。

摩擦力作用于物体相互接触表面，其方向与相对滑动的趋势或相对滑动的方向相反，可以分为三种情况：静滑动摩擦力、最大静滑动摩擦力和动滑动摩擦力。

1. 静滑动摩擦力

在粗糙的水平面上放置一重为 P 的物体，该物体在重力 $\boldsymbol{P}$ 和法向反力 $\boldsymbol{F}_N$ 的作用下处于静止状态（图 2.36(a)）。在该物体上作用一水平拉力 $\boldsymbol{F}$，当拉力 $\boldsymbol{F}$ 由零值逐渐增加，但物体仍保持静止。此时，有一个阻碍物体沿水平面向右滑动的切向力，此力即静滑动摩擦力，简称静摩擦力，常以 $\boldsymbol{F}_s$ 表示，方向向左（图 2.36(b)）。

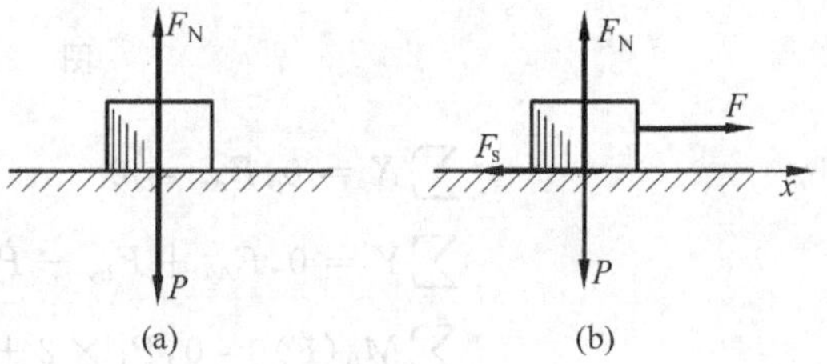

图 2.36

可见，静摩擦力就是接触面对物体作用的切向约束反力，它的方向与物体相对滑动趋势相反，它的大小需用平衡条件确定。此时有

$$\sum X=0, F_s=F$$

2. 最大静滑动摩擦力

静摩擦力并不是随力 $\boldsymbol{F}$ 的增大而无限度地增大。当力 $\boldsymbol{F}$ 增大到一定数值时，物块处于将要滑动、但尚未开始滑动的临界状态，静滑动摩擦力达到最大值，简称最大静摩擦力，以 $\boldsymbol{F}_{max}$ 表示。由此可知，静摩擦力的大小随主动力的情况而改变，即

$$0 \leqslant F_s \leqslant F_{max} \tag{2.27}$$

此后，如果 $\boldsymbol{F}$ 再继续增大，静摩擦力不会再随之增大，物体将失去平衡而滑动，这时为动摩擦力。大量实验证明：最大静摩擦力 $\boldsymbol{F}_{max}$ 的大小与两物体间的正压力（即法向反力）成正比，即

$$F_{max}=f_s F_N \tag{2.28}$$

式中，f_s 是比例常数，称为静摩擦因数，它是量纲为一的物理量。式(2.28)称为**静摩擦定**

律，又称**库仑定律**(Coulomb law of friction)。

静摩擦因数 f_s 的大小由实验测定。它与接触物体的材料和表面情况(如粗糙度、温度和湿度等)有关，而与接触面积的大小无关。一般可在工程手册中查到。要增大最大静摩擦力，可以通过加大正压力或增大静摩擦因数来实现。例如，汽车一般都用后轮发动，因为后轮正压力大于前轮，这样可以产生较大的向前推动的摩擦力。又如，火车在下雪后行驶时，要在铁轨上洒细沙，以增大摩擦因数，避免打滑。

3. 动滑动摩擦力

两物体相对滑动时，接触表面作用有阻碍相对滑动的阻力，这种阻力称为动滑动摩擦力，简称动摩擦力，以 $\boldsymbol{F}_d$ 表示。实验表明：动摩擦力的大小与接触体间的正压力成正比，即

$$\sum F_d = fF_N \tag{2.29}$$

式中，f 是动摩擦因数，与接触物体的材料和表面情况有关，可近似地认为是常数。

在机器使用中，往往用降低接触表面的粗糙度或加入润滑剂等方法，使动摩擦因数 f 降低，以减小摩擦和磨损。

2.8.2 摩擦角和自锁

1. 摩擦角

如图 2.37(a)所示，当有摩擦时，支承面对平衡物体的约束反力有：法向反力 $\boldsymbol{F}_N$ 和切向反力 $\boldsymbol{F}_s$(即静摩擦力)。这两个分力的合力 $\boldsymbol{F}_{RA}$ 称为支承面的全约束反力，$\boldsymbol{F}_{RA}$ 的作用线与接触面的公法线成一偏角 α。物块处于临界平衡状态时，静摩擦力达到最大值 $\boldsymbol{F}_{max}$，偏角 α 也达到最大值 φ，称为**摩擦角**(angle of friction)(图 2.37(b))，有

$$\tan\varphi = \frac{F_{max}}{F_N} = \frac{f_s F_N}{F_N} = f_s \tag{2.30}$$

即，摩擦角的正切等于静摩擦因数。可见，摩擦角与摩擦因数一样，都是表征材料表面性质的物理量。

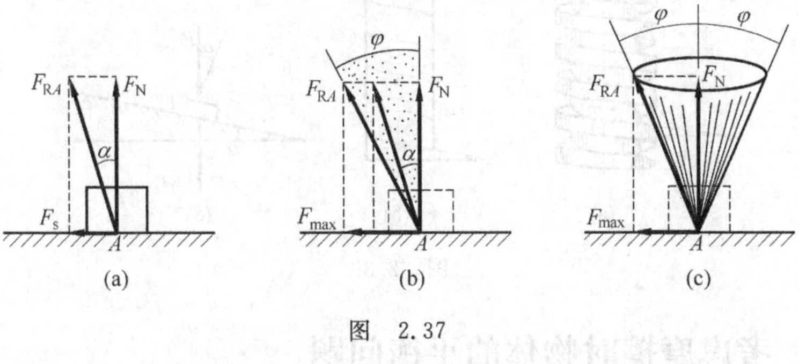

图 2.37

当物块的滑动趋势方向改变时，全约束反力作用线的方位也随之改变。在临界状态下，$\boldsymbol{F}_{RA}$ 的作用线将画出一个以接触点 A 为顶点的锥面(图 2.37(c))，称为摩擦锥。设物块与支承面间沿任何方向的摩擦因数都相同，即摩擦角都相等，则摩擦锥将是一个顶角为 2φ 的圆锥。

利用摩擦角的概念，可用简单的方法测定静摩擦因数。如图 2.38 所示，把要测定的两

种材料分别做成斜面和物块,把物块放在斜面上,并逐渐从零起增大斜面的倾角 α,直到物块刚开始下滑时为止。记下斜面倾角 α,这时的 α 角就是要测定的摩擦角 φ,其正切就是要测定的静摩擦因数 f_s。因为物块受重力 $\boldsymbol{P}$ 和全约束反力 $\boldsymbol{F}_{RA}$ 作用而平衡,$\boldsymbol{F}_{RA}$ 与 $\boldsymbol{P}$ 必等值、反向、共线,所以 $\boldsymbol{F}_{RA}$ 与斜面法线的夹角等于斜面倾角 α。当物块处于临界状态时,全约束反力 $\boldsymbol{F}_{RA}$ 与法线间的夹角等于摩擦角 φ,即 $\alpha=\varphi$,即

$$f_s = \tan\varphi = \tan\alpha$$

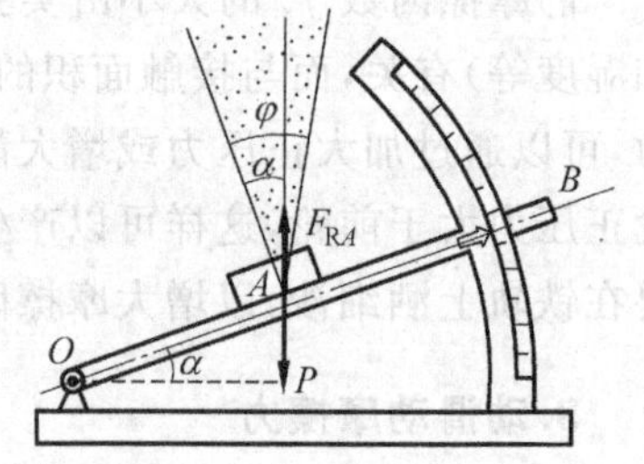

图 2.38

2. 自锁

物块平衡,静摩擦力在 0 与最大值 $\boldsymbol{F}_{max}$ 之间变化,所以全约束反力与接触面法线间的夹角 α 也在 0°与摩擦角 φ 之间变化($0\leqslant\alpha\leqslant\varphi$),即全约束反力必在摩擦角之内。由此可知:

(1) 如果作用于物块的主动力合力 $\boldsymbol{F}_R$ 与法线夹角在摩擦角 φ 之内,物块必定保持平衡静止,与 $\boldsymbol{F}_R$ 大小无关,这种现象称为**自锁**(self-locking)。因为在这种情况下,主动力的合力 $\boldsymbol{F}_R$ 与法线间的夹角 $\alpha<\varphi$,因此,$\boldsymbol{F}_R$ 和全约束反力 $\boldsymbol{F}_{RA}$ 必能满足二力平衡条件。

工程实际中常应用自锁原理设计一些机构或夹具,如千斤顶、压榨机、圆锥销等,使它们始终在平衡状态下工作。

(2) 如果主动力合力 $\boldsymbol{F}_R$ 与法线夹角在摩擦角 φ 之外,物块必定会滑动,与 $\boldsymbol{F}_R$ 的大小无关。因为在这种情况下,$\alpha>\varphi$,支承面的全约束反力 $\boldsymbol{F}_{RA}$ 和主动力的合力 $\boldsymbol{F}_R$ 不能满足二力平衡条件。应用这个道理,可以设法避免发生自锁现象。

下面讨论螺纹的自锁条件,螺纹可以看成为绕在圆柱体上的斜面,螺纹升角 α 就是斜面的倾角(图 2.39(a))。螺母相当于斜面上的滑块 A,加于螺母的轴向载荷 $\boldsymbol{P}$,相当物块 A 的重力,要使螺纹自锁,必须使螺纹的升角 α 小于或等于摩擦角 φ。因此螺纹的自锁条件是

$$\tan\varphi = f_s$$

由 $f_s=0.1$ 得 $\varphi=5°43'$,为保证螺纹自锁,一般取螺纹升角 $\alpha=4°\sim4°30'$。

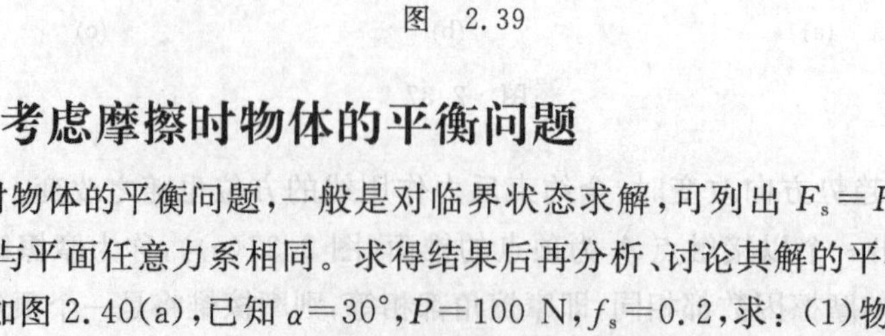

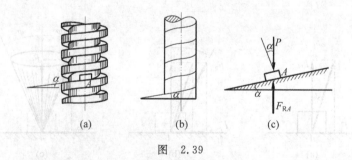

图 2.39

2.8.3 考虑摩擦时物体的平衡问题

考虑摩擦时物体的平衡问题,一般是对临界状态求解,可列出 $F_s=F_{max}=f_sF_N$ 的补充方程,其他解法与平面任意力系相同。求得结果后再分析、讨论其解的平衡范围。

例 2.18 如图 2.40(a),已知 $\alpha=30°$,$P=100$ N,$f_s=0.2$,求:(1)物块静止时,水平力 Q 的平衡范围。(2)当水平力 $Q=60$ N 时,物块能否平衡?

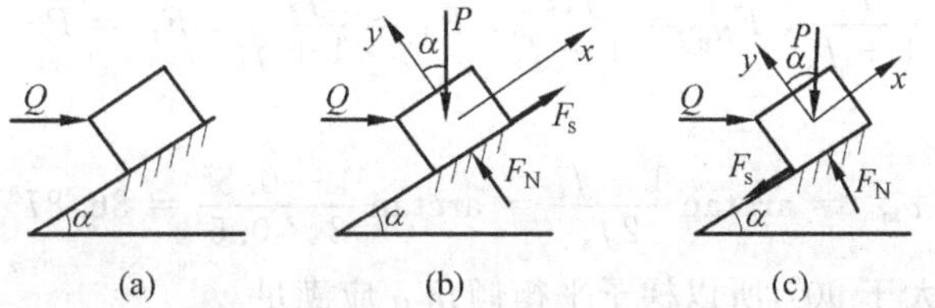

图 2.40

解 (1) 考虑物块临界平衡状态有下滑的趋势,摩擦力沿斜面向上,受力分析如图 2.40(b)所示,列平衡方程

$$\sum X = -P\sin30^\circ + Q\cos30^\circ + F_s = 0$$

补充方程

$$F_s = F_{max} = f_s F_N = 0.2 \times (P\cos30^\circ + Q\sin30^\circ)$$

得

$$Q = 38.83\ \text{N}$$

考虑物块临界平衡状态有向上滑的趋势,摩擦力沿斜面向下,受力分析如图 2.40(c)所示,列平衡方程

$$\sum X = -P\sin30^\circ + Q\cos30^\circ - F_{max} = 0$$

补充方程

$$F_s = F_{max} = f_s F_N = 0.2 \times (P\cos30^\circ + Q\sin30^\circ)$$

得

$$Q = 87.88\ \text{N}$$

因此

$$38.83\text{N} \leqslant Q \leqslant 87.88\ \text{N}$$

(2) 当水平力 $Q=60$ N 时,在上述范围内,物体平衡。

例 2.19 如图 2.41(a)所示,梯子长 $AB=l$,重为 P,若梯子与墙和地面的静摩擦因数 $f_s=0.5$,求 α 多大时,梯子能处于平衡。

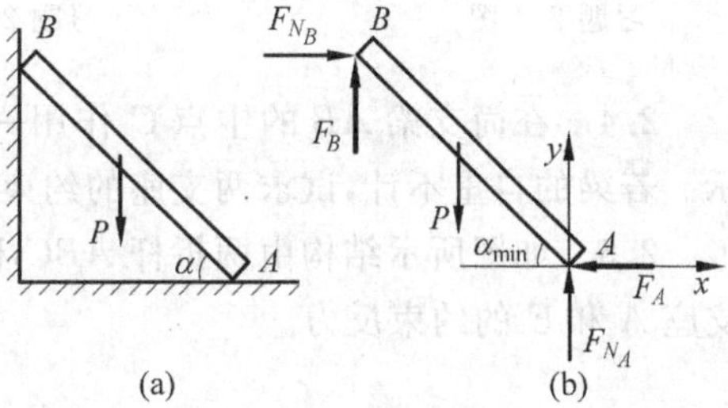

图 2.41

解 考虑梯子处于临界平衡状态有下滑的趋势,以 AB 为研究对象,受力分析如图 2.41(b)所示。列平衡方程

$$\sum X = 0, F_{N_B} - F_A = 0$$

$$\sum Y = 0, F_{N_A} + F_B - P = 0$$

$$\sum M_A(\boldsymbol{F}) = 0, P \times \frac{l}{2} \times \cos\alpha_{min} - F_B \times l \times \cos\alpha_{min} - F_{N_B} \times l \times \sin\alpha_{min} = 0$$

补充方程

$$F_A = f_s F_{N_A}$$

$$F_B = f_s F_{N_B}$$

解得

$$F_{N_A}=\frac{P}{1+f_s^2},\ F_{N_B}=\frac{f_sP}{1+f_s^2},\ F_A=\frac{f_sP}{1+f_s^2},\ F_B=P-\frac{P}{1+f_s^2}$$

得

$$\alpha_{\min}=\arctan\frac{1-f_s^2}{2f_s}=\arctan\frac{1-0.5^2}{2\times 0.5}=36.87^\circ$$

注意，由于 α 不可能大于 90°，所以梯子平衡倾角 α 应满足

$$36.87^\circ\leqslant\alpha\leqslant 90^\circ$$

习题

2.1　杆 AC、BC 在 C 处铰接，另一端均与墙面铰接，如图所示，$\boldsymbol{F}_1$ 和 $\boldsymbol{F}_2$ 作用在销钉 C 上，$F_1=445$ N，$F_2=535$ N，不计杆重，试求两杆所受的力。

2.2　水平力 $\boldsymbol{F}$ 作用在刚架的 B 点，如图所示。如不计刚架重量，试求支座 A 和 D 处的约束反力。

2.3　如图所示平面汇交力系，用解析法求图示力系的合力。

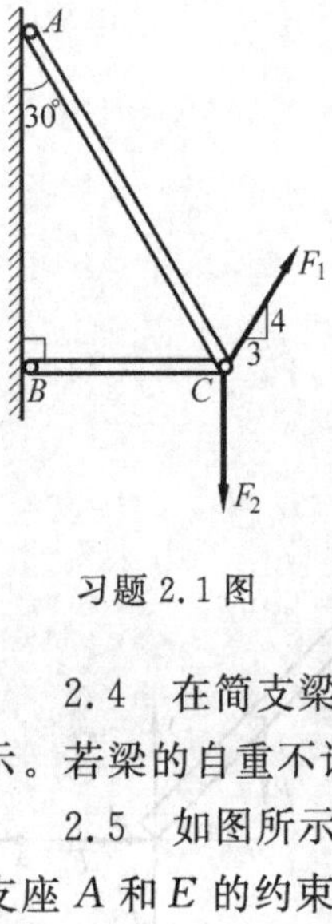

习题 2.1 图

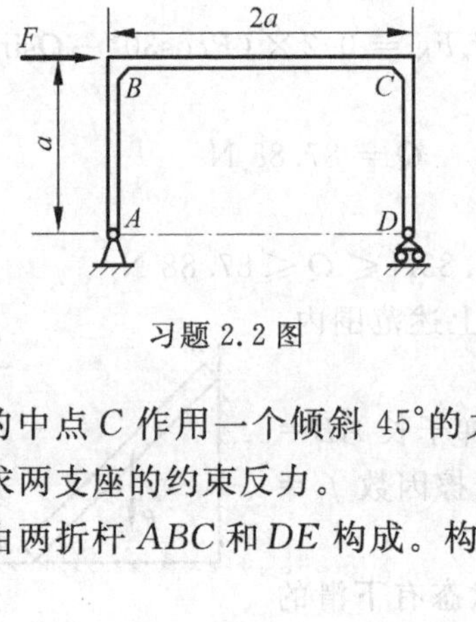

习题 2.2 图

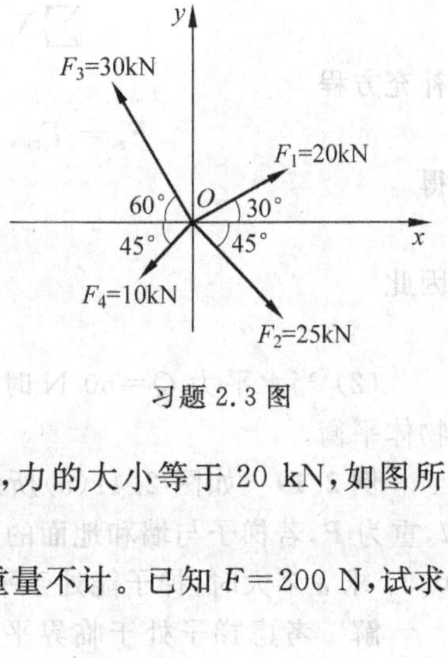

习题 2.3 图

2.4　在简支梁 AB 的中点 C 作用一个倾斜 45°的力 $\boldsymbol{F}$，力的大小等于 20 kN，如图所示。若梁的自重不计，试求两支座的约束反力。

2.5　如图所示结构由两折杆 ABC 和 DE 构成。构件重量不计。已知 $F=200$ N，试求支座 A 和 E 的约束反力。

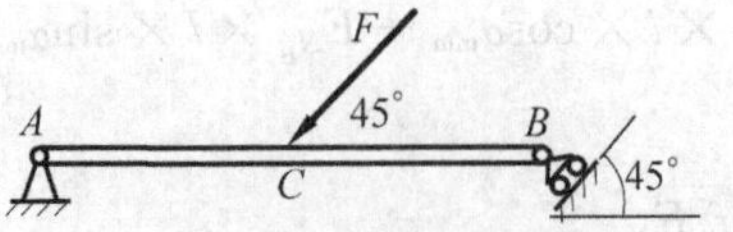

习题 2.4 图

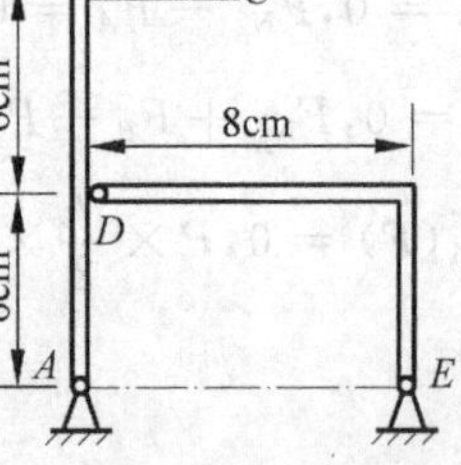

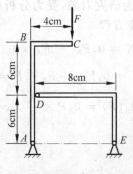

习题 2.5 图

2.6　如图所示，简易拔桩装置中，AB 和 AC 是绳索，两绳索连接于点 A，B 端连接于支架上，C 端连接于桩端头上。当 $F=50\ \text{kN}$，$\theta=10°$时，求绳 AB 和 AC 的拉力。

2.7　在四连杆机构 $ABCD$ 的铰链 B 和 C 上分别作用有力 $\boldsymbol{F}_1$ 和 $\boldsymbol{F}_2$，机构在图示位置平衡。试求平衡时力 $\boldsymbol{F}_1$ 和 $\boldsymbol{F}_2$ 大小之间的关系。

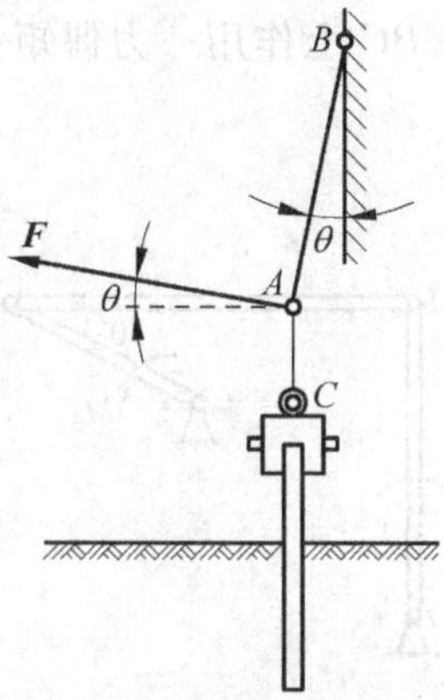

习题 2.6 图

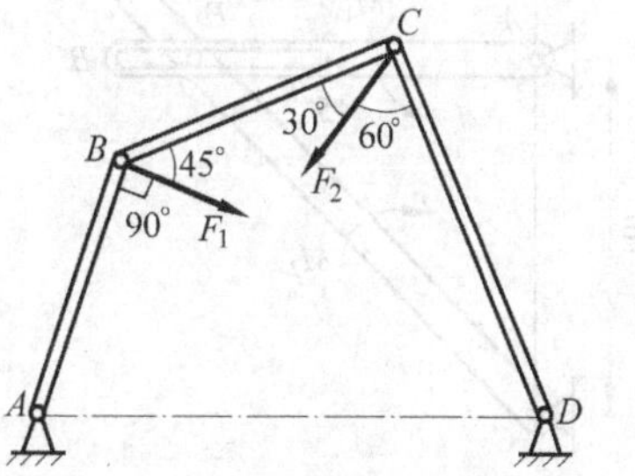

习题 2.7 图

2.8　已知梁 AB 上作用一力偶，力偶矩为 M，梁长为 l，梁重不计。求在图(a)，(b)，(c)三种情况下，支座 A 和 B 的约束反力。

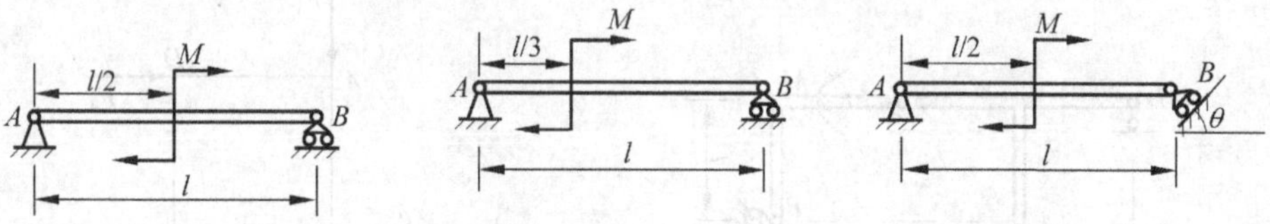

(a)　(b)　(c)

习题 2.8 图

2.9　如图所示结构中杆件自重不计，曲杆 AB 上作用有主动力偶，其力偶矩为 M，试求 A 和 C 点处的约束反力。

2.10　齿轮箱的两个轴上作用的力偶如图所示，它们的力偶矩大小分别为 $M_1=500\ \text{N}\cdot\text{m}$，$M_2=125\ \text{N}\cdot\text{m}$。求两螺栓处的铅垂约束反力。

2.11　如图所示，均质杆 AB 重 1500 N，两端靠在光滑墙上，并用铅直绳悬吊，求 A、B 点的约束反力。

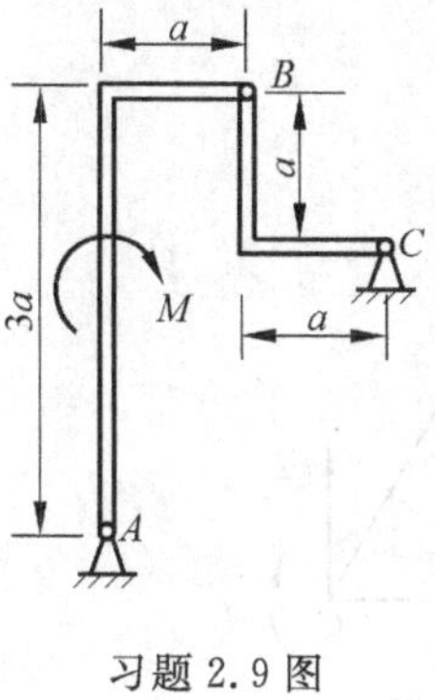

习题 2.9 图

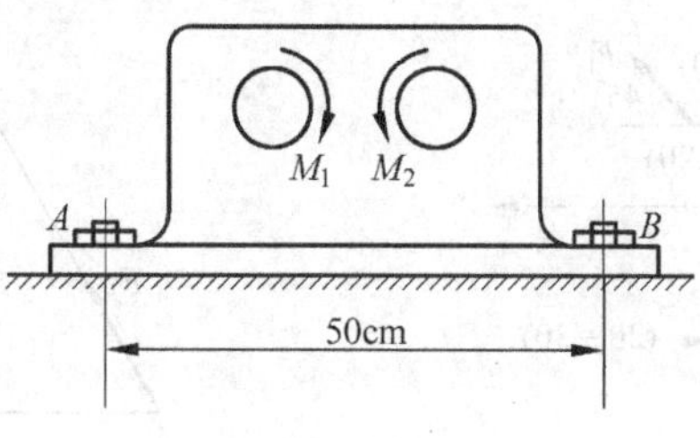

习题 2.10 图

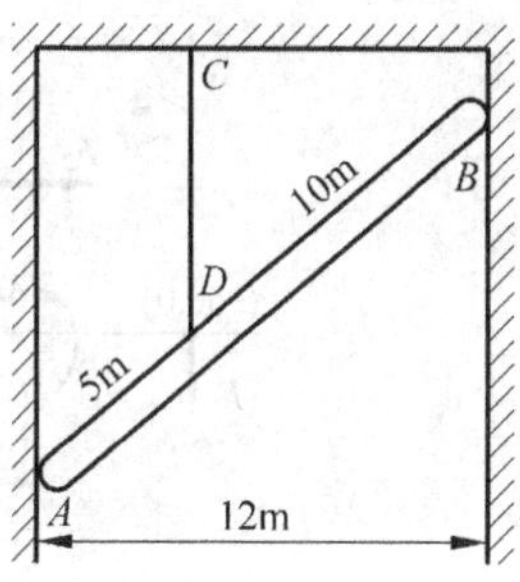

习题 2.11 图

2.12　如图所示，杆 AB 带有一滑槽，与杆 CD 上的销钉 E 连接。杆 AB、CD 分别作用一力偶，已知其中一力偶矩 $M_1=1000\ \text{N}\cdot\text{m}$，不计杆重及摩擦，求力偶矩 M_2 的大小。

2.13　四连杆机构在图示位置平衡。已知 $OA=60\ \text{cm}$，$BC=40\ \text{cm}$，作用 BC 上的力偶为 $M_2=1\ \text{N}\cdot\text{m}$，试求作用在 OA 上力偶 M_1 和 AB 所受的力 F_{AB}。各杆重量不计。

2.14　在图示结构中，各构件的自重都不计，在构件 BC 上作用一力偶矩为 M 的力偶，各尺寸如图。求支座 A 的约束反力。

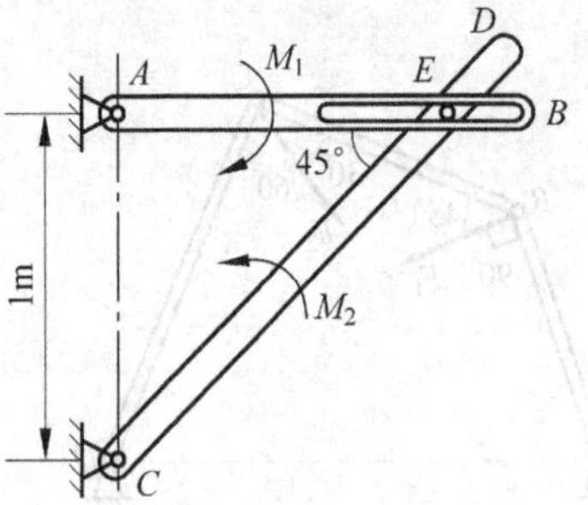

习题 2.12 图

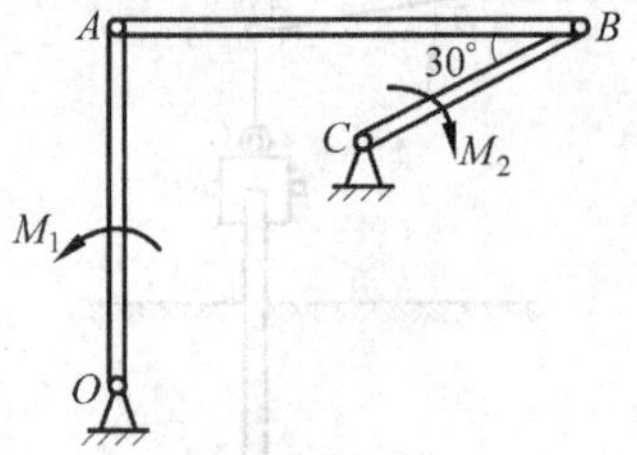

习题 2.13 图

2.15　如图所示，正方形板 $ABCD$ 的边长为 a，沿四条边分别作用有力 F_1、F_2、F_3、F_4，且大小相等，均为 F。求力系向点 A 简化的主矢和主矩。

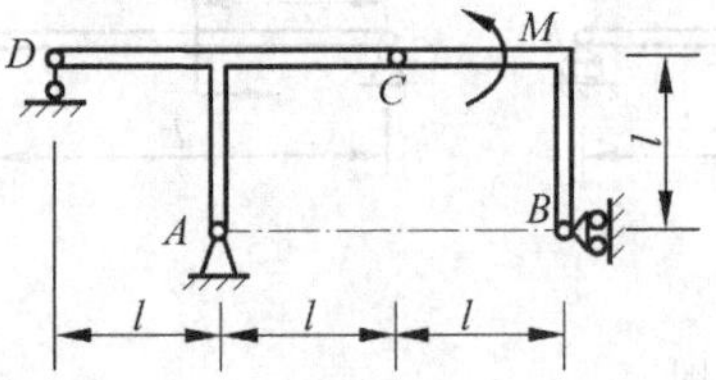

习题 2.14 图

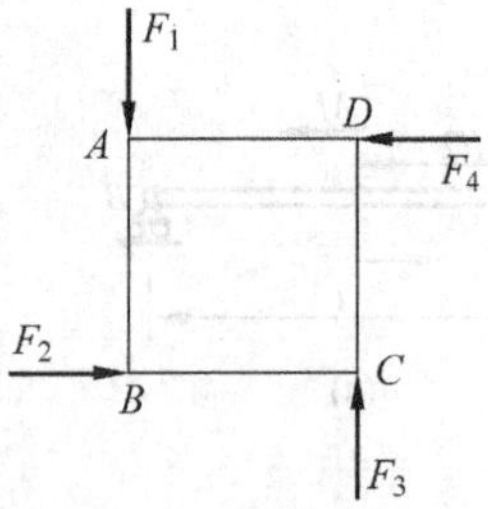

习题 2.15 图

2.16　图示平面任意力系中，$F_1=40\sqrt{2}\ \text{N}$，$F_2=80\ \text{N}$，$F_3=40\ \text{N}$，$F_4=110\ \text{N}$，$M=2000\ \text{N}\cdot\text{mm}$。各力作用位置如图所示，图中尺寸的单位为 mm。求：(1)力系向点 O 简化的结果；(2)力系的合力的大小、方向及合力作用线方程。

2.17　如图所示，等边三角形板 ABC，边长为 a，板上作用有力矩力 $M=Fa$ 和四个大小相等的力 $F_1=F_2=F_3=F_4=F$。求该力系最后简化结果。

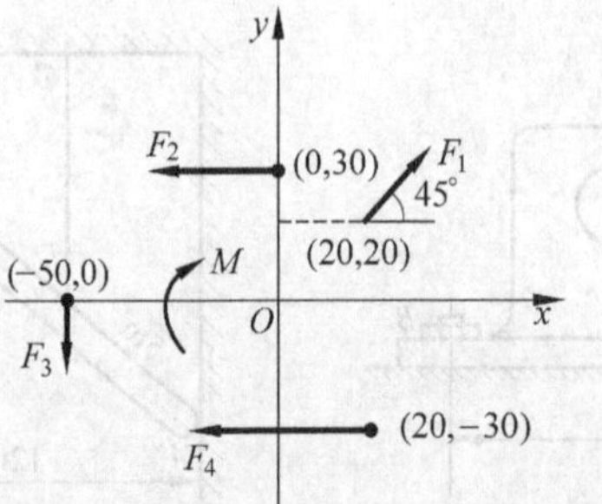

习题 2.16 图

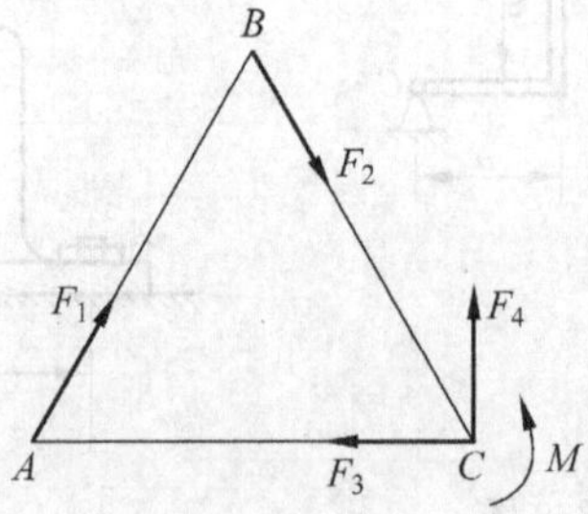

习题 2.17 图

2.18　不计自重水平梁的约束和载荷如图(a)、(b)所示。已知力 $\boldsymbol{F}$，力偶矩为 M 的力偶和集度为 q 的均布载荷。求支座 A 和 B 处的约束反力。

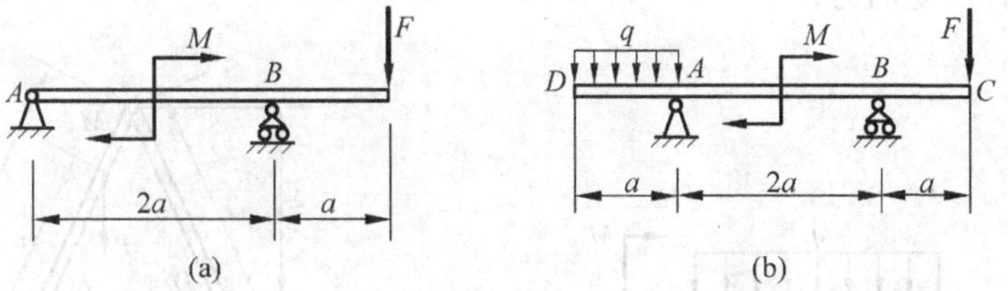

习题 2.18 图

2.19　如图所示，重为 P 的圆柱搁在倾斜的板 AB 与墙之间，板与墙的夹角为 30°，D 是 AB 的中点，BC 绳水平，各接触点均为光滑，不计板的自重，求绳 BC 的拉力和铰链 A 的约束反力。

2.20　如图所示手柄 ABC 的 A 端是铰链支座，B 处与折杆 BD 用铰链连接。各杆自重不计，$F=400$ N，手柄在图示位置平衡。求 A 支座的约束反力。

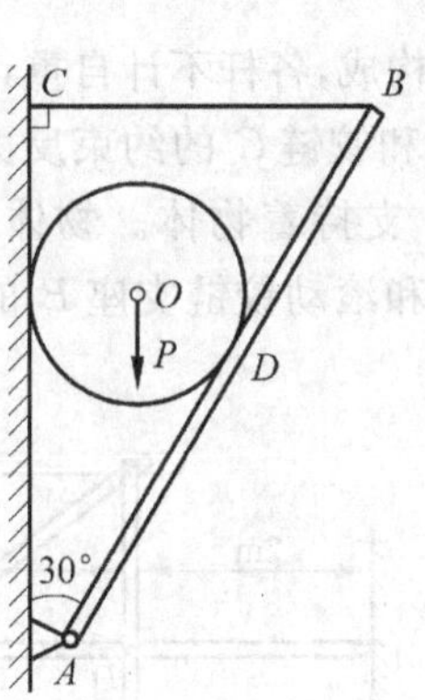

习题 2.19 图

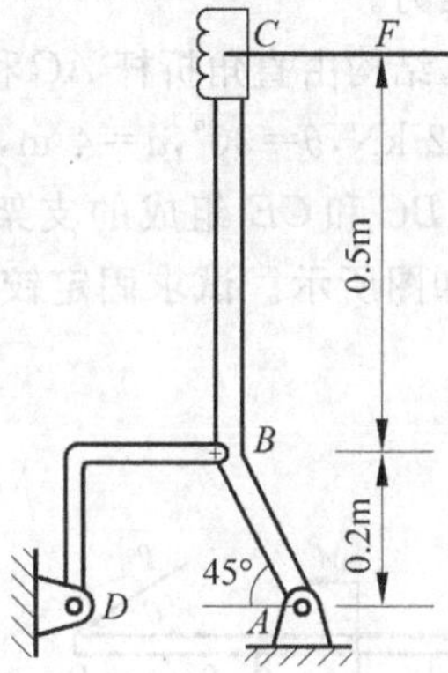

习题 2.20 图

2.21　如图所示刚架，已知 $q=5$ kN/m，$F=10\sqrt{2}$ kN，$M=20$ kN·m，不计刚架自重。求固定端 A 的约束反力。

2.22　如图所示结构，重为 P 的物体通过绳索挂在滑轮 D 上，各杆件自重不计，求 A、B、C 三点的约束反力。

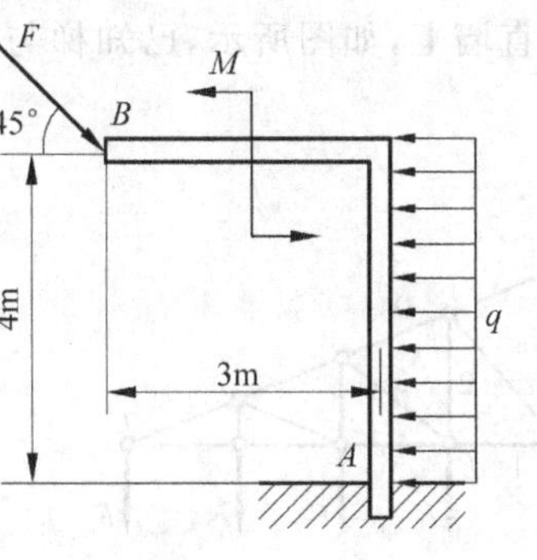

习题 2.21 图

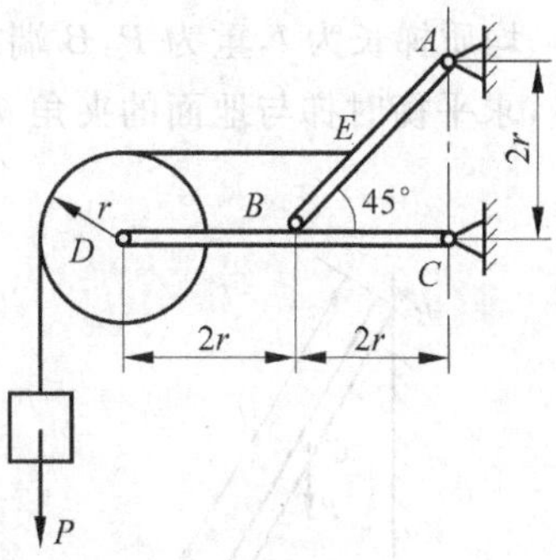

习题 2.22 图

2.23　由 AC 和 CD 构成的复合梁通过铰链 C 连接，它的约束和受力如图所示。已知均布载荷集度 $q=10$ kN/m，力偶 $M=40$ kN·m，$a=2$ m，不计梁重，试求支座 A、B、D 的约束反力和铰链 C 所受的力。

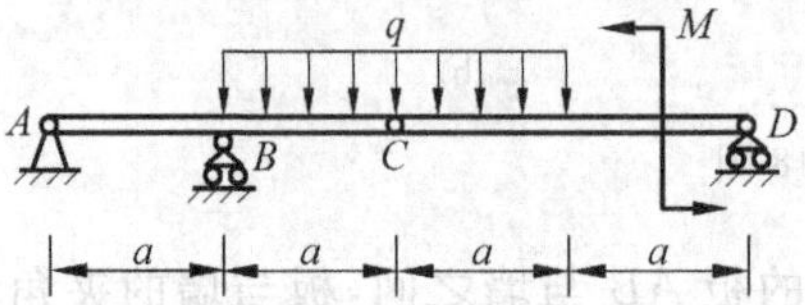

习题 2.23 图

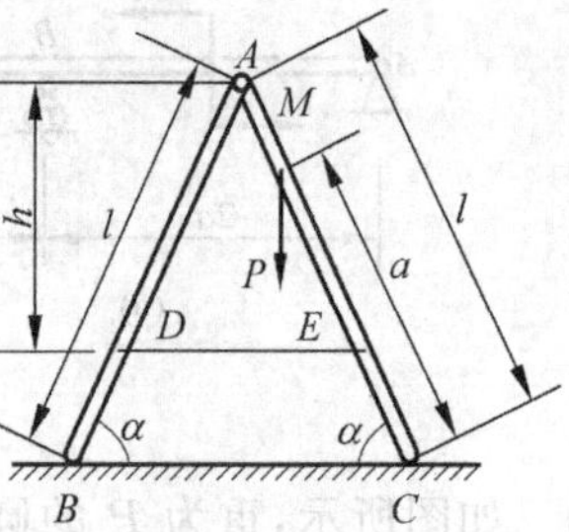

习题 2.24 图

2.24　活动梯子置于光滑水平面上，并在铅垂面内，梯子两部分 AC 和 AB 各重为 Q，重心在 A 点，彼此用铰链 A 和绳子 DE 连接。一人重为 P 位于 M 处，试求绳子 DE 的拉力和 B、C 两点的约束反力。

2.25　如图所示，结构由直角折杆 AC 和直杆 CD 构成，各杆不计自重，已知 $q=1$ kN/m，$M=27$ kN·m，$P=12$ kN，$\theta=30°$，$a=4$ m，求支座 A 和铰链 C 的约束反力。

2.26　由杆 AB、BC 和 CE 组成的支架和滑轮 E 支持着物体。物体重 $P=12$ kN。D 处为铰链连接，尺寸如图所示。试求固定铰链支座 A 和滚动铰链支座 B 的约束反力以及杆 BC 所受的力。

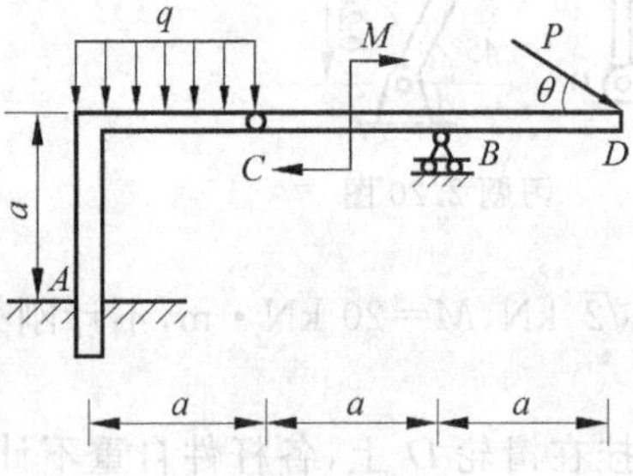

习题 2.25 图

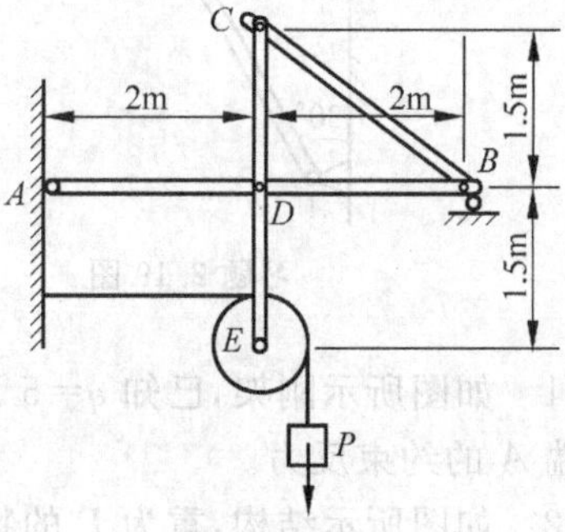

习题 2.26 图

2.27　均质梯长为 l，重为 P，B 端靠在光滑铅直墙上，如图所示，已知梯与地面的静摩擦因数 f_{sA}，求平衡时梯与地面的夹角 θ 的范围。

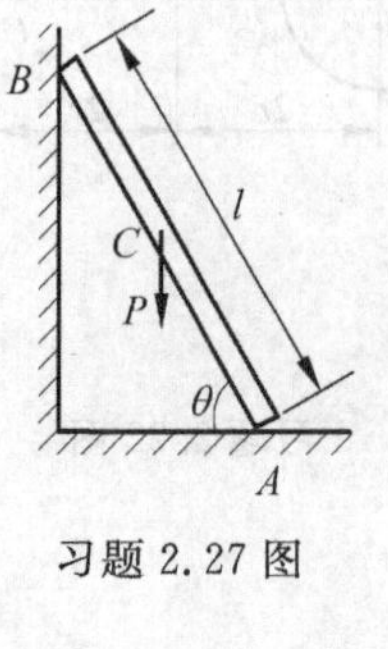

习题 2.27 图

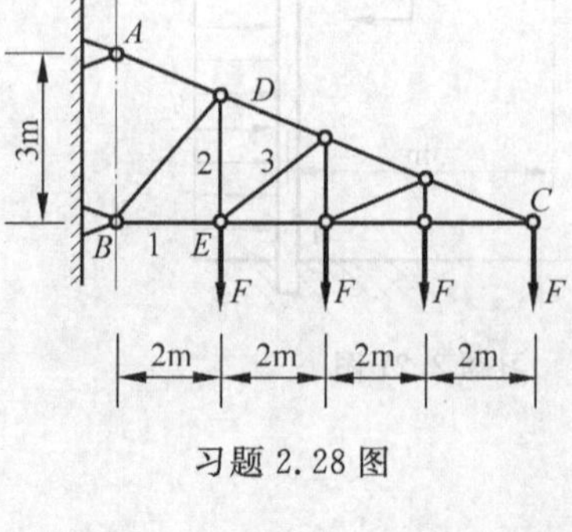

习题 2.28 图

2.28 平面悬臂桁架所受的载荷如图所示，求杆 1、2 和 3 的内力。

2.29 桁架受力如图所示，已知 $F_1=10$ kN，$F_2=F_3=20$ kN。求桁架中杆 4、5、7、10 的内力。

2.30 平面桁架的支座和所受的载荷如图所示，求杆 1、2 和 3 的内力。

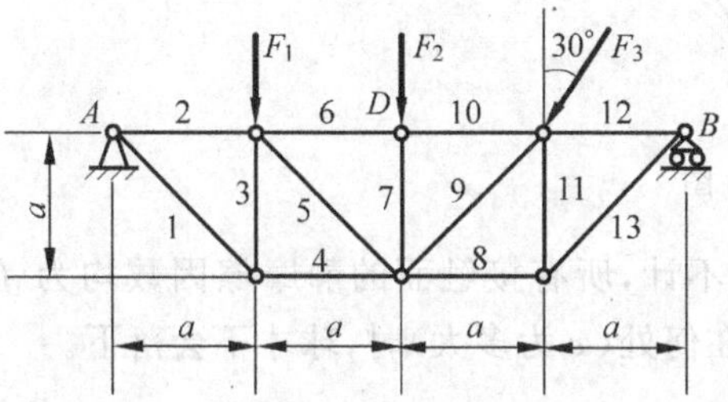

习题 2.29 图

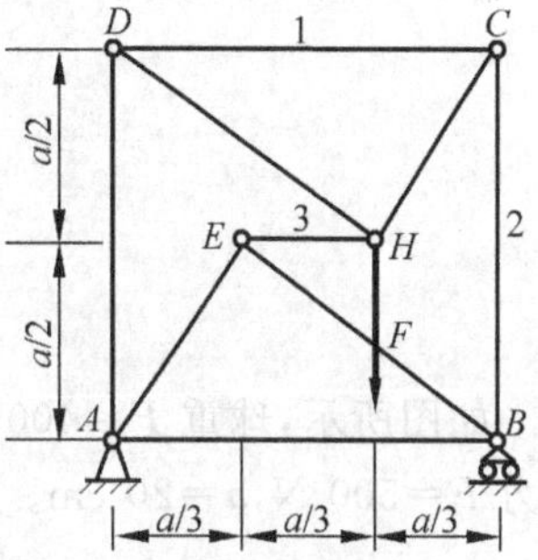

习题 2.30 图

2.31 如图所示，一折梯放在水平面上，它的两脚 A、B 与地面的摩擦因数分别为 $f_A=0.2$，$f_B=0.6$，AC 边的中点放置重物 $P=500$ N，不计折梯自重，求：(1)折梯能否保持平衡；(2)若平衡，计算折梯两脚与地面的摩擦力。

2.32 如图所示，已知作用于物体上的 $P=40$ kN，$F=20$ kN，物体与地面间的静摩擦因数 $f_s=0.5$，动摩擦因数 $f_d=0.4$，求物体所受摩擦力的大小。

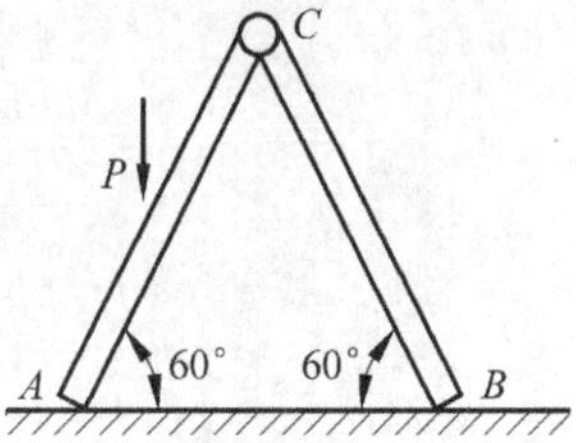

习题 2.31 图

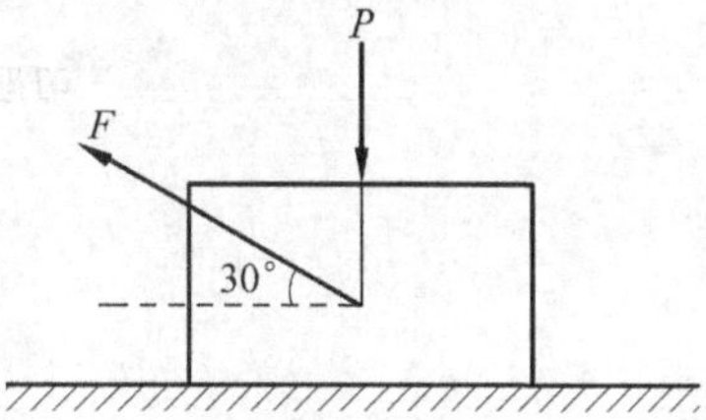

习题 2.32 图

2.33 如图所示，两手施加大小相等的两个力 F 和 F′将四本相同的书一起搬起，若每本书重为 P，书与书间的静摩擦因数 $f_{s1}=0.1$，书与手间的静摩擦因数 $f_{s2}=0.25$，求力 F 的最小值。

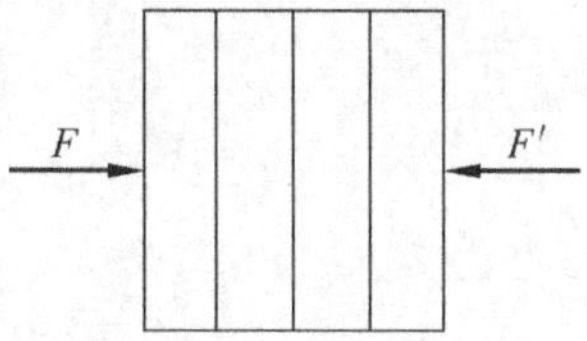

习题 2.33 图

2.34 如图所示，物块 A 和 B 由铰链和无重水平杆 CD 连接，物块 B 重 2000 N，与斜面的摩擦角 $\varphi_n=15°$，斜面与铅垂面间的夹角为 30°，物块 A 放在摩擦因数 $f=0.4$ 的水平面上。不计杆重，求若使物块 B 不下滑，物块 A 的最小重量。

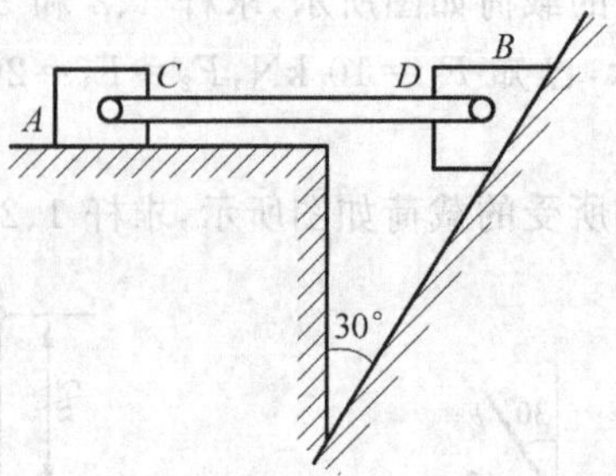

习题 2.34 图

2.35　如图所示，球重 $P=400$ N，折杆自重不计，所有接触面的静摩擦因数均为 $f_s=0.2$，铅直力 $F=500$ N，$a=20$ cm。求 F 应作用在何处（x 为多大）时，球才不会落下。

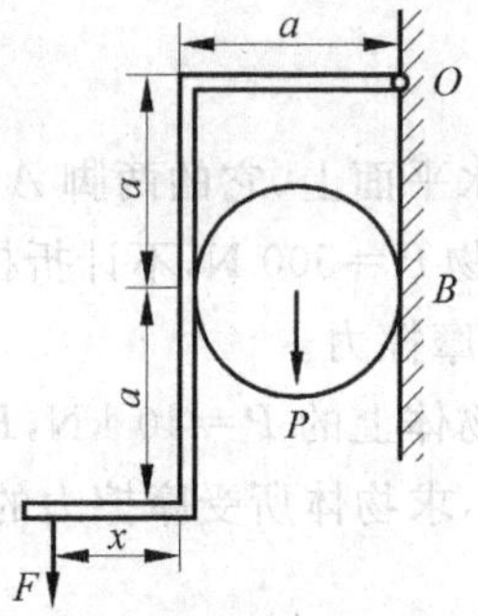

习题 2.35 图

第3章

空间力系

工程中常见物体所受各力的作用线并不都在同一平面内，而是空间分布的，这样的力系称为**空间力系**（system of forces in space）。如图 3.1 所示的传动轴受力。

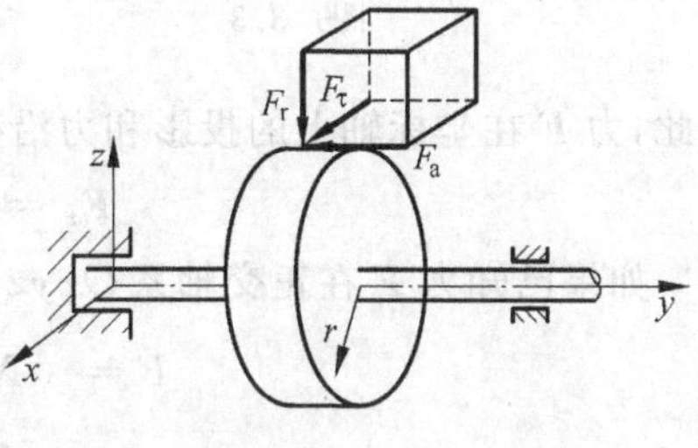

图 3.1

本章将平面力系的基本方法进一步推广，研究空间力系的简化和平衡问题。空间力系又可分为空间汇交力系、空间平行力系及空间任意力系。要解决物体在空间力系作用下的平衡问题，首先要掌握空间力在坐标轴上的投影和力对轴之矩的概念和计算。

3.1 力在空间直角坐标轴上的投影

1. 直接投影法

已知空间力 $\boldsymbol{F}$ 与正交坐标系 $Oxyz$ 三轴间的夹角分别为 α、β、γ，如图 3.2 所示，则力在三个轴上的投影等于力 $\boldsymbol{F}$ 的大小乘以与各轴夹角的余弦，即

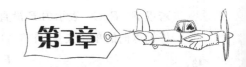

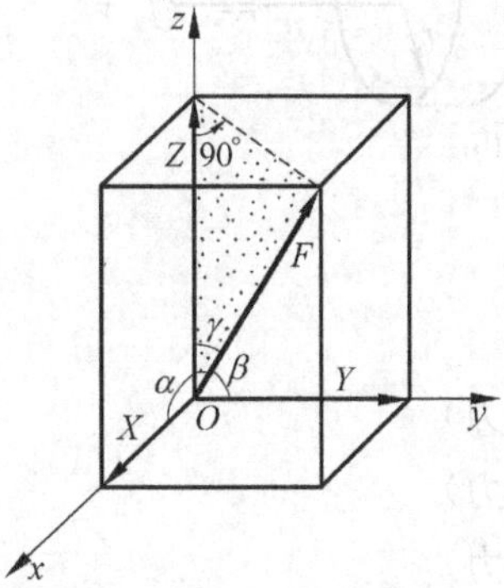

图 3.2

$$\left.\begin{aligned} X &= F\cos\alpha \\ Y &= F\cos\beta \\ Z &= F\cos\gamma \end{aligned}\right\} \tag{3.1}$$

2. 二次投影法

当力 $\boldsymbol{F}$ 与坐标轴 Ox、Oy 间的夹角不易确定时，可把力 $\boldsymbol{F}$ 先投影到坐标平面 Oxy 上，得到力 $\boldsymbol{F}_{xy}$，然后再把这个力投影到 x、y 轴上。在图 3.3 中，已知角 γ 和 φ，则力 $\boldsymbol{F}$ 在三个坐标轴上的投影分别为

$$\left.\begin{aligned} X &= F\sin\gamma\cos\varphi \\ Y &= F\sin\gamma\sin\varphi \\ Z &= F\cos\gamma \end{aligned}\right\} \tag{3.2}$$

若以 $\boldsymbol{F}_x$、$\boldsymbol{F}_y$、$\boldsymbol{F}_z$ 表示力 $\boldsymbol{F}$ 沿直角坐标轴 $\boldsymbol{x}$、$\boldsymbol{y}$、$\boldsymbol{z}$ 的正交分量，以 $\boldsymbol{i}$、$\boldsymbol{j}$、$\boldsymbol{k}$ 分别表示沿 x、y、z 坐标轴方向的单位矢量(图 3.4)，则

$$\boldsymbol{F} = \boldsymbol{F}_x + \boldsymbol{F}_y + \boldsymbol{F}_z = X\boldsymbol{i} + Y\boldsymbol{j} + Z\boldsymbol{k} \tag{3.3}$$

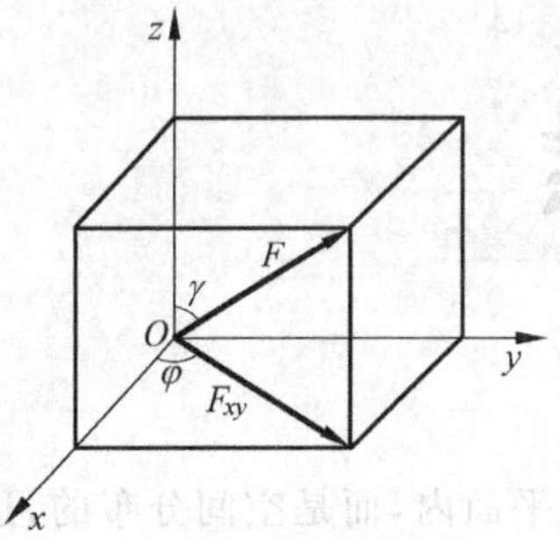

图 3.3

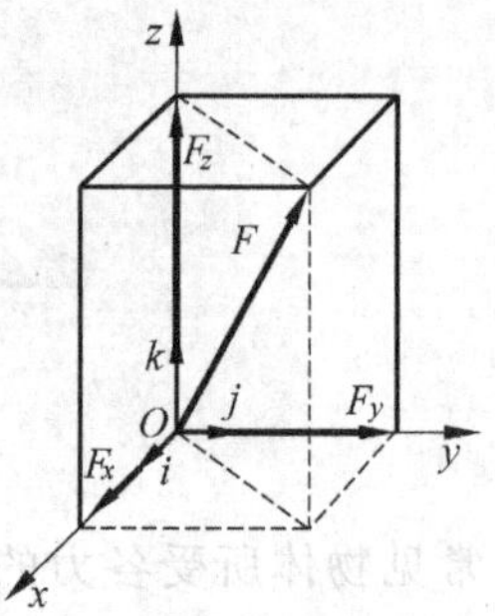

图 3.4

由此，力 $\boldsymbol{F}$ 在坐标轴上的投影和力沿坐标轴的正交分矢量间的关系可表示为

$$\boldsymbol{F}_x = X\boldsymbol{i}, \boldsymbol{F}_y = Y\boldsymbol{j}, \boldsymbol{F}_z = Z\boldsymbol{k} \tag{3.4}$$

如果已知力 $\boldsymbol{F}$ 在正交轴系 $Oxyz$ 的三个投影，则力 $\boldsymbol{F}$ 的大小和方向余弦为

$$\left.\begin{array}{l} F = \sqrt{X^2 + Y^2 + Z^2} \\ \cos\alpha = \dfrac{X}{F}, \cos\beta = \dfrac{Y}{F}, \cos\gamma = \dfrac{Z}{F} \end{array}\right\} \tag{3.5}$$

例 3.1 半径 r 的斜齿轮，其上作用力 $\boldsymbol{F}$，如图 3.5(a)所示。求力 $\boldsymbol{F}$ 在坐标轴上的投影。

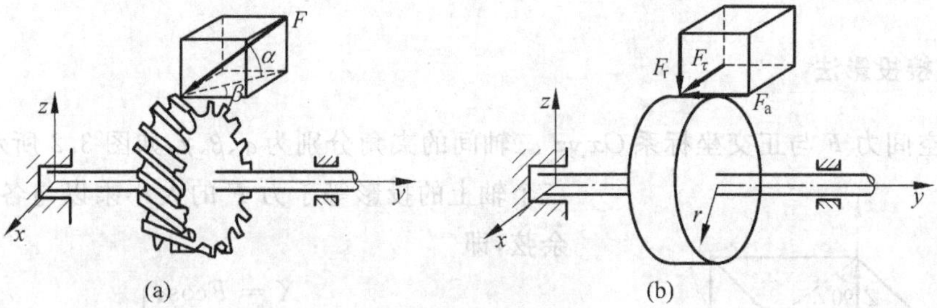

图 3.5

解 用二次投影法求解。由图 3.5(b)得

$$X = F_\tau = F\cos\alpha\sin\beta \quad \text{(圆周力)}$$
$$Y = F_a = -F\cos\alpha\cos\beta \quad \text{(轴向力)}$$
$$Z = F_r = -F\sin\alpha \quad \text{(径向力)}$$

3.2 力对轴之矩

在日常生活中和工程实际中，常常遇到绕轴转动的物体，如门窗、齿轮、传动轴等。**力对轴之矩**(moment of force about an axis)是力使物体绕轴转动效应的度量。

1. 定义

力 $\boldsymbol{F}$ 作用在刚体上 A 点使刚体绕 z 轴转动(图 3.6 (a))。力 $\boldsymbol{F}$ 对 z 轴之矩 $M_z(\boldsymbol{F})$ 等于该力在与 z 轴垂直的平面上的投影 $\boldsymbol{F}_{xy}$ 对轴与平面交点 O 之矩 $M_O(\boldsymbol{F}_{xy})$，即

$$M_z(\boldsymbol{F}) = M_O(\boldsymbol{F}_{xy}) = \pm F_{xy} \times h = \pm 2S_{\triangle AOb} \tag{3.6}$$

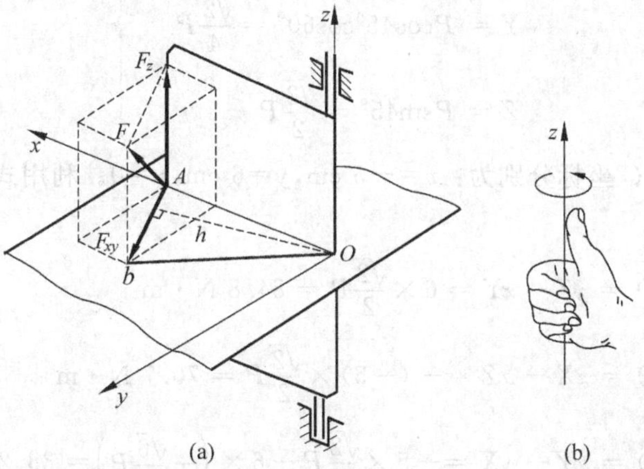

图 3.6

力对轴之矩是代数量，表示力矩的大小和转向，并按右手法则确定其正负号，如图 3.6(b)所示，四指为刚体转动方向，拇指指向与 z 轴一致为正，反之为负。

由上述定义可知：力与 z 轴平行则 $F_{xy}=0$ 或力与 z 轴相交则 $h=0$ 时，力对该轴之矩等于零。

2. 力对轴之矩的解析式

力 $\boldsymbol{F}$ 作用在刚体上的 $A(x,y,z)$ 点，如图 3.7 所示。

X,Y,Z 分别为力 $\boldsymbol{F}$ 在坐标轴上投影。由合力矩定理得到力对三轴之矩

$$\left.\begin{aligned} M_x(\boldsymbol{F}) &= yZ - zY \\ M_y(\boldsymbol{F}) &= zX - xZ \\ M_z(\boldsymbol{F}) &= xY - yX \end{aligned}\right\} \tag{3.7}$$

式中各量均为代数量。

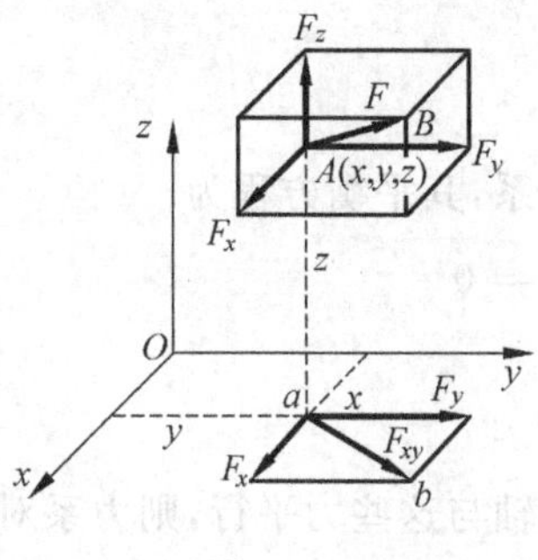

图 3.7

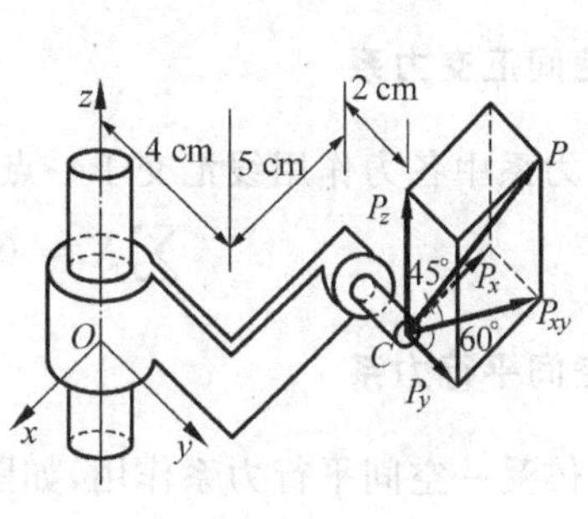

图 3.8

例 3.2 图 3.8 所示 $\boldsymbol{P}$ 作用在 C 点。已知：C 点在 Oxy 平面内，$P=2000\ \mathrm{N}$。求：力 $\boldsymbol{P}$ 在三轴的投影与对三轴之矩。

解 应用二次投影法求力在轴上的投影

$$\left.\begin{aligned} X &= -P\cos45^\circ\sin60^\circ = -\frac{\sqrt{6}}{2}P \\ Y &= P\cos45^\circ\cos60^\circ = \frac{\sqrt{2}}{4}P \\ Z &= P\sin45^\circ = \frac{\sqrt{2}}{2}P \end{aligned}\right\}$$

力 P 的作用点 C 坐标分别为：$x=-5\ \mathrm{cm}$，$y=6\ \mathrm{cm}$，$z=0$。利用式(3.7)，求力 P 对三轴之矩：

$$M_x(\boldsymbol{F}) = yZ - zY = 6\times\frac{\sqrt{2}}{2}P = 84.8\ \mathrm{N\cdot m}$$

$$M_y(\boldsymbol{F}) = zX - xZ = -(-5)\times\frac{\sqrt{2}}{2}P = 70.7\ \mathrm{N\cdot m}$$

$$M_z(\boldsymbol{F}) = xY - yX = -5\times\frac{\sqrt{2}}{4}P - 6\times\left(-\frac{\sqrt{6}}{2}P\right) = 38.2\ \mathrm{N\cdot m}$$

3.3 空间力系的平衡方程及其应用

由平面任意力系的简化结果，推导出其平衡方程：$\sum X=0,\sum Y=0,\sum M_O=0$。从物理意义上说明，该平面力系对物体的移动效应和转动效应均为零，使物体处于平衡状态。把平面力系推广到空间力系，空间任意力系作用下平衡，则沿空间坐标 x,y,z 三轴线的移动效应和绕 x,y,z 三轴线的转动效应均为零，得到其 6 个平衡方程

$$\left.\begin{aligned} &\sum X=0,\ \sum Y=0,\ \sum Z=0 \\ &\sum M_x(\boldsymbol{F})=0,\ \sum M_y(\boldsymbol{F})=0,\ \sum M_z(\boldsymbol{F})=0 \end{aligned}\right\} \tag{3.8}$$

即，空间任意力系平衡的充要条件为所有各力在每一个轴上投影的代数和等于零，且对于每一个坐标轴之矩的代数和也等于零。

空间任意力系的平衡条件包含各种空间特殊力系的平衡条件。下列为空间特殊力系的平衡方程。

1. 空间汇交力系

空间力系中各力作用线汇交于一点，称为空间汇交力系，其平衡方程为

$$\sum X=0,\ \sum Y=0,\ \sum Z=0 \tag{3.9}$$

2. 空间平行力系

设物体受一空间平行力系作用，如图 3.9 所示。令 z 轴与这些力平行，则力系对于 z 轴的矩等于零，力系在 x,y 轴上的投影为零。因此，空间平行力系只有三个平衡方程，即

$$\sum Z = 0,\ \sum M_x(\boldsymbol{F}) = 0,\ \sum M_y(\boldsymbol{F}) = 0 \tag{3.10}$$

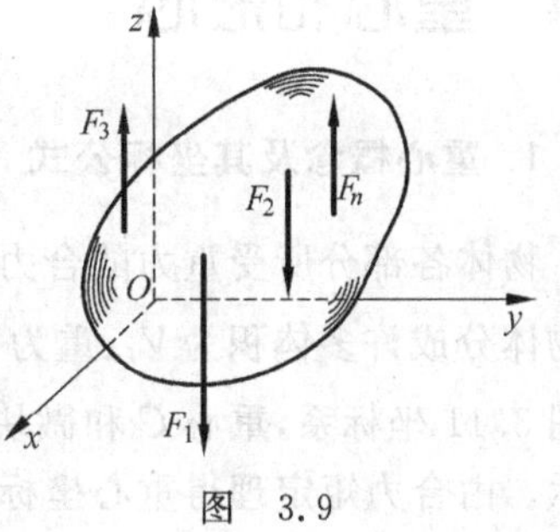

图　3.9

例 3.3　图 3.10(a)所示，重 $P=1000$ N 的均质薄板用止推轴承 A、径向轴承 B 和绳索 CE 支持在水平面上，可以绕水平轴 AB 转动，今在板上作用一力偶，其力偶矩为 M，并假设薄板平衡。已知 $a=3$ m，$b=4$ m，$h=5$ m，$M=2000$ N·m，试求绳子的拉力和轴承 A、B 的约束反力。

解　(1) 研究均质薄板，受力分析，受力图如图 3.10(b)所示。

(2) 选坐标系 $Axyz$，列出平衡方程：

$$\sum M_z(\boldsymbol{F}) = 0: M - F_{By} \times 4 = 0$$

$$F_{By} = 500\ \text{N}$$

$$\sum M_x(\boldsymbol{F}) = 0: -P \times \frac{a}{2} + F_C \times \frac{\sqrt{2}}{2} a = 0$$

$$F_C = 707\ \text{N}$$

$$\sum M_y(\boldsymbol{F}) = 0: -F_{Bz} \times b + P \times \frac{b}{2} - F_C \times \frac{\sqrt{2}}{2} b = 0$$

$$F_{Bz} = 0$$

$$\sum Z = 0: F_{Bz} + F_{Az} - P + F_C \times \frac{\sqrt{2}}{2} = 0$$

$$F_{Az} = 500\ \text{N}$$

$$\sum X = 0: F_{Ax} - F_C \times \frac{\sqrt{2}}{2} \times \frac{4}{5} = 0$$

$$F_{Ax} = 400\ \text{N}$$

$$\sum Y = 0: -F_{By} + F_{Ay} - F_C \times \frac{\sqrt{2}}{2} \times \frac{3}{5} = 0$$

$$F_{Ay} = 800\ \text{N}$$

约束反力的方向如图 3.10(b)所示。

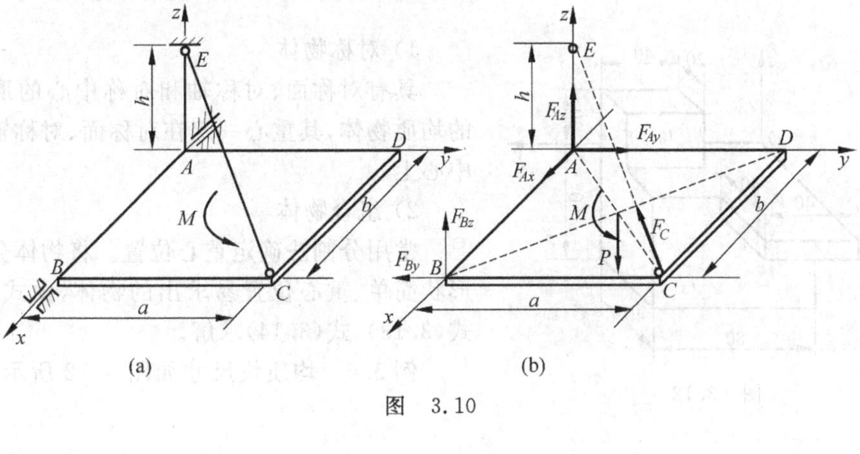

(a)　　(b)

图　3.10

3.4 重心和形心

1. 重心概念及其坐标公式

物体各部分所受重力的合力的作用点称为物体的**重心**(center of gravity)。如将重为 P 的物体分成许多体积为 V_i、重为 P_i 的微块，有 $P=\sum P_i$。

取图 3.11 坐标系，重心 C 和微块坐标(x_i,y_i,z_i)如图 3.11 所示。由合力矩定理得重心坐标公式：

$$x_C=\frac{\sum P_i x_i}{\sum P_i}\quad Y_C=\frac{\sum P_i y_i}{\sum P_i}\quad Z_C=\frac{\sum P_i z_i}{\sum P_i}\tag{3.11}$$

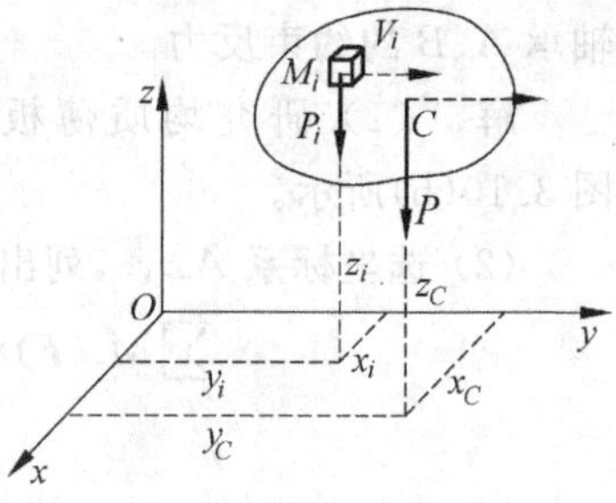

图 3.11

如果物体均质，单位体积的重量 γ 为常数，以 V_i 表示微块体积，物体总体积为 $V=\sum V_i$。将 $P_i=\gamma V_i$，$P=\gamma V$ 代入式(3.11)，得

$$x_C=\frac{\sum V_i x_i}{V},\ y_C=\frac{\sum V_i y_i}{V},\ z_C=\frac{\sum V_i z_i}{V}\tag{3.12}$$

式(3.12)实际上表达的是物体的形状中心，即**形心**(centroid)位置的计算公式。可见，均质物体的重心恰好就是该物体的形心。

工程中常采用薄壳结构，例如厂房的顶壳、薄壁容器、飞机机翼等，薄壳厚度 t 与其表面积 S 相比是很小的。若薄壳是均质等厚的，将其分成许多微块，面积为 S_i，体积为 $V_i=S_i t$，代入式(3.12)，则其重心公式为

$$x_C=\frac{\sum S_i x_i}{S},\ y_C=\frac{\sum S_i y_i}{S},\ z_C=\frac{\sum S_i z_i}{S}\tag{3.13}$$

如果物体是均质等截面的细长线段，其横截面积 A 与其总长度 l 相比是很小的，取微段的长度 l_i，体积 $V_i=Al_i$，代入式(3.12)，则其重心公式为

$$x_C=\frac{\sum l_i x_i}{l},\ y_C=\frac{\sum l_i y_i}{l},\ z_C=\frac{\sum l_i z_i}{l}\tag{3.14}$$

2. 确定物体重心位置的方法

1）对称物体

具有对称面、对称轴和对称中心的形状规则的均质物体，其重心一定在对称面、对称轴和对称中心上。

2）组合物体

常用分割法确定重心位置。将物体分成若干形状简单、重心位置易求出的物体，由式(3.12)、式(3.13)、式(3.14)求解。

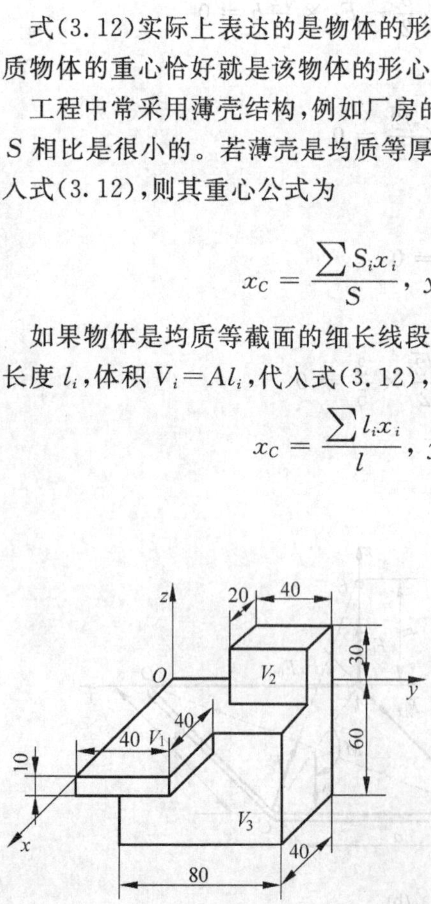

图 3.12

例 3.4 均质块尺寸如图 3.12 所示，求其重

心的位置。

解　均质物体的重心为形心。将该均质块视为三个简单六面体的组合，其形心位置 $C(x_C, y_C, z_C)$ 可采用式(3.12)计算

第一块六面体，体积 $V_1 = 40\times40\times10\ \text{mm}^3$，其形心坐标(60,20,−5)，

第二块六面体，体积 $V_2 = 40\times30\times20\ \text{mm}^3$，其形心坐标(10,60,15)，

第三块六面体，体积 $V_3 = 80\times40\times60\ \text{mm}^3$，其形心坐标(20,40,−30)，

$$x_C = \frac{\sum V_i x_i}{V} = \frac{40\times40\times10\times60+20\times40\times30\times10+80\times40\times60\times20}{40\times40\times10+20\times40\times30+80\times40\times60} = 21.72\ \text{mm}$$

$$y_C = \frac{\sum V_i y_i}{V} = \frac{40\times40\times10\times20+20\times40\times30\times60+80\times40\times60\times40}{40\times40\times10+20\times40\times30+80\times40\times60} = 40.69\ \text{mm}$$

$$z_C = \frac{\sum V_i z_i}{V} = \frac{40\times40\times10\times(-5)+20\times40\times30\times15+80\times40\times60\times(-30)}{40\times40\times10+20\times40\times30+80\times40\times60} = 23.62\ \text{mm}$$

例 3.5　试求图 3.13 所示平面图形形心位置，尺寸单位为 mm。

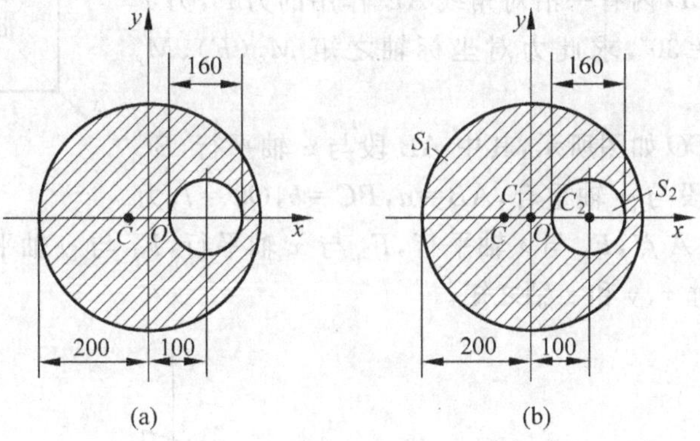

图　3.13

解　将图形看成大圆 S_1 减去小圆 S_2，形心为 C_1 和 C_2；在图示坐标系中，x 轴是图形对称轴，则有 $y_C=0$。两个图形的面积和形心：

$$S_1 = \pi\times200^2 = 40000\pi\ \text{mm}^2, x_{C1} = 0$$

$$S_2 = -\pi\times80^2 = -6400\pi\ \text{mm}^2, x_{C2} = 100\ \text{mm}$$

采用式(3.13)计算图形的形心坐标：

$$x_C = \frac{\sum S_i x_i}{\sum S_i} = \frac{-6400\pi\times100}{40000\pi-6400\pi} = -19.05\ \text{mm}$$

$$y_C = 0$$

习题

3.1　力系中 $F_1=100$ N，$F_2=300$ N，$F_3=300$ N，力作用线的位置如图所示。求力系在各轴上的投影及力系对各轴之矩，图中尺寸单位为 mm。

3.2　一平行力系由5个力组成，力的大小和作用线的位置如图所示，图中小正方格的边长为10 mm，求平行力系的合力。

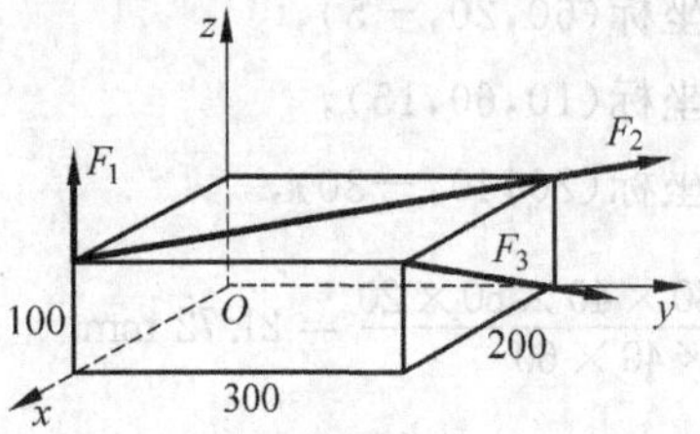

习题3.1图

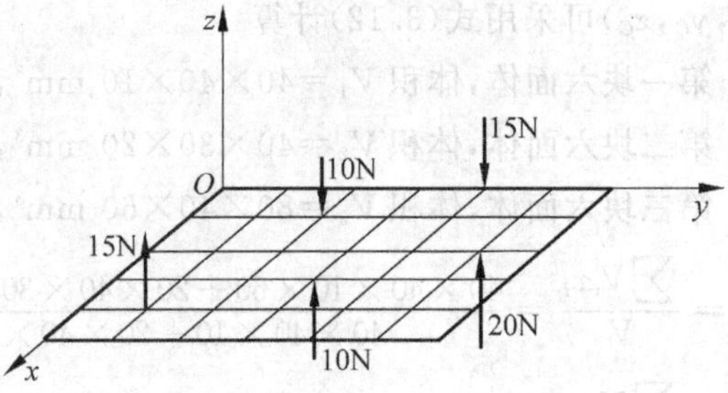

习题3.2图

3.3　如图所示，在边长为a、b、c的长方体的点A，作用有力F，求力F对x、y、z轴之矩$M_x(F)$、$M_y(F)$、$M_z(F)$。

3.4　如图所示，正三棱柱的底面为等腰三角形，$OA=OB=a$，在平面$ABED$内有一沿对角线AE作用的力F，力F与AB边的夹角$\theta=30°$，求此力对坐标轴之矩$M_x(F)$、$M_y(F)$、$M_z(F)$。

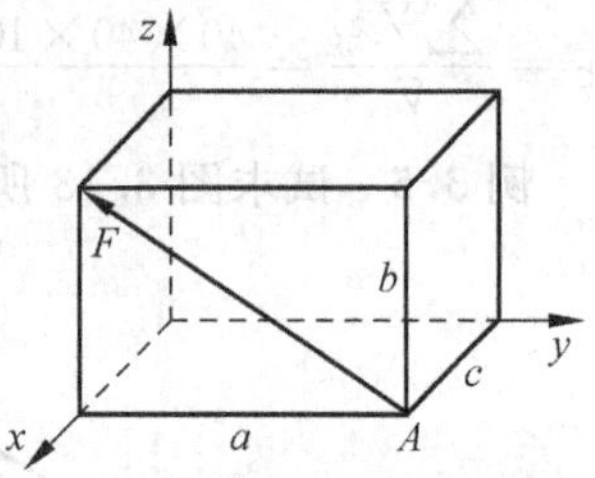

习题3.3图

3.5　构件$ABCO$如图所示，其中AB段与z轴平行，BC段与x轴平行，CO段与y轴重合，$AB=a$，$BC=b$，$OC=l$，力F_1、F_2和F_3作用在A点，F_1与z轴平行，F_2与x轴平行，F_3与y轴平行，$F_1=F_2=F_3=F_4$。试求：该力系对x、y和z轴之矩。

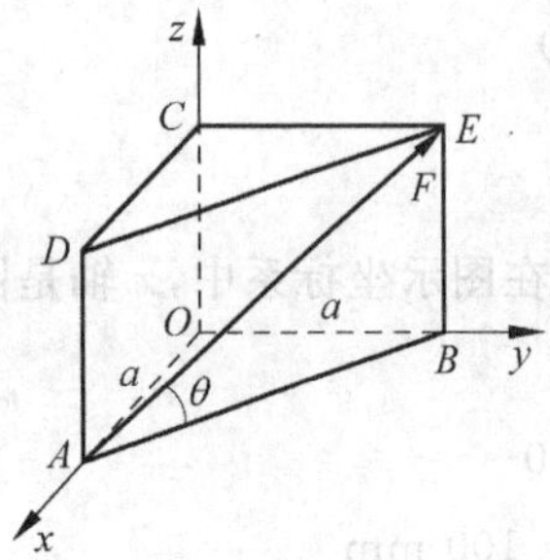

习题3.4图

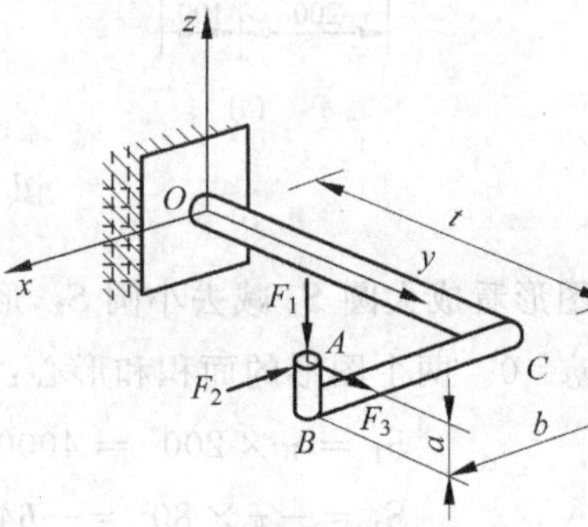

习题3.5图

3.6　水平圆盘的半径为r，外缘C点有一作用力F。力F位于圆盘C处的切平面内，且与C处圆盘切线夹角为60°，其他尺寸如图所示。求力F对x，y，z轴之矩。

3.7　图示结构由立柱、支架和电动机组成，总重$P=300$ N，重心位于与立柱垂直中心线相距305 mm的G点，立柱固定在基础A上，电动机按图示方向转动，并驱动力矩$M=190$ N·m带动机器转动，力$F=250$ N作用在支架B。求支座A的约束反力，图中尺寸单位为mm。

3.8　如图所示，$F_1=100\sqrt{2}$ N、$F_2=200\sqrt{3}$ N，分别作用在正方体的顶点A和B处。求(1)此力系向O点简化的结果；(2)其最终简化结果。

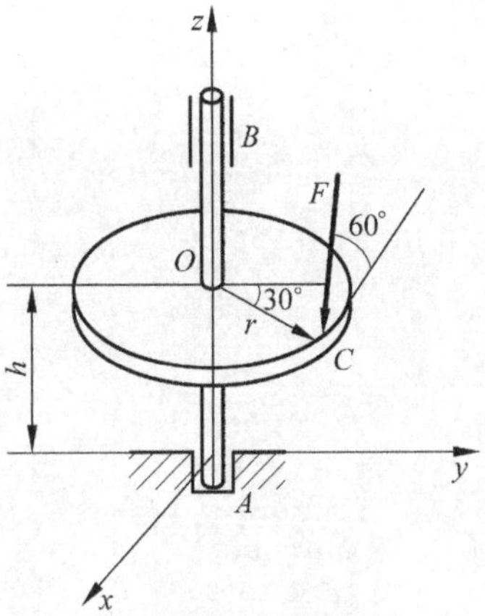

习题 3.6 图

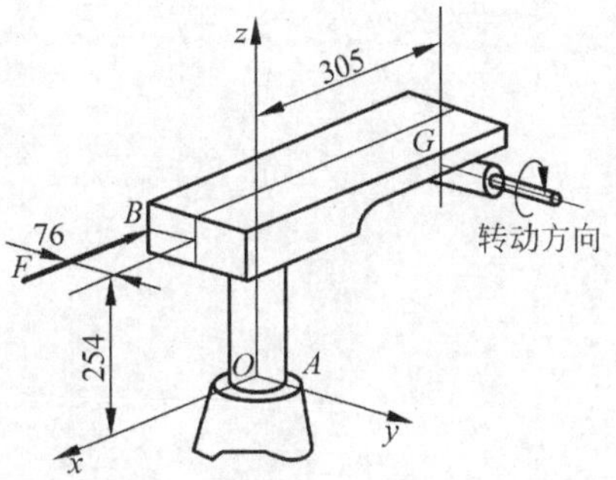

习题 3.7 图

3.9 振动沉桩器中的偏心块尺寸如图所示，单位为 cm。求其重心。

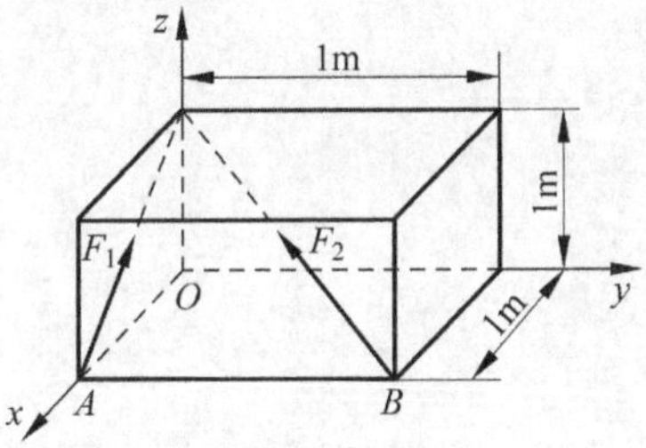

习题 3.8 图

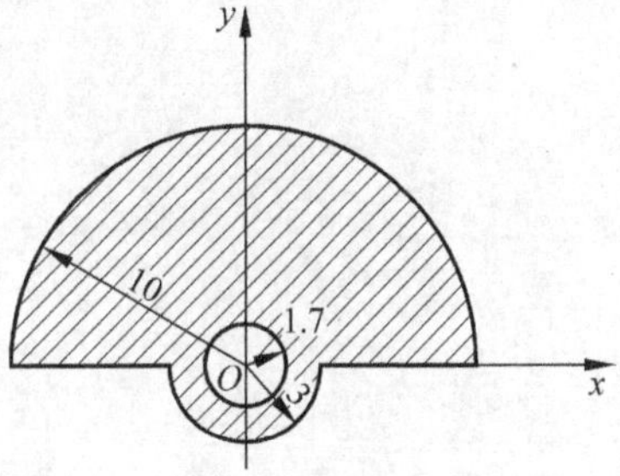

习题 3.9 图

3.10 试求图示两平面图形形心 C 的位置，图中尺寸单位为 mm。

3.11 求图示平面图形形心位置，尺寸单位为 mm。

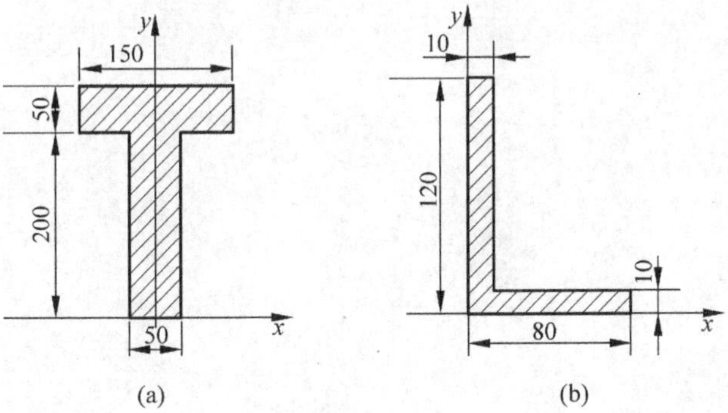

习题 3.10 图

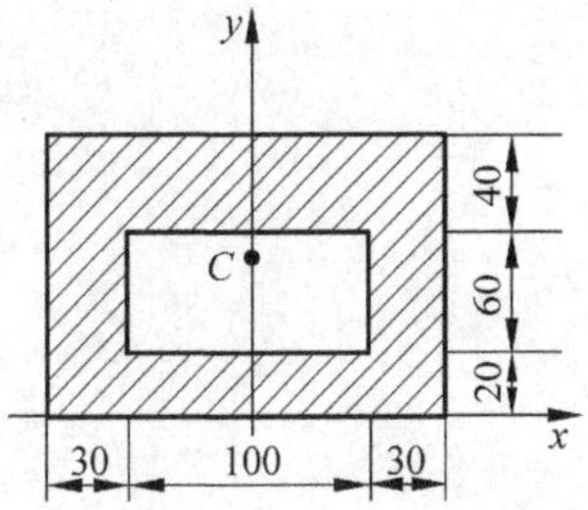

习题 3.11 图

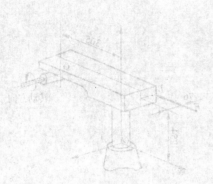

ARTICLE

第2篇

运 动 学

第4章

点的运动学

本章开始研究**运动学**(kinematics),即物体的空间位置随时间的变化规律。运动学单从几何角度研究物体的运动特征,包括运动方程、运动轨迹、速度、加速度,而不讨论运动产生的原因。运动分析在工程技术中有着广泛的应用,例如在设计机械结构时,先要对各个构件进行运动分析,使构件的动作要符合设计要求。运动分析也是对构件进行动力分析的基础,因此掌握运动分析方法十分重要。

物体的运动都是相对的,要确定物体的空间位置和描述物体运动,就需要选择另一个物体作为参考,称为参照物。如果把坐标系固定连接在参照物上就构成了参考系。物体本身的运动并不随参照系的选择而改变,从这方面说物体运动是绝对的。但选择不同的参考系,观察到物体的运动是不同的,这就是物体运动的相对性。因此运动分析,必须先选择参考系,才能描述物体的运动状态。

点的运动是研究一般物体运动的基础,具有独立的意义,本章研究点的简单运动。

4.1 矢径法

选取参考系上某确定点 O 为坐标原点,自点 O 向动点 M 作矢量 $\boldsymbol{r}$,称 $\boldsymbol{r}$ 为点 M 相对原点 O 的位置矢量,简称矢径。当动点 M 运动时,矢径 $\boldsymbol{r}$ 随时间而变化,并且是时间 t 的单值连续函数,即 $\boldsymbol{r}=\boldsymbol{r}(t)$。该式以矢量表示点的运动方程。动点 M 在运动过程中,矢径的末端描绘出一条连续的曲线,就是动点运动轨迹,如图 4.1 所示。

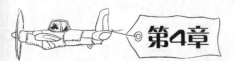

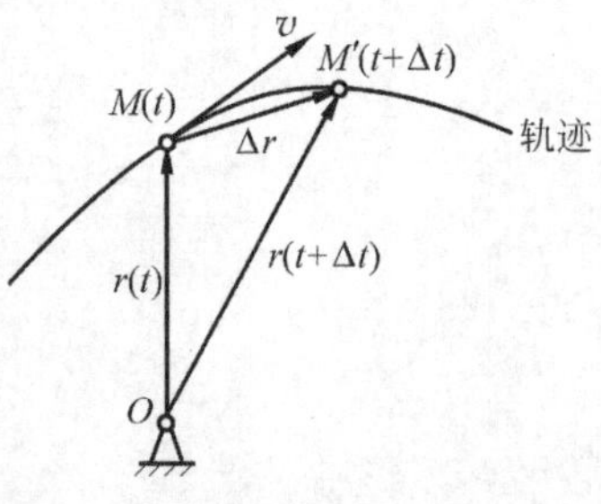

图 4.1

点的速度 $\boldsymbol{v}$ 是矢量,等于矢径对时间的一阶导数,即

$$\boldsymbol{v}=\frac{\mathrm{d}\boldsymbol{r}}{\mathrm{d}t} \tag{4.1}$$

动点的速度矢量 $\boldsymbol{v}$ 沿着运动轨迹的切线,与运动方向相同。速度的大小为 $\boldsymbol{v}$ 的模,表示动点运动的快慢,单位为 m/s。点的加速度也是矢量,等于速度对时间的一阶导数或矢径对时间的二阶导数,即

$$\boldsymbol{a}=\frac{\mathrm{d}\,\boldsymbol{v}}{\mathrm{d}t}=\frac{\mathrm{d}^2\boldsymbol{r}}{\mathrm{d}t^2} \tag{4.2}$$

$\boldsymbol{a}$ 表征速度大小和方向随时间的变化。把动点 M 在连续不同瞬时的速度 $\boldsymbol{v}$ 平行移到 M 点,

速度矢 $\boldsymbol{v}$ 端连接成速度矢端曲线。加速度 $\boldsymbol{a}$ 的方向与速度矢端曲线在相应点 M 的切线相平行，单位为 m/s^2。矢径法最明显的优点是具有几何直观性和鲜明的力学概念。

4.2　直角坐标法

矢径法虽然有很多优点，但计算时往往还需利用坐标法，最常用的就是直角坐标法。取一固定的直角坐标系 $Oxyz$，如图 4.2 所示。

将矢径法中的原点与直角坐标系的原点重合，有如下关系：

$$\boldsymbol{r} = x\boldsymbol{i} + y\boldsymbol{j} + z\boldsymbol{k} \tag{4.3}$$

式中，$\boldsymbol{i}, \boldsymbol{j}, \boldsymbol{k}$ 分别为沿三个固定坐标轴的基矢量。由于 $\boldsymbol{r}$ 是时间的单值连续函数，因此 x，y，z 也是时间的单值连续函数，即

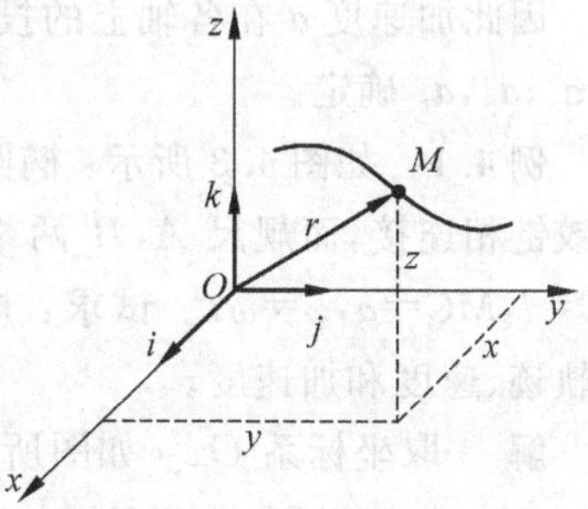

图　4.2

$$\left.\begin{aligned} x &= x(t) \\ y &= y(t) \\ z &= z(t) \end{aligned}\right\} \tag{4.4}$$

上式为点在直角坐标系中的运动方程。

将运动方程中的时间 t 消去，可以得到点的轨迹方程 $f(x,y,z)=0$。如果点在 Oxy 平面运动，那么轨迹方程为 $f(x,y)=0$。

由于 $\boldsymbol{i}, \boldsymbol{j}, \boldsymbol{k}$ 均为大小和方向不变的常矢量，点的速度表示为

$$\boldsymbol{v} = v_x\boldsymbol{i} + v_y\boldsymbol{j} + v_z\boldsymbol{k} \tag{4.5}$$

又

$$\boldsymbol{v} = \frac{\mathrm{d}\boldsymbol{r}}{\mathrm{d}t} = \frac{\mathrm{d}x}{\mathrm{d}t}\boldsymbol{i} + \frac{\mathrm{d}y}{\mathrm{d}t}\boldsymbol{j} + \frac{\mathrm{d}z}{\mathrm{d}t}\boldsymbol{k}$$

所以

$$\left.\begin{aligned} v_x &= \frac{\mathrm{d}x}{\mathrm{d}t} = \dot{x} \\ v_y &= \frac{\mathrm{d}y}{\mathrm{d}t} = \dot{y} \\ v_z &= \frac{\mathrm{d}z}{\mathrm{d}t} = \dot{z} \end{aligned}\right\} \tag{4.6}$$

$$v = \sqrt{v_x^2 + v_y^2 + v_z^2}$$

因此速度 $\boldsymbol{v}$ 在各轴上的投影等于动点三个坐标对时间 t 的一阶导数。其大小和方向由 $\boldsymbol{v}_x, \boldsymbol{v}_y, \boldsymbol{v}_z$ 确定。

同理，加速度可表示为

$$\boldsymbol{a} = a_x\boldsymbol{i} + a_y\boldsymbol{j} + a_z\boldsymbol{k} \tag{4.7}$$

又

$$\boldsymbol{a} = \frac{\mathrm{d}\boldsymbol{v}}{\mathrm{d}t} = \frac{\mathrm{d}^2\boldsymbol{r}}{\mathrm{d}t^2} = \frac{\mathrm{d}^2x}{\mathrm{d}t^2}\boldsymbol{i} + \frac{\mathrm{d}^2y}{\mathrm{d}t^2}\boldsymbol{j} + \frac{\mathrm{d}^2z}{\mathrm{d}t^2}\boldsymbol{k}$$

所以

$$\left.\begin{aligned} a_x &= \frac{d^2 x}{dt^2} = \ddot{x} \\ a_y &= \frac{d^2 y}{dt^2} = \ddot{y} \\ a_z &= \frac{d^2 z}{dt^2} = \ddot{z} \end{aligned}\right\} \tag{4.8}$$

$$a = \sqrt{a_x^2 + a_y^2 + a_z^2}$$

因此加速度 $\boldsymbol{a}$ 在各轴上的投影等于动点三个坐标对时间 t 的二阶导数。其大小和方向由 $\boldsymbol{a}_x, \boldsymbol{a}_y, \boldsymbol{a}_z$ 确定。

例 4.1 如图 4.3 所示：椭圆规的曲柄 OC 可绕定轴 O 转动，其端点 C 与规尺 AB 中点以铰链相连接，而规尺 A,B 两端分别在相互垂直的滑槽中运动，如图所示。$OC=AC=BC=l$，$MC=a$，$\varphi=\omega t$。试求：规尺上点 M 的运动方程、运动轨迹、速度和加速度。

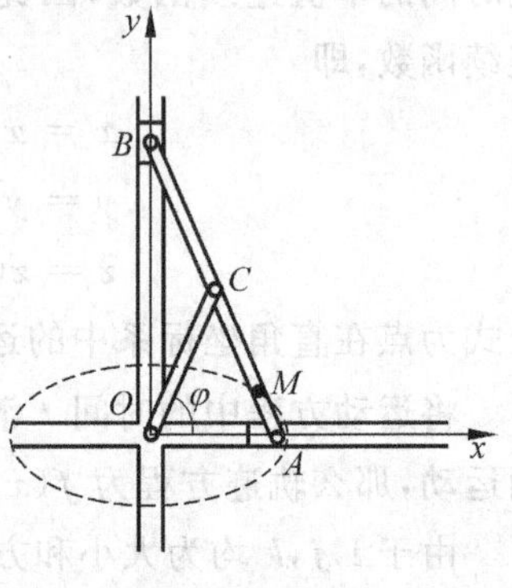

图 4.3

解 取坐标系 Oxy 如图所示，点 M 的运动方程为

$$x = (OC + CM)\cos\varphi = (l + a)\cos\omega t$$

$$y = AM\sin\varphi = (l - a)\sin\omega t$$

消去时间 t 得轨迹方程

$$\frac{x^2}{(l+a)^2} + \frac{y^2}{(l-a)^2} = 1$$

因此，点 M 的运动轨迹为如图 4.3 虚线所示椭圆。

将点的坐标对时间取一阶导数，得

$$v_x = \dot{x} = -(l+a)\omega\sin\omega t$$

$$v_y = \dot{y} = (l-a)\omega\cos\omega t$$

故点 M 的速度大小为

$$v = \sqrt{v_x^2 + v_y^2} = \sqrt{(l+a)^2\omega^2\sin^2\omega t + (l-a)^2\omega^2\cos^2\omega t}$$

$$= \omega\sqrt{l^1 + a^2 - 2al\cos 2\omega t}$$

其方向余弦为

$$\cos(\boldsymbol{v},\boldsymbol{i}) = \frac{v_x}{v} = \frac{-(l+a)\sin\omega t}{\sqrt{l^2 + a^2 - 2al\cos 2\omega t}}$$

$$\cos(\boldsymbol{v},\boldsymbol{j}) = \frac{v_y}{v} = \frac{(l-a)\cos\omega t}{\sqrt{l^2 + a^2 - 2al\cos 2\omega t}}$$

点的坐标对时间取二阶导数，得

$$a_x = \dot{v}_x = \ddot{x} = -(l+a)\omega^2\cos\omega t$$

$$a_x = \dot{v}_y = \ddot{y} = -(l-a)\omega^2\sin\omega t$$

故点 M 的加速度大小为

$$a = \sqrt{a_x^2 + a_y^2} = \sqrt{(l+a)^2\omega^4\cos^2\omega t + (l-a)^2\omega^4\sin^2\omega t}$$

$$= \omega^2\sqrt{l^2 + a^2 + 2al\cos 2\omega t}$$

其方向余弦为

$$\cos(\boldsymbol{a},\boldsymbol{i})=\frac{a_x}{a}=\frac{-(l+a)\cos\omega t}{\sqrt{l^2+a^2+2al\cos2\omega t}}$$

$$\cos(\boldsymbol{a},\boldsymbol{j})=\frac{a_y}{a}=\frac{-(l-a)\sin\omega t}{\sqrt{l^2+a^2+2al\cos2\omega t}}$$

4.3　自然法

当点的运动轨迹为已知曲线时(图 4.4),可在轨迹上建立弧坐标及自然轴系,并用它们来描述和分析点的运动,称为自然法。

在动点 M 的运动轨迹上任选一点 O 为参考点,并设点 O 的某一侧为正向,另一侧为负向,动点 M 在轨迹上的位置由弧长 s 确定,s 为代数量,称它为动点 M 在轨迹上的弧坐标。s 随着时间变化,它是时间的单值连续函数,即

$$s=s(t) \tag{4.9}$$

上式称为点的弧坐标运动方程。如果已知点的运动方程,可以确定任一瞬时点的弧坐标 s 的值,也就确定了该瞬时动点 M 在轨迹上的位置。

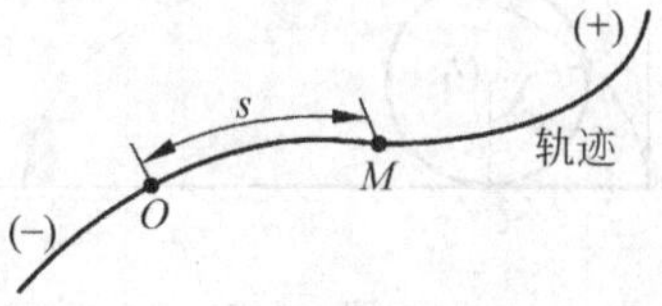

图　4.4

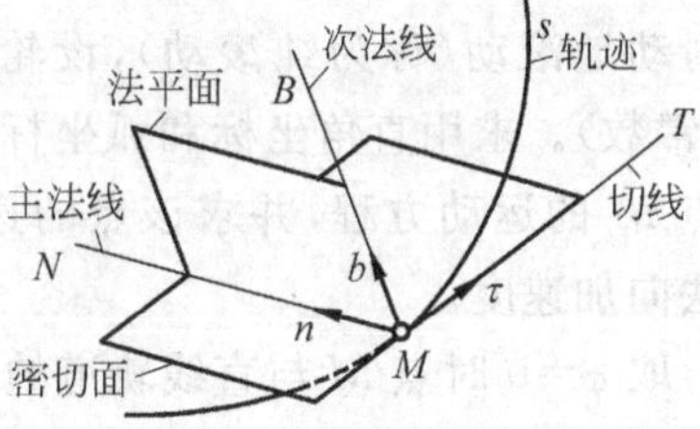

图　4.5

$\boldsymbol{\tau},\boldsymbol{n},\boldsymbol{b}$ 构成一个以点 M 为坐标原点,并跟随点 M 一起运动的直角坐标系,称为自然轴系,如图 4.5 所示。

切线单位矢量 $\boldsymbol{\tau}$: 过点 M 作轨迹的切线 T。

主法线单位矢量 $\boldsymbol{n}$: 法平面与密切面的交线,称为主法线,正向指向曲线凹侧。

次法线单位矢量 $\boldsymbol{b}$: 过点 M,在法平面内作一直线 $MB\perp\boldsymbol{n}$,MB 线称为次法线(或称副法线),且满足下式:

$$\boldsymbol{b}=\boldsymbol{\tau}\times\boldsymbol{n} \tag{4.10}$$

或者采用右手法则确定 $\boldsymbol{b}$。

法平面: 过点 M 平面垂直于 $\boldsymbol{\tau}$ 的平面。

密切面: 轨迹所在的平面。

自然轴系下的速度表达式为

$$\boldsymbol{v}=\frac{\mathrm{d}s}{\mathrm{d}t}\boldsymbol{\tau}=v\boldsymbol{\tau} \tag{4.11}$$

沿轨迹切线方向

当 $\frac{\mathrm{d}s}{\mathrm{d}t}>0$ 时,$\boldsymbol{v}$ 与 $\boldsymbol{\tau}$ 同向,点沿轨迹正向运动。

当$\frac{ds}{dt}<0$时,$\boldsymbol{v}$与$\boldsymbol{\tau}$反向,点沿轨迹负向运动。

全加速度的表达式为

$$\boldsymbol{a}=\frac{d\boldsymbol{v}}{dt}=\frac{d}{dt}(v\boldsymbol{\tau})=\frac{dv}{dt}\boldsymbol{\tau}+v\frac{d\boldsymbol{\tau}}{dt} \tag{4.12}$$

上式第一项反映速度大小随时间的变化率,方向沿切线方向,称为**切向加速度**$\boldsymbol{a}_\tau$(tangential acceleration)

$$\boldsymbol{a}_\tau=\frac{dv}{dt}\boldsymbol{\tau},\ a_\tau=\frac{dv}{dt} \tag{4.13}$$

第二项反映速度方向随时间的变化率,方向沿法线指向曲线凹侧,称为**法向加速度**$\boldsymbol{a}_n$(normal acceleration)

$$\boldsymbol{a}_n=\frac{v^2}{\rho}\boldsymbol{n},\ a_n=\frac{v^2}{\rho} \tag{4.14}$$

式中ρ为轨迹曲线在点M处的曲率半径,$\boldsymbol{a}_n$亦称**向心加速度**(centripetul acceleration)。

全加速度的大小为

$$a=\sqrt{a_\tau^2+a_n^2} \tag{4.15}$$

例 4.2 如图 4.6 所示,半径为r的轮子沿直线轨道无滑动地滚动(称为纯滚动),设轮子转角$\varphi=\omega t$(ω为常数)。求用直角坐标和弧坐标表示的轮缘上任一点M的运动方程,并求该点的速度、切向加速度及法向加速度。

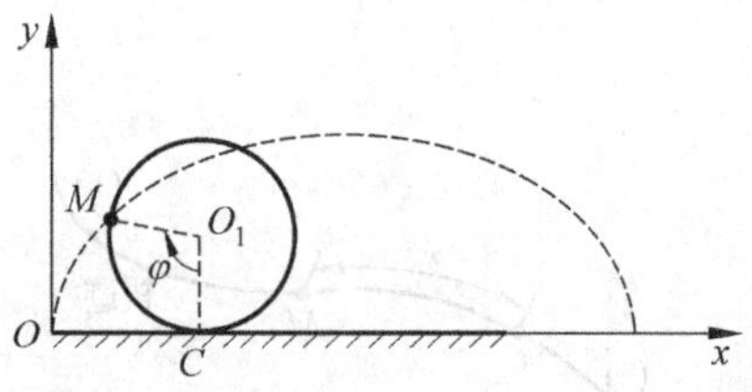

图 4.6

解 取$\varphi=0$时点M与直线轨道的接触点O为原点,建立直角坐标系Oxy(如图所示)。当轮子转过φ时,轮子与直线轨道的接触点为C。由于是纯滚动,有

$$OC=\widehat{MC}=r\varphi$$

则,用直角坐标表示的M点的运动方程为

$$\left.\begin{aligned}x&=OC-O_1M\sin\varphi=r(\omega t-\sin\omega t)\\y&=O_1C-O_1M\cos\varphi=r(1-\cos\omega t)\end{aligned}\right\} \tag{a}$$

上式对时间求导,即得M点的速度沿坐标轴的投影:

$$\left.\begin{aligned}v_x&=\dot{x}=r\omega(1-\cos\omega t)\\v_y&=\dot{y}=r\omega\sin\omega t\end{aligned}\right\} \tag{b}$$

M点的速度为

$$\begin{aligned}v&=\sqrt{v_x^2+v_y^2}=r\omega\sqrt{2-2\cos\omega t}\\&=2r\omega\sin\frac{\omega t}{2},(0\leqslant\omega t\leqslant 2\pi)\end{aligned} \tag{c}$$

运动方程式(a)实际上也是M点运动轨迹的参数方程(以t为参变量)。这是一个摆线(或称旋轮线)方程,这表明M点的运动轨迹是摆线,如图 4.6 所示。

取M的起始点O作为弧坐标原点,将式(c)的速度v积分,即得用弧坐标表示的运动方程:

$$s=\int_0^t 2r\omega\sin\frac{\omega t}{2}\mathrm{d}t=4r\left(1-\cos\frac{\omega t}{2}\right),(0\leqslant\omega t\leqslant 2\pi)$$

将式(b)再对时间求导，即得加速度在直角坐标系上的投影：

$$\left.\begin{aligned}a_x&=\ddot{x}=r\omega^2\sin\omega t\\a_y&=\ddot{y}=r\omega^2\cos\omega t\end{aligned}\right\}\tag{d}$$

由此得到全加速度

$$a=\sqrt{a_x^2+a_y^2}=r\omega^2$$

将式(c)对时间求导即得点 M 的切向加速度

$$a_\tau=\dot{v}=r\omega^2\cos\frac{\omega\cdot t}{2}$$

法向加速度

$$a_n=\sqrt{a^2-a_\tau^2}=r\omega^2\sin\frac{\omega\cdot t}{2}\tag{e}$$

由于 $a_n=\dfrac{v^2}{\rho}$，于是还可由式(c)及(e)求得轨迹的曲率半径

$$\rho=\frac{v^2}{a_n}=\frac{4r^2\omega^2\sin^2\dfrac{\omega t}{2}}{r\omega^2\sin\dfrac{\omega t}{2}}=4r\sin\frac{\omega t}{2}$$

再讨论一个特殊情况。当 $t=2\pi/\omega$ 时，$\varphi=2\pi$，这时点 M 运动到与地面相接触的位置。由式(c)知，此时点 M 的速度为零，这表明沿地面作纯滚动的轮子与地面接触点的速度为零。另一方面，由于点 M 全加速度的大小恒为 $r\omega^2$，因此纯滚动的轮子与地面接触点的速度虽然为零，但加速度却不为零。将 $t=2\pi/\omega$ 代入式(d)，得

$$a_x=0,\ a_y=r\omega^2$$

即接触点的加速度方向向上。

习题

4.1 图示雷达在距离火箭发射台为 l 的 O 点观察铅直上升的火箭发射，测得角 θ 的规律为 $\theta=kt$(k 为常数)。试写出火箭的运动方程，并计算当 $\theta=\dfrac{\pi}{6}$ 和 $\theta=\dfrac{\pi}{3}$ 时，火箭的速度和加速度。

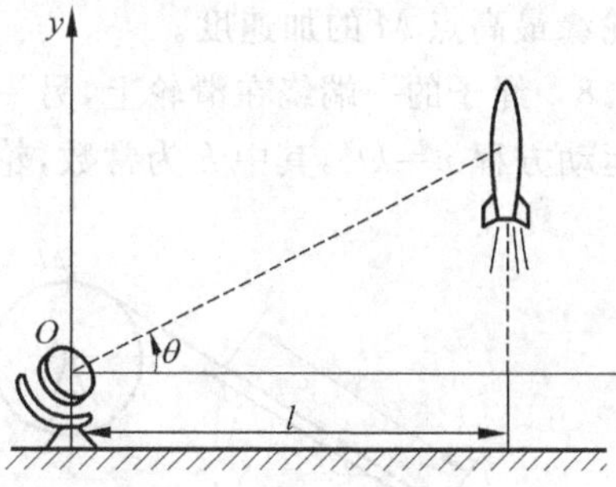

习题 4.1 图

4.2 动点沿水平直线运动。已知其加速度的变化规律是 $a=(30t-120)\text{mm/s}^2$，其中 t 以 s 为单位，规定向右的方向为正。动点在 $t=0$ 时的初速度的大小为 150 mm/s，方向与初加速度一致。求 $t=10$ s 时动点的速度和位置。

4.3 图示一小船由岸上的人用绳索绕过滑轮在岸上拉，若人水平向右以 $v_D=1$ m/s 匀速前进，求当 $\varphi=30°$时，小船的速度。

4.4　图示直杆 AB 在铅垂面内沿互相垂直的墙壁和地面滑动。已知 $\varphi=\omega t$（ω 为常量），$MA=b$，$MB=c$，试求杆上点 M 的运动方程、轨迹、速度和加速度。

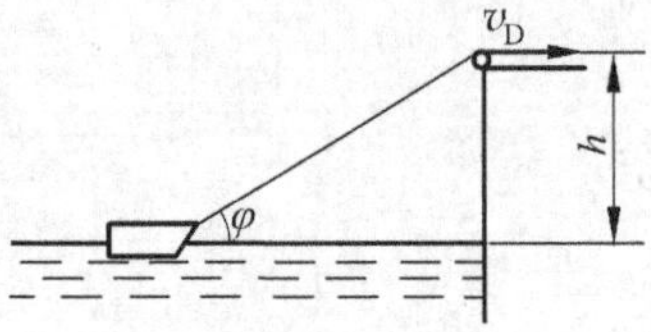

习题 4.3 图

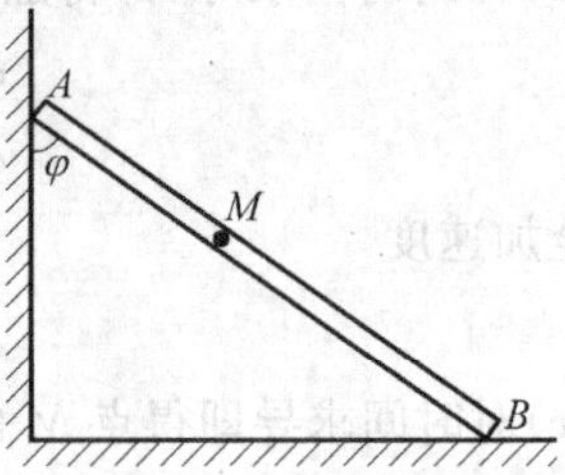

习题 4.4 图

4.5　图示曲线规尺的各杆，长为 $OA=AB=200$ mm，$CD=DE=AC=AE=50$ mm。运动开始时，杆 OA 水平向右；运动过程中，杆 OA 与 x 轴的夹角 $\theta=\dfrac{\pi}{5}t$ rad。求尺上点 D 的运动方程和轨迹。

4.6　套管 A 由绕过定滑轮 B 的绳索牵引而沿导轨上升，滑轮中心到导轨的距离为 l，如图所示。设绳索以等速 v_0 下拉，忽略滑轮尺寸，求套管 A 的速度和加速度与距离 x 的关系式。

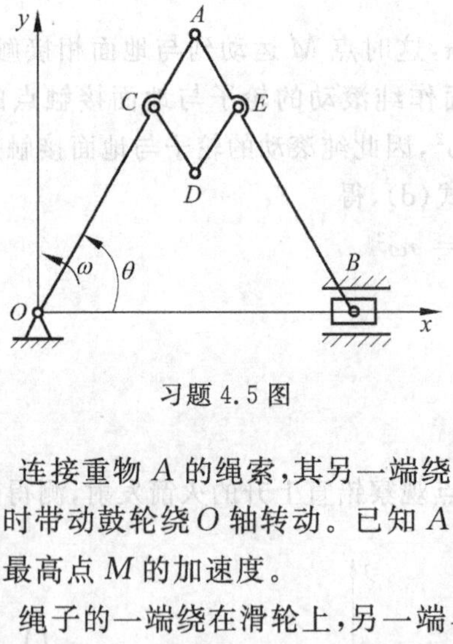

习题 4.5 图

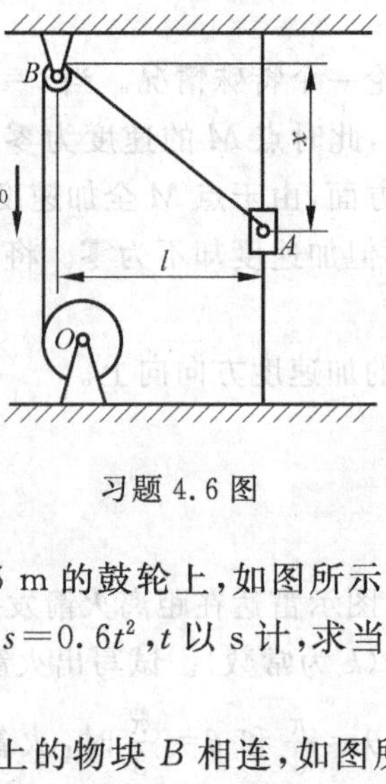

习题 4.6 图

4.7　连接重物 A 的绳索，其另一端绕在半径 $R=0.5$ m 的鼓轮上，如图所示。当 A 沿斜面下滑时带动鼓轮绕 O 轴转动。已知 A 的运动规律为 $s=0.6t^2$，t 以 s 计，求当 $t=1$s 时，鼓轮轮缘最高点 M 的加速度。

4.8　绳子的一端绕在滑轮上，另一端与置于水平面上的物块 B 相连，如图所示，若物 B 的运动方程 $x=kt^2$，其中 k 为常数，轮子半径为 R。求：轮缘上 A 点的加速度大小。

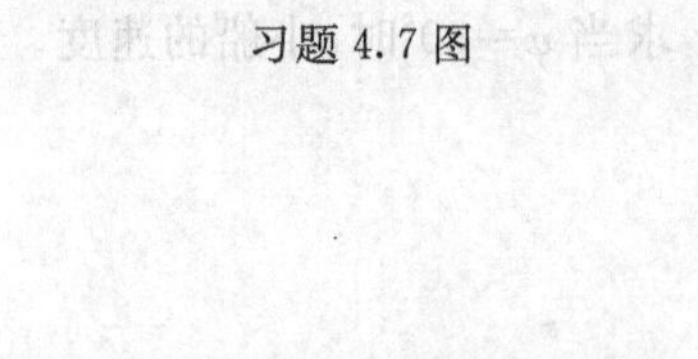

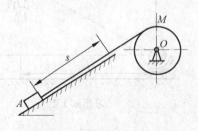

习题 4.7 图

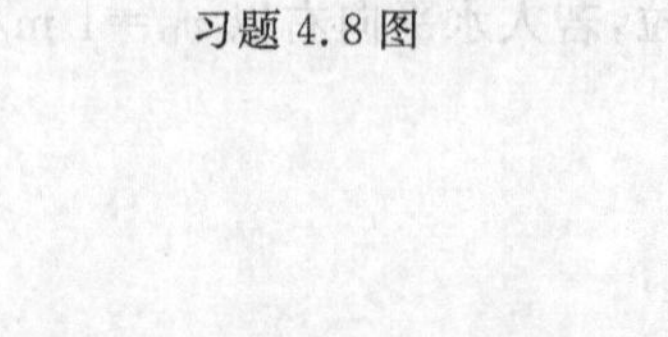

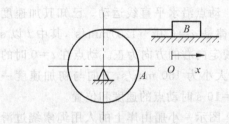

习题 4.8 图

4.9　点 M 沿半径为 r 的圆弧 AB 运动如图所示，它的速度 v 在直径 AB 方向的投影 u 仍是常数。试求点 M 的速度和加速度与角 φ 的关系。

4.10　如图所示，点沿半径为 R 的圆周作匀加速运动，初速度为零。如点的全加速度 a 与切线的夹角为 θ，并以 β 表示点所走过的弧 s 所对的圆心角。试证：$\tan\theta=2\beta$。

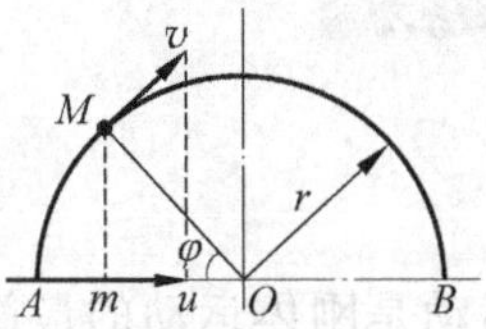

习题 4.9 图

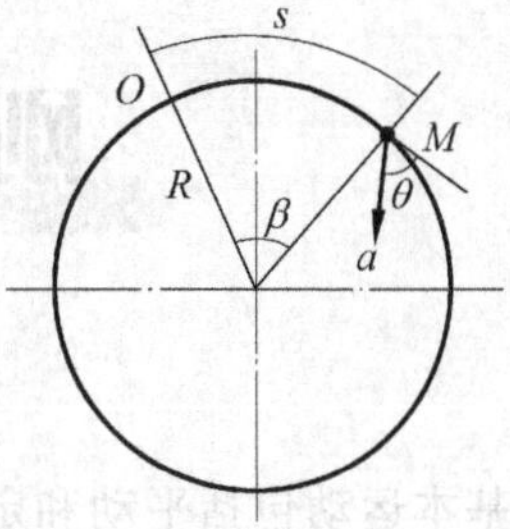

习题 4.10 图

第5章

刚体的基本运动

刚体的基本运动包括平动和定轴转动。刚体的基本运动是刚体运动的最简单形式，是不可分解的运动形态。刚体的复杂运动均可分解成若干基本运动。

5.1 刚体的平行移动(平动)

1.定义

在刚体上任两点 A、B 的连线，在刚体运动过程中，始终与其初始位置保持平行，这种运动称为**平行移动**(translation)，简称平动。如图 5.1 所示，秋千的坐板和筛盘均为平动。

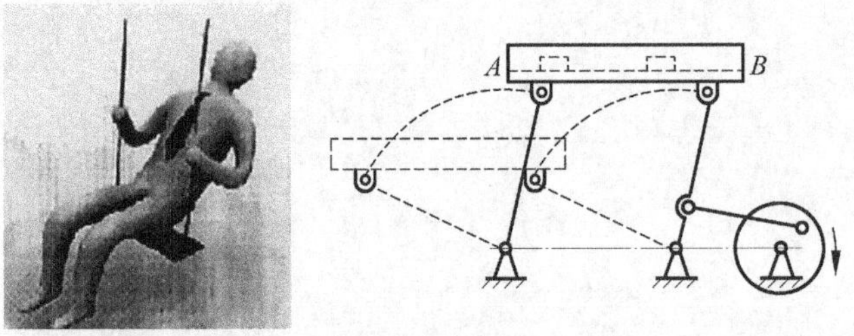

(a) (b)

图 5.1

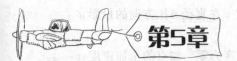

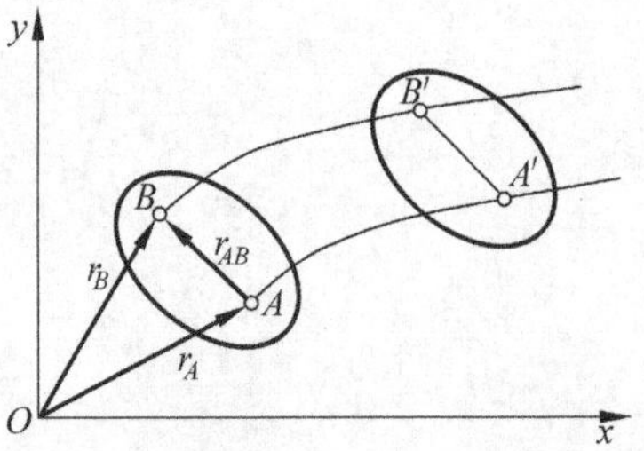

图 5.2

2. 平动的特点

如图 5.2 所示，在平动刚体内任选两点 A、B，令点 A 的矢径为 $\boldsymbol{r}_A$，点 B 的矢径为 $\boldsymbol{r}_B$，则两条矢端曲线就是 A 、B 两点的轨迹。$\boldsymbol{r}_A$、$\boldsymbol{r}_B$ 为 A 、B 两点的运动方程。

根据矢量的三角形法则，得到

$$\boldsymbol{r}_B = \boldsymbol{r}_A + \boldsymbol{r}_{AB}$$

等式两边同时对时间 t 求导：

$$\frac{\mathrm{d}\boldsymbol{r}_B}{\mathrm{d}t} = \frac{\mathrm{d}\boldsymbol{r}_A}{\mathrm{d}t} + \frac{\mathrm{d}\boldsymbol{r}_{AB}}{\mathrm{d}t}$$

刚体平动，无论轨迹如何，其上任意两点 A、B 的连线，在运动过程中始终方向不变，即 $\boldsymbol{r}_{AB}$ 为常矢量，则 $\frac{\mathrm{d}\boldsymbol{r}_{AB}}{\mathrm{d}t}=0$，即

$$\frac{\mathrm{d}\boldsymbol{r}_B}{\mathrm{d}t}=\frac{\mathrm{d}\boldsymbol{r}_A}{\mathrm{d}t} \text{ 即 } \boldsymbol{v}_B=\boldsymbol{v}_A \tag{5.1}$$

等式两边同时对时间 t 求导：

$$\frac{\mathrm{d}^2\boldsymbol{r}_B}{\mathrm{d}t^2}=\frac{\mathrm{d}^2\boldsymbol{r}_A}{\mathrm{d}t^2} \text{ 即 } \boldsymbol{a}_B=\boldsymbol{a}_A \tag{5.2}$$

因此，刚体平动时各点轨迹形状相同，某一瞬时，各点的速度相同，加速度相同。

平动刚体可以简化成一个点的运动，即刚体上任何一点的运动，就可代表平动刚体上其他各点的运动。

5.2　刚体绕固定轴转动(定轴转动)

1. 定义

刚体在运动过程中，其上有且只有一条直线始终固定不动时，称刚体**绕固定轴转动**(rotation about a fixed axis)，简称刚体定轴转动，该固定直线称为轴线或转轴。如开门时，门绕门轴转动(图 5.3(a))；构件绕轴线 z 转动(图 5.3(b))。

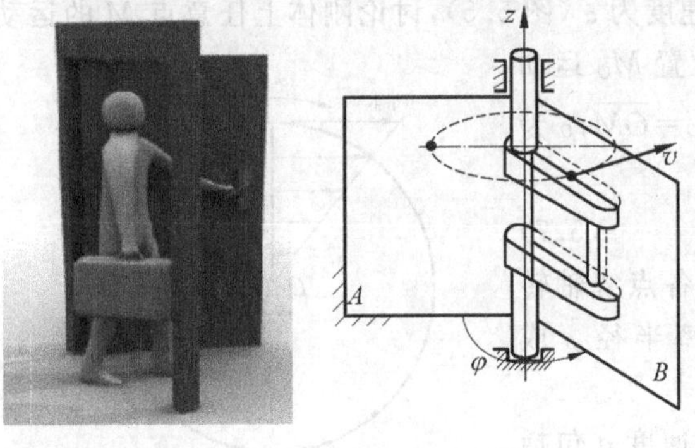

(a)　(b)

图　5.3

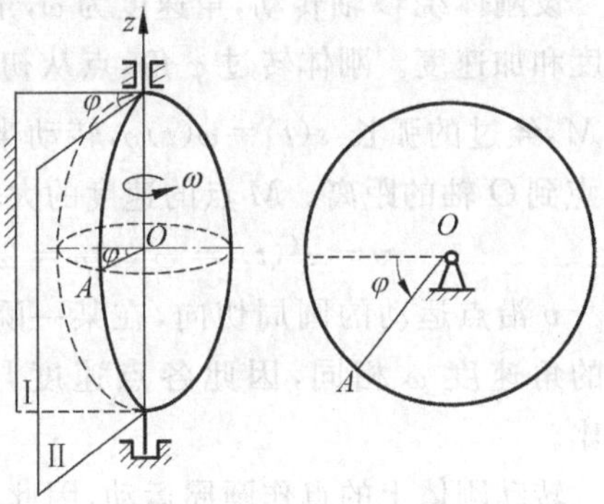

(a)　(b)

图　5.4

2. 定轴转动的特点

观察定轴转动刚体上任一点 A 的轨迹(图 5.4(a))，可以看到定轴转动的特点：刚体上不在转轴上的各点均作圆周运动；圆周所在平面垂直转轴；圆心均在轴线上；半径为点到转轴的距离。

3. 转角和转动方程

如图 5.4(b)所示，刚体的定轴转动可以简化成 A 点所在且垂直于轴线的平面图形绕 O 点的转动，O 点为平面图形与轴线 z 的交点。

平面图形的位置是可由 φ 决定，φ 为**转角**(angle of rotation)，单位为弧度(rad)。

方向：从 z 轴正向看去，逆时针为正，顺时针为负，用↶+、−↷表示。

刚体转动方程为

$$\varphi=f(t)=\varphi(t) \tag{5.3}$$

4. 角速度和角加速度

可以用转动方程求刚体的**角速度**(angular velocity):

$$\omega = \lim_{\Delta f \to 0} \frac{\Delta\varphi}{\Delta t} = \frac{d\varphi}{dt} = f'(t) \tag{5.4}$$

ω 表示刚体转动的快慢,为代数量,其正负号规定同 φ,单位为弧度/秒(rad/s)。

工程中常用**转速**(rotation velocity)n(单位为转/分(r/min))表示刚体转动的快慢,可以把转速转换成角速度:

$$\omega = \frac{2\pi n}{60} = \frac{n\pi}{30} \tag{5.5}$$

角加速度(angular acceleration)反映角速度随时间的变化率,其定义为

$$\alpha = \frac{d^2\varphi}{dt^2} = \frac{d\omega}{dt} \tag{5.6}$$

单位为 rad/s^2。

5. 转动刚体上各点的速度和加速度

设刚体绕 O 轴转动,角速度为 ω,角加速度为 α(图 5.5),讨论刚体上任意点 M 的运动速度和加速度。刚体转过 φ 角,点从初始位置 M_O 运动到 M,经过的弧长 $s(t)=\varphi(t)\rho$,转动半径 $\rho=\overline{OM}$,ρ 为 M 点到 O 轴的距离。M 点的速度的大小为

$$v = s'(t) = \varphi'(t)\rho = \omega\rho \tag{5.7}$$

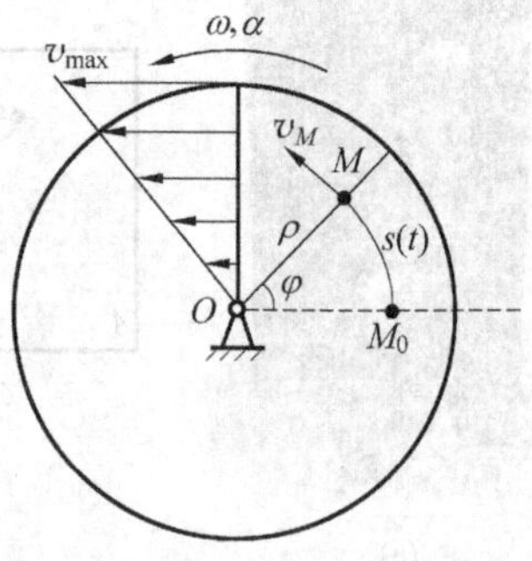

图 5.5

$\boldsymbol{v}$ 沿点运动的圆周切向,在某一瞬时,各点绕轴转动的角速度 ω 相同,因此各点速度与曲率半径 ρ 成正比。

转动刚体上的点作圆周运动,因此其加速度 $\boldsymbol{a}$ 包括切向加速度 $\boldsymbol{a}_\tau$ 和法向加速度 $\boldsymbol{a}_n$。切向加速度的大小等于刚体角加速度 α 与曲率半径 ρ 的乘积,即

$$a_\tau = s''(t) = \varphi''(t)\rho = \alpha\rho \tag{5.8}$$

a_τ 的方向沿点运动轨迹圆周的切向。

法向加速度的大小等于刚体角速度的平方 ω^2 和曲率半径 ρ 的乘积,即

$$a_n = \frac{v^2}{\rho} = \omega^2\rho \tag{5.9}$$

$\boldsymbol{a}_n$ 的方向沿法线指向转动中心 O。

切向加速度和法向加速度可以用矢量合成法求点的**全加速度**(total acceleration)$\boldsymbol{a}$,如图 5.6 所示。全加速度的大小和方向为

$$\left.\begin{aligned} a &= \sqrt{a_\tau^2 + a_n^2} = \rho\sqrt{\alpha^2+\omega^4} \\ \tan\theta &= \frac{a_\tau}{a_n} = \frac{\alpha l}{\omega^2 l} = \frac{\alpha}{\omega^2} \end{aligned}\right\} \tag{5.10}$$

式中,$\boldsymbol{a}$ 的大小与曲率半径 ρ 成正比;θ 是 $\boldsymbol{a}$ 与 $\boldsymbol{a}_n$ 的夹角,与曲率半径 ρ 无关,对于圆边缘上的点 M,曲率半径等于圆半径,即 $\rho=R$。ω、α 转动方向相同,为加速转动(图 5.6(a)),θ 为正

转动方向相反，为减速转动（图 5.6(b)），θ 为负（顺时针）。

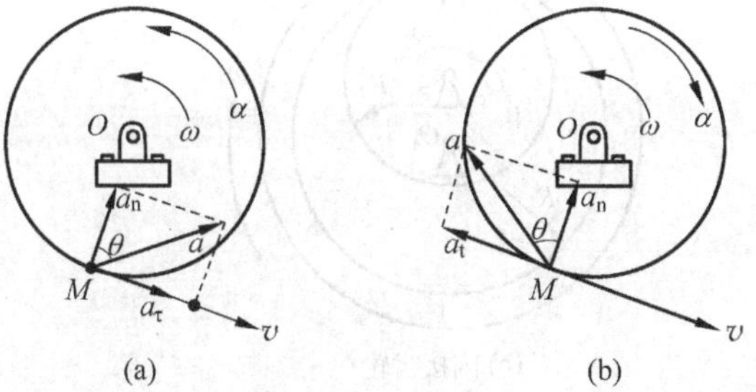

图 5.6

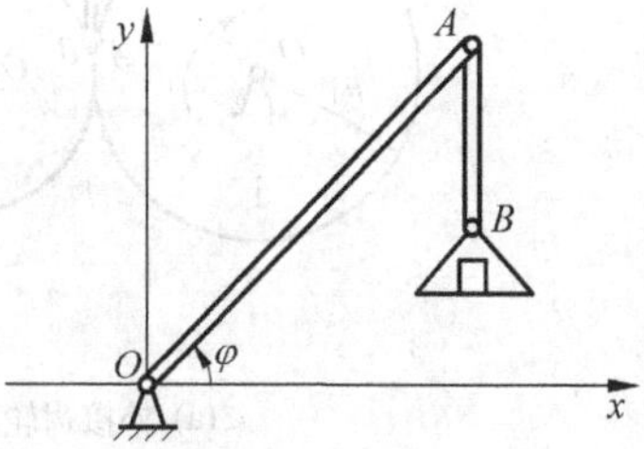

图 5.7

例 5.1 如图 5.7 所示，为把工件送入干燥炉内的机构，叉杆 $OA=l=1.5$ m 在铅垂面内转动，杆 $AB=0.8$ m，A 端为铰链，B 端有放置工件的框架。在机构运动时，工件的速度恒为 0.05 m/s，杆 AB 始终铅垂。设运动开始时，角 $\varphi=0$。求运动过程中角 φ 与时间 t 的关系，以及点 B 的轨迹方程。

解 (1) AB 平行移动，$v_A=v_B=0.05$ m/s

OA 定轴转动，
$$v_A=\omega\ l=\frac{\mathrm{d}\varphi}{\mathrm{d}t}l\ \text{m/s}$$

即

$$\varphi=\frac{v_A}{l}t+C=\frac{t}{30}+C$$

当 $t=0,\varphi=0$ 时，得 $C=0$，由此得 $\varphi=\dfrac{t}{30}$ rad。

(2) 由 $OA=l=1.5$ m，根据几何关系可得点 B 的轨迹方程为

$$x_B^2+(y_B+0.8)^2=1.5^2$$

5.3 轮系的传动比

1. 齿轮传动

机械中常用齿轮传动机构，以达到传递转动和变速的目的。图 5.8 所示为一对外接（啮合）齿轮和一对内接齿轮。

1) 齿轮传动的特点

(1) 两轮啮合处的速度大小、方向相同；

(2) 两轮啮合处的切向加速度大小、方向相同。

2) 传动比

由转动刚体上点绕轴作圆周运动，可得

$$v_A=R_1\omega_1,v_B=R_2\omega_2$$

由齿轮啮合处速度相等，即 $v_A=v_B$，得

$$R_1\omega_1=R_2\omega_2 \tag{5.11}$$

定义主动轮Ⅰ与从动轮Ⅱ的角速度比为**传动比**(ratio of transmission)，即

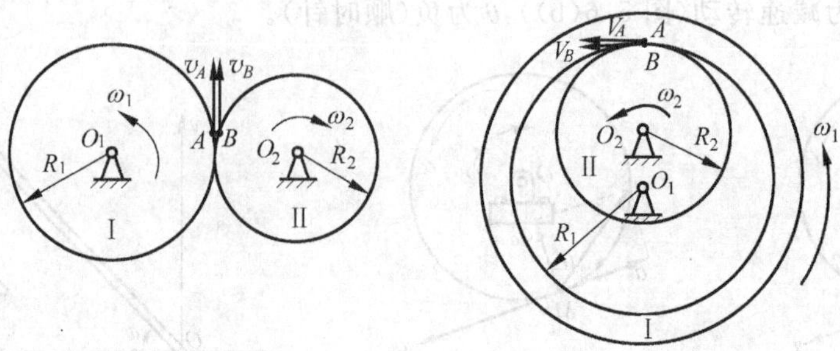

(a) 外接齿轮　　(b) 内接齿轮

图　5.8

$$i_{12} = \frac{\omega_1}{\omega_2} \tag{5.12}$$

由于齿轮传动无相对滑动,又因齿轮的齿数 z 与半径成正比,可得传动比为

$$i_{12} = \frac{\omega_1}{\omega_2} = \frac{R_2}{R_1} = \frac{z_2}{z_1} \tag{5.13}$$

例 5.2　减速箱由 4 个齿轮构成,如图 5.9 所示。齿轮Ⅱ和Ⅲ安装在同一轴上,与轴一起转动。各齿轮的齿数分别为 $z_1=36$、$z_2=112$、$z_3=32$ 和 $z_4=128$。如主动轴Ⅰ的转速 $n_1=1450$ r/min,试求从动轮Ⅳ的转速 n_4。

解　用 n_1、n_2、n_3 和 n_4 分别表示各齿轮的转速,且有 $n_2=n_3$,应用齿轮的传动比公式,得

$$i_{12} = \frac{n_1}{n_2} = \frac{z_2}{z_1},\ i_{34} = \frac{n_3}{n_4} = \frac{z_4}{z_3}$$

将两式相乘,得

$$\frac{n_1 n_3}{n_2 n_4} = \frac{z_2 z_4}{z_1 z_3}$$

因为 $n_2=n_3$,于是从齿轮Ⅰ到齿轮Ⅳ的传动比为

$$i_{14} = \frac{n_1}{n_4} = \frac{z_2 z_4}{z_1 z_3} = \frac{112 \times 128}{36 \times 32} = 12.4$$

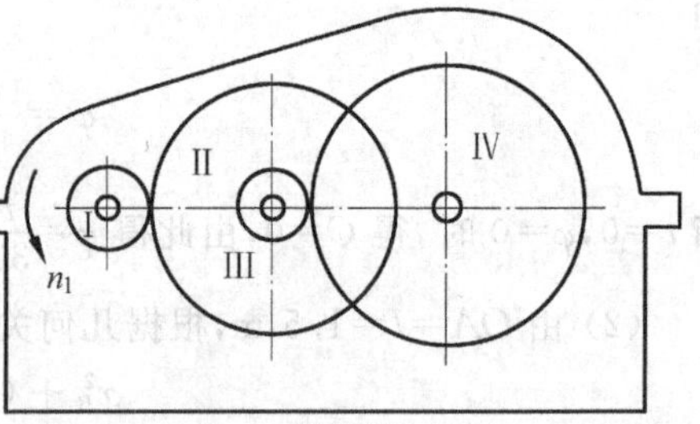

减速箱

图　5.9

由图 5.9 可见,从动轮Ⅳ和主动轮Ⅰ的转向相同。

最后,求得从动轮Ⅳ的转速为

$$n_4 = \frac{n_1}{i_{14}} = \frac{1450}{12.4} = 117 \text{ r/min}$$

2. 皮带轮(链轮)传动

皮带轮(链轮)传动适用于两轴距离较远的情况,如图 5.10 所示。

1) 皮带轮(链轮)传动的特点

(1) 轮带不可伸长。

(2) 设皮带与轮之间无相对滑动,则轮缘和轮带接触点的速度和切向加速度相同。

(3) 两轮转动方向相同,轮缘上各点速度 v 大小相同,加速度 a_τ 大小相同。

2) 传动比

由上述皮带传动特点可知: $v_A = v'_A = v_B = v'_B$

由式(5.4),得

$$r_1\omega_1 = r_2\omega_2$$

所以传动比为

$$i_{12} = \frac{\omega_1}{\omega_2} = \frac{r_2}{r_1} \tag{5.14}$$

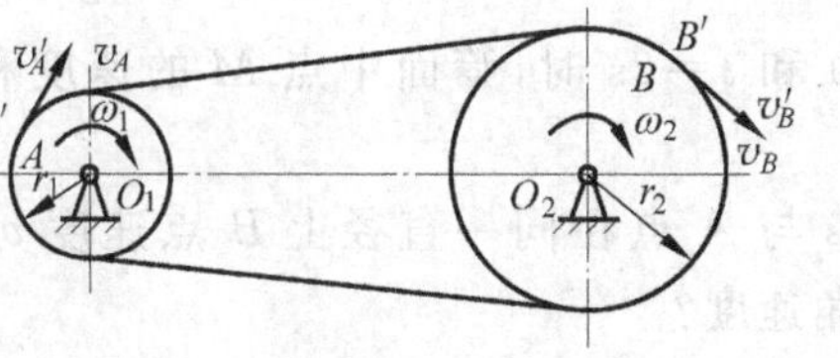

图　5.10

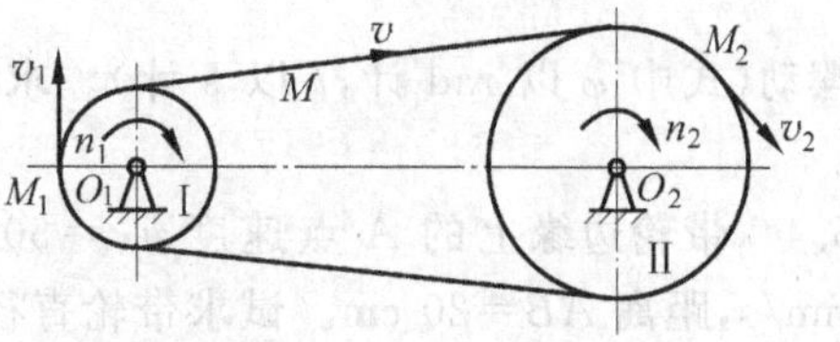

图　5.11

例 5.3　皮带轮传动机构(图 5.11)，设小皮带轮Ⅰ半径为 r_1，以转速 n_1(r/min)绕固定轴 O_1 转动，通过皮带带动大皮带轮Ⅱ绕定轴 O_2 转动，其半径为 r_2。若皮带长度不变、且皮带与皮带轮间不打滑，求大皮带轮Ⅱ的转速 n_2。

解　设皮带长度不变，在同一瞬时皮带上各点的速度大小都相同，即 $v_1=v_2=v$。又因皮带间不打滑，两者接触点的速度也相同，即

$$v_1 = r_1 \cdot \omega_1 = r_1 \cdot \frac{2\pi n_1}{60}$$

$$v_2 = r_2 \cdot \omega_2 = r_2 \cdot \frac{2\pi n_2}{60}$$

此处 ω_1 和 ω_2 分别表示两皮带轮的角速度(rad/s)，于是得

$$r_1\omega_1 = r_2\omega_2,\ \omega_2 = \frac{r_1}{r_2}\omega_1,\ n_2 = \frac{r_1}{r_2}n_1$$

$$\frac{n_2}{n_1} = \frac{\omega_2}{\omega_1} = \frac{r_1}{r_2}$$

即两皮带轮的角速度(或转速)与其半径成反比。

习题

5.1　揉茶机的揉茶桶由三个曲柄 O_1A、O_2B、O_3C 支承，三曲柄互相平行且曲柄长均为 $r=0.2$ m。设三曲柄以 $n=48$ r/min 匀速转动，求揉茶桶中心点 O 的速度、加速度。

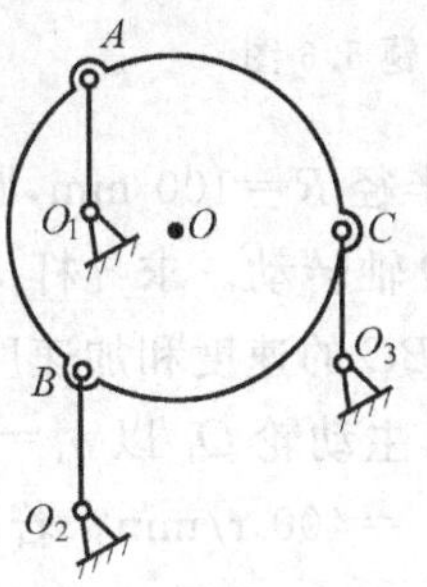

习题 5.1 图

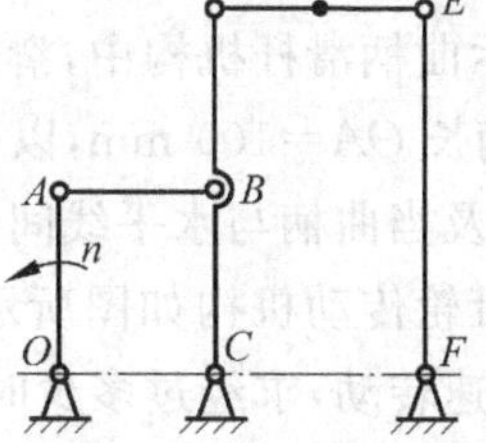

习题 5.2 图

5.2　曲柄 OA 以转速 $n=50$ r/min 等角速度转动，并通过连杆 AB 带动 $CDEF$ 连杆机构。已知 B 为 CD 中点，$OA=BC=BD=1$ m，$EF=2$ m，$AB=OC$，$DE=CF$。当 OA、CD 在垂直位置时，求连杆 DE 中点 M 的速度和加速度。

5.3　摇筛机构如图所示，已知 $O_1A=O_2B=0.4$ m，$O_1O_2=AB$，杆 O_1A 按 $\varphi=\frac{1}{2}\sin\frac{\pi}{4}t$ 规律摆动(式中 φ 以 rad 计，t 以 s 计)。求当 $t=0$ 和 $t=2$s 时，筛面中点 M 的速度和加速度。

5.4　带轮边缘上的 A 点速度 $v_A=500$ mm/s 与 A 点在同一直径上 B 点速度 $v_B=100$ mm/s，距离 $AB=20$ cm。试求带轮直径 D 与角速度？

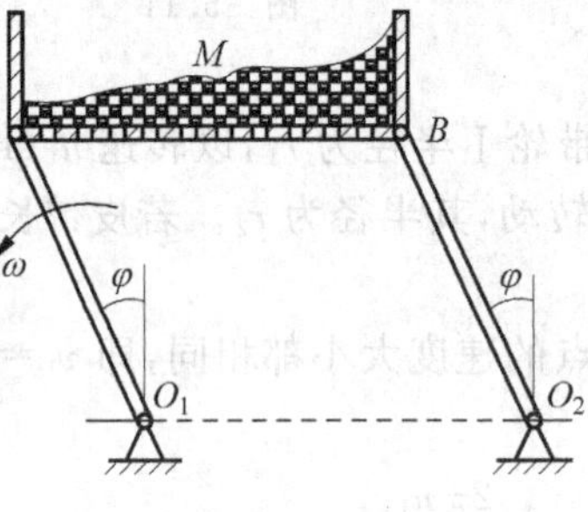

习题 5.3 图

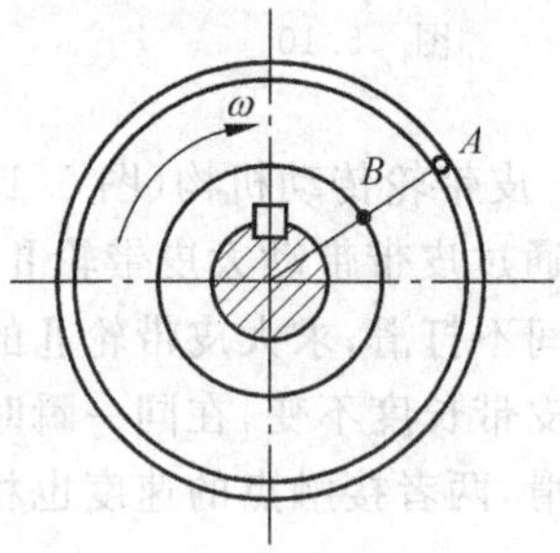

习题 5.4 图

5.5　如图所示的直角刚杆绕轴 O 作定轴转动。$AO=2$ m，$BO=3$ m，已知某瞬时 A 点的速度大小 $v_A=6$ m/s，方向与 AO 垂直，B 点的加速度方向与 BO 成 $\theta=60°$。求该瞬时刚杆的角速度 ω 和角加速度 α。

5.6　一绕轴 O 转动的带轮，某瞬时轮缘上点 A 的速度大小为 $v_A=50$ cm/s，加速度大小为 $a_A=150$ cm/s^2；轮内另一点 B 的速度大小为 $v_B=10$ cm/s。已知该两点到轮轴的距离相差 20 cm。试求此瞬时：(1)带轮的角速度；(2)带轮的角加速度及 B 点的加速度。

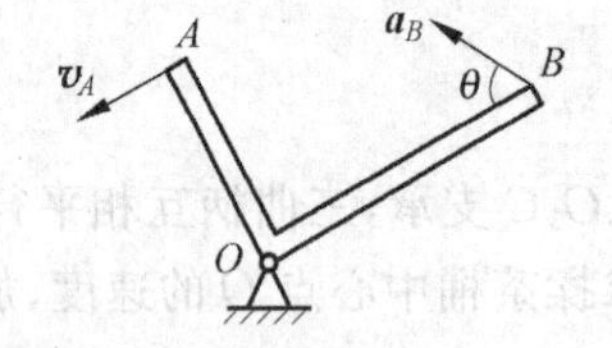

习题 5.5 图

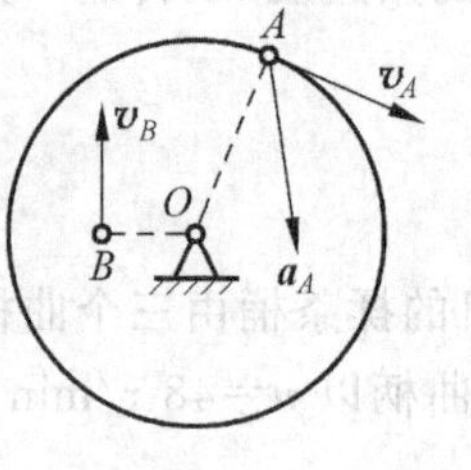

习题 5.6 图

5.7　图示曲柄滑杆机构中，滑杆上有一圆弧形滑道，其半径 $R=100$ mm，圆心 O_1 在导杆 BC 上，曲柄长 $OA=100$ mm，以等角速度 $\omega=4$ rad/s 绕 O 轴转动。求导杆 BC 上 O_1 点的运动规律以及当曲柄与水平线间的交角为 $\varphi=30°$时，导杆 BC 的速度和加速度。

5.8　皮带轮传动机构如图所示，皮带轮半径为 $2r_1=r_2$，主动轮 O_1 以 $\alpha_1=2$ rad/s^2 从静止开始匀加速转动，求经过多少时间 t 主动轮 O_1 的转速 $n_1=400$ r/min？若皮带长度不变、且皮带不打滑，求此时大皮带轮 O_2 的转速 n_2，传动比 i_{12}。

5.9　机构如图所示，假定杆 AB 以匀速 v 运动，开始时 $\varphi=0$。求当 $\varphi=\frac{\pi}{4}$时，摇杆 OC

的角速度和角加速度。

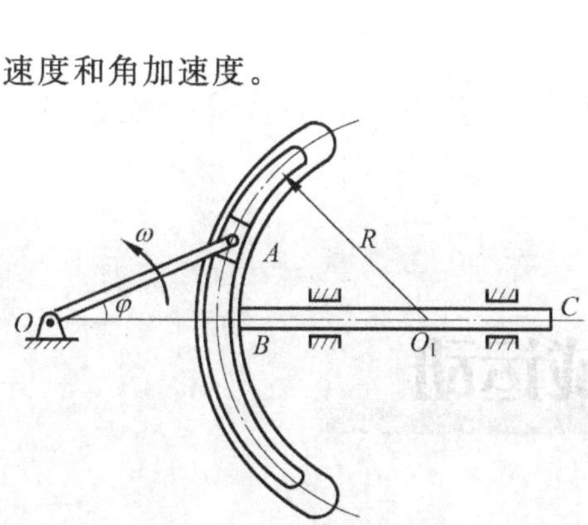

习题 5.7 图

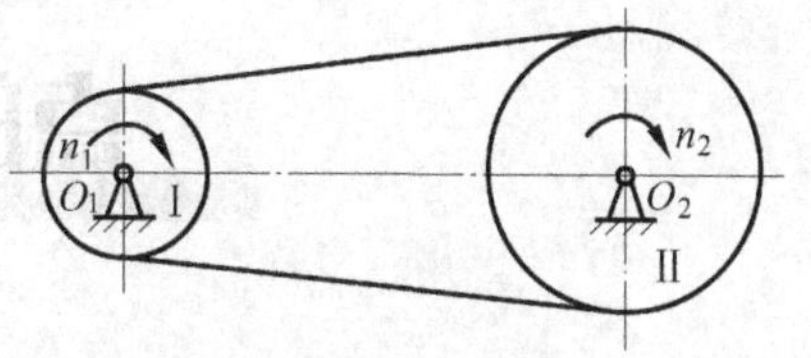

习题 5.8 图

5.10　如图所示，摩擦传动机构的主动轴Ⅰ的转速为 $n=600$ r/min。轴Ⅰ的轮盘与轴Ⅱ的轮盘接触，接触点按箭头 A 所示的方向移动。距离 d 的变化规律为 $d=100-5t$，其中 d 以 mm 计，t 以 s 计。已知 $r=50$ mm，$R=150$mm 求：(1)以距离 d 表示轴Ⅱ的角加速度；(2)当 $d=r$ 时，轮 B 边缘上一点的全加速度。

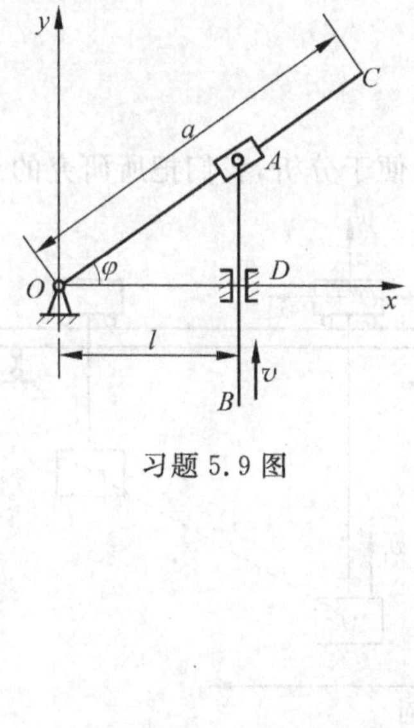

习题 5.9 图

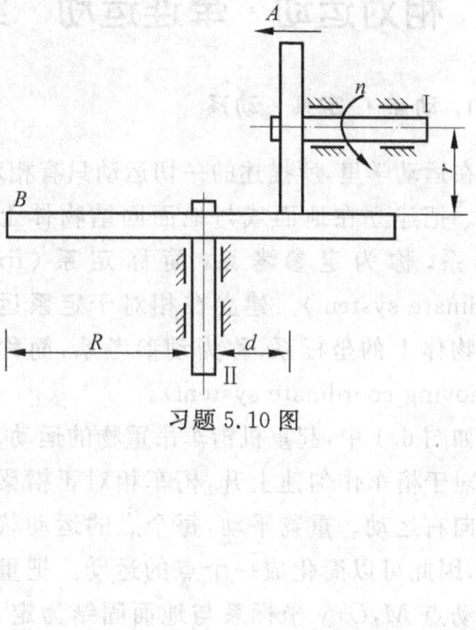

习题 5.10 图

第6章

点的合成运动

研究刚体基本运动时，我们选择与地面固定的参考系。由于运动描述具有相对性，选择不同参考系来描述物体的运动是不同的。在工程问题中，点的运动有时比较复杂，如果适当选择两个不同的坐标系来描述同一点的运动，往往可以使复杂运动分解成两个简单运动。本章将学习点的运动合成和分解的基本概念和方法。

6.1 相对运动·牵连运动·绝对运动

1. 动点·定系·动系

在运动学里，所描述的一切运动只有相对的意义。为便于分析，我们把所研究的点称为动点。把建立在地面或与地面固结物体上的坐标系，称为定参考系，简称**定系**(fixed coordinate system)。建立在相对于定系运动着的物体上的坐标系，称为动参考系，简称**动系**(moving coordinate system)。

如图 6.1 中，起重机桁车吊重物的运动，重物相对于桁车作匀速上升，桁车相对于横梁作匀速向右运动。重物平动，每个点的运动状态相同，因此可以简化成一个点的运动。把重物看成动点 M，Oxy 坐标系与地面固结为定系，$O'x'y'$坐标系建立在桁车上为动系。

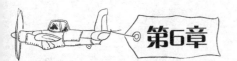

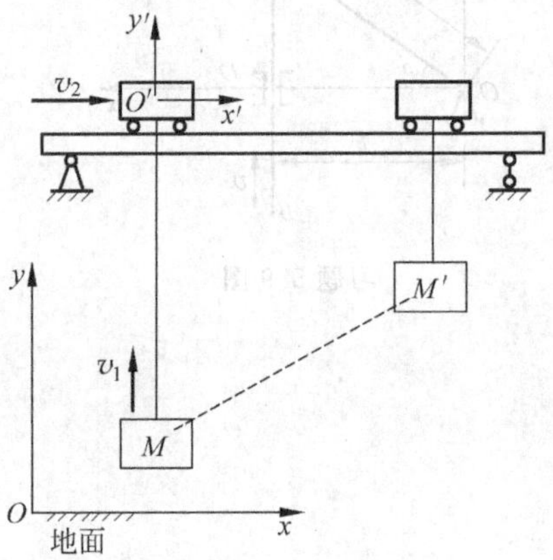

图 6.1

2. 绝对运动·相对运动·牵连运动

(1) 动点 M 相对定系的运动，称为**绝对运动**(absolute motion)。动点在绝对运动中的轨迹、速度、加速度，分别称为**绝对轨迹**、**绝对速度** $\boldsymbol{v}_a$(absolute velocity)，**绝对加速度** $\boldsymbol{a}_a$(absolute acceleration)。

(2) 动点 M 相对动系的运动，称为**相对运动**(relative motion)。动点在相对运动的中的轨迹、速度、加速度，分别称**相对轨迹**、**相对速度** $\boldsymbol{v}_r$(relative velocity)、**相对加速度** $\boldsymbol{a}_r$(relative acceleration)。

(3) 动系相对于定系的运动称为**牵连运动**(transport motion)。注意：动系作为一个整体运动着，因此，牵连运动是描述动系作为刚体的运动，常见的牵连运动形式为平动或定轴转动。切勿称“动点的牵连运动”。如果没有牵连运动，那么绝对运动和相对运动之间毫无差别。

某瞬时，动系上与动点 M 重合的点 M' 为此瞬时的牵连点。注意：牵连点是动系上的点。某瞬时牵连点的速度称为动点的**牵连速度** $\boldsymbol{v}_e$(transport velocity)。牵连速度是牵连点 M' 相对于定系的运动速度。某瞬时牵连点的加速度称为动点的**牵连加速度** $\boldsymbol{a}_e$(transport acceleration)。

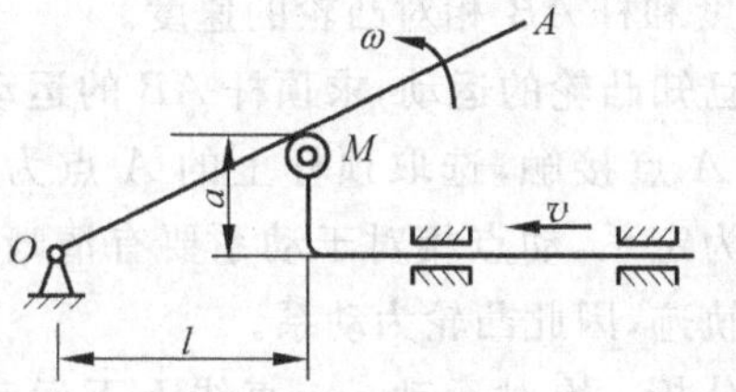

图 6.2

如图 6.2 所示运动机构，直角推杆以速度 $\boldsymbol{v}$ 推动 OA 杆绕 O 轴转动。直角推杆上的 M 点在 OA 杆上相对滑动，取直角推杆上的 M 为动点，固接于机架上的坐标系为定系，固接于 OA 杆的坐标系为动系。M 水平向左运动为绝对运行，M 点沿 OA 斜向下运动为相对运动，OA 杆绕 O 轴转动为牵连运动。

6.2 点的速度合成定理

点的速度合成定理：动点的绝对速度等于该瞬时动点的相对速度和牵连速度的矢量和，即

$$\boldsymbol{v}_a = \boldsymbol{v}_r + \boldsymbol{v}_e \tag{6.1}$$

上式为矢量式，若以 $\boldsymbol{v}_a$，$\boldsymbol{v}_r$，$\boldsymbol{v}_e$ 绘矢量图，满足矢量合成的平行四边形法则。绝对速度 $\boldsymbol{v}_a$ 为平行四边形的对角线。每个矢量都有大小和方向两个要素，一个矢量式可求解两个未知量。上式中的 6 个要素，若已知其中任意 4 个要素，均可利用该矢量式，求出另外两个未知量。

证明

如图 6.3 所示板 A 上开槽，动点 M 沿槽相对于板运动，同时跟随板运动。板 A 即载体。设 t 瞬时点 M 与板上点 M_1 重合，经过 Δt 后，A 板运动到 A' 处，M 沿 $\overset{\frown}{MM'}$ 运动到 M'，M_1 沿 $\overset{\frown}{M_1M_1'}$ 运动到 M_1'。

$\overset{\frown}{MM'}$ 为动点 M 的绝对轨迹，$\overline{MM'}$ 为绝对位移。

$\overset{\frown}{M_1'M'}$ 为动点 M 的相对轨迹，$\overline{M_1'M'}$ 为相对位移。

$\overset{\frown}{M_1M_1'}$ 为牵连点的轨迹，$\overline{M_1M_1'}$ 为牵连位移。

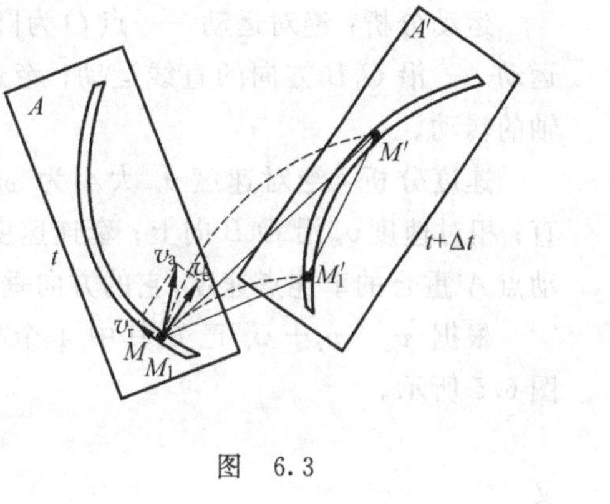

图 6.3

于是有

$$\overline{MM'} = \overline{M_1M_1'} + \overline{M_1'M'}$$

推之：

$$\frac{\overline{MM'}}{\Delta t} = \frac{\overline{M_1M_1'}}{\Delta t} + \frac{\overline{M_1'M'}}{\Delta t}$$

当 $\Delta t \to 0$ 时，对上式取极限，即

$$\lim_{\Delta t\to 0}\frac{\overline{MM'}}{\Delta t}=\lim_{\Delta t\to 0}\frac{\overline{M_1M_1'}}{\Delta t}+\lim_{\Delta t\to 0}\frac{\overline{M_1'M'}}{\Delta t}$$

得

$$\boldsymbol{v}_a=\boldsymbol{v}_r+\boldsymbol{v}_e$$

例 6.1 如图 6.4 所示，半径为 R 的半圆形凸轮 D 以匀速 $\boldsymbol{v}_0$ 沿水平线向右运动，带动从动杆 AB 沿铅直方向运动。求 $\varphi=30°$时杆 AB 的速度和杆 AB 相对凸轮的速度。

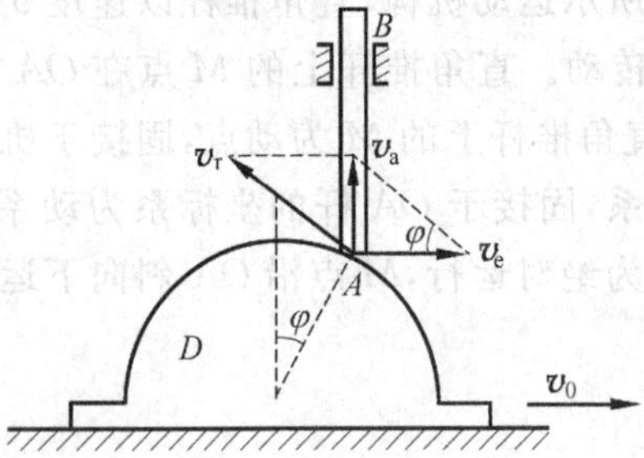

图 6.4

解 已知凸轮的运动，求顶杆 AB 的运动，两刚体在 A 点接触，选取顶杆上的 A 点为动点。地面为定系，动点相对于动系要有清晰的相对运动轨迹，因此凸轮为动系。

运动分析：绝对运动——直线上下运动；相对运动——圆周运动；牵连运动——直线水平向右平动。

速度分析：当 $\varphi=30°$时，绝度速度 $\boldsymbol{v}_a$ 直线向上；相对速度 $\boldsymbol{v}_r$ 沿凸轮切线向上；牵连速度 $\boldsymbol{v}_e$ 直线向右，$\boldsymbol{v}_e=\boldsymbol{v}_0$。

根据 $\boldsymbol{v}_a=\boldsymbol{v}_r+\boldsymbol{v}_e$ 已知其中 4 个要素，其速度平行四边形见图 6.4，根据几何关系，可求出其他两个要素

$$v_{AB}=v_a=\frac{\sqrt{3}}{3}v_0$$

$$v_r=\frac{2\sqrt{3}}{3}v_0$$

例 6.2 刨床机构如图 6.5 所示。曲柄 OA 的一端与滑块用铰链连接。当曲柄 OA 以匀角速度 ω 绕固定轴 O 转动时，套筒在摇杆 O_1B 上滑动，并带动摇杆 O_1B 绕固定轴 O_1 摆动。设曲柄长 $OA=r$，两轴间的距离 $OO_1=l$。求当曲柄在水平位置时摇杆的角速度 ω_1。

解 选取曲柄 OA 上与套筒的铰接点 A 为动点，地面为定系，动点相对 O_1B 有清晰的相对运动轨迹，动系 $O_1x'y'$ 固定在摇杆 O_1B 上，并与 O_1B 一起绕 O_1 轴摆动。

运动分析：绝对运动——点 O 为圆心的圆周运动；相对运动——沿 O_1B 方向的直线运动；牵连运动——摇杆绕 O_1 轴的转动。

速度分析：绝对速度 $\boldsymbol{v}_a$ 大小为 ωr，方向与曲柄 OA 垂直；相对速度 $\boldsymbol{v}_r$ 沿 O_1B 向上；牵连速度 $\boldsymbol{v}_e$ 是动系 O_1B 上与动点 A 重合的牵连点速度，它的方向垂直于 O_1B。

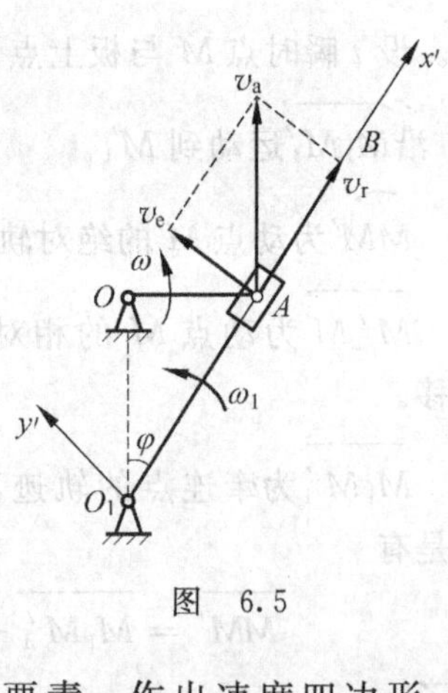

图 6.5

根据 $\boldsymbol{v}_a=\boldsymbol{v}_r+\boldsymbol{v}_e$ 已知其中 4 个要素，可求出其他两个要素。作出速度四边形，如图 6.5 所示。

$$v_e=v_a\sin\varphi$$

又

$$\sin\varphi = \frac{r}{\sqrt{l^2 + r^2}}$$

$$v_a = \omega r$$

所以

$$v_e = \frac{\omega r^2}{\sqrt{l^2 + r^2}}$$

设摇杆在此瞬时的角速度为ω_1，则

$$v_e = O_1 A \cdot \omega_1 = \frac{\omega r^2}{\sqrt{l^2 + r^2}}$$

其中

$$O_1 A = \sqrt{l^2 + r^2}$$

由此得出此瞬时摇杆的角速度为

$$\omega_1 = \frac{\omega r^2}{l^2 + r^2}$$

方向如图 6.5 所示。

总结解题步骤：

(1) 选取动点、动系和定系。所选的参考系应能将动点的运动分解成为相对运动和牵连运动。因此，动点和动系不能选在同一个物体上；一般要求相对运动轨迹清晰。

(2) 分析三种运动和三种速度。

绝对运动：以定系为参考，动点的运动（直线运动、圆周运动或其他某种曲线运动）；

相对运动：以动系为参考，动点的运动（直线运动、圆周运动或其他某种曲线运动）；

牵连运动：以定系为参考，动系的运动（平动、转动或其他某一种刚体运动）

各种运动的速度都包括大小和方向两个要素，只有已知 4 个要素时才能画出速度平行四边形。

(3) 应用速度合成定理，作出速度平行四边形。必须注意，作图时要使绝对速度成为平行四边形的对角线。

(4) 利用速度平行四边形的几何关系解出未知量。

6.3 动系平动时点的加速度合成定理

动系平动时加速度合成定理：当动系平动时，某瞬时动点的绝对加速度 $\boldsymbol{a}_a$ 等于相对加速度 $\boldsymbol{a}_r$ 和牵连加速度 $\boldsymbol{a}_e$ 的矢量和。即

$$\boldsymbol{a}_a = \boldsymbol{a}_r + \boldsymbol{a}_e \tag{6.2}$$

证明 如图 6.6 所示，取 $Oxyz$ 为定系，$O'x'y'z'$ 为动系，动系原点 O' 在定系中，矢径为 $\boldsymbol{r}_{O'}$，沿动系的三个基矢量分别为 $\boldsymbol{i}', \boldsymbol{j}', \boldsymbol{k}'$。动点在定系中，矢径为 $\boldsymbol{r}_M$，在动系中，矢径为 $\boldsymbol{r}$。

$$\boldsymbol{a}_a = \frac{\mathrm{d}\boldsymbol{v}_a}{\mathrm{d}t} = \frac{\mathrm{d}\boldsymbol{v}_r}{\mathrm{d}t} + \frac{\mathrm{d}\boldsymbol{v}_{O'}}{\mathrm{d}t}$$

$$\frac{\mathrm{d}\boldsymbol{v}_{O'}}{\mathrm{d}t} = \boldsymbol{a}_{O'} = \boldsymbol{a}_e\text{（平动动系上各点加速度相同）}$$

$$\frac{\mathrm{d}\boldsymbol{v}_\mathrm{r}}{\mathrm{d}t} = \ddot{x}'\boldsymbol{i}' + \ddot{y}'\boldsymbol{j}' + \ddot{z}'\boldsymbol{k}' = \boldsymbol{a}_\mathrm{r}(\boldsymbol{i}',\boldsymbol{j}',\boldsymbol{k}' \text{ 方向不变})$$

证得

$$\boldsymbol{a}_\mathrm{a} = \boldsymbol{a}_\mathrm{r} + \boldsymbol{a}_\mathrm{e}$$

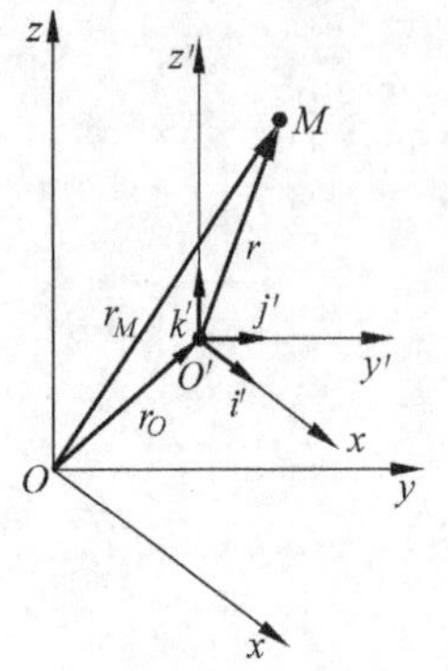

图 6.6

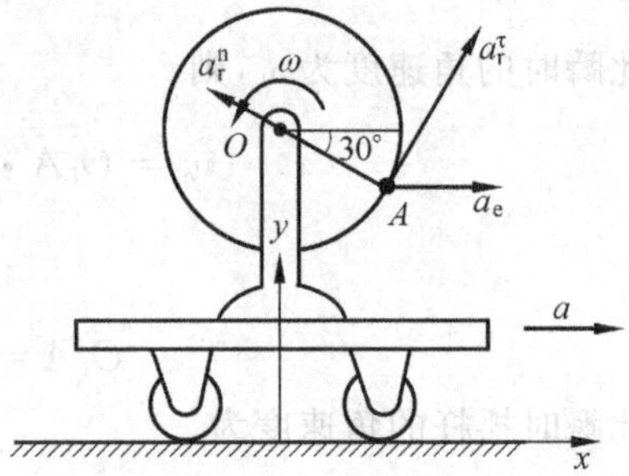

图 6.7

例 6.3 图 6.7 所示：小车水平向右作加速运动，其加速度 $a = 0.493\ \mathrm{m/s^2}$。在小车上有一轮绕轴 O 转动，转动的规律为 $\varphi = t^2$（t 以 s 计，φ 以 rad 计）。当 $t=1$ s 时，轮缘上点 A 的位置如图所示。轮的半径 $r = 0.2$ m，求此时点 A 的绝对加速度。

解 点 A 为动点，动系固结于小车；牵连运动为沿水平方向的平动，相对运动为绕 O 的圆周运动，绝对运动为平面曲线。加速度分析如图 6.7 所示，图中 $\boldsymbol{a}_\mathrm{r}^\tau$，$\boldsymbol{a}_\mathrm{r}^\mathrm{n}$ 为 A 点相对加速度的两个分量。

由题意得 $t=1$ s 时，相对运动为圆周运动。

角速度 $\omega = \varphi' = 2t = 2\ \mathrm{rad/s}$

角加速度 $\alpha = \varphi'' = 2\ \mathrm{rad/s^2}$

相对运动的切向加速度 $a_\mathrm{r}^\tau = \alpha r = 0.4\ \mathrm{m/s^2}$

法向加速度 $a_\mathrm{r}^\mathrm{n} = \omega^2 r = 0.8\ \mathrm{m/s^2}$

动系平动时加速度合成定理为

$$\boldsymbol{a}_\mathrm{a} = \boldsymbol{a}_\mathrm{r}^\tau + \boldsymbol{a}_\mathrm{r}^\mathrm{n} + \boldsymbol{a}_\mathrm{e}$$

分别向轴 x，y 方向投影得

$$a_x = a_\mathrm{r}^\tau \sin 30^\circ - a_\mathrm{r}^\mathrm{n} \cos 30^\circ + a_\mathrm{e}$$
$$a_y = a_\mathrm{r}^\tau \cos 30^\circ + a_\mathrm{r}^\mathrm{n} \sin 30^\circ$$

代入有关数据，解得

$$a_x = 0.0002\ \mathrm{m/s^2},\ a_y = 0.7464\ \mathrm{m/s^2}$$

$$a_\mathrm{a} = \sqrt{a_x^2 + a_y^2} = 0.7464\ \mathrm{m/s^2}$$

例 6.4 如图 6.8(a)所示，铰接四边形机构中，$O_1A = O_2B = 100$ mm，又 $O_1O_2 = AB$，杆 O_1A 以等角速度 $\omega = 2$ rad/s 绕 O_1 轴转动。杆 AB 上有一套筒 C，此筒与杆 CD 相铰接。机构的各部件都在同一铅直面内运动。求当 $\varphi = 60°$时，CD 杆的速度和加速度。

解 结构在 C 处有相对移动，取 CD 上点 C 为动点，动系固结于 AB。

运动分析：绝对运动上下直线；相对运动沿 AB 直线运动；牵连运动为曲线平动。速度与加速度分析分别如图 6.8(b)、图 6.8(c)所示，AB 平动其上各点在某一瞬时速度相同，

加速度相同，可得

$$\boldsymbol{v}_A = \boldsymbol{v}_e$$

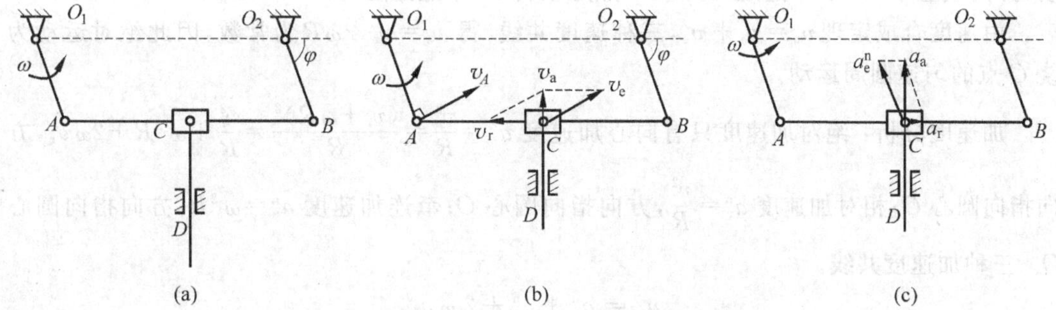

图　6.8

动点固结于 CD 上，可得

$$v_{CD} = v_a,\ a_{CD} = a_a$$

根据矢量合成的平行四边形法则

$$\boldsymbol{v}_a = \boldsymbol{v}_r + \boldsymbol{v}_e$$

得

$$v_a = v_{CD} = v_e\cos60° = \overline{O_1A}\,\omega\cos60° = 0.10\ \text{m/s}$$

由

$$\boldsymbol{a}_a = \boldsymbol{a}_r + \boldsymbol{a}_e^n$$

得

$$a_a = a_{CD} = a_e^n\sin60° = \overline{O_1A}\,\omega^2\sin60° = 0.346\ \text{m/s}^2$$

方向如图 6.8(c)所示。

*6.4　动系定轴转动时点的加速度合成定理

以下研究动系定轴转动时点的加速度合成定理。先举一个特例。

例 6.5　图 6.9 所示：圆盘以 ω 绕定轴 O 转动，盘上圆槽内有一点 M 以匀速 $\boldsymbol{v}_r$ 沿槽作圆周运动。求 M 点相对于定系的绝对加速度 $\boldsymbol{a}_a$。

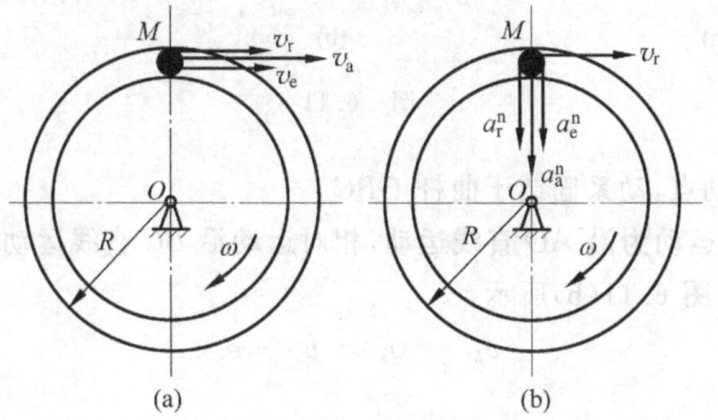

图　6.9

解 动点M，动系为圆盘。

运动分析：绝对运动为绕O点的圆周运动，方向垂直于OM；相对运动为v_r沿槽运动，方向垂直于OM；牵连运动为绕O点定轴转动，牵连速度$v_e=\omega R$，如图6.9(a)所示。

由速度合成定理$\boldsymbol{v}_a=\boldsymbol{v}_r+\boldsymbol{v}_e$，三种速度共线，得$v_a=v_r+\omega R$为常数，因此绝对运动为绕$O$点的匀速圆周运动。

加速度分析：绝对加速度只有向心加速度$a_a^n=\dfrac{v_a^2}{R}=\dfrac{(v_r+\omega R)^2}{R}=\dfrac{v_r^2}{R}+\omega^2R+2\omega v_r$，方向指向圆心$O$；相对加速度$a_r^n=\dfrac{v_r^2}{R}$，方向指向圆心$O$；牵连加速度$a_e^n=\omega^2R$，方向指向圆心$O$。三种加速度共线。

$$a_a=a_r^n+a_e^n+2\omega v_r$$

可以发现，动系定轴转动时的加速度合成定理与动系平动时加速度合成定理$\boldsymbol{a}_a=\boldsymbol{a}_r+\boldsymbol{a}_e$不同，该题中多了$2\omega v_r$。把多出来的一项称为**科氏加速度**(Coriolis acceleration)$\boldsymbol{a}_C$

$$\boldsymbol{a}_C=2\boldsymbol{\omega}\times\boldsymbol{v}_r \tag{6.3}$$

科氏加速度的大小$a_C=2\omega v_r\sin\theta$，$\theta$为$\boldsymbol{\omega}$与$\boldsymbol{v}_r$的夹角。$\boldsymbol{\omega}$和$\boldsymbol{a}_C$的方向均按照右手法则确定，如图6.10所示。

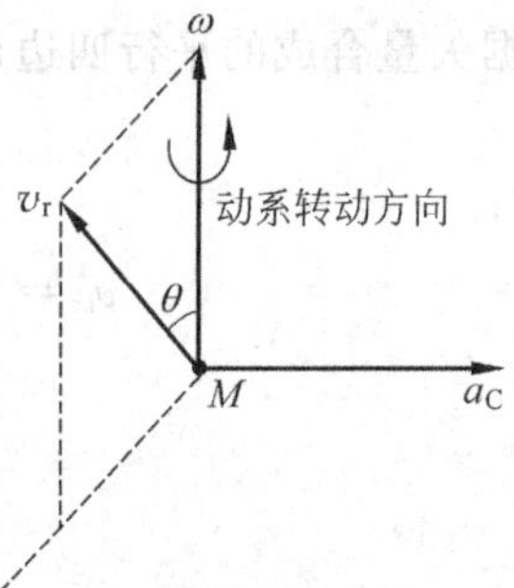

图 6.10

牵连运动为转动时加速度合成定理，动点的绝对加速度等于它的牵连加速度、相对加速度和科氏加速度三者的矢量和，即

$$\boldsymbol{a}_a=\boldsymbol{a}_r+\boldsymbol{a}_e+\boldsymbol{a}_C \tag{6.4}$$

本定理对于动系定轴转动和动系平面运动情况均适用，详细证明可以参阅理论力学教材。

例6.6 图6.11(a)所示，直角曲杆OBC绕轴O转动，使套在其上的小环M沿固定直杆OA滑动。已知：$OB=0.1$ m，OB与BC垂直，曲杆的角速度$\omega=0.5$ rad/s，角加速度为零。求当$\varphi=60°$时，小环M的速度和加速度。

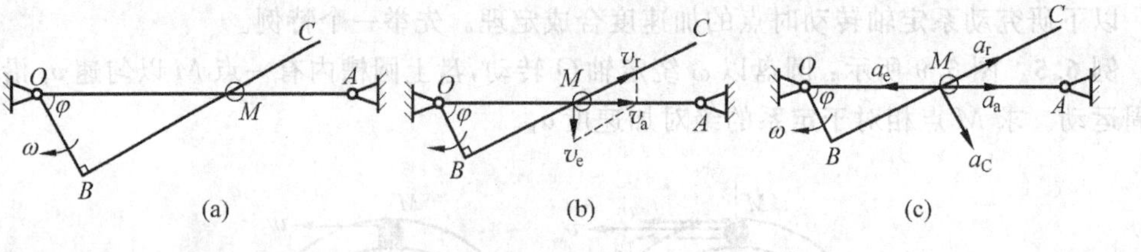

图 6.11

解 小环M为动点，动系固结于曲杆OBC。

运动分析：绝对运动为沿AO直线运动，相对运动沿BC直线运动，牵连运动为绕O定轴转动。速度分析如图6.11(b)所示

$$\boldsymbol{v}_M=\boldsymbol{v}_a=\boldsymbol{v}_r+\boldsymbol{v}_e$$

此时：

$$v_e=\overline{OM}\,\omega=0.1\ \text{m/s}$$

$$v_a = v_e \tan 60° = 0.1732\ \text{m/s}$$
$$v_r = 2v_e = 0.2\ \text{m/s}$$

加速度分析如图 6.11(c)所示：

$$\boldsymbol{a}_a = \boldsymbol{a}_r + \boldsymbol{a}_e + \boldsymbol{a}_C$$

其中

$$a_e = \omega^2 \overline{OM} = 0.05\ \text{m/s}^2$$
$$a_C = 2\omega v_r = 0.2\ \text{m/s}^2$$

将加速度矢量式向 $\boldsymbol{a}_C$ 方向投影得

$$a_a \cos 60° = -a_e \cos 60° + a_C$$

解得

$$a_M = a_a = 0.35\ \text{m/s}^2$$

习题

6.1 图示机构中，以 A 点为动点，选择定系和动系，标出图示瞬时的 v_a、v_e、v_r 和 a_a、a_e、a_r。

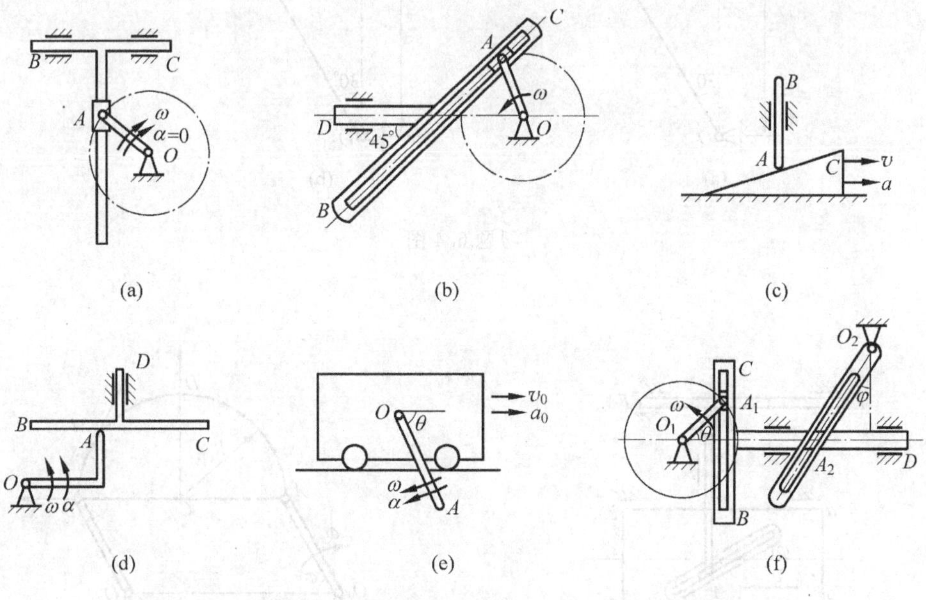

习题 6.1 图

6.2 为了从输送机的平带上卸下物料，在平带的前方设置了固定的挡板 ABC，已知 $\varphi=60°$，平带运行速度的大小 $u=0.6$ m/s，物料以大小 $v=0.14$ m/s 的速度沿挡板落下。求物料相对于平带的速度 v_r 的方向和大小。

6.3 杆 OA 长 l，由推杆推动而在图面内绕点 O 转动，如图所示。假定推杆的速度为 v，其弯头高为 a。求杆端 A 的速度的大小(为关于 x 的函数)。

6.4 在图示两种机构中，已知 $O_1O_2=a=200$ mm，$\omega_1=3$ rad/s。求图示位置时，杆 O_2A 的角速度。

6.5　图示自动切料机构，切刀 B 的推杆 AB 与滑块 A 相连，A 在凸轮 $abcd$ 的斜槽中滑动。当凸轮作水平往复运动时，使推杆作上下往复运动，切断料棒 EF。若凸轮的运动速度为 v，斜槽的倾角 φ，求此瞬时切刀的速度。

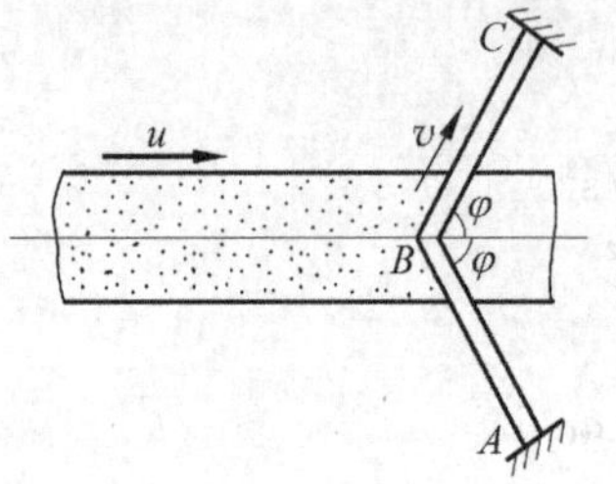

习题 6.2 图

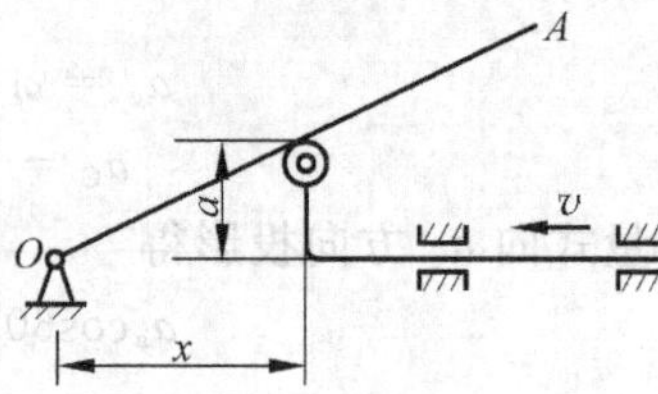

习题 6.3 图

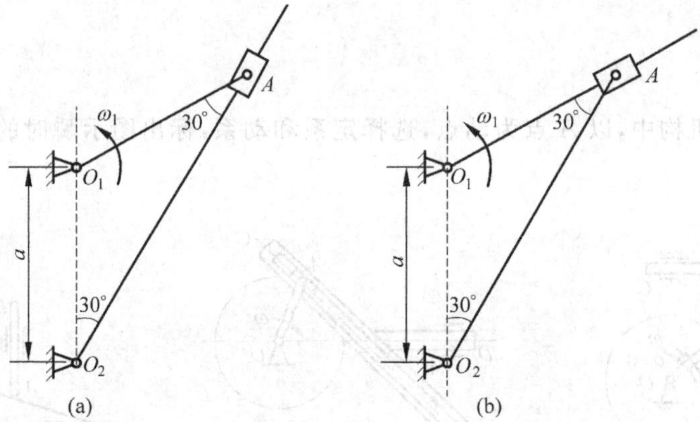

习题 6.4 图

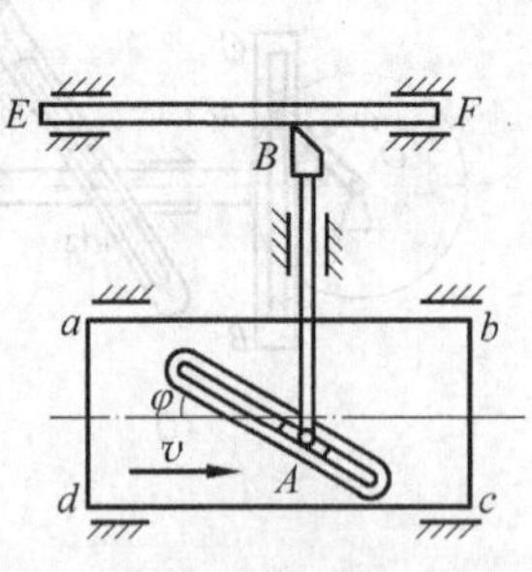

习题 6.5 图

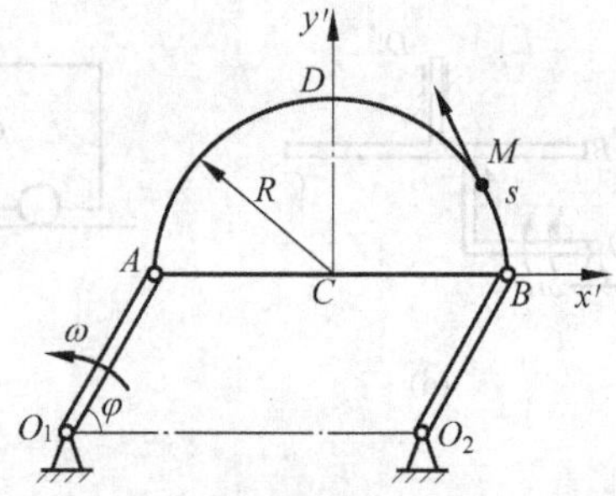

习题 6.6 图

6.6　图示机构由杆 O_1A、O_2B 及半圆形板 ABD 组成，各构件都在图示平面内运动。另有动点 M 沿圆弧 $\widehat{BDA}$ 运动，$t=0$ 时 M 位于 B 处。杆 O_1A 的运动规律为 $\varphi=\dfrac{\pi t}{18}$，$M$ 点相对运动规律 $s=\widehat{BM}=10\pi t^2$，t 以秒计，s 以 mm 计，φ 以 rad 计，如已知 $O_1A=O_2B=180$ mm，半圆半径 $R=180$ mm。求当 $t=3$ s 时，M 点的速度和加速度大小。

6.7　图示偏心轮摇杆机构中，摇杆 O_1A 借助弹簧压在半径为 R 的偏心轮 C 上。偏心轮 C 绕轴 O 往复摆动，从而带动摇杆绕轴 O_1 摆动。设 $OC \perp OO_1$ 时，轮 C 的角速度为 ω，角加速度为零，$\theta=60°$。求此时摇杆 O_1A 的角速度 ω_1 和角加速度 α_1。

6.8　平底顶杆凸轮机构如图所示，顶杆 AB 可沿导槽上下移动，偏心圆盘绕轴 O 转动，轴 O 位于顶杆轴线上。工作时顶杆的平底始终接触凸轮表面。该凸轮半径为 R，偏心距 $OC=e$，凸轮绕轴 O 转动的角速度为 ω，C 与水平线成夹角 φ。求当 $\varphi=0°$时，顶杆的速度。

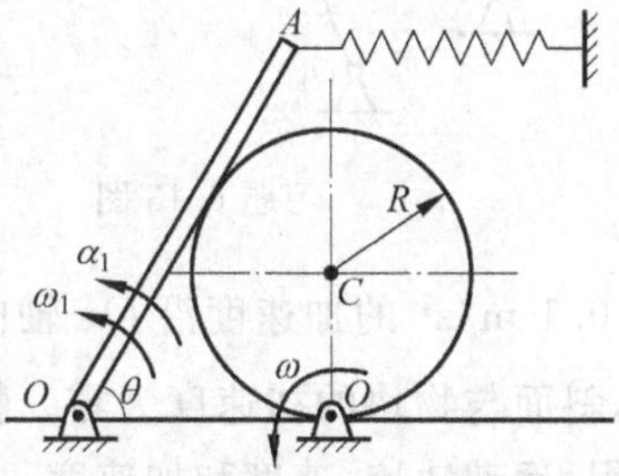

习题 6.7 图

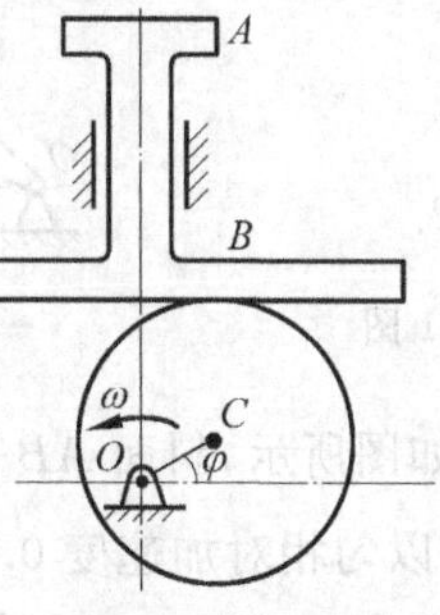

习题 6.8 图

6.9　直角 L 形杆 OAB 以角速度 ω 绕 O 轴转动，$OA=l$，OA 垂直于 AB；通过套筒 C 推动杆 CD 沿铅直导槽运动。图示位置 $\varphi=30°$时，试求杆 CD 的速度。

6.10　如图所示，半圆形凸轮沿水平面运动，带动杆 OA 绕定轴 O 转动。凸轮半径为 R，杆 OA 长为 $l=R(O_1O<2R)$，在运动过程中，杆上的点 A 与凸轮保持接触，在图示瞬时，杆 OA 与铅垂线间的夹角 $\theta=30°$，点 O 与凸轮的圆心 O_1 恰在同一铅垂线上，凸轮的速度为 v，加速度为 a，方向均为右。试求该瞬时杆 OA 的角速度和杆上的点 A 相对于半圆形凸轮的加速度。

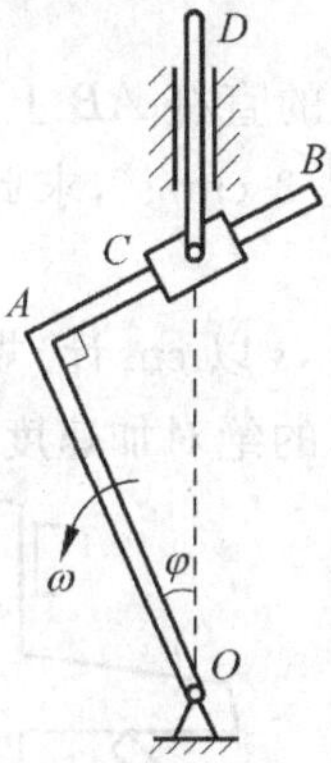

习题 6.9 图

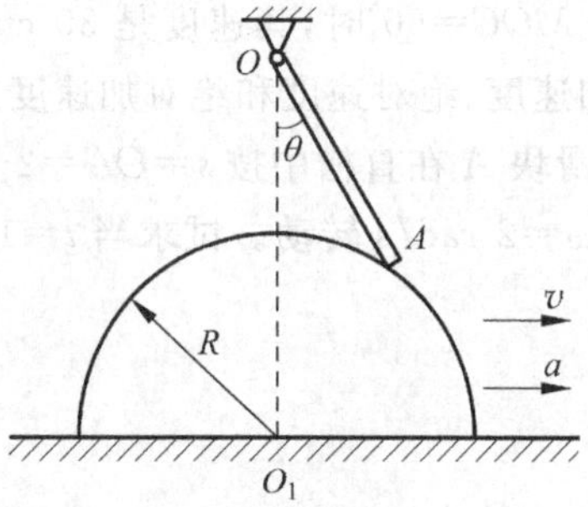

习题 6.10 图

6.11　如图所示，直角 L 形构件 OAB 绕定轴 O 转动，通过滑块 C 带动铅直杆 CD 运动。在图示瞬时，OA 位置铅直，$OA=0.4$ m；$AC=0.3$ m，角速度为 ω，角加速度为 a。求该瞬时杆 CD 的速度和加速度。

6.12　如图所示机构中，已知 O_1A 杆以匀角速度 $\omega=5$ rad/s 转动，并带动摇杆 OB 摆动，若设 $OO_1=40$ cm，$O_1A=30$ cm，求：当 $OO_1 \perp O_1A$ 时，摇杆 OB 的角速度及角加速度。

6.13　已知 $OA=r$，以匀角速度 ω 绕 O 轴转动，如图所示，$O_1A=AB=2r$，$\angle OAO_1=\alpha$，$\angle O_1BC=\beta$，求图示瞬时 O_1D 杆的角速度和 BC 杆的速度。

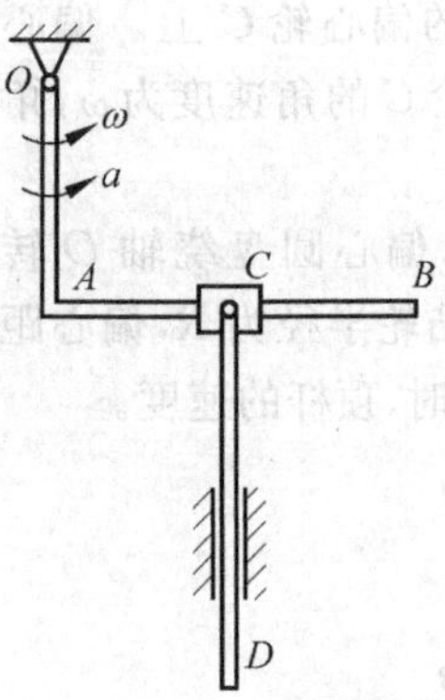

习题 6.11 图

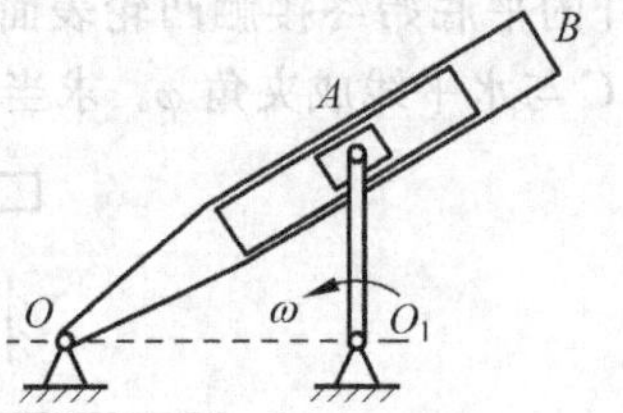

习题 6.12 图

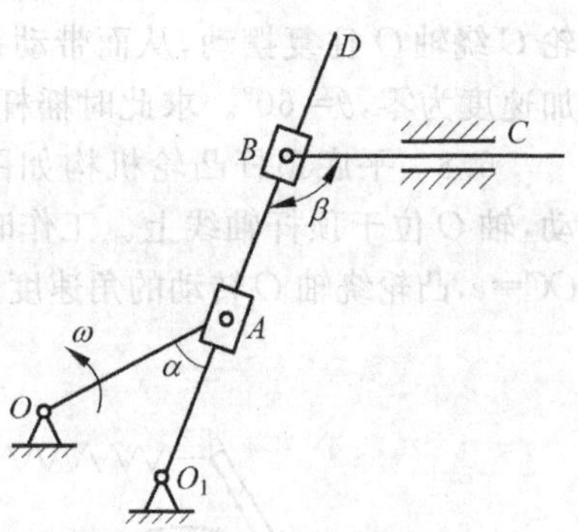

习题 6.13 图

6.14　如图所示，斜面 AB 与水平面间成 45°角，以 0.1 m/s² 的加速度沿 Ox 轴向右运动。物块 M 以匀相对加速度 $0.1\sqrt{2}$ m/s²，沿斜面滑下，斜面与物块的初速度为零。物块的初始位置坐标为 $x=0, y=h$。求物块 M 的绝对运动方程、运动轨迹、速度和加速度。

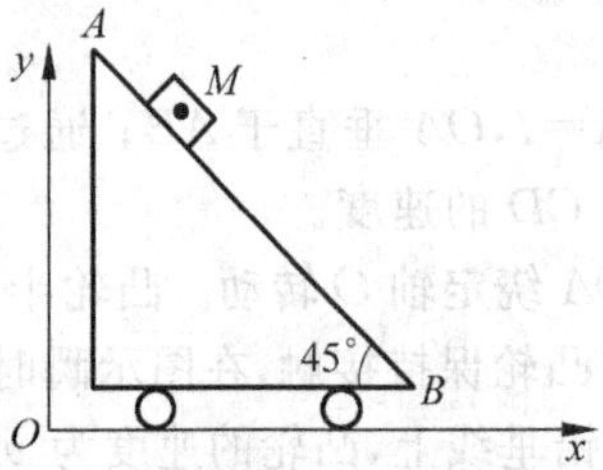

习题 6.14 图

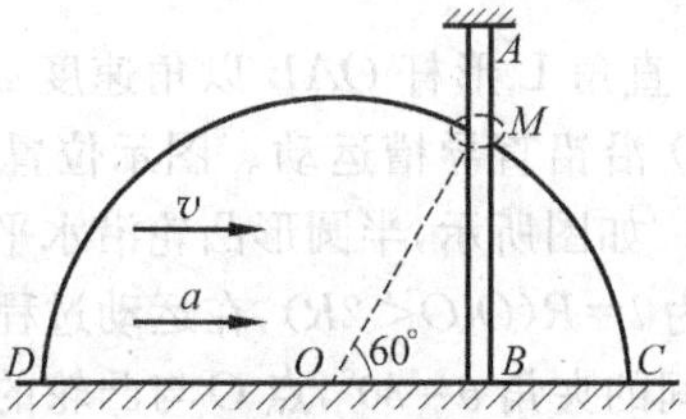

习题 6.15 图

6.15　小环 M 同时套在半径 $r=12$ cm 的半圆环和固定的直杆 AB 上。半圆环沿水平线向右运动，当 $\angle MOC=60°$ 时，其速度是 30 cm/s，加速度是 3 cm/s²，求此瞬时小环 M 的相对速度、相对加速度、绝对速度和绝对加速度。

6.16　图示滑块 A 在直槽中按 $s=OA=2+3t^2$（t 以 s 计，s 以 cm 计）规律滑动，槽杆绕 O 轴以匀角速度 $\omega=2$ rad/s 转动。试求当 $t=1$ s 时，滑块 A 的绝对加速度。

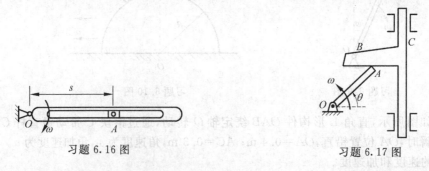

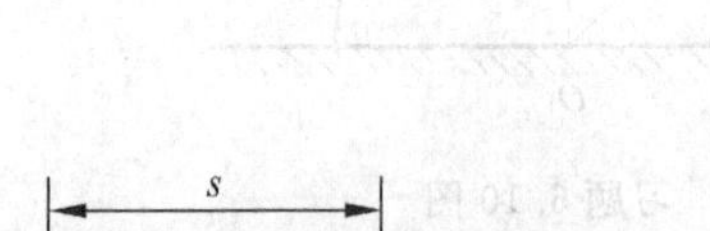

习题 6.16 图

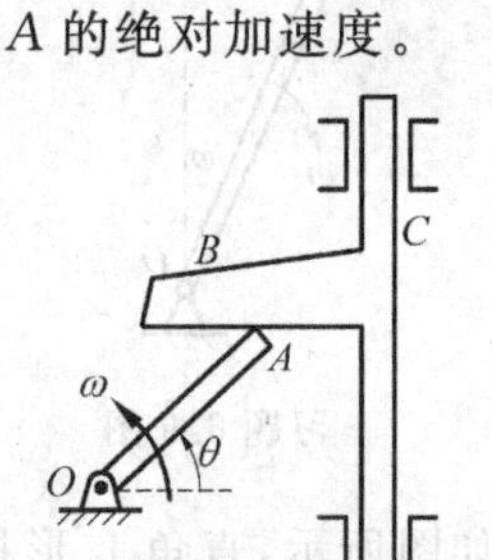

习题 6.17 图

6.17　如图所示曲柄 $OA=0.4$ m，以匀角速度 $\omega=0.5$ rad/s 绕 O 轴逆时针方向转动。由于曲柄的 A 端推动水平板 BC，而使滑杆 C 沿铅直方向上升。求当曲柄与水平线间的夹角 $\theta=30°$ 时，滑杆 C 的速度和加速度。

第7章

刚体的平面运动

7.1 刚体平面运动概述

如第 5 章所述，平动和定轴转动是刚体的两种基本运动。在此基础上，本章研究工程中常见的一种较复杂的运动，即刚体平面运动。工程中有许多机构的运动属于平面运动。例如：车轮沿直线纯滚动(图 7.1(a))、曲柄连杆机构中连杆 AB 的运动(图 7.1(b))等。这些运动既不是平动，也不是定轴转动，但它们有一个共同的特点，在运动中，刚体上的任意一点与某一固定平面的距离始终不变，这种运动称为**平面运动**(plane motion)。

刚体 T 作平面运动，刚体上任意点，在运动过程中，与固定平面 Ⅰ 的距离不变(图 7.2(a))。用平行平面 Ⅱ 截平面运动刚体 T，可以发现刚体截面 S 始终在平面 Ⅱ 上运动。即在研究平面运动时，不需考虑刚体的形状和尺寸，只需研究平面图形的运动，可以用平面图形 S 在其自身平面内的运动代表刚体平面运动(图 7.2(b))。

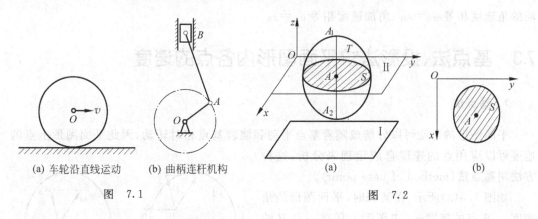

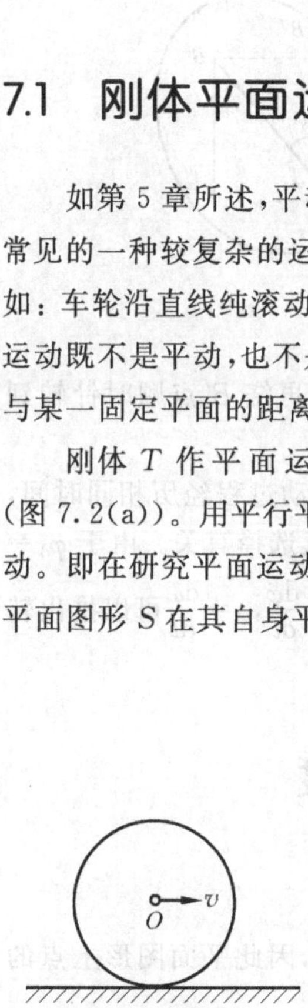

(a) 车轮沿直线运动　　(b) 曲柄连杆机构

图 7.1

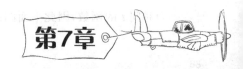

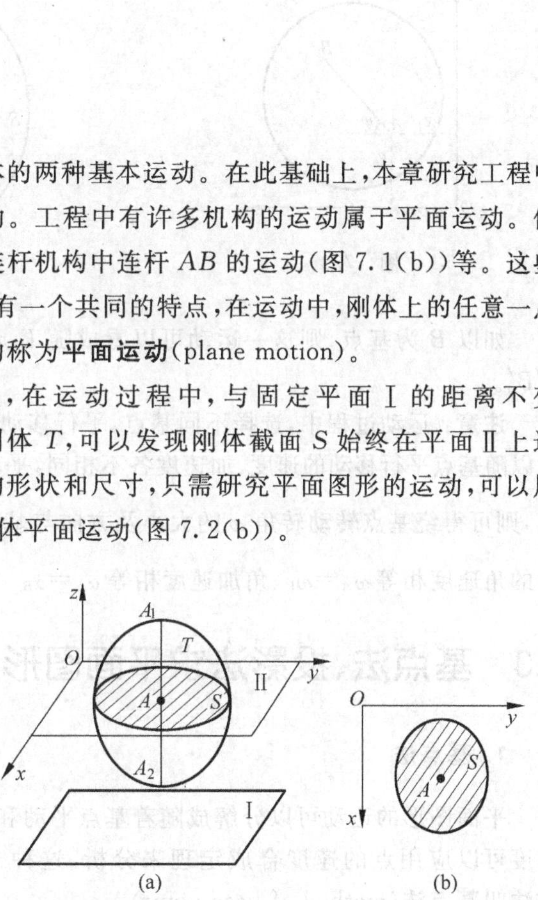

(a)　　(b)

图 7.2

7.2 刚体平面运动分解

确定代表平面运动刚体的平面图形 S 的位置，我们只需确定平面图形 S 内任意一条线段 AB 的位置即可。建立固定坐标系 Oxy，可以用 $A(x_A, y_A)$ 点坐标位置和 AB 线段与 x 轴方向夹角 φ 来确定平面图形 S 的位置(图 7.3)。当平面图形 S 在平面运动时，这三个量均

为时间 t 的函数，因此平面图形 S 运动方程可以由下面三个独立变量来确定。

$$\left.\begin{aligned} x_A &= x_A(t) \\ y_A &= y_A(t) \\ \varphi &= \varphi(t) \end{aligned}\right\} \tag{7.1}$$

可以把平面运动分解成两种基本运动：随着基点 A 平动和绕着 A 相对转动。

下面来分析，基点选择对平面运动分解的影响。如图 7.4 所示，S 图形在其自身平面内运动，初始位置Ⅰ，经过 Δt 运动到Ⅱ位置，如以 A 为基点，则这一运动可以看成随 A 点平行移动到 $A'B''$，再绕 A' 点顺时针转 φ_A 到 $A'B'$，平行移动和转动实际上是同时进行的。

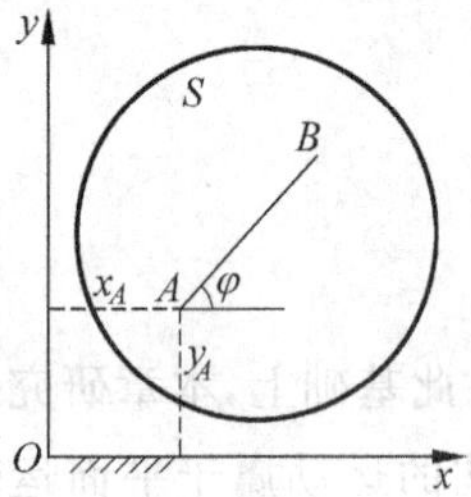

图 7.3

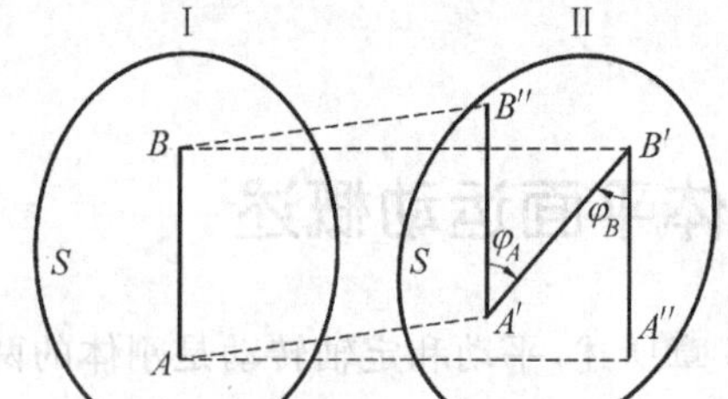

图 7.4

如以 B 为基点，则这一运动可以看成随 B 点平行移动到 $A''B'$，再绕 B' 点顺时针转到 $A'B'$。

注意：运动过程中，选择不同基点，平行移动的路程不同，由于运动过程经历相同时间，所以随基点平行移动的速度、加速度各不相同，平动的运动特征与基点选择有关。由于 $\varphi_A=\varphi_B$，则可得绕基点转动转角 φ 的大小及方向与基点选择无关。由 $\omega=\frac{d\varphi}{dt}$，$\alpha=\frac{d\omega}{dt}$ 可以推出转动的角速度相等 $\omega_A=\omega_B$、角加速度相等 $\alpha_A=\alpha_B$。

7.3 基点法、投影法求平面图形内各点的速度

1. 基点法

平面图形的运动可以分解成随着基点平动和绕着基点相对转动，因此平面图形上点的速度可以应用点的速度合成定理来分析，这种方法叫**基点法**(method of base point)。

如图 7.5(a)所示，在某瞬时，平面图形的角速度 ω，A 点的速度 $\boldsymbol{v}_A$，求图形上任意一点 B 的速度 $\boldsymbol{v}_B$。A 点的速度 $\boldsymbol{v}_A$ 已知，取 A 点为基点，图形随着 A 点平行移动，牵连运动 $\boldsymbol{v}_e=\boldsymbol{v}_A$。同时平面图形绕着 A 点相对转动，即 B 点以 AB 为转动半径，角速度为 ω 绕 A 相对转动，相对速度方向垂直于半径 AB，$v_r=v_{BA}=\omega\cdot AB$。用速

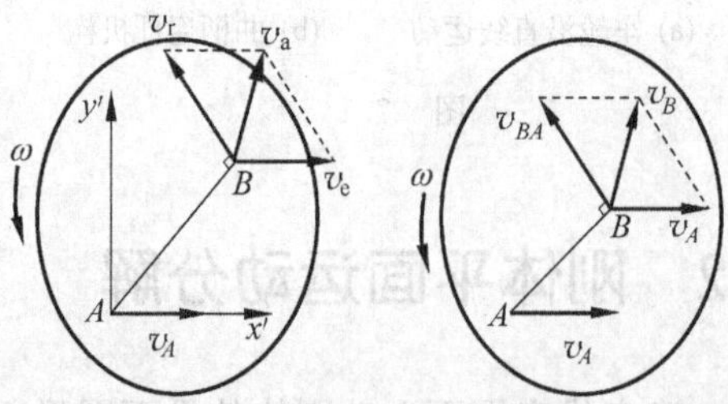

图 7.5

度合成定理可以得到 B 点的绝对速度

$$\boldsymbol{v}_a = \boldsymbol{v}_B = \boldsymbol{v}_e + \boldsymbol{v}_r$$

由此，可以得到平面图形上任意一点 B 的速度公式为

$$\boldsymbol{v}_B = \boldsymbol{v}_A + \boldsymbol{v}_{BA} \tag{7.2}$$

式(7.2)为矢量式，符合矢量合成的平行四边形法则(图 7.5(b))。

基点法就是指平面图形上任意一点 B 的速度等于基点 A 的速度和 B 点绕 A 转动速度的矢量和。

2. 速度投影定理

把式(7.2)投影到 A、B 连线上，则

$$[\boldsymbol{v}_B]_{AB} = [\boldsymbol{v}_A]_{AB} + [\boldsymbol{v}_{BA}]_{AB}$$

因为

$$\boldsymbol{v}_{BA} \perp AB，即[\boldsymbol{v}_{BA}]_{AB} = 0,$$

得到

$$[\boldsymbol{v}_B]_{AB} = [\boldsymbol{v}_A]_{AB} \tag{7.3}$$

式(7.3)说明，平面图形上任意两点的速度在这两点连线上的投影相等，称为**速度投影定理**(theorem of projection velocities)。若已知平面图形上一点的速度方向和大小，另一点的方向也已知，可以简便地求出另一点的速度大小。该方法由于不包含相对运动 $\boldsymbol{v}_{BA}$，所以无法求解平面图形的角速度 ω。

例 7.1 如图 7.6 所示，曲柄连杆机构 $OA=AB=l$，曲柄 OA 以 ω 匀速转动。求：当$\varphi=45°$时，滑块 B 的速度及杆 AB 的角速度。

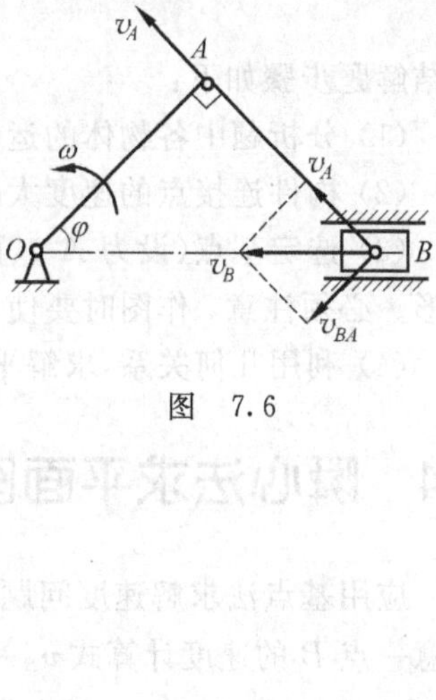

图 7.6

解 运动分析：OA 定轴转动，A 绕 O 圆周运动，方向垂直于 OA；AB 平面运动；B 滑块平动，方向水平向左。

(1) 基点法求 $\boldsymbol{v}_B$ 和 ω_{AB}，在 B 点作速度平行四边形

$$\boldsymbol{v}_B = \boldsymbol{v}_A + \boldsymbol{v}_{BA}$$

$$v_A = \omega l$$

得

$$v_B = \frac{v_A}{\sin\varphi} = \frac{l\omega}{\sin 45°} = \sqrt{2}\, l\omega$$

由速度平行四边形

$$v_A = v_{AB} = \omega l,\ v_{AB} = \omega_{AB} l$$

得

$$\omega_{AB} = v_{AB}/l = l\omega/l = \omega$$

(2) 投影法求 $\boldsymbol{v}_B$，由 $\boldsymbol{v}_A$ 和 $\boldsymbol{v}_B$ 在 AB 连线的投影相等，得

$$v_B \cos 45° = v_A$$

得

$$v_B = \sqrt{2}\, l\omega$$

例 7.2 如图 7.7(a) 所示，在筛动机构中，筛子 BC 的摆动由曲柄连杆机构带动。已知

曲柄 OA 的转速 $n_{OA}=40\ \mathrm{r/min}$，$OA=0.3\ \mathrm{m}$。当筛子 BC 运动到与点 O 在同一水平线上时，$\angle BAO=90°$，求此瞬时筛子 BC 的速度。

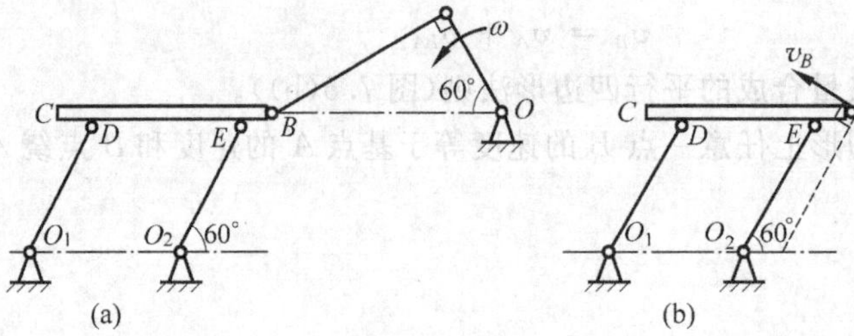

图 7.7

解 运动分析：OA、O_1D、O_2E 定轴转动，AB 平面运动，BC 平移，构件连接点 A、B、D 的速度大小和方向是解题关键，速度方向见图 7.7(b)。

A 点绕 O 圆周运动，得

$$v_A=\omega\cdot OA=\frac{n_{OA}\pi}{30}\cdot OA=\frac{40\ \pi\times0.3}{30}=0.4\pi\ \mathrm{m/s}$$

BC 平移，$\boldsymbol{v}_B$ 方向同 $\boldsymbol{v}_D$。AB 平面运动，已知 $\boldsymbol{v}_A$，用速度投影法求 $\boldsymbol{v}_B$

$$v_B\cos60°=v_A$$

$$v_B=2.51\ \mathrm{m/s}$$

总结解题步骤如下：

(1) 分析题中各物体的运动。

(2) 构件连接点的速度大小和方向是解题的关键。

(3) 选定基点（设为 A），而另一点（设为 B）可应用公式 $\boldsymbol{v}_B=\boldsymbol{v}_A+\boldsymbol{v}_{AB}$，作速度平行四边形。必须注意，作图时要使 $\boldsymbol{v}_B$ 成为速度平行四边形的对角线。

(4) 利用几何关系，求解平行四边形中的未知量。

7.4 瞬心法求平面图形内各点的速度

应用基点法求解速度问题时，如果能够找到一点 P，其速度 $v_P=0$，以 P 作为基点，那么任意一点 B 的速度计算式 $\boldsymbol{v}_B=\boldsymbol{v}_P+\boldsymbol{v}_{BP}$ 就可以简化成

$$v_B=v_{BP}=\omega R=\omega\cdot BP \tag{7.4}$$

在某一瞬时，平面图形上任意一点都绕点 P 作瞬时转动，P 点称为速度瞬时转动中心，简称**速度瞬心**(instantaneous center of velocity)，该方法称为速度瞬心法。注意：平面图形绕瞬心转动与刚体定轴转动有本质区别，瞬心不固定，随着时间变化，不同瞬时，有不同瞬心。平面图形的瞬心可以在其上，也可以不在平面图形上。

下面是几种寻找瞬心 P 位置的方法。

(1) 图形上一点 A 的速度 $\boldsymbol{v}_A$ 和图形角速度 ω 已知，可以确定速度瞬心 P 的位置(图 7.8)。

$$\boldsymbol{v}_P=\boldsymbol{v}_A+\boldsymbol{v}_{PA}=0$$

$$\boldsymbol{v}_{PA}=-\boldsymbol{v}_A$$

那么瞬心 P 点到基点 A 的距离为

$$AP = \frac{v_A}{\omega}, AP \perp \boldsymbol{v}_A$$

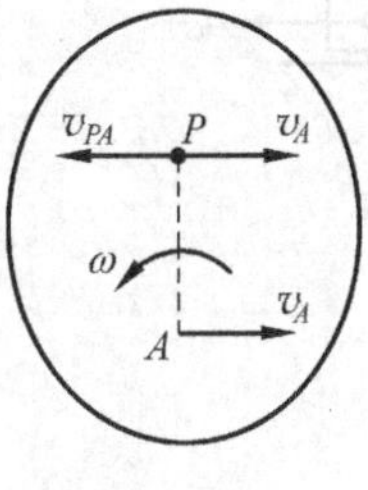

图　7.8

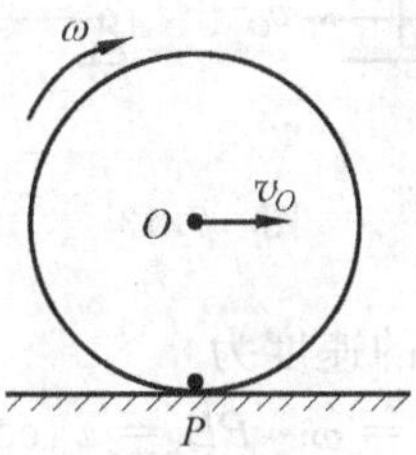

图　7.9

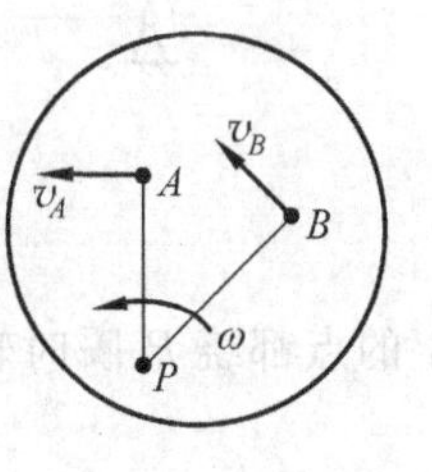

图　7.10

(2) 平面图形在固定面上作无滑动的纯滚动，则图形与固定面的接触点 P 为速度瞬心(图 7.9)。由于圆轮作纯滚动，接触点 P 没有相对滑动，固定面不动，因此接触点 P 的速度为零，P 点为平面图形的速度瞬心。

(3) 某瞬时，已知平面图形上 A、B 两点速度的方向，如图 7.10 所示，则过 A，B 两点分别作速度的垂线，交点 P 即为该瞬时平面图形的速度瞬心。

(4) 某瞬时，已知平面图形上 A、B 两点的速度的大小，两速度的方位平行、指向相同(图 7.11(a))或指向相反(图 7.11(b))且垂直于 AB 连线，则速度瞬心 P 在速度矢量端点连线与 AB 直线的交点上。

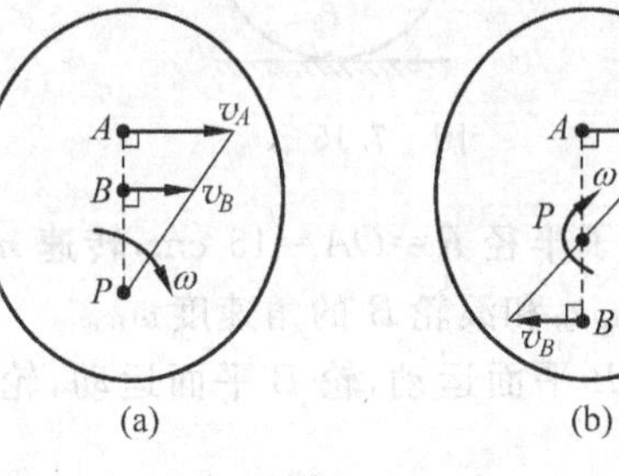

图　7.11

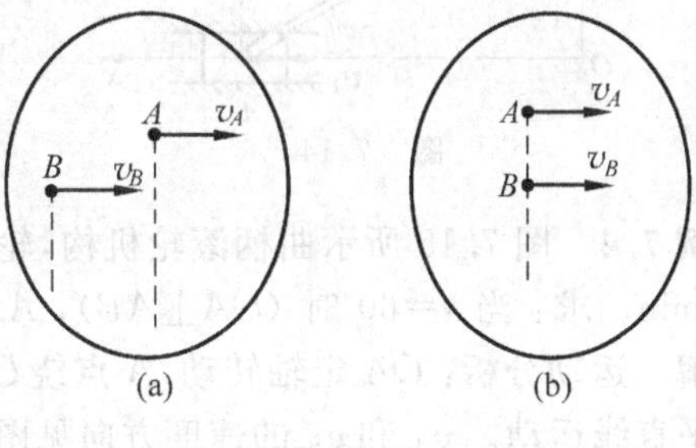

图　7.12

(5) 若某一瞬时，A、B 两点的速度的大小相等、方向相同，即 $\boldsymbol{v}_A = \boldsymbol{v}_B$。$AB$ 连线不论是否与速度方向垂直，瞬心都在无穷远处，此时平面图形的角速度 $\omega=0$，平面图形上各点的速度均相同，此时平面图形作瞬时平动(图 7.12)。注意：瞬时平动指该瞬时平面图形内各点速度 $\boldsymbol{v}$ 相同，下个时刻各点的速度又各不相同，因此该瞬时各点加速度 $\boldsymbol{a}$ 不相同。

如图 7.13 所示，曲柄连杆机构在图示位置时，连杆 BC 作瞬时平动，BC 杆上各点的速度都相等。B 点绕 A 作匀速圆周运动，加速度 $a_B = \omega^2 \cdot AB$，方向向下；而 C 点向右直线运动，加速度 $\boldsymbol{a}_C$ 必定在水平方向，因此 $\boldsymbol{a}_B \neq \boldsymbol{a}_C$。

例 7.3　如图 7.14 所示机构，椭圆规尺的 A 端以速度 $\boldsymbol{v}_A$ 沿 x 轴的负向运动，$AB=l$。试用瞬心法求图示瞬时尺 AB 的角速度 ω、B 端的速度 $\boldsymbol{v}_B$ 和 AB 中点 D 的速度 $\boldsymbol{v}_D$。

解　AB 平面运动，分别作 A 和 B 两点速度的垂线，两条垂线的交点 P 就是 AB 的速度瞬心，如图所示。AB 角速度为

$$\omega = \frac{v_A}{PA} = \frac{v_A}{l\sin\varphi}$$

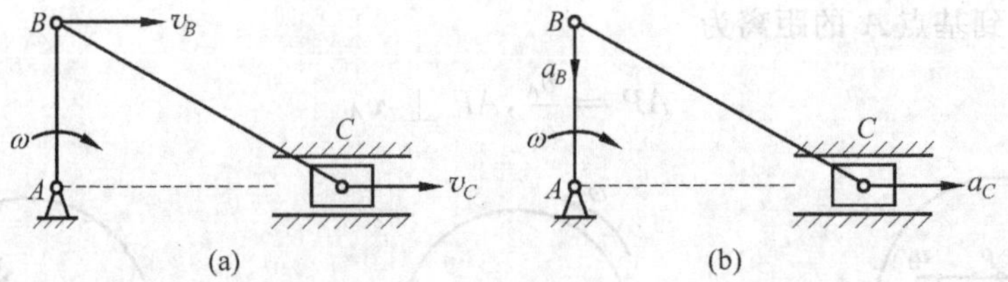

图 7.13

AB 上的点都绕 P 瞬时转动，则点 B 的速度为

$$v_B = \omega \cdot PB = v_A \cot\varphi$$

点 D 的速度为

$$v_D = \omega \cdot PD = \frac{v_A}{2\sin\varphi}$$

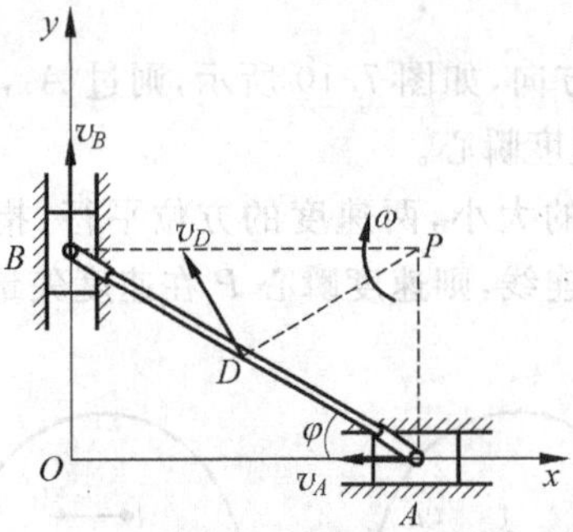

图 7.14

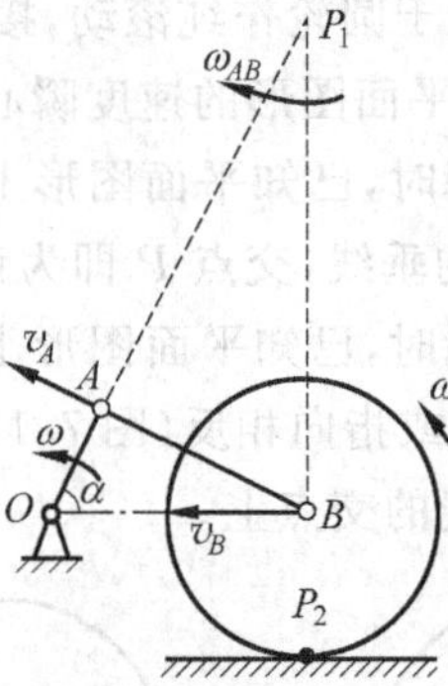

图 7.15

例 7.4 图 7.15 所示曲柄滚轮机构，轮 B 纯滚动，滚子半径 $R = OA = 15$ cm，转速 $n = 60$ r/min。求：当 $\alpha = 60°$ 时（$OA \perp AB$），AB 杆的角速度 ω_{AB} 和滚轮 B 的角速度 ω_B。

解 运动分析：OA 定轴转动，A 点绕 O 圆周运动，AB 平面运动，轮 B 平面运动，轮心 B 水平直线运动。$\boldsymbol{v}_A$ 和 $\boldsymbol{v}_B$ 的速度方向见图 7.15。

OA 的角速度为

$$\omega = \frac{n\pi}{30} = \frac{60\pi}{30} = 2\pi \text{ rad/s}$$

$$v_A = \omega \cdot OA = 30\,\pi \text{ cm/s}$$

做 v_A 和 v_B 的垂线，交点 P_1 为杆 AB 的速度瞬心，即

$$\omega_{AB} = \frac{v_A}{PA} = \frac{30\pi}{45} = \frac{2\pi}{3} \text{ rad/s}$$

逆时针转动。

$$v_B = \omega_{AB} \cdot P_1B = \frac{2\pi}{3} \times 30\sqrt{3} = 20\sqrt{3}\pi \text{ cm/s}$$

轮 B 的瞬心为与固定地面的接触点 P_2，有

$$\omega_B = \frac{v_B}{R} = \frac{20\sqrt{3}\pi}{15} = 7.25 \text{ rad/s}$$

逆时针转动。

用瞬心法解题，其步骤与基点法类似。前两步完全相同，只是第三步要根据已知条件，

求出图形的速度瞬心的位置和平面图形转动的角速度，最后求出各点的速度。

注意：在某瞬时，每个平面运动图形有自己的速度瞬心和角速度，因此，求瞬心和角速度，应明确研究对象。

7.5　基点法求平面图形内各点的加速度

如图 7.16 所示，平面图形 S 的运动可分解为两种基本运动：随同基点 A 的平动（牵连运动）和绕基点 A 的转动（相对运动）。则平面图形内任一点 B 的运动也由两个运动合成，它的加速度可以用加速度合成定理求出。因为牵连运动为平动，点 B 的绝对加速度等于牵连加速度与相对加速度的矢量和。

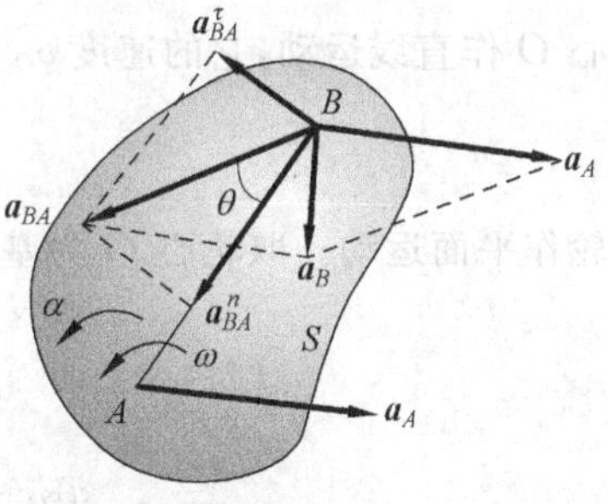

图　7.16

作 B 点的速度矢量图。牵连运动为平动，点 B 的牵连加速度等于基点 A 的加速度；点 B 的相对加速度是该点随图形绕基点 A 转动的加速度，可分为切向加速度与法向加速度两部分。于是用基点法求点的加速度合成公式为

$$\boldsymbol{a}_B = \boldsymbol{a}_A + \boldsymbol{a}_{BA}^{\tau} + \boldsymbol{a}_{BA}^{n} \tag{7.5}$$

其中，$\boldsymbol{a}_{BA}^{\tau}$ 为点 B 绕基点 A 转动的切向加速度，转动半径为 AB 的长度，方向与 AB 垂直，大小为

$$a_{BA}^{\tau} = AB \cdot \alpha$$

α 为平面图形的角加速度。

$\boldsymbol{a}_{BA}^{n}$ 为点 B 绕基点 A 转动的法向加速度，转动半径为 AB 的长度，指向基点 A，大小为

$$a_{BA}^{n} = AB \cdot \omega^2$$

ω 为平面图形的角速度。

结论：平面图形内任一点的加速度等于基点的加速度与该点随图形绕基点转动的切向加速度和法向加速度的矢量和。

例 7.5　已知：车轮沿直线滚动。车轮半径为 R，中心 O 速度为 $\boldsymbol{v}_O$，加速度为 $\boldsymbol{a}_O$。设车轮与地面接触无相对滑动。试求车轮上速度瞬心 P 的加速度。

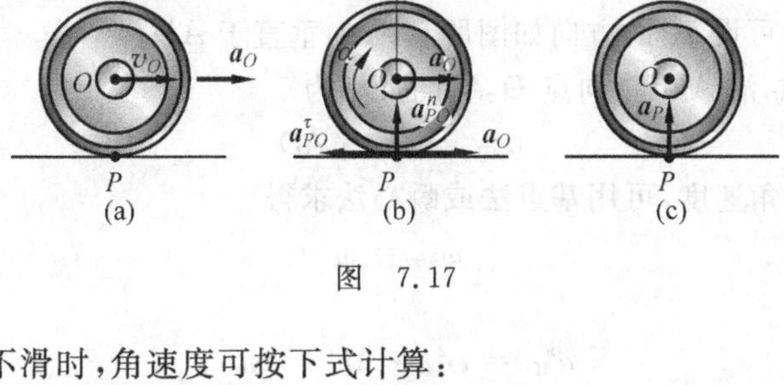

图　7.17

解　车轮只滚不滑时，角速度可按下式计算：

$$\omega = \frac{v_O}{R}$$

车轮的角加速度α等于角速度对时间的一阶导数。上式对任何瞬时均成立,故可对时间求导,得

$$\alpha=\frac{\mathrm{d}\omega}{\mathrm{d}t}=\frac{\mathrm{d}}{\mathrm{d}t}\left(\frac{v_O}{R}\right)$$

R是常量,于是有

$$\alpha=\frac{1}{R}\frac{\mathrm{d}v_O}{\mathrm{d}t}$$

轮心O作直线运动,它的速度$\boldsymbol{v}_O$对时间的一阶导数等于这一点的加速度$\boldsymbol{a}_O$。于是

$$\alpha=\frac{a_O}{R}$$

车轮作平面运动。取轮心O为基点,则点P的加速度为

$$\boldsymbol{a}_P=\boldsymbol{a}_O+\boldsymbol{a}_{PO}^{\tau}+\boldsymbol{a}_{PO}^{n}$$

式中

$$a_{PO}^{\tau}=R\alpha=a_O, a_{PO}^{n}=R\omega^2=\frac{v_O^2}{R}$$

它们的方向如图7.17(b)所示。

由于$\boldsymbol{a}_O$与$\boldsymbol{a}_{PO}^{\tau}$的大小相等,方向相反,于是得

$$a_P=a_{PO}^{n}$$

由此可知,**速度瞬心C的加速度不等于零。当车轮在地面上只滚不滑时,速度瞬心P的加速度指向轮心O**,如图7.17(c)所示。

例7.6 如图7.18所示,在椭圆规机构中,曲柄OD以匀角速度ω绕O轴转动,$OD=AD=BD=l$。试求当$\varphi=60°$时,尺AB的角加速度和点A的加速度。

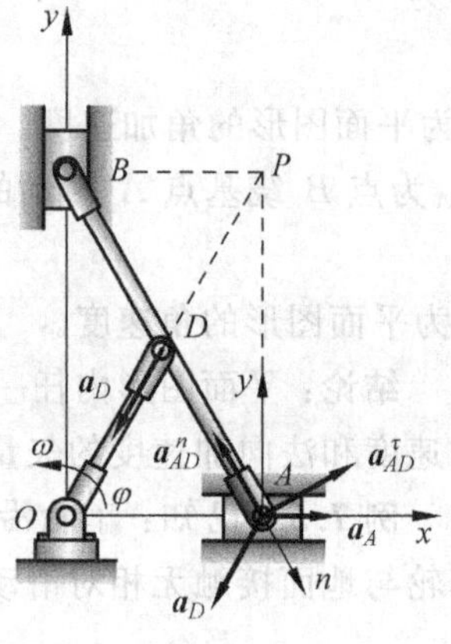

图 7.18

解 先分析机构各部分的运动:曲柄OD绕O轴转动,尺AB作平面运动。

取尺AB上的点D为基点,其加速度

$$a_D=l\omega^2$$

它的方向沿OD指向点O。

点A的加速度为

$$\boldsymbol{a}_A=\boldsymbol{a}_D+\boldsymbol{a}_{AD}^{\tau}+\boldsymbol{a}_{AD}^{n}$$

其中$\boldsymbol{a}_D$的大小和方向以及$\boldsymbol{a}_{AD}^{n}$的大小和方向都是已知的。因为点A作直线运动,可设$\boldsymbol{a}_A$的方向如图所示;$\boldsymbol{a}_{AD}^{\tau}$垂直于$AD$,其方向暂设如图。$\boldsymbol{a}_{AD}^{n}$沿$AD$指向点$D$,它的大小为

$$a_{AD}^{n}=\omega_{AB}^2\cdot AD$$

其中ω_{AB}为尺AB的角速度,可用基点法或瞬心法求得

$$\omega_{AB}=\omega$$

则

$$a_{AD}^{n}=\omega_{AB}^2\cdot AD=l\omega^2$$

取n轴垂直于$\boldsymbol{a}_{AD}^{\tau}$,取$y$轴垂直于$\boldsymbol{a}_A$,$y$和$n$的正方向如图所示。将$\boldsymbol{a}_A$的矢量合成式分别在$n$和$y$轴上投影,得

$$a_A \cos\varphi = a_D \cos(\pi - 2\varphi) - a_{AD}^n$$
$$0 = -a_D \sin\varphi + a_{AD}^{\tau} \cos\varphi + a_{AD}^n \sin\varphi$$

解得

$$a_A = -l\omega^2, a_{AD}^{\tau} = 0$$

于是有

$$\alpha_{AB} = \frac{a_{AD}^{\tau}}{AD} = 0$$

由于 a_A 为负值，故 a_A 的实际方向与假设的方向相反。

通过由以上各例可得以下结论：

(1) 用基点法求平面图形上点的加速度的步骤与用基点法求点的速度的步骤相同。

(2) 在公式 $\boldsymbol{a}_B = \boldsymbol{a}_A + \boldsymbol{a}_{BA}^{\tau} + \boldsymbol{a}_{BA}^{n}$ 中有 4 个矢量，每个矢量有大小和方向共 8 个要素，所以必须已知其中 6 个，问题才可解。

习题

7.1 如图所示的运动机构中，试分别指出各刚体作何种运动。

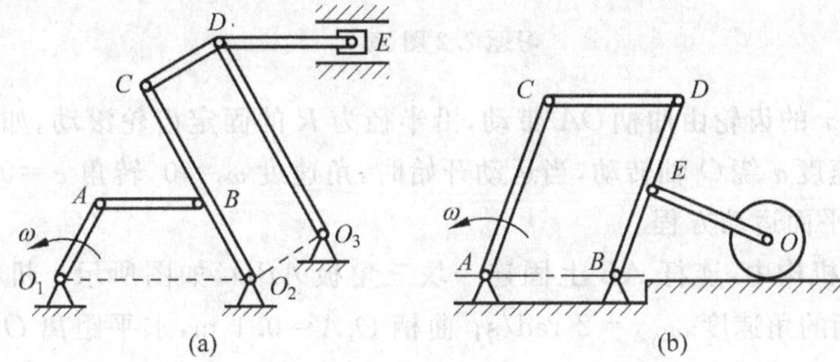

习题 7.1 图

7.2 在下列各图中，试确定各平面运动刚体在图示位置时的速度瞬心，并确定其角速度的转向，以及 M 点的速度方向。

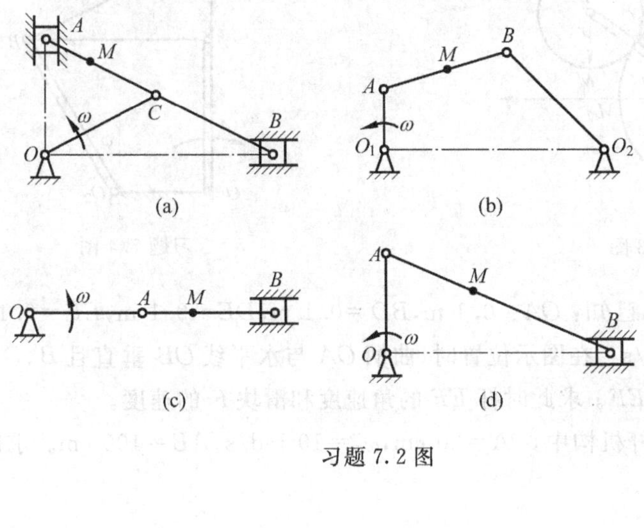

习题 7.2 图

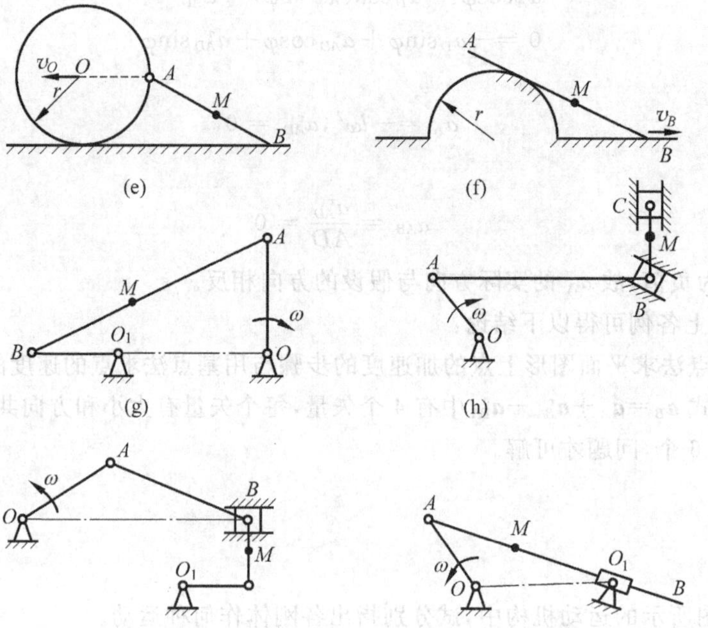

习题 7.2 图（续）

7.3　半径为 r 的齿轮由曲柄 OA 带动，沿半径为 R 的固定齿轮滚动，如图所示。如曲柄 OA 以等角加速度 α 绕 O 轴转动，当运动开始时，角速度 $\omega_0=0$，转角 $\varphi=0$。求动齿轮以中心 A 为基点的平面运动方程。

7.4　四连杆机构中，连杆 AB 上固连一块三角板 ABD，如图所示。机构由曲柄 O_1A 带动。已知：曲柄的角速度 $\omega_{O_1A}=2$ rad/s；曲柄 $O_1A=0.1$ m，水平距离 $O_1O_2=0.05$ m，$AD=0.05$ m；当 $O_1A\perp O_1O_2$ 时，AB 平行于 O_1O_2，且 AD 与 O_1A 在同一直线上；角 $\varphi=30°$。求三角板 ABD 的角速度和点 D 的速度。

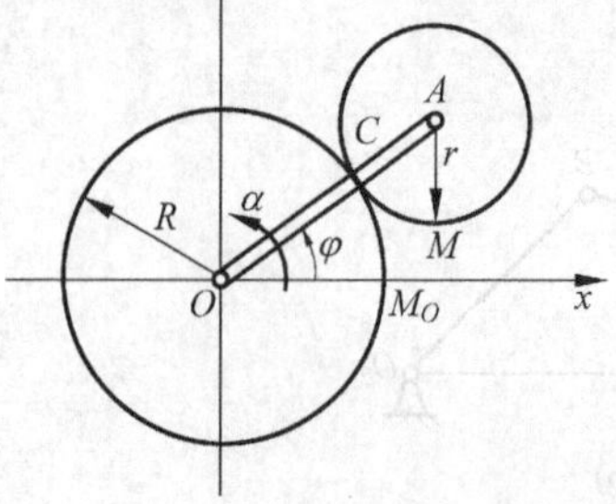

习题 7.3 图

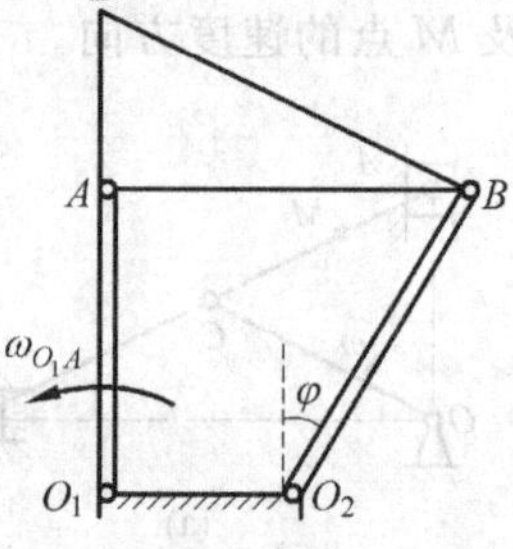

习题 7.4 图

7.5　图示机构中，已知：$OA=0.1$ m，$BD=0.1$ m，$DE=0.1$ m，$EF=0.1\sqrt{3}$ m；曲柄 OA 的角速度 $\omega=4$ rad/s。在图示位置时，曲柄 OA 与水平线 OB 垂直且 B、D 和 F 在同一铅垂线上，DE 垂直于 EF。求此时杆 EF 的角速度和滑块 F 的速度。

7.6　图示曲柄连杆机构中，$OA=20$ cm，$\omega_0=10$ rad/s，$AB=100$ cm。求图示位置时，

连杆的角速度、角加速度及滑块 B 的加速度。

7.7 三角板在滑动过程中，其顶点 A 和 B 始终与铅垂墙面以及水平地面相接触。已知：$AB=BC=AC=b$，$v_B=v_0$ 为常数。在图示位置，AC 水平。求此时顶点 C 的速度和加速度。

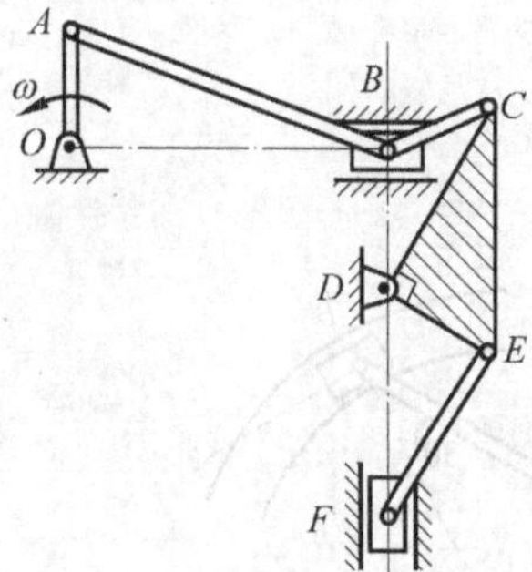

习题 7.5 图

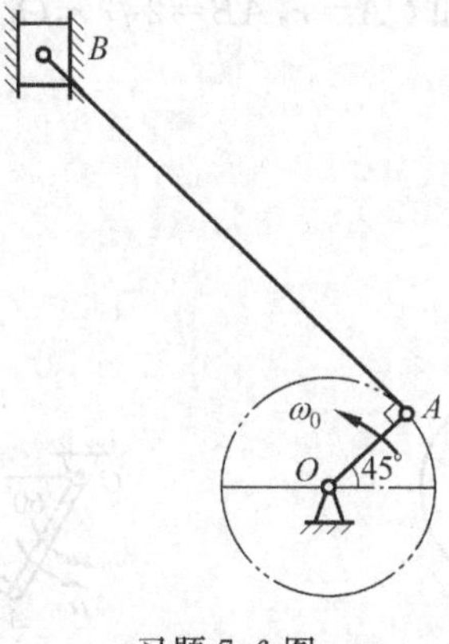

习题 7.6 图

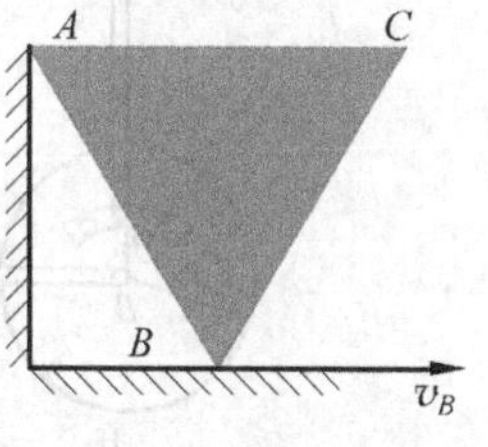

习题 7.7 图

7.8 如图所示五连杆机构，各杆间均为铰链连接，已知 $OA=30$ cm，$O_1B=20$ cm，$OO_1=40$ cm。当机构在图示位置时 OA 和 O_1B 都垂直 OO_1。CO_1 与 AC 共线 BC 平行于 O_1O，且杆 OA 的角速度为 2.5 rad/s，O_1B 的角速度为 3 rad/s，试求此时 C 点的速度。

7.9 如图所示，两轮半径均为 r，轮心分别为 A 和 B，此两轮用连杆 BC 连接。设 A 轮中心的速度为 v_A，方向水平向右，并且两轮与地面均无滑动。求当 $\beta=0°$ 及 $90°$ 时，B 轮中心的速度 v_B。

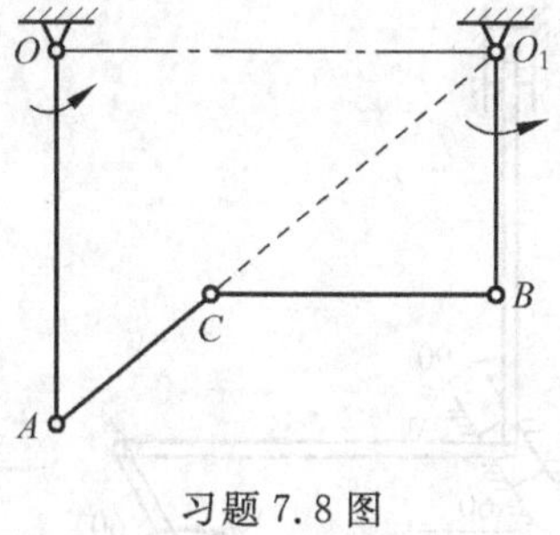

习题 7.8 图

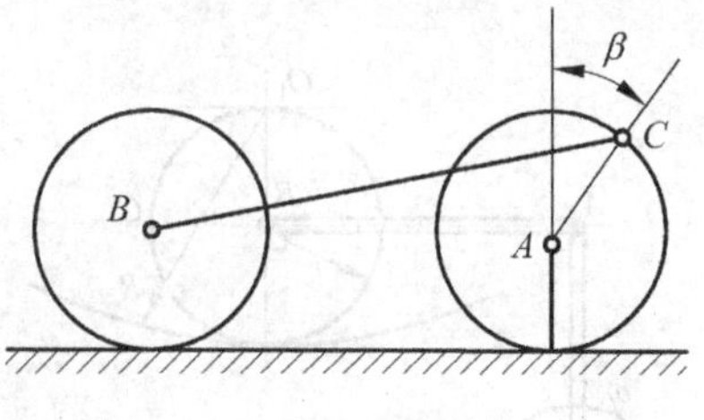

习题 7.9 图

7.10 如图所示，飞轮以匀角速度 $\omega=10$ rad/s 绕 O 轴转动，并通过与之铰接的连杆 AB 带动杆 BC 运动，已知：$OA=1$ m，$OC=3$ m，$AB=BC=2$ m。在图示位置，O、A、C 三点在同一水平线上，试求此瞬时杆 AB 和杆 BC 的角速度 ω_{AB}、ω_{BC}。

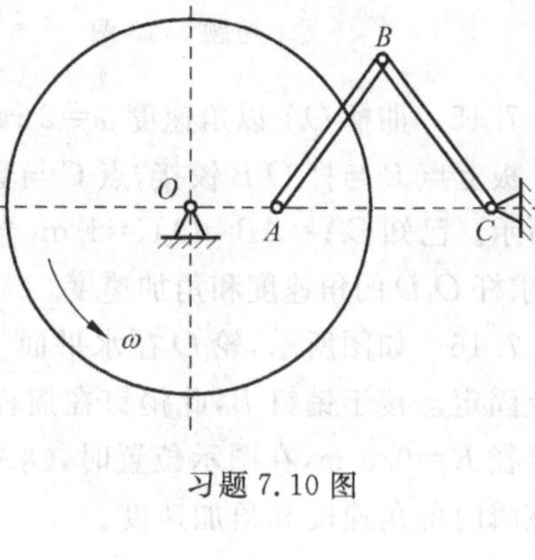

习题 7.10 图

7.11 在瓦特行星传动机构中，平衡杆 O_1A 绕轴 O_1 转动，并借连杆 AB 带动曲柄 OB；而曲柄 OB 活动地装置在 O 轴上，如图所示。在 O 轴上装有齿轮Ⅰ，齿轮Ⅱ与连杆 AB 固连于一体。已知：$r_1=r_2=0.3\sqrt{3}$ m，$O_1A=0.75$ m，$AB=1.5$ m，平

衡杆的角速度 $\omega=6$ rad/s。求：$\varphi=60^\circ$，$\beta=90^\circ$时，曲柄 OB 和齿轮Ⅰ的角速度。

7.12　在图示曲柄连杆机构中，曲柄 OA 绕 O 轴转动，其角速度为 ω_0，角加速度为 α_0。在某瞬时曲柄与水平线间成 60°，而连杆 AB 与曲柄 OA 垂直。滑块 B 在圆形槽内滑动，此时半径 O_1B 与连杆间成 30°。如 $OA=r$，$AB=2\sqrt{3}r$，$O_1B=2r$。求在该瞬时，滑块 B 的切向和法向加速度。

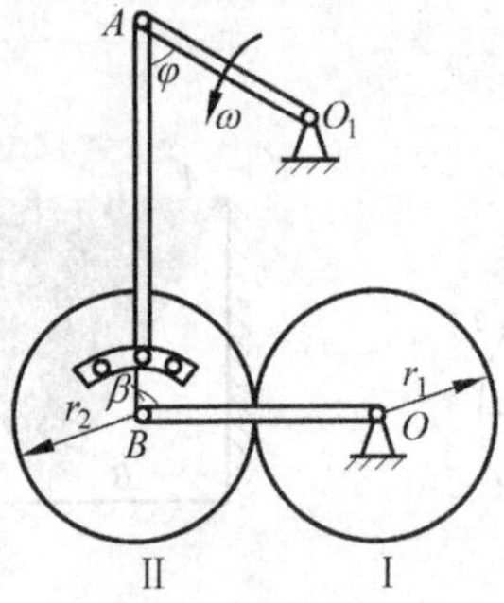

习题 7.11 图

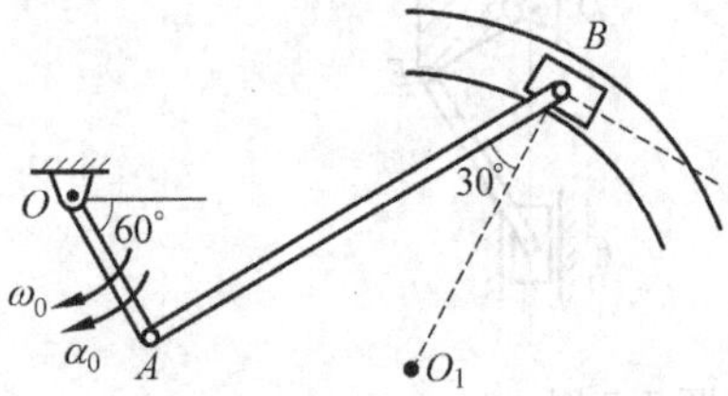

习题 7.12 图

7.13　曲柄 OA 以匀角速度 $\omega=2$ rad/s 绕 O 轴转动，并借助连杆 AB 驱动半径为 r 的轮子在半径为 R 的圆弧槽中无滑动的滚动。设 $OA=AB=R=2r=1$ m，求图示瞬时点 B 和点 C 的速度和加速度。

7.14　在图示机构中，曲柄 OA 长为 r，以等角速度 ω_0 绕 O 轴转动，$AB=6r$，$BC=3\sqrt{3}r$。求图示位置时，滑块 B 和 C 的速度和加速度。

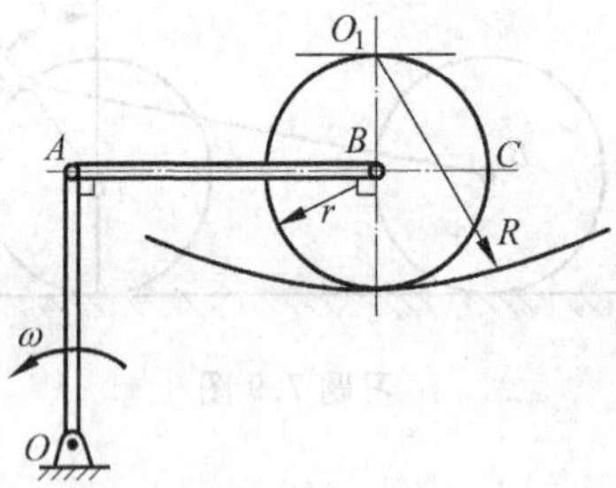

习题 7.13 图

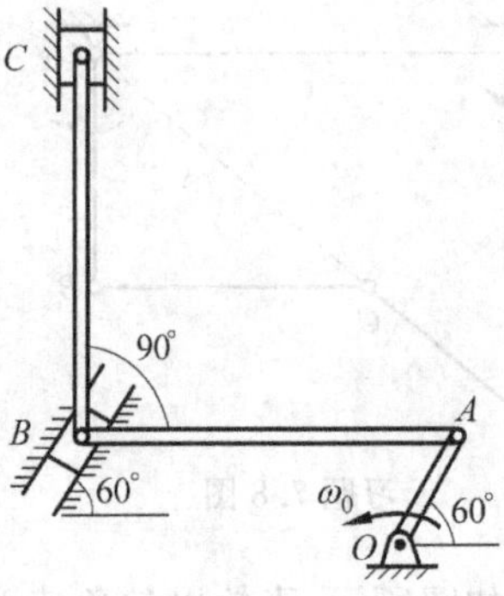

习题 7.14 图

7.15　曲柄 OA 以角速度 $\omega=2$ rad/s 绕 O 轴转动，并带动等边三角形板 ABC 作平面运动。板上点 B 与杆 O_1B 铰接，点 C 与套管铰接，而套管可在绕轴 O_2 转动的杆 O_2D 上滑动，如图所示。已知 $OA=AB=O_2C=1$ m，当 OA 水平、AB 与 O_2D 铅垂、O_1B 与 BC 在同一直线上时，求杆 O_2D 的角速度和角加速度。

7.16　如图所示，轮 O 在水平面上滚动而不滑动，轮心以匀速 $v_O=0.2$ m/s 运动。轮缘上固定连接于销钉 B，此销钉在摇杆 O_1A 的槽内滑动，并带动摇杆绕 O_1 轴转动。已知轮的半径 $R=0.5$ m，在图示位置时，O_1A 是轮的切线，摇杆与水平面间的夹角为 60°。求摇杆在该瞬时的角速度和角加速度。

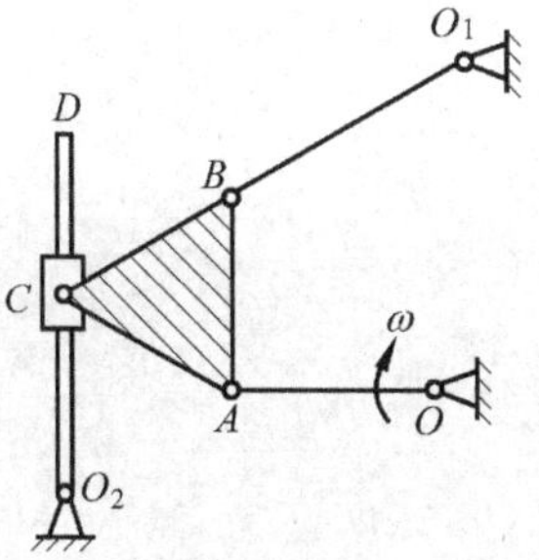

习题 7.15 图

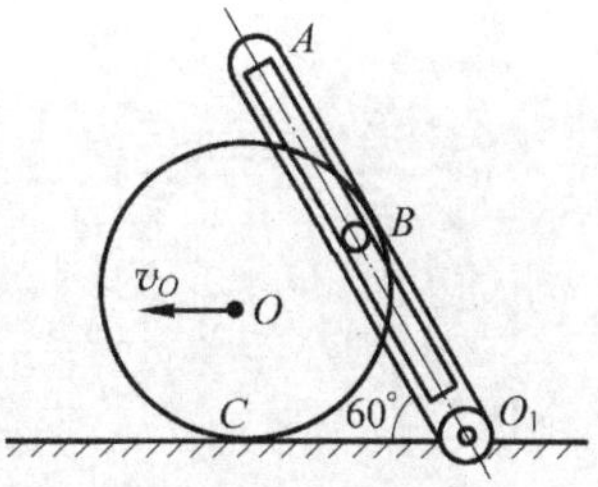

习题 7.16 图

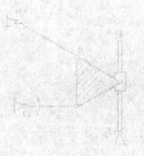

ARTICLE

第3篇

动 力 学

第8章

动力学基本定理

从本章开始研究作用在物体上的力与物体运动状态变化之间的关系，称为**动力学**(dynamics)。高速转动机械的动力分析、建筑物和桥梁等结构的抗震设计等都需要运用动力学理论。

动力学把研究的对象抽象为质点和质点系。可以忽略研究对象的形状和大小，而看成有一定质量的点，称为**质点**(particle)。如研究地球绕太阳运行，尽管地球体积很大，但其尺寸与其和太阳的距离相比非常小，因此可以把地球看成质点。工程实践中，很多物体都可以简化成质点来研究，而使问题大大地简化。当物体不能抽象为一个质点时，可把物体看成有相互联系的有限个(或无限个)质点组成的系统，称为**质点系**(system of particles)。如果质点系中各质点间的距离始终保持不变，称为不变质点系。刚体可以看成由无限多个质点组成的不变质点系。

8.1 质点运动微分方程

1. 动力学基本定律——牛顿三大定律

第一定律——惯性定律：任何质点如不受力作用或所受合外力为零，则它将保持原来静止或匀速直线运动状态。

物体保持其运动状态不变的固有属性，称为**惯性**(inertia)。质量为物体惯性的度量。

第二定律——在力的作用下物体所获得的加速度的大小与作用力的大小成正比，与物体的质量成反比，方向与力的方向相同。即

$$m\boldsymbol{a} = \boldsymbol{F} \tag{8.1}$$

第三定律——作用力与反作用力定律：两物体之间的作用力和反作用力大小相等，方向相反，并沿同一条直线分别作用在两个物体上。值得注意的是，在第1章，我们也曾将该定律作为静力学公理引入和介绍。

2. 质点运动微分方程

根据牛顿第二定律可建立质点运动微分方程。当质点受几个力作用时，式(8.1)的右端应为这几个力的合力。即

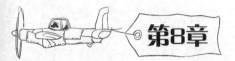

$$m\boldsymbol{a} = \sum \boldsymbol{F} \tag{8.2}$$

或

$$m\frac{\mathrm{d}^2\boldsymbol{r}}{\mathrm{d}t^2} = \sum \boldsymbol{F} \tag{8.3}$$

式(8.3)是矢量形式的微分方程，实际计算时，需应用其投影形式。

直角坐标形式微分方程(图 8.1)为

$$\left.\begin{aligned} m\ddot{x} &= \sum F_x \\ m\ddot{y} &= \sum F_y \\ m\ddot{z} &= \sum F_z \end{aligned}\right\} \tag{8.4}$$

自然坐标形式的微分方程(图 8.2)为

$$\left.\begin{aligned} m\frac{\mathrm{d}v}{\mathrm{d}t} &= \sum F_\tau \\ m\frac{v^2}{\rho} &= \sum F_\mathrm{n} \\ 0 &= \sum F_b \end{aligned}\right\} \tag{8.5}$$

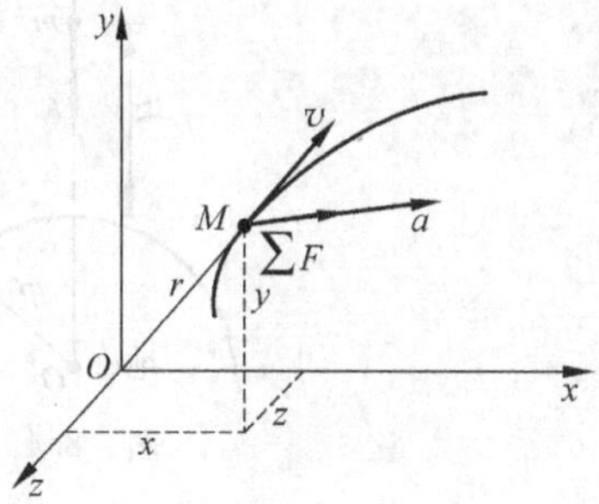

图 8.1

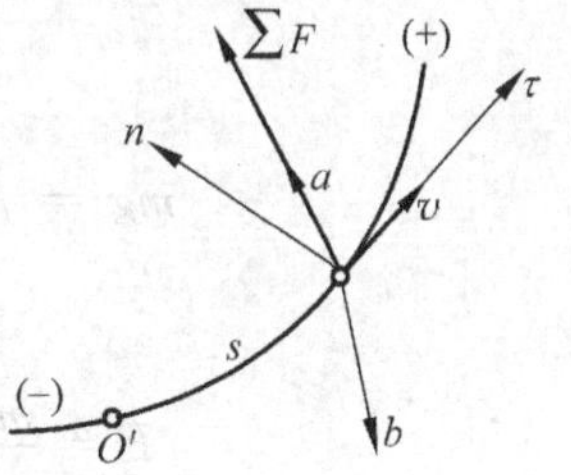

图 8.2

3. 质点动力学的两类基本问题

无论什么形式的运动微分方程，总包含两类基本问题：第一类是已知质点的运动，求作用于质点的力；第二类是已知作用于质点的力，求质点的运动。

第一类问题比较简单，如已知质点的运动方程，只需求两次导数，代入微分方程，即可求解。第二类问题，从数学的角度看，是解微分方程或求积分的问题，积分需确定积分常数，积分常数由初始条件决定。在工程实际中，力一般比较复杂，有的是常力，有的则为变力，变力可表示为时间、速度、坐标等的函数。当力的函数形式比较复杂时，通常只能求出近似的数值解。

应用运动微分方程解题，有以下基本步骤：

(1) 根据题意明确研究对象；

(2) 分析受力情况与运动情况，画出受力图(包括主动力、约束反力)；

(3) 选取坐标系，列出运动微分方程，求解。

例 8.1 如图 8.3 所示，桥式起重机桁车吊挂一重为 P 的重物，沿水平横梁作匀速运动，速度为 v_0，重物中心至悬挂点距离为 l。突然刹车，重物因惯性绕悬挂点 O 向前摆动，求钢丝绳的最大拉力。

解 以重物为研究对象，把重物看成质点。受力分析如图 8.3 所示。重物以 O 为圆心，l 为半径作圆周运动。

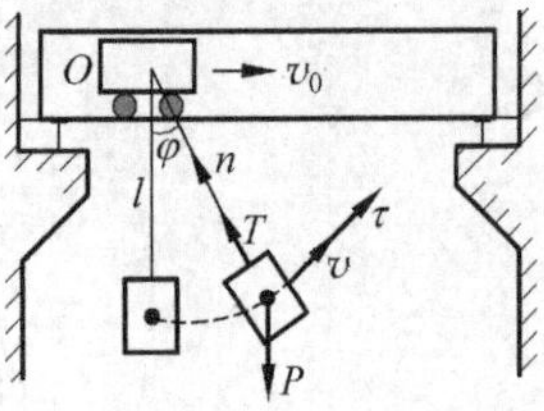

图 8.3

列出自然坐标形式的质点运动微方程

$$ma_\tau = \sum F_\tau, \frac{P}{g}\frac{dv}{dt} = -P\sin\varphi \quad (a)$$

$$ma_n = \sum F_n, \frac{P}{g}\frac{v^2}{l} = T - P\cos\varphi \quad (b)$$

由式(a)可知重物作减速运动，由式(b)得 $T=P\left(\cos\varphi+\frac{v^2}{gl}\right)$，其中 φ, v 为变量。

因此，当 $\varphi=0$ 时，T 达到最大值

$$T_{max} = P\left(1+\frac{v_0^2}{gl}\right)$$

例 8.2 发射火箭，求脱离地球引力的最小速度。

解 取火箭(质点)为研究对象，建立坐标系如图 8.4 所示。火箭在任意位置 x 处受地球引力 $\boldsymbol{F}$ 的作用。

$$F = f \cdot \frac{mM}{x^2}$$

因

$$mg = f\frac{mM}{R^2}$$

得

$$F = \frac{mgR^2}{x^2}$$

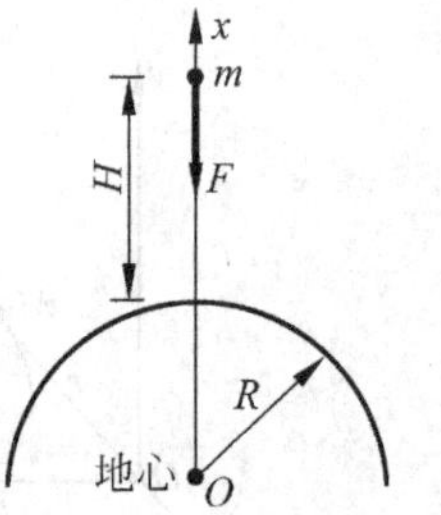

图 8.4

建立质点运动微分方程

$$m\frac{d^2x}{dt^2} = -\frac{mgR^2}{x^2}$$

即

$$mv_x\frac{dv_x}{dx} = -\frac{mgR^2}{x^2} \quad \left(\frac{d^2x}{dt^2} = \frac{dv_x}{dt} = \frac{dv_x}{dx}\cdot\frac{dx}{dt} = \frac{v_x dv_x}{dx}\right)$$

$$\int_{v_0}^{v} mv_x dv_x = \int_R^x -\frac{mgR^2}{x^2}dx \quad (t=0 \text{ 时 } x=R, v_x=v_0)$$

则卫星在任意位置时的速度

$$v = \sqrt{(v_0^2-2gR)+\frac{2gR^2}{x}}$$

可见，v 随着 x 的增加而减小。若 $v_0^2<2gR$ 时，则在某一位置 $x=R+H$ 时速度将减小到零，火箭回落。若 $v_0^2>2gR$ 时，无论 x 多大(甚至为∞)，火箭也不会回落。因此脱离地球引力而一去不返时($x\to\infty$)的最小初速度为

$$v_0 = \sqrt{2gR} = \sqrt{2\times 9.8\times 10^{-3}\times 6370} = 11.2\ (\text{km/s})(\text{第二宇宙速度})$$

8.2 动量定理

8.2.1 基本概念

1. 质点系的内力和外力

研究对象为质点系,质点系中各质点的相互作用,称为**内力**(internal force),以 $\boldsymbol{F}^{(i)}$ 表示,内力总是成对出现;质点系以外的物体对质点系内质点的作用力,称为**外力**(external force),以 $\boldsymbol{F}^{(e)}$ 表示。外力与内力的区分完全取决于质点系范围的划定。

2. 质点系的质心

质点系的质量中心称为**质心**(center of mass),是表征质点系质量分布特征的一个重要概念。

设质点系由 n 个质点组成,各质点的质量分别为 $m_1, m_2, \cdots, m_n$,在坐标系上的坐标分别为 $(x_1, y_1, z_1), (x_2, y_2, z_2), \cdots, (x_n, y_n, z_n)$。质点系的总质量为各质点的质量之和,即 $m = \sum m_i$。C 点表示质点系的**质心**,则应满足

$$\boldsymbol{r}_C = \frac{\sum m_i \boldsymbol{r}_i}{\sum m_i} = \frac{\sum m_i \boldsymbol{r}_i}{m}$$

如图 8.5 所示,则质心 C 点的坐标分量为

$$\left.\begin{aligned} x_C &= \frac{\sum m_i x_i}{m} \\ y_C &= \frac{\sum m_i y_i}{m} \\ z_C &= \frac{\sum m_i z_i}{m} \end{aligned}\right\} \tag{8.6}$$

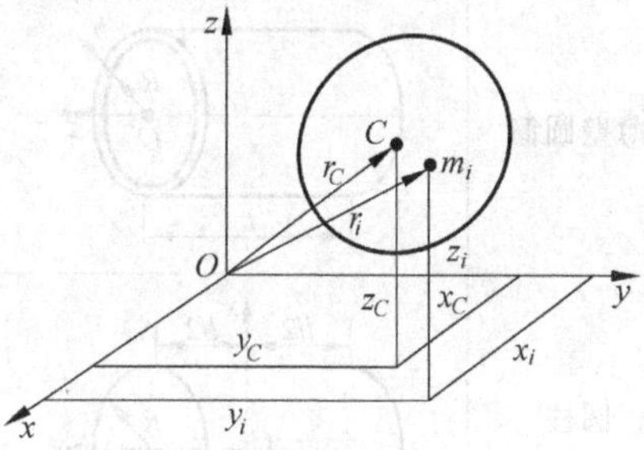

图 8.5

在均匀重力场中,质点系的质心与重心的位置重合。可采用静力学中确定重心的各种方法来确定质心的位置。但是,质心与重心是两个不同的概念,重心只有在质点系受重力作用时存在,质心与所受的力无关,不论质点系是否处于重力场,质心总是存在的。因此,质心比重心具有更加广泛的意义。

3. 平行移轴定理

刚体内各质点的质量与质点到 z 轴的垂直距离平方的乘积之和,称为刚体对 z 轴的**转动惯量**(moment of inertia),用 J_z 表示,即有

$$J_z = \sum_{i=1}^{n} m_i r_i^2 \tag{8.7}$$

如果刚体质量是连续分布的,则上式可以写成积分形式

$$J_z = \int r_i^2 \, \mathrm{d}m \tag{8.8}$$

由上式可见，转动惯量的大小不仅与质量大小有关，而且与质量的分布情况有关。转动惯量的单位为 $kg \cdot m^2$。转动惯量与质量都是刚体惯性的度量，转动惯量在刚体转动时起作用，质量在刚体平动时起作用。

为了方便起见，有时将转动惯量写成

$$J_z = m\rho_z^2 \tag{8.9}$$

式中，$\rho_z = \sqrt{\dfrac{J_z}{m}}$ 称为刚体对于 z 轴的惯性半径（回转半径）。

对于形状复杂和非匀质物体，不便于用计算求转动惯量，可以用实验的方法测算出转动惯量。

一般简单形状的均质刚体的转动惯量可以从机械工程手册中查到，也可用上述方法计算。表 8.1 列出常见均质物体的转动惯量和惯性半径。

表 8.1

形状	简 图	转动惯量	惯性半径
细直杆	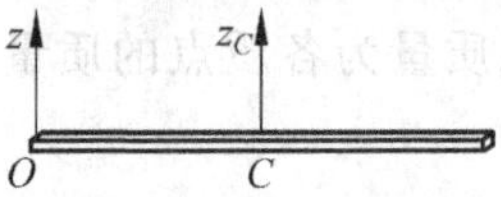	$J_{zC} = \dfrac{m}{12}l^2$ $J_z = \dfrac{m}{3}l^2$	$\rho_{zC} = \dfrac{l}{2\sqrt{3}} = 0.289l$ $\rho_z = \dfrac{l}{\sqrt{3}} = 0.578l$
薄壁圆筒	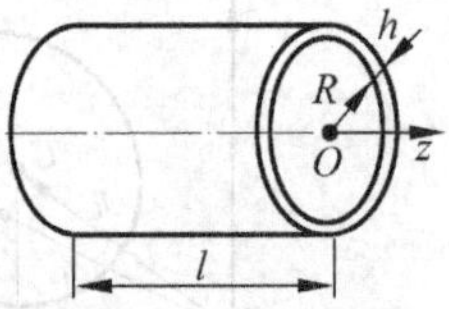	$J_z = mR^2$	$\rho_z = R$
圆柱	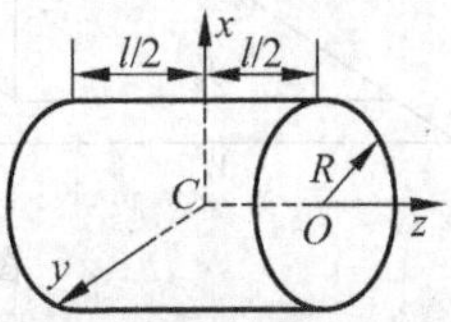	$J_z = \dfrac{1}{2}mR^2$ $J_x = J_y = \dfrac{m}{12}(3R^2 + l^2)$	$\rho_z = \dfrac{R}{\sqrt{2}} = 0.707R$ $\rho_x = \rho_y = \sqrt{\dfrac{1}{12}(3R^2 + l^2)}$
空心圆柱	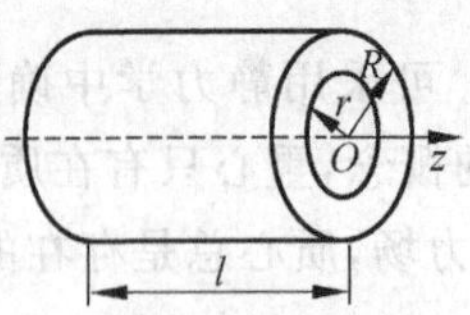	$J_z = \dfrac{m}{2}(R^2 + r^2)$	$\rho_z = \sqrt{\dfrac{1}{2}(R^2 + r^2)}$
矩形薄板	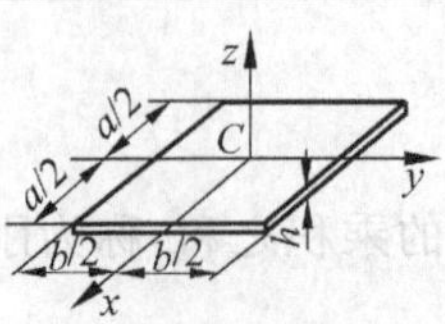	$J_z = \dfrac{m}{12}(a^2 + b^2)$ $J_y = \dfrac{m}{12}a^2$ $J_x = \dfrac{m}{12}b^2$	$\rho_z = \sqrt{\dfrac{1}{12}(a^2 + b^2)}$ $\rho_y = 0.289a$ $\rho_x = 0.289b$

平行移轴定理：刚体对于任一轴的转动惯量 $J_{z'}$ 等于刚体对于通过质心 C 并与该轴平行的轴的转动惯量 J_{zC}，加上刚体的质量与两轴间距离平方的乘积。即

$$J_{z'} = J_{zC} + md^2 \tag{8.10}$$

应用平行移轴定理时注意以下几点：

(1) 两轴互相平行；

(2) 其中一轴过质心 C；

(3) 过质心轴的转动惯量 J_{zC} 最小。

例 8.3 图 8.6 所示，钟摆由均质直杆和均质圆盘组成，直杆质量 m_1，杆长 l，圆盘质量 m_2，半径 R，求钟摆对 O 轴的转动惯量 J_O。

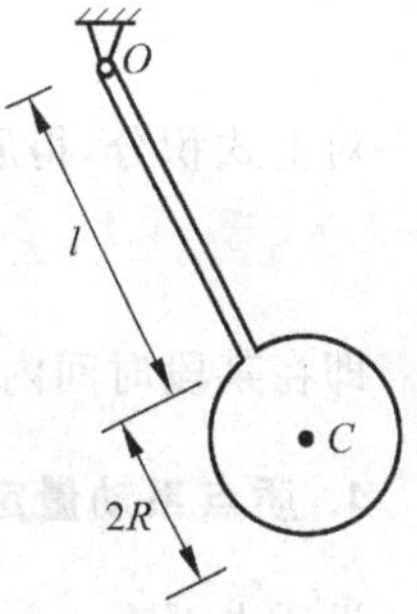

图 8.6

解

$$J_O = J_{O杆} + J_{O盘}$$

$$= \frac{m_1 l^2}{3} + \left[\frac{m_2 R^2}{2} + m_2 (l+R)^2\right]$$

8.2.2 动量定理

1. 动量(momentum)

物体之间往往有机械运动的相互传递，在传递机械运动时产生的相互作用力不仅与物体的质量有关，还与其速度变化有关。例如，子弹虽然质量小，但速度很大，击中目标时速度迅速变小，对目标产生很大的冲击力；轮船靠岸时，虽然速度变化小，但质量很大，稍有疏忽，容易把船体撞坏。可以用动量 $\boldsymbol{p}$ 来表征这种运动量。

质点的动量：质点的质量与速度的乘积，即

$$\boldsymbol{p}_i = m_i \boldsymbol{v}_i \tag{8.11}$$

动量为矢量，方向与质点速度方向一致，单位为 kg·m/s。

质点系的动量：质点系内各质点动量的矢量和为

$$\boldsymbol{p} = \sum m_i \boldsymbol{v}_i \tag{8.12}$$

m_i 为第 i 个质点的质量，令 $m = \sum m_i$ 为质点系总质量，又质点系质心 C 的位置满足 $\boldsymbol{r}_C = \dfrac{\sum m_i \boldsymbol{r}_i}{m}$，代入式(8.12)，可得

$$\boldsymbol{p} = \sum m_i \boldsymbol{v}_i = m \boldsymbol{v}_C \tag{8.13}$$

上式 $\boldsymbol{v}_C$ 为质心速度，表明，质点系的动量等于质点系总质量与质心速度的乘积。

2. 冲量(impulse)

物体在力的作用下，其运动状态的变化不仅与力的大小和方向有关，还与力作用时间的长短有关。如果作用力是常量，那么作用力与作用时间的乘积来衡量力在这段时间内累计的作用。作用力与作用时间的乘积称为冲量，以 I 来表示，即

$$\boldsymbol{I} = \boldsymbol{F} t \tag{8.14}$$

上式 F 表示常力的大小；t 为作用时间；冲量单位为 N·s。

如果 F 为变量，那么作用时间 $t_1 \sim t_2$ 内的冲量为

$$\boldsymbol{I} = \int_{t_1}^{t_2} \boldsymbol{F} \mathrm{d}t$$

3. 质点动量定理

根据牛顿第二定律

$$ma = m\frac{\mathrm{d}\boldsymbol{v}}{\mathrm{d}t} = \boldsymbol{F}$$

对上式积分,得质点动量定理

$$m\boldsymbol{v}_2 - m\boldsymbol{v}_1 = \int_{t_1}^{t_2} \boldsymbol{F}\mathrm{d}t = \boldsymbol{I} \tag{8.15}$$

即在某段时间内,质点的动量变化等于作用于质点上的力在此时间段内的冲量。

4. 质点系动量定理

设质点系有 i 个质点,第 i 质点的质量为 m_i,速度 $\boldsymbol{v}_i$;第 i 个质点受的外力为 $\boldsymbol{F}_i^{(e)}$,受到质点系内其他质点作用的内力为 $\boldsymbol{F}_i^{(i)}$,根据质点的动量定理有

$$\frac{\mathrm{d}}{\mathrm{d}t}(m_i \boldsymbol{v}_i) = \boldsymbol{F}_i^{(e)} + \boldsymbol{F}_i^{(i)} \quad i = 1,2,\cdots,n$$

对于质点系,$\sum \boldsymbol{F}_i^{(e)} = \boldsymbol{R}^{(e)}$ 为外力的主矢量,$\sum \boldsymbol{F}_i^{(i)}$ 为内力的主矢量,得

$$\frac{\mathrm{d}}{\mathrm{d}t}\sum(m_i \boldsymbol{v}_i) = \sum \boldsymbol{F}_i^{(e)} + \sum \boldsymbol{F}_i^{(i)}$$

根据牛顿第三定律,内力总是大小相等、方向相反,成对的出现在质点系内部,所以 $\sum \boldsymbol{F}_i^{(i)} = 0$,于是得

$$\frac{\mathrm{d}\boldsymbol{p}}{\mathrm{d}t} = \boldsymbol{R}^{(e)} \tag{8.16}$$

上式称为质点系动量定理,即质点系动量 $\boldsymbol{p}$ 对时间 t 的变化率等于作用在质点系上外力系的主矢量,而与内力系无关。在应用动量定理时,应取矢量式(8.16)的投影形式,动量定理的直角坐标投影式为

$$\left.\begin{aligned}\frac{\mathrm{d}p_x}{\mathrm{d}t} &= \sum X^{(e)} \\ \frac{\mathrm{d}p_y}{\mathrm{d}t} &= \sum Y^{(e)} \\ \frac{\mathrm{d}p_z}{\mathrm{d}t} &= \sum Z^{(e)}\end{aligned}\right\} \tag{8.17}$$

5. 质点系动量守恒定理

如果式(8.16)中外力系的主矢量为零,即

$$\boldsymbol{R}^{(e)} = 0$$

则

$$\frac{\mathrm{d}\boldsymbol{p}}{\mathrm{d}t} = 0, \boldsymbol{p} = \text{常矢量}$$

即质点系动量守恒。

如果外力系的主矢量在某一坐标轴上的投影为零,例如

$$\sum X^{(e)} = 0,$$

则

$$p_x = \text{常数}$$

质点系动量在此坐标轴上守恒。以上结论称为质点系动量守恒定律。

例 8.4 质量为 M 的大三角形柱体放于光滑水平面上,斜面上另放一个质量为 m 的小

三角形柱体，求小三角形柱体滑到底时，大三角形柱体的位移。

解　以整体为研究对象，受力分析如图 8.7 所示，水平方向不受外力，即 $\sum X^{(e)}=0$，所以整体在水平方向动量守恒。

运动分析：设大三角柱体的速度为 $\boldsymbol{v}$，小三角柱体相对于大三角柱体的速度为 $\boldsymbol{v}_r$，则小三角柱体的绝对速度

$$\boldsymbol{v}_a=\boldsymbol{v}+\boldsymbol{v}_r$$

由水平方向动量守恒及初始静止，则

$$-Mv+m(v_{rx}-v)=0$$

得

$$\frac{v_{rx}}{v}=\frac{M+m}{m}$$

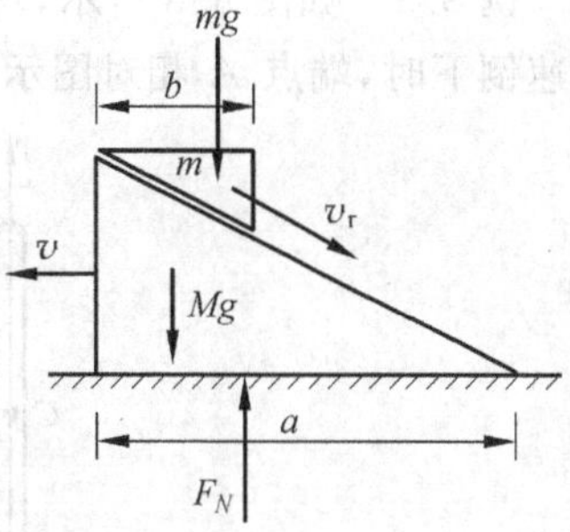

图　8.7

设大三角柱体的位移为 S，小三角柱体相对大三角柱体的水平位移 $S_{rx}=a-b$，有

$$\frac{S_{rx}}{S}=\frac{v_{rx}}{v}=\frac{M+m}{m}$$

得

$$S=\frac{m}{M+m}S_{rx}=\frac{m}{M+m}(a-b)$$

8.2.3　质心运动定理

1. 质心运动定理

若质点系的质量不改变，则质点系的动量可以用 $\boldsymbol{p}=m\boldsymbol{v}_C$ 表示，把上式代入动量定理(式(8.16))得

$$m\frac{\mathrm{d}\boldsymbol{v}_C}{\mathrm{d}t}=\boldsymbol{R}^{(e)}$$

或

$$m\boldsymbol{a}_C=\boldsymbol{R}^{(e)} \tag{8.18}$$

式中，$\boldsymbol{a}_C$ 为质心加速度。上式称为质心运动定理(或质心运动微分方程)，即质点系的质量与质心加速度的乘积，等于作用于质点系上所有外力的矢量和(外力的主矢)。

质心运动定理是动量定理的另一种表现形式，与质点运动微分方程形式相似。对于任意一个质点系，无论它作什么形式的运动，质点系质心的运动可以视为一个质点的运动，并设想把整个质点系的质量都集中在质心这个点上，所有外力也集中作用在质心这个点上。

质心运动定理为矢量式，在 Oxy 坐标轴上的投影式为

$$\left.\begin{aligned}\sum m_i\ddot{x}_{Ci}&=\sum X^{(e)}\\ \sum m_i\ddot{y}_{Ci}&=\sum Y^{(e)}\end{aligned}\right\} \tag{8.19}$$

2. 质心运动守恒定律

由式(8.18)可知，若外力主矢 $\boldsymbol{R}^{(e)}=0$，则 $\boldsymbol{a}_C=0$，即质心的速度 $\boldsymbol{v}_C$ 为常矢量，质心作匀速直线运动。

若外力主矢 $\boldsymbol{R}^{(e)}=0$，质点系初始静止，$v_C=0$，那么质心不运动，质点系的质心 $C(x_C,y_C)$位置守恒。

例 8.5 如图 8.8 所示，均质杆 AB，长 l，直立在光滑的水平面上。求它从铅直位置无初速倒下时，端点 A 相对图示坐标系的轨迹。

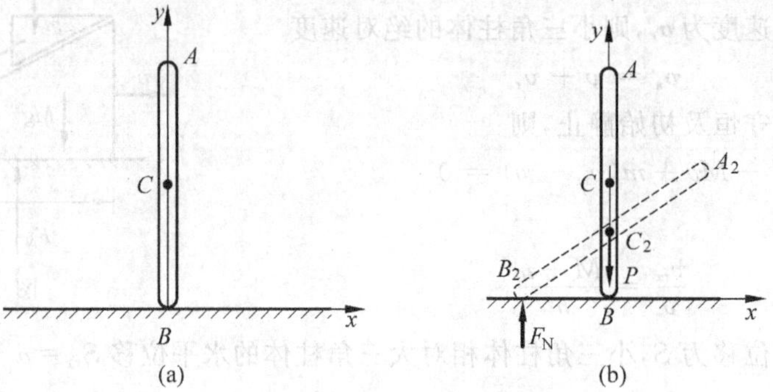

图 8.8

解 取均质杆 AB 为研究对象，建立图 8.8 所示坐标系 Oxy，原点 O 与杆 AB 运动初始时的点 B 重合，杆受到铅垂方向的重力 P 和地面约束反力 F_N 的作用，水平方向不受力 $\sum X^{(e)}=0$，且杆初始时静止，所以杆 AB 的质心水平位置守恒，即 $x_C=0$。

设任意时刻杆 AB 与水平 x 轴夹角为 θ，则点 A 坐标为

$$x_A=\frac{l}{2}\cos\theta$$

$$y_A=l\sin\theta$$

从点 A 坐标中消去角度 θ，得点 A 的轨迹方程为

$$4x^2+y^2=l^2$$

可见，A 轨迹为椭圆。

8.3 动量矩定理

8.3.1 质点系动量矩定理

1. 质点动量矩定理

如图 8.9 所示，质点 M 的动量对于 O 点的矩，定义为质点对于 O 点的**动量矩**(angular momentum)，即

$$\boldsymbol{M}_O(m\boldsymbol{v})=\boldsymbol{r}\times m\boldsymbol{v} \tag{8.20}$$

质点对于 O 点的动量矩为矢量，它垂直于矢径 $\boldsymbol{r}$ 与动量 $m\boldsymbol{v}$ 所形成的平面，指向按右手法则确定，其大小为

$$|\boldsymbol{M}_O(m\boldsymbol{v})|=2S_{\triangle OMD}=mvd$$

将式(8.20)对时间求一次导数，有

$$\frac{\mathrm{d}}{\mathrm{d}t}\boldsymbol{M}_O(m\boldsymbol{v})=\frac{\mathrm{d}\boldsymbol{r}}{\mathrm{d}t}\times m\boldsymbol{v}+\boldsymbol{r}\times\frac{\mathrm{d}}{\mathrm{d}t}(m\boldsymbol{v})=\boldsymbol{r}\times\boldsymbol{F}=\boldsymbol{M}_O(\boldsymbol{F})$$

得

$$\frac{\mathrm{d}}{\mathrm{d}t}\boldsymbol{M}_O(m\boldsymbol{v}) = \boldsymbol{M}_O(\boldsymbol{F}) \tag{8.21}$$

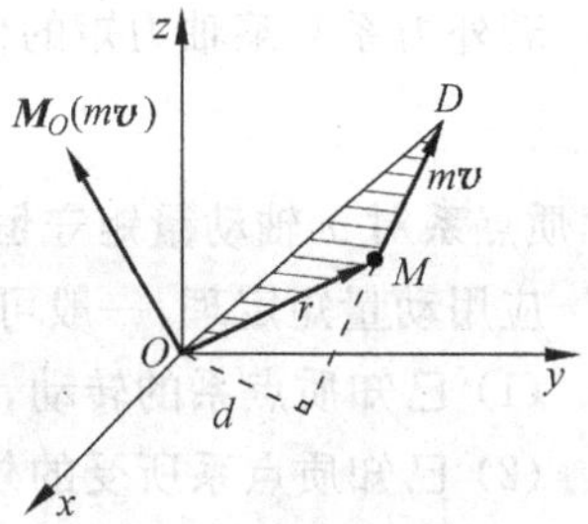

图 8.9

上式称为质点的动量矩定理,即:质点对固定点 O 的动量矩对时间的一阶导数等于作用于质点上的力对同一点的力矩。

2. 质点系动量矩定理

设质点系内有 n 个质点,对于任意质点 m_i 有

$$\frac{\mathrm{d}}{\mathrm{d}t}\boldsymbol{M}_O(m_i\boldsymbol{v}_i) = \boldsymbol{M}_O(\boldsymbol{F}_i^{(i)}) + \boldsymbol{M}_O(\boldsymbol{F}_i^{(e)}), i = 1,2,\cdots,n$$

式中 $\boldsymbol{F}_i^{(i)}, \boldsymbol{F}_i^{(e)}$ 分别为作用于质点上的内力和外力。求 n 个方程的矢量和有

$$\sum_{i=1}^{n}\frac{\mathrm{d}}{\mathrm{d}t}\boldsymbol{M}_O(m_i\boldsymbol{v}_i) = \sum_{i=1}^{n}\boldsymbol{M}_O(\boldsymbol{F}_i^{(i)}) + \sum_{i=1}^{n}\boldsymbol{M}_O(\boldsymbol{F}_i^{(e)})$$

式中,$\sum_{i=1}^{n}\boldsymbol{M}_O(\boldsymbol{F}_i^{(i)}) = 0, \sum_{i=1}^{n}\boldsymbol{M}_O(\boldsymbol{F}_i^{(e)}) = \sum_{i=1}^{n}\boldsymbol{r}_i \times \boldsymbol{F}_i^{(e)} = \boldsymbol{M}_O^{(e)}$ 为作用于系统上的外力系对于 O 点的主矩。交换左端求和及求导的次序,有

$$\sum_{i=1}^{n}\frac{\mathrm{d}}{\mathrm{d}t}\boldsymbol{M}_O(m_i\boldsymbol{v}_i) = \frac{\mathrm{d}}{\mathrm{d}t}\sum_{i=1}^{n}\boldsymbol{M}_O(m_i\boldsymbol{v}_i)$$

令

$$\boldsymbol{L}_O = \sum_{i=1}^{n}\boldsymbol{M}_O(m_i\boldsymbol{v}_i) = \sum_{i=1}^{n}\boldsymbol{r}_i \times m_i\boldsymbol{v}_i \tag{8.22}$$

$\boldsymbol{L}_O$ 为质点系中各质点的动量对 O 点之矩的矢量和,或质点系动量对于 O 点的主矩,称为质点系对 O 点的动量矩。由此得

$$\frac{\mathrm{d}\boldsymbol{L}_O}{\mathrm{d}t} = \boldsymbol{M}_O^{(e)} \tag{8.23}$$

式(8.23)为质点系动量矩定理,即:质点系对固定点 O 的动量矩对于时间的一阶导数等于外力系对同一点的主矩。计算动量矩与力矩时,符号规定应一致。

具体应用时,常取其在直角坐标系上的投影形式

$$\left.\begin{aligned}\frac{\mathrm{d}L_x}{\mathrm{d}t} &= \sum M_x(\boldsymbol{F}^{(e)})\\ \frac{\mathrm{d}L_y}{\mathrm{d}t} &= \sum M_y(\boldsymbol{F}^{(e)})\\ \frac{\mathrm{d}L_z}{\mathrm{d}t} &= \sum M_z(\boldsymbol{F}^{(e)})\end{aligned}\right\} \tag{8.24}$$

式中,$L_x = \sum_{i=1}^{n}M_x(m_i\boldsymbol{v}_i), L_y = \sum_{i=1}^{n}M_y(m_i\boldsymbol{v}_i), L_z = \sum_{i=1}^{n}M_z(m_i\boldsymbol{v}_i)$ 分别表示质点系中各点动量对于 x,y,z 轴动量矩的代数和。

内力不能改变质点系的动量矩,只有作用于质点系的外力才能使质点系的动量矩发生变化。若外力系对 O 点的主矩为零,则质点系对 O 点的动量矩为一常矢量,即

$$\boldsymbol{M}_O^{(e)} = 0, \boldsymbol{L}_O = \text{常矢量}$$

即,质点系动量矩守恒。

若外力系对某轴力矩的代数和为零,则质点系对该轴的动量矩为常数,例如

$$\sum M_x(\boldsymbol{F}^{(e)}) = 0, L_x = \text{常数}$$

即,质点系对 x 轴动量矩守恒。

应用动量矩定理,一般可以处理下列一些问题:

(1) 已知质点系的转动,求质点系所受的外力或外力矩;

(2) 已知质点系所受的外力矩是常力矩或时间的函数,求刚体的角加速度或角速度的改变量;

(3) 已知质点系所受到的外力矩或外力矩在某轴上的投影代数和等于零,运用动量矩守恒定理求角速度或角位移。

例 8.6 水平杆 AB 长为 $2a$,可绕铅垂轴 z 转动,其两端各用铰链与长为 l 的杆 AC 及 BD 相连,杆端各连接重为 P 的小球 C 和 D。起初两小球用细线相连,使杆 AC 与 BD 均为铅垂,系统绕 z 轴的角速度为 ω_0(图 8.10(a))。如某瞬时此细线拉断后,杆 AC 与 BD 各与铅垂线成 α 角(图 8.10(b))。不计各杆重量,求此时系统的角速度。

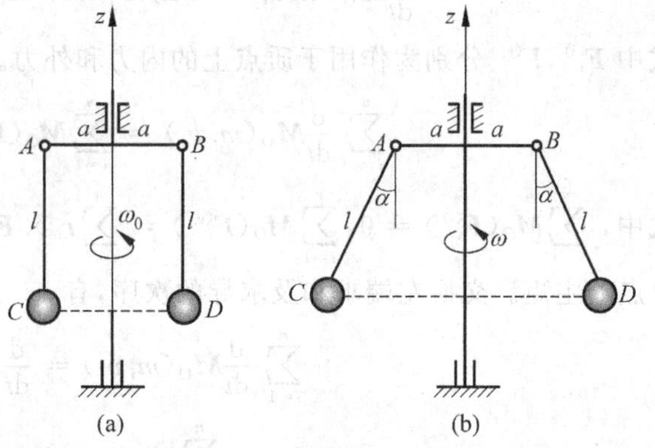

图 8.10

解 系统所受外力有小球的重力及轴承的约束反力,这些力对 z 轴之矩都等于零。所以系统对 z 轴的动量矩守恒,即 $\sum M_z(\boldsymbol{F}^{(e)}) = 0$,L_z=常数。

初始时系统的动量矩为

$$L_{z1} = 2\left(\frac{P}{g}a\omega_0\right)a = 2\,\frac{P}{g}a^2\omega_0$$

细线拉断后的动量矩为

$$L_{z2} = 2\,\frac{P}{g}(a + l\sin\alpha)^2\omega$$

由 $L_{z1}=L_{z2}$,有

$$2\,\frac{P}{g}a^2\omega_0 = 2\,\frac{P}{g}(a + l\sin\alpha)^2\omega$$

由此求出细线拉断后的角速度为

$$\omega = \frac{a^2}{(a + l\sin\alpha)^2}\omega_0$$

显然

$$\omega < \omega_0$$

8.3.2 刚体定轴转动微分方程

如图 8.11 所示定轴转动刚体,若某瞬时的角速度为 ω,则刚体对于固定轴 z 轴的动量矩为

$$L_z = \sum r_i m_i v_i = \sum m_i r_i^2 \cdot \omega = \omega \sum m_i r_i^2$$

式中，$J_z = \sum m_i r_i^2$ 为刚体对 z 轴的转动惯量，代入后得

$$L_z = J_z \omega \tag{8.25}$$

即，刚体对转动轴的动量矩等于刚体对该轴的转动惯量与角速度的乘积。

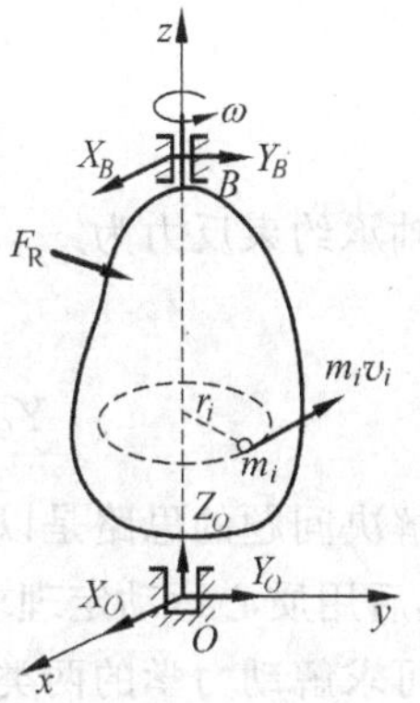

图　8.11

作用于刚体上的外力有主动力及轴承约束反力，受力如图 8.11 所示。应用质点系对 z 轴的动量矩方程

$$\frac{\mathrm{d}L_z}{\mathrm{d}t} = \sum M_z(\boldsymbol{F})$$

有

$$\frac{\mathrm{d}}{\mathrm{d}t} J_z \omega = \sum M_z(\boldsymbol{F})$$

式中

$$\omega = \frac{\mathrm{d}\varphi}{\mathrm{d}t} = \dot{\varphi}$$

得

$$J_z \frac{\mathrm{d}^2\varphi}{\mathrm{d}t^2} = \sum M_z(\boldsymbol{F}) \tag{8.26}$$

或

$$J_z \ddot{\varphi} = \sum M_z(\boldsymbol{F}) \tag{8.27}$$

此式称为刚体绕定轴转动的微分方程。$\frac{\mathrm{d}^2\varphi}{\mathrm{d}t^2} = \alpha$ 为刚体绕定轴转动的角加速度，所以上式可写为

$$J_z \alpha = \sum M_z(\boldsymbol{F}) \tag{8.28}$$

由于约束反力对 z 轴的力矩为零，所以方程中只需考虑主动力对 z 轴之矩。

例 8.7　两个质量为 m_1, m_2 的重物分别系在绳子的两端，如图 8.12 所示。两绳分别绕在半径为 r_1, r_2 并固结在一起的两鼓轮上，设两鼓轮对 O 轴的转动惯量为 J_O，重为 P，求鼓轮的角加速度和轴承的约束反力。

解　以整个系统为研究对象。

系统所受外力的受力图如图 8.12 所示，其中 $m_1\boldsymbol{g}, m_2\boldsymbol{g}, \boldsymbol{P}$ 为主动力，$\boldsymbol{X}_O, \boldsymbol{Y}_O$ 为约束反力。

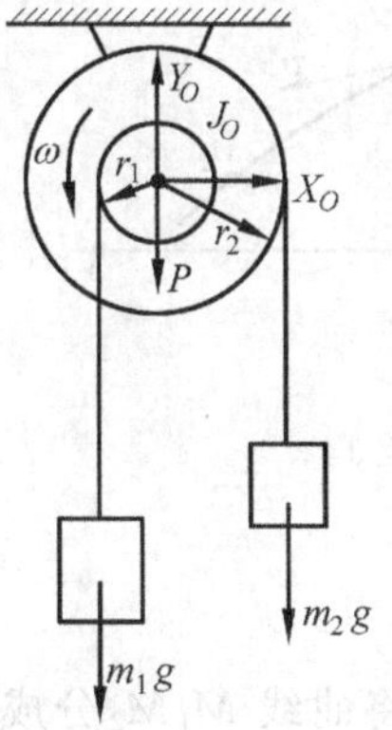

图　8.12

系统的动量矩为

$$L_O = (J_O + m_1 r_1^2 + m_2 r_2^2)\omega$$

应用动量矩定理

$$\frac{\mathrm{d}L_O}{\mathrm{d}t} = \sum M_O(\boldsymbol{F})$$

有

$$(J_O + m_1 r_1^2 + m_2 r_2^2)\alpha = m_1 g r_1 - m_2 g r_2$$

所以鼓轮的角加速度为

$$\alpha = \frac{m_1 r_1 - m_2 r_2}{J_O + m_1 r_1^2 + m_2 r_2^2} g$$

应用动量定理

$$\sum m\ddot{x} = \sum X, \quad \sum m\ddot{y} = \sum Y$$

有

$$0 = X_O$$

$$-m_1 r_1 \alpha + m_2 r_2 \alpha = Y_O - m_1 g - m_2 g - P$$

所以轴承约束反力为

$$X_O = 0$$

$$Y_O = (m_1 + m_2)g + P - \frac{(m_1 r_1 - m_2 r_2)^2}{J_O + m_1 r_1^2 + m_2 r_2^2} g$$

解决问题的思路是以整个系统为研究对象，首先应用动量矩定理求解已知力求运动问题，然后用质心运动定理求解已知运动求力的问题。因此联合应用动量定理和动量矩定理通常可求解动力学的两类问题。

8.4 动能定理

动量定理、动量矩定理、动能定理这三个定理称为动力学普遍定理。动量定理和动量矩定理属于矢量形式，动能定理属于标量形式。动能由物体的运动速度和质量确定。动能定理则是从能量的角度来分析质点和质点系的动力学问题，无论质点系如何运动，动能定理都采用代数方程，因此，在工程实践中，求解速度、加速度、主动力、系统位置变化等，应用动能定理较为简便。

8.4.1 力的功

力的**功**(work)是力在其作用点所经过的一段路程中对物体的累积作用效应的度量。下面介绍功的计算方法。

1. 常力的功

设质点 M 在常力 $\boldsymbol{F}$ 的作用下沿直线运动(图 8.13)。若质点由 M_1 处移至 M_2 的路程为 s，则力 $\boldsymbol{F}$ 在路程 s 中所做的功定义为

$$W = Fs\cos\theta \tag{8.29}$$

由上式可知，功是代数量，没有方向，可为正、负或零，单位为 N · m 或 J(焦耳)。

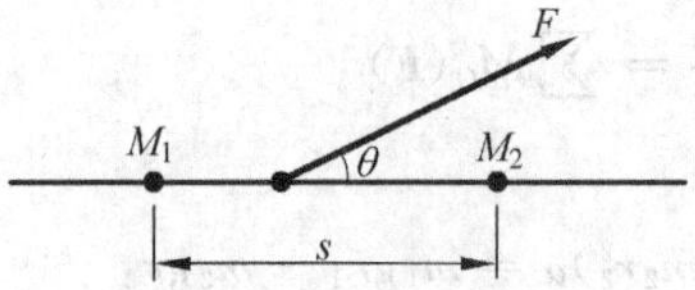

图 8.13

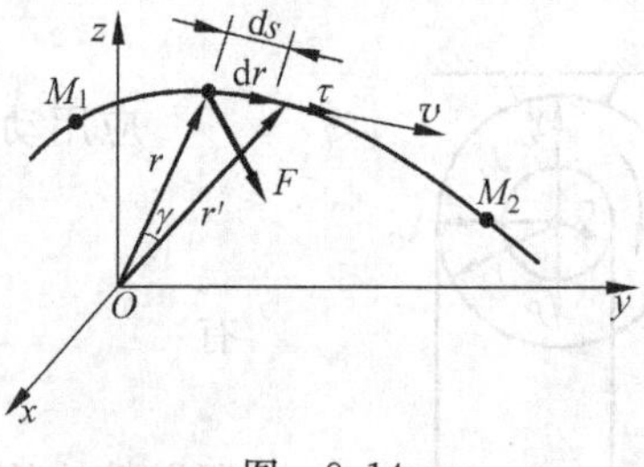

图 8.14

2. 变力的功

设有质点 M 在变力 $\boldsymbol{F}$ 的作用下沿曲线 M_1M_2 运动(图 8.14)。将曲线 M_1M_2 分成无限多个微段 ds，在每个弧段内，力 $\boldsymbol{F}$ 可视为常力。于是由式(8.29)得到在 ds 微段中力所做的

元功为

$$\delta W = F\mathrm{d}s\cos(\boldsymbol{F},\boldsymbol{\tau}) = \boldsymbol{F}\cdot\mathrm{d}\boldsymbol{r} = F_{\tau}\mathrm{d}s \tag{8.30}$$

因为力 $\boldsymbol{F}$ 的元功不一定能表示为某一函数 W 的全微分，故采用符号 δ。变力在 M_1M_2 上所做的功等于在此段路程中所有元功的总和，即

$$W = \int_{M_1}^{M_2} F\mathrm{d}s\cos(\boldsymbol{F},\boldsymbol{\tau}) = \int_{M_1}^{M_2}\boldsymbol{F}\cdot\mathrm{d}\boldsymbol{r} = \int_{s_1}^{s_2}F_{\tau}\mathrm{d}s \tag{8.31}$$

式中，s_1 和 s_2 分别表示质点在起止位置时的弧坐标。

式(8.31)为沿曲线 M_1M_2 的线积分，其值一般与路径有关，并可化为坐标积分。将

$$\boldsymbol{F} = F_x\boldsymbol{i} + F_y\boldsymbol{j} + F_z\boldsymbol{k},\ \mathrm{d}\boldsymbol{r} = \mathrm{d}x\boldsymbol{i} + \mathrm{d}y\boldsymbol{j} + \mathrm{d}z\boldsymbol{k}$$

代入元功的表达式，得

$$\delta W = \boldsymbol{F}\cdot\mathrm{d}\boldsymbol{r} = F_x\mathrm{d}x + F_y\mathrm{d}y + F_z\mathrm{d}z$$

于是，变力 $\boldsymbol{F}$ 在 M_1M_2 路程上的功为

$$W = \int_{M_1}^{M_2}\boldsymbol{F}\cdot\mathrm{d}\boldsymbol{r} = \int_{M_1}^{M_2}(F_x\mathrm{d}x + F_y\mathrm{d}y + F_z\mathrm{d}z) \tag{8.32}$$

3. 合力的功

设质点 M 受力系 $\boldsymbol{F}_1,\boldsymbol{F}_2,\cdots,\boldsymbol{F}_n$ 的作用，它的合力为

$$\boldsymbol{F}_{\mathrm{R}} = \boldsymbol{F}_1 + \boldsymbol{F}_2 + \cdots + \boldsymbol{F}_n$$

则质点在合力 $\boldsymbol{F}_{\mathrm{R}}$ 的作用下沿有限曲线 M_1M_2 所做的功为

$$\begin{aligned} W &= \int_{M_1}^{M_2}\boldsymbol{F}_{\mathrm{R}}\cdot\mathrm{d}\boldsymbol{r} = \int_{M_1}^{M_2}(\boldsymbol{F}_1 + \boldsymbol{F}_2 + \cdots + \boldsymbol{F}_n)\cdot\mathrm{d}\boldsymbol{r} \\ &= \int_{M_1}^{M_2}\boldsymbol{F}_1\cdot\mathrm{d}\boldsymbol{r} + \int_{M_1}^{M_2}\boldsymbol{F}_2\cdot\mathrm{d}\boldsymbol{r} + \cdots + \int_{M_1}^{M_2}\boldsymbol{F}_n\cdot\mathrm{d}\boldsymbol{r} \end{aligned}$$

即

$$W = W_1 + W_2 + \cdots + W_n \tag{8.33}$$

上式表明，作用于质点的合力在任一路程中所做的功，等于各分力在同一路程中所做的功的代数和。

4. 常见力的功

1）重力的功

设质量为 m 的质点 M，由 M_1 沿曲线 M_1M_2 运动到 M_2（图 8.15）。重力在直角坐标轴上的投影为

$$F_x = 0, F_y = 0, F_z = -mg$$

代入式(8.33)，可得重力在曲线 M_1M_2 上的功为

$$W = \int_{z_1}^{z_2}F_z\mathrm{d}z = \int_{z_1}^{z_2}(-mg)\mathrm{d}z = mg(z_1 - z_2) = mgh \tag{8.34}$$

式中，$h = z_1 - z_2$ 是质点起止位置的高度差。上式表明，重力的功与质点的运动路径无关。若质点 M 下降，h 为正值，重力做正功；若质点 M 上升，h 为负值，重力做负功。

对于质点系，重力做功为

$$W = mg(z_{C1} - z_{C2}) = mgh \tag{8.35}$$

式中，m 是质点系质量；$h=z_{C1}-z_{C2}$ 是质点系质心始末位置间的高度差。

2）弹性力的功

质点 M 系于弹簧一端，弹簧的另一端固定于 O 点，如图 8.16 所示。质点 M 沿空间某曲线由 M_1 点运动到 M_2 点，计算弹性力的功。设弹簧未变形时原长为 l_0。质点在 M_1 位置时弹簧的变形为 δ_1，在 M_2 位置时变形为 δ_2。质点 M 在任意位置上的矢径为 $\boldsymbol{r}$，在此位置上弹簧的变形 $\delta=(r-l_0)$，在弹性极限内，弹性力的大小与其变形 δ 成正比，即

$$F = k\delta = k(r-l_0)$$

式中，比例系数 k 是弹簧的刚度系数。在国际单位制中，k 的单位为 N/m 或 N/mm。弹性力 $\boldsymbol{F}$ 的作用线总是与矢径 $\boldsymbol{r}$ 共线，当 $r-l_0$ 为正值时 $\boldsymbol{F}$ 与 $\boldsymbol{r}$ 指向相反，当 $r-l_0$ 为负值时 $\boldsymbol{F}$ 与 $\boldsymbol{r}$ 指向相同。沿矢径 $\boldsymbol{r}$ 方向的单位矢量表示为 $\frac{\boldsymbol{r}}{r}=\boldsymbol{e}$；弹性力 $\boldsymbol{F}$ 可表示为

$$\boldsymbol{F} = -k(r-l_0)\boldsymbol{e}$$

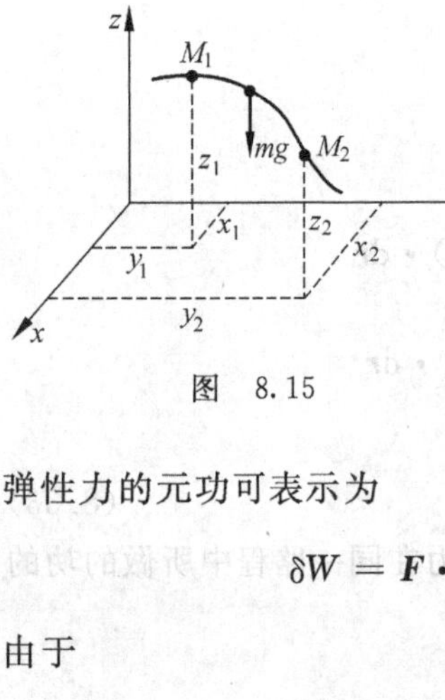

图 8.15

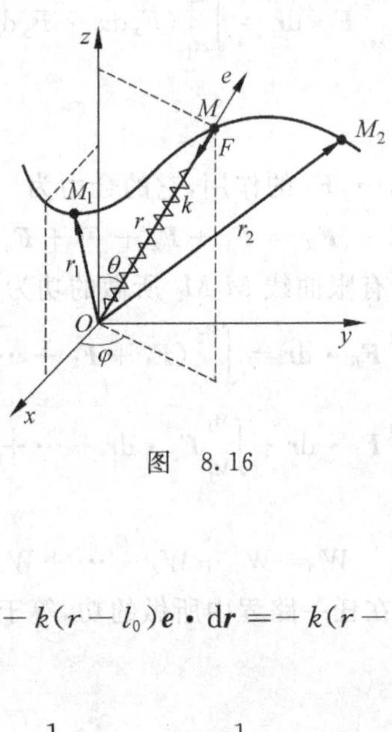

图 8.16

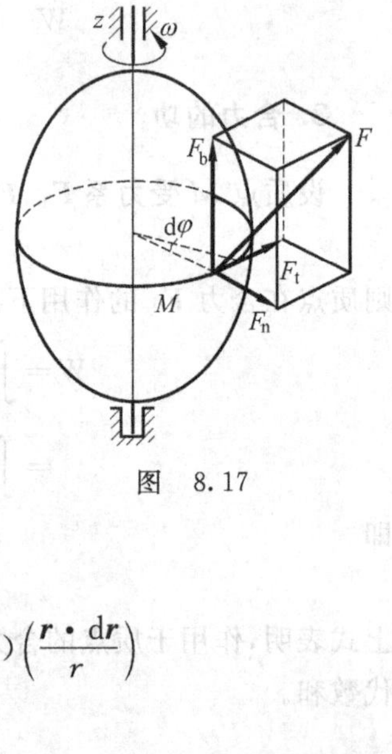

图 8.17

弹性力的元功可表示为

$$\delta W = \boldsymbol{F}\cdot \mathrm{d}\boldsymbol{r} = -k(r-l_0)\boldsymbol{e}\cdot \mathrm{d}\boldsymbol{r} = -k(r-l_0)\left(\frac{\boldsymbol{r}\cdot \mathrm{d}\boldsymbol{r}}{r}\right)$$

由于

$$\boldsymbol{r}\cdot \mathrm{d}\boldsymbol{r} = \frac{1}{2}\mathrm{d}(\boldsymbol{r}\cdot\boldsymbol{r}) = \frac{1}{2}\mathrm{d}(r^2) = r\mathrm{d}r$$

则

$$\delta W = -k(r-l_0)\mathrm{d}r = -\frac{k}{2}\mathrm{d}(r-l_0)^2 = -\frac{k}{2}\mathrm{d}\delta^2$$

质点由 M_1 运动到 M_2，弹性力的功为

$$W = \int_{\delta_1}^{\delta_2}\left(-\frac{k}{2}\right)\mathrm{d}(\delta^2) = \frac{k}{2}(\delta_1^2-\delta_2^2) \tag{8.36}$$

上式表明，弹性力的功与弹簧的初变形 δ_1 和末变形 δ_2 有关，而与质点运动的路径无关。可见，当 $\delta_1>\delta_2$ 时，弹性力做正功；当 $\delta_1<\delta_2$ 时，弹性力做负功。

3）定轴转动刚体上作用力的功

设刚体绕定轴 z 转动，力 $\boldsymbol{F}$ 作用在刚体上 M 点（图 8.17）。将力 $\boldsymbol{F}$ 分解成三个分力，只有沿轨迹切向的力 $\boldsymbol{F}_\tau$ 做功，故力 $\boldsymbol{F}$ 在位移 $\mathrm{d}s$ 中的元功为

$$\delta W = F_\tau \mathrm{d}s = F_\tau r \mathrm{d}\varphi$$

因为，$F_\tau r = M_z(\boldsymbol{F})$，是力 $\boldsymbol{F}$ 对于转轴 z 的力矩，于是

$$\delta W = M_z(\boldsymbol{F})\mathrm{d}\varphi \tag{8.37}$$

力 $\boldsymbol{F}$ 在刚体从角 φ_1 到 φ_2 转动过程中，做的功为

$$W = \int_{\varphi_1}^{\varphi_2} M_z(\boldsymbol{F})\mathrm{d}\varphi \tag{8.38}$$

如果在转动刚体上作用一个力偶，其力偶矩矢为 $\boldsymbol{M}$，只需要计算力偶矩矢 $\boldsymbol{M}$ 在 z 轴上的投影代替上式中的 $M_z(\boldsymbol{F})$ 就可计算该力偶做的功。

4）平面运动刚体上力系的功

设平面运动刚体上有一组力系作用，取刚体的质心 C 为基点，当刚体有无限小位移时，任一力 $\boldsymbol{F}_i$ 作用点 M_i 的位移为

$$\mathrm{d}\boldsymbol{r}_i = \mathrm{d}\boldsymbol{r}_C + \mathrm{d}\boldsymbol{r}_{iC}$$

其中 $\mathrm{d}\boldsymbol{r}_C$ 为质心的无限小位移，$\mathrm{d}\boldsymbol{r}_{iC}$ 为质点 M_i 相对质心 C 转动的微小位移(图 8.18)。

力 $\boldsymbol{F}_i$ 在点 $\boldsymbol{M}_i$ 位移上所做的元功为

$$\delta W_i = \boldsymbol{F}_i \cdot \mathrm{d}\boldsymbol{r}_i = \boldsymbol{F}_i \cdot \mathrm{d}\boldsymbol{r}_C + \boldsymbol{F}_i \cdot \mathrm{d}\boldsymbol{r}_{iC}$$

设刚体无限小转角为 $\mathrm{d}\varphi$，则相对位移 $\mathrm{d}\boldsymbol{r}_{iC}$ 方向垂直于直线 M_iC，大小为 $M_iC\mathrm{d}\varphi$，因此，上式后一项为

$$\boldsymbol{F}_i \cdot \mathrm{d}\boldsymbol{r}_{iC} = F_i\cos\theta \cdot M_iC \cdot \mathrm{d}\varphi = M_C(\boldsymbol{F}_i)\mathrm{d}\varphi$$

式中，θ 为力 $\boldsymbol{F}_i$ 与相对位移 $\mathrm{d}\boldsymbol{r}_{iC}$ 间的夹角；$M_C(\boldsymbol{F}_i)$ 为力 $\boldsymbol{F}_i$ 对质心 C 的矩。力系全部力所做的元功之和为

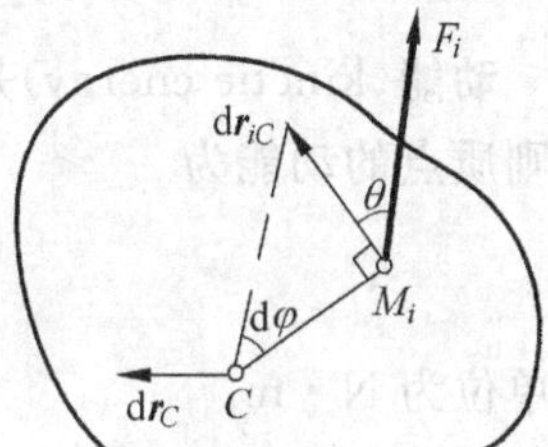

图　8.18

$$\begin{aligned}\delta W &= \sum \delta W_i = \sum \boldsymbol{F}_i \cdot \mathrm{d}\boldsymbol{r}_i = \sum \boldsymbol{F}_i \cdot \mathrm{d}\boldsymbol{r}_C + \sum M_C(\boldsymbol{F}_i)\mathrm{d}\varphi \\ &= \boldsymbol{F}_\mathrm{R} \cdot \mathrm{d}\boldsymbol{r}_C + M_C\mathrm{d}\varphi\end{aligned}$$

式中 $\boldsymbol{F}_\mathrm{R}$ 为力系主矢；M_C 为力系对质心 C 的主矩。

刚体质心 C 由 C_1 移到 C_2，同时，刚体又由 φ_1 转到 φ_2 时，力系做功为

$$W = \int_{C_1}^{C_2} \boldsymbol{F}_\mathrm{R} \cdot \mathrm{d}\boldsymbol{r}_C + \int_{\varphi_1}^{\varphi_2} M_C\mathrm{d}\varphi \tag{8.39}$$

可见，平面运动刚体上力系的功等于力系向质心简化所得的力和力偶做功之和。

5）摩擦力的功

当物体受到滑动摩擦力的作用(图 8.19)，滑动摩擦力的方向通常与物体运动方向相反。滑动摩擦力的大小为

$$F_\mathrm{s} = f_\mathrm{s}F_\mathrm{N}$$

则滑动摩擦力做的功为

$$W = -\int f_\mathrm{s}F_\mathrm{N}\mathrm{d}s$$

当 F_N 为常数时，则

$$W = -f_\mathrm{s}F_\mathrm{N}s \tag{8.40}$$

式中，s 为物体运动经过的路程，W 与物体的路径有关。

轮作纯滚动时(图 8.20)，滑动摩擦力 $\boldsymbol{F}_\mathrm{s}$ 作用在轮的瞬心 C 处，$\boldsymbol{v}_C=0$，此时接触点间没有相对滑动，所以滑动摩擦力不做功，$W=0$。

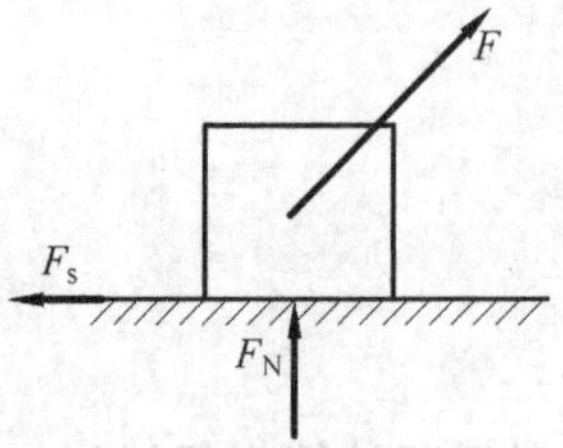

图 8.19

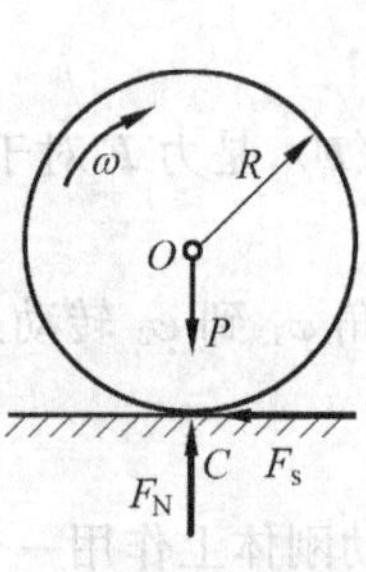

图 8.20

6）约束反力的功

约束反力做功等于零的约束称为**理想约束**（ideal constraint），如光滑接触面、光滑铰支座、固定端、一端固定的绳索等约束都是理想约束。光滑铰链、二力杆和不可伸长的细绳等作为系统内的约束时，也都是理想约束。

8.4.2 刚体动能

动能（kinetic energy）是描述物体运动强度的一个物理量。设质点的质量为 m，速度为 v，则质点的动能为

$$T = \frac{1}{2}mv^2$$

其单位为 N・m。

设质点系由 n 个质点组成，任一质点在某瞬时的动能为 $\frac{1}{2}m_iv_i^2$，质点系内所有质点在某瞬时动能的算术和称为该瞬时质点系的动能，以 T 表示，即

$$T = \sum \frac{1}{2}m_iv_i^2 \tag{8.41}$$

刚体是常见的质点系，刚体作不同运动时，其动能的表达式也不同。

1. 平动刚体动能

刚体平动时，在某一瞬时各点的速度均等于质心速度 v_C，可得平动刚体动能

$$T = \sum \frac{1}{2}m_iv_i^2 = \frac{1}{2}\left(\sum m_i\right)v^2 = \frac{1}{2}mv^2 = \frac{1}{2}mv_C^2 \tag{8.42}$$

式中，$m = \sum m_i$ 为刚体质量。

2. 定轴转动刚体动能

刚体以角速度 ω 绕固定轴 z 轴转动，各点的速度为 $v_i = \omega r_i$，定轴转动刚体的动能为

$$T = \sum \frac{1}{2}m_iv_i^2 = \frac{1}{2}\left(\sum m_ir_i^2\right)\omega^2 = \frac{1}{2}J_z\omega^2 \tag{8.43}$$

式中，$J_z = \sum m_ir_i^2$ 为刚体对 z 轴的转动惯量。

3. 平面运动刚体动能

由运动学可知，刚体平面运动可以看成刚体绕瞬心 P 转动或随着质心 C 平动同时绕着

质心 C 转动。ω 为刚体的角速度，则平面运动刚体的动能可以表示为

$$T=\frac{1}{2}J_P\omega^2=\frac{1}{2}J_C\omega^2+\frac{1}{2}m(d^2\omega^2)=\frac{1}{2}J_C\omega^2+\frac{1}{2}mv_C^2 \tag{8.44}$$

其中 J_P 为刚体对瞬心轴的转动惯量，d 为质心 C 与瞬心 P 的距离。根据转动惯量平行移轴定理，有

$$J_P=J_C+md^2$$

J_C 为刚体对质心轴的转动惯量。

8.4.3 质点动能定理

牛顿第二定律给出

$$m\frac{\mathrm{d}\boldsymbol{v}}{\mathrm{d}t}=\boldsymbol{F}$$

上式两边点乘 $\mathrm{d}\boldsymbol{r}$，得

$$m\frac{\mathrm{d}\boldsymbol{v}}{\mathrm{d}t}\cdot\mathrm{d}\boldsymbol{r}=\boldsymbol{F}\cdot\mathrm{d}\boldsymbol{r}$$

因 $\boldsymbol{v}=\frac{\mathrm{d}\boldsymbol{r}}{\mathrm{d}t}$，于是上式可写为

$$m\boldsymbol{v}\cdot\mathrm{d}\boldsymbol{v}=\boldsymbol{F}\cdot\mathrm{d}\boldsymbol{r}$$

或

$$\mathrm{d}\left(\frac{1}{2}mv^2\right)=\delta W \tag{8.45}$$

式中 $\frac{1}{2}mv^2$ 为质点的动能，用 T 表示，$\delta W=\boldsymbol{F}\cdot\mathrm{d}\boldsymbol{r}$ 称为力的元功。式(8.45)称为质点动能定理的微分形式，即作用于质点上力的元功等于质点动能的微分。

将式(8.45)积分，得

$$\int_{v_1}^{v_2}\mathrm{d}\left(\frac{1}{2}mv^2\right)=W_{12}$$

$$\frac{1}{2}mv_2^2-\frac{1}{2}mv_1^2=W_{12} \tag{8.46}$$

式中 $W_{12}=\int_{M_1}^{M_2}\boldsymbol{F}\cdot\mathrm{d}\boldsymbol{r}$ 为作用于质点上的力在有限路程上的功。式(8.46)为质点动能定理的积分形式。

例 8.8 自动弹射器如图 8.21(a)放置，弹簧在未受力时的长度为 200 mm，恰好等于筒

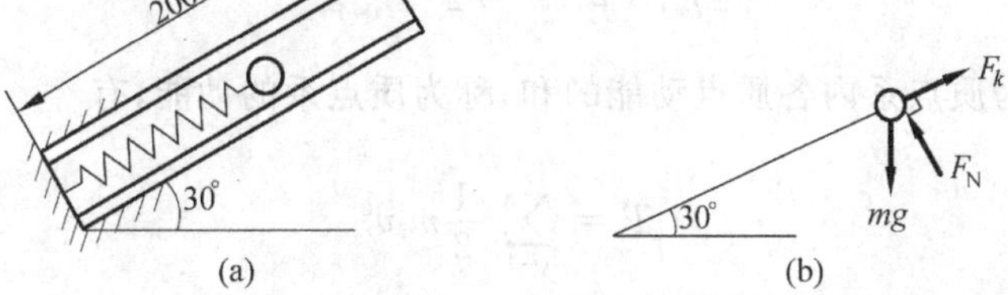

图 8.21

长。欲使弹簧改变 10 mm,力的大小为 2 N。如弹簧被压缩到 100 mm,然后让质量为 30 g 的小球自弹射器中射出。求小球离开弹射器筒口时的速度。

解 小球受力如图 8.21(b)所示。

弹簧的刚度系数为

$$k=\frac{F}{l}=\frac{2}{0.01}=200\ \mathrm{N/m}$$

在弹射的过程中弹力做功

$$W_1=\frac{k}{2}(\delta_1^2-\delta_2^2)=\frac{200}{2}(0.1^2-0)=1\ \mathrm{J}$$

重力做功

$$W_2=mg\sin30^\circ(0.1-0.2)=-0.0147\ \mathrm{J}$$

小球初始动能

$$T_1=0$$

小球到筒口时的动能

$$T_2=\frac{1}{2}mv^2$$

动能定理

$$T_2-T_1=W_1+W_2$$

代入

$$\frac{1}{2}mv^2=0.9853$$

解得

$$v=8.1\ \mathrm{m/s}$$

8.4.4 质点系动能定理

设质点系由 n 个质点组成,其中任意一质点,质量为 m_i,速度为 $\boldsymbol{v}_i$,作用于该质点上的力为 $\boldsymbol{F}_i$。根据质点动能定理的微分形式有

$$\mathrm{d}\left(\frac{1}{2}m_iv_i^2\right)=\delta W_i\quad i=1,2,\cdots,n$$

n 个方程相加,得

$$\sum_{i=1}^{n}\mathrm{d}\left(\frac{1}{2}m_iv_i^2\right)=\sum_{i=1}^{n}\delta W_i$$

交换微分及求和的次序,有

$$\mathrm{d}\left[\sum_{i=1}^{n}\left(\frac{1}{2}m_iv_i^2\right)\right]=\sum_{i=1}^{n}\delta W_i$$

式中 $\sum\limits_{i=1}^{n}\frac{1}{2}m_iv_i^2$ 为质点系内各质点动能的和,称为质点系的动能,有

$$T=\sum_{i=1}^{n}\frac{1}{2}m_iv_i^2\tag{8.47}$$

$\sum\limits_{i=1}^{n}\delta W_i$ 为作用于质点系上所有力的元功之和。所以得出质点系动能定理的微分形式:在

质点系无限小的位移中,质点系动能的微分等于作用于质点系全部力所做的元功之和,即

$$dT = \sum_{i=1}^{n} \delta W_i \tag{8.48}$$

对上式积分,得

$$T_2 - T_1 = \sum W_i \tag{8.49}$$

T_1 和 T_2 分别表示质点系在任意有限路程的运动中起点和终点的动能。

例 8.9 图 8.22(a)所示系统中,物体 A 的质量 m_1,滑轮 B 和滚子 C 为均质圆盘,半径均为 r,质量均为 m_2,滚子形心与滑轮上边缘连线为水平线。设系统初始静止,求物体 A 下落距离 h 时的速度 v 与加速度 a。(绳重不计,绳不可伸长,滚子 C 作纯滚动,不计摩擦)

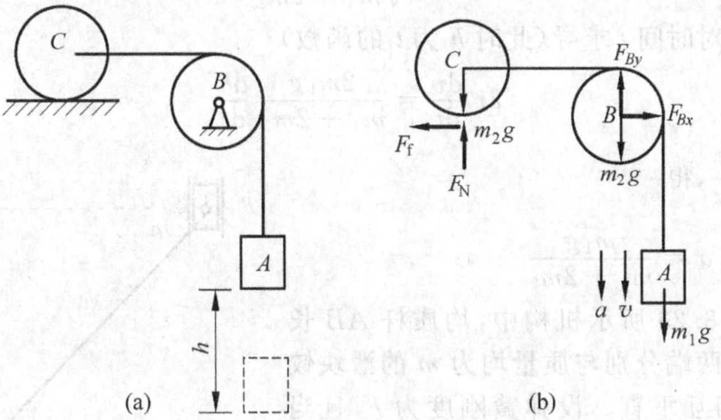

图 8.22

解 以整个系统为研究对象,受力分析如图 8.22(b)所示。

作用于系统的外力有 A、B、C 的重力,摩擦力 F_f,支持力 F_N,支座约束反力 F_{Bx}、F_{By}。只有 A 的重力做功

$$W = m_1 gh$$

由于系统初始静止,初动能

$$T_1 = 0$$

系统末动能

$$T_2 = T_A + T_B + T_C$$

物体 A 平动,则

$$T_A = \frac{1}{2} m_1 v^2$$

滑轮 B 定轴转动,则

$$T_B = \frac{1}{2} J_B \omega_B^2$$

滚子 C 平面运动,则

$$T_C = \frac{1}{2} m_2 v_C^2 + \frac{1}{2} J_C \omega_C^2$$

由 A、B、C 的运动关系

$$\omega_B = \frac{v}{r},\ v_C = v,\ \omega_C = \frac{v_C}{r} = \frac{v}{r}$$

得末动能

$$T_2 = \frac{1}{2}(m_1 + 2m_2)v^2$$

根据动能定理

$$T_2 - T_1 = W$$

得

$$\frac{1}{2}(m_1 + 2m_2)v^2 = m_1 gh \tag{a}$$

则有

$$v = \sqrt{\frac{2m_1 gh}{m_1 + 2m_2}}$$

将式(a)两边同时对时间 t 求导（此时 h 为 t 的函数）

$$2v\frac{\mathrm{d}v}{\mathrm{d}t} = \frac{2m_1 g}{m_1 + 2m_2}\frac{\mathrm{d}h}{\mathrm{d}t}$$

由于 $a=\frac{\mathrm{d}v}{\mathrm{d}t}, v=\frac{\mathrm{d}h}{\mathrm{d}t}$，得

$$a = \frac{m_1 g}{m_1 + 2m_2}$$

例 8.10 图 8.23 所示机构中，均质杆 AB 长为 l，质量为 2 m，两端分别与质量均为 m 的滑块铰接，两光滑直槽相互垂直。设弹簧刚度为 k，且当 $\theta=0°$时，弹簧为原长。若机构在 $\theta=60°$时无初速开始运动，试求当杆 AB 处于水平位置时的角速度和角加速度。

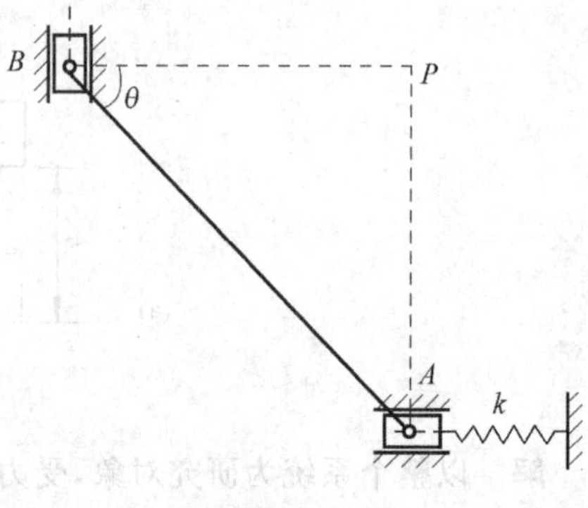

图 8.23

解 以系统为研究对象，运动过程中，B 滑块重力、杆的重力、弹簧做功。

$$W = mgl(\sin60° - \sin\theta) + 2mg\,\frac{l}{2}(\sin60° - \sin\theta) + \frac{k}{2}[(l - l\cos60°)^2 - (l - l\cos\theta)^2]$$

滑块平动、杆平面运动。

系统初始静止，初动能

$$T_1 = 0$$

运动过程中系统动能

$$T_2 = \frac{1}{2}mv_A^2 + \frac{1}{2}mv_B^2 + \frac{1}{2}J_P\omega_{AB}^2$$

其中：$v_A = l\sin\theta\omega_{AB}$；$v_B = l\cos\theta\omega_{AB}$；$J_P = \frac{2}{12}ml^2 + \frac{2}{4}ml^2 = \frac{2}{3}\,ml^2$。

系统动能简化为

$$T_2 = \frac{1}{2}ml^2\omega_{AB}^2 + \frac{1}{3}ml^2\omega_{AB}^2 = \frac{5}{6}ml^2\omega_{AB}^2$$

根据动能定理

$$T_2 - T_1 = W$$

得

$$\frac{5}{6}ml^2\omega_{AB}^2 = 2mgl\left(\frac{\sqrt{3}}{2} - \sin\theta\right) + \frac{k}{2}l^2\left[\frac{1}{4} - (1 - \cos\theta)^2\right] \tag{a}$$

当 $\theta=0$ 时，$W=\sqrt{3}mgl+\frac{kl^2}{8}$。

代入式(a)

$$\frac{5}{6}ml^2\omega_{AB}^2=\sqrt{3}mgl+\frac{kl^2}{8}$$

得

$$\omega_{AB}=\sqrt{\frac{6\sqrt{3}}{5l}g+\frac{3k}{20m}}=\sqrt{\frac{24\sqrt{3}mg+3lk}{20ml}}$$

将式(a)两边同时对时间 t 求导

$$\frac{5}{3}ml^2\omega_{AB}\alpha_{AB}=-2mgl\cos\theta\cdot\dot{\theta}-\frac{k}{2}l^2 2(1-\cos\theta)\sin\theta\cdot\dot{\theta};$$

其中 $-\dot{\theta}=\omega_{AB}$，$\theta=0°$ 时，得

$$\alpha_{AB}=\frac{6g}{5l}$$

例 8.11　如图 8.24 所示机构中，已知：均质圆盘的质量为 m、半径为 r，可沿水平面作纯滚动。刚性系数为 k 的弹簧一端固定于 B，另一端与圆盘中心 O 相连。运动开始时，弹簧处于原长，此时圆盘角速度为 ω。试求：(1)圆盘向右运动到达最右位置时，弹簧的伸长量；(2)圆盘到达最右位置时的角加速度 α 及圆盘与水平面间的摩擦力。

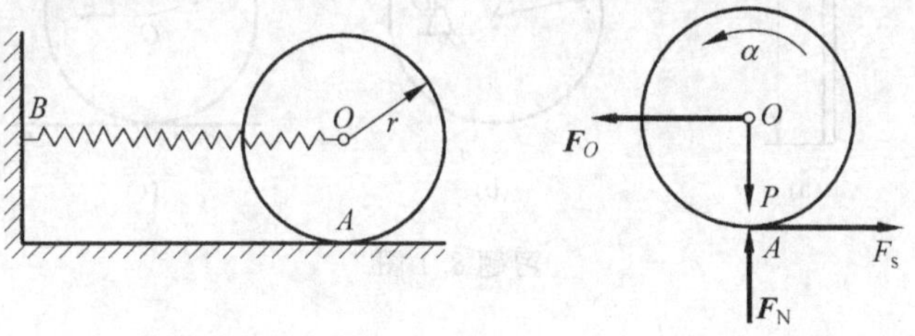

图　8.24

解　(1) 整个过程只有弹簧做功，设圆盘到达最右位置时，弹簧的伸长量为 δ，

$$W_{12}=-\frac{1}{2}k\delta^2$$

圆盘平面运动

$$\text{则 } T_1=\frac{3}{4}mr^2\omega^2;\ T_2=0;$$

$$T_2-T_1=W_{12};$$

$$-\frac{3}{4}mr^2\omega^2=-\frac{1}{2}k\delta^2; \tag{a}$$

得

$$\delta=\sqrt{\frac{3m}{2k}}r\omega$$

(2) 轮转过的角度 $\varphi=\delta/r$，将式(a)两边同时对时间 t 求导

$$\frac{3}{2}mr^2\omega\alpha=kr^2\varphi\omega;$$

得

$$\alpha = \omega\sqrt{\frac{2k}{3m}}$$

由图(b)可得，$J_O\alpha = F_s r$

因此，

$$F_s = r\omega\sqrt{\frac{km}{6}}$$

习题

8.1 计算下列情况下各均质物体的动量及对 O 点的动量矩和动能。

(1) 质量为 m，杆长为 l，以角速度 ω 绕 O 轴转动(图(a))；

(2) 质量为 m，半径为 r 的圆盘，以角速度 ω 绕 O 轴转动(图(b))；

(3) 质量为 m，半径为 r 的圆轮在水平面上作纯滚动，质心 O 的速度为 v(图(c))。

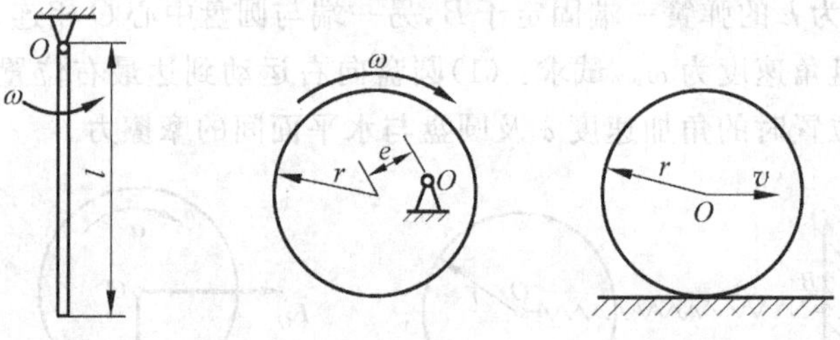

习题 8.1 图

8.2 跳伞者质量 60 kg，从停留在高空中的直升飞机中跳出，落下 100 m 后，将降落伞打开。设开伞前的空气阻力略去不计，伞重不计，开伞后所受的阻力不变，经 5 s 后跳伞者的速度减为 4.3 m/s。求阻力的大小。

8.3 如图所示，T 形均质杆 $OABC$ 以匀角速度 ω 绕 O 轴转动。已知 OA 杆质量为 $2m$，长为 $2l$，BC 杆质量为 m，长为 l，求 T 形杆在图示位置时动量的大小。

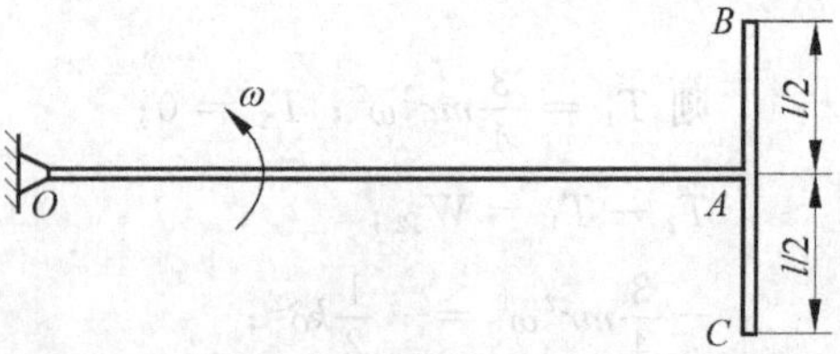

习题 8.3 图

8.4 如图所示，自动传送带运煤装置，已知运煤量恒为 $Q=20$ kg/s，传送带的速度恒为 $v=1.5$ m/s，试求传送带作用于煤块的水平总推力。

8.5 如图所示，质量为 m 的汽车以加速度 a 作水平直线运动。汽车重心 C 离地面高度为 h，汽车的前、后轮轴到重心垂线的距离分别等于 c 和 b。求其前、后轮的正压力；汽车应以多大的加速度行驶，方能使前、后轮的压力相等。

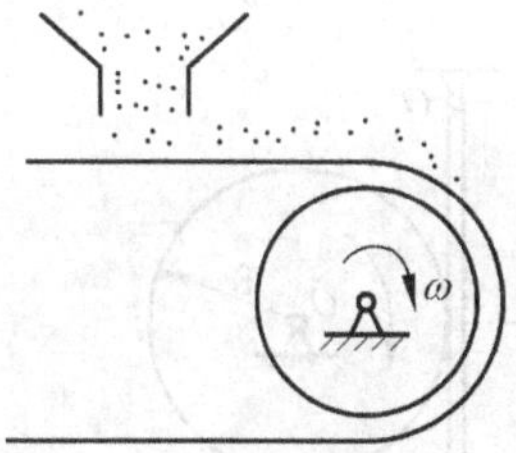

习题 8.4 图

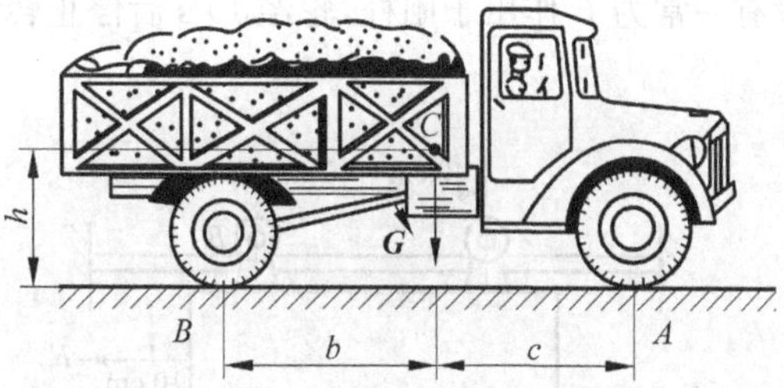

习题 8.5 图

8.6　如图所示，质量为 m_1 的平台 AB，放于水平面上，平台与水平面间的动摩擦因数为 f。质量为 m_2 的小车 D，由绞车拖动，相对于平台的运动规律为 $s=\frac{1}{2}bt^2$，其中 b 为已知常数。不计绞车的质量，求平台的加速度。

8.7　均质杆 AG 与 BG 由相同材料制成，在 G 点铰接，二杆位于同一铅垂面内，如图所示，$AG=250\ \text{mm}$，$BG=400\ \text{mm}$。若 $GG_1=240\ \text{mm}$ 时，系统由静止释放，求当 A、B、G 在同一直线上时，A 与 B 两端点各自移动的距离。

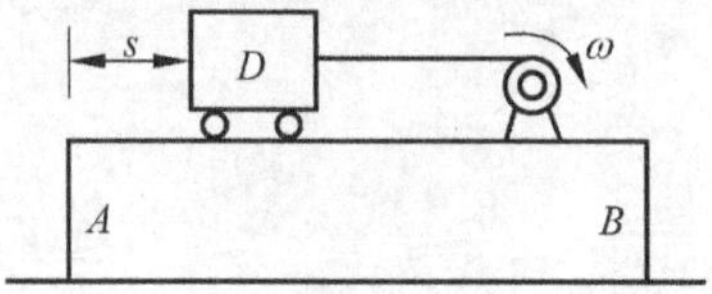

习题 8.6 图

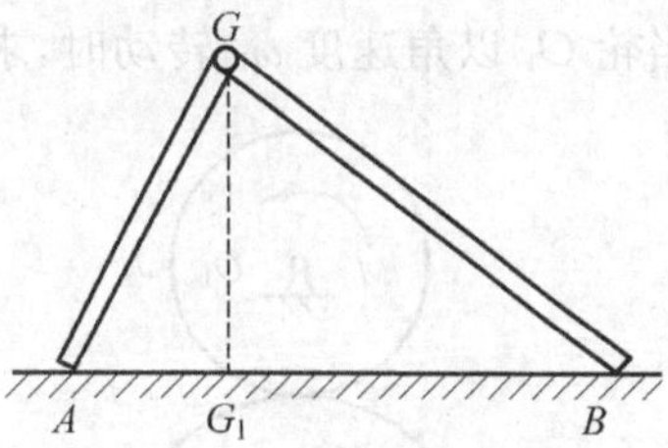

习题 8.7 图

8.8　在铅垂面内有质量为 m 的细铁环和质量为 m 的均质圆盘，分别如图(a)、(b)所示。当 OC 为水平时，由静止释放，求各自的初始角加速度及铰链 O 的约束反力。

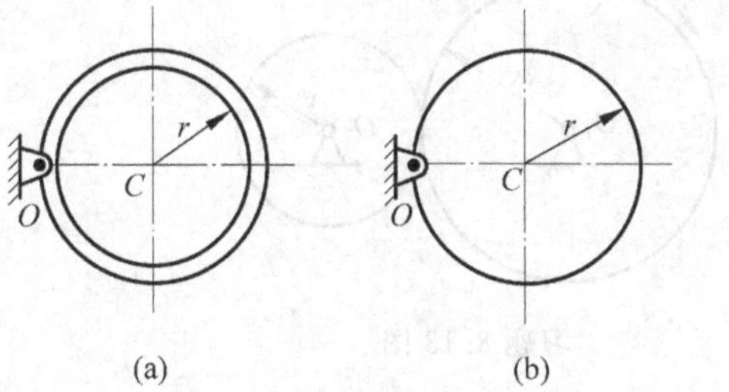

习题 8.8 图

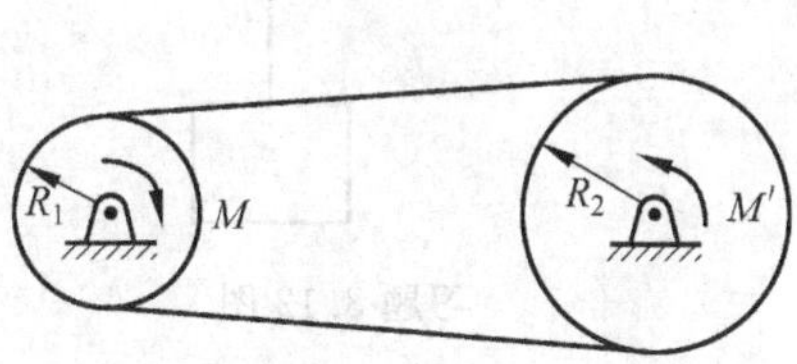

习题 8.9 图

8.9　图示两轮的半径各为 R_1 和 R_2，其质量各为 m_1 和 m_2，两轮以胶带相连接，各绕两平行的固定轴转动。如在第一个轮上作用矩为 M 的主动力偶，在第二个轮上作用为 M' 的阻力偶。轮可视为均质圆盘，胶带与轮间无滑动，胶带质量略去不计。求第一个轮的角加速度。

8.10　如图所示，质量 $m=50\ \text{kg}$ 的均质门板，通过滚轮 A、B 悬挂于静止水平轨道上。现有水平力 $F=100\ \text{N}$ 作用于门上。求滚轮 A、B 处的反力(不计摩擦)及门板的加速度。

8.11　如图所示，质量为 100 kg、半径为 1 m 的均质圆轮，以转速 $n=120$ r/min 绕 O 轴转动。设有一常力 F 作用于闸杆，轮经 10 s 后停止转动。已知摩擦因数 $f=0.1$，求力 F 的大小。

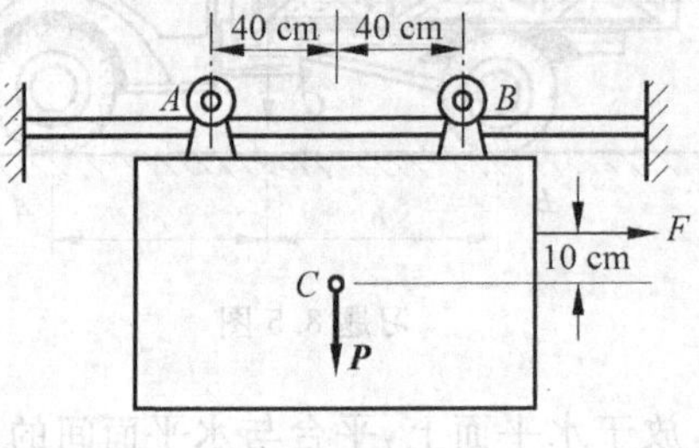

习题 8.10 图

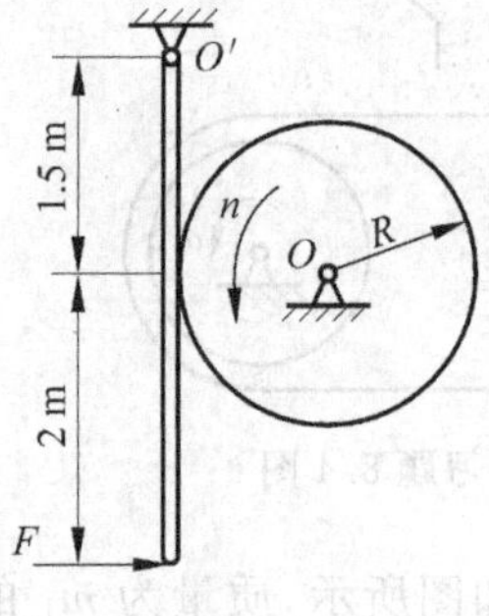

习题 8.11 图

8.12　如图所示，绞车提升一重为 P 的物体，其主动轴上作用一常力矩 M。已知主动轴 O_1 和从动轴 O_2 及其附件对各自转轴的转动惯量分别为 J_1 和 J_2，齿轮的传动比 $\frac{z_2}{z_1}=i$，吊索绕在半径为 R 的鼓轮上。略去轴承的摩擦和吊索的重量，试求重物的加速度。

8.13　两齿轮外啮合，它们的半径分别为 r_1 和 r_2，质量分别为 m_1 和 m_2，且均视为均质圆盘。当轮 O_1 以角速度 ω_1 转动时，求系统的动能。

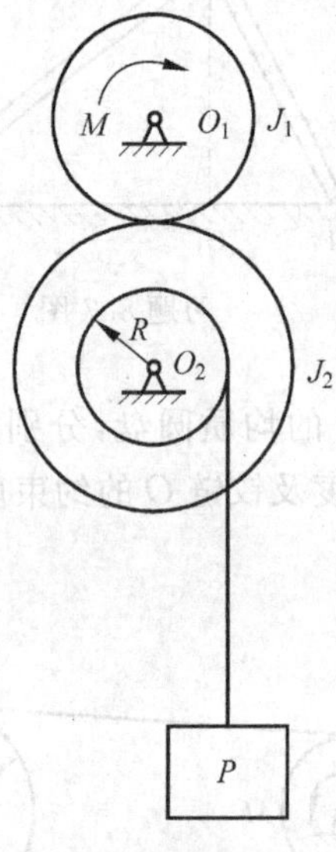

习题 8.12 图

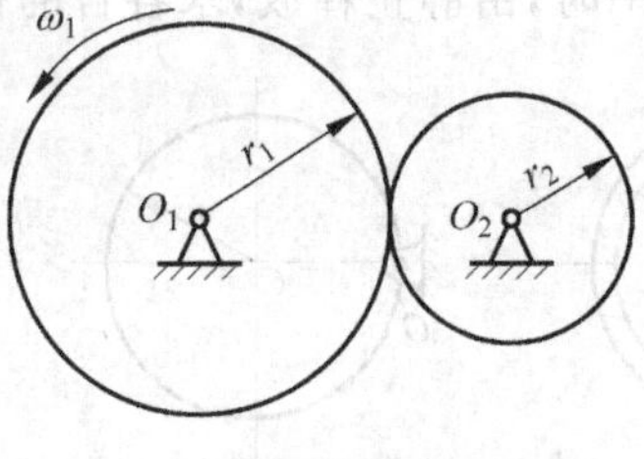

习题 8.13 图

8.14　如图所示，用跨过滑轮的绳子牵引质量为 2 kg 的滑块沿倾角为 30°的光滑斜面运动。设绳子拉力 $T=20$ N。计算滑块由位置 A 至位置 B 时，重力与拉力所做的总功。

8.15　如图所示一对称的矩形木箱，质量为 2000 kg，宽 1.5 m，高 2 m，如果使它绕棱边 C（转轴垂直于图面）翻倒，人最少要对它做多少功？

8.16　一弹簧自然长度 $l_0=100$ mm，刚度系数 $k=0.5$ N/mm，一端固定在半径 $R=100$ mm的圆周上，另一端由图示 B 点拉至 A 点，$OC\perp BC$，OA 为直径，求弹簧弹性力所做的功。

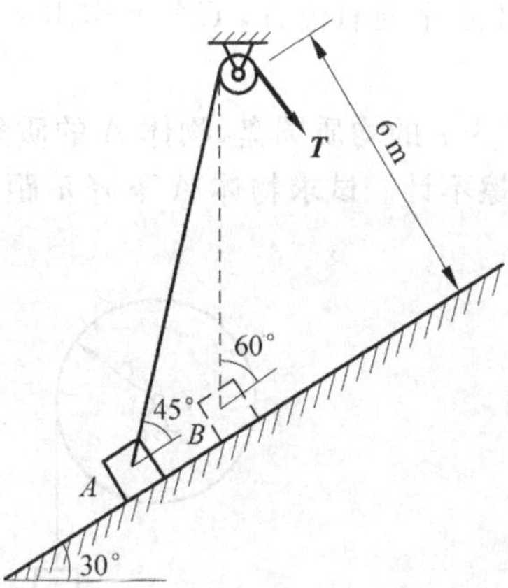

习题 8.14 图

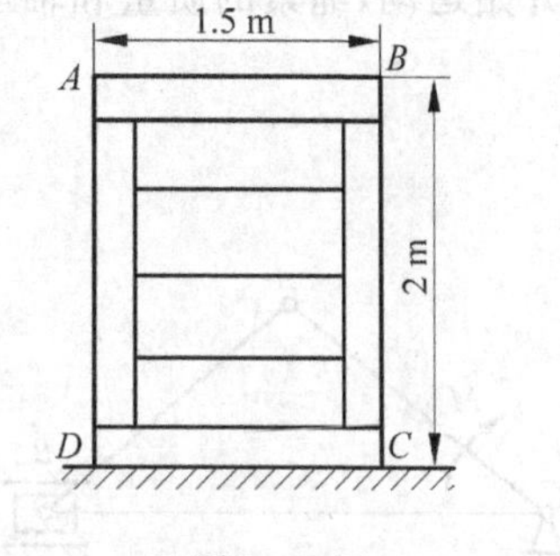

习题 8.15 图

8.17　质量为 10 kg 的物体在倾角 30°的斜面上无初速地滑下，滑过 $s=1$ m 后压在一弹簧上，使弹簧压缩 10 cm，设刚度系数 $k=50$ N/cm，求重物与斜面间的摩擦因数。

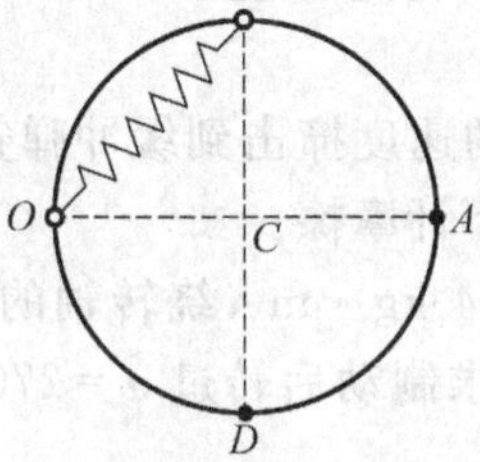

习题 8.16 图

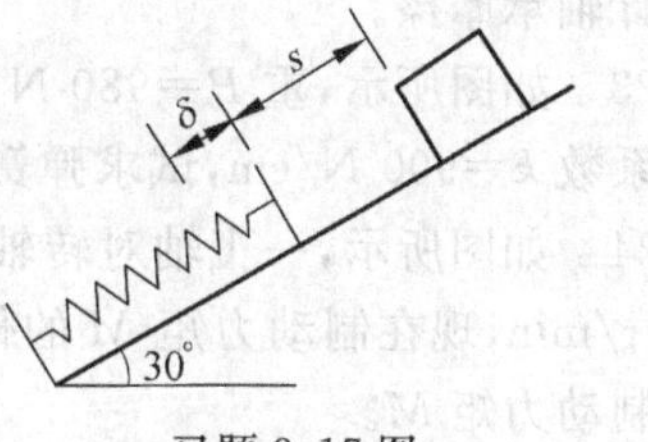

习题 8.17 图

8.18　如图所示，均质杆 OA 重力为 P，长 l，可以绕通过其一端 O 的水平轴无摩擦地转动。欲使杆从铅垂位置转动到水平位置，试问必须给予 A 端以多大的水平初速？

8.19　图示系统，圆盘受重力 $P=100$ N，半径 $r=10$ cm，盘心 A 与弹簧相联结，弹簧原长 $l_0=40$ cm，刚度系数 $k=20$ N/cm。开始时 OA 在水平位置，$OA=30$ cm，速度为零。弹簧质量不计，$OA'=35$ cm。求弹簧随圆盘在铅垂平面内沿弧形轨道作纯滚动至铅垂位置时，轮心的速度。

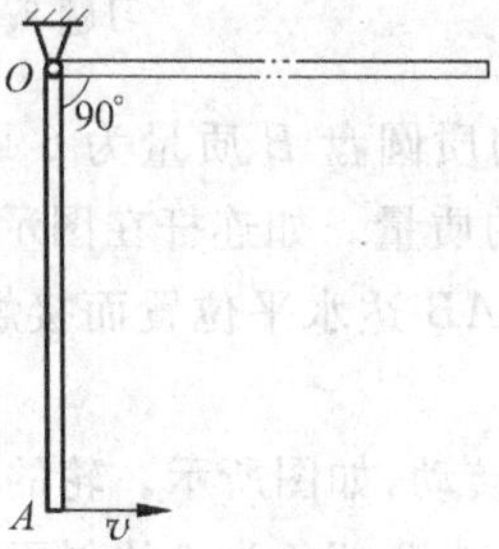

习题 8.18 图

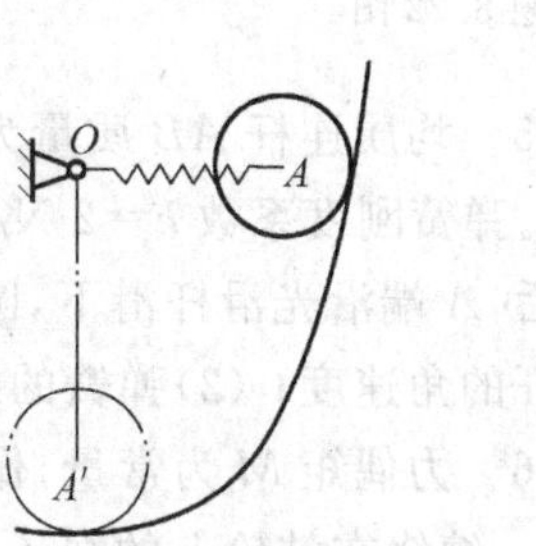

习题 8.19 图

8.20　图示曲柄滑块机构中，曲柄与连杆均视为均质杆，质量分别为 m_1 和 m_2，长均为

l,滑块质量略去不计,初始时曲柄 OA 静止处于水平向右位置,OA 上作用不变的转动力矩 M。求曲柄转过一周时的角速度。

8.21　已知滑轮的质量为 m_1,可视作半径为 r 的均质圆盘,物体 A 的质量为 m_2。设系统从静止开始运动,绳索的质量和轴承中的摩擦不计。试求物体 A 下降 h 距离时的速度和加速度。

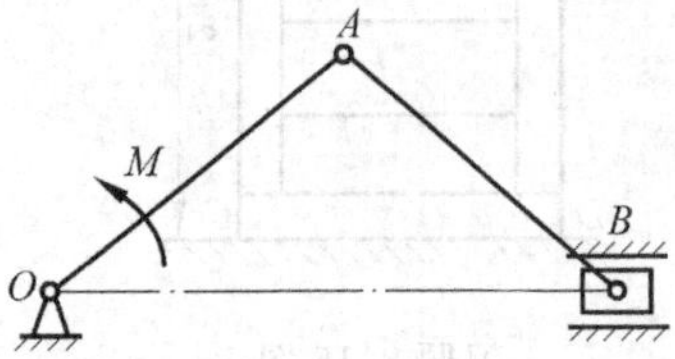

习题 8.20 图

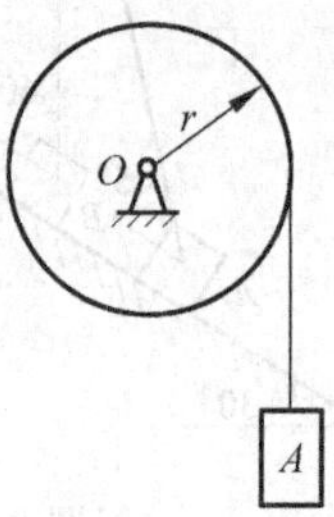

习题 8.21 图

8.22　如图所示,冲击实验机的主要部分是一固定在杆上的钢锤 M,此杆可绕 O 轴转动,不计杆重,已知距离 OM=1 m。求 M 由最高位置 A 无初速地落至最低位置 B 时的速度。不计轴承摩擦。

8.23　如图所示,重 P=980 N 的小车以 v_0=2 m/s 的速度撞击到缓冲弹簧上,设弹簧的刚度系数 k=900 N/cm,试求弹簧的最大压缩量 δ_{max}。不计摩擦。

8.24　如图所示,一飞轴对转轴 O 的转动惯量 J_O=14 kg・m^2,绕转轴的转动速度为 n=600 r/min,现在制动力矩 M 的作用下予以制动,并要求制动后转过 φ=270°停止,试求所需的制动力矩 M。

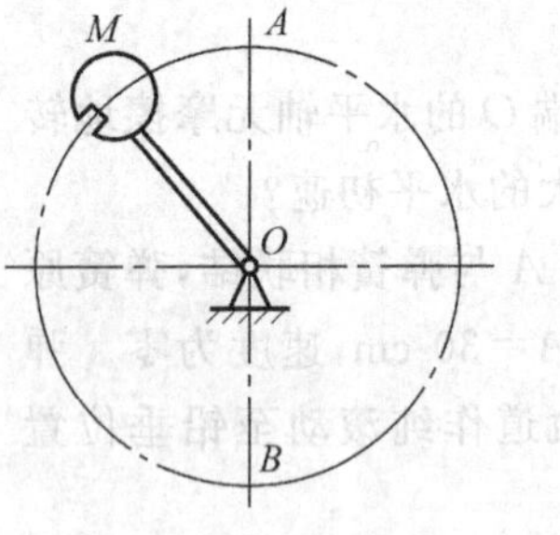

习题 8.22 图

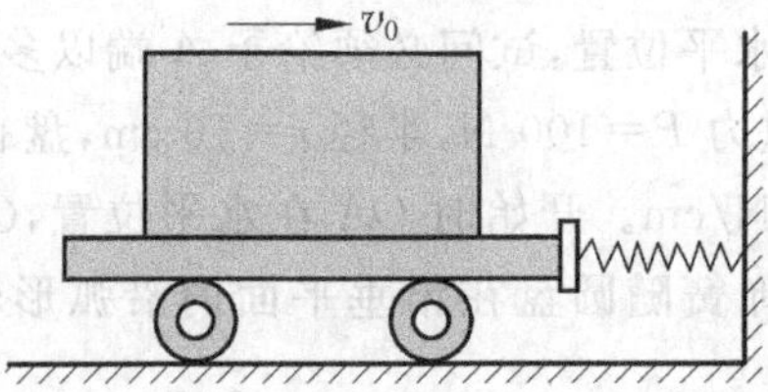

习题 8.23 图

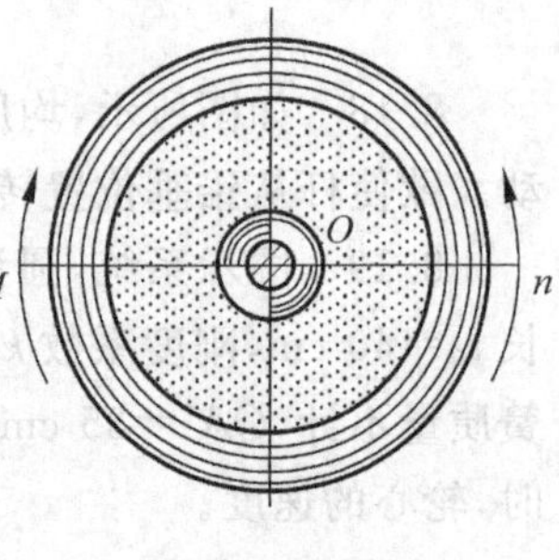

习题 8.24 图

8.25　均质连杆 AB 质量为 4 kg,长 l=600 mm。均质圆盘 B 质量为 6 kg,半径 r=100 mm。弹簧刚度系数 k=2 N/mm,不计套筒 A 及弹簧的质量。如连杆在图示位置被无初速释放后,A 端沿光滑杆滑下,圆盘作纯滚动。求:(1)当 AB 达水平位置而接触弹簧时,圆盘与连杆的角速度;(2)弹簧的最大压缩量 δ。

8.26　力偶矩 M 为常量,作用在绞车的鼓轮上,使轮转动,如图所示。轮的半径为 r,质量为 m_1。缠绕在鼓轮上的绳子系一质量为 m_2 的重物,使其沿倾角为 θ 的斜面上升。重物与斜面间的滑动摩擦因数为 f,绳子质量不计,鼓轮可视为光滑圆柱。开始时,此系统处于静止。求鼓轮转过 φ 角时的角速度和角加速度。

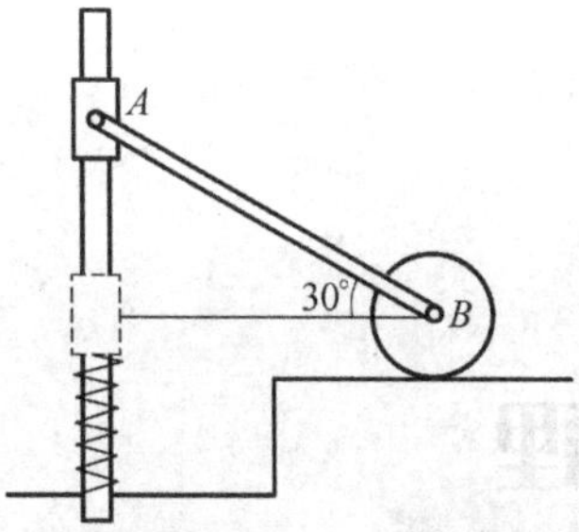

习题 8.25 图

习题 8.26 图

8.27　图示带式运输机的轮 B 受恒力偶 M 的作用，使胶带运输机由静止开始运动。若被提升物体 A 的质量为 m_1，轮 B、轮 C 的半径均为 r，质量均为 m_2，并视为均质圆柱。运输机胶带与水平线成夹角 θ，它的质量忽略不计，胶带与轮之间没有相对滑动。求物体 A 移动距离 s 时的速度和加速度。

8.28　均质细杆 AB 长 l，质量为 m_1，上端 B 靠在光滑的墙上，下端 A 以铰链与均质圆柱的中心相连。圆柱质量为 m_2，半径为 R，放在粗糙水平面上，自图示位置由静止开始滚动而不滑动，杆与水平线的夹角 $\theta=45°$。求点 A 在初瞬时的加速度。

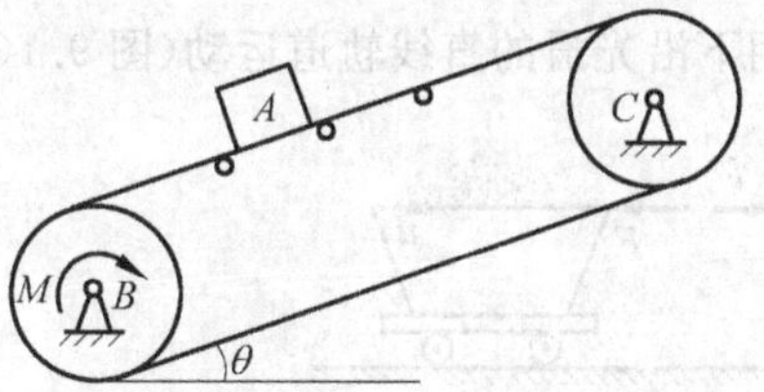

习题 8.27 图

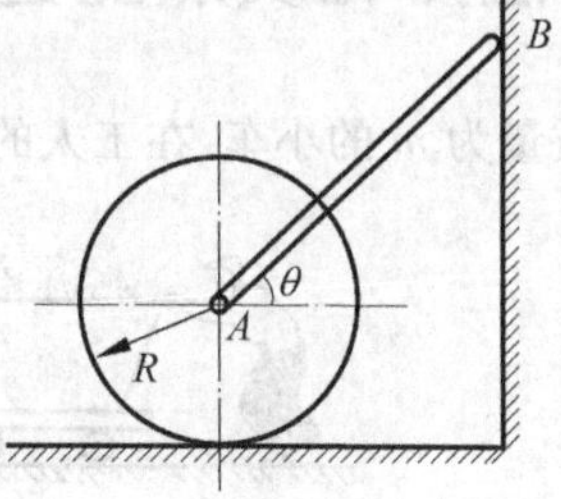

习题 8.28 图

第9章

达朗贝尔原理

达朗贝尔(1717—1783年),法国著名数学家和力学家。达朗贝尔原理是一种解决非自由质点和质点系动力学问题的普遍方法。这种方法是通过引入惯性力的概念,用列平衡方程的方法求解动力学问题,即将事实上的动力学问题转换为形式上的静力学问题,因此也将这种处理问题的方法称为动静法。

9.1 惯性力和质点的达朗贝尔原理

假设质量为 m 的小车,在工人的水平推力 $\boldsymbol{F}$ 作用下沿光滑的直线轨道运动(图 9.1(a))。

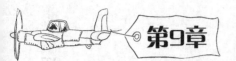

(a) (b)

图 9.1

设小车的加速度为 $\boldsymbol{a}$,由牛顿第二定律有 $\boldsymbol{F}=m\boldsymbol{a}$。根据作用力与反作用力定律,小车对人手的反作用力为 $\boldsymbol{F}'=-\boldsymbol{F}=-m\boldsymbol{a}$ (图 9.1(b)),定义

$$\boldsymbol{F}_{\mathrm{I}} = -m\boldsymbol{a} \tag{9.1}$$

为质点的**惯性力**(inertia force)。惯性力的大小等于质点的质量与其加速度的乘积,方向与加速度的方向相反,但作用于施力物体上。惯性力产生的根源是小车具有惯性,力图保持其原来的运动状态,对手进行反抗而产生向后的力。链球运动员转动链球作圆周运动,球有向心加速度,这个力向外作用在运动员手上。正是通过这个力,我们感受到了物体运动的惯性,所以这个力就称为惯性力。

设质量为 m 的质点 M,受主动力 $\boldsymbol{F}$ 和约束反力 $\boldsymbol{F}_{\mathrm{N}}$ 的作用,沿曲线运动,产生加速度 $\boldsymbol{a}$ (图 9.2)。根据牛顿第二定律,有

$$\boldsymbol{F} + \boldsymbol{F}_{\mathrm{N}} = m\boldsymbol{a}$$

将上式右端项移到等式左边,可得

$$\boldsymbol{F} + \boldsymbol{F}_{\mathrm{N}} - m\boldsymbol{a} = 0$$

将式(9.1)代入,则有

$$F+F_N+F_I=0 \tag{9.2}$$

式(9.2)在形式上是一个平衡方程。上式表明:任一瞬时,作用于质点上的主动力、约束反力和虚加在质点上的惯性力在形式上组成平衡力系,称为质点的达朗贝尔原理。

由于质点的惯性力并不作用于质点本身,而是假想地虚加在质点上的,质点实际上也并不平衡。在质点上假想地再加上惯性力,只是为了借用静力学的方法求解动力学问题。式(9.2)实质上反映的仍然是动力学问题,但它提供了将动力学问题转化为静力学平衡问题的研究方法。在式(9.2)中,惯性力 $\boldsymbol{F}_I$ 与运动相关;$\boldsymbol{F}_N$ 是约束反力(包括动反力)。在已知运动求约束反力的问题中,动静法往往十分方便。

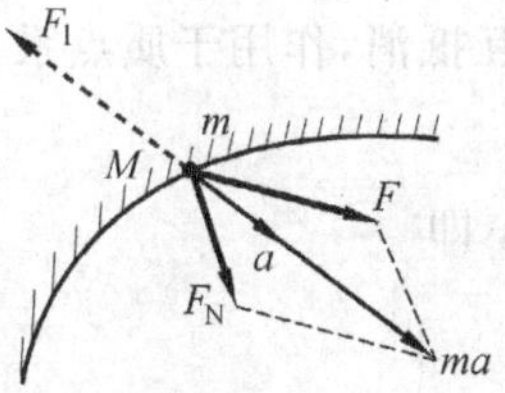

图 9.2

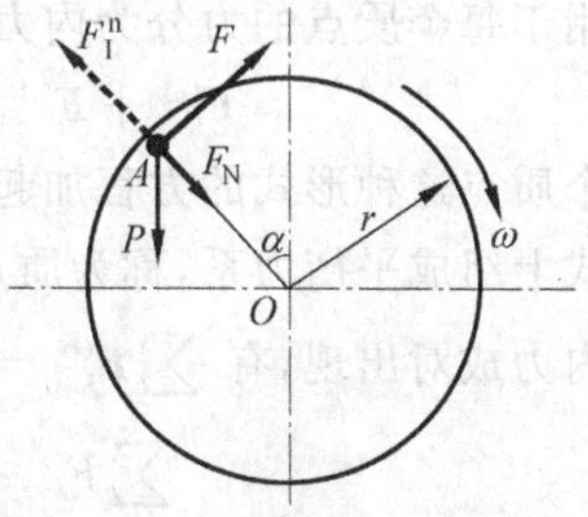

图 9.3

例 9.1 如图 9.3 所示,球磨机的滚筒以匀角速度 ω 绕水平轴 O 转动,内装钢球和需要粉碎的物料。钢球被筒壁带到一定高度的 A 处脱离筒壁,然后沿抛物线轨迹自由落下,从而击碎物料。设滚筒内壁半径为 r,试求脱离处径线 OA 与铅直线的夹角 α_1(脱离角)。

解 钢球脱离的条件是受筒壁的约束反力为零。因此,关键是确定钢球在一般位置时的法向约束反力 $\boldsymbol{F}_N$。

(1) 取随着筒壁一起转动、尚未脱离筒壁的某个钢球为研究对象。

(2) 分析受力。受到的外力有重力 $\boldsymbol{P}$、筒壁的法向约束反力 $\boldsymbol{F}_N$,切向摩擦力 $\boldsymbol{F}$。

(3) 分析运动,虚加惯性力。钢球随着筒壁作匀速圆周运动,惯性力 $\boldsymbol{F}_I$ 只剩法向惯性力分量 $\boldsymbol{F}_I^n$,大小为 $F_I^n=mr\omega^2$,将 $\boldsymbol{F}_I$ 假想地虚加到钢球上,如图 9.3 所示。

(4) 列出沿法线方向的平衡方程

$$\sum F_n=0,\ F_N+P\cos\alpha-F_I^n=0$$

解得

$$F_N=P\left(\frac{r\omega^2}{g}-\cos\alpha\right)$$

因此,由 $F_N=0$ 得钢球脱离角为

$$\alpha_1=\arccos\left(\frac{r\omega^2}{g}\right)$$

(5) 讨论。

当 $\frac{r\omega^2}{g}=1$ 时,$\alpha_1=0$,钢球始终不脱离筒壁,球磨机无工作效率。钢球不脱离筒壁的角速度 $\omega_1=\sqrt{\frac{g}{r}}$,为了保证钢球在适当的角速度脱离筒壁,角速度需满足 $\omega<\omega_1$。

9.2 质点系的达朗贝尔原理

1. 质点系的达朗贝尔原理

设有 n 个质点组成的非自由质点系，任意质点 M_i，质量为 m_i，其加速度为 $\boldsymbol{a}_i$。在该质点上作用有主动力 $\boldsymbol{F}_i$，约束反力 $\boldsymbol{F}_{Ni}$。根据质点的达朗贝尔原理，如在质点 M_i 上假想地加上惯性力 $\boldsymbol{F}_{Ii}=-m\boldsymbol{a}_i$，则有

$$\boldsymbol{F}_i+\boldsymbol{F}_{Ni}+\boldsymbol{F}_{Ii}=0\ (i=1,2,\cdots,n) \tag{9.3}$$

也可将作用于每个质点的力分为内力与外力，这时式(9.3)可写为

$$\boldsymbol{F}_i^{(e)}+\boldsymbol{F}_i^{(i)}+\boldsymbol{F}_{Ii}=0\quad(i=1,2,\cdots,n) \tag{9.4}$$

将 n 个质点这种形式的方程加起来，内力成对出现相互抵消，作用于质点系上外力和惯性力在形式上组成平衡力系，称为质点系的达朗贝尔原理。

因为内力成对出现，有 $\sum\boldsymbol{F}_i^{(i)}=0$，$\sum M_O(\boldsymbol{F}_i^{(i)})=0$，即

$$\left.\begin{aligned}&\sum F_i^{(e)}+\sum F_{Ii}=0\\&\sum M_O(F_i^{(e)})+\sum M_O(F_{Ii})=0\end{aligned}\right\} \tag{9.5}$$

对于空间力系，式(9.5)有 3 个轴的投影方程和力偶向 3 个轴的投影方程。对于平面力系，力系平衡条件为

$$\left.\begin{aligned}&\sum X=0\\&\sum Y=0\\&\sum M_O(F_i)=0\end{aligned}\right\}$$

应用上式时，在确定研究对象后要正确分析系统上的主动力、约束反力，惯性力则要根据系统中的每一个质点的加速度来确定。

2. 刚体惯性力系的简化

应用达朗贝尔原理解决质点系的动力学问题时，从理论上讲，在每个质点上虚加上惯性力即可。但质点系中质点很多时计算非常困难，对于由无穷多质点组成的刚体更是不可能的。因此，对于刚体动力学问题，一般先用静力学中力系简化理论将刚体上的惯性力系向某一点简化，然后将简化结果直接虚加在刚体的简化中心上。

下面分别对刚体作平动、定轴转动和平面运动三种情况，研究惯性力系的简化。

1）刚体作平动

刚体平动时，刚体上各点的加速度都相同，等于刚体质心的加速度 $\boldsymbol{a}_C$，惯性力系构成一个同向平行力系(图 9.4(a))。质心 C 为简化中心，得惯性力系的主矢为

$$\boldsymbol{F}_{IR}=\sum\boldsymbol{F}_{Ii}=\sum(-m_i\boldsymbol{a}_i)=-\boldsymbol{a}_C\sum m_i$$

设刚体质量为 $m=\sum m_i$，则

$$\boldsymbol{F}_{IR}=-m\boldsymbol{a}_C \tag{9.6}$$

惯性力系对质心 C 的主矩为

$$\boldsymbol{M}_{IC}=\sum\boldsymbol{M}(\boldsymbol{F}_{Ii})=\sum\boldsymbol{r}_i\times(-m_i\boldsymbol{a}_i)=-\left(\sum m_i\boldsymbol{r}_i\right)\times\boldsymbol{a}_i$$

式中 $\boldsymbol{r}_i$ 为质点 M_i 相对于质心 C 的矢径，由质心矢径表达式 $\boldsymbol{r}_C=\sum m_i\boldsymbol{r}_i/m$ 知

$$\sum m_i\boldsymbol{r}_i=m\boldsymbol{r}_C$$

式中 $\boldsymbol{r}_C$ 为质心的矢径，由于质心 C 为简化中心，$\boldsymbol{r}_C=0$，于是有

$$\boldsymbol{M}_{IC}=-m\boldsymbol{r}_C\times\boldsymbol{a}_C=0$$

以上表明：刚体作平动时，惯性力系向质心 C 简化得到一个力 $\boldsymbol{F}_{IR}=-m\boldsymbol{a}_C$，其大小等于刚体的质量与质心加速度的乘积，方向与质心加速度的方向相反(图 9.4(b))。

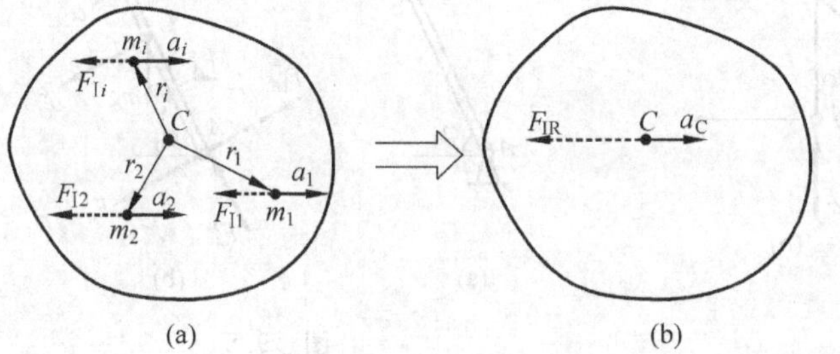

图　9.4

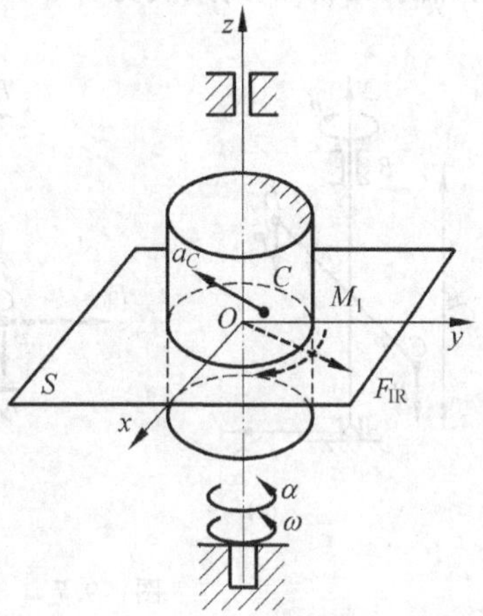

图　9.5

2）刚体作定轴转动

工程中大多数的转动物体具有与转轴垂直的质量对称平面，例如圆轴、齿轮、圆盘等。如图 9.5 所示圆轴，其质量对称平面为 S，则该刚体的惯性力系可简化为在质量对称面 S 内的平面力系。为了方便，将坐标轴 x、y 取在对称平面 S 内，简化中心选质量对称面 S 与转轴的交点 O，得到主矢和主矩

$$\begin{aligned}\boldsymbol{F}_{IR}&=-m\boldsymbol{a}_C\\M_{IOz}&=-J_z\alpha\end{aligned}\tag{9.7}$$

主矢方向与质心加速度 $\boldsymbol{a}_C$ 相反，主矩与角加速度 α 的转向相反。

3）刚体作平面运动

仍然讨论具有质量对称平面的刚体，且刚体平行于对称平面作平面运动的情况。此时，刚体惯性力系可简化为在对称平面内的平面力系。刚体的平面运动可分解为随质心 C 的平动和相对于质心 C 的转动。设刚体质心的加速度为 $\boldsymbol{a}_C$，刚体转动的角加速度为 $\boldsymbol{\alpha}$，将惯性力系向质心 C 简化(图 9.6)，可得惯性主矢和主矩分别为

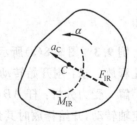

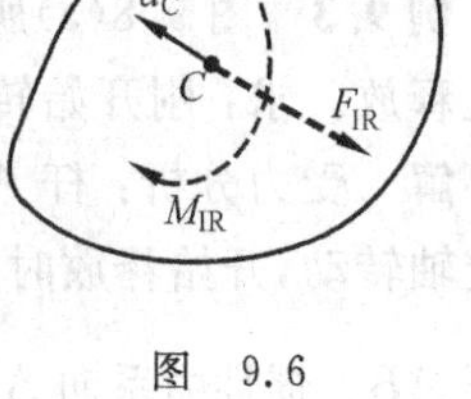

图　9.6

$$\begin{aligned}\boldsymbol{F}_{\mathrm{IR}} &= -m\boldsymbol{a}_C \\ M_{\mathrm{IC}} &= -J_C\alpha\end{aligned} \tag{9.8}$$

式中负号分别表示惯性力的主矢和主矩分别与刚体质心 C 的加速度方向和刚体角加速度的转向相反，J_C 为刚体对过质心 C 且垂直于对称平面的转轴的转动惯量。

应用达朗贝尔原理求解刚体动力学问题时，首先应根据题意选取研究对象，分析其所受的外力，画出受力图；然后再根据刚体的运动方式在受力图上虚加惯性力系简化结果；最后根据达朗贝尔原理列平衡方程求解未知量。下面通过举例来说明达朗贝尔原理的应用。

例 9.2 如图 9.7(a)所示，已知：长为 $2l$ 的无重杆 CD，两端各固结重为 P 的小球，杆的中点与铅垂轴 AB 固结，夹角为 θ。轴 AB 以匀角速度 ω 转动，轴承 A、B 间的距离为 h。求：轴承 A、B 的约束反力。

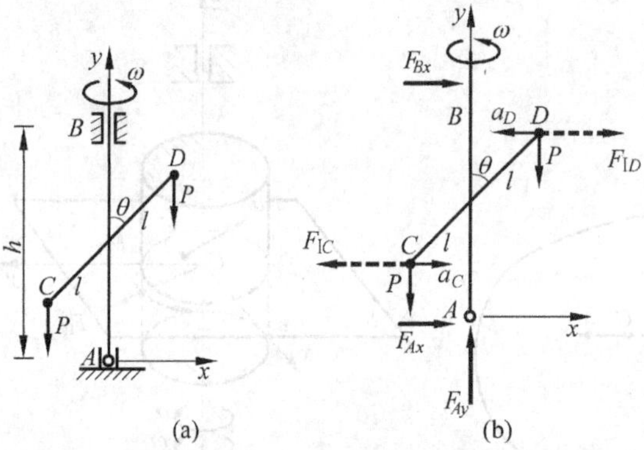

图 9.7

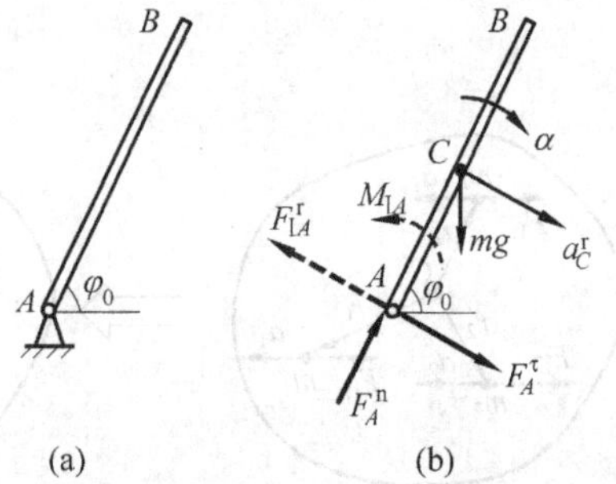

图 9.8

解 取系统整体为研究对象。受力分析：系统受两小球重力 $\boldsymbol{P}$，轴承 A 约束反力 $\boldsymbol{F}_{Ax}$，F_{Ay}，轴承 B 约束反力 $\boldsymbol{F}_{Bx}$。运动分析：虚加惯性力，轴 AB 以匀角速度 ω 转动，两小球只有法向加速度，$a_C = a_D = a_{\mathrm{n}} = l\omega^2\sin\theta$，惯性力大小为 $F_{\mathrm{IC}} = F_{\mathrm{ID}} = \dfrac{P}{g}l\omega^2\sin\theta$，虚加惯性力如图 9.7(b)所示。

应用质点系达朗贝尔原理，满足三个平衡方程

$$\begin{cases}\sum X = 0, & F_{Ax} - F_{Bx} + F_{\mathrm{ID}} - F_{\mathrm{IC}} = 0 \\ \sum Y = 0, & F_{Ay} - 2P = 0 \\ \sum M_A(\boldsymbol{F}) = 0, & F_{Bx} \cdot h - 2\left(\dfrac{P}{g}l\omega^2\sin\theta\right)l\cos\theta = 0\end{cases}$$

解得
$$F_{Ax} = F_{Bx} = \frac{Pl^2\omega^2}{gh}\sin 2\theta, F_{Ay} = 2P$$

例 9.3 图 9.8(a)所示均质杆长 l，质量 m，与水平面铰接，杆由与水平面成角 φ_0 位置静止释放。求：刚开始转动时杆 AB 的角加速度及 A 点支座反力。

解 受力分析：杆 AB 受到重力 $P = mg$，支座 A 的反力 $\boldsymbol{F}_A^{\mathrm{n}}$、$\boldsymbol{F}_A^{\tau}$。运动分析：杆 AB 绕 A 定轴转动，开始释放时其角速度 $\omega = 0$，角加速度 $\alpha \neq 0$，质心 C 点的加速度为 a_C^{τ}，方向垂直于杆 AB。惯性力系向 A 点简化，得到一个力 $F_{\mathrm{IA}}^{\tau} = \dfrac{ml\alpha}{2}$ 和一个力偶 $M_{\mathrm{IA}} = J_A\alpha = \dfrac{ml^2}{3}\alpha$，方向如

图 9.8(b)所示。应用质点系达朗贝尔原理，满足三个平衡方程

$$\sum F_n = 0,\qquad F_A^n - mg\sin\varphi_0 = 0$$

$$\sum F_\tau = 0,\qquad F_A^\tau + mg\cos\varphi_0 - F_{IA}^\tau = 0$$

$$\sum M_A(\boldsymbol{F}) = 0,\quad -mg\cos\varphi_0\ l/2 + M_{IA} = 0$$

解得

$$F_A^n = mg\sin\varphi_0,\ F_A^\tau = \frac{mg}{4}\cos\varphi_0,\ \alpha = \frac{3g}{2l}\cos\varphi_0$$

例 9.4 曲柄连杆机构如图 9.9(a)所示。已知曲柄 OA 长为 r，连杆 AB 长为 l，质量为 m，连杆质心 C 的加速度为 a_{Cx} 和 a_{Cy}，连杆的角加速度为 α。试求图示瞬时，曲柄销 A 和光滑导板 B 的约束反力(滑块重量不计)。

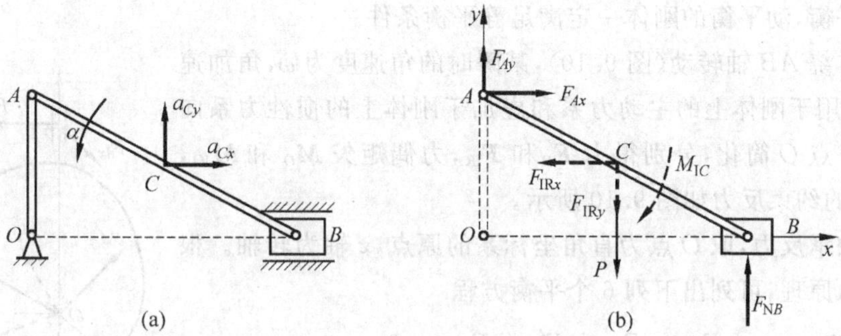

图 9.9

解 受力分析：取连杆 AB 和滑块 B 为研究对象。其上作用有重力 P，约束反力 F_{Ax}、F_{Ay} 和 F_{NB}。运动分析：连杆作平面运动，惯性力系向质心 C 简化得到一个力和一个力偶，它们的方向如图 9.9(b)所示，大小分别为

$$F_{IRx} = ma_{Cx},\ F_{IRy} = ma_{Cy},\ M_{IC} = \frac{1}{12}ml^2\alpha$$

根据达朗贝尔原理，列平衡方程

$$\sum X = 0,\qquad F_{Ax} - F_{IRx} = 0$$

$$\sum Y = 0,\qquad F_{Ay} + F_{NB} - P - F_{IRy} = 0$$

$$\sum M_A(\boldsymbol{F}) = 0,\quad F_{NB}\sqrt{l^2 - r^2} - (P + F_{IRy})\frac{\sqrt{l^2 - r^2}}{2} - F_{IRx}\frac{r}{2} - M_{IC} = 0$$

解得

$$F_{NB} = \frac{m}{2}\left[g + a_{Cy} + \frac{1}{\sqrt{l^2 - r^2}}\left(ra_{Cy} + \frac{l^2\alpha}{6}\right)\right]$$

$$F_{Ay} = \frac{m}{2}\left[g + a_{Cy} - \frac{1}{\sqrt{l^2 - r^2}}\left(ra_{Cx} + \frac{l^2\alpha}{6}\right)\right]$$

$$F_{Ax} = ma_{Cx}$$

9.3 静平衡与动平衡

在高速转动的机械中，由于转子质量的不均匀性以及制造或安装误差，转子对于转轴常常产生偏心或偏角，从而引起轴的**振动**(vibration)和**轴承动反力**(dynamic constraint reaction)。这种动反力的极值有时会达到静反力的十倍以上。在工程中，为了消除轴承动反力，对转速较高的物体，如汽轮机转子、电动机转子等，要求转轴是中心惯性主轴，所以一般将它们设计成具有对称轴或有对称面，并且转轴是对称轴或通过质心并垂直于对称面。

刚体的转轴通过质心，且刚体除受到重力作用外，没有受到其他主动力的作用，则刚体在任何位置均能保持静止不动，这种现象称为**静平衡**(static equilibrium)。当刚体绕定轴转动时，不出现轴承动反力的现象称为**动平衡**(dynamic equilibrium)。静平衡的刚体不一定能达到动平衡，动平衡的刚体一定满足静平衡条件。

设刚体绕 AB 轴转动(图 9.10)，某瞬时的角速度为 ω，角加速度为 α。作用于刚体上的主动力系和虚加于刚体上的惯性力系向转轴上任一点 O 简化，分别得力 $\boldsymbol{F}'_{\mathrm{R}}$ 和 $\boldsymbol{F}_{\mathrm{IR}}$，力偶矩矢 $\boldsymbol{M}_O$ 和 $\boldsymbol{M}_{\mathrm{I}O}$，轴承 A、B 的约束反力如图 9.10 所示。

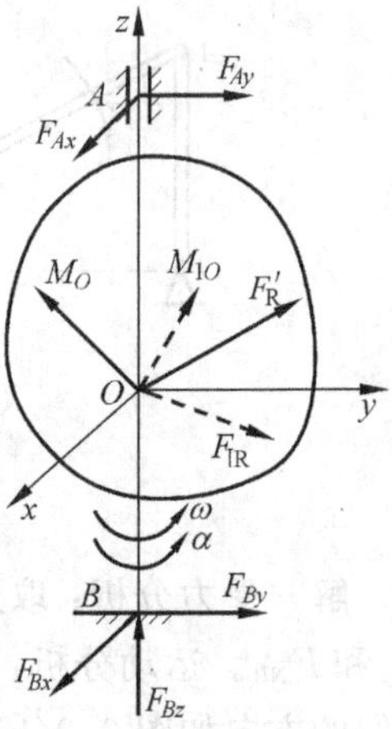

图 9.10

为求轴承反力，取 O 点为直角坐标系的原点，z 轴为转轴。根据达朗贝尔原理，可列出下列 6 个平衡方程

$$\sum X = 0,\quad F_{Ax} + F_{Bx} + F'_{\mathrm{R}x} + F_{\mathrm{IR}x} = 0$$

$$\sum Y = 0,\quad F_{Ay} + F_{By} + F'_{\mathrm{R}y} + F_{\mathrm{IR}y} = 0$$

$$\sum Z = 0,\quad F_{Bz} + F'_{\mathrm{R}z} = 0$$

$$\sum M_x(\boldsymbol{F}) = 0,\quad F_{By}\cdot OB - F_{Ay}\cdot OA + M_{Ox} + M_{\mathrm{I}Ox} = 0$$

$$\sum M_y(\boldsymbol{F}) = 0,\quad -F_{Bx}\cdot OB + F_{Ax}\cdot OA + M_{Oy} + M_{\mathrm{I}Oy} = 0$$

$$\sum M_z(\boldsymbol{F}) = 0,\quad M_{Oz} + M_{\mathrm{I}Oz} = 0$$

由前 5 个方程解得轴承反力

$$\begin{aligned}
F_{Ax} &= -\frac{1}{AB}[(M_{Oy} + F'_{\mathrm{R}x}\cdot OB) + (M_{\mathrm{I}Oy} + F_{\mathrm{IR}x}\cdot OB)]\\
F_{Ay} &= \frac{1}{AB}[(M_{Ox} - F'_{\mathrm{R}y}\cdot OB) + (M_{\mathrm{I}Ox} - F_{\mathrm{IR}y}\cdot OB)]\\
F_{Bx} &= \frac{1}{AB}[(M_{Oy} - F'_{\mathrm{R}x}\cdot OB) + (M_{\mathrm{I}Oy} - F_{\mathrm{IR}x}\cdot OA)]\\
F_{By} &= -\frac{1}{AB}[(M_{Ox} + F'_{\mathrm{R}y}\cdot OB) + (M_{\mathrm{I}Ox} + F_{\mathrm{IR}y}\cdot OA)]\\
F_{Bz} &= -F'_{\mathrm{R}z}
\end{aligned}\tag{9.9}$$

由式(9.9)可知，由于惯性力系分布在垂直于转轴的各平面内，止推轴承沿 z 轴的反力 $\boldsymbol{F}_{Bz}$ 与惯性力无关；与 z 轴垂直的轴承反力 $\boldsymbol{F}_{Ax}$、$\boldsymbol{F}_{Ay}$、$\boldsymbol{F}_{Bx}$、$\boldsymbol{F}_{By}$ 由两部分组成：由主动力引起的静反力和惯性力引起的动反力。

要使动反力等于零,必须有

$$F_{IRx} = F_{IRy} = 0 \quad 和 \quad M_{IOx} = M_{IOy} = 0$$

要使惯性力系主矢等于零,必须有 $\boldsymbol{a}_C = 0$,即转轴必须通过质心;要使惯性力系对于 x 轴和 y 轴之矩等于零,必须有 $J_{xz} = J_{yz}$,即刚体对于转轴的惯性积等于零。如果刚体对于通过 O 点的 z 轴的惯性积 J_{zx} 和 J_{yz} 等于零,则此 z 轴称为该点的惯性主轴,通过质心的惯性主轴称为中心惯性主轴。因此,避免出现轴承动反力的条件是:刚体的转轴应为刚体的中心惯性主轴。

习题

9.1 如图所示,重力为 P 的小方块 A,放在小车的斜面上,斜面的倾角为 θ,小方块与斜面间摩擦角为 φ,如小车开始向左作加速度运动,试求小车的加速度 a 为何值时,小方块 A 不致沿斜面滑动。

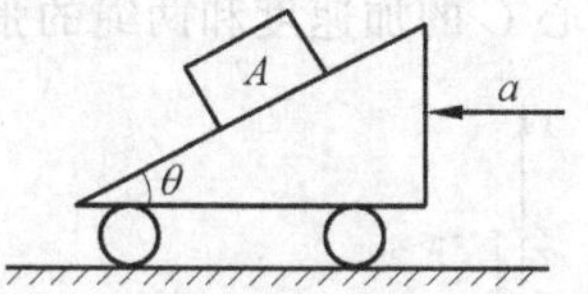

习题 9.1 图

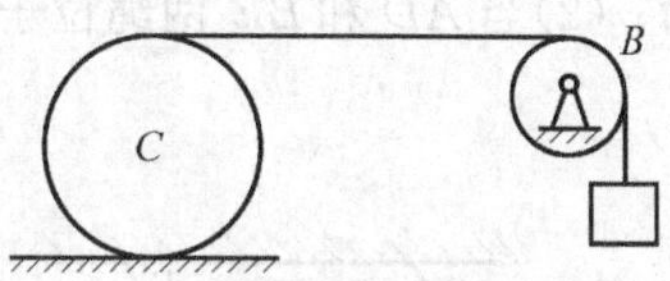

习题 9.2 图

9.2 如图所示,均质圆柱受重力 $P_1 = 200$ N,被绳拉住沿水平面滚动而不滑动,此绳跨过一自重不计的滑轮 B 并系一重物 $P_2 = 200$ N。求圆柱中心 C 的加速度 a_C。若均质滑轮 B 的重力为 $P_3 = 50$ N,a_C 又为多少?

9.3 如图所示,矩形块的质量 $m_1 = 1000$ kg,置于平台车上;车的质量为 $m_2 = 50$ kg,此车沿光滑的水平面运动;车和矩形块在一起由质量为 m_3 的物体牵引,使之作加速运动,设物块与车之间的摩擦力足够阻止相互滑动。求能使车加速前进而又不致使矩形块倾覆的最大 m_3 值,以及此时车的加速度大小。

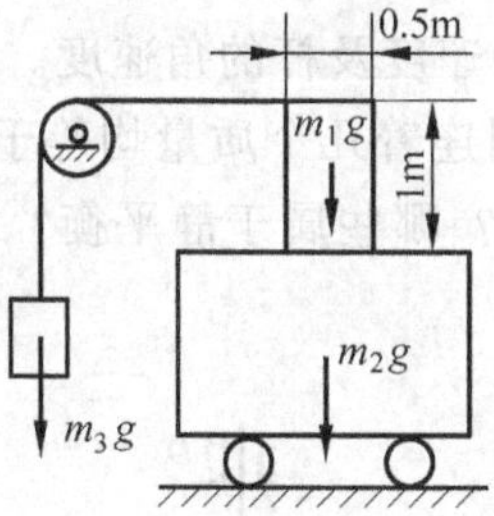

习题 9.3 图

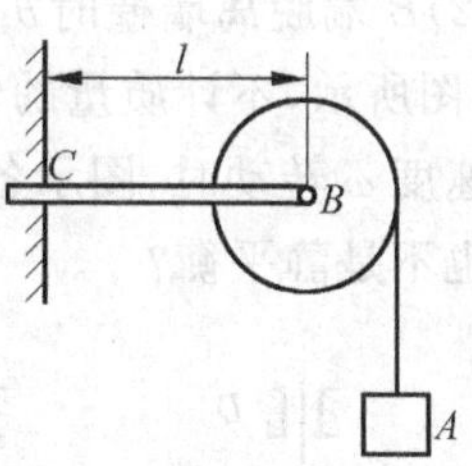

习题 9.4 图

9.4 如图所示,质量为 m_1 的物体 A 下落时,带动质量为 m_2 的均质圆盘 B 转动,若不计支架和绳子的重量及轴上的摩擦,$BC = l$,盘 B 的半径为 R,求固定端 C 的约束反力。

9.5 图示曲柄 OA 质量为 m_1,长为 r,以匀角速度 ω 绕水平轴 O 逆时针方向转动。曲柄的 A 端推动水平板 B,使质量为 m_2 的滑杆 BC 沿铅垂方向运动。忽略摩擦,求当曲柄与水平方向夹角 $\theta = 30°$ 时,力偶矩 M 及轴承 O 的约束反力。

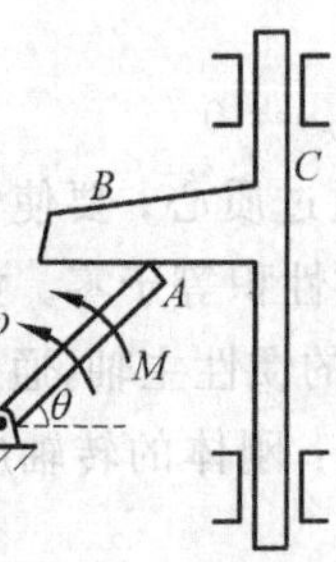

习题 9.5 图

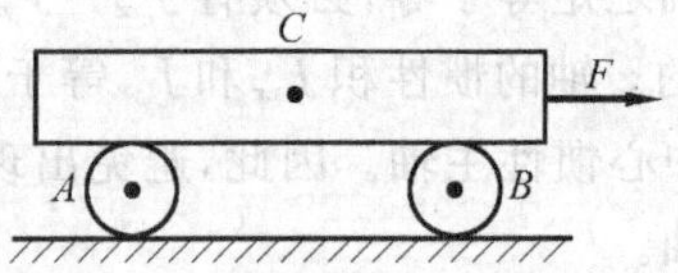

习题 9.6 图

9.6　图示均质板质量为 m,放在两个均质圆柱滚子上,滚子质量皆为$\frac{m}{2}$,其半径均为 r。如在板上作用一水平力 F,并设滚子无滑动,求板的加速度。

9.7　正方形均质木板的质量 40 kg,在铅垂面内以三根软绳拉住,板的边长 $b=100$ mm,如图所示。求:(1)当软绳 FG 剪断后,木板开始运动的加速度以及 AD 和 BE 两绳的张力;(2)当 AD 和 BE 两绳位于铅直位置时,板中心 C 的加速度和两绳的张力。

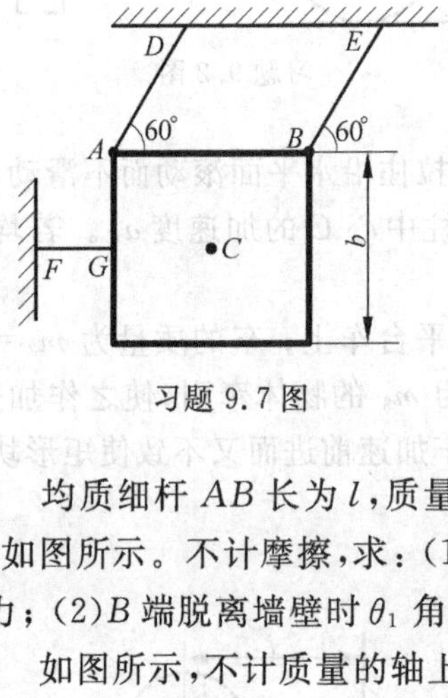

习题 9.7 图

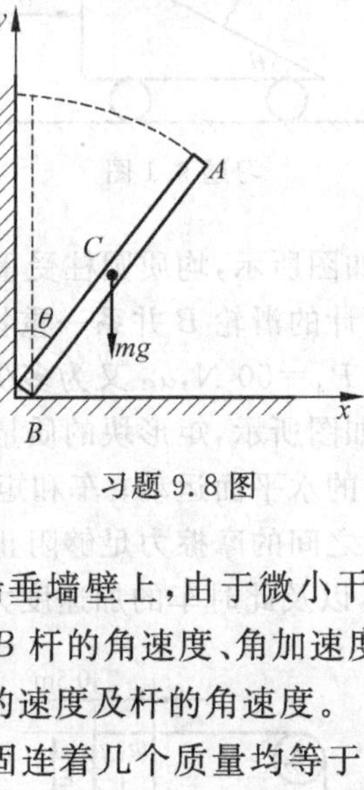

习题 9.8 图

9.8　均质细杆 AB 长为 l,质量为 m,起初紧靠在铅垂墙壁上,由于微小干扰,杆绕 B 点倾倒,如图所示。不计摩擦,求:(1)B 端未脱离墙时 AB 杆的角速度、角加速度及 B 处的约束反力;(2)B 端脱离墙壁时 θ_1 角;(3)杆着地时质心的速度及杆的角速度。

9.9　如图所示,不计质量的轴上用不计质量的细杆固连着几个质量均等于 m 的小球,当轴以匀角速度 ω 转动时,图示各情况中哪些属于动平衡?哪些属于静平衡?哪些情况既不是动平衡也不是静平衡?

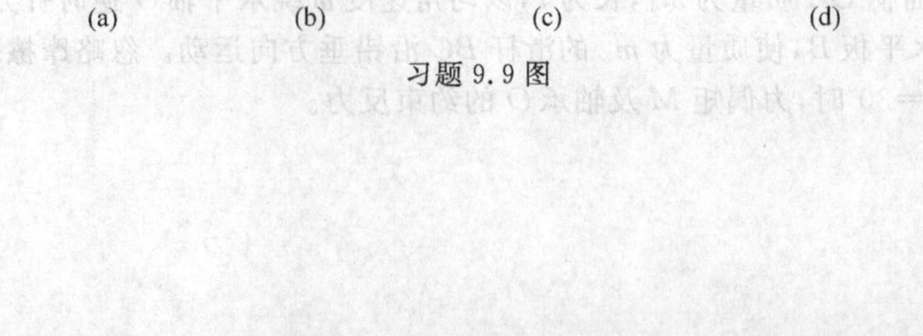

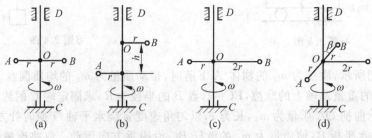

习题 9.9 图

ARTICLE

第4篇

材料力学

第10章

材料力学基础

10.1 材料力学的基本概念

10.1.1 变形固体的基本假设

材料力学主要关注力的变形效应，即研究构件的强度、刚度和稳定性，当然不能忽略构件的变形，因此必须将构件视为**变形固体**(deformable solids)。

机械或工程结构的各个组成部分，称为**构件**(member)。在实际工程中，构件的几何形状是各种各样的，但大致可分为以下四类。

(1) **杆**(bar)，如图 10.1(a)和图 10.1(b)所示。某一个方向的尺寸远远大于另外两个方向的尺寸的构件称为杆。垂直于杆件长度方向的截面，称为横截面。横截面中心的连线，称为杆的轴线。轴线是直线的为直杆(见图 10.1(a))，轴线是曲线的为曲杆(见图 10.1(b))，等截面的直杆为等直杆。

(2) **平板**(plane plate)，如图 10.1(c)所示。如果构件某一个方向的尺寸远远小于其他两个方向的尺寸，则称其为薄板。不妨把平分该构件厚度的面称为中面。如果该薄板的中面为平面，则称其为平板。

(3) **壳**(shell)，如图 10.1(d)所示，即中面为曲面的薄板。

(4) **块体**(body)，如图 10.1(e)所示。三个方向尺寸相差不大的构件，称为块体。

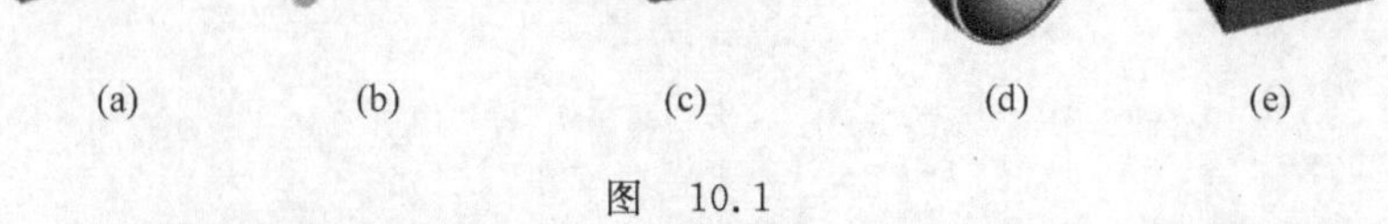

(a) (b) (c) (d) (e)

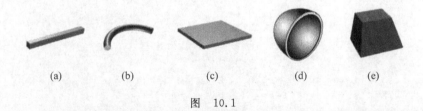

图 10.1

平板、壳和块体这三类构件一般在弹性力学中讨论，本书主要研究等直杆。

由于制作变形固体所用材料是多种多样的，其具体结构和性能也会千差万别，为便于进行强度、刚度与稳定性有关的理论分析，需要对变形固体进行一些必要的简化，即通常对其作如下假设：

1. 连续性假设(continuity hypothesis)

连续性假设认为变形固体在其整个体积中毫无空隙地充满了组成它的物质。从微观结构看,材料内部总会存在不同程度的缺陷(比如气孔、微裂纹等),即便是没有缺陷,组成物质的原子、分子间亦有空隙,因而介质是不连续的。但是,如果从宏观角度来研究变形固体的力学行为,可以认为物质是没有空隙地连续分布和充满于整个体积,即变形固体可视为连续介质。这样,就可以引入数学上无穷小和微积分的概念,便于变形固体的力学分析。

2. 均匀性假设(homogeneity hypothesis)

均匀性假设认为变形固体内部各个点的力学性质都是相同的。对于变形固体,例如传统的金属材料,从宏观角度和统计学的观点出发,可认为材料是均匀介质,即其内部各处的力学性质相同。而对于现在流行的功能梯度材料,自然就不能认为其是均匀性的。本书如没有特别说明,材料均认为是均匀介质。

3. 各向同性假设(isotropy hypothesis)

各向同性假设认为变形固体沿各个方向的力学性质是完全相同的。传统的金属材料由晶粒构成,沿不同方向晶粒的力学性质并不完全相同。但由于金属材料中包含的晶粒极多,而且其分布又杂乱无章,在宏观意义上,材料的性质并不显示出方向上的差别,因此可视为各向同性材料。而各个不同方向上力学性质不同的材料则称为各向异性材料。例如,对于纤维增强复合材料,其沿纤维方向和垂直纤维方向的力学性质差别很大,因此是典型的各向异性材料。本书仅研究各向同性材料,对各向异性材料的处理,读者可参考有关“复合材料力学”等的相关书籍。

10.1.2 小变形假设(small deformation hypothesis)

实际构件的变形、应变以及由变形引起的位移,一般是极其微小的。工程中,大多数构件在载荷的作用下产生的变形量若与其变形前的原始尺寸相比很微小,称为**小变形**。这样在计算构件平衡问题时,可忽略其变形,而直接采用构件变形前的原始尺寸,并可略去某些高阶无穷小量,这种方法称为**原始尺寸原理**,它可使计算得到相当的简化。反之,如果无法忽略构件的变形量,那么这种变形称为**大变形**。发生大变形时,变形与力之间不再呈线性关系,属非线性力学问题。材料力学通常只研究小变形情形。

按照上述基本假设进行理想化的实际变形固体称为理想变形固体。材料力学主要讨论的是连续、均匀、各向同性理想变形固体的小变形问题。尽管上述基本假设都作了一些近似处理,然而它们却使材料力学理论计算得到了很大的简化,而且大量工程实践证明这也能够完全满足实际工程的精度要求。

10.2 载荷及其分类

当机械或工程结构工作时,其构件都将受到外力的作用并产生一定程度的变形。作用于构件上的这些外力称为**载荷**(loading)。载荷通常有如下几种分类:

(1) 按载荷作用范围可分为分布载荷和集中载荷。如果载荷作用在构件的某一区域内,则称为**分布载荷**(distributed loading)。例如工程结构的自重、风载等都是分布载荷。而如果载荷的作用范围与构件的尺寸相比很小,则可认为载荷集中作用于一点,称为**集中载荷**(concentrated loading)。例如,一辆卡车对一跨度很大的长桥的作用力就可视为集中载荷。

(2) 按载荷随时间的变化情况可分为静载荷和动载荷。随时间推移不发生变化或变化极其缓慢的载荷,称为**静载荷**(static loading)。静载荷作用下构件的加速度为零或非常小可忽略不计。例如,建筑物对地基的压力是静载荷。反之,如果载荷在作用过程中,随时间增长而发生显著变化,使得构件各质点产生明显的加速度,这种载荷称为**动载荷**(dynamic loading)。例如,锻造时汽锤锤杆受到的冲击力、内燃机汽缸内的气体压力以及地震力等都为动载荷。本篇主要研究静载荷作用下构件的变形力学行为。

10.3 杆件变形的基本形式

因为受力情况不同,杆件承载后产生的变形也不相同。但是经过分析,可将杆件的变形归纳为以下四种基本变形中的一种,或几种基本变形的组合(即组合变形)。

(1) 轴向拉伸或压缩(axial tension or compression)

载荷特点:杆件受到大小相等、方向相反、作用线与轴线重合的一对力的作用。

变形特点:杆件沿着轴向伸长或缩短(图10.2(a))。

(2) 剪切(shear)

载荷特点:杆件承受垂直于其轴线的横向力,它们大小相等、方向相反而且作用线很靠近。

变形特点:受剪杆件沿剪切面发生相对错动(图10.2(b))。

(3) 扭转(torsion)

载荷特点:在垂直于杆件轴线的两个平面内,分别作用有力偶矩的绝对值相等、转向相反的两个力偶。

变形特点:杆件任意两个横截面发生绕轴向的相对转动(图10.2(c))。

(4) 弯曲(bending)

载荷特点:在包含杆件轴线的纵向平面内,作用力偶矩的绝对值相等、转向相反的一对力偶,或作用与轴线垂直的横向力。

变形特点:杆件轴线由直线变为曲线(图10.2(d))。

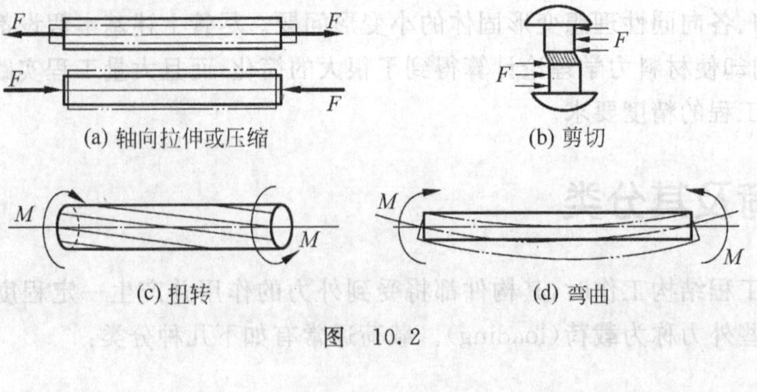

(a) 轴向拉伸或压缩　(b) 剪切

(c) 扭转　(d) 弯曲

图 10.2

10.4 内力、应力与应变

10.4.1 内力与截面法

1. 内力

由于载荷作用而引起的构件内部相连部分之间的相互作用力，称为内力。内力通常会随外力的增加而增大，当内力增大到某一临界值时，就会导致构件发生破坏。因此，内力与构件的强度密切相关。

2. 截面法

假设某一构件受力图如图 10.3(a)所示。为了显示内力，用横截面 $m—m$ 假想地把构件分成 A、B 两部分。取 A 或 B 作为分离体，绘制其受力图，如图 10.3(b)和图 10.3(c)所示。考虑到固体的连续性假设，被截开的 A 和 B 两部分在截面 $m—m$ 上的各点都应有相互作用的内力。因此，内力是作用在截面上的分布力系。根据力系简化理论，将此分布力系向截面的形心简化，可得到一主矢和一主矩。此主矢和主矩称为截面上的内力。这种用截面假想地把构件分为两部分，以确定截面上的内力的方法，称为截面法。截面法在 2.7 节也曾提及。

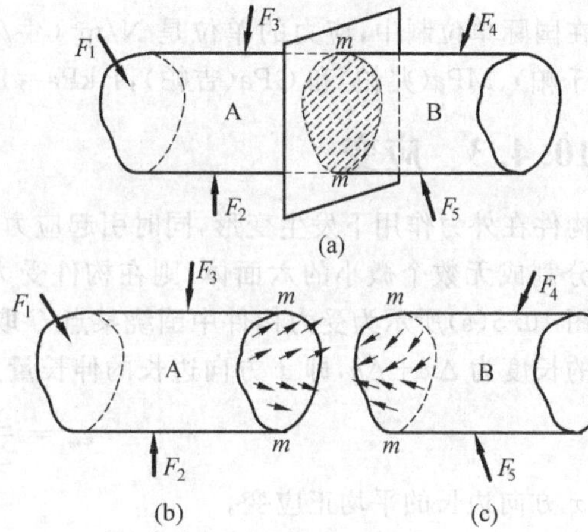

图 10.3

截面法可归纳为以下三个步骤。

(1) 截开：在待求内力的截面上，假想地用该截面把构件分成两部分；

(2) 代替：保留其中一部分作为研究对象，弃去另一部分，并以内力代替弃去部分对研究对象的作用；

(3) 列平衡方程：根据研究对象的平衡条件，建立相应静力学平衡方程，从而确定该截面的内力。

10.4.2 应力

内力是构件横截面上分布内力系的合力，只求出内力，还不能解决构件的强度问题。例如，两根材料相同、粗细不同的直杆，在相同的拉力作用下，随着拉力的增加，细杆首先被拉断，这说明杆件的强度不仅与内力有关，而且与截面的尺寸有关。为了研究构件的强度问题，必须研究内力在截面上的分布情况，为此引入**应力**(stress)的概念。如图 10.4 所示，在截面 $m—m$ 上任取一点 C，然后在 C 点周围取一微小面积 ΔA，设 ΔA 上的内力合力为 $\Delta \boldsymbol{F}$，则比值

$$p_m = \frac{\Delta F}{\Delta A}$$

称为 ΔA 内的平均应力,其方向与 ΔF 相同。它代表在 ΔA 内,单位面积上的平均内力(即内力的平均集度)。

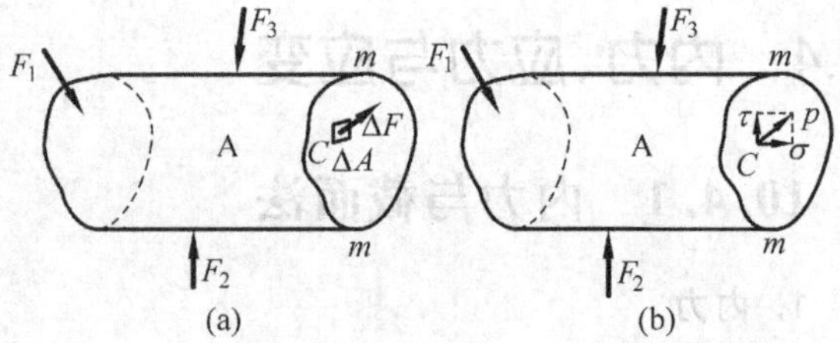

图 10.4

当 ΔA 趋于零时,p_m 的极限值

$$p = \lim_{\Delta A \to 0} p_m = \lim_{\Delta A \to 0} \frac{\Delta F}{\Delta A} = \frac{dF}{dA}$$

称为 C 点处的应力(全应力)。它是截面 $m—m$ 上内力系在 C 点的分布集度,反映了内力系在 C 点的强弱程度。显然 p 为一矢量,其方向与 ΔF 的极限方向(对应 ΔA 趋于零)相同,一般来说既不与截面 $m—m$ 垂直也不与截面相切。通常把全应力 p 分解为垂直于截面的法向分量 σ 和与截面相切的切向分量 τ。σ 称为**正应力**(normal stress),而 τ 称为**切应力**(shear stress)。它们之间满足如下关系:

$$p^2 = \sigma^2 + \tau^2$$

在国际单位制中,应力的单位是 N/m^2(牛/米^2),称为 Pa(帕)。工程上的常用单位有 kPa(千帕)、MPa(兆帕)和 GPa(吉帕),1 kPa=10^3 Pa,1 MPa=10^6 Pa,1 GPa=10^9 Pa。

10.4.3 应变

构件在外力作用下发生变形,同时引起应力。为研究构件内部各点的变形,可假想地将构件分割成无数个微小的六面体,则在构件受力后,这些六面体的边长及形状将会发生改变。图 10.5(a)所示为受力构件中围绕某点 C 取出的正六面体。假设其边长原长为 Δx,变形后的长度为 $\Delta x + \Delta u$,即 x 方向边长的伸长量为 Δu,则比值

$$\varepsilon_m = \frac{\Delta u}{\Delta x}$$

称为 x 方向边长的平均正应变。

令 Δx 趋向于零,则极限值

$$\varepsilon = \lim_{\Delta x \to 0} \frac{\Delta u}{\Delta x} = \frac{du}{dx}$$

称为 C 点沿 x 轴方向的**正应变**(normal strain)。

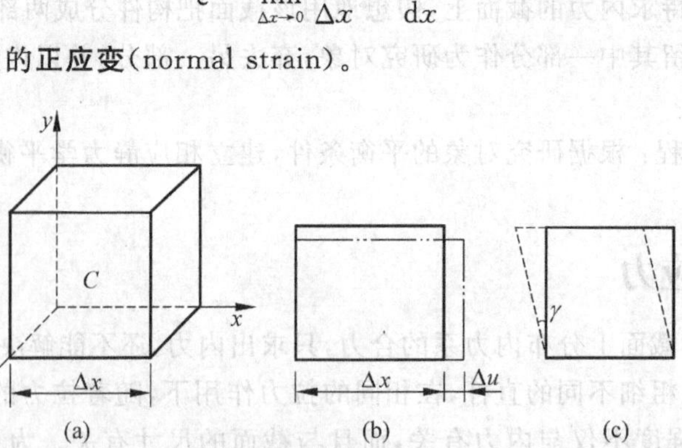

图 10.5

当六面体边长改变时,其相邻边的夹角一般也会发生变化。六面体相邻边所夹直角的改变量,称为**切应变**(shear strain),用 γ 表示,如图 10.5(c)所示。

正应变 ε 和切应变 γ 是度量受力构件内某一点处变形特征的两个基本物理量。它们均为量纲为一的量。构件的整体变形即是由其内部各点的变形积累的结果。

习题

10.1　材料力学通常采用哪些基本假设？

10.2　构件的变形有哪些基本形式？试简述其受力特点和变形特点。

10.3　简述截面法及其基本步骤。

10.4　如图所示拉伸试样 A、B 两点间的距离 l 称为标距，l 的原始长度为 100 mm，受拉力作用后 l 增加了 0.06 mm，试求 A、B 两点间的平均正应变。

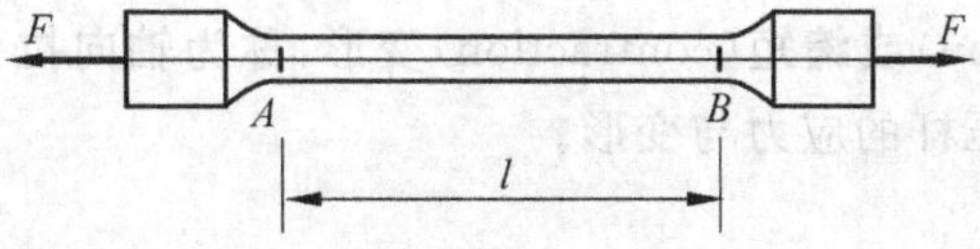

习题 10.4 图

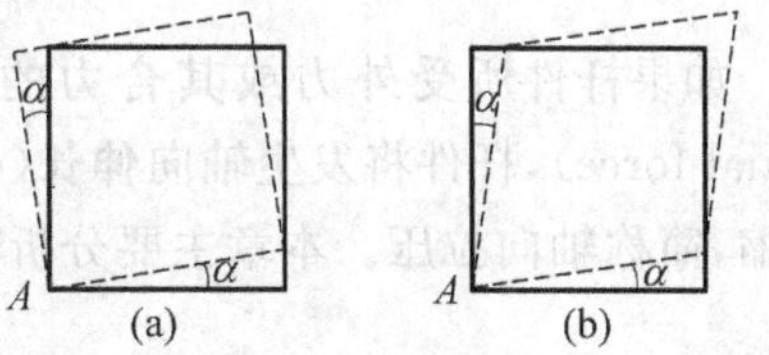

习题 10.5 图

10.5　图(a)与图(b)所示两个矩形单元体，虚线表示其变形后的情形，试分别确定两个单元体在 A 处的切应变 $(\gamma_A)_a$ 和 $(\gamma_A)_b$ 的大小。

第11章

轴向拉伸与压缩

如果杆件所受外力或其合力的作用线与杆件轴线重合，则杆件横截面上只有**轴力**(axial force)，杆件将发生轴向**伸长**(elongation)或**缩短**(contraction)变形，称为轴向拉伸或压缩，简称轴向拉压。本章主要分析轴向拉压杆的应力与变形。

11.1 轴力和轴力图

工程实践中有许多承受轴向拉压的杆件。例如，图 11.1(a)所示组成桁架的各根杆，图 11.1(b)所示牵引桥的拉索和桥塔，图 11.1(c)所示汽缸或油缸中的活塞杆，图 11.1(d)所示厂房立柱等均为拉压杆。虽然这些杆件的形状和加载方式等并不相同，但它们都是直杆，杆件所受外力合力的作用线与其轴线重合，杆件变形的形式为沿轴线方向的伸长或缩短。这种变形称为轴向拉伸或压缩。轴向拉压杆的受力和变形可由图 11.2(a)和图 11.2(b)所示简图表示(图中实线和虚线分别表示变形前与变形后的杆件)。

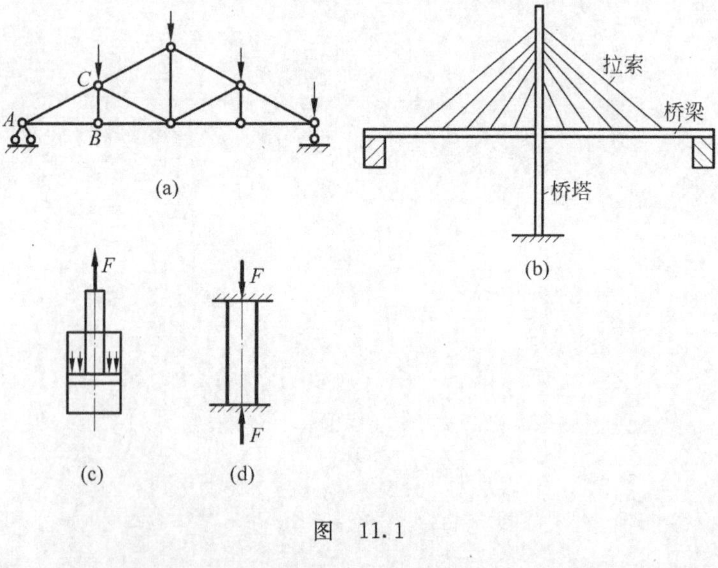

图 11.1

如上所述，轴向拉压杆横截面上的内力与杆件的轴线重合，因此称其内力为轴力，一般用符号 F_N 表示。我们可以非常简便地利用截面法来确定此轴力。

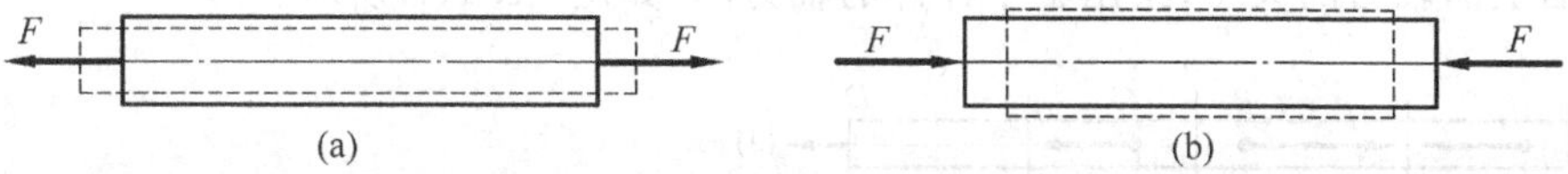

图 11.2

图 11.3(a) 所示轴向拉杆，受到外力 F 作用，现利用截面法求其轴力。

(1) 截开：用截面 $m—m$ 将杆截开为左右两半；

(2) 代替：取左半部分为研究对象(分离体)(图 11.3(b))，在截面上以轴力 F_N 代替右半部分对其左半部分的作用，画其受力图；

(3) 列平衡方程：根据平衡条件，列出水平方向的平衡方程为

$$\sum X = 0, F_N - F = 0$$

即

$$F_N = F$$

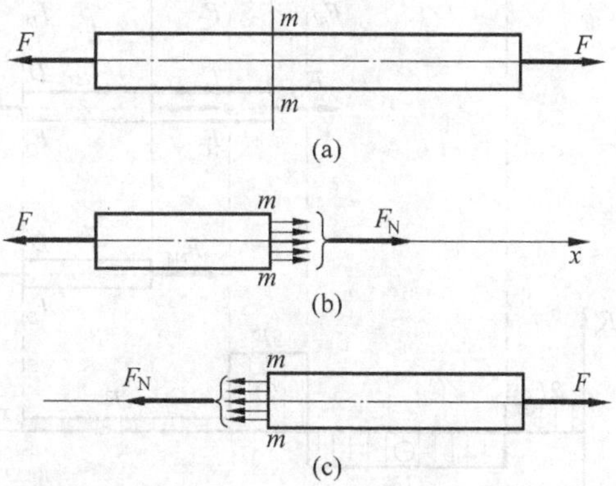

图 11.3

可见，轴向拉杆横截面上的轴力为拉力，大小等于 F。通常规定，拉伸时的轴力(其方向沿截面外法线方向)为正，压缩时的轴力为负。如果取右半部分作为研究对象，同理可求出轴力(图 11.3(c))，二者结果完全相同。

通常横截面的位置不同，截面上的内力也不相同。表示横截面内力沿构件轴线方向变化情况的图线，称为内力图，它可清楚直观地显示构件内力随横截面位置不同而变化的特征。对于轴向拉压杆而言，其内力仅为轴力，故可称为**轴力图**(axial force diagram)。

例 11.1 图 11.4(a)所示杆的 A、B、C、D 截面分别作用着大小为 $F_A=5F$，$F_B=8F$，$F_C=4F$，$F_D=F$ 的外力，方向如图所示，试求各段轴力并画出杆的轴力图。

解 (1)计算各段轴力

外力作用的 A、B、C、D 四点为分段点，杆分为四段，即 OA、AB、BC、CD 段。用截面法，在上述四段上任取四个截面，取出四个分离体(取右段为分离体)如图 11.4(b)～(e)所示，逐段计算轴力。假设各段的轴力 F_N 都为拉力(沿着截开截面的外法线方向)，分别为 F_{N1}、F_{N2}、F_{N3}、F_{N4}，规定水平向右为 x 轴正向，则由平衡条件可得

$$\sum X = 0, F_D + F_C - F_B + F_A - F_{N1} = 0$$

$$F + 4F - 8F + 5F - F_{N1} = 0, F_{N1} = 2F$$

$$\sum X = 0, -F_{N2} - F_B + F_C + F_D = 0, F_{N2} = -3F$$

$$\sum X = 0, -F_{N3} + F_C + F_D = 0, F_{N3} = 5F$$

$$\sum X = 0, -F_{N4} + F_D = 0, F_{N4} = F$$

其中，F_{N2} 为负值，说明 F_{N2} 的方向与假设的方向相反，应为压力。

(2) 画轴力图

用平行杆轴线的横坐标 x 表示横截面的位置，以垂直杆轴线的纵坐标按一定比例表示

对应截面上的轴力的大小，绘出整个杆件的轴力图，如图 11.4(f)所示。

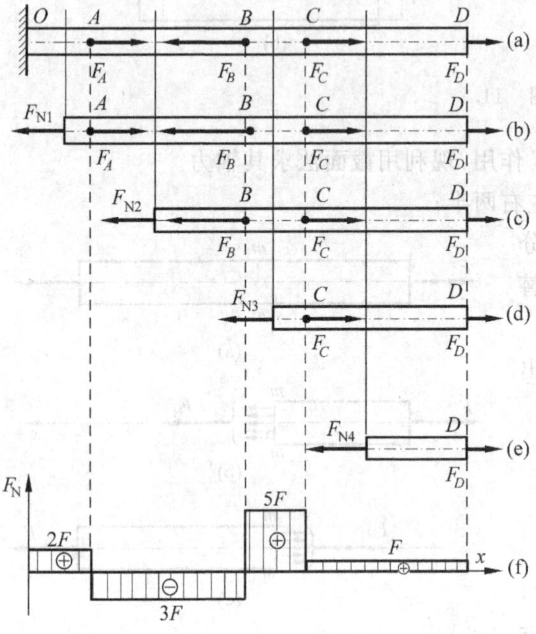

图 11.4

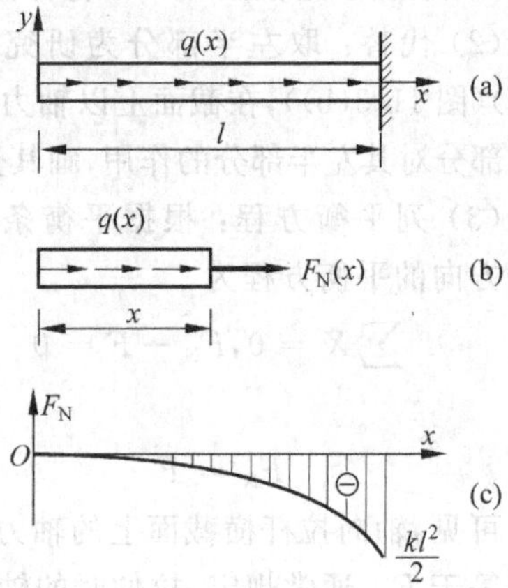

图 11.5

例 11.2 图 11.5(a)所示杆长为 l，受分布载荷 $q(x)=kx$ 作用，方向如图，坐标系如图所示，试画出杆的轴力图。

解 (1) 计算轴力

取左侧 x 段为研究对象，假设其横截面轴力为 $F_N(x)$，如图 11.5(b)所示。由平衡条件，得

$$\sum X=0, F_N(x)+\int_0^x q(x)\mathrm{d}x=0$$

$$F_N(x)=\int_0^x -kx\,\mathrm{d}x=-\frac{1}{2}kx^2$$

$$F_N(x)_{\max}=-\frac{1}{2}kl^2$$

(2) 画轴力图，如图 11.5(c)所示。

11.2 拉伸或压缩时杆的应力

11.2.1 横截面上的应力

上一节讨论了轴向拉压杆的轴力，然而只求出横截面上的轴力，还不足以解决杆件的强度问题。例如，两根材料相同、粗细不同的直杆，在相同的拉力作用下，两杆横截面上的轴力相同，但随着拉力的增大，细杆首先被拉断。这说明杆件的强度不仅与轴力有关，而且与横截面的尺寸有关。为了研究杆件的强度问题，必须研究其横截面上的应力。

为确定轴向拉压杆横截面上的应力,可首先分析杆的变形特征。图 11.6(a)为一受拉的等直杆。实验前在杆表面先画上垂直于轴线的横向线 m—m 和 n—n,然后再在杆两端施加一对轴向拉力 F,观察杆件的拉伸变形。可发现 m—m 和 n—n 仍保持为直线,且仍垂直于轴线,只是二者间距增大,分别平移至 m'—m' 与 n'—n' 位置。由此可作如下假设:杆件的横截面在变形后仍保持为垂直于轴线的平面,这就是**平面假设**(plane assumption)。

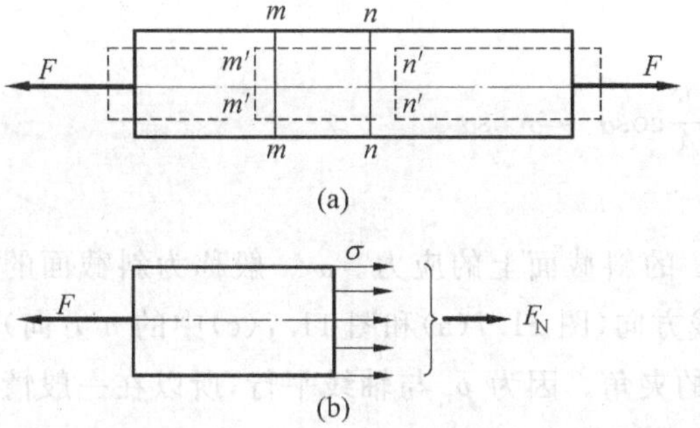

图　11.6

如果把杆件看作由无数纵向纤维组成,由平面假设可知,杆件任意两个横截面间的所有纤维的伸长是相等的。又因材料性质均匀,因此各纵向纤维受力必然相同,即轴向拉压杆横截面上的内力是均匀分布的。再考虑到内力(轴力)方向垂直于横截面,所以横截面上只存在正应力,且沿截面均匀分布(图 11.6(b))。假设杆件横截面面积为 A,轴力为 F_N,横截面上各点的正应力为 σ,则根据第 10 章的应力公式,应满足

$$F_N = \int_A \sigma \mathrm{d}A = \sigma A$$

因此,有

$$\sigma = \frac{F_N}{A} \tag{11.1}$$

式(11.1)为轴向拉压杆横截面上的应力(即正应力 σ)的计算公式。它的符号规定与轴力相同,**拉应力**(tensile stress)σ_t 为正,**压应力**(compressive stress)σ_c 为负。

11.2.2　斜截面上的应力

不同材料的实验证明,轴向拉压杆的破坏并非都是沿横截面发生的,有时是沿斜截面发生的。

下面将进一步研究轴向拉压杆斜截面上的应力公式。图 11.7(a)所示为一轴向受拉的等直杆,轴向拉力为 F,横截面面积为 A。为求与横截面夹角为 α 的斜截面 m—m 上的应力,不妨将杆件沿 m—m 截开为左右两段,由左段(图 11.7(b))的平衡条件可得

$$F_{N\alpha} = F$$

式中,$F_{N\alpha}$ 为斜截面上的内力。

由上一小节分析可知,轴向拉压杆横截面上的应力是均匀分布的,同理也可推断,斜截面 m—m 上的应力 p_α 亦为

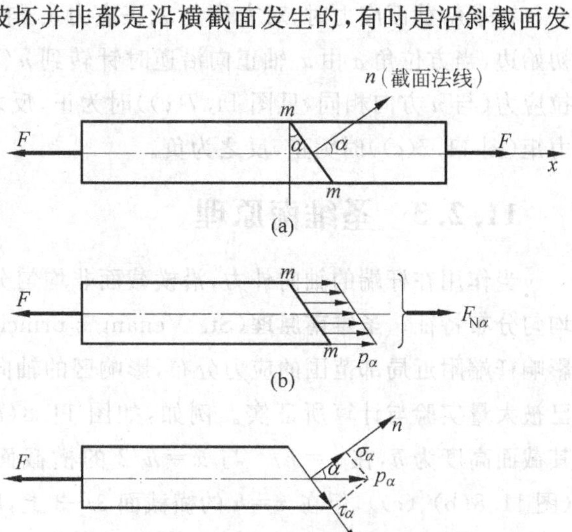

图　11.7

均匀分布(图 11.7(b))，且沿内力方向，即与杆的轴线平行。斜截面的面积 $A_\alpha=\dfrac{A}{\cos\alpha}$，则斜截面上的应力为

$$p_\alpha=\frac{F_{N\alpha}}{A_\alpha}=\frac{F}{A}\cos\alpha=\sigma\cos\alpha$$

式中，σ 为轴向拉压杆横截面上的应力。

上式中的应力 p_α 是指与横截面夹角为 α 的斜截面上的应力。α 一般称为斜截面的方位角(azimuth angle)，可定义为斜截面外法线方向(图 11.7(a)和图 11.7(c)中的 n 方向)与杆件轴线方向(图 11.7(a)的 x 轴正向)之间的夹角。因为 p_α 与轴线平行，所以在一般情况下，它既不与相应斜截面 m—m 垂直也不与斜截面相切。按照第 10 章的说法，该应力为全应力，可将其沿斜截面的外法线方向 n 和切线方向 τ 分解为正应力和切应力两个分量(图 11.7(c))，因此可得斜截面上的正应力和切应力分别为

$$\sigma_\alpha=p_\alpha\cos\alpha=\sigma\cos^2\alpha \tag{11.2}$$

$$\tau_\alpha=p_\alpha\sin\alpha=\frac{\sigma}{2}\sin2\alpha \tag{11.3}$$

可见，轴向拉压杆的斜截面上，不仅存在正应力，而且存在切应力，应力的大小与斜截面的方位角相关。

当 $\alpha=0°$ 时，斜截面就成为横截面，且有 $\sigma_\alpha=\sigma_{max}=\sigma$，$\tau_\alpha=0$，即横截面上正应力最大，且切应力为 0。

当 $\alpha=\pm45°$ 时，$\sigma_\alpha=\dfrac{\sigma}{2}$，$\tau_\alpha$ 分别达到最大和最小值，即

$$\tau_{45°}=\tau_{max}=\frac{\sigma}{2},\quad \sigma_{45°}=\frac{\sigma}{2}$$

$$\tau_{-45°}=\tau_{min}=-\frac{\sigma}{2},\quad \sigma_{-45°}=\frac{\sigma}{2}$$

在求斜截面应力时，对方位角 α、正应力 σ_α 与切应力 τ_α 作如下符号规定：以 x 轴正向为初始边，当方位角 α 由 x 轴正向沿逆时针转到 n(图 11.7(c))时规定为正，反之为负；σ_α 为拉应力(与 n 方向相同，见图 11.7(c))时为正，反之为负；τ_α 为绕保留段内任一点呈顺时针力矩(图 11.7(c))时为正，反之为负。

11.2.3 圣维南原理

当作用在杆端的轴向外力，沿横截面非均匀分布时，杆端附近各截面的应力，也呈现非均匀分布特征。**圣维南原理**(St. Venant's principle)指出，外力作用于杆端的分布方式，只影响杆端附近局部范围的应力分布，影响区的轴向范围为杆的横向尺寸的 1～2 倍。此原理已被大量实验与计算所证实。例如，如图 11.8(a)所示，承受集中力 F 作用的轴向拉杆，其截面高度为 h，在 $x=h/4$ 与 $x=h/2$ 的横截面 1—1 与 2—2 上，应力虽为非均匀分布(图 11.8(b)、(c))，但在 $x=h$ 的横截面 3—3 上，应力则趋向于均匀分布(图 11.8(d))。因此，只要外力的合力作用线沿着杆件轴线方向，在离外力作用面稍远处，横截面上的应力分布均可视为均匀的。

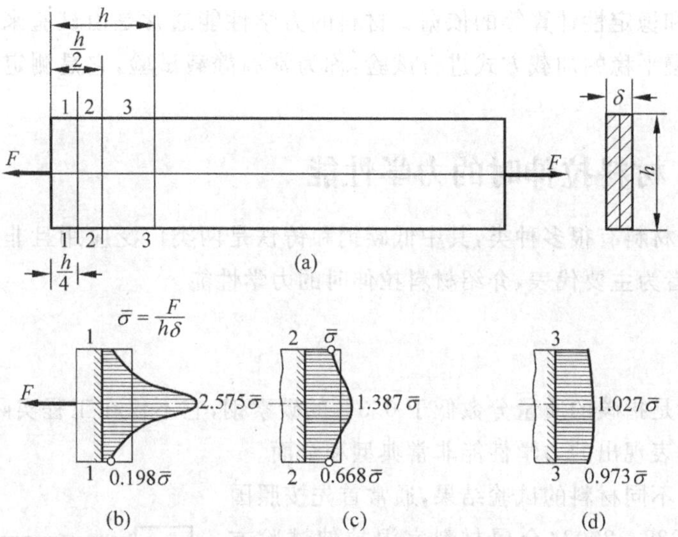

图 11.8

11.2.4 应力集中的概念

等直杆在轴向拉伸或压缩时，其横截面上的应力是均匀分布的。但在工程实际中，由于结构或工艺需要，很多构件常带有切口、圆孔、切槽、螺纹、轴肩等，使得这些部位横截面尺寸发生突变。实验和理论分析表明，在构件尺寸突变处的横截面上，应力并不是均匀分布的。例如开有圆孔的板条(图 11.9)受到轴向拉伸时，在圆孔附近的局部区域内，应力急剧增大，但在离开这一区域稍远处，应力就迅速降低而趋于均匀。这种由于截面尺寸突变而引起的局部应力显著增大的现象，称为**应力集中**(stress concentration)。

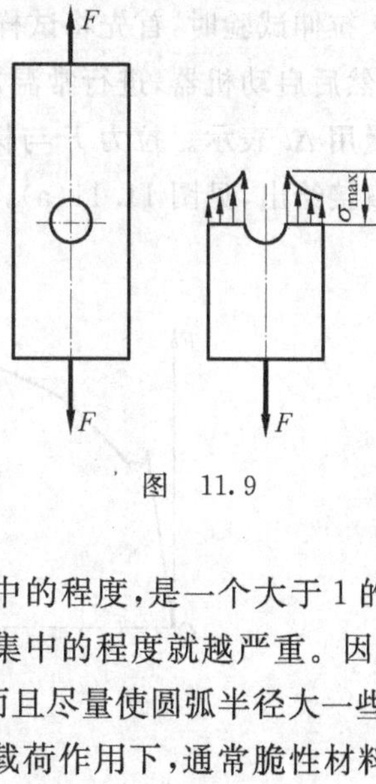

图 11.9

在发生应力集中的横截面上，假设其最大应力为 $\sigma_{\max}$，同一截面上的平均应力为 σ_m，则比值

$$K=\frac{\sigma_{\max}}{\sigma_m} \tag{11.4}$$

称为**应力集中因数**(stress concentration factor)，它反映了应力集中的程度，是一个大于 1 的因数。实验结果表明，截面尺寸改变越急剧，角越尖，孔越小，应力集中的程度就越严重。因此，应尽量避免带尖角的孔和槽，在阶梯轴的轴肩处要用圆弧过渡，而且尽量使圆弧半径大一些。

不同材料的构件，对应力集中的敏感程度并不相同。在静载荷作用下，通常脆性材料比塑性材料对应力集中的敏感程度更高。但当构件受动载荷作用时，不论是塑性材料还是脆性材料，应力集中对构件的强度都有显著影响，而且往往是构件破坏的根源。

11.3 材料拉伸或压缩时的力学性能

材料的**力学性能**(又称机械性能)(mechanical properties)是指材料承受外力作用时，在变形和破坏等方面表现出的特性，例如破坏应力、弹性模量、泊松比等。这些性能是进行构件的强度、刚度和稳定性计算等的依据。材料的力学性能通常是由试验来测定的。在常温（室温）下，以缓慢平稳的加载方式进行试验，称为常温静载试验，它是测定材料力学性能的基本试验。

11.3.1 材料拉伸时的力学性能

常用的工程材料有很多种类，其中低碳钢和铸铁是两类广泛应用且非常典型的金属材料，本节即以二者为主要代表，介绍材料拉伸时的力学性能。

1. 低碳钢

低碳钢一般是指碳的质量分数低于0.3%的碳素钢，它不仅在工程实际中广泛使用，而且在拉伸试验中表现出的力学性能非常典型和全面。

为便于比较不同材料的试验结果，通常首先按照国家标准（GB/T 228—2002《金属材料室温拉伸试验方法》）中规定的形状和尺寸，将材料加工成标准试样，如图11.10所示。在试样中段取长为 l 的一段作为试验段，l 称为标距。对于试验段直径为 d 的圆截面试样，通常规定 $l=10d$ 或 $l=5d$。

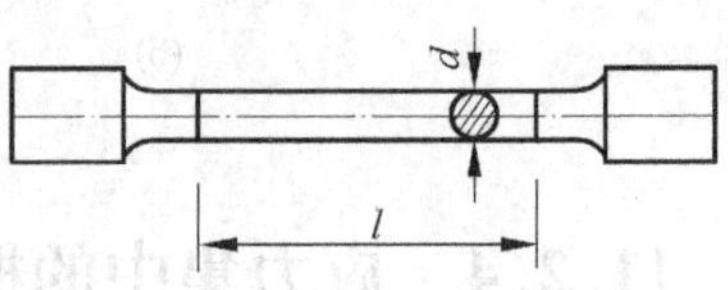

图 11.10

拉伸试验时，首先将试样夹在材料试验机上，并在试验段两端安装测量轴向变形的仪器，然后启动机器，进行常温加载试验。随着载荷 F 的增加，试样逐渐被拉长，试验段的伸长量用 Δl 表示。拉力 F 与标距的伸长量 Δl 之间的关系曲线通常可由试验机的自动绘图仪直接绘出，见图11.11(a)，称为试样的**拉伸图或力-伸长曲线**（force-elongation curve）。

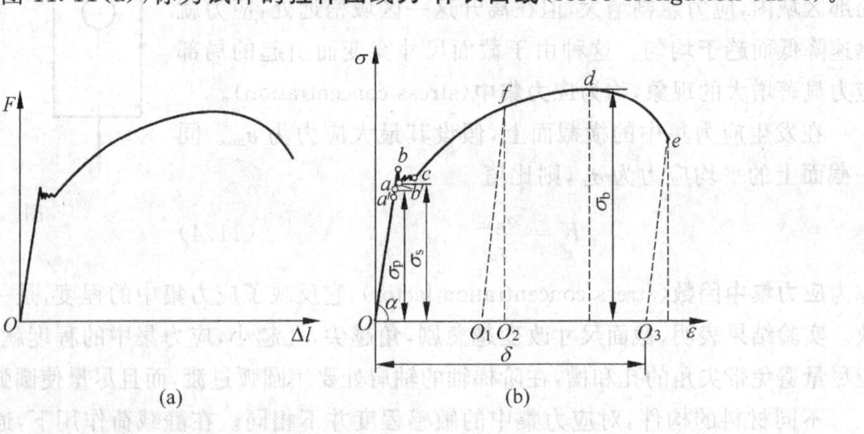

图 11.11

试验表明，F-Δl 曲线除与材料本身的力学性能相关外，还受到试样的几何尺寸如其横截面面积 A 以及标距 l 等的影响。为直接反映材料本身的力学性能的影响，不妨以拉力 F 除以横截面原始面积 A，得正应力 $\sigma=F/A$，同时以标距伸长量 Δl 除以标距的原始长度 l，得相应的正应变 $\varepsilon=\Delta l/l$，于是便可得到图11.11(b)所示的 σ-ε 曲线，称为材料的**应力-应变曲线**（stress-strain curve）或**本构关系曲线**（constitutive relation curve）。

根据低碳钢的应力-应变曲线，可将低碳钢拉伸过程按照时间顺序区分为弹性、屈服、强化和局部变形四个阶段。

1）弹性阶段

曲线上 Oa 段，此段内材料只产生**弹性变形**（elastic deformation），即如果缓慢卸去载荷，试样的变形会完全消失。Oa 区分为 Oa' 段和 $a'a$ 微段两部分。Oa' 段为直线段，即应力与应变成正比，可写为 $\sigma=E\varepsilon$，式中常量 E 称为材料的**弹性模量**（elastic modulus）或**杨氏模量**（Young's modulus），该式称为**胡克定律**（Hooke's law）。点 a' 对应的应力值 σ_p 称为材料的**比例极限**（proportional limit），而点 a 对应的应力值 σ_e 称为材料的**弹性极限**（elastic limit）。在低碳钢的 σ-ε 曲线上，a' 和 a 点位置非常接近，一般对其比例极限和弹性极限并不严格区分，这一点对于大部分材料都是成立的，因此有时将 σ_p 和 σ_e 统称为弹性极限。低碳钢 Q235 的弹性极限约为 200 MPa。当然，对于某些材料，两者差别较大。

当应力超过弹性极限后，如果将载荷卸除，则试样变形的一部分随之消失，这就是上面所提到的弹性变形，但通常还会遗留一部分不能消失的变形，这种变形称为**残余变形**（residual deformation）或**塑性变形**（plastic deformation）。

2）屈服阶段

曲线上 bc 段为近于水平的锯齿形线段。这种应力变化很小，而应变显著增大的现象，称为材料的**屈服**（yield）或流动。bc 段内波动应力比较稳定的最低值（对应 b' 点）σ_s 称为材料的**屈服极限**（yield limit），它是衡量材料强度的重要指标。低碳钢 Q235 的屈服极限 $\sigma_s \approx 235\text{MPa}$。若试样表面光滑，屈服时可观察到试样表面会出现与轴线约成 45°的条纹，称为**滑移线**（slip-line）。根据轴向拉压杆斜截面上的应力公式，可知在 45°的斜截面上作用有最大切应力，而滑移线正是因为金属晶粒沿该截面最大切应力面发生相对滑移而造成的。

3）强化阶段

曲线上 cd 段，经过屈服阶段以后，低碳钢又恢复了抵抗变形的能力，即要继续增加变形则必须增大拉力，这种现象称为材料的**强化**（hardening）。曲线最高点 d 所对应的应力 σ_b 是材料能承受的最大应力，称为**强度极限**（ultimate strength）或**抗拉强度**（tensile strength），它是衡量材料强度的又一重要指标。低碳钢 Q235 钢的强度极限 $\sigma_b \approx 380$ MPa。

试验表明，若在 cd 段内任一点 f 停止加载，并缓慢卸载，应力与应变关系将沿着与 Oa 近乎平行的直线 fO_1 回到点 O_1，O_1O_2 为卸载后消失的应变，即弹性应变；OO_1 为卸载后未消失的应变，即塑性应变。若卸载后立即加载，应力与应变的关系基本上是沿着 O_1f 上升至点 f 后，再沿 fde 曲线变化。可见在重新加载时，点 f 以前材料的变形是弹性的，过点 f 后才开始出现塑性变形。这种在常温下，将材料预拉到强化阶段后卸载，然后立即再加载时，材料的比例极限得到了提高而塑性则有所降低的现象，称为冷作硬化。

冷作硬化提高了材料在弹性阶段的承载能力，但同时降低了材料的塑性。例如冷轧钢板或冷拔钢丝，由于冷作硬化，提高其强度的同时，塑性降低，材料变脆变硬，使继续加工变得困难，若要恢复其塑性，则要进行热处理。

4）局部变形阶段

过点 d 后，在试样的某一局部区域，其横截面急剧缩小，这种现象称为**颈缩**（necking）现象。由于颈缩部分横截面面积急剧减小，使试样继续伸长所需的拉力也随之迅速下降，直至试样被拉断。

材料能承受较大塑性变形而不发生破坏的能力，称为材料的**塑性**或**延性**(ductility)。工程上常用**伸长率**(specific elongation)δ 和**断面收缩率**(percent reduction in area)ψ 来衡量材料的塑性。

(1) 伸长率 $$\delta=\frac{l_1-l}{l}\times 100\%$$

式中：l_1——试样拉断后标距的长度；

l——试样原标距长度。

(2) 断面收缩率 $$\psi=\frac{A-A_1}{A}\times 100\%$$

式中：A——试样原横截面面积；

A_1——试样断裂后断口的横截面面积。

低碳钢 Q235 的伸长率 $\delta=25\%\sim30\%$，断面收缩率 $\psi\approx60\%$。

δ 和 ψ 的数值越高，材料的塑性越好。在工程中，通常按伸长率的大小把材料分为两大类：$\delta>5\%$的材料称为**塑性材料**(ductile material)，如低碳钢、铝合金、黄铜等；$\delta<5\%$的材料称为**脆性材料**(brittle material)，如灰铸铁、玻璃、陶瓷、岩石和混凝土等。塑性好的材料，在轧制或冷压成型时不易断裂，并能承受较大的冲击载荷。

2. 铸铁

铸铁拉伸时从开始到断裂，变形都不显著，没有屈服阶段和颈缩现象，伸长率 δ 仅为 0.4%～0.5%，属典型的脆性材料。铸铁拉伸时的 σ-ε 曲线是一段微弯曲线(图 11.12)，其上没有明显的直线部分，这说明铸铁不符合胡克定律。但由于铸铁构件通常都是在较小应力范围内工作，因此可以用割线来代替原来的曲线，即在较小应力范围内可将其近似作为线弹性材料处理。由 σ-ε 曲线可以看出，铸铁只有一个强度指标，即被拉断时的最大应力——强度极限 σ_b。铸铁等脆性材料的抗拉强度很低，所以不适合用于制作抗拉构件。

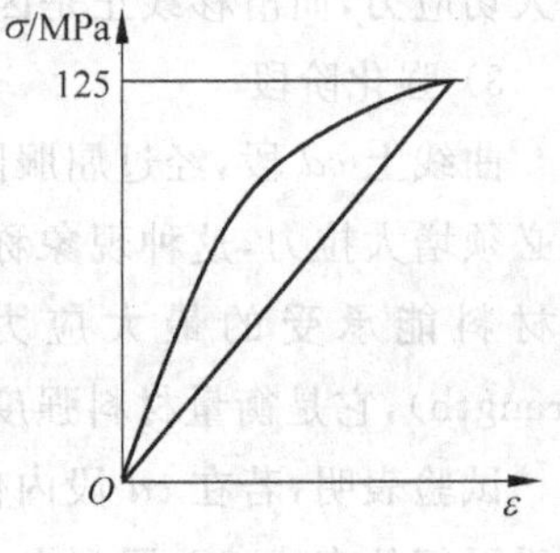

图 11.12

在土建工程中，常用的混凝土和砖石等材料也是脆性材料，它们的 σ-ε 曲线与铸铁相似，但是各自具有不同的强度极限值。

3. 其他塑性材料

图 11.13(a)给出了另外几种常用金属材料在相同条件下的 σ-ε 曲线。这些材料与低碳钢相同点为断裂后都具有较大的塑性变形(δ 都大于 5%)，因而均属塑性材料。然而从它们的 σ-ε 曲线可以看出，这些材料都没有明显的屈服阶段，所以测不到 σ_s。对于没有明显屈服点的材料，国家标准规定，取对应于试样产生 0.2%塑性应变时的应力作为屈服强度，或**名义屈服极限**(offset yielding stress)，用 $\sigma_{0.2}$ 表示(图 11.13(b))。

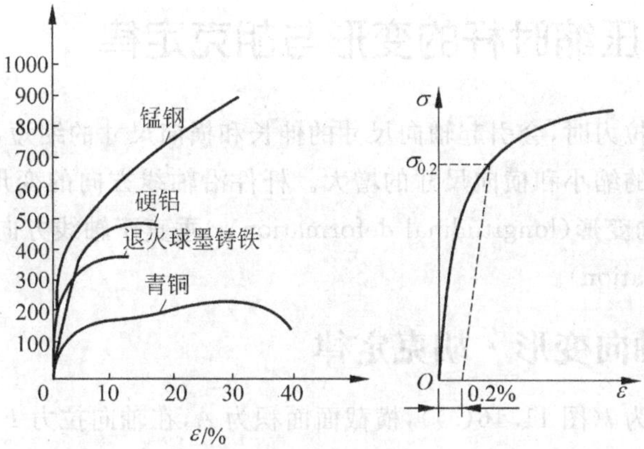

(a) (b)

图 11.13

11.3.2 材料压缩时的力学性能

1. 低碳钢

图 11.14 中的虚线和实线分别为低碳钢拉伸和压缩时的 σ-ε 曲线，由图可知，在屈服阶段以前，此二曲线基本重合，所以低碳钢拉伸和压缩时的 E 值和 σ_s 值基本相同。过屈服阶段后，若继续增大载荷，试样将越压越扁，且不断裂，因此测不出其抗压强度极限。

2. 铸铁

图 11.15 为铸铁压缩时的 σ-ε 曲线，类似于其拉伸时的 σ-ε 曲线，但其抗压强度极限 σ_c 为其抗拉强度极限 σ_t 的 4～5 倍，具有良好的抗压能力。其他脆性材料，如混凝土、石料等，抗压强度也远远高于其抗拉强度。

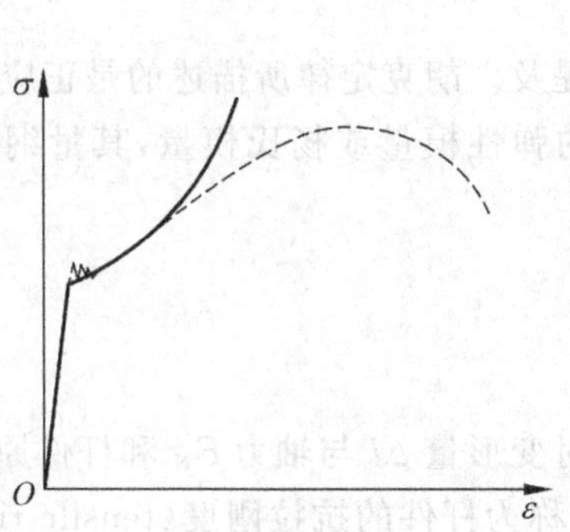

图 11.14

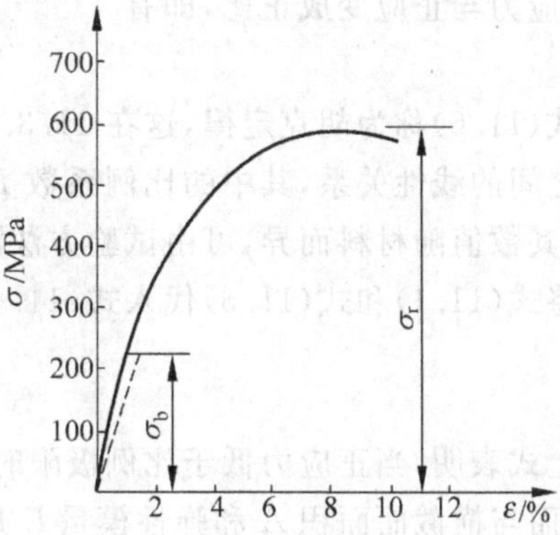

图 11.15

铸铁试样压缩破坏时，其破坏断口与轴线成 45°～55°，即沿斜截面发生错动而破坏。

11.4 拉伸或压缩时杆的变形与胡克定律

杆件承受轴向拉力时，会引起轴向尺寸的伸长和横向尺寸的缩短，而在承受轴向压力时则会引起轴向尺寸的缩小和横向尺寸的增大。杆件沿轴线方向的变形称为**轴向变形**(axial deformation)或**纵向变形**(longitudinal deformation)；垂直于轴线方向的变形称为**横向变形**(transverse deformation)。

11.4.1 轴向变形·胡克定律

设等直杆原长为 l(图 11.16(a))，横截面面积为 A，在轴向拉力 F 作用下，杆长变为 l_1，则其轴向变形为 $\Delta l = l_1 - l$。

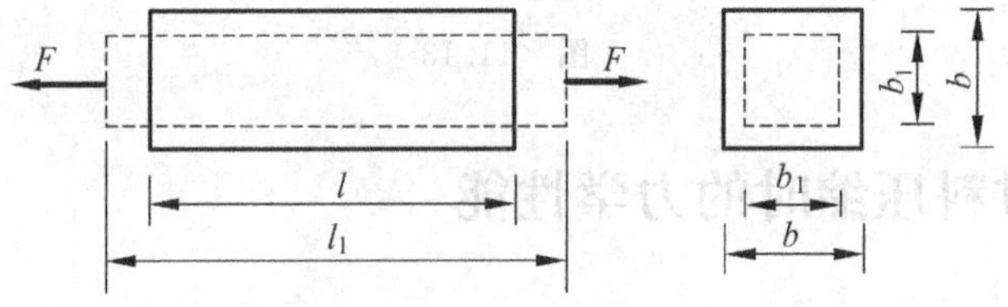

图 11.16

Δl 反映了杆的轴向绝对变形量，它与杆的原长 l 有关，为此，可将轴向变形 Δl 与原长 l 相除，得

$$\varepsilon = \frac{\Delta l}{l} \tag{11.5}$$

式中，ε 为杆的轴向相对变形量，称为**轴向线应变**(axial linear strain)或正应变，是量纲为一的物理量，其符号规定与 Δl 相同，拉伸时，Δl 与 ε 均为正，压缩时二者均为负。

在工程实践中，多种材料的试验表明，当杆件横截面上的正应力不超过材料的比例极限时，正应力与正应变成正比，即有

$$\sigma = E\varepsilon \tag{11.6}$$

式(11.6)称为胡克定律，这在 11.3.1 节中亦已提及。胡克定律所描述的是正应力与正应变之间的线性关系，其中的比例系数 E 称为材料的弹性模量或杨氏模量，其量纲与应力相同，其数值随材料而异，可由试验方法测定。

将式(11.1)和式(11.5)代入式(11.6)，得

$$\Delta l = \frac{F_N l}{EA} \tag{11.7}$$

上式表明，当正应力低于比例极限时，杆件的绝对变形量 Δl 与轴力 F_N 和杆件原长 l 成正比，而与横截面面积 A 和弹性模量 E 成反比。EA 称为杆件的**抗拉刚度**(tensile rigidity)或**抗压刚度**(compressive rigidity)，它表征杆件抵抗轴向变形的能力。式(11.7)是胡克定律的另一种表达形式，它可用于计算轴向拉压杆的绝对变形量。

胡克定律是很多工程问题进行相关材料力学分析的基础，具有十分重要的地位。然而值得指出的是，只有当应力低于比例极限时胡克定律才能适用。实际上，工程构件正常工作

时的应力通常是低于比例极限的。

11.4.2 横向变形·泊松比

在杆件轴向尺寸变化的同时，其横向尺寸也发生相应的变化。如图 11.16(a)和图 11.16(b)所示，受轴向拉力后，轴向尺寸伸长，同时横向尺寸缩短，杆件宽度由原宽度 b 变为 b_1，则杆的横向变形为

$$\Delta b = b_1 - b$$

则**横向线应变**(transverse linear strain)ε'为

$$\varepsilon' = \frac{\Delta b}{b}$$

试验表明，当应力不超过材料的比例极限时，横向线应变 ε' 与轴向线应变 ε 之比的绝对值为一常数，即

$$\mu = \left|\frac{\varepsilon'}{\varepsilon}\right| = -\frac{\varepsilon'}{\varepsilon}$$

或

$$\varepsilon' = -\mu\varepsilon \tag{11.8}$$

式中，量纲为一的量 μ 称为**泊松比**(Poisson's ratio)。在比例极限内，μ 是一个常数，其数值与材料有关，由实验测定。对绝大多数各向同性材料，$0<\mu<0.5$。

弹性模量 E 和泊松比 μ 是材料的两个弹性常数。常用材料在常温静载下的 E 和 μ 值见表 11.1。

表 11.1 几种常用材料的弹性模量 E 和泊松比 μ

材料名称	E/GPa	μ
Q235 钢	200～220	0.24～0.28
16Mn 钢	200	0.25～0.30
合金钢	210	0.28～0.32
铝合金	70～72	0.26～0.34
铜及合金	74～130	0.31～0.41
铸铁	80～160	0.23～0.27
混凝土	14～35	0.16～0.18
玻璃	56	0.25
橡胶	0.0078	0.47
木材(顺纹)	8～12	
木材(横纹)	0.49	

11.4.3 叠加原理

在求轴向拉压杆件的变形时，几个载荷同时作用产生的变形，等于各载荷单独作用产生的变形的总和，称为**叠加原理**(principle of superposition)。

当各段的轴力为常量时，有

$$\Delta l = \Delta l_1 + \Delta l_2 + \Delta l_3 + \cdots + \Delta l_n = \sum_{i=1}^{n} \frac{F_{Ni} l_i}{E_i A_i} \tag{11.9}$$

而当轴力为 x 的函数时,即 $F_N=F_N(x)$时,有

$$\Delta l = d\Delta l_1 + d\Delta l_2 + d\Delta l_3 + \cdots + d\Delta l_n = \int_0^l \frac{F_N(x)}{E(x)A(x)}dx \qquad (11.10)$$

此处,叠加原理的适用条件为在线弹性范围内工作的轴向拉压杆。

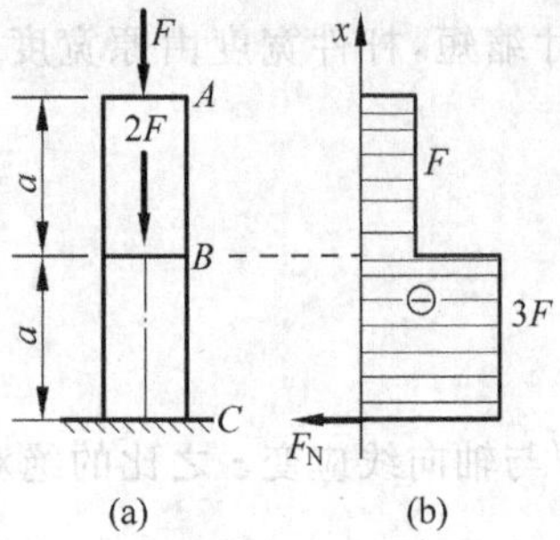

图 11.17

例 11.3 已知直杆 AC 受力如图 11.17(a)所示,材料弹性模量为 E,截面面积为 A,AB 和 BC 段长度均为 a,A 截面上的作用力为 F,B 截面上的作用力为 $2F$,求:(1)AC 杆的总变形量 Δl;(2)B 截面的位移 δ_B;(3)AB 段的轴向线应变 ε_{AB}。

解 (1) 计算 AB、BC 段轴力,画轴力图,如图 11.17(b)所示。

(2) 计算变形

AB 段变形

$$\Delta l_{AB} = \frac{F_{NAB}l_{AB}}{EA} = -\frac{Fa}{EA}$$

BC 段变形

$$\Delta l_{BC} = \frac{F_{NBC}l_{BC}}{EA} = -\frac{3Fa}{EA}$$

AC 段总变形

$$\Delta l_{AC} = \Delta l_{AB} + \Delta l_{BC} = -\frac{4Fa}{EA}$$

(3) 求 B 截面的位移 δ_B

B 截面的位移是 BC 杆的缩短量即

$$\delta_B = \frac{3Fa}{EA} \ (向下)$$

(4) 求 ε_{AB}

$$\varepsilon_{AB} = \frac{\Delta l_{AB}}{l_{AB}} = -\frac{F}{EA}$$

11.4.4 桁架节点位移的计算

在以上几个小节中,我们已经考察了如何计算某一轴向拉压杆的变形。众所周知,机械或工程结构通常是由多个构件装配组合而成的。例如,工程中常用的桁架结构,即是由多个承受轴向拉压的杆件连接而成的。桁架中各个杆件在发生变形的同时,会导致相关连接节点产生位移。本小节以最简单的三角形桁架为例,介绍其节点位移的几何解法。

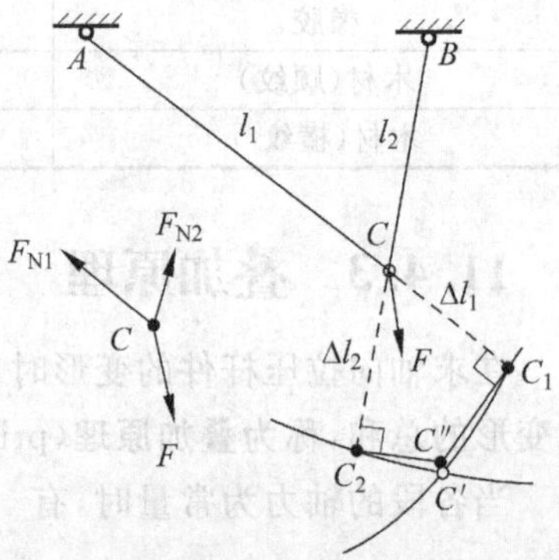

图 11.18

如图 11.18 所示三角形桁架 ABC,在 C 点作用有集中力 F,试计算 C 点的位移。首先绘制节点 C 的受力图,确定杆 AC 和杆 BC 的内力 F_{N1} 和 F_{N2};然后计算杆 AC

和杆 BC 各自的变形量 Δl_1 和 Δl_2；接下来画杆件变形图：即以 A 为圆心，AC_1 为半径画弧线，同时以 B 为圆心，BC_2 为半径画弧线，则这两条弧线的交点 C' 就是杆件变形后 C 点的真实位置。考虑到杆件小变形假设，在画杆件变形图时，可近似用切线代替相应弧线，即过 C_1 作 AC_1 的垂线，过 C_2 作 BC_2 的垂线，两条垂线的交点 C'' 就是 C' 的近似位置。

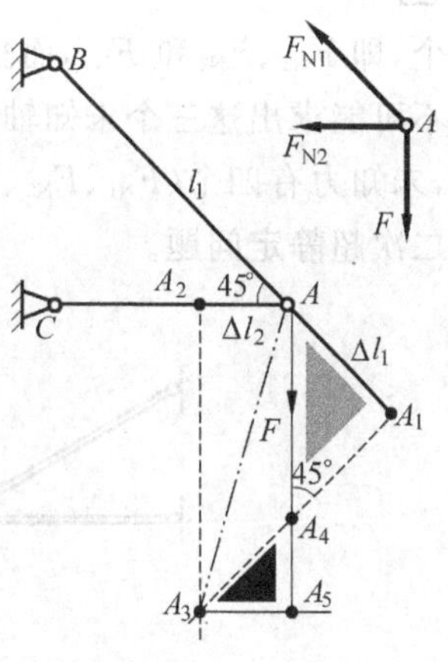

图 11.19

例 11.4 图 11.19 所示三角形桁架 ABC，已知杆 AB 为钢管，其横截面面积 $A_1 = 100\ \text{mm}^2$，$E_1 = 200$ GPa，$l_1 = 1$ m，杆 AC 为铝管，$A_2 = 250\ \text{mm}^2$，$E_2 = 70$ GPa，杆 AB 与杆 AC 夹角为 45°，且 B 点和 C 点位于同一铅垂线，节点 A 处作用一集中力 $F=10$ kN。试求：节点 A 的垂直位移和水平位移。

解 (1) 求各杆内力

$$F_{N1} = \sqrt{2}F = 14.14\ \text{kN},\quad F_{N2} = -F = -10\ \text{kN}$$

(2) 求各杆的伸长 Δl_1

$$\Delta l_1 = \frac{F_{N1}l_1}{E_1A_1} = \frac{14.14\times10^3\times1}{200\times10^9\times100\times10^{-6}}\ \text{m} = 0.707\ \text{mm},$$

$$\Delta l_2 = \frac{F_{N2}l_2}{E_2A_2} = -\frac{10\times10^3\times\frac{\sqrt{2}}{2}}{70\times10^9\times250\times10^{-6}}\ \text{m} = -0.404\ \text{mm}$$

(3) 画 A 点的位移图

按照上述几何解法，画 A 点的位移图如图 11.19 所示。可见 BA_1 垂线与 CA_2 垂线的交点 A_3 即是杆件变形后 A 点的近似位置。则有

$$AA_5 = AA_4 + A_4A_5 = \Delta l_1/\cos 45^\circ + \Delta l_2\cot 45^\circ = 1.404\ \text{mm}$$

所以 A 点的垂直位移为 $AA_5 = 1.404$ mm，而水平位移则为 $A_3A_5 = \Delta l_2 = -0.404$ mm。

在例 11.4 解题过程中，我们按照结构原有几何形状与尺寸计算了杆件的内力，同时采用以切线代替圆弧的方法来近似确定了节点的位移。可见小变形假设使得问题的分析计算大为简化。

11.5 拉伸或压缩超静定问题

11.5.1 轴向拉压超静定问题

在前面所研究的杆件或结构中，杆件的约束反力或内力都可由静力平衡方程求得，这类问题称为**静定问题**(statically determinate problem)，相应的结构称为静定结构。然而，在工程实际中，为了提高结构的强度和刚度，有时需要增加一些多余约束，多余约束增加势必会增加相应的未知力，此时结构中杆件的约束反力或内力并不能全部由静力平衡方程求出，这类问题称为**超静定问题**或**静不定问题**(statically indeterminate problem)，相应结构则称为超静定结构。超过独立平衡方程数目的未知力个数，称为**超静定次数**。

例如，图 11.20(a)所示杆系，轴力 F_{N1} 和 F_{N2} 可由平面汇交力系的静力平衡方程 $\sum X = 0$

和 $\sum Y=0$ 确定，是静定问题；而在图 11.20(b)中由于又增加了一根杆件，使轴力增加为三个，即 F_{N1}、F_{N2} 和 F_{N3}，而独立的静力平衡方程数目仍为两个，显然，仅用这两个平衡方程是不可能求出这三个未知轴力的，所以是超静定问题，且为一次超静定问题；而图 11.20(c)中，未知力有四个(F_{N1}、F_{N2}、F_{N3} 和 F_{N4})，而独立的静力平衡方程数目仍为两个，所以该问题为二次超静定问题。

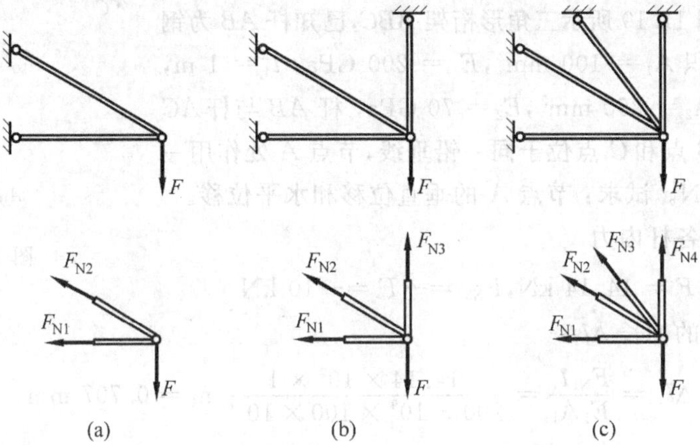

图 11.20

超静定问题的特点是未知力的数目多于静力平衡方程的数目，所以从数学角度看，求解超静定问题的关键是建立与超静定次数相等的补充方程。建立补充方程，可从研究杆件的变形与约束条件入手，即根据杆件的变形协调条件得到相应几何方程。

例 11.5 图 11.21(a)所示杆 AB，两端固定，在横截面 C 处承受轴向载荷 F 作用，假设杆的抗拉刚度 EA 为常数，试求杆两端的约束反力。

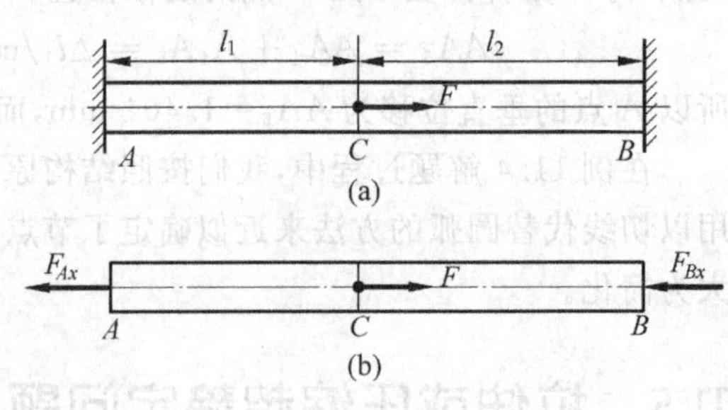

图 11.21

解 (1) 静力关系

在载荷 F 作用下，AC 段伸长，CB 段缩短，未知反力 F_{Ax} 与 F_{Bx} 的方向如图 11.21(b)所示，并与载荷 F 组成一共线力系，其平衡方程为

$$\sum X=0,\ F-F_{Ax}-F_{Bx}=0 \tag{a}$$

两个未知力，一个平衡方程，故为一次超静定问题。

(2) 变形几何关系

根据杆端的约束条件可知，受力后各杆虽然发生变形，但杆的总长保持不变，所以 AC 段轴向变形 Δl_{AC} 与 CB 段轴向变形 Δl_{CB} 之间应满足如下关系：

$$\Delta l_{AC}+\Delta l_{CB}=0 \tag{b}$$

保证结构连续性所应满足的变形几何关系，称为**变形协调条件**(compatibility condition of deformation)，它通常是求解超静定问题的补充条件。显然式(b)就是本超静定问题的变形协调条件。

(3) 物理关系

由图 11.21(b)可以看出，AC 与 CB 段的轴力分别为

$$F_{N1}=F_{Ax}$$

$$F_{N2}=-F_{Bx}$$

故由胡克定律可知，AC 与 CB 段的轴向变形分别为

$$\Delta l_{AC}=\frac{F_{Ax}l_1}{EA} \tag{c}$$

$$\Delta l_{CB}=-\frac{F_{Bx}l_2}{EA} \tag{d}$$

式中，l_1 与 l_2 分别代表 AC 与 CB 段的长度，EA 代表杆件抗拉(压)刚度。

(4) 约束反力计算

将式(c)、式(d)代入式(b)，得补充方程为

$$\frac{F_{Ax}l_1}{EA}-\frac{F_{Bx}l_2}{EA}=0$$

即

$$F_{Ax}l_1-F_{Bx}l_2=0 \tag{e}$$

最后，联立求解平衡方程(a)和补充方程(e)，得到

$$F_{Ax}=\frac{Fl_2}{l_1+l_2}$$

$$F_{Bx}=\frac{Fl_1}{l_1+l_2}$$

从上例可见，求解超静定问题，一般可归纳为以下四个步骤：

(1) 静力学方面，根据静力学平衡条件建立以未知力表达的静力平衡方程；

(2) 变形方面，根据变形协调条件建立变形几何方程；

(3) 物理方面，建立变形与未知力之间的关系式，通常表现为胡克定律；

(4) 由(2)和(3)得到以未知力表达的补充方程，联立求解补充方程和静力平衡方程，得到问题的解答。

例 11.6 图 11.22 桁架在节点 A 受到竖直向下的拉力 F 作用。已知 1 杆的抗拉刚度为 E_1A_1，2 杆及 3 杆的抗拉刚度相等，为 E_2A_2，图中 l 和 α 已知。试确定各杆的轴力。

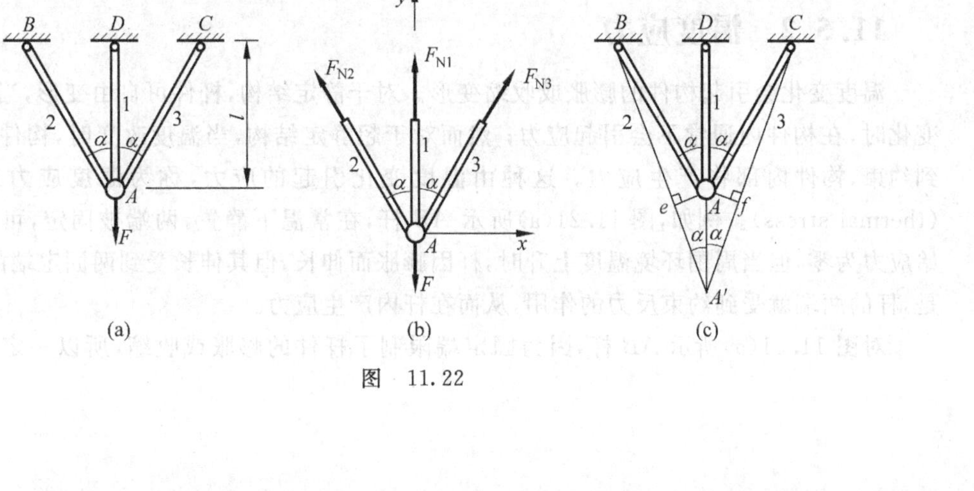

图 11.22

解 本问题为一次超静定问题。

(1) 静力关系

按截面法,由图 11.22(b)所示保留部分的平衡条件 $\sum X=0$ 及 $\sum Y=0$ 得

$$F_{N2}=F_{N3} \tag{a}$$

$$F_{N1}+(F_{N2}+F_{N3})\cos\alpha=F \tag{b}$$

(2) 变形几何关系

由于结构有对称性,2、3 杆的变形量应相等。这样可假定变形后节点 A 位移到 A'点。位移 AA'就是 1 杆的变形量 Δl_1。假设杆件符合小变形假设,则在图 11.22(c)中,近似有 $\angle AA'B=\alpha$。过 A 点向 BA'作垂线 Ae,则可认为 $A'e$ 就是 2 杆的变形量 Δl_2。于是由图 11.22(c)中所示的几何关系可得变形谐调条件

$$\Delta l_1\cos\alpha=\Delta l_2=\Delta l_3 \tag{c}$$

(3) 物理关系

F_{N1}、F_{N2}及 Δl_1、Δl_2之间的关系为

$$\Delta l_1=\frac{F_{N1}l}{E_1A_1} \tag{d}$$

$$\Delta l_2=\frac{F_{N2}l}{E_2A_2\cos\alpha} \tag{e}$$

(4) 补充方程

将式(d)及式(e)代入式(c)简化后得

$$F_{N1}-F_{N2}\frac{E_1A_1}{E_2A_2\cos^2\alpha}=0 \tag{f}$$

将式(a)、(b)及式(f)联立求解,得到轴力

$$F_{N1}=\frac{F}{1+2\dfrac{E_2A_2}{E_1A_1}\cos^2\alpha}$$

$$F_{N2}=F_{N3}=\frac{F}{2\cos\alpha+\dfrac{1}{\dfrac{E_2A_2}{E_1A_1}\cos^2\alpha}}$$

由上述结果可知,超静定杆的轴力除受外力和结构参数 α 影响外,还与各杆抗拉刚度的比值有关,这是不同于静定问题的一个重要特点。

11.5.2 温度应力

温度变化会引起构件的膨胀或收缩变形。对于静定结构,杆件可自由变形,当温度均匀变化时,在构件内通常不会引起应力;然而对于超静定结构,当温度改变时,构件的变形受到约束,构件内部将产生应力。这种由温度变化引起的应力,称为**温度应力**或**热应力**(thermal stress)。例如,图 11.21(a)所示 AB 杆,在常温下静置,两端被固定,可认为杆初始应力为零,但当周围环境温度上升时,杆因膨胀而伸长,但其伸长受到两固定端的限制,于是,杆的两端就受到约束反力的作用,从而在杆内产生应力。

对图 11.21(a)所示 AB 杆,因为固定端限制了杆件的膨胀或收缩,所以一定有约束反

力 F_{Ax} 和 F_{Bx} 作用于两端。由杆 AB 的静力学平衡条件，得

$$F_{Ax} = F_{Bx} \tag{a}$$

设想拆除右端约束，允许杆件自由变形，当温度升高了 ΔT 时，杆件的伸长量为

$$\Delta l_T = \alpha \Delta T l \tag{b}$$

式中，α 为材料的线膨胀系数。

然后，在右端作用约束反力 F_{Bx}，杆件因 F_{Bx} 而产生的收缩量为

$$\Delta l_c = \frac{F_{Bx} l}{EA} \tag{c}$$

而实际上，由于两端固定，杆件长度保持不变，即必须满足变形协调条件

$$\Delta l_T = \Delta l_c$$

将式(b)和式(c)代入上式，得

$$\alpha \Delta T l = \frac{F_{Bx} l}{EA}$$

由此求出

$$F_{Bx} = \alpha EA \Delta T$$

则杆内的温度应力为

$$\sigma_T = \frac{F_{Bx}}{A} = \alpha E \Delta T$$

为了避免过高的温度应力，在管道中可增加伸缩节，在钢轨各段之间通常预留伸缩缝等，这样可以削弱对膨胀的约束，从而尽量降低温度应力。

11.5.3　装配应力

构件的加工误差通常难以避免。对于静定结构，加工误差不会在构件内引起应力。但对于超静定结构，由于多余约束的存在，加工误差通常会在构件内引起应力。以图 11.22(c)为例说明此问题，假设杆 1 由于加工误差，其实际长度较设计长度伸长了 AA'，那么要使得三根杆装配到一起，则必然会引起杆 1 的缩短和杆 2 和杆 3 的伸长，显然杆 1 内将产生压应力，而杆 2 和杆 3 内会产生拉应力。这种由于加工误差而于装配后在构件内引起的应力称为**装配应力**(assembled stress)。装配应力是结构构件在未承受载荷作用之前就已具有的应力，因此也称为**预应力**(prestress)或**初应力**(initial stress)。求解装配应力问题和拉压超静定问题及温度应力问题一样，均需根据变形协调条件来建立补充方程。

装配应力的存在对于超静定结构而言往往是不利的，因此通常要求在构件制造时尽量保证足够的加工精度，以降低有害的装配应力。当然事物往往都具有两面性，装配应力也有有利的一面。比如，机械上的过盈配合就是利用装配应力的一个例证，另当今工程建设中常用的预应力混凝土和预应力锚具则更是充分利用预应力的典型案例。

11.6　拉伸或压缩时杆的强度条件及应用

11.6.1　许用应力和安全因数

材料破坏或失效时的应力，称为**极限应力**(ultimate stress)，用 σ_u 表示。对于脆性材

料，显然其强度极限 σ_b 是其极限应力。而对于塑性材料，当应力达到屈服极限 σ_s（或 $\sigma_{0.2}$）时，构件将发生明显的塑性变形，而丧失其正常工作能力，因此塑性材料的极限应力为 σ_s（或 $\sigma_{0.2}$）。

直接将材料的极限应力作为构件的最大工作应力是不安全的。考虑到一些难以确切估计的因素以及保证构件安全工作所必需的强度储备，在工程实际中，必须将构件最大工作应力限制在比其极限应力更低的范围内，即通常将其极限应力除以一个大于1的系数，作为其允许采用的最大工作应力值。该应力称为材料的**许用应力**（allowable stress），用$[\sigma]$表示，即

$$[\sigma]=\frac{\sigma_u}{n} \tag{11.11}$$

式中，大于1的系数 n 称为**安全因数**（factor of safety）。对于塑性材料，有

$$[\sigma]=\frac{\sigma_s}{n_s}$$

对于脆性材料，则有

$$[\sigma]=\frac{\sigma_b}{n_b}$$

式中 n_s、n_b 分别为塑性材料和脆性材料的安全因数。

安全因数的选取应综合考虑安全性和经济性，是一个重要而复杂的问题。对于各种不同构件的安全因数和许用应力，可查阅有关规范或设计手册。在一般静载荷强度计算中，塑性材料的安全因数 n_s 可取 1.5～2.5，脆性材料的安全系数 n_b 取值为 2.5～3.5。

11.6.2　拉压杆的强度条件及应用

根据许用应力的定义，为保证轴向拉压杆正常工作，杆内最大工作应力必须满足

$$\sigma_{max}=\left(\frac{F_N}{A}\right)_{max}\leqslant[\sigma] \tag{11.12}$$

式(11.12)称为轴向拉压杆的**强度条件**（strength condition）。对于等截面拉压杆件，上式变为

$$\sigma_{max}=\frac{F_{Nmax}}{A}\leqslant[\sigma] \tag{11.13}$$

根据以上强度条件，可以解决以下三类强度计算问题：

(1) 强度校核：已知载荷、杆件尺寸和材料许用应力，验证强度条件（式(11.13)）是否成立。

(2) 截面设计：已知载荷和材料许用应力，确定杆件的横截面尺寸，即将式(11.13)改写为

$$A\geqslant\frac{F_{Nmax}}{[\sigma]}$$

(3) 确定许可载荷：已知杆件尺寸和材料许用应力，确定该杆件所能承受的最大轴力，即将式(11.13)改写为

$$F_{Nmax}\leqslant[\sigma]A \tag{11.14}$$

然后再根据静力学平衡条件确定杆件或结构的许可载荷。

需要指出的是，如果最大工作应力 σ_{max} 超过了许用应力$[\sigma]$，但只要超过量小于许用应力的 5%，则在工程计算中仍然是允许的。

下面举例说明拉压杆强度条件的应用。

例 11.7　一铰接结构由钢杆 1 和铜杆 2 组成，如图 11.23(a)所示。在节点 A 处受外力 $F=40$ kN。两杆的横截面积分别为 $A_1=200\ \text{mm}^2$ 和 $A_2=300\ \text{mm}^2$。钢杆和铜杆的许用应力分别为 $[\sigma]_1=160$ MPa 和 $[\sigma]_2=100$ MPa。试校核此结构的强度。

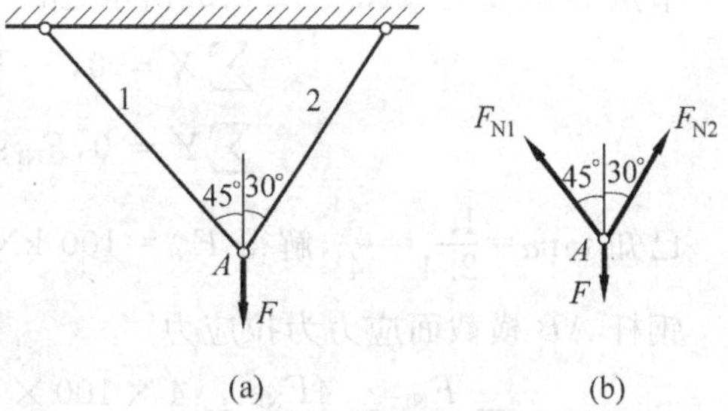

图　11.23

解　(1) 计算两杆的轴力

节点 A 的受力如图 11.23(b)所示，由平衡方程

$$\sum X=0, F_{N2}\sin 30^\circ - F_{N1}\sin 45^\circ=0$$

$$\sum Y=0,\ F_{N1}\cos 45^\circ + F_{N2}\cos 30^\circ - F=0$$

解得 $F_{N1}=20.7$ kN，$F_{N2}=29.3$ kN。

(2) 计算两杆的应力并校核

两杆横截面上的应力分别为

$$\sigma_1=\frac{F_{N1}}{A_1}=\frac{20.7\times10^3}{200}=103.6\ \text{MPa}$$

$$\sigma_2=\frac{F_{N2}}{A_2}=\frac{29.3\times10^3}{300}=97.6\ \text{MPa}$$

由于 $\sigma_1<[\sigma]_1$，$\sigma_2<[\sigma]_2$，故此结构的强度是足够的。

例 11.8　如图 11.24(a)所示托架，AB 为圆钢杆 $d=3.2$ cm，BC 为正方形木杆 $a=14$ cm。杆端均用铰链连接。在节点 B 作用一载荷 $F=60$ kN。已知钢的许用应力$[\sigma]=140$ MPa。木材的许用拉应力和压应力分别为$[\sigma_t]=8$ MPa，$[\sigma_c]=3.5$ MPa，试求：

(1) 校核托架能否正常工作？

(2) 为保证托架安全工作，最大许可载荷为多大？

(3) 如果要求载荷 $F=60$ kN 不变，应如何修改钢杆和木杆的截面尺寸？

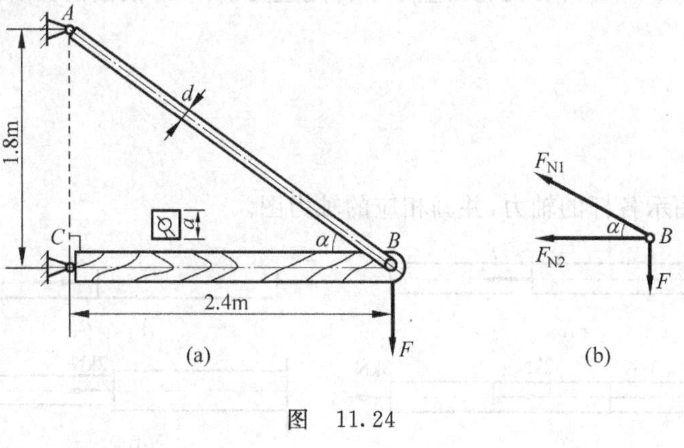

图　11.24

解 (1) 校核托架能否正常工作，即校核托架强度，属于第一类问题。

节点 B 的受力如图 11.24(b)所示，由平衡方程

$$\sum X = 0, -F_{N1}\cos\alpha - F_{N2} = 0$$
$$\sum Y = 0, F_{N1}\sin\alpha - F = 0$$

已知 $\tan\alpha=\dfrac{1.8}{2.4}=\dfrac{3}{4}$，解得 $F_{N1}=100\ \text{kN}$，$F_{N2}=-80\ \text{kN}$，即杆 AB 受拉而杆 BC 受压。

钢杆 AB 横截面应力为拉应力

$$\sigma_1=\frac{F_{N1}}{A_1}=\frac{4F_{N1}}{\pi d^2}=\frac{4\times100\times10^3}{3.14\times32^2}=124\ \text{MPa}<140\ \text{MPa}=[\sigma]$$

木杆 BC 横截面应力为压应力，其大小为

$$\sigma_2=\frac{|F_{N2}|}{A_2}=\frac{|F_{N2}|}{a^2}=\frac{80\times10^3}{140\times140}=4.08\ \text{MPa}>3.5\ \text{MPa}=[\sigma_c]$$

结果可见，木杆强度不够，因此托架不能正常工作。

(2) 求最大许可载荷，属第三类问题。

由上述分析可知，托架不能安全工作的原因是木杆强度不足，因此最大许可载荷[F]应根据木杆强度来确定。由强度条件有

$$|F_{N2}|\leqslant[\sigma_c]A_2=[\sigma_c]a^2=3.5\times10^6\times14^2\times10^{-4}\ \text{N}=68.6\ \text{kN}$$

而 $F_{N2}=-F\cot\alpha$，则有

$$F\cot\alpha\leqslant68.6\ \text{kN}$$

故托架的最大许可载荷为$[F]=68.6\tan\alpha=51.45\ \text{kN}$。

(3) 属第二类问题。由强度条件有

$$A\geqslant\frac{F_{N\max}}{[\sigma]}$$

钢杆 $\dfrac{\pi}{4}d^2\geqslant\dfrac{F_{N1}}{[\sigma_t]}=7.14\ \text{cm}^2$，解得 $d\geqslant3.02\ \text{cm}$，

木杆 $a^2\geqslant\dfrac{F_{N2}}{[\sigma_c]}=228.6\ \text{cm}^2$，解得 $a\geqslant15.1\ \text{cm}$。

如果取钢杆直径 $d=3$ cm，木杆边长 $a=15$ cm，此时钢杆与木杆的工作应力较其各自许用应力分别大1%和1.6%，可见超出量小于许用应力的5%，根据前文所述，这在工程计算中是允许的。

习题

11.1 试求图示各杆的轴力，并画相应的轴力图。

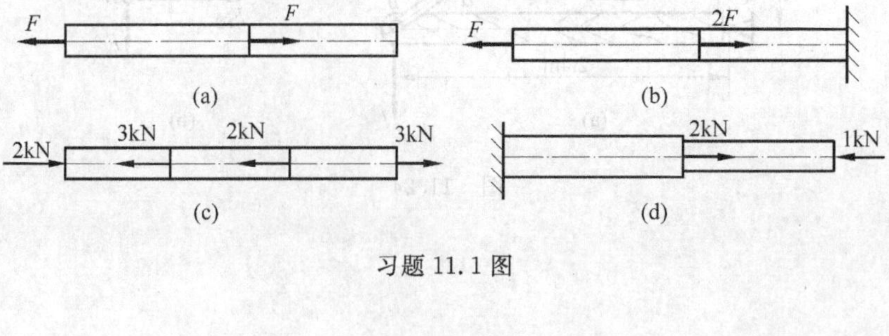

习题 11.1 图

11.2 求图示阶梯轴横截面1—1、2—2、3—3上的轴力，并作轴力图。若横截面面积$A_1=200\ \text{mm}^2$、$A_2=300\ \text{mm}^2$、$A_3=400\ \text{mm}^2$，试求各截面上的应力。

11.3 圆截面刚杆如图所示，已知$E=200$ GPa，试求：

(1) 杆的最大正应力及杆的总变形量；

(2) 杆的最大切应力。

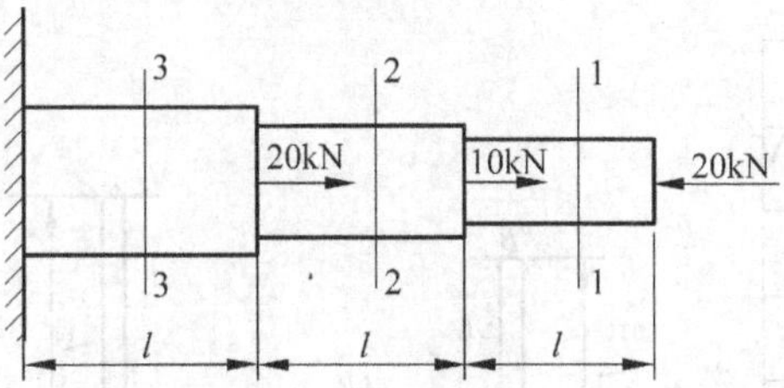

习题 11.2 图

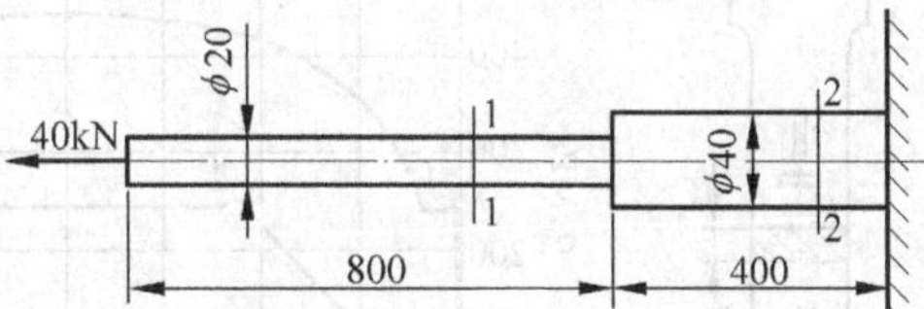

习题 11.3 图(单位：mm)

11.4 图示木杆，承受轴向载荷$F=10$ kN作用，杆的横截面面积$A=1000\ \text{mm}^2$，粘接面的方位角$\theta=45°$，试计算该截面上的正应力与切应力，并画出应力的方向。

11.5 图示阶梯形杆AC，$F=10$ kN，$l_1=l_2=400$ mm，$A_1=2A_2=100\ \text{mm}^2$，$E=200$ GPa，试计算杆AC的轴向变形Δl。

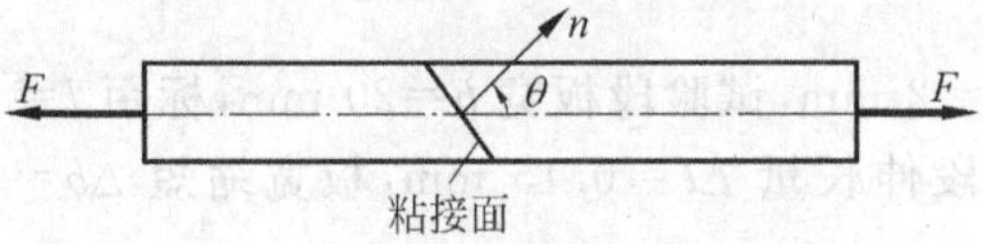

习题 11.4 图

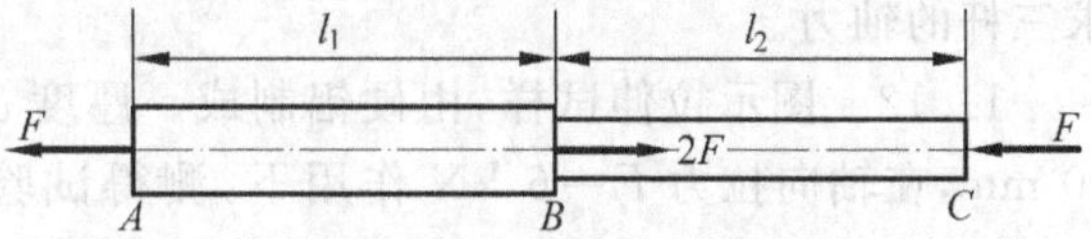

习题 11.5 图

11.6 图示简易吊车的杆BC为钢杆，杆AB为木杆。杆AB的横截面面积$A_1=100\ \text{cm}^2$，许用应力$[\sigma]_1=7$ MPa；杆BC的横截面面积$A_2=6\ \text{cm}^2$，许用应力$[\sigma]_2=160$ MPa。求许可吊重F。

11.7 假设图示桁架各杆各截面的抗拉刚度均为EA，试求桁架节点A的水平位移和铅垂位移。

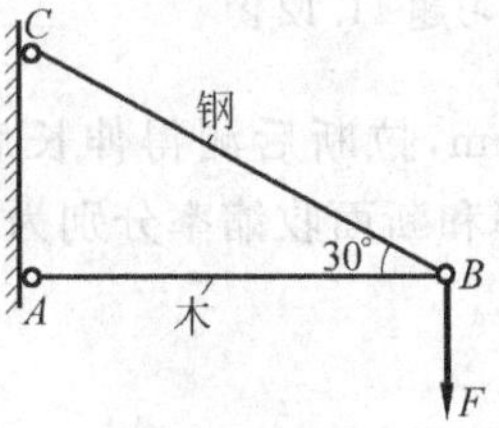

习题 11.6 图

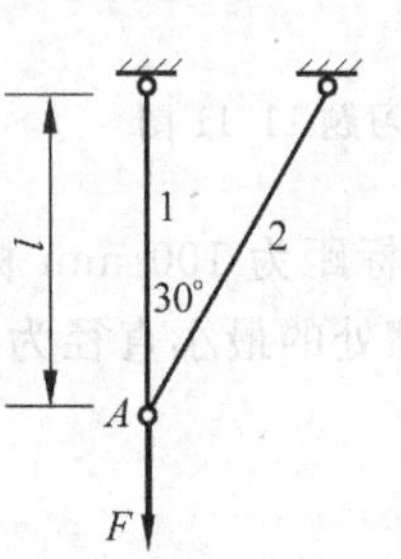

习题 11.7 图

11.8 平板拉伸试样如图。横截面尺寸为$b=30$ mm，$t=4$ mm，在纵、横向各贴一电阻应变片测量应变。试验时每增加拉力$\Delta F=3$ kN，测得的纵、横向应变增量为$\Delta\varepsilon_1=120\times10^{-6}$，$\Delta\varepsilon_2=-38\times10^{-6}$，求所试材料的弹性模量$E$、泊松比$\mu$。

11.9 某材料的应力-应变曲线如图所示，图中还同时画出了低应变区的详图。试确定材料的弹性模量E、比例极限σ_p、屈服极限σ_s、强度极限σ_b与伸长率δ，并判断该材料属于何种类型（塑性或脆性材料）。

11.10　在图示结构中，设 CF 为刚体（即 CF 的弯曲变形可以不计），BC 为铜杆，DF 为钢杆，两杆的横截面面积分别为 A_1 和 A_2，弹性模量分别为 E_1 和 E_2。如要求 CF 始终保持水平位置，试求 x。

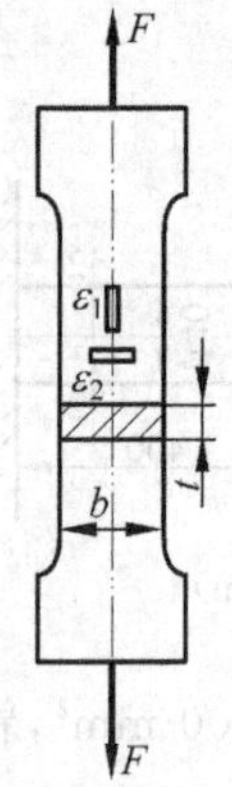

习题 11.8 图

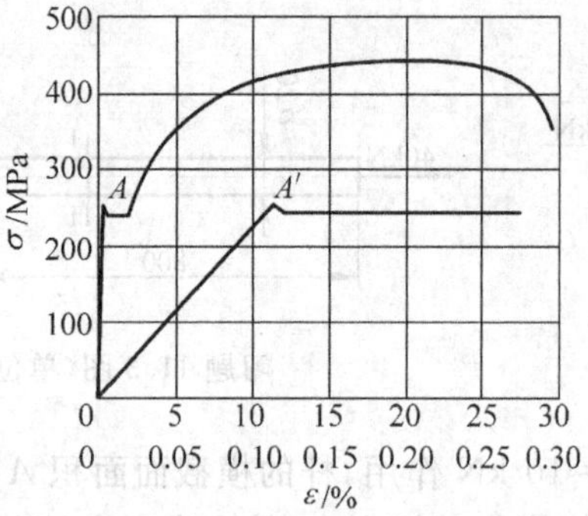

习题 11.9 图

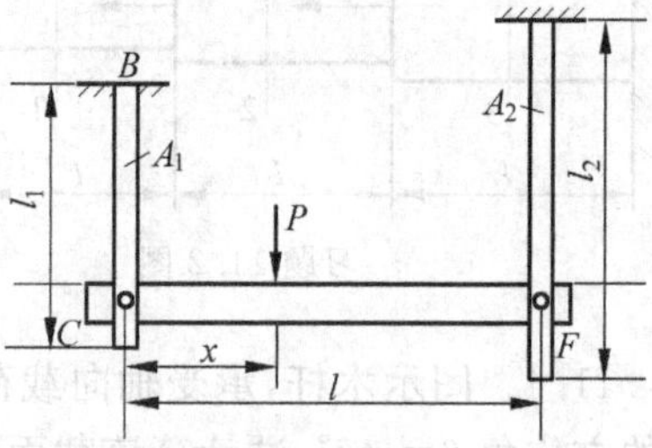

习题 11.10 图

11.11　在图示结构中，设 AC 梁为刚杆，杆件 1、2、3 的横截面面积相等，材料相同。试求三杆的轴力。

11.12　图示拉伸试样，由硬铝制成。厚度 $\delta=2$ mm，试验段板宽 $b=20$ mm，标距 $l=70$ mm，在轴向拉力 $F=6$ kN 作用下，测得试验段伸长量 $\Delta l=0.15$ mm，板宽缩短 $\Delta b=0.014$ mm。试确定硬铝的弹性模量 E 和泊松比 μ。

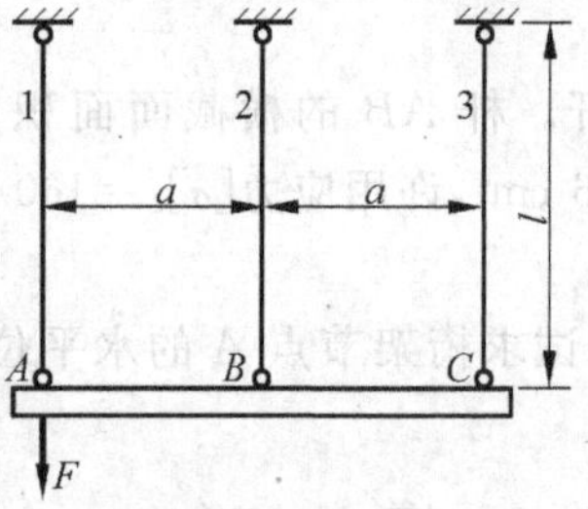

习题 11.11 图

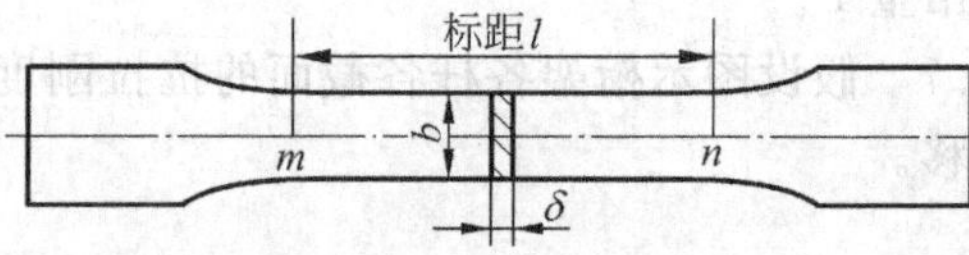

习题 11.12 图

11.13　标距为 100 mm 标准计划试件，直径为 10 mm，拉断后测得伸长后的标距为 123 mm，颈缩处的最小直径为 6.4 mm，则该材料的延伸率和断面收缩率分别为多少？

第12章

剪切和挤压的实用计算

12.1 剪切和挤压的概念

工程实际中经常会遇到起连接作用的构件，例如连接钢板的铆钉(图 12.1(a))，销轴连接中的螺栓和销钉(图 12.1(b))，连接转轴与齿轮的平键(图 12.1(c))，搭接的焊缝(图 12.1(d))等。

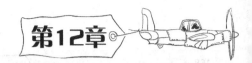

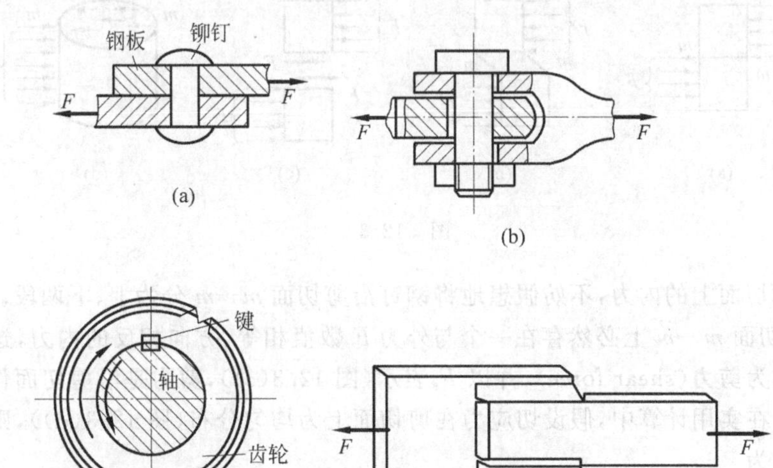

图 12.1

上述连接件在工作过程中均受到**剪切**。由图 12.1(a)中铆钉的受力和变形，并结合图 12.2(a)刀刃剪切钢板的直观实例，可知剪切构件的受力特点为：作用于构件两侧面上的外力的合力是一对大小相等、方向相反、作用线相距极近的横向集中力。其变形特点是：两横向集中力之间的横截面发生相对错动(图 12.2(b))，产生**剪切变形**(shear deformation)。

在剪切构件的内部引起**切应力**，如果应力过大，以至超过材料的强度极限，接头就要破坏而造成工程事故。因连接件内应力分布规律复杂，难以利用材料力学知识进行精确分析，

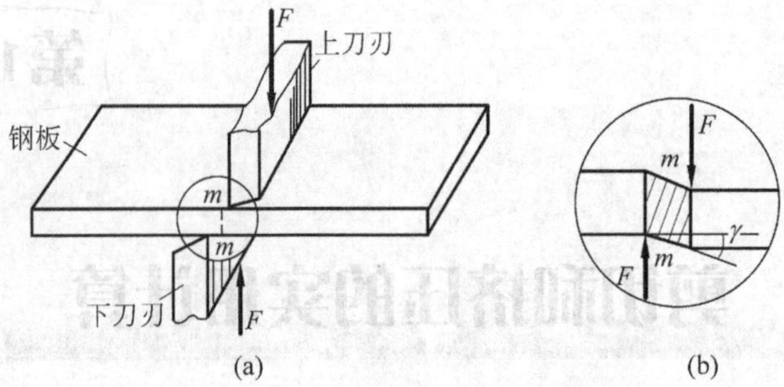

图 12.2

在工程实践中对这类构件的分析常采用**实用计算方法**(practical calculation method)，即根据使用和破坏实际情况，对其受力及应力分析作出一些大体上能反映实际情况的假设，导出简单实用的近似计算公式，从而对连接件进行强度估算。

12.2 剪切的实用计算

在图 12.3(a)、(b)中，发生相对错动的横截面 m—m，称为**剪切面**(shearing section)。

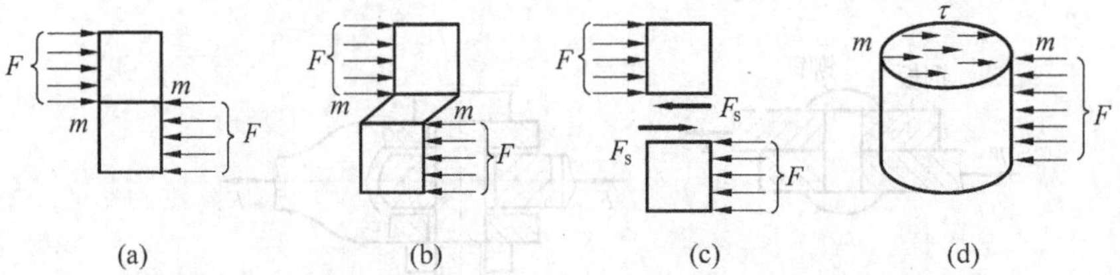

图 12.3

为求得剪切面上的内力，不妨假想地将铆钉沿剪切面 m—m 分为上、下两段。根据截面法可知，在剪切面 m—m 上必然存在一个与外力 F 数值相等、方向相反的内力，这种与截面相切的内力称为**剪力**(shear force)，并以 F_s 表示(图 12.3(c))，剪力是沿剪切面作用的分布内力的合力。在实用计算中，假设切应力在剪切面上为均匀分布(图 12.3(d))，则铆钉剪切面上的切应力为

$$\tau=\frac{F_s}{A_s} \tag{12.1}$$

式中 A_s 为剪切面的面积，切应力 τ 的方向与剪力 F_s 相同。

连接件的剪切强度条件为

$$\tau=\frac{F_s}{A_s}\leqslant[\tau] \tag{12.2}$$

式中$[\tau]$为连接件的许用切应力。许用切应力的数值通常是根据连接件的实际受力情况，做模拟剪切试验，测得破坏载荷后，并由式(12.1)计算出极限应力(破坏应力)τ_u，再除以适当的安全因数 n 而得到，即有

$$[\tau]=\frac{\tau_u}{n}$$

12.3 挤压的实用计算

由图 12.1(a)可知,铆钉在承受剪切作用的同时,铆钉与钢板在孔之间相互压紧,它与钢板接触的侧面局部受压,称为**挤压**(bearing)。接触面称为**挤压面**(bearing section)。作用在挤压面上的压力称为**挤压力**(bearing force),挤压作用引起的应力称为**挤压应力**(bearing stress)。

试验表明,当挤压应力过大时,铆钉和孔接触的局部区域会产生显著塑性变形。图 12.4(a)是铆钉孔被压成长圆孔的情况,当然,铆钉螺栓也可能被挤压成扁圆柱,因此应该进行挤压强度计算。挤压应力在挤压面上的分布一般比较复杂,它与接触的方式、接触面的形状等因素有关。在实用计算中,假设挤压应力是均匀分布的,则挤压应力为

$$\sigma_{bs}=\frac{F_{bs}}{A_{bs}} \tag{12.3}$$

式中 F_{bs} 为挤压面上的挤压力;A_{bs} 为挤压面面积。挤压应力 σ_{bs} 的方向与挤压力 F_{bs} 相同。

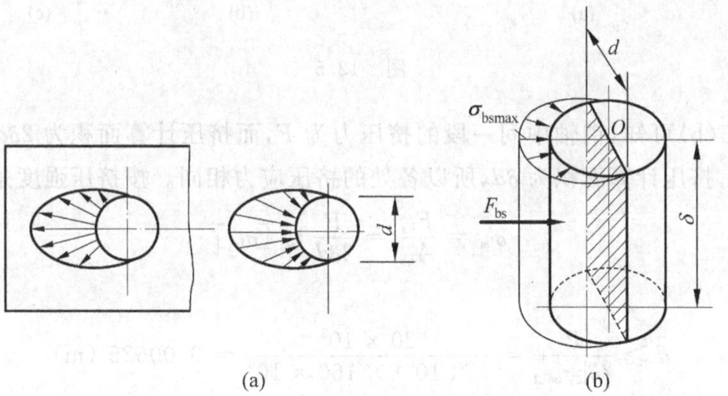

图 12.4

当挤压面为平面时,例如图 12.1(c)中键与轴(或键与轮)的接触面,A_{bs}就是挤压面的面积。当挤压面为圆柱面时,挤压应力的分布如图 12.4(a)所示,最大挤压应力在半圆柱面的中点。在实用计算中,以圆柱面在直径平面上的投影面积作为 A_{bs},如图 12.4(b)所示,即有 $A_{bs}=\delta d$。试验与分析结果表明,将 $A_{bs}=\delta d$ 代入式(12.3)算出的最大应力值大致上与实际的最大应力接近。

连接件的挤压强度条件为

$$\sigma_{bs}=\frac{F_{bs}}{A_{bs}}\leqslant[\sigma_{bs}] \tag{12.4}$$

式中$[\sigma_{bs}]$为连接件的许用挤压应力,它等于连接件的挤压极限应力除以安全因数。

例 12.1 图 12.5(a)所示销轴连接,已知 $F=20$ kN,钢板厚度 $\delta=10$ mm,销轴与钢板的材料相同,许用应力为$[\tau]=60$ MPa,$[\sigma_{bs}]=160$ MPa。试求所需销轴的直径 d。

解 销轴受力如图 12.5(b)所示,剪切面为 $m—m$ 及 $n—n$,这种情况称为双剪切。根据

静力学平衡条件,由截面法可知,两个剪切面上的剪力相同(图 12.5(c)),均为

$$F_s = \frac{F}{2}$$

按剪切强度条件式(12.2)得

$$\frac{F}{2}\Big/\frac{\pi d^2}{4} \leqslant [\tau]$$

所以有

$$d \geqslant \sqrt{\frac{2F}{\pi[\tau]}} = \sqrt{\frac{2\times 20\times 10^3}{3.14\times 60\times 10^6}} = 0.0146\ (\mathrm{m})$$

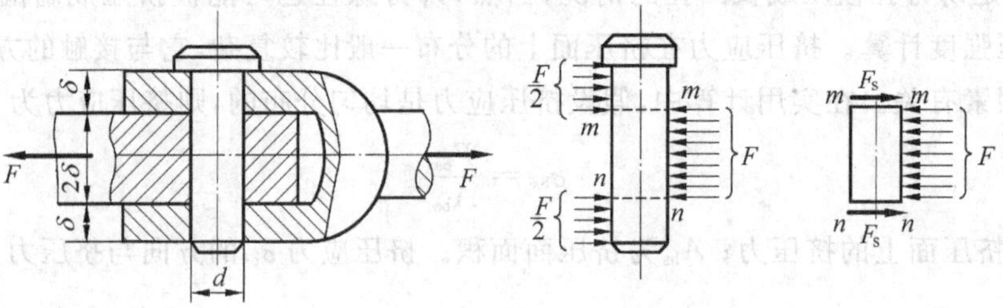

(a) (b) (c)

图 12.5

由图 12.5(b)可知,销轴中间一段的挤压力为 F,而挤压计算面积为 $2\delta d$;两端各段的挤压力为 $F/2$,挤压计算面积为 δd,所以各处的挤压应力相同。按挤压强度条件式(12.4)

$$\sigma_{bs} = \frac{F_{bs}}{A_{bs}} = \frac{F}{2\delta d} \leqslant [\sigma_{bs}]$$

得

$$d \geqslant \frac{F}{2\delta[\sigma_{bs}]} = \frac{20\times 10^3}{2\times 10^{-2}\times 160\times 10^6} = 0.00625\ (\mathrm{m})$$

可见销轴的直径应取 $d=15$ mm。

例 12.2 图 12.6(a)所示的键连接,其剖面图如图 12.6(b)所示。轴所传递的扭矩 $M=200$ N·m,轴径 $d=32$ mm,键的尺寸为 $b\times h\times l=10$ mm×8 mm×50 mm,键的许用应力 $[\tau]=87$ MPa,$[\sigma_{bs}]=100$ MPa,试校核键的强度。

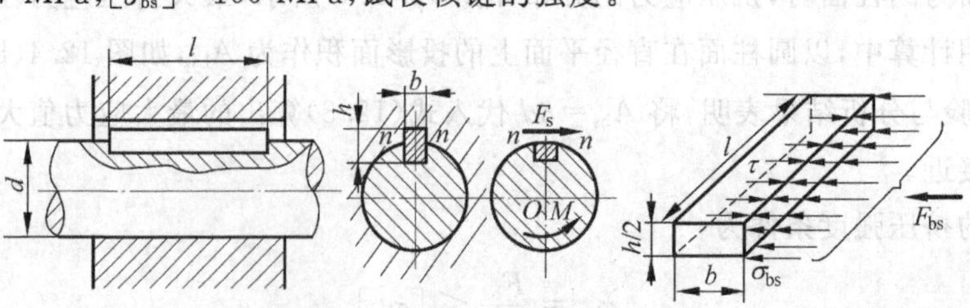

(a) (b) (c)

图 12.6

解 (1) 剪切强度校核

首先确定键在剪切面上的剪力,为此将键沿剪切面 n—n 假想地截开,并把半个键和轴

一起取出，如图 12.6(b)所示。根据静力学平衡条件，可求得键在剪切面上的剪力 F_s。由 $\sum M_O=0$，得

$$\frac{F_s d}{2}-M=0$$

所以

$$F_s=\frac{2M}{d}=\frac{2\times 200}{32\times 10^{-3}}=12.5\times 10^3\ (\text{N})$$

剪切面面积为

$$A_s=bl=10\times 50=500\ (\text{mm}^2)$$

故

$$\tau=\frac{F_s}{A_s}=\frac{12.5\times 10^3}{500\times 10^{-6}}=25\times 10^6\ (\text{N/m}^2)=25\ \text{MPa}<[\tau]$$

所以键满足剪切强度条件。

(2) 挤压强度校核

先确定挤压力，研究半个键的平衡，见图 12.6(c)，由 $\sum X=0$，得

$$F_{bs}=F_s=12.5\ \text{kN}$$

挤压面积为

$$A_{bs}=\frac{hl}{2}=4\times 50=200\ (\text{mm}^2)$$

因而

$$\sigma_{bs}=\frac{F_{bs}}{A_{bs}}=\frac{12.5\times 10^3}{200\times 10^{-6}}=62.5\times 10^6\ (\text{N/m}^2)=62.5\ \text{MPa}<[\sigma_{bs}]$$

可见键也满足挤压强度条件。

习题

12.1 木榫接头如图所示。$a=b=12$ cm，$h=35$ cm，$c=4.5$ cm，$F=40$ kN。试求接头处的切应力和挤压应力。

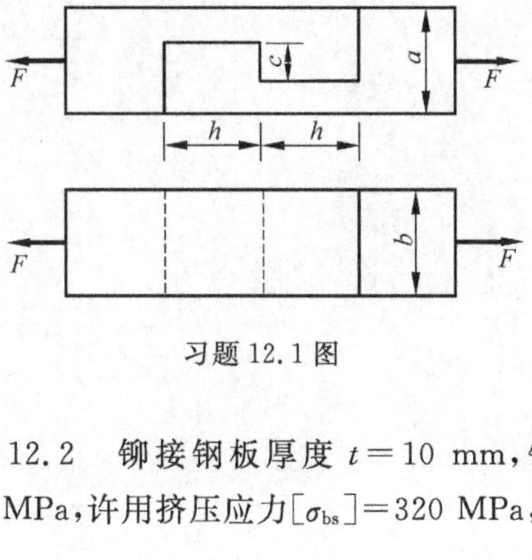

习题 12.1 图

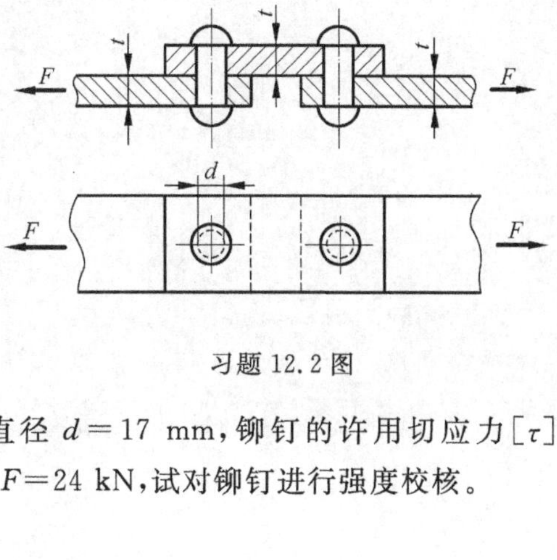

习题 12.2 图

12.2 铆接钢板厚度 $t=10$ mm，铆钉直径 $d=17$ mm，铆钉的许用切应力 $[\tau]=140$ MPa，许用挤压应力 $[\sigma_{bs}]=320$ MPa，载荷 $F=24$ kN，试对铆钉进行强度校核。

12.3 已知铆接头的连接板厚度为 t，铆钉的直径为 d，试确定铆钉切应力和挤压应力。

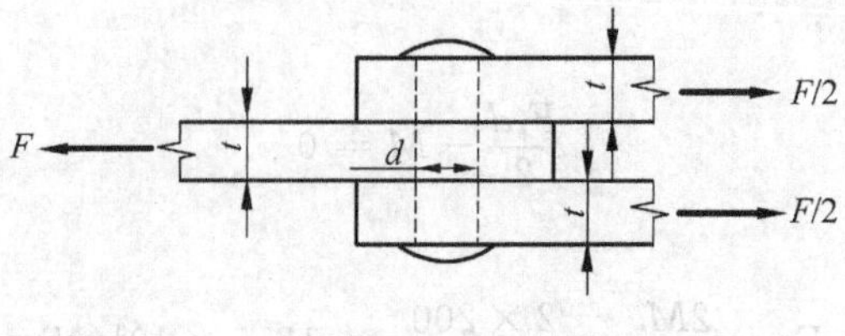

习题 12.3 图

12.4 如图所示，用夹剪剪断直径为 3 mm 的铅丝。如果铅丝的剪切极限应力为 100 MPa，试问需要多大的 F？如果销钉 B 的直径为 8 mm，试求销钉内的切应力。

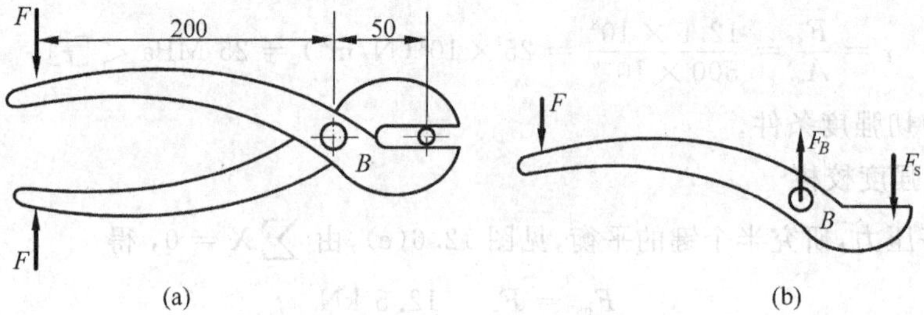

习题 12.4 图

12.5 图示铆钉受拉力 F 作用，各几何尺寸如图所示，试确定该铆钉头部的切应力和挤压应力。

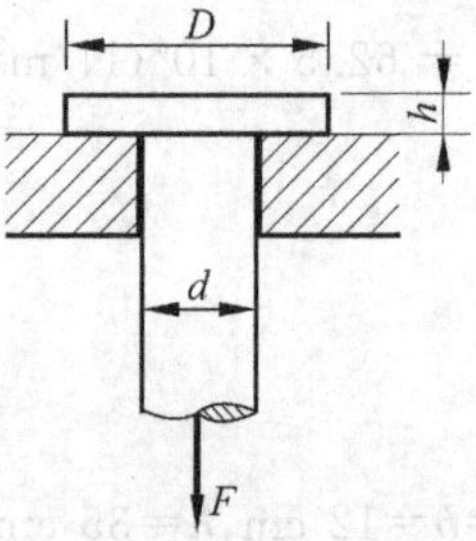

习题 12.5 图

第13章

扭 转

13.1 扭转的概念

在工程实际中，有很多承受扭转变形的构件，以汽车方向盘传动轴为例(图 13.1(a))，在传动轴的 A 端作用有 F 和 F' 构成的力偶(力偶矩 $M=FD$)，根据平衡条件可知，在传动轴的 B 端受到转向器的阻抗力偶 $M'(M'=M)$ 的作用，传动轴的受力图如图 13.1(b)所示。又如，螺丝刀杆、搅拌机轴、车床的光杠、钻杆的传动轴等都属于受扭构件。

不难看出，这类构件的共同特点是：构件通常为直杆，并且在杆的两端作用有大小相等、方向相反的力偶，且其作用面垂直于杆的轴线。在这种受力情况下，杆件的任意两个横截面绕杆轴线发生相对转动，即扭转变形。以扭转变形为主要变形的直杆，称为**轴**(shaft)。

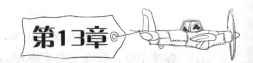

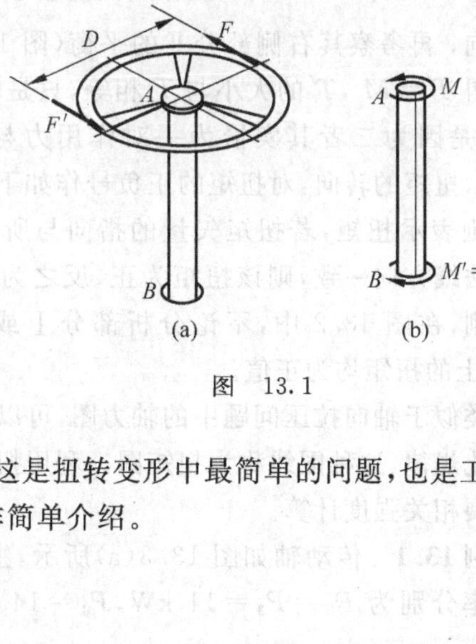

图 13.1

工程中还有不少轴类零件，如机床传动轴、减速器的传动轴、水轮机主轴等，在工作中除承受扭转变形外还常伴有弯曲等变形，这类问题属于组合变形问题，将在第 16 章中专门讨论。本章重点讨论等直圆截面轴的扭转问题，这是扭转变形中最简单的问题，也是工程中最常见的情况。对于非圆截面轴的扭转问题只作简单介绍。

13.2 外力偶矩 · 扭矩和扭矩图

在研究扭转引起的应力和变形之前，首先分析作用于传动轴上的外力偶矩和横截面上的内力。

13.2.1 外力偶矩

作用于传动轴上的外力偶矩，通常不是直接给出的，一般需通过计算得到。

根据能量守恒原理，输入功率应等于单位时间外力偶矩所做的功，即

$$P = M_e \omega \tag{a}$$

式中,P 为传动轴传递的功率,M_e 是外力偶矩,ω 是传动轴转动的角速度,三者均采取国际标准单位。而在工程实际中,P 常用单位为 kW,转速 n 常用单位为 r/min,则式(a)可改写为

$$P \times 10^3 = M_e \frac{2\pi n}{60}$$

于是有

$$M_e = 9549 \frac{P}{n} \ (\text{N} \cdot \text{m}) \tag{13.1}$$

13.2.2 扭矩和扭矩图

在求出作用于轴上的所有外力偶矩后,即可用截面法研究轴任意横截面上的内力。

因为传动轴扭转时所受外力均为外力偶,且它们均垂直于轴线方向,所以轴任意横截面上的内力系必然合成为一内力偶,以与外力偶相平衡。这个内力偶的矩,称为**扭矩**(torque),用 T 表示。

以图 13.2(a)所示受扭圆轴为例,假想用横截面 n—n 将轴分为左右两部分。先研究其左侧部分Ⅰ(图 13.2(b)),设截面 n—n 上的扭矩为 T,由平衡方程 $\sum M_x = 0$,得 $T = M_e$,T 的作用面垂直于轴线,且沿 x 轴正向;再考察其右侧部分Ⅱ的平衡(图 13.2(c)),同理可得 $T' = M_e$,T' 的大小与 T 相等,只是转向与 T 相反,这是因为二者其实恰为一对作用力与反作用力。为表示扭矩的转向,对扭矩的正负号作如下规定:按右手法则表示扭矩,若扭矩矢量的指向与所考察横截面的外法线方向一致,则该扭矩为正,反之为负。按照这一规则,在图 13.2 中,不论分析部分Ⅰ或Ⅱ,横截面 n—n 上的扭矩均为正值。

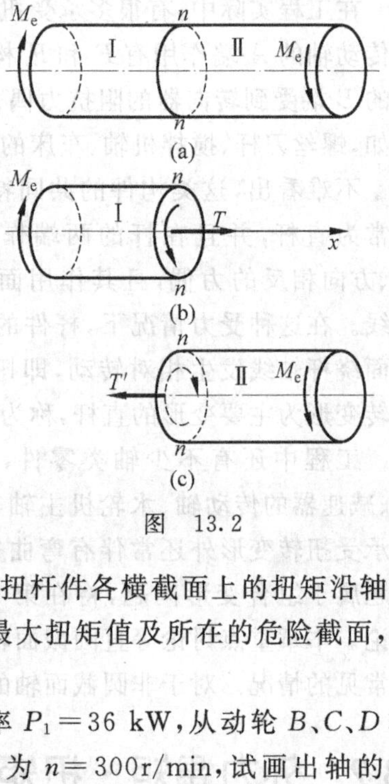

图 13.2

类似于轴向拉压问题中的轴力图,可以用图线表示受扭杆件各横截面上的扭矩沿轴线的变化规律,这种图线称为扭矩图。利用扭矩图,可确定最大扭矩值及所在的危险截面,从而开展相关强度计算。

例 13.1 传动轴如图 13.3(a)所示,主动轮输入功率 $P_1 = 36$ kW,从动轮 B、C、D 输出功率分别为 $P_2 = P_3 = 11$ kW,$P_4 = 14$ kW,轴的转速为 $n = 300$r/min,试画出轴的扭矩图。

解 (1) 计算外力偶矩

$$m_A = 9549 \times \frac{36}{300} = 1146 \ (\text{N} \cdot \text{m})$$

$$m_B = m_C = 9549 \times \frac{11}{300} = 350 \ (\text{N} \cdot \text{m})$$

$$m_D = 9549 \times \frac{14}{300} = 446 \ (\text{N} \cdot \text{m})$$

(2) 计算各段扭矩

用任取的1—1、2—2、3—3截面将BC、CA、AD三段截开，取出左或右部分为研究对象，假设截开截面上的扭矩为正，如图13.3(b)、(c)、(d)所示，利用力矩平衡方程求三段内的扭矩。

BC段：$\sum M_x = 0, T_1 + m_B = 0, T_1 = -m_B = -350\ \text{N}\cdot\text{m}$

CA段：$\sum M_x = 0, T_2 + m_B + m_C = 0, T_2 = -m_B - m_C = -700\ \text{N}\cdot\text{m}$

AD段：$\sum M_x = 0, m_D - T_3 = 0, T_3 = m_D = 446\ \text{N}\cdot\text{m}$

负号扭矩表示扭矩方向和图中假设反向。

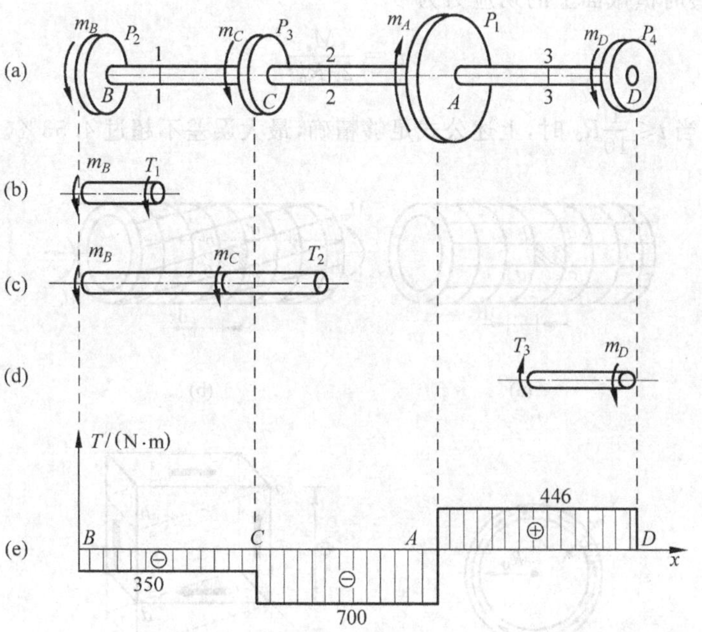

图 13.3

(3) 作出轴的扭矩图

建立坐标轴，画出扭矩图，如图13.3(e)所示。从图中看出绝对值最大扭矩在CA段内且$|T_{max}|=700\ \text{N}\cdot\text{m}$，说明$CA$段为危险段。

13.3 薄壁圆筒的扭转

为了讨论圆轴扭转时的应力和变形，本节首先考察比较简单的薄壁圆筒的扭转问题，并介绍切应力互等定理和剪切胡克定律。

13.3.1 薄壁圆筒的扭转应力

薄壁圆筒是指壁厚t远小于其平均半径$R_0$$\left(t\leqslant\frac{1}{10}R_0\right)$的圆筒。为了研究薄壁圆筒扭转时横截面上的应力，可采用扭转试验的方法，即先在圆筒表面上用纵向线和圆周线绘制等间

距的矩形网格（图 13.4(a)），然后在圆筒两端施加一对大小相等、方向相反的外力偶矩 M_e，观察圆筒表面的变形（图 13.4(b)），可看出：各圆周线的形状不变，仅绕轴线作相对转动；而当变形较小时，各圆周线的大小和间距也保持不变。而各纵向线均倾斜了同一角度 γ，所有矩形方格都变成了大小相同的平行四边形。以上变形特征表明，圆筒横截面和包含轴线的纵向截面上均无正应变，即无正应力，因此横截面上只有切应力 τ，这些切应力合成为扭矩与外力偶矩 M_e 相平衡。又考虑到圆筒的对称性，且变形后横截面仍保持为圆形，因此横截面上的切应力只能垂直于半径且沿圆周大小不变。而且，由于筒壁很薄，可近似认为沿壁厚方向切应力不变（图 13.4(c)）。于是，由静力学平衡方程

$$M_e = \tau \cdot (2\pi R_0 t) \cdot R_0$$

得薄壁圆筒扭转时横截面上的切应力为

$$\tau = \frac{M_e}{2\pi R_0^2 t} \tag{13.2}$$

解析研究表明，当 $t \leqslant \frac{1}{10} R_0$ 时，上述公式足够精确，最大误差不超过 4.53%。

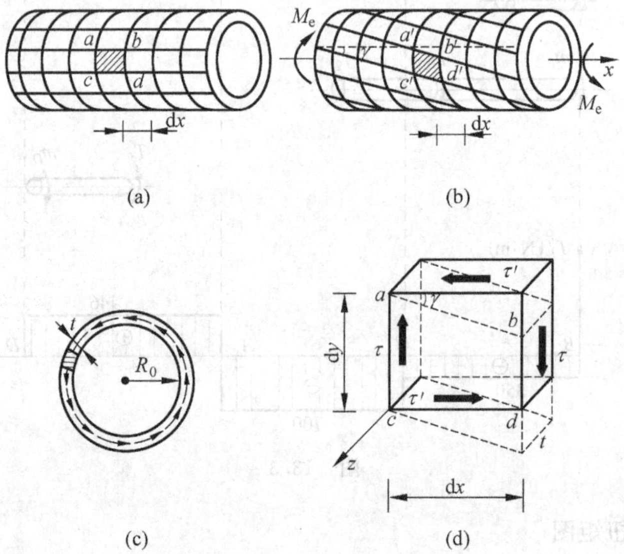

图 13.4

13.3.2 切应力互等定理

用相邻的两个横截面和夹角很小的两个纵向截面，从圆筒中截取一微体 $abcd$（其三个边长分别为 dx，dy 和 t），如图 13.4(d)所示。该微体在圆筒受扭之后，发生图 13.4(d)中虚线所示的变形，即微体左右两个侧面（圆筒的横截面）发生了相对错动，即剪切变形，同时微体前表面的直角发生了微小变化，其改变量 γ（亦即圆筒表面纵向线的倾角）称为切应变。切应变为量纲为一的量，其单位为 rad。如第 10 章所述，切应变是与切应力相对应的应变度量。正是因为微体左右两个侧面上作用有图中所示切应力 τ，才产生上述切应变 γ。

由微体的平衡可知，微体左右两个侧面上的剪力（由切应力 τ 构成，大小等于 $\tau t dy$）应数

值相等、方向相反，二者组成一个力偶，其力偶矩为$(\tau t\mathrm{d}y)\mathrm{d}x$。因此，微体上下两个侧面上也必然同时存在切应力$\tau'$，并组成矩为$(\tau' t\mathrm{d}x)\mathrm{d}y$的反向力偶，以与上述力偶平衡，即满足

$$\sum M_z = 0, (\tau t\mathrm{d}y)\mathrm{d}x = (\tau' t\mathrm{d}x)\mathrm{d}y$$

得

$$\tau = \tau' \tag{13.3}$$

上式表明，在微体的两个相互垂直的截面上，切应力必然成对出现，并且大小相等，方向同时指向或同时背离这两个截面的交线。此规律称为**切应力互等定理**(theorem of conjugate shear stress)。

由上述分析还可以看出，在图示微体的四个侧面上，只有切应力，而无正应力，这种应力状态称为**纯剪切**(pure shear)。应该指出，切应力互等定律不只适用于纯剪切，对于其他非纯剪切情形同样成立。

13.3.3 剪切胡克定律

如上所述，受扭薄壁圆筒上的各点都处于纯剪切应力状态，因此可利用薄壁圆筒的扭转实现材料的纯剪切试验。试验结果表明，当切应力不超过材料的剪切比例极限τ_p时，切应力与切应变成正比(图13.5)，即

$$\tau = G\gamma \tag{13.4}$$

上式称为**剪切胡克定律**(Hooke's law in shear)。式中比例常数G称为**切变模量**(shear modulus)，表征材料抵抗剪切弹性变形的能力，其值随材料性质而异，并由实验测定。例如，钢的切变模量G=75～84 GPa，而铝与铝合金的切变模量G=26～30 GPa。

切变模量G与在第11章中讨论的弹性模量E和泊松比μ，是材料的三个基本的弹性常数。对于各向同性材料，理论分析和实验研究均表明，三者之间存在下列关系：

$$G = \frac{E}{2(1+\mu)} \tag{13.5}$$

因此，如果已知其中任意两个弹性常数，即可利用上述关系确定第三个弹性常数。同时这也表明，各向同性材料只有两个独立的弹性常数。

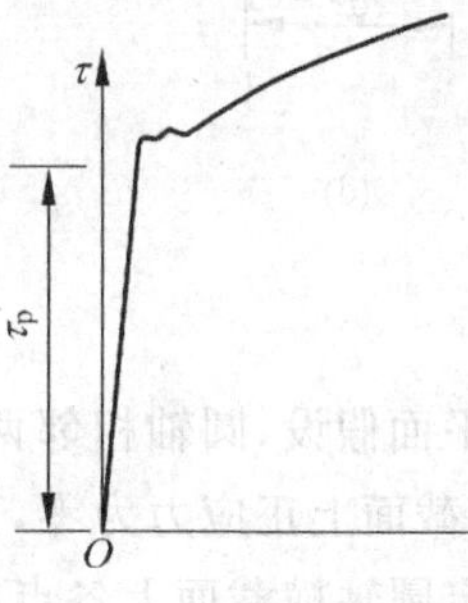

图 13.5

13.4 圆轴扭转应力及强度计算

13.4.1 圆轴扭转应力

为了研究圆轴扭转时横截面上的应力，与分析轴向拉压杆应力的方法类似，应综合考虑变形几何、物理和静力三方面的关系。

1. 变形几何关系

为观察圆轴扭转变形，在圆轴表面绘制纵向线和圆周线(图13.6(a))，然后在其两端施

加扭转力偶 M_e，可以看到圆轴表面的变形特征与薄壁圆筒扭转的变形特征，即各圆周线的形状不变，仅绕轴线作相对转动；而当变形较小时，各圆周线的大小和间距也保持不变。而各纵向线均倾斜了同一小角度 γ（图 13.6(b)）。由此，可对圆轴内部的变形作出如下假设：圆轴扭转变形后，其横截面仍保持为平面，且其形状与大小以及相邻两横截面间的距离均不改变。此假设称为圆轴扭转变形的**平面假设**。根据这一假设，圆轴扭转变形时，其横截面就如同刚性平面，仅绕轴线作相对转动。根据平面假设而导出的应力和变形公式已被扭转实验结果所证实，因此对于圆轴扭转，平面假设是完全成立的。

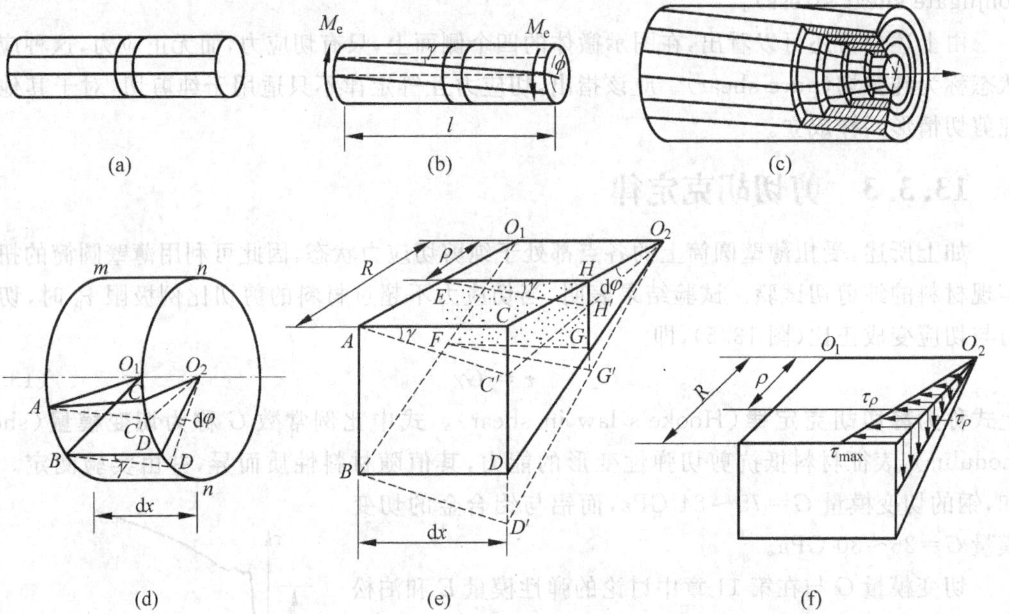

图 13.6

根据平面假设，圆轴相邻两横截面之间的距离保持不变，即没有轴向的拉伸（压缩）变形，所以横截面上正应力为零，只可能存在切应力。

为确定圆轴横截面上各点的剪切变形规律，用相邻的两个横截面 m—m 和 n—n 从圆轴中取出长为 $\mathrm{d}x$ 的微段（图 13.6(d)）。截面 n—n 相对于截面 m—m 绕轴转了 $\mathrm{d}\varphi$ 角，通过过轴线的两径向平面 O_1O_2CA 和 O_1O_2DB 从中切出如图 13.6(e)所示的楔形块。不难看出，圆扭转变形后，其表面的矩形 $ABCD$ 变形为当前的平行四边形 $ABC'D'$，其切应变为

$$\gamma \approx \tan\gamma = \frac{CC'}{AC} = \frac{R\mathrm{d}\varphi}{\mathrm{d}x} \tag{a}$$

同理，可得距圆心为 ρ 的任一点 H 处的切应变 γ_ρ 为

$$\gamma_\rho = \frac{HH'}{EH} = \rho\frac{\mathrm{d}\varphi}{\mathrm{d}x} \tag{b}$$

式中 $\frac{\mathrm{d}\varphi}{\mathrm{d}x}$ 为沿轴线方向单位长度的扭转角，对某一给定的截面而言是常量。式(b)表明，圆轴扭转时横截面上任一点处的切应变与该点到圆心的距离 ρ 成正比，这就是变形几何关系（变形协调条件）。

2. 物理关系

假设圆轴扭转变形处于线弹性范围内，以 τ_ρ 表示横截面上距圆心为 ρ 的任一点处的切应力，则由剪切胡克定律可知

$$\tau_\rho = G\gamma_\rho$$

将式(b)代入上式，得

$$\tau_\rho = G\rho\frac{\mathrm{d}\varphi}{\mathrm{d}x} \tag{c}$$

上式表明，横截面上任一点处的切应力 τ_ρ 与该点到圆心的距离 ρ 成正比。因为 γ_ρ 发生在垂直于半径的平面内，所以 τ_ρ 也与半径垂直。在横截面和纵向截面上切应力沿半径的分布特征如图 13.6(f)所示。

3. 静力关系

根据应力的定义可知，横截面上应力的合力即为内力。如图 13.7 所示，在横截面上距圆心为 ρ 处取一微面积 $\mathrm{d}A$，其上内力为 $\tau_\rho\mathrm{d}A$，它对圆心的矩为 $(\tau_\rho\mathrm{d}A)\cdot\rho$，所有内力矩的总和即为该截面上的扭矩 T，即

$$T = \int_A \rho\tau_\rho\mathrm{d}A \tag{d}$$

将式(c)代入上式，得

$$T = G\frac{\mathrm{d}\varphi}{\mathrm{d}x}\int_A \rho^2\mathrm{d}A = GI_\mathrm{p}\frac{\mathrm{d}\varphi}{\mathrm{d}x} \tag{e}$$

式中

$$I_\mathrm{p} = \int_A \rho^2\mathrm{d}A$$

称为横截面对圆心 O 点的**极惯性矩**(second polar moment of area)，其量纲为长度的四次方。

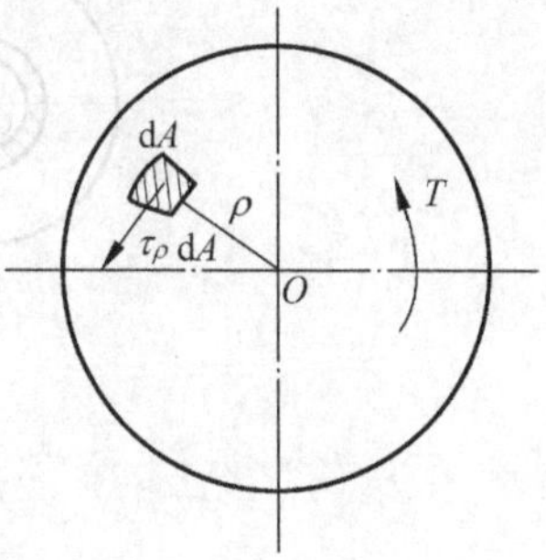

图 13.7

从式(c)和式(e)中消去 $\frac{\mathrm{d}\varphi}{\mathrm{d}x}$，得

$$\tau_\rho = \frac{T\cdot\rho}{I_\mathrm{p}} \tag{13.6}$$

这就是圆轴扭转时横截面上距圆心为 ρ 的任一点的切应力公式。

显然，在横截面的外缘处，ρ 达到最大值 R，相应可得横截面上的最大切应力为

$$\tau_{\max} = \frac{TR}{I_\mathrm{p}} \tag{13.7}$$

令 $W_\mathrm{t} = \frac{I_\mathrm{p}}{R}$，则上式可写为

$$\tau_{\max} = \frac{T}{W_\mathrm{t}} \tag{13.8}$$

式中 W_t 仅与截面的几何尺寸有关，称为**抗扭截面系数**(section modulus in torsion)。

下面给出圆截面的极惯性矩 I_p 和抗扭截面系数 W_t 的具体计算公式。

对于实心圆截面(见图 13.8(a)，直径为 D)，不妨取微元面积为一圆环，即 $\mathrm{d}A=$

$(2\pi\rho)\cdot d\rho$，则

$$I_p = \int_A \rho^2 dA = \int_0^{D/2} \rho^2 2\pi\rho d\rho = 2\pi \int_0^{D/2} \rho^3 d\rho = \frac{\pi D^4}{32} \tag{13.9a}$$

而对图 13.8(b)所示的空心圆截面（外径为 D，内径为 d），则有

$$I_p = 2\pi \int_{d/2}^{D/2} \rho^3 d\rho = \frac{\pi}{32}(D^4 - d^4) = \frac{\pi D^4}{32}(1-\alpha^4) \tag{13.9b}$$

式中，$\alpha = \dfrac{d}{D}$，称为横截面内外径之比。

根据 $W_t = \dfrac{I_p}{R}$，并结合上述 I_p 的计算公式，可得相应实心圆截面和空心圆截面的抗扭截面系数为

$$W_t = \frac{I_p}{D/2} = \begin{cases} \dfrac{\pi D^3}{16} & \text{实心} \\ \dfrac{\pi D^3}{16}(1-\alpha^4) & \text{空心} \end{cases} \tag{13.10}$$

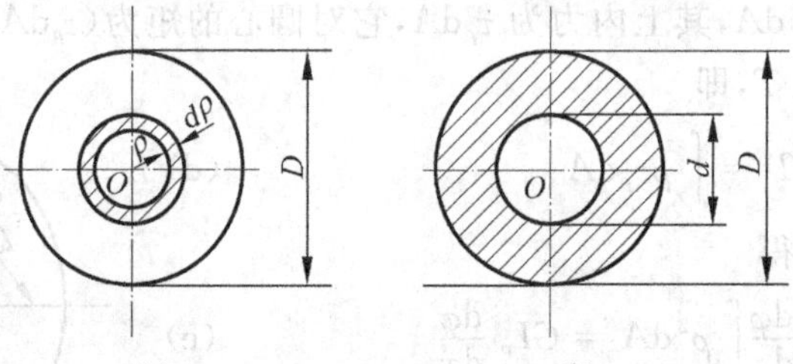

图　13.8

13.4.2　强度计算

1. 强度条件

为保证圆轴在受扭变形时不破坏，其最大工作应力不得超过材料的许用扭转切应力，即要求

$$\tau_{\max} = \left(\frac{T}{W_t}\right)_{\max} \leqslant [\tau] \tag{13.11}$$

上式即圆轴扭转的强度条件。

对于等截面圆轴，W_t 为一常量，因此式(13.11)可简化为

$$\tau_{\max} = \frac{T_{\max}}{W_t} \leqslant [\tau] \tag{13.12}$$

而对于变截面轴，如阶梯轴、圆锥形杆等，由于 W_t 是变化的，$\tau_{\max}$ 并不一定发生在扭矩为最大值 $T_{\max}$ 的截面上，因此需要综合考虑 T 和 W_t 的变化，即应根据式(13.11)确定 $\tau_{\max}$ 值。

上述强度条件中的许用扭转切应力可由试验测得材料的扭转极限切应力再除以安全因数来确定，或从有关设计手册中查到。理论与实验研究均表明，在静载作用下，材料许用扭转切应力与许用拉应力之间有如下关系：

对于塑性材料，$[\tau]=(0.5\sim0.6)[\sigma]$；

对于脆性材料，$[\tau]=(0.8\sim1.0)[\sigma]$。

2. 强度计算

由上述强度条件，可对圆轴扭转的三类强度问题进行计算。

(1) 抗扭强度校核：已知圆轴横截面尺寸、外力偶矩和材料的许用切应力，校核圆轴是否满足强度条件。

(2) 截面尺寸设计：已知圆轴所受到的外力偶矩和材料的许用切应力，利用强度条件确定圆轴的直径。

(3) 确定许可载荷：已知圆轴的截面尺寸及材料的许用切应力，由强度条件得到其所能承受的最大扭矩，然后再由内力与外力之间的关系确定圆轴所能承受的许可载荷，即许可外力偶矩。

例 13.2　如图 13.9(a)所示的阶梯形圆轴，AB 段的直径 $d_1=40$ mm，BD 段的直径 $d_2=70$ mm，外力偶矩分别为：$m_A=0.7$ kN·m，$m_C=1.1$ kN·m，$m_D=1.8$ kN·m。许用切应力 $[\tau]=60$ MPa。试校核该轴的强度。

解　AC、CD 段的扭矩分别为 $T_1=-0.7$ kN·m，$T_2=-1.8$ kN·m。扭矩图如图 13.9(b)所示。

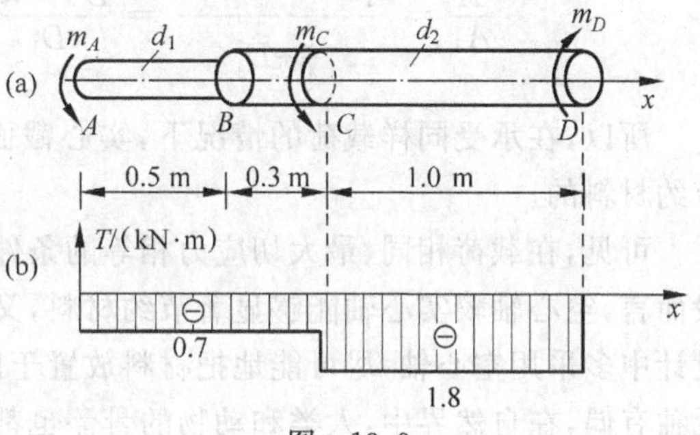

图　13.9

虽然 CD 段的扭矩大于 AB 段的扭矩，但 CD 段的直径也大于 AB 段直径，因此对这两段轴均应进行各自的强度校核。

AB 段：　$$\tau_{max}=\frac{T_1}{W_{t1}}=\frac{16T_1}{\pi d_1^3}=\frac{16\times0.7\times10^3\ \text{N}\cdot\text{m}}{\pi\times(40\times10^{-3}\ \text{m})^3}=55.7\ \text{MPa}<[\tau]$$

CD 段：　$$\tau_{max}=\frac{T_2}{W_{t2}}=\frac{16T_2}{\pi d_2^3}=\frac{16\times1.8\times10^3\ \text{N}\cdot\text{m}}{\pi\times(70\times10^{-3}\ \text{m})^3}=26.7\ \text{MPa}<[\tau]$$

故该轴满足强度条件。

例 13.3　汽车变速箱与后桥之间的传动轴 AB(图 13.10)由无缝钢管制成。管的外径 $D=90$ mm，内径 $d=85$ mm，传递的最大扭矩为 1.5 kN·m，$[\tau]=60$ MPa。试校核该轴的强度。若保持最大切应力不变，将 AB 轴改用实心圆轴，试确定实心轴的直径 D_1，并比较实心轴和空心轴的重量。

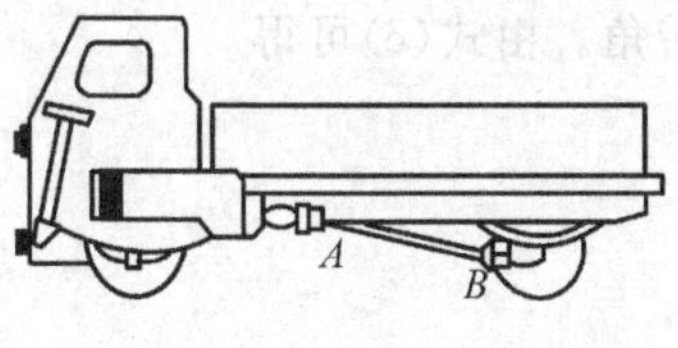

图　13.10

解　(1) 校核空心轴的强度

空心轴的抗扭截面系数为

$$W_t=\frac{\pi}{16D}(D^4-d^4)=\frac{\pi}{16\times(90\times10^{-3})}\times(90^4-85^4)\times10^{-12}=29.3\times10^{-6}(\text{m}^3)$$

轴横截面上的最大切应力为

$$\tau_{max}=\frac{T}{W_t}=\frac{1.5\times10^3\ \text{N}\cdot\text{m}}{29.3\times10^{-6}\ \text{m}^3}=51.2\ \text{MPa}<[\tau]$$

故空心轴满足强度要求。

(2) 确定实心轴直径 D_1

若把空心轴换成直径为 D_1 的实心轴，且保持最大切应力不变，则应有

$$\tau_{\max} = \frac{T}{W_t}$$

而对于实心轴，有 $W_t = \frac{\pi D_1^3}{16}$，因此应有

$$D_1 = \sqrt[3]{\frac{16T}{\pi\tau_{\max}}} = \sqrt[3]{\frac{16(1.5\times10^3)\ \text{N}\cdot\text{m}}{\pi\times51.2\times10^6\ \text{Pa}}} = 0.053\ \text{m} = 53.0\ \text{mm}$$

(3) 比较空心轴和实心轴的重量

空心轴与实心轴的横截面面积分别为 $A=\frac{1}{4}\pi(D^2-d^2)$ 和 $A_1=\frac{1}{4}\pi D_1^2$。在两轴长度相等和材料相同的情况下，两轴重量之比等于它们的横截面面积之比，而

$$\frac{A}{A_1} = \frac{\frac{1}{4}\pi(D^2-d^2)}{\frac{1}{4}\pi D_1^2} = \frac{D^2-d^2}{D_1^2} = \frac{(90^2-85^2)\ \text{mm}^2}{53.0^2\ \text{mm}^2} = 0.31$$

所以，在承受同样载荷的情况下，实心截面所用的材料占实心材料的近1/3，这是非常节约材料的。

可见，在载荷相同、最大切应力相等的条件下，空心圆轴的重量只为实心轴的31%。一般而言，空心轴较实心轴能够显著节约材料，又可减轻自重，同时又不降低强度，因此在工程设计中多采用空心轴，尽可能地把材料放置于距离中心轴或圆心较远处，以充分利用材料。无独有偶，在自然界中，人类和动物的骨骼也都是空心管状结构，这种结构既能满足生存需要，减轻自重，同时又具有较强的抗扭和抗弯等力学性能，这不愧为大自然的一种神奇的造化。

13.5 圆轴扭转变形及刚度计算

13.5.1 圆轴扭转变形

圆轴扭转变形体现为任意两个横截面绕轴线的相对扭转角。由式(e)可得

$$\frac{d\varphi}{dx} = \frac{T}{GI_p}$$

上式可改写为

$$d\varphi = \frac{T}{GI_p}dx$$

两边积分，可求出距离为 l 的两个横截面之间的相对扭转角为

$$\varphi = \int_l d\varphi = \int_0^l \frac{T}{GI_p}dx$$

如果圆轴为等直杆，且扭矩 T 为常量，则上述积分可简化为

$$\varphi = \frac{Tl}{GI_p} \tag{13.13}$$

式(13.13)即圆轴两端横截面之间的相对扭转角，扭转角的量纲为 rad。由上式可知，

GI_p 越大则相对扭转角 φ 就越小，因此 GI_p 称为圆轴的**抗扭刚度**(torsional rigidity)，它表征圆轴抵抗扭转变形的能力。

如果轴在各段内的扭矩或极惯性矩不同(例 13.1 和例 13.2)，这就要求分段计算各段的扭转角，然后按代数值相加，最终得到两端截面的相对转角为

$$\varphi = \sum_{i=1}^{n} \frac{T_i l_i}{GI_{pi}} \tag{13.14}$$

13.5.2　刚度计算

在工程设计中，常用单位长度扭转角 φ' 来度量轴的扭转变形程度，由式(e)有

$$\varphi' = \frac{d\varphi}{dx} = \frac{T}{GI_p} \tag{13.15}$$

φ' 的单位是 rad/m。

工程实际中的轴类零件，除必须满足强度条件外，通常还需要限制轴的扭转变形，以保证机械加工的精度、控制振动和减少不均匀磨损等，即还应满足一定的刚度要求。为了保证轴的刚度，一般规定轴工作时的最大单位长度扭转角不得超过许用值，即扭转刚度条件为

$$\varphi'_{max} = \left(\frac{T}{GI_p}\right)_{max} \leqslant [\varphi'] \tag{13.16}$$

由于工程上习惯以(°)/m 作为$[\varphi']$的单位，而按式(13.15)算出的 φ' 单位是 rad/m，因此需要将式(13.16)左端的弧度换算成度，即有

$$\varphi'_{max} = \left(\frac{T}{GI_p}\right)_{max} \times \frac{180°}{\pi} \leqslant [\varphi'] \tag{13.17}$$

各种轴类零件的$[\varphi']$值可查阅相关规范或手册，其数值通常是根据对机器的要求和轴的工作条件来确定，一般规定如下：

精密机械的轴　　$[\varphi'] = (0.25 \sim 0.5)(°)/m$；
一般传动轴　　$[\varphi'] = (0.5 \sim 1.0)(°)/m$；
精度较低的轴　　$[\varphi'] = (1.0 \sim 2.5)(°)/m$。

例 13.4　有一闸门启闭机的传动轴。已知：材料为 45 钢，切变模量 $G = 79$ GPa，许用切应力$[\tau] = 88.2$ MPa，许用单位长度扭转角$[\varphi'] = 0.5(°)/m$，使圆轴转动的电动机功率为 16 kW，转速为 3.86 r/min，试根据强度条件和刚度条件选择圆轴的直径。

解　(1) 计算传动轴传递的扭矩

$$T = M_e = 9549\,\frac{P}{n} = 9549\,\frac{16}{3.86} = 39.59(\text{kN} \cdot \text{m})$$

(2) 由强度条件确定圆轴的直径

$$W_t \geqslant \frac{T}{[\tau]} = 0.4488 \times 10^{-3}\ \text{m}^3$$

而 $W_t = \dfrac{\pi d^3}{16}$，则

$$d \geqslant \sqrt[3]{\frac{16W_t}{\pi}} = 131\ \text{mm}$$

(3) 由刚度条件确定圆轴的直径

$$I_p \geqslant \frac{T}{G[\varphi']} \times \frac{180^\circ}{\pi}$$

而 $I_p = \frac{\pi d^4}{32}$，则

$$d \geqslant \sqrt[4]{\frac{32T}{\pi G[\varphi']} \times \frac{180^\circ}{\pi}} = 155 \text{ mm}$$

选择圆轴的直径 $d=160$ mm，既满足强度条件又满足刚度条件。

例 13.5 一电机的传动轴传递的功率为 30 kW，转速为 1400 r/min，直径为 40 mm，轴材料的许用切应力 $[\tau]=40$ MPa，切变模量 $G=80$ GPa，许用单位长度扭转角 $[\varphi']=1(^\circ)/\text{m}$，试校核该轴的强度和刚度。

解 (1) 计算扭矩

$$T = M_e = 9549\frac{P}{n} = 9549\frac{30}{1400} = 204.6\ (\text{N} \cdot \text{m})$$

(2) 强度校核

$$\tau_{\max} = \frac{T}{W_t} = \frac{16 \times 204.6}{\pi \times (40 \times 10^{-3})^3} = 16.3\ (\text{MPa}) < [\tau]$$

(3) 刚度校核

$$\varphi' = \frac{T}{GI_p} \times \frac{180^\circ}{\pi} = \frac{32 \times 204.6}{80 \times 10^9 \times \pi \times (40 \times 10^{-3})^4} \times \frac{180^\circ}{\pi} = 0.58(^\circ)/\text{m} < [\varphi']$$

因此，该传动轴既满足强度条件又满足刚度条件。

13.6 矩形截面轴自由扭转简介

考虑一等直矩形截面轴，在其侧面上绘制纵向线和横向周线（图 13.11(a)），并在两端施加外力偶，使轴发生扭转变形（图 13.11(b)）。可以看到，扭转变形后纵向线和横向周线均变为空间曲线，这表明变形后横截面不再保持为平面，而发生了翘曲。可见平面假设不适用于矩形截面轴的扭转。对于其他非圆截面轴的扭转，也是同样的情况。

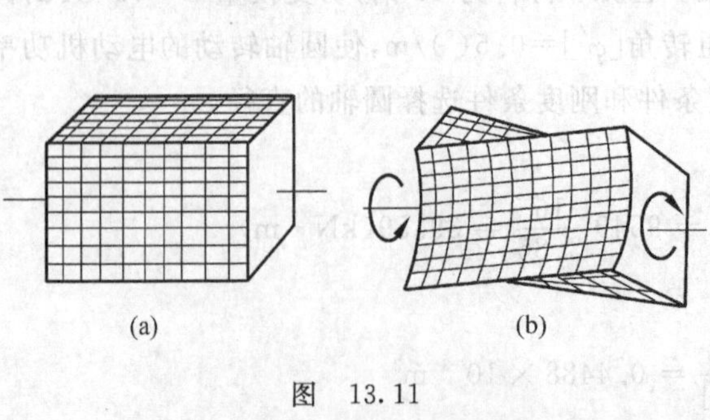
(a) (b)

图 13.11

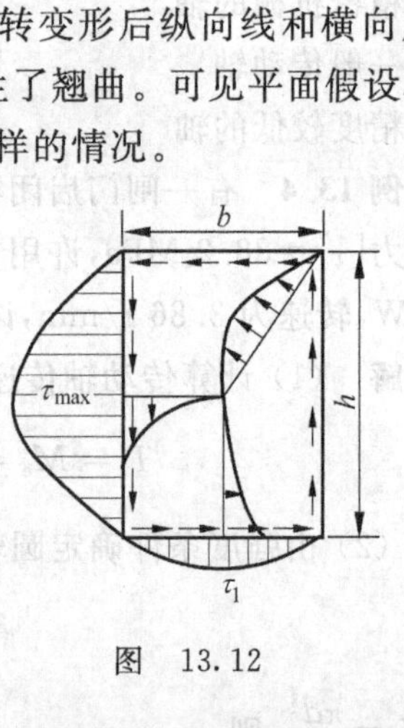

图 13.12

对于非圆截面轴扭转，由于平面假设不再成立，因此，基于平面假设的圆轴扭转的应力和变形公式均已不再适用。非圆截面轴的扭转问题，一般用弹性力学的方法求解。此处只限于讨论较简单的等直矩形截面轴自由扭转情形（图 13.11(b)），即轴的两端无约束，只受

扭转力偶作用，亦称纯扭转；而如果轴的两端除受扭转力偶作用外，还受约束条件限制，则称为约束扭转。此时，根据弹性力学的研究结果，矩形横截面上切应力的分布如图13.12所示。横截面周边上各点处的切应力与其周边相切，并顺着某个流向，而四个角点上的切应力为零。整个横截面上的最大切应力发生在矩形长边的中点处，其计算公式为

$$\tau_{\max} = \frac{T}{\alpha h b^2} \tag{13.18}$$

短边中点的切应力 τ_1 是短边上的最大切应力，且按下式计算：

$$\tau_1 = \gamma \tau_{\max} \tag{13.19}$$

相距为 l 的两横截面的相对扭转角为

$$\varphi = \frac{Tl}{G\beta h b^3} \tag{13.20}$$

式(13.18)～式(13.20)中，α，β 和 γ 都是与截面边长比值 h/b 有关的系数，其值见表13.1。

表13.1 矩形截面轴自由扭转时的系数 α、β 和 γ

h/b	1.0	1.2	1.5	2.0	2.5	3.0	4.0	6.0	8.0	10.0	∞
α	0.208	0.219	0.231	0.246	0.258	0.267	0.282	0.299	0.307	0.313	0.333
β	0.141	0.166	0.196	0.229	0.249	0.263	0.281	0.299	0.307	0.313	0.333
γ	1.000	0.930	0.858	0.796	0.767	0.753	0.745	0.743	0.743	0.743	0.743

习题

13.1 阶梯轴圆轴直径分别为 $d_1=40$ mm，$d_2=70$ mm，轴上装有三个皮带轮如图所示。已知由轮 D 输入的功率 $P_D=30$ kW，轮 A 输出的功率 $P_A=13$ kW，轴的转速 $n=200$ r/min，材料的许用切应力$[\tau]=60$ MPa，切变模量 $G=80$ GPa，许用单位长度扭转角$[\varphi']=2(°)/\mathrm{m}$。试校核该轴的强度和刚度。

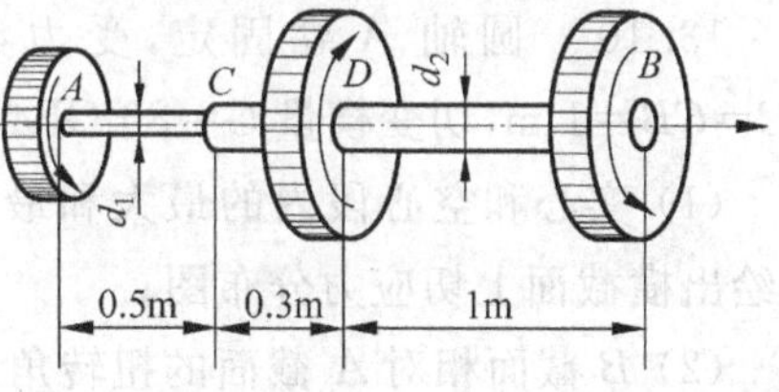

习题13.1图

13.2 某传动轴，转速 $n=300$ r/min，轮1为主动轮，输入的功率 $P_1=50$ kW，轮2、轮3与轮4为从动轮，输出功率分别为 $P_2=10$ kW，$P_3=P_4=20$ kW。

(1) 试画轴的扭矩图，并求轴的最大扭矩。

(2) 若将轮1与轮3的位置对调，轴的最大扭矩变为何值，对轴的受力是否有利。

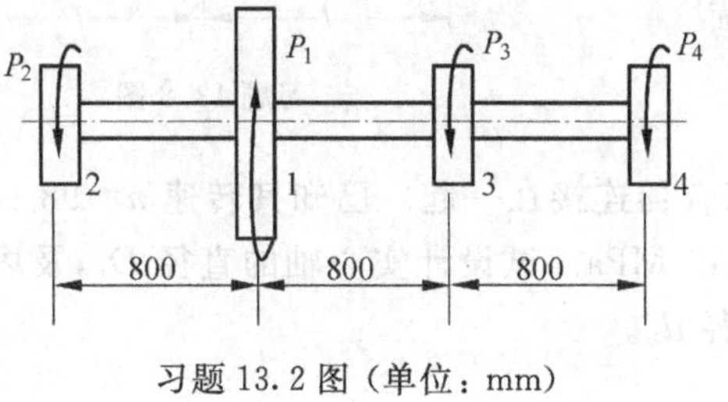

习题13.2图（单位：mm）

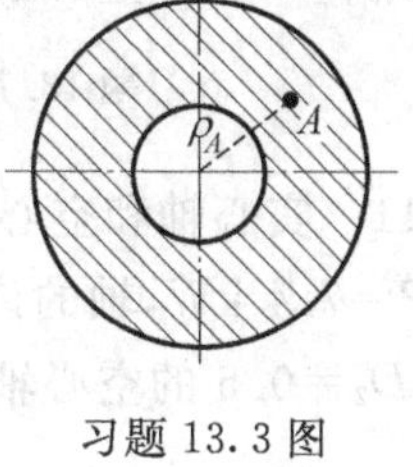

习题13.3图

13.3　图示空心圆截面轴，外径 $D=40$ mm，内径 $d=20$ mm，扭矩 $T=1$ kN·m，试计算 A 点处（$\rho_A=15$ mm）的扭转切应力 τ_A，以及横截面上的最大与最小扭转切应力。

13.4　图示两端固定的圆截面轴，直径为 d，材料的切变模量为 G，截面 B 的转角为 φ_B，试求所加扭力偶矩 M 之值。

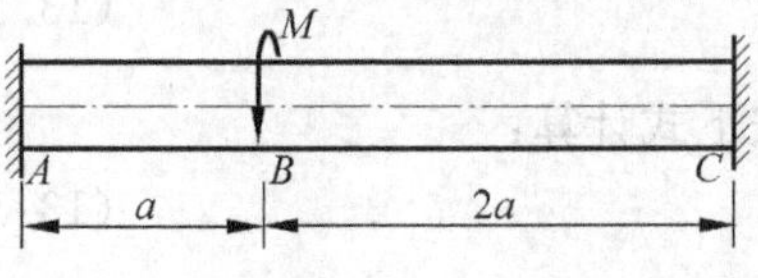

习题 13.4 图

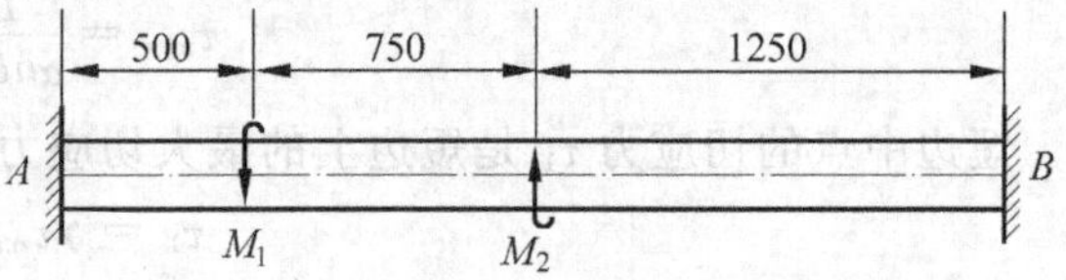

习题 13.5 图（单位：mm）

13.5　试确定图示轴的直径。已知外力偶矩 $M_1=400$ N·m，$M_2=600$ N·m，许用切应力 $[\tau]=40$ MPa，许用单位长度扭转角 $[\varphi']=0.25(°)/\text{m}$，切变模量 $G=80$ GPa。

13.6　试作图示各杆的扭矩图。

13.7　分别画出图示三种截面上切应力沿半径各点处的分布规律。

13.8　阶梯轴尺寸及受力如图所示，若材料的切变模量为 G、m、d 已知，画出扭矩图，AB 段的最大切应力 $\tau_{\max1}$ 与 BC 段的最大切应力 $\tau_{\max2}$ 之比为多少？计算自由端 C 的扭转角。

13.9　一实心圆杆直径 $d=100$ mm，扭矩 $M_T=100$ kN·m，试求距圆心 $d/8$、$d/4$ 及 $d/2$ 处的切应力，并绘出横截面上切应力分布图。

13.10　圆轴 A 端固定，受力如图所示。$AC=CB=1$ m，切变模量 $G=80$ GPa，试求：

（1）实心和空心段内的最大和最小切应力，并绘出横截面上切应力分布图；

（2）B 截面相对 A 截面的扭转角 φ_{BA}。

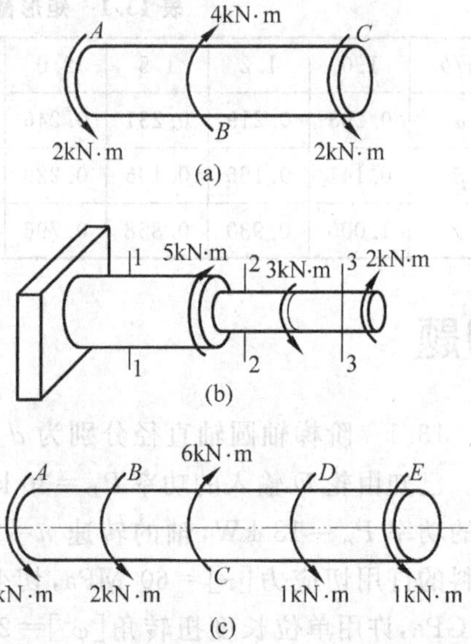

习题 13.6 图

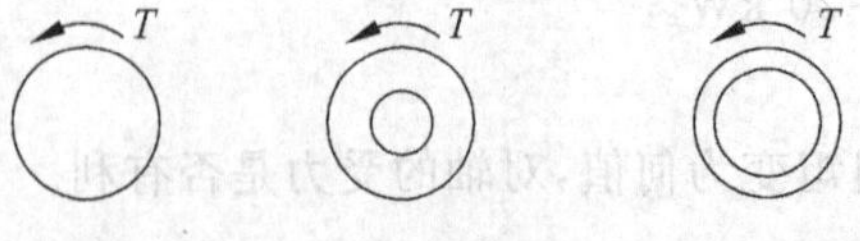

(a) 圆截面　(b) 空心圆截面　(c) 薄壁圆截面

习题 13.7 图

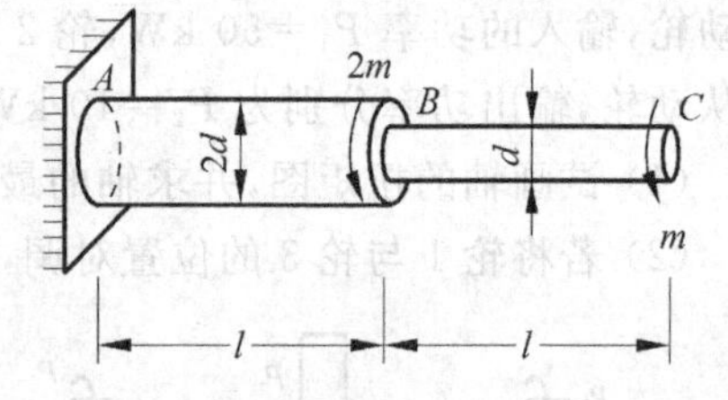

习题 13.8 图

13.11　实心轴和空心轴通过牙嵌式离合器连接在一起。已知其转速 $n=98$ r/min，传递功率 $P=7.4$ kW，轴的许用切应力 $[\tau]=40$ MPa。试设计实心轴的直径 D_1，及内外径比值为 $d_2/D_2=0.5$ 的空心轴的外径 D_2 和内径 d_2。

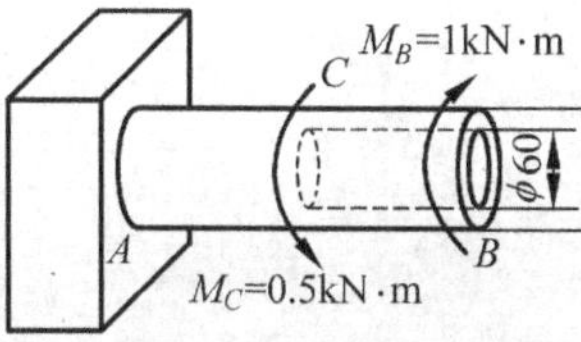

习题 13.10 图

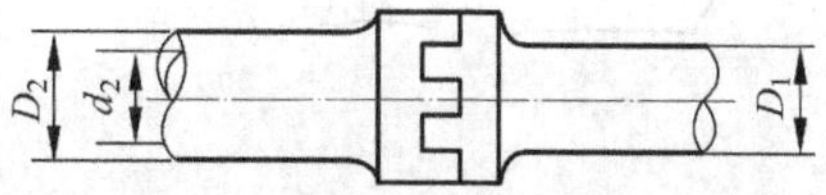

习题 13.11 图

13.12　空心钢轴的外径 $D=100$ mm，内径 $d=50$ mm，材料的切变模量 $G=80$ GPa。若要求轴在 2 m 内的最大扭转角不超过 1.5°，试求所能承受的最大扭矩及此时轴内的最大切应力。

13.13　传动轴的转速 $n=500$ r/min，主动轮 A 输入功率 $P_A=367$ kW，从动轮 B、C 分别输出功率 $P_B=147$ kW、$P_C=220$ kW。已知材料的许用切应力$[\tau]=70$ MPa，材料的切变模量 $G=80$ GPa，许用单位长度扭转角$[\varphi']=1(°)/\text{m}$。试确定 AB 段的直径 d_1 和 BC 段的直径 d_2。

13.14　一端固定的钢制圆轴如图所示。在外力偶矩 M_B 和 M_C 的作用下，轴内产生的最大切应力为 40.8 MPa，自由端转过的角度为 $\varphi_{AC}=9.8\times10^{-3}$ rad。已知材料的切变模量 $G=80$ GPa，试求 M_B 和 M_C 的大小。

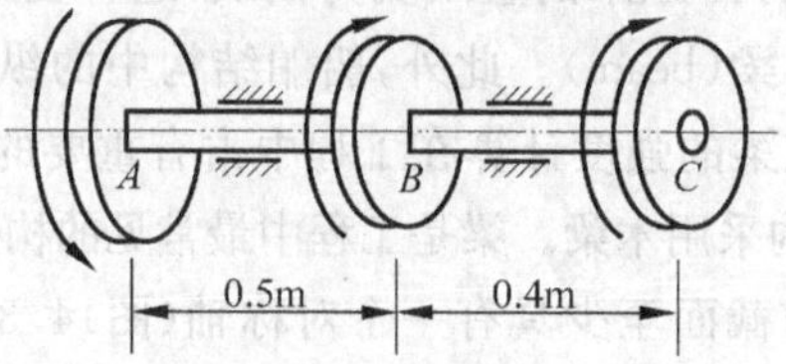

习题 13.13 图

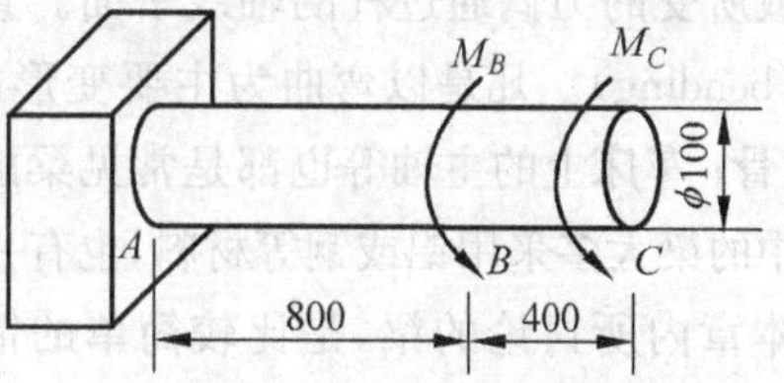

习题 13.14 图（单位：mm）

第14章

梁的平面弯曲

14.1 弯曲的基本概念

实际工程中，发生弯曲变形的杆件有很多。例如火车轮轴(图 14.1)，起重机的大梁(图 14.2)等。它们的受力特征是所受的集中力或分布载荷垂直于杆的轴线(通常称为横向力)，或所受的力偶通过杆的轴线平面。直杆的轴线将由原来的直线变为曲线，这种变形称为**弯曲**(bending)。凡是以弯曲为主要变形的杆件称为**梁**(beam)。此外，船舶结构中的纵梁、横梁、肋骨；车床上的主轴等也都是常见梁的实例，研究梁的强度计算在工程中占有重要的地位。工程中的梁大多采用铝或钢等材料，也有一些房屋结构采用木梁。梁是工程中最常见的构件。

本章内所讨论的梁，是比较简单的情形，它的横截面至少具有一个对称轴(图14.3(a))，

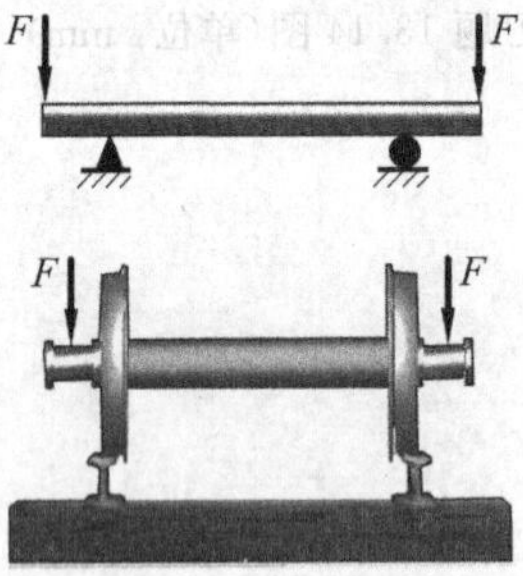

图 14.1

图 14.2

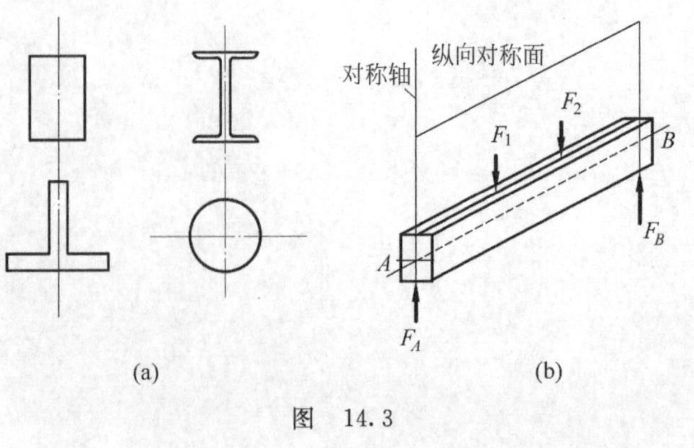

(a) (b)

图 14.3

全梁有对称面(纵向对称面如图 14.3(b)所示),并且外力(力和力偶)都在此对称面内。在这种情形下,梁的轴线弯成对称平面内的一条曲线,这种弯曲称为**平面弯曲**(plane bending),这种对称弯曲是弯曲问题中最常见的一种情况,上面提到的火车轮轴和起重机大梁都属于平面弯曲。

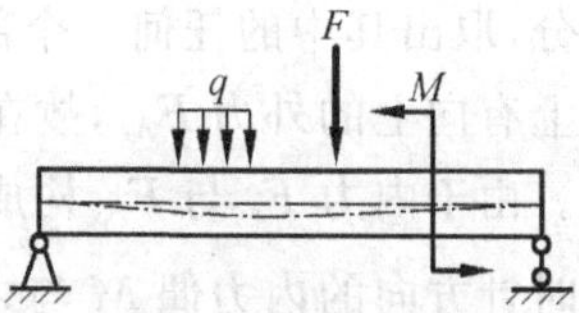

图　14.4

梁的支座和载荷有各种情况,在进行梁的强度和刚度计算时,必须对其几何形状、约束和载荷进行简化。梁上的载荷,如图 14.4 所示,可以简化为三种类型:集中力 F、集中力偶 M 及分布载荷 q。

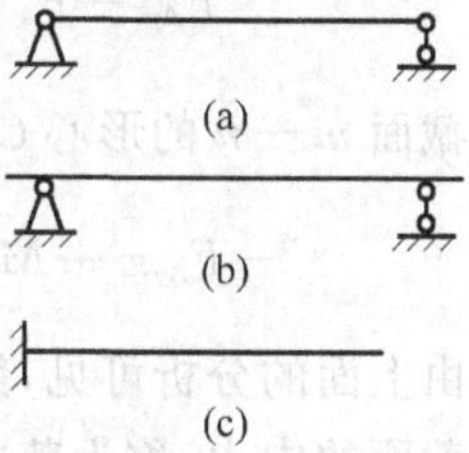

图　14.5

以梁的轴线代替实际的梁,根据约束特点,最常见的静定梁如图 14.5(a)、(b)和(c)所示,分别称为**简支梁**(simply supported beam)、**外伸梁**(overhanging beam)和**悬臂梁**(cantilevered beam)。这三种形式的梁,其约束反力皆可用静力平衡方程求得,像这类梁称为静定梁。本章只讨论静定梁的平面弯曲。梁在两支座之间的部分称为跨,其长度称为梁的**跨度**(span)。

14.2 弯曲内力

14.2.1 梁的剪力和弯矩

梁在外力作用下,各个横截面上会引起与外力相应的内力。为了研究梁的应力和变形,首先要计算这些内力。现以受集中载荷作用的简支梁为例,用截面法来说明梁在外力作用下所产生的内力以及内力的计算。

例 14.1　对于简支梁,如图 14.6(a)所示,已知 F,a,l,求距 A 端 x 处截面 m—m 上的内力。

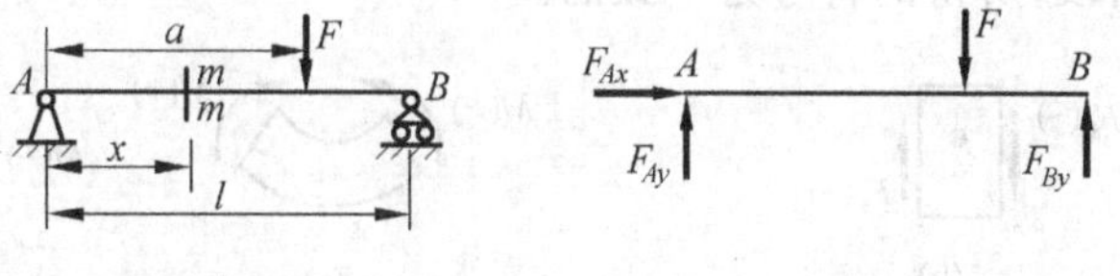

图　14.6

解　首先对梁进行受力分析,如图 14.6(b)所示,利用静力平衡方程求约束反力:

$$\sum X = 0,\qquad F_{Ax} = 0;$$

$$\sum Y = 0,\qquad F_{Ay} + F_{By} - F = 0;$$

$$\sum m_A(F) = 0,\quad F_{By}l - Fa = 0$$

求得约束反力为 $F_{Ax}=0, F_{Ay}=\dfrac{F(l-a)}{l}, F_{By}=\dfrac{Fa}{l}$。

对于平面弯曲,所受外力与轴线垂直,因而 $F_{Ax}=0$ 总是成立的,平衡方程 $\sum X = 0$ 可省略。

求得约束反力后用截面法，求截面 $m—m$ 上的内力：沿该截面假想地将梁分为左右两部分，取出其中的任何一个部分。现取出左段，研究该段的平衡，如图 14.7 所示。因为左段梁上有向上的外力 F_{Ay}，故在截面 $m—m$ 上必有一个方向向下、大小与 F_{Ay} 相等的内力 F_s 作用。由于内力 F_s 与 F_{Ay} 构成一对力偶，使梁有顺时针转动的趋势，因此截面必然存在一个逆时针方向的内力偶 M 与之平衡。即由左段的平衡条件 $\sum Y=0$，得

$$F_{Ay}-F_s=0,F_s=F_{Ay}=\frac{F(l-a)}{l}$$

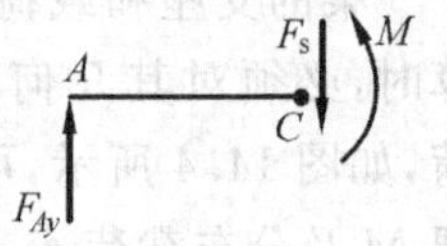

图 14.7

再对截面 $m—m$ 的形心 C 取矩，$\sum m_C(F)=0$，得

$$-F_{Ay}x+M=0,M=F_{Ay}x=\frac{F(l-a)}{l}x$$

由上面的分析可见，梁在同一横截面上，一般将同时存在两个内力分量：内力 F_s 是沿着横截面的内力，称为**剪力**；内力偶 M，位于梁对称面内，称为**弯矩**(bending moment)。剪力和弯矩可以分别从平衡方程 $\sum Y=0$ 和 $\sum m_C(F)=0$ 来求得。

由作用力与反作用力定律可知，在任一横截面切开后，左、右截面上的内力和内力偶都是等值反向的。这一结论我们也可从右段梁的平衡方程得到，读者可以自己试试。为了使从截开后的左右两段梁所求得的同一横截面上的剪力和弯矩各自具有相同的正、负号，可以采用与研究轴力和扭矩相同的方法，按变形的情况来规定剪力和弯矩的符号。

先看剪力的符号。规定截面上剪力对所选梁段上任意一点的矩为顺时针转向时，剪力为正；反之为负。如图 14.8(a)所示时为正号，如图 14.8(b)所示时为负号。对于剪力的符号规定也可作如下的解释：在图 14.8 中，正剪力对应的错动趋势为“左上右下”，负剪力对应的错动趋势为“左下右上”。

再看弯矩的符号。我们规定截面上弯矩使梁微段变成上凹下凸形状的为正弯矩；反之为负值。如图 14.9(a)所示时为正号，如图 14.9(b)所示时为负号。按照上述符号规则，不论考虑梁的左段或右段，所得的符号是一致的。

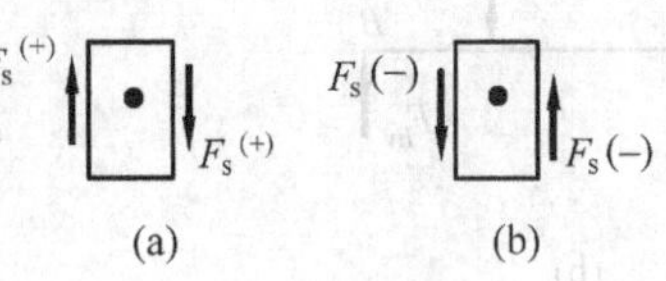

图 14.8

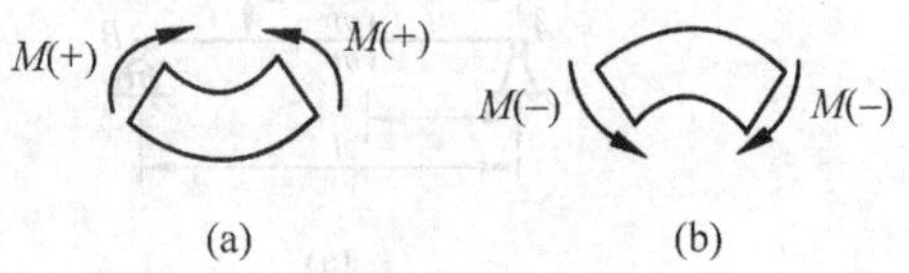

图 14.9

根据例 14.1 截面法的步骤得出，可以直接根据梁上在横截面一侧的外力来计算该截面上的剪力和弯矩，总结如下规律：梁的某截面上的剪力，在数值上等于该截面一侧梁上所有外力的代数和；根据剪力的正负号规定可知，截面左侧梁上向上的外力或截面右侧梁上向下的外力引起正号的剪力，反之，则引起负号的剪力。

梁的某截面上的弯矩，在数值上等于该截面一侧梁上所有外力对该截面形心的力矩的代数和；根据弯矩的正负号规定可知，截面任一侧梁上向上的外力均引起正号的弯矩，向下的外力则引起负号的弯矩。同理，可以推知，当梁上有集中力偶作用时，截面左侧梁上顺时针转向的外力偶或右侧梁上逆时针转向的外力偶引起正号的弯矩，反之，则引起负号的弯矩。

利用上面所归纳出的规律计算横截面上的剪力和弯矩时，就不必再利用截面法而使计算过程较为简便。但必须指出，这些计算规则是从截面法得到的结论，读者只有搞清它们的实质，才能正确地理解和掌握。

例 14.2　悬臂梁受力与支承情况如图 14.10 所示，求 1—1、2—2 两截面的剪力与弯矩。

解　梁是悬臂梁，不必先求固定端的约束反力，可直接由右侧所有外力和外力矩代数和得

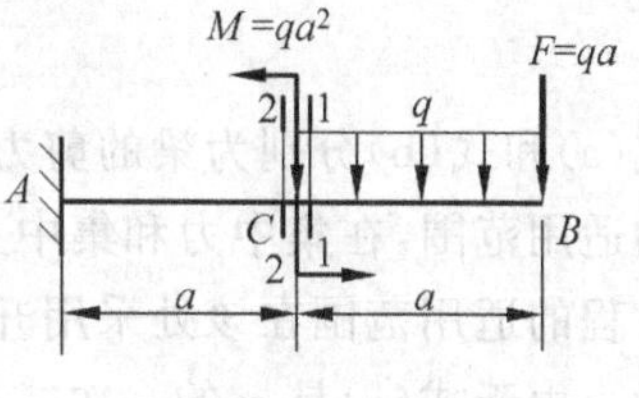

图　14.10

$$F_{s1}=F+qa=2qa$$

$$M_1=-F\times a-qa\times\frac{a}{2}=-\frac{3}{2}qa^2$$

$$F_{s2}=F+qa=2qa$$

$$M_2=-F\times a-qa\times\frac{a}{2}+M=-\frac{1}{2}qa^2$$

由上面的计算可以看出，在集中力偶作用处左右两侧横截面上的弯矩发生突变，突变的量值等于该集中力偶的矩。集中力偶为逆时针方向，从左侧 2 截面到右侧 1 截面突变的趋势为减小。读者可以考虑，梁上剪力会在何处发生突变，突变的范围和突变的趋势有什么规律。

14.2.2　梁的剪力图和弯矩图

为了了解梁在外力作用下，沿整个梁长各个横截面上的剪力与弯矩的变化情况，找出最危险的截面位置，以便进行梁的设计和校核工作，我们可以首先把梁的一个端截面的形心作为原点，并以梁轴线为 x 轴，再把距原点为 x 处任一截面上的剪力和弯矩写成 x 的函数式，列出各段梁的**剪力方程**（equation of shear force）和**弯矩方程**（equation of bending moment），即

$$F_s=F_s(x), M=M(x)$$

剪力方程和弯矩方程合称梁的内力方程。作图时常按选定的比例尺，以横截面沿梁轴线的位置为横坐标，以横截面上的剪力和弯矩为纵坐标。这样绘制的图线分别称为**剪力图**(shear force diagram)和**弯矩图**(bending moment diagram)，二者合称梁的内力图。通常将正值的剪力或弯矩画在横轴的上方，负值的画在下方。

剪力方程和弯矩方程不仅用于作剪力图和弯矩图，而且在研究梁的变形时和其他与弯矩有关的问题中也将用到。

对于一般情况，绘制剪力图和弯矩图的步骤可以概括如下：

(1) 利用静力平衡方程确定约束反力。

(2) 根据载荷分段列出剪力方程、弯矩方程。分段点为集中力作用点、集中力偶作用点、分布载荷的起点和终点。

(3) 根据剪力方程、弯矩方程判断剪力图、弯矩图的形状，画出这些曲线所需要的控制点，求出相应截面上的剪力和弯矩，描点绘出剪力图、弯矩图。

(4) 确定最大的剪力值、弯矩值。

下面通过例题具体地说明如何列出剪力方程和弯矩方程，以及如何按这些方程分别作

出剪力图和弯矩图。

例 14.3 列出图 14.11 梁内力方程并画出内力图。

解 在距左端 A 为 x 处取一截面,利用左侧外力代数和求该处截面的内力,列出剪力方程和弯矩方程:

$$F_s(x)=-qx \quad (0\leqslant x<l) \tag{a}$$

$$M(x)=-\frac{1}{2}qx^2 \quad (0\leqslant x<l) \tag{b}$$

式(a)和式(b)分别为梁的剪力方程和弯矩方程。需要指出,在两式后的括号内,表示了方程的适用范围,在集中力和集中力偶作用处(B 截面),剪力和弯矩分别有突变而为不定值,故方程的适用范围在该处采用开区间的符号表示。

由于式(a)是 x 的一次式,故知剪力图是一斜直线只要定出两点即可画出:当 $x=0$ 时(A 截面),$F_s=0$;当 $x=l$ 时(B 截面),$F_s=-ql$。根据此两值可画出剪力图,如图 14.11 所示。

由式(b)知弯矩图是二次抛物线,且为凸函数,只要定出两点即可画出:当 $x=0$ 时(A 截面),$M=0$;当 $x=l$ 时(B 截面),$M=-ql^2/2$。根据此两值可画出弯矩图,如图 14.11 所示。

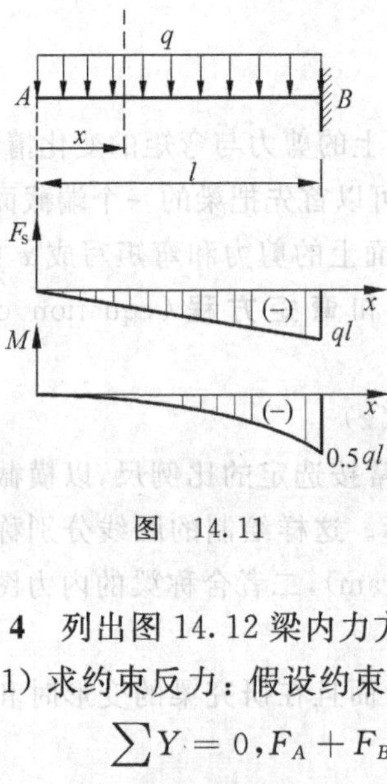

图 14.11

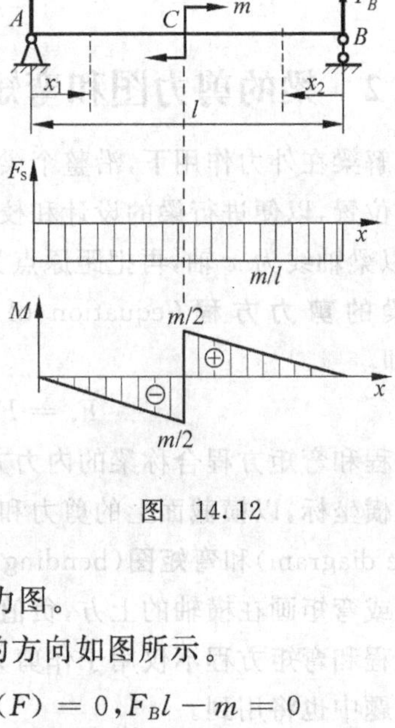

图 14.12

例 14.4 列出图 14.12 梁内力方程并画出内力图。

解 (1) 求约束反力:假设约束反力 F_A,F_B 的方向如图所示。

由 $\sum Y=0, F_A+F_B=0$;$\sum m_A(F)=0, F_Bl-m=0$

可得 $F_B=m/l, F_A=-m/l$。

(2) 列出剪力方程和弯矩方程

AC 段:

$$F_s(x_1)=-m/l \quad (0<x_1\leqslant l/2) \tag{a}$$

$$M(x_1)=-mx_1/l \quad (0\leqslant x_1<l/2) \tag{b}$$

BC 段:

$$F_s(x_2)=-m/l \quad (0<x_2\leqslant l/2) \tag{c}$$

$$M(x_2)=mx_2/l \quad (0\leqslant x_2<l/2) \tag{d}$$

由(a)和(c)两式画出剪力图,由(b)和(d)两式画出弯矩图,由剪力图可知:各截面的剪力值为常数,在集中力偶作用点 C 的稍左截面 $M_{C左}=-m/2$,在点 C 的稍右截面 $M_{C右}=$

$m/2$，弯矩图经过 C 点时发生突变，突变值为 m。而剪力图经过集中力偶作用的截面时并无改变。

例 14.5　列出图 14.13 梁内力方程并画出内力图。

解　(1) 求约束反力

$$\sum m_A = 0, F_{By} = \frac{Fa}{l}; \sum Y = 0, F_{Ay} = \frac{Fb}{l}$$

(2) 列出剪力方程和弯矩方程

AC 段：
$$F_s(x_1) = F_{Ay} = \frac{b}{l}F, 0 < x_1 < a \quad \text{(a)}$$

$$M(x_1) = \frac{b}{l}Fx_1, 0 \leqslant x_1 \leqslant a \quad \text{(b)}$$

BC 段：
$$F_s(x_2) = -F_{By} = -\frac{a}{l}F, 0 < x_2 < b \quad \text{(c)}$$

$$M(x_2) = F_{By}x_2 = \frac{a}{l}Fx_2, 0 \leqslant x_2 \leqslant b \quad \text{(d)}$$

由剪力方程(a)和(c)两式可知，AC 和 CB 段剪力图均为水平线，由弯矩方程(b)和(d)两式可知，两段的弯矩图均为斜直线。由剪力图可知：在集中力作用处 C 的稍左截面 $F_{sC左} = Fb/l$，C 的稍右截面 $F_{sC右} = -Fa/l$，剪力图经过 C 点时发生突变，突变值为 F，需要指出，当集中力向下时，从左到右突变的趋势是减少。弯矩图在该处有转折，原因是由于两条斜直线的斜率在该处不相同。最大弯矩发生在集中力作用点，其值为 $M_{max} = Fab/l$。

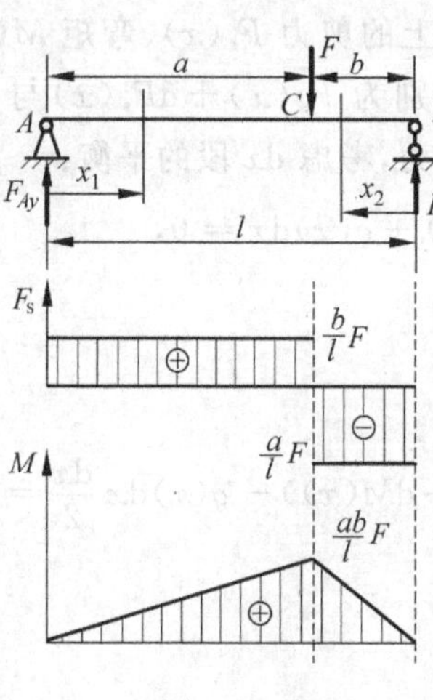

图　14.13

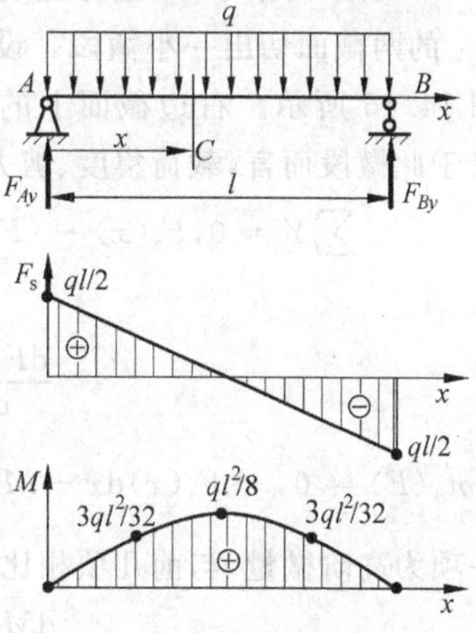

图　14.14

例 14.6　列出图 14.14 梁内力方程并画出内力图。

解　(1)求约束反力

$$\sum m_A = 0, \sum m_B = 0$$

$$F_{Ay} = F_{By} = ql/2$$

(2) 列出剪力方程和弯矩方程

$$F_s(x) = ql/2 - qx, 0 < x < l \quad \text{(a)}$$

$$M(x) = qlx/2 - qx^2/2, 0 \leqslant x \leqslant l \tag{b}$$

由式(a)知剪力图为一斜直线,根据其两端点的剪力即可作出剪力图。由式(b)知,弯矩图必定为一条二次抛物线,根据其上几点便可绘制出弯矩图。即 $x=0, M=0$; $x=l/4, M=3ql^2/32$; $x=l/2, M=ql^2/8$; $x=3l/4, M=3ql^2/32$; $x=l, M=0$。

由图 14.14 可见,最大剪力发生在两支座内侧的横截面上,其值为 $|F_s|=ql/2$;最大弯矩发生在梁跨度中点截面上,其值为 $M=ql^2/8$,且该截面上剪力 $F_s=0$。

14.2.3 利用平衡微分方程作梁的内力图

由上节可知,梁上载荷不同,所作出的剪力图、弯矩图的形状也不同。实际上,剪力、弯矩与载荷之间存在着一定关系,掌握这个关系,对于绘制剪力图、弯矩图很有用处。下面来研究它们之间的关系。

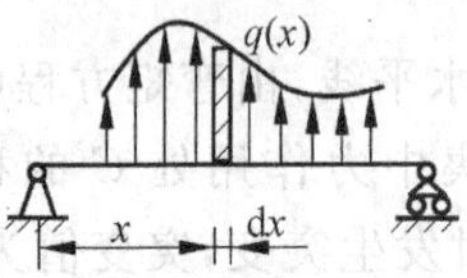

图 14.15

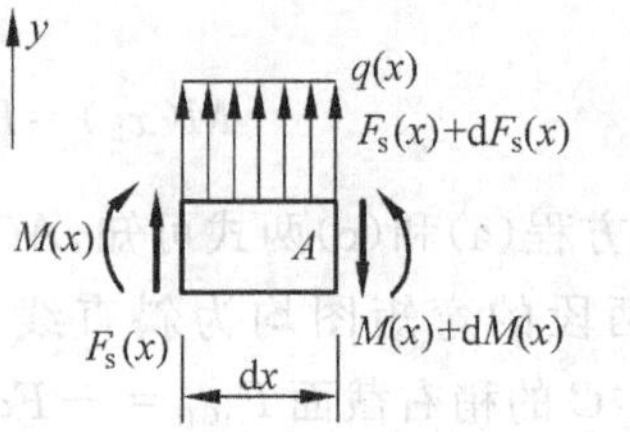

图 14.16

在图 14.15 所示的梁中,梁上作用有任意分布载荷,载荷集度 $q(x)$ 以规定向上为正。以相距为 dx 的两截面切出一小微段。设作用于左截面上的剪力 $F_s(x)$、弯矩 $M(x)$ 为正,其方向如图 14.16 所示。右边截面上的剪力和弯矩分别为 $F_s(x)+dF_s(x)$ 与 $M(x)+dM(x)$。对于此微段而言,载荷集度、剪力和弯矩均为外力,考虑 dx 段的平衡:

$$\sum Y = 0, F_s(x) - (F_s(x) + dF_s(x)) + q(x)dx = 0,$$

得到

$$\frac{dF_s(x)}{dx} = q(x) \tag{14.1}$$

$$\sum m_A(F) = 0, -F_s(x)dx - M(x) + (M(x) + dM(x)) - q(x)dx\,\frac{dx}{2} = 0$$

式中最后一项为高阶微量,与前几项相比可以略去,得到

$$\frac{dM(x)}{dx} = F_s(x) \tag{14.2}$$

上式再对 x 微分一次,由式(14.1)和式(14.2)可得

$$\frac{d^2M(x)}{dx^2} = \frac{dF_s(x)}{dx} = q(x) \tag{14.3}$$

以上三式即为 $q(x)$、$F_s(x)$、$M(x)$ 的微分关系。它实质上表示了微段梁的平衡条件。必须指出,上述关系要求 $F_s(x)$、$M(x)$ 在所讨论的区间是 x 的连续函数,即没有集中力或集中力偶。从微分关系的几何意义来看,剪力图在某点的斜率等于相应截面处的载荷集度;弯矩图在某点的斜率等于相应截面处的剪力值。

根据上述性质,对于常见的载荷、剪力图和弯矩图之间的相互关系,可得出如下一些

规律：

(1) 在没有均布载荷作用的一段梁上，$q(x)=0$，即$\frac{\mathrm{d}F_{\mathrm{s}}(x)}{\mathrm{d}x}=0$，故剪力$F_{\mathrm{s}}$和$\frac{\mathrm{d}M(x)}{\mathrm{d}x}$均为常数。此段梁的剪力图必为平行于$x$轴的直线；弯矩图则因弯矩为$x$的一次函数而必为斜直线。如果此时剪力是正号，则该直线向右上方倾斜；反之，则向右下方倾斜；当$F_{\mathrm{s}}=0$时，则弯矩图为平行于x轴的直线。

(2) 在有均布载荷作用的一段梁上，$q(x)$为常数，即$\frac{\mathrm{d}F_{\mathrm{s}}(x)}{\mathrm{d}x}$和$\frac{\mathrm{d}^2M(x)}{\mathrm{d}x^2}$均为常数，故剪力和弯矩分别为$x$的一次函数和二次函数，此段梁的剪力图和弯矩图分别为斜直线和二次抛物线。如果均布载荷向下作用，即载荷集度$q(x)$是负号时，则剪力图直线向右下方倾斜，弯矩图抛物线向上凸；反之，则剪力图直线向右上方倾斜，弯矩图抛物线向下凸。

(3) 根据公式，还可从剪力图确定弯矩图中极值点的位置：当$q(x)$不为零时，如果梁在某截面上的剪力为零，则弯矩图在相应点处的切线平行于x轴，该截面上的弯矩必为极值。应该指出，这一极值不一定是全梁的弯矩图上的最大值。

(4) 在集中力作用处，剪力图发生突变，从左到右，向上(下)集中力作用处，剪力图向上(下)突变，突变幅度为集中力的大小。弯矩图在该处为尖点。

在集中力偶m作用处，弯矩图发生突变，突变值等于力偶矩m。从左到右，顺(逆)时针集中力偶作用处，弯矩图向上(下)突变，突变幅度为集中力偶的大小。剪力图在该点没有变化。

(5) 也可通过积分方法确定剪力图、弯矩图上各点处的数值。

由式(14.1)和式(14.2)，经过积分可得

$$F_{\mathrm{s}}(b)-F_{\mathrm{s}}(a)=\int_a^b q(x)\mathrm{d}x \tag{14.4}$$

$$M(b)-M(a)=\int_a^b F_{\mathrm{s}}(x)\mathrm{d}x \tag{14.5}$$

以上两式表明，在$x=a$和$x=b$两截面上的剪力之差，等于两截面间载荷图的面积；两截面上的弯矩之差，等于两截面间剪力图的面积。

利用上述规律，可以校核剪力图和弯矩图的正确性，并且可以较快地绘制剪力图和弯矩图，不需要列出剪力方程和弯矩方程。基本步骤是：首先确定约束反力并根据梁上载荷及支承情况将梁分段；然后利用微分关系判断梁各段内力图的形状；计算梁控制点：端点、分段点(外力变化点)和驻点(极值点)等内力的数值大小及正负；最后逐段描点画内力图。下面举例说明。

例 14.7　利用微分关系作图 14.17 所示梁的剪力图和弯矩图。

解　(1) 约束反力

由

$$\sum Y=0, F_A+F_B-20-10\times 4=0$$

$$\sum m_B=0, 10\times 4\times 2+20\times 5-40-F_A 4=0$$

得

$$F_A=35\ \mathrm{kN};\ F_B=25\ \mathrm{kN}$$

(2) 利用微分关系判断梁各段内力图的形状

AB段有均布载荷作用向下，则剪力图直线向右下方倾斜，弯矩图抛物线向上凸；CA

段没有均布载荷作用，剪力图为平行于 x 轴的直线，弯矩图为斜直线。

（3）计算梁控制点上内力的数值大小及正负

$$F_{sC}=-20\ \text{kN}, F_{sA^-}=-20\ \text{kN}, F_{sA^+}=15\ \text{kN}, F_{sB^-}=-25\ \text{kN}$$

用斜直线和水平直线连接相应的点得到剪力图。

$$M_C=M_B=0, M_{A^-}=-20\ \text{kN}\cdot\text{m}, M_{A^+}=20\ \text{kN}\cdot\text{m}$$

另外，注意在 AB 段上 $F_s=0$ 截面上，弯矩有极值。由该段剪力图两个三角形的比例关系，可求得 $F_s=0$ 截面 B 端的距离为 2.5 m，利用右侧外力代数和计算该截面上的弯矩值为

$$M_{max}=25\times2.5-10\times2.5\times2.5/2=31.25\ \text{kN}\cdot\text{m}$$

用凸曲线和斜直线连接相应的点得到弯矩图。

该题是一个非常典型的弯曲内力图的绘制题目，其上载荷包含了常见的三种载荷：集中力、集中力偶和分布载荷，因此有剪力的突变和弯矩的突变，另外还存在 $F_s=0$ 的截面，要特别地计算该处的弯矩的极值。

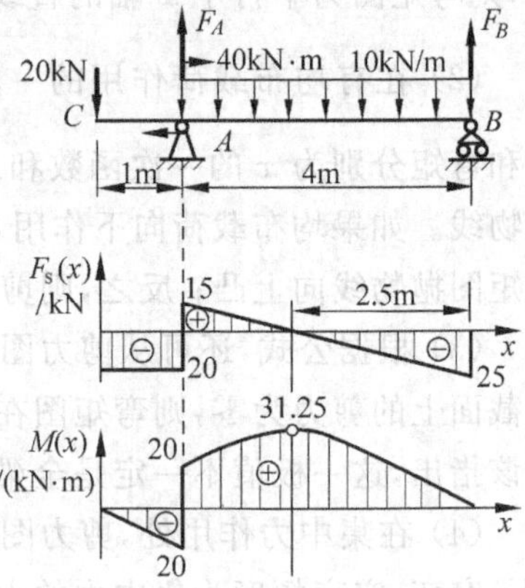

图 14.17

14.3 弯曲应力及强度计算

14.3.1 纯弯曲时的正应力

前面几节讨论了梁横截面上的内力，并且指出了弯矩是垂直于横截面的内力系的合力偶系；而剪力是切于横截面的内力系的合力。通常情况下在梁的横截面上同时作用有剪力和弯矩，在弯矩作用下产生弯曲变形的同时，在剪力的作用下产生剪切变形，这种弯曲称为**剪切弯曲或横力弯曲**。梁横截面上的弯矩是由正应力组成的，与切应力无关。而剪力又仅仅与切应力有关。因此，为了便于研究，可以取一段只有弯矩而无剪力的梁来研究梁弯曲正应力，在此情况下的弯曲称为**纯弯曲**（pure bending）。纯弯曲的情况在不考虑梁的自重影响时是可能得到的。如图 14.18 所示四点弯曲，AB 间的弯矩值为常数，而剪力为零，这段弯曲就是纯弯曲。图 14.19 举重运动员的两手之间一段梁，图 14.20 运动车后轴的中间一段梁和图 14.1火车轮轴两个车轮之间的一段梁等都可看作是纯弯曲。横截面上的正应力

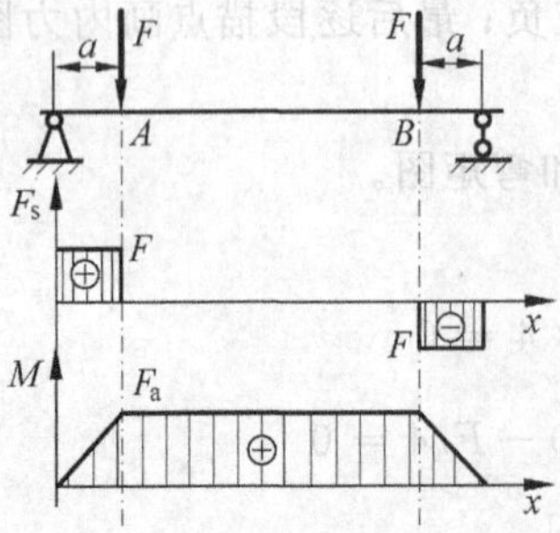

图 14.18

图 14.19

必组成一个力偶，如果知道应力在横截面上的分布规律，就能够计算出横截面上每一点的应力。而应用静力学条件是不可能找到应力分布规律的，因此，所研究的问题是超静定的，故需首先通过实验来研究梁的变形，再综合物理关系和静力关系才可以得出应力的计算公式。

纯弯曲容易在材料试验机上实现，可取易变形的材料做成一矩形截面梁，在梁的表面上作出与梁的轴线平行的纵向线和与纵向线垂直的横向线。在梁的两端施加力偶 M，在此梁发生纯弯曲时(图 14.21)，可观察到以下现象：横向线仍保持为直线，互相倾斜了一个角度后，仍垂直于纵向线；所有的纵向线都弯曲成圆弧线。靠近底面的纵向线伸长，靠近顶面的纵向线缩短，而位于中间位置的一条纵向线，其长度不变。

图　14.20

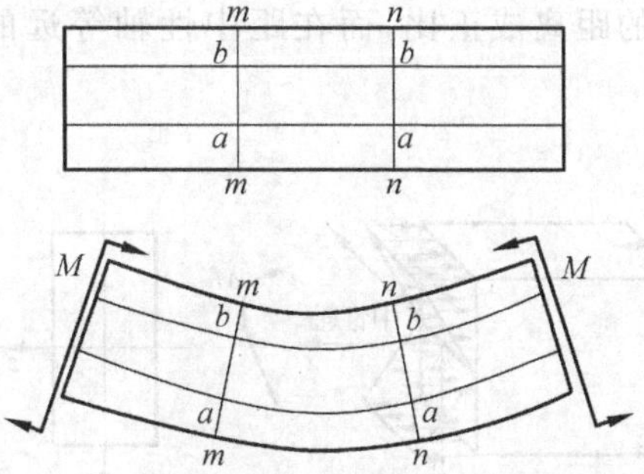

图　14.21

横截面的轮廓线在梁弯曲后仍然保持为平面之内，根据试验结果可以假设：梁的所有横截面在变形过程中要发生转动，但变形前原为平面的横截面变形后仍保持为平面，并且和变形后的梁轴线垂直。这一假设称为平面假设。又因为梁的下部纵向纤维伸长而宽度减少，上部纵向纤维缩短而宽度增加。因此又假设，梁的所有与轴线平行的纵向纤维都是轴向拉伸或压缩(即纵向纤维之间无挤压)。以上两个假设之所以能成立，是因为以此为基础所得到的应力和变形公式能被实验结果所证实。而且，在纯弯曲的情况下，与弹性力学的结果也一致。这样，平面假设就反映出梁弯曲变形的本质了。

根据平面假设，把梁看成是由无数纵向纤维所组成的，把既不伸长也不缩短的一层纵向纤维叫作**中性层**(neutral layer)，中性层和横截面的交线，叫作**中性轴**(neutral axis)，如图 14.22 所示。

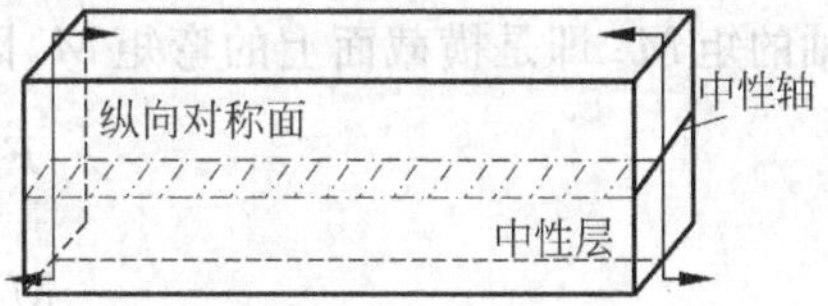

图　14.22

与研究扭转一样，综合考虑变形几何、物理和静力三方面关系来推导纯弯曲时梁的正应力公式。

1. 变形几何关系

纯弯曲时梁的纵向纤维由直线变成圆弧，如图 14.23 所示。从梁上截取一微段 dx，求距中性层为 y 处的纤维 aa 的线应变。梁轴线的曲率半径以 ρ 表示，两平面绕中性轴的相对夹角以 $d\theta$ 表示。该纤维变形后的长度为 $(\rho+y)d\theta$，原长为 dx，即 $\rho d\theta$。故纤维 aa 线应变 ε 为

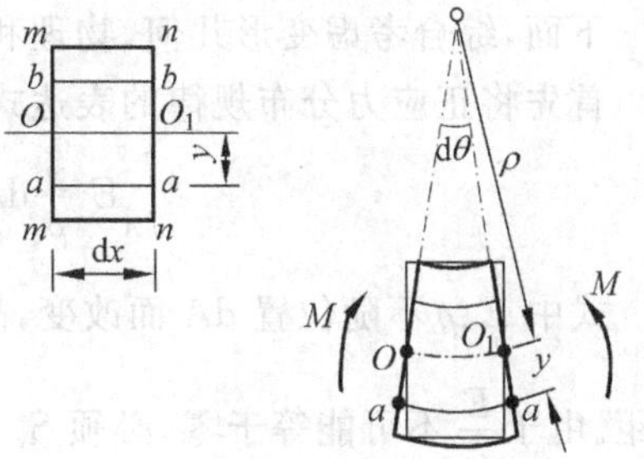

图　14.23

$$\varepsilon=\frac{(\rho+y)\mathrm{d}\theta-\rho\mathrm{d}\theta}{\rho\mathrm{d}\theta}=\frac{y}{\rho} \tag{a}$$

2. 物理关系

因假设纵向纤维为轴向拉伸或压缩，于是在正应力不超过比例极限时，由胡克定律知

$$\sigma=E\varepsilon=E\frac{y}{\rho} \tag{b}$$

对于指定的横截面，$\frac{E}{\rho}$为常数。由此式可知，横截面上任一点处的正应力与该点到中性轴 z 的距离成正比，而在距中性轴等远的同一横线上各点的正应力相等，如图 14.24 所示。

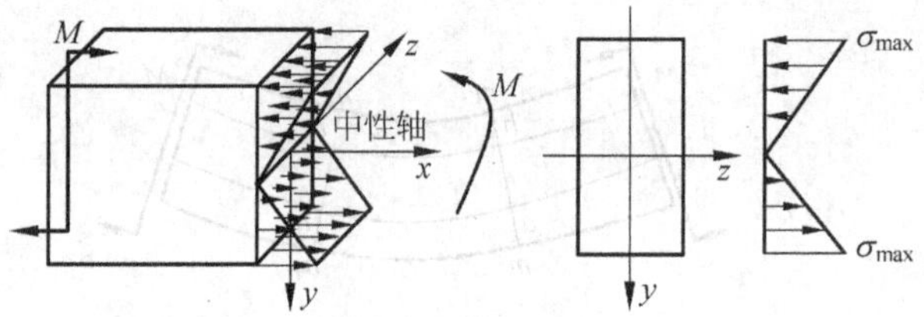

图 14.24

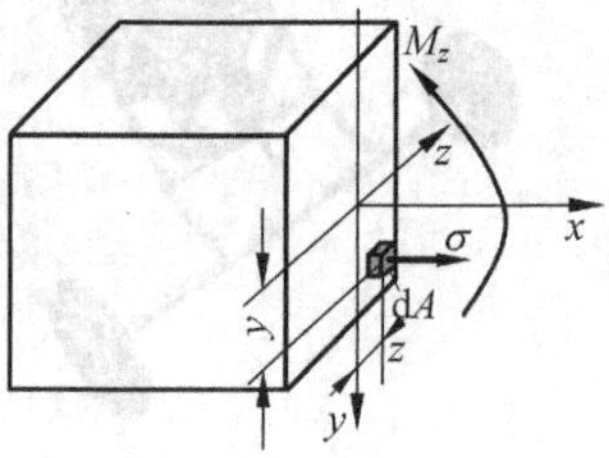

图 14.25

3. 静力关系

由于曲率半径 ρ 和中性轴的位置均未确定，还需要考虑静力关系。纯弯曲时梁横截面上仅有正应力(图 14.25)，我们取横截面的对称轴为 y 轴，中性轴为 z 轴，过 y、z 轴交点与杆纵线平行的线取为 x 轴。把横截面划分为无数微面积 $\mathrm{d}A$，在坐标(y,z)处的微面积 $\mathrm{d}A$ 上作用着微内力 $\sigma\mathrm{d}A$。横截面上这些微内力构成空间平行力系，故可能组成三个内力分量，轴力 F_N 和绕 y、z 轴之距 M_y、M_z。纯弯曲时，截面的轴力 F_N 和绕 y 的矩 M_y 都为零，而绕 z 轴的矩 M_z 即是横截面上的弯矩 M，因此

$$F_N=\int_A\sigma\mathrm{d}A=0 \tag{c}$$

$$M_y=\int_A z\sigma\mathrm{d}A=0 \tag{d}$$

$$M_z=\int_A y\sigma\mathrm{d}A=M \tag{e}$$

下面，综合考虑变形几何、物理和静力三方面的关系。

首先将正应力分布规律的表达式(b)代入式(c)，得

$$\int_A E\frac{y}{\rho}\mathrm{d}A=\frac{E}{\rho}\int_A y\mathrm{d}A=\frac{E}{\rho}S_z=0 \tag{f}$$

式中 E、ρ 不随位置 $\mathrm{d}A$ 而改变，故可提到积分号前。定义 $S_z=\int_A y\mathrm{d}A$ 为截面对 z 轴的静距。由于$\frac{E}{\rho}$不可能等于零，必须 $S_z=0$。故知 z 轴必为截面的形心轴，因此可得结论：中性轴必通过截面的形心 C。

再将式(b)代入式(d)，得

$$\int_A E\frac{y}{\rho}z\mathrm{d}A=\frac{E}{\rho}\int_A yz\mathrm{d}A=0$$

式中$\int_A yz\mathrm{d}A$为横截面的惯积。由于y轴为横截面的对称轴，故$\int_A yz\mathrm{d}A=0$自然得到满足。这时，y、z轴即为横截面的形心主轴。

再将式(b)代入式(e)，得

$$\int_A E\frac{y}{\rho}y\mathrm{d}A=\frac{E}{\rho}\int_A y^2\mathrm{d}A=M$$

令式中$\int_A y^2\mathrm{d}A=I_z$，$I_z$即为横截面对中性轴$z$轴的惯性矩，从定义可以看出其大小不仅与截面面积有关，而且与截面的面积分布有关。可见惯性矩I_z是反映梁的截面尺寸和形状抵抗弯曲变形能力的一个物理量，故

$$\frac{EI_z}{\rho}=M$$

即

$$\frac{1}{\rho}=\frac{M}{EI_z} \tag{14.6}$$

上式可确定中性轴的曲率。EI_z称为梁的**抗弯刚度**(flexural rigidity)，因为此值大时曲率$1/\rho$小，故梁的弯曲变形小。

把式(14.6)代入式(b)，可得梁横截面上的正应力公式

$$\sigma=\frac{My}{I_z} \tag{14.7}$$

式中M是横截面的弯矩，y为点到中性轴的距离，I_z为整个横截面对中性轴的惯性矩。

当弯矩为正，梁下部纤维伸长，故产生拉应力；上部纤维缩短，故产生压应力。弯矩为负时，则与上相反。一般用式(14.7)计算正应力时，M与y均以绝对值代入，而正应力的拉、压由弯矩的正负来判断。另外，虽然式(14.7)是在纯弯曲下推出的，横力弯曲时，其横截面上不仅有弯矩，而且还有剪力。由于切应力的存在，梁的横截面发生翘曲；同时，由于横向力的作用，还使梁的纵向纤维之间发生挤压。因此，平面假设和纵向线之间无挤压的假设实际上都不再成立，这些都与推导公式的前提相矛盾。但是实验和弹性力学的研究结果表明，对于细长的梁，例如当梁的跨度与截面高度之比$\frac{l}{h}>5$时，应用纯弯曲时的公式计算该梁横截面上的正应力，还是相当精确的。但应注意，此时应该用相应横截面上的弯矩$M(x)$来代替以上有关公式中的M。

以上基本公式是在平面假设和各纵向纤维间互不挤压假设的基础上得出的，它们已为实验和进一步的理论所证实。还应注意，这些公式只适用于线弹性范围内的材料(其变形符合胡克定律)，且其拉伸和压缩时的弹性模量相等的情况。为了满足前一个条件，梁内的最大正应力值不得超过材料的比例极限。

例 14.8　如图 14.26 所示，厚度为$t=1.5$ mm 的钢带，卷成直径$D=3$ m 的圆环。若钢的弹性模量$E=210$ GPa，试求钢带横截面上的最大拉应力。

解 当弯曲后梁的轴线为圆弧时,其中性层上各点处的曲率相同,梁各个截面上应有相同的弯矩。可见这种弯曲是纯弯曲。由于$\frac{1}{\rho}=\frac{M}{EI_z}$,钢带横截面上的弯矩为$M=\frac{EI_z}{\rho}$,钢带为矩形截面梁,其曲率半径为$\rho=\frac{D}{2}+\frac{t}{2}$。由已知条件可知$t$与$D$相比很小,故可取$\rho=\frac{D}{2}$,代入上式可得

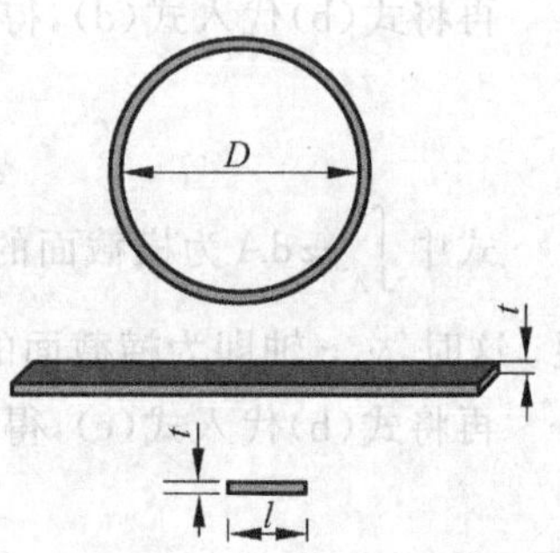

图 14.26

$$M=\frac{EI_z}{D/2}$$

求得横截面上的最大正应力为

$$\sigma_{\max}=\frac{My_{\max}}{I_z}=\frac{2EI_z/D\times t/2}{I_z}=\frac{Et}{D}=\frac{210\times10^9\times1.5\times10^{-3}}{3}=105\ \text{MPa}$$

由钢带的弯曲情况可知,此最大拉应力发生在钢带最外层上各点处。

14.3.2 弯曲正应力的强度条件

由式(14.7)可知,梁横截面上的最大拉应力和最大压应力发生在离中性轴最远处,对于中性轴为对称轴的截面,例如矩形、圆形和工字形截面,最大拉应力和最大压应力的数值相等。设$y_{\max}$为截面边缘到中性轴的最远距离,则此最大正应力值为

$$\sigma_{\max}=\frac{My_{\max}}{I_z}$$

令

$$W_z=\frac{I_z}{y_{\max}}$$

则

$$\sigma_{\max}=\frac{M}{W_z}\tag{14.8}$$

式中W_z称为**抗弯截面系数**(section modulus in bending),它也是截面几何性质之一,其值与截面的形状和尺寸有关,其单位与抗扭截面系数相同。由公式可知,抗弯截面系数W_z越大,最大正应力值$\sigma_{\max}$值越小。因此,在截面面积相同的情况下,应尽量使截面具有较大的抗弯截面系数。

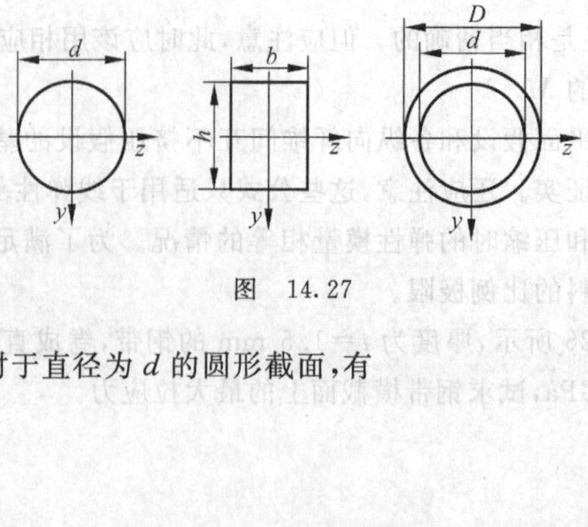

图 14.27

如图14.27所示,对于直径为d的圆形截面,有

$$I_z=\frac{\pi d^4}{64},W_z=\frac{I_z}{d/2}=\frac{\pi d^4/64}{d/2}=\frac{\pi d^3}{32} \tag{14.9}$$

矩形截面梁，截面的高为 h，宽为 b，有

$$I_z=\frac{bh^3}{12},W_z=\frac{I_z}{h/2}=\frac{bh^3/12}{h/2}=\frac{bh^2}{6} \tag{14.10}$$

空心圆截面，有

$$I_z=\frac{\pi D^4}{64}(1-\alpha^4),W_z=\frac{I_z}{D/2}=\frac{\pi D^3}{32}(1-\alpha^4),\alpha=d/D \tag{14.11}$$

对于型钢截面，其抗弯截面系数可从附录中的型钢规格表中查得。

进行弯曲正应力强度校核时，可仿照拉压杆强度条件的形式，并按全梁的最大正应力 $\sigma_{\max}$ 和许用应力 $[\sigma]$ 来建立梁的正应力强度条件：$\sigma_{\max}\leqslant[\sigma]$。对于等直梁，其最大正应力应发生在最大弯矩所在横截面（危险截面）上离中性轴最远的点（危险点）处。于是得等直梁的正应力强度条件为

$$\sigma_{\max}=\frac{M_{\max}}{W_z}\leqslant[\sigma] \tag{14.12}$$

由此强度条件即可对梁按正应力进行强度校核、截面设计或许可载荷的计算。许用应力 $[\sigma]$ 值一般可从有关的设计规范中查到。

对于不对称于中性轴的截面，例如 T 形截面，截面的最大拉应力与最大压应力的值必不相等，可分别按公式(14.7)求出其相应的最大值

$$\sigma_{\text{tmax}}=\frac{(My)_{\text{tmax}}}{I_z},\sigma_{\text{cmax}}=\frac{(My)_{\text{cmax}}}{I_z} \tag{14.13}$$

然后再进行校核。或者，若梁的许用压应力与许用拉应力不相等，例如铸铁等脆性材料，则应分别校核最大拉应力和最大压应力。

例 14.9 T 形截面的铸铁外伸梁如图 14.28(a)所示。铸铁的 $[\sigma_t]=30$ MPa，$[\sigma_c]=60$ MPa。试校核此梁的强度。

解 (1) 非对称截面，要寻找中性轴位置，求截面形心，求截面对中性轴 z 的惯性矩。

$y_C=\dfrac{80\times20\times10+120\times20\times80}{80\times20+120\times20}=52$ mm，如图 14.28(b)所示。

$$I_z=\frac{80\times20^3}{12}+80\times20\times42^2+\frac{20\times120^3}{12}+20\times120\times28^2$$
$$=7.64\times10^6\,\text{m}^4$$

(2) 作弯矩图，寻找需要校核的截面

约束反力 $F_{Ay}=2.5$ kN，$F_{By}=10.5$ kN，弯矩图如图 14.28(c)所示。

$M_B=-4$ kN·m（上拉、下压），$M_C=2.5$ kN·m（下拉、上压），$y_1=52$ mm，$y_2=120+20-52=88$ mm。

$$\sigma_{Bt}=\frac{|M_B|y_1}{I_z}=\frac{4\times52\times10^6}{764\times10^4}=27.2\text{ MPa},\sigma_{Bc}=\frac{|M_B|y_2}{I_z}=\frac{4\times88\times10^6}{764\times10^4}=46.2\text{ MPa},$$

$$\sigma_{Ct}=\frac{M_Cy_2}{I_z}=\frac{2.5\times88\times10^6}{764\times10^4}=28.2\text{ MPa},\sigma_{Cc}=\frac{M_Cy_1}{I_z}=17.04\text{ MPa}$$

截面 B、C 上的正应力沿截面高度的分布图如图 14.28(d)所示，综合得 $\sigma_{\text{tmax}}=28.2$ MPa<

$[\sigma_t]$，$\sigma_{cmax}=46.2\ \text{MPa}<[\sigma_c]$，所以此梁满足强度条件。

由以上结果可知，当梁的横截面不对称于中性轴时，必须计算$|M_{max}^{+}|$和$|M_{max}^{-}|$所在截面，全梁的最大拉应力和最大压应力不一定在同一横截面上，在进行这种梁的强度计算时，应予以注意。

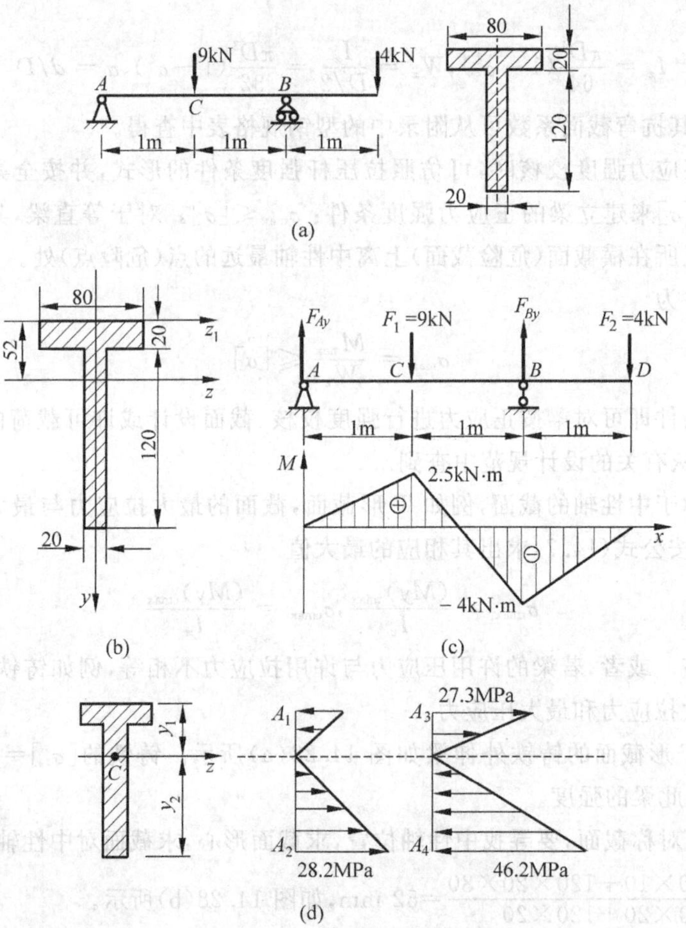

图 14.28

14.3.3 矩形截面梁横截面上的切应力

在一般工程中遇到的梁，大多数情形不是纯弯曲，也就是梁的截面上除了弯矩外还有剪力，因而截面上还会产生切应力。一般情况下，正应力是引起梁破坏的主要因素。但当梁的跨度较短、截面较高，或者工字梁腹板较狭小的情况下，切应力也会达到相当大的数值，所以也需要计算，进行强度校核。

在研究剪切弯曲时，我们认为平面假设仍然适用，这实际上是省略了剪切变形的存在。因此，在建立弯曲切应力公式时，不能再按照变形几何关系、物理关系和静力关系来推导。现以矩形截面梁为例来说明。

设有矩形截面梁，截面的高为 h，宽为 b，在纵向对称面内承受任意载荷。在材料力学中，研究矩形截面上的切应力分布规律，除了作求正应力时相同的假设外，还再补充如下假设：截面上任一点的切应力的方向均与 y 轴方向平行；切应力沿截面宽均匀分布，即作用在离中性轴等距离处各点切应力相等。该假设是俄国工程师儒拉夫斯基首先提出的，常称为儒拉夫斯基假设。由弹性力学可知，这两个假设对于高度大于宽度的矩形截面梁是充分正确的。有了这两个假设，用静力学就可以解决切应力的问题了。

如图 14.29(a)所示，首先，用相距 $\mathrm{d}x$ 的横截面 1—1 与 2—2，从梁中取出一微段，如图 14.29(b)所示。然后，在横截面上纵坐标为 y 处，再用一个纵向截面 m—n，将该微段的下部切出。设横截面上 y 处的切应力为 $\tau(y)$(图 14.29(c))，则由切应力互等定理可知，纵截面 m—n 上的切应力 τ' 数值上也等于 $\tau(y)$。因此，当切应力 τ' 确定后，$\tau(y)$ 也随之确定。横截面 1—1 与 2—2 两个截面上的剪力是相同的，因而切应力也是相同的。但是两个截面上的弯矩并不相同，分别为 M 与 $M+\mathrm{d}M$，因此，弯曲正应力也不相同。图 14.29(d)中 F_{N1} 及 F_{N2} 分别代表左右面上正应力的合力，由微段下部的平衡方程 $\sum X=0$ 可知

$$F_{\mathrm{N1}}-F_{\mathrm{N2}}+\tau' b\,\mathrm{d}x=0$$

可得

$$\tau(y)=\frac{F_{\mathrm{N2}}-F_{\mathrm{N1}}}{b\mathrm{d}x}$$

$$F_{\mathrm{N1}}=\int_{\omega}\sigma\mathrm{d}A=\frac{M}{I_z}\int_{\omega}y^*\,\mathrm{d}A=\frac{M}{I_z}S_z^*$$

同理可得

$$F_{\mathrm{N2}}=\frac{M+\mathrm{d}M}{I_z}S_z^*=\frac{M+F_{\mathrm{s}}\mathrm{d}x}{I_z}S_z^*$$

上式中 $S_z^*=\int_{\omega}y^*\,\mathrm{d}A$ 为距中性轴为 y 的横线以外部分的横截面面积 A^* 对中性轴 z 的面积矩。

$$\tau(y)=\frac{F_{\mathrm{s}}S_z^*}{I_zb}\tag{14.14}$$

式中，I_z 代表整个横截面对中性轴 z 的惯性矩。为了具体地说明矩形截面梁的切应力沿横

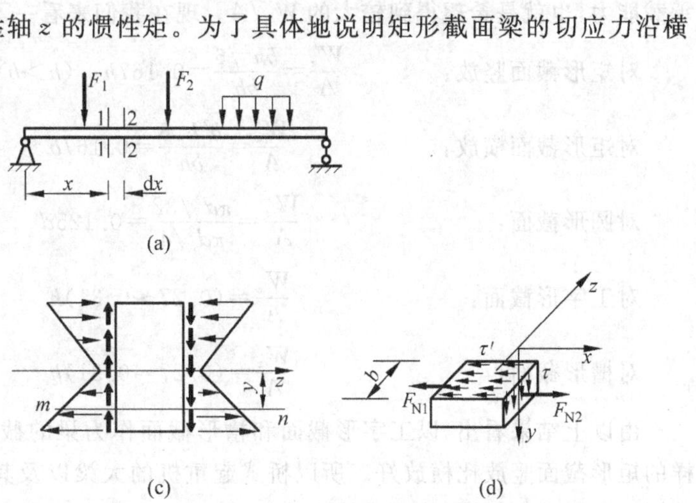

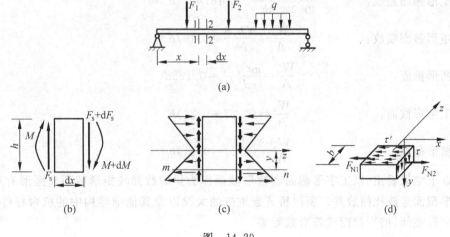

图　14.29

截面高度的分布规律，可以将面积矩 S_z^* 用坐标 y 表示。由图 14.30 可知

$$S_z^* = b\left(\frac{h}{2}-y\right)\frac{1}{2}\left(\frac{h}{2}+y\right)=\frac{b}{2}\left(\frac{h^2}{4}-y^2\right)$$

将其代入式(14.14)可得

$$\tau(y)=\frac{F_s}{2I_z}\left(\frac{h^2}{4}-y^2\right)$$

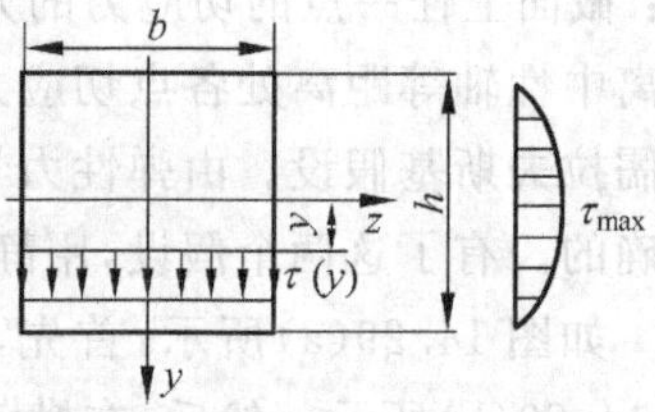

图 14.30

此式表明矩形截面梁横截面上切应力的大小沿截面高度呈抛物线变分布，如图 14.30 所示。在截面的上下边缘处，即 $y=\pm\dfrac{h}{2}$处，切应力等于零(这个结论也可从切应力互等定理得到说明)。在中性轴上，即 $y=0$ 处，切应力达到最大值，其值为

$$\tau_{\max}=\frac{3F_s}{2bh}=\frac{3F_s}{2A} \tag{14.15}$$

可见矩形截面梁横截面上的最大切应力为其平均切应力的 1.5 倍。

14.3.4 提高梁的弯曲强度的措施

对于工程中大多数梁来说，正应力强度条件在强度计算时是设计梁的主要依据。根据正应力强度条件

$$\sigma_{\max}=\frac{M_{\max}}{W_z}\leqslant[\sigma] \tag{a}$$

可以看出，可以从两方面考虑采取一定的措施来提高梁的抗弯能力。一方面是采用合理的截面形状，增大 W_z，充分利用材料的性能；另一方面则合理安排梁的受力情况，以降低 $M_{\max}$。

1. 梁的合理截面形状

从正应力强度条件可知，梁截面抗弯能力取决于抗弯截面系数。梁的承载能力与 W_z 成正比；但梁的材料消耗却和横截面面积 A 成正比。我们希望消耗最少的材料得到最大的承载能力，也就是希望得到较大的 W_z/A。现在我们来看一下各种形状截面的 W_z/A 的值：

对矩形截面竖放：$\dfrac{W_z}{A}=\dfrac{bh^2/6}{bh}=0.167h \quad (h>b)$

对矩形截面横放：$\dfrac{W_z}{A}=\dfrac{b^2h/6}{bh}=0.167b$

对圆形截面：$\dfrac{W_z}{A}=\dfrac{\pi d^3/32}{\pi d^2/4}=0.125d$

对工字形截面：$\dfrac{W_z}{A}=(0.27\sim0.31)h$

对槽形截面：$\dfrac{W_z}{A}=(0.27\sim0.31)h$

由以上结果看出，以工字形截面和槽形截面作为梁的截面较矩形截面和圆形有利；同样的矩形截面竖放比横放好。所以桥式起重机的大梁以及其他钢结构中的抗弯杆件，经常采用工字形截面、槽形截面或箱形截面等。

从正应力分布规律可知，梁截面上各点的正应力大小是和各点到中性轴的距离成正比

的。当最外缘各点的应力达到许用应力时，靠近中性轴处各点处的应力仍然比较小，因而就不能充分发挥这些材料的能力。因此凡是靠近中性轴处聚集较多的材料的截面必然不够合理，所以圆形截面不如矩形截面有利，矩形截面不如工字形截面和槽形截面。

以上是从静载抗弯强度的角度讨论问题。事物是复杂的，不能只从单方面考虑。例如，把一根细长的圆杆加工成空心杆，势必因加工复杂而提高成本。又如轴类零件，虽然也承受弯曲，但它还承受扭矩，还要完成传动任务，对它还有结构和工艺上的要求。考虑到这些方面，采用圆轴就比较切合实际了。所以，对于车辆和机器上的一些轴，考虑到制造和使用，就必须采用圆截面。

在讨论截面的合理形状时，还应考虑材料的特性。经济的截面必须使边缘的最大拉、压应力同时达到材料的许用应力。对抗拉和抗压强度相等的材料，宜采用对中性轴对称的截面，例如工字形截面、圆形截面、矩形截面等。对于拉压强度不同的材料(如铸铁)，使中性轴偏于抗变形能力弱的一方，即：若抗拉能力弱，而梁的危险截面处又上侧受拉，则令中性轴靠近上端。例如图 14.31 所示的截面，两个距离的比值应等于它们的许用应力之比，$\frac{y_{\text{tmax}}}{y_{\text{cmax}}}=\frac{[\sigma_t]}{[\sigma_c]}$，其中$[\sigma_t]$和$[\sigma_c]$分别表示材料拉伸和压缩的许用应力。

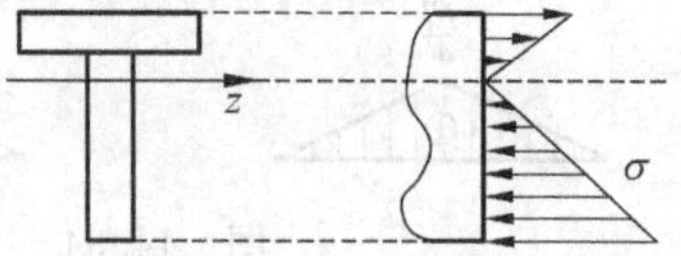

图　14.31

前面所讨论的梁，其横截面都是相等的，精确的计算证实：如果横截面的变化沿长度是逐渐改变的，则等截面梁所得到的正应力与曲率公式，仍可充分精确地用于变截面梁。

从经济角度来说，变截面梁是有很大的实际意义的。在设计等截面梁时，我们是根据弯矩最大的截面内的最大应力等于许用应力这个条件来计算的。但在其他弯矩较小的截面内，显然材料未尽其用。因此，对于其他的截面，如果按弯矩的减少相应地减小截面的尺寸，必可节省一部分的材料。最经济的设计应按截面这样的规律变化，使所有截面内的最大应力等于许用应力$[\sigma]$。这样的梁称为等强度梁。

2. 梁的合理受力

提高梁的强度的另一重要措施是合理安排梁的约束和加载方式。由于载荷一定时，梁的最大弯矩值的大小与梁跨度的长短有关，故适当减少支座之间的距离，可以有效地降低最大弯矩值。例如长为 l 受均布载荷集度为 q 的简支梁，其最大弯矩为 $ql^2/8$，如果将梁支座向里移动 $0.2l$，则最大弯矩只有原来数值的 1/5，如图 14.32 所示。工程中起吊较长的重物，起吊点一般不在其两端，就是这个缘故。

为了减小最大弯矩值，还可以适当增加支座以减少梁的跨度。

合理布置载荷，也可达到降低最大弯矩的目的。例如将轴上的齿轮安置得紧靠轴承，就会使齿轮传到轴上的力紧靠支座。如图 14.33 所示，轴的最大弯矩为 $M_{\max}=\frac{5}{36}Fl$；但如果将集中力 F 作用于轴的中点，则 $M_{\max}=\frac{1}{4}Fl$，比前者大很多。此外，在条件允许的情况下，应尽可能把较大的集中力分散成较小的力，或者改变成分布载荷。如图 14.34 所示，与跨度中点作用集中力相比，最大弯矩值由 $M_{\max}=\frac{1}{4}Fl$ 降低为 $M_{\max}=\frac{1}{8}Fl$。工程中有时在梁上加上一根副梁，如图 14.35 所示，也是为了分散载荷。

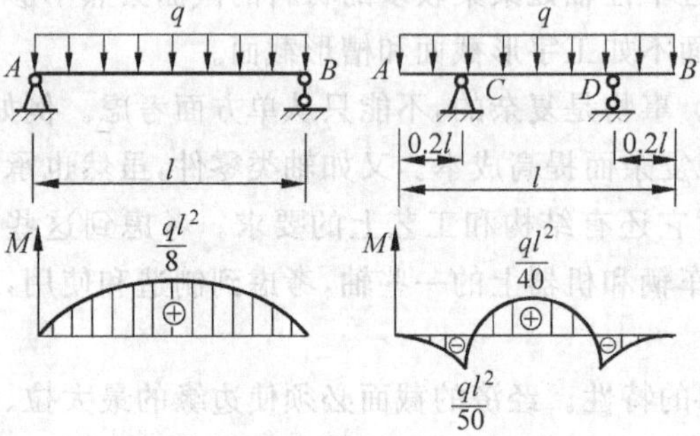

图 14.32

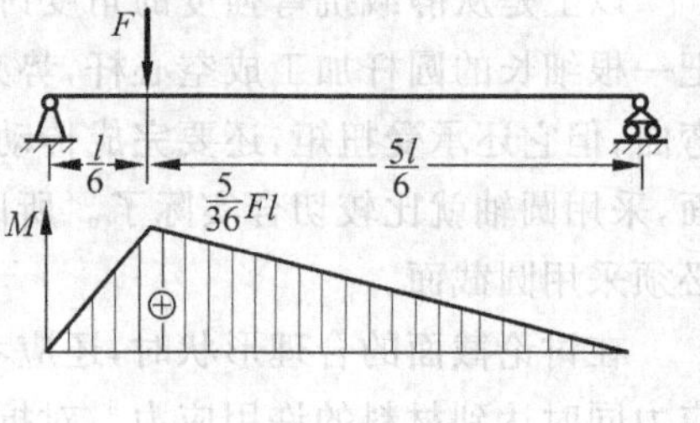

图 14.33

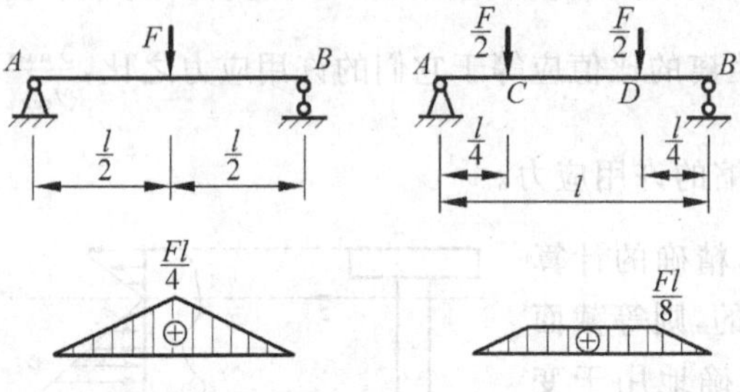

图 14.34

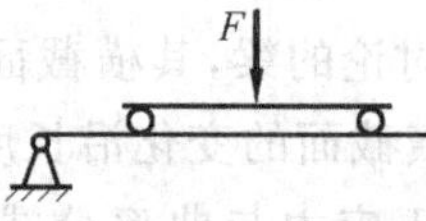

图 14.35

14.4 弯曲变形及刚度计算

14.4.1 梁的挠度和转角

梁上有载荷作用时，会发生弯曲变形，梁的变形是梁设计时需要考虑的一个重要因素。如果弯曲变形过大，会影响梁的正常工作。例如建筑人民大会堂过程中，在起吊一根高达 7 m、长度比首都长安街路面要宽的钢梁时，吊离地面不久，钢梁就像面条一样软了，产生了水平弯曲现象，后经工人们用钢支架加固的办法，才解决了这个问题。在机械中，杆件的刚度一般要求更高，如图 14.36 所示，机床主轴若刚度不足，则工件切削时尺寸精度就很难保证，甚至会出现废品；传动轴若变形过大，会影响齿轮的啮合，同时也会使轴在轴承中倾斜，引起磨损不均的现象。所以有时提高刚度往往成为进一步提高机床生产率和改进产品质量的重要措施。与上述情况相反，有时则要利用梁的变形来达到一定的目的。有些机械零件，例如车辆上的钢板弹簧，如图 14.37 所示，就是利用它的变形来减轻冲击和振动的影响。弹簧扳手，要有明显的弯曲变形，才可使测得的扭矩更为准确。弯曲变形计算除用于解决弯曲刚度问题外，还用于求解静不定系统和振动计算，同时也为以后研究压杆稳定等问题提供了有关基础。

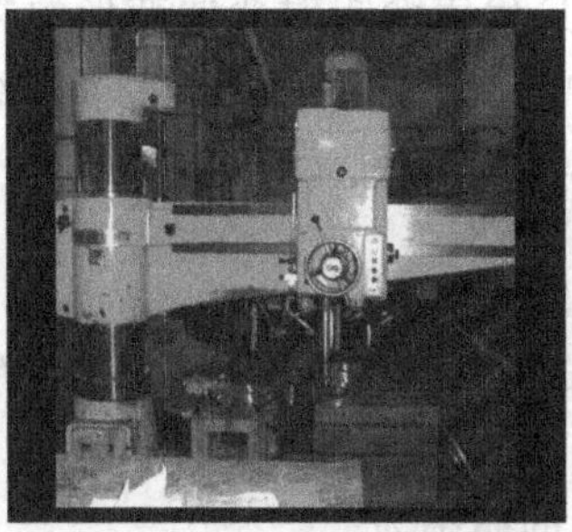

图 14.36

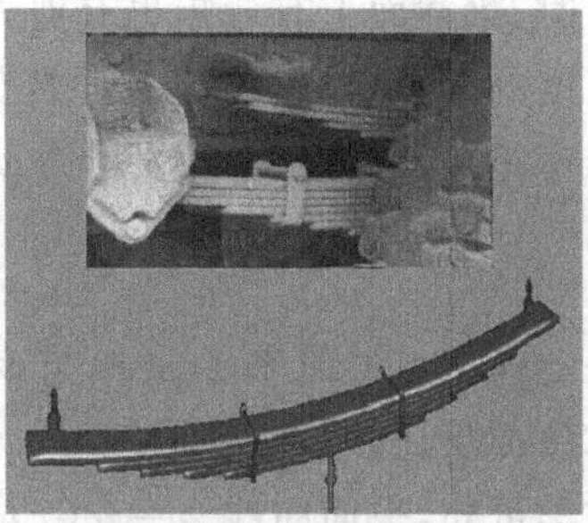

图 14.37

由此可见，研究梁的变形具有极大的实际意义，本章只研究平面弯曲下的梁的变形，并主要限于等直梁的情况。

梁弯曲变形时，梁轴由直线变为曲线，弯曲了的梁轴线称为**挠曲线**(deflection curve)，当梁的弯曲应力未超过材料的弹性极限时，变形是弹性的，所以挠曲线也可称为弹性曲线。对于平面弯曲梁，其挠曲线是一条在外力作用平面内的光滑连续的平面曲线。如果略去剪力的影响，则研究梁的变形时仍可以“平面假设”为根据，即假设梁弯曲后横截面仍为平面，且垂直于梁轴。因此，只要知道了曲轴的形状和位置，就不难求出梁内任一截面的位移。

如图 14.38 所示，AB 为变形前的梁轴，$AC'B$ 为变形后的挠曲线(为明显起见，图中挠曲线未按比例尺画)。以 A 为坐标原点，AB 为 x 轴，任一截面的形心 C 移到 C' 点，其位移为 CC'。截面形心沿垂直于梁轴方向的位移，称为**挠度**(deflection)，用 w 表示。

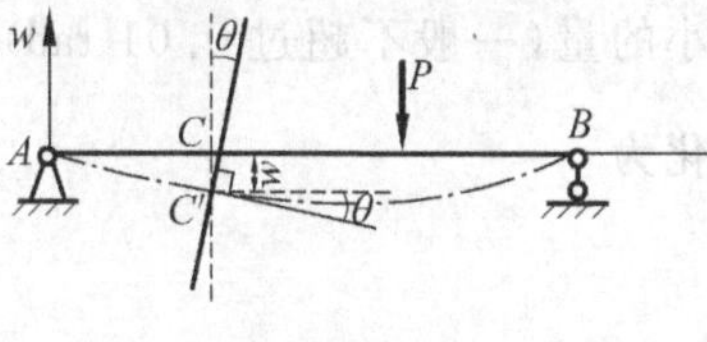

图 14.38

由于梁轴在中性层上，可知其长度不变，因此严格来说，轴上的任一点 C 沿轴方向(即 x 方向)有位移。不过实际上，与挠度 w 和梁的跨度 l 比较起来很小(上述轴向位移对梁的长度来说是二次函数)，故可略去不计。

显然，在梁变形时，不但截面形心有线位移，整个横截面还有角位移。截面对其原方位所转过的角度 θ，称为该截面的**转角**(slope)。忽略剪力对变形的影响，梁弯曲时横截面仍保持为平面并与挠曲线正交。因此，任一横截面的转角 θ 也等于该截面处的切线与 x 轴的夹角。

在工程实际中，梁的转角 θ 一般均很小，例如不超过 1°或 0.0175 rad，于是得

$$\theta \approx \tan\theta = \frac{\mathrm{d}w}{\mathrm{d}x} \tag{14.16}$$

即横截面的转角等于挠曲线在该截面处的斜率。可见，在忽略剪力影响的情况下，挠度与转角是相互关联的。挠度和转角是度量弯曲变形的两个基本量，在图 14.38 所示建立的坐标系中，向上的挠度和逆时针方向的转角为正，反之为负。

14.4.2 梁的挠曲线微分方程

建立纯弯曲正应力公式时，曾得到过中性层曲率表示的弯曲公式

$$\frac{1}{\rho} = \frac{M}{EI_z} \tag{a}$$

横力弯曲时，梁截面上有弯矩也有剪力，式(a)只代表弯矩对弯曲变形的影响。对跨度远大于截面高度的梁，可以忽略剪力对梁变形的影响，则上式也可用于一般非纯弯曲。在这种情况下由于弯矩 M 与曲率半径 ρ 均为 x 的函数，上式变为

$$\frac{1}{\rho(x)}=\frac{M(x)}{EI_z} \tag{b}$$

即挠曲线上任一点的曲率 $1/\rho(x)$ 与该点横截面上的弯矩 $M(x)$ 成正比，而且与该截面的抗弯刚度 EI_z 成反比。

由高等数学可知，平面曲线 $w=w(x)$ 上任一点的曲率为

$$\frac{1}{\rho(x)}=\pm\frac{w''(x)}{[1+(w'(x))^2]^{\frac{3}{2}}} \tag{c}$$

将上述关系用于分析梁的变形，于是由式(b)可得

$$\pm\frac{w''(x)}{[1+(w'(x))^2]^{\frac{3}{2}}}=\frac{M(x)}{EI_z} \tag{14.17}$$

上式称为挠曲线微分方程，适用于弯曲变形的任意情况，但是它是一个二阶非线性常微分方程，求解是很困难的，不利于实际应用；不过工程上遇到的问题，大多数梁的挠度一般都远小于跨度，挠曲线是一非常平坦的曲线。在平坦的挠曲线中，$\theta\approx\tan\theta=\frac{\mathrm{d}w}{\mathrm{d}x}$是个很小的量(一般不超过 0.01 rad)，故$\left(\frac{\mathrm{d}w}{\mathrm{d}x}\right)^2$与 1 相比就可以忽略不计，于是式(14.17)可简化为

$$\pm\frac{\mathrm{d}^2w}{\mathrm{d}x^2}=\frac{M(x)}{EI_z} \tag{14.18}$$

$\frac{\mathrm{d}^2w}{\mathrm{d}x^2}$与弯矩的关系如图 14.39 所示。由图可知，当弯矩为正值时，挠曲线的凸向与 w 轴正向相反，故$\frac{\mathrm{d}^2w}{\mathrm{d}x^2}$为正值；当弯矩为负值时，挠曲线的凸向与 w 轴正向相同，故$\frac{\mathrm{d}^2w}{\mathrm{d}x^2}$为负值。由此可见，弯矩与$\frac{\mathrm{d}^2w}{\mathrm{d}x^2}$符号相同。因此，方程(14.18)的左端应取正号，即

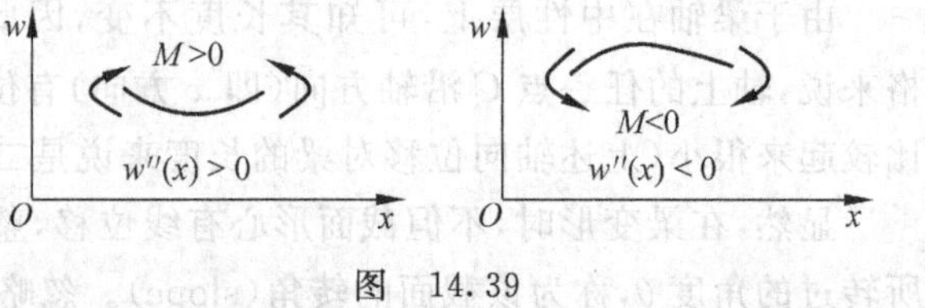

图 14.39

$$\frac{\mathrm{d}^2w}{\mathrm{d}x^2}=\frac{M(x)}{EI} \tag{14.19}$$

此式称为挠曲线近似微分方程。

14.4.3 用积分法求梁的变形

下面就等直梁的情况介绍用积分运算的过程，并通过举例说明积分法的应用。

(1) 根据载荷分段列出弯矩方程 $M(x)$。

(2) 根据弯矩方程列出挠曲线的近似微分方程，并进行积分

$$EIw''(x)=M(x)$$

$$EIw'(x) = \int M(x)\mathrm{d}x + C_1$$

$$EIw(x) = \int\left(\int M(x)\mathrm{d}x\right)\mathrm{d}x + C_1x + C_2 \tag{14.20}$$

(3) 根据弯曲梁变形的边界条件和连续条件确定积分常数。例如在固定支座处挠度和转角都等于零；在固定铰支座处和可动铰支座处挠度等于零。又如在弯曲变形的对称点上，转角应等于零。这类条件统称为**边界条件**(boundary conditions)。此外，挠曲线应该是一条连续光滑的曲线，在挠曲线的任意点上，有唯一确定的挠度和转角。这就是**连续性条件**(continuity conditions)。例如在弯矩方程分段处，一般情况下稍左稍右的两个截面挠度相等、转角相等。

(4) 把积分常数代入上述积分方程中，确定挠曲线方程和转角方程。

(5) 计算任意截面的挠度、转角；求挠度的最大值和转角的最大值。

例 14.10　图 14.40 所示悬臂梁，自由端受集中力 F 作用，若梁的抗弯刚度 EI 为常量，试求梁的最大挠度与最大转角。

解　(1) 列弯矩方程

$$M(x) = -F(l-x) \tag{a}$$

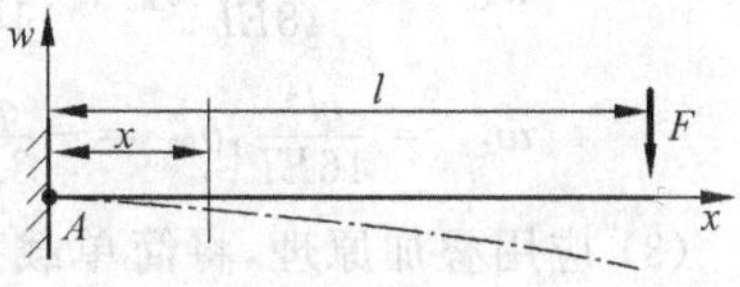

图　14.40

(2) 建立挠曲线近似微分方程

$$EIw'' = M(x) = -F(l-x) \tag{b}$$

(3) 积分求通解

$$EIw' = \frac{1}{2}F\,(l-x)^2 + C_1 \tag{c}$$

$$EIw = -\frac{1}{6}F\,(l-x)^3 + C_1x + C_2 \tag{d}$$

(4) 确定积分常数，固定端 A 处已知的位移边界条件为

$$w'\,|_{x=0} = 0 \tag{e}$$

$$w\,|_{x=0} = 0 \tag{f}$$

将边界条件式(e)、(f)分别代入式(c)、(d)得

$$C_1 = -\frac{1}{2}Fl^2;C_2 = \frac{1}{6}Fl^3$$

(5) 转角方程及挠曲线方程

将常数 C、D 值代入式(c)、(d)，得梁的转角方程与挠曲线方程

$$\theta(x) = w' = \frac{F}{2EI}[(l-x)^2 - l^2] \tag{g}$$

$$w(x) = \frac{F}{6EI}[(x-l)^3 - 3l^2x + l^3] \tag{h}$$

(6) 求最大挠度与最大转角

可以看出最大挠度与最大转角均发生在自由端 B 截面处。将 $x=l$ 代入式(g)、(h)，得

$$\theta(l) = -\frac{Fl^2}{2EI},w(l) = -\frac{Fl^3}{3EI}$$

14.4.4　用叠加原理求梁的变形

梁的转角和挠度是梁上载荷的线性齐次式，这是由于梁的变形通常很小，梁变形后，仍

可按原始的尺寸进行计算，而且梁的材料符合胡克定律。在此情况下，当梁上同时作用几个载荷时，由每一个载荷所引起的转角和挠度不受其他载荷的影响。这样就可以采用叠加原理。采用叠加原理的前提条件是：在小变形的前提下，力与位移之间是线性关系。用叠加原理求梁的转角和挠度的过程是：先分别计算每个载荷单独作用下所引起的转角和挠度，然后分别求它们的代数和，即得到这些载荷共同作用下的变形。

例 14.11 已知简支梁受力如图 14.41(a)所示，q、l、EI 均为已知。求 C 截面的挠度 w_C 和 B 截面的转角 θ_B。

解 (1) 将梁上的载荷分解为均布载荷、集中力和集中力偶，分别如图 14.41(b)、(c)、(d)所示。

(2) 查附录 A，得 3 种情形下 C 截面的挠度 w_C，B 截面的转角 θ_B 分别为

$$w_{C1}=-\frac{5ql^4}{384EI},\theta_{B1}=\frac{ql^3}{24EI}$$

$$w_{C2}=-\frac{ql^4}{48EI},\theta_{B2}=\frac{ql^3}{16EI}$$

$$w_{C3}=\frac{ql^4}{16EI},\theta_{B3}=-\frac{ql^3}{3EI}$$

(3) 应用叠加原理，将简单载荷作用时的结果求和，得

$$w_C=\sum_{i=1}^{3}w_{Ci}=-\frac{5ql^4}{384EI}-\frac{ql^4}{48EI}+\frac{ql^4}{16EI}=\frac{11ql^4}{384EI}(\uparrow)$$

$$\theta_B=\sum_{i=1}^{3}\theta_{Bi}=\frac{ql^3}{24EI}+\frac{ql^3}{16EI}-\frac{ql^3}{3EI}=-\frac{11ql^3}{48EI}$$

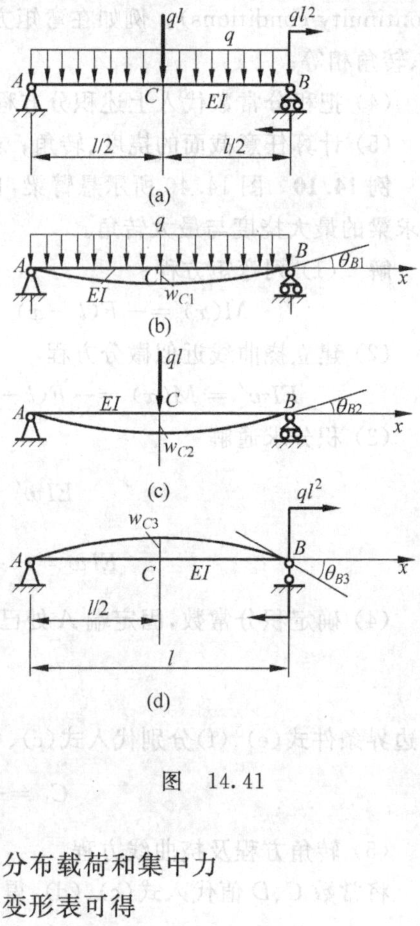

图 14.41

例 14.12 确定图 14.42 所示梁 C 截面的挠度和转角。

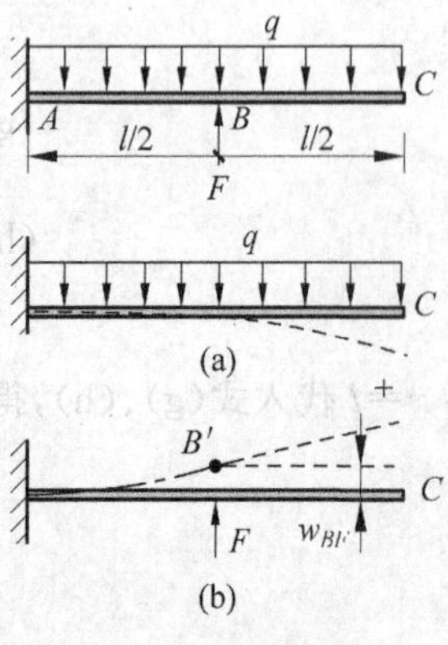

图 14.42

解 (1) 载荷分解为分布载荷和集中力

(2) 查梁的简单载荷变形表可得

(a) 图 14.42 中 $w_{Cq}=-\frac{ql^4}{8EI}$；$\theta_{Cq}=-\frac{ql^3}{6EI}$

(b) 图 14.42 中，B 点的位移和转角为

$$w_{BF}=\frac{F\left(\frac{l}{2}\right)^3}{3EI}=\frac{Fl^3}{24EI};$$

$$\theta_{BF}=\frac{F\left(\frac{l}{2}\right)^2}{2EI}=\frac{Fl^2}{8EI}$$

由 F 引起的 C 点位移：

$$w_{CF}=w_{BF}+\theta_{BF}\times\frac{l}{2}=\frac{Fl^3}{24EI}+\frac{Fl^2}{8EI}\times\frac{l}{2}=\frac{5Fl^3}{48EI};\ \theta_{CF}=\theta_{BF}=\frac{Fl^2}{8EI}$$

利用叠加原理，将简单载荷作用时的结果求和可得：

$$w_C=w_{C_q}+w_{CF}=-\frac{ql^4}{8EI}+\frac{5Fl^3}{48EI};$$

$$\theta_C=\theta_{C_q}+\theta_{CF}=-\frac{ql^3}{6EI}+\frac{Fl^2}{8EI}$$

例 14.13 求图 14.43(a)所示梁 C 截面的挠度。

附录 A 表中所列的各种情况中，只有悬臂梁和简支梁。为了利用此表来求解图 14.43(a)所示外伸梁的转角和挠度，可将梁看作是由简支梁 AB 与固定在横截面 B 的悬臂梁 BC 所组成(见图 14.43(b)、(c))，当简支梁 AB 与悬臂梁 BC 变形时，均在截面 C 引起挠度，而其总和即为该截面的总挠度。

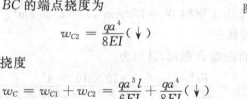

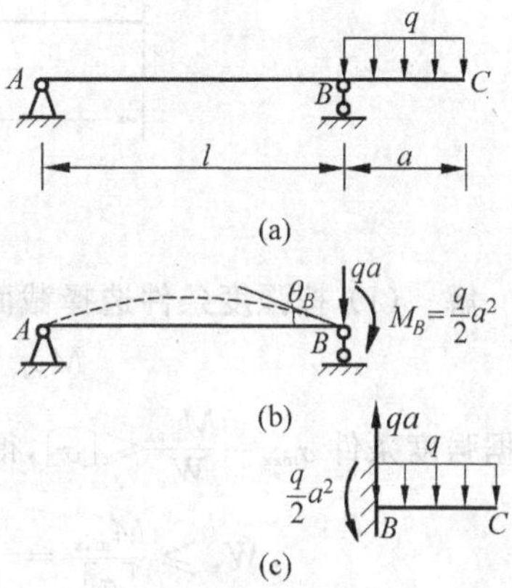

图 14.43

在截开的截面 B 上，有剪力 $F_{sB}=qa$ 及弯矩 $M_B=-\frac{q}{2}a^2$。其中剪力直接作用到支座上，对 AB 段的变形并无影响，只需考虑弯矩 M_B 对 AB 段的影响。

由于 M_B 的作用，AB 段发生弯曲，由附录 A 可查得

$$\theta_B=\frac{M_Bl}{3EI}=\frac{6qa^2l}{6EI}$$

截面 B 转动了角度，带动了 BC 段作刚体转动，从而使截面 C 产生了相应挠度为

$$w_{C1}=\theta_Ba=\frac{qa^3l}{6EI}=(\downarrow)$$

而悬臂梁在载荷 q 作用下，BC 的端点挠度为

$$w_{C2}=\frac{qa^4}{8EI}(\downarrow)$$

由叠加原理，得梁 C 截面的挠度

$$w_C=w_{C1}+w_{C2}=\frac{qa^3l}{6EI}+\frac{qa^4}{8EI}(\downarrow)$$

C 截面处的转角如何求，留给读者去思考。

上述分析方法的要点是：首先分别计算各段梁段的变形在需求位置引起的位移，然后计算其总和(代数和或矢量和)，即得需求的位移。在分析各梁段的变形在需求位置所引起的位移时，除所研究的梁段发生变形外，其余各梁段均视为刚体。例如在计算挠度 w_1 时，即只将梁段 AB 视为变形体，而将梁段 BC 视为刚体。

14.4.5 刚度条件及提高弯曲刚度的措施

梁在正常工作时，不仅要有足够的强度，也要满足刚度要求，即梁的变形应被限制在一定的范围内。在土木工程中，通常对梁的挠度加以限制，例如桥梁的挠度过大，机车在通过时会发生很大的振动；在机械工程中，一般对梁的挠度和转角均有一定限制，例如车床的主轴，若产生的挠度过大，会影响加工的精确度；传动轴在支承处转角过大，会加速轴承的磨损。因此梁的刚度条件可表示为

$$\left.\begin{aligned} w_{\max} &\leqslant [w] \\ \theta_{\max} &\leqslant [\theta] \end{aligned}\right\} \tag{14.21}$$

在各类工程中，根据梁的工作要求，在设计规范中对$[w]$或$[\theta]$都有具体的规定。例如，吊车大梁$[w]=\left(\frac{1}{400}\sim\frac{1}{750}\right)l$，$l$为梁的跨度；齿轮轴在装齿轮处的许用转角$[\theta]=0.001\ \mathrm{rad}$。

工程计算中，一般根据强度条件选择梁的截面，然后再对梁进行刚度校核。

例 14.14 图 14.44 所示一工字钢悬臂梁在自由端作用一集中力 $F=10\ \mathrm{kN}$。已知材料$[\sigma]=160\ \mathrm{MPa}$、$E=200\ \mathrm{GPa}$，许用挠度$[w]=\frac{l}{400}$，试为工字钢选择截面型号。

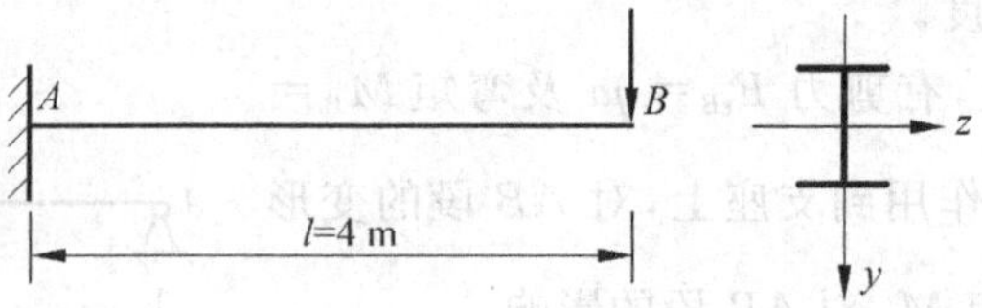

图 14.44

解 (1) 按强度条件选择截面型号

$$M_{\max}=Fl=10\times 4=40\ \mathrm{kN\cdot m}$$

依据强度条件$\sigma_{\max}=\frac{M_{\max}}{W_z}\leqslant[\sigma]$，得

$$W_z\geqslant\frac{M_{\max}}{[\sigma]}=\frac{40\times 10^3}{160\times 10^6}=0.25\times 10^{-3}\ \mathrm{m^3}=250\ \mathrm{cm^3}$$

由附录 B 型钢表查得 20b 工字钢 $W_z=250\ \mathrm{cm^3}$，$I_z=2500\ \mathrm{cm^4}$。

(2) 按刚度条件校核

最大挠度发生在自由端 B 截面，其值为

$$w_{\max}=w_B=\frac{Fl^3}{3EI_z}=\frac{10\times 10^3\times 4^3}{3\times 200\times 10^9\times 2500\times 10.8}=0.0427\ \mathrm{m}$$

由于

$$\frac{w_{\max}}{l}=\frac{0.0427}{4}=\frac{1}{94}>\left[\frac{w}{l}\right]=\frac{1}{400}$$

所以不满足刚度条件。

由附录 B 型钢表查得 32a 工字钢 $W_z=692\ \mathrm{cm^3}$，$I_z=11075\ \mathrm{cm^4}$，经计算，满足上述刚度条件，故选择 32a 工字钢可同时满足强度条件和刚度条件。

通过以上的讨论，我们了解了影响弯曲变形的因素，其中，梁的几何尺寸（反映在惯性矩I_z和跨度l）、材料的弹性模量以及支承情况等是决定梁弯曲变形大小的内因，而梁所承受载荷则是产生变形的外因。下面再结合一些实例，讨论提高梁弯曲刚度的途径。

1. 减少梁长和增加约束

梁的跨度对弯曲变形的影响很大，因为挠度与跨度的三次方（集中载荷时）或四次方（均

布载荷时)成正比。故在可能的条件下,尽量减少梁的跨度是提高其抗弯刚度的最有效措施。如果变形过大而又不允许减少梁的跨度,则可增加约束或采用其他结构(如桁架等)。例如在镗长孔时安装尾架,车削细长轴时加顶尖支承,都是增加梁的支承点。这些都可提高其抗弯刚度。

2. 增大抗弯刚度

梁的抗弯刚度包含横截面的惯性矩 I_z 和材料的弹性模量 E 两个因素。改变截面形状,在截面面积基本不变下使惯性矩增大,可减少弯曲变形,一般空心薄壁截面的惯性矩比同面积的实心截面为大。导轨、床身、立柱、大行程自动焊架悬臂多采用空心薄壁截面。增大惯性矩可以提高梁的刚度,这与提高梁的强度的办法是类似的。但两者也有区别。为了提高梁的强度,可以将梁的局部截面的惯性矩增大,采用变截面梁;但这对提高梁的刚度则收效不大。这是因为梁的最大正应力只取决于最大弯矩所在的截面的大小,而梁在任一指定截面处的变形则与全梁的变形大小有关。因此,为了提高梁的刚度,必须使全梁的变形减小,所以应增大全梁或较大部分梁的截面惯性矩才能达到目的。

梁的变形还与材料的弹性模量 E 成反比。采用 E 值较大的材料可以提高梁的刚度。但必须注意,在常用的钢梁中,为了提高强度可以采用高强度合金钢;而为了提高刚度,采取这种措施就没有什么意义。这是因为与普通碳素钢相比,高强度合金钢的许用应力值虽较大,但弹性模量 E 值则是比较接近的。

3. 改变加载方式和支承位置

将简支梁中点集中力改为分散在两处施加或均布到全梁都可提高梁的强度,并可减少变形。移动支座位置也将对梁的强度和刚度产生影响,将简支梁的支座互相靠近至适当位置可使梁的变形明显减小。

习题

14.1 试计算图示各梁指定截面(标有细线者)的剪力与弯矩。

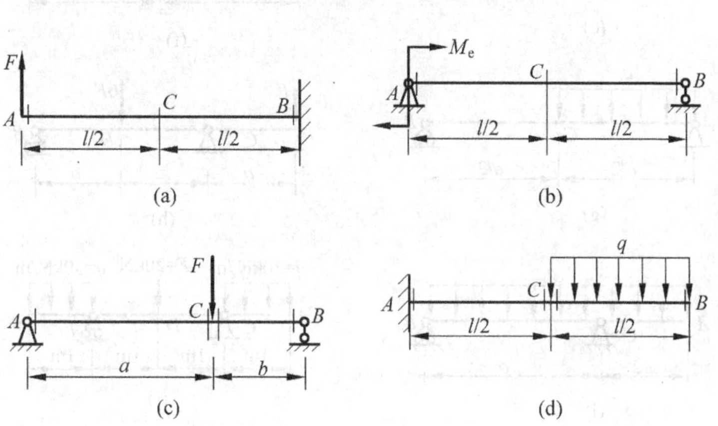

习题 14.1 图

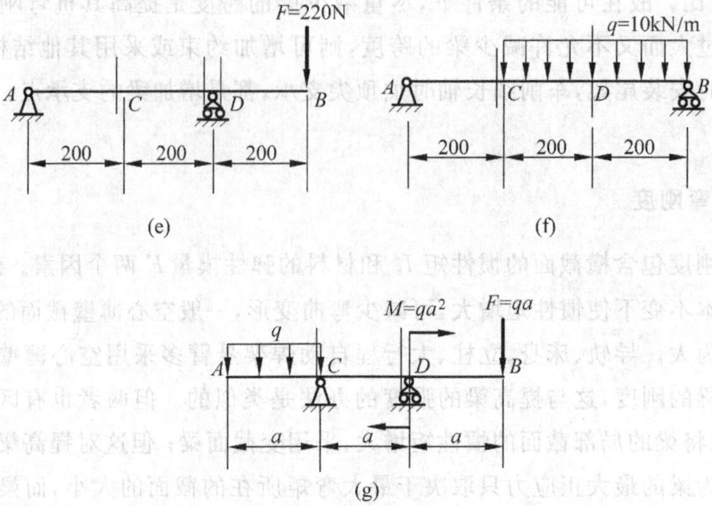

习题 14.1 图(续)

14.2 试建立图示各梁的剪力与弯矩方程，并画剪力与弯矩图。

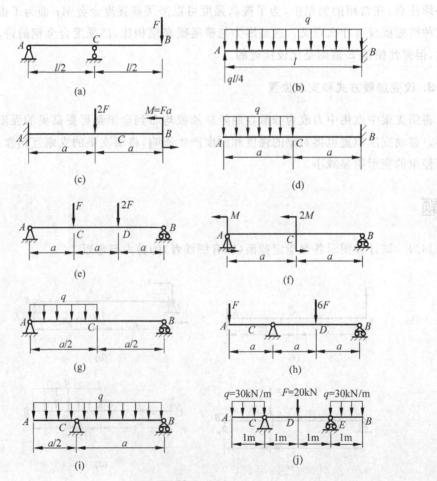

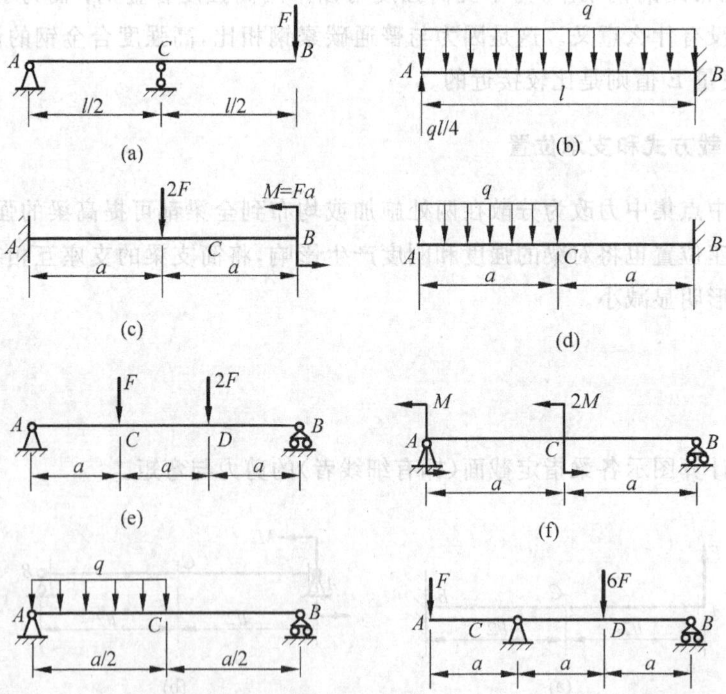

习题 14.2 图

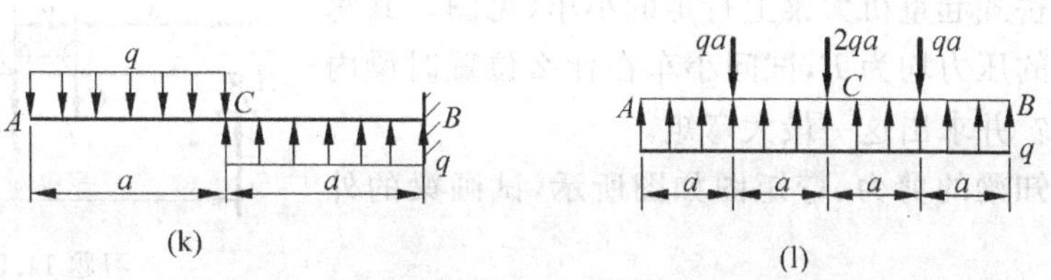

习题 14.2 图(续)

14.3　图示简支梁，载荷 F 可按四种方式作用于梁上，试分别画弯矩图，并从强度方面考虑，指出何种加载方式最好。

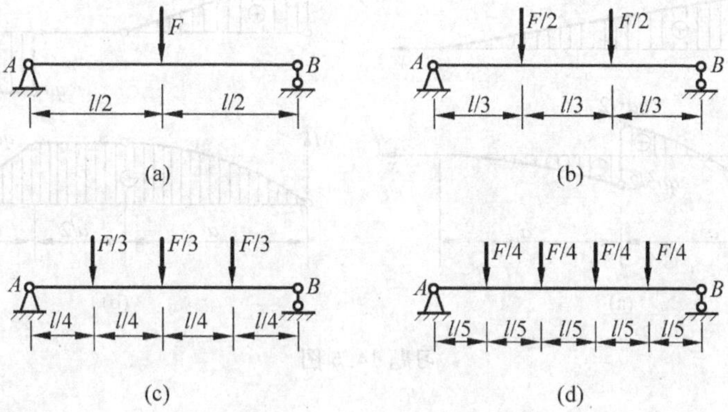

习题 14.3 图

14.4　图示各梁，试利用剪力、弯矩与载荷集度的关系画剪力与弯矩图。

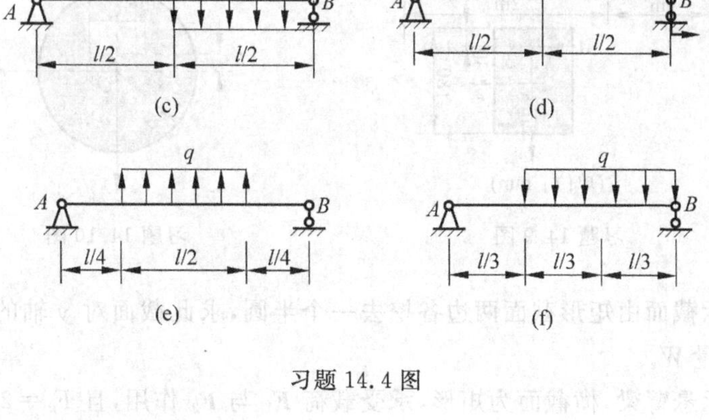

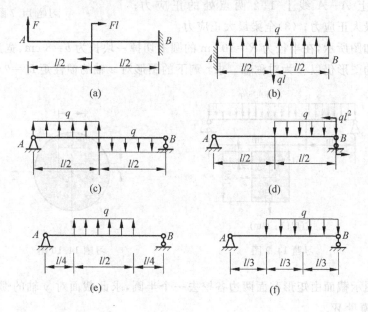

习题 14.4 图

14.5　在桥式起重机大梁上行走的小车（见图），其每个轮子对大梁的压力均为 F，试问小车在什么位置时梁内弯矩为最大值？并求出这一最大弯矩。

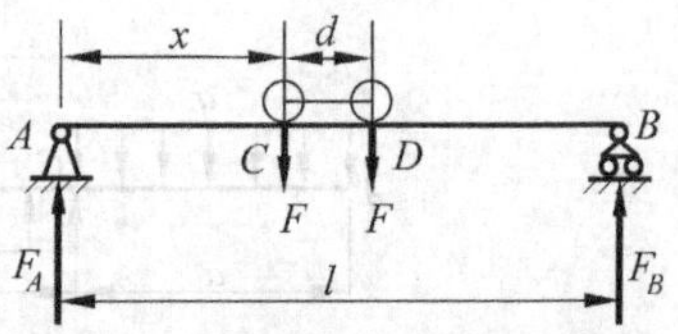

习题 14.5 图

14.6　已知梁的剪力、弯矩图如图所示，试画梁的外力图。

14.7　图示外伸梁，承受均布载荷 q 作用。试问当 a 为何值时梁的最大弯矩值（即 $|M|_{max}$）最小。

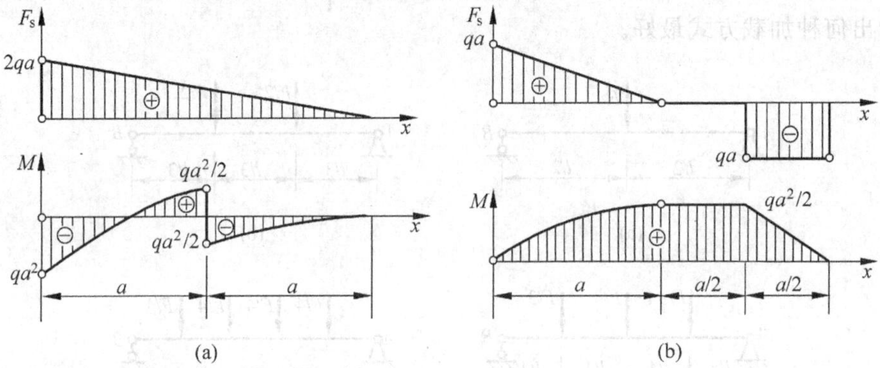

习题 14.6 图

14.8　把直径为 $d=1$ mm 的钢丝绕在直径为 2 m 的卷筒上，试计算钢丝中产生的最大应力。设 $E=200$ GPa。

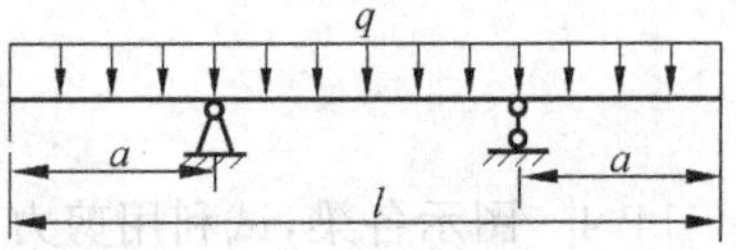

习题 14.7 图

14.9　受均布载荷的简支梁如图所示，计算(1)1—1 截面上 A—A 线上 1、2 两点处的正应力；(2)此截面的最大正应力；(3)全梁最大正应力。

14.10　如图所示，在半径为 $R=10$ cm 的圆上切掉一块长为 $b=8$ cm、宽为 $a=4$ cm 的长方形，剩下的图形仍以 y 为对称轴。求：剩下的图形对 z 轴的惯性矩 $I_z=$？

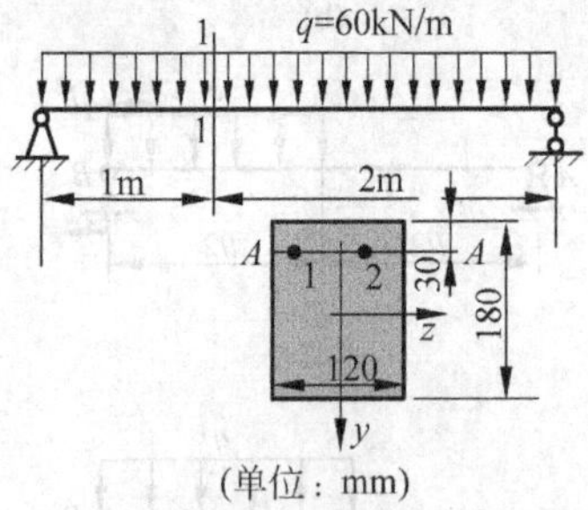

习题 14.9 图

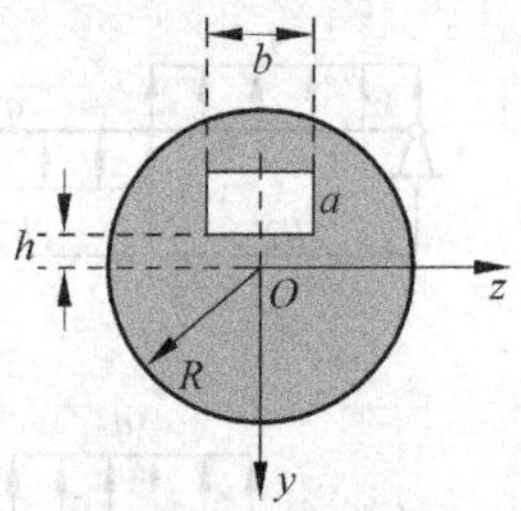

习题 14.10 图

14.11　图示截面由矩形截面两边各挖去一个半圆，求此截面对 y 轴的惯性矩 I_y 及对 y 轴抗弯截面模量 W_z。

14.12　图示悬臂梁，横截面为矩形，承受载荷 $\boldsymbol{F}_1$ 与 $\boldsymbol{F}_2$ 作用，且 $F_1=2F_2=5$ kN，试计算梁内的最大弯曲正应力，及该应力所在截面上 K 点处的弯曲正应力。

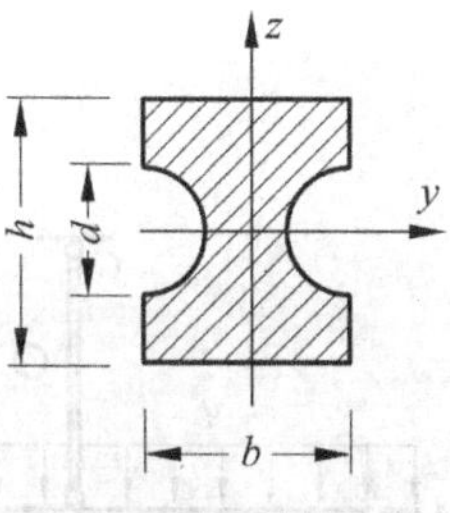

习题 14.11 图

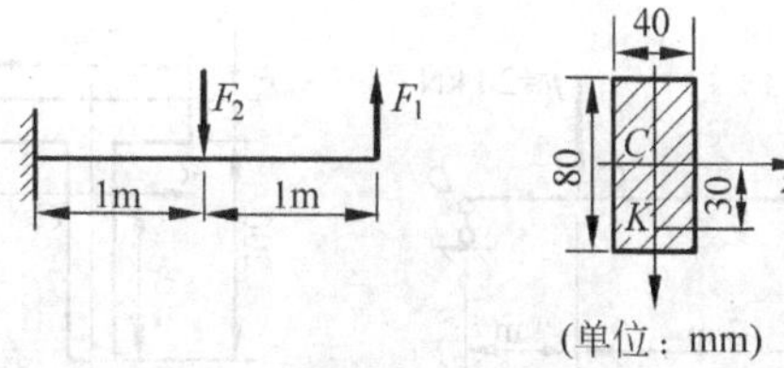

习题 14.12 图

14.13　矩形截面悬臂梁如图所示，已知 $l=4$ m，$b/h=2/3$，$q=10$ kN/m，$[\sigma]=$ 10 MPa，试确定此梁横截面的尺寸。

14.14　图示梁，由 No22 槽钢制成，弯矩 $M=80$ N·m，并位于纵向对称面（即 x—y 平面）内。试求梁内的最大弯曲拉应力与最大弯曲压应力。

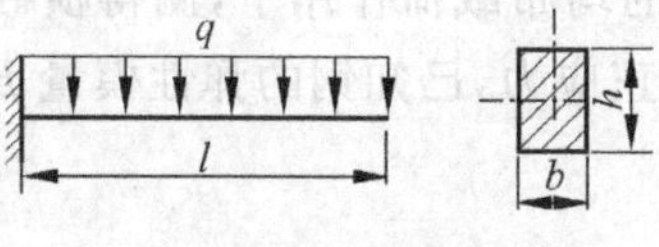

习题 14.13 图

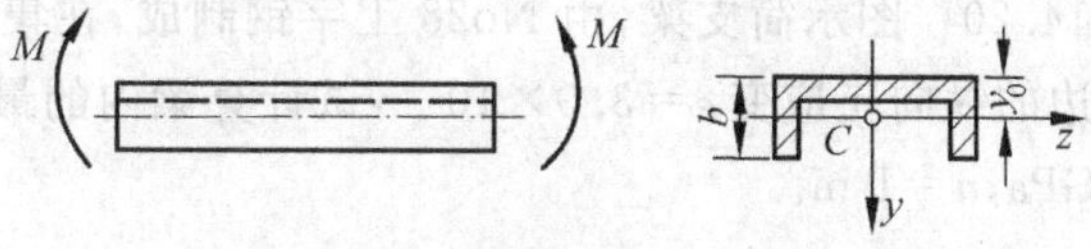

习题 14.14 图

14.15　⊥形截面铸铁梁如图所示。若铸铁的许用拉应力为$[\sigma_t]=40$ MPa，许用压应力为$[\sigma_c]=160$ MPa，截面对形心 z_C 的惯性矩 $I_{zC}=10180\ \text{cm}^4$，$h_1=96.4$ mm，试求梁的许用载荷 F。

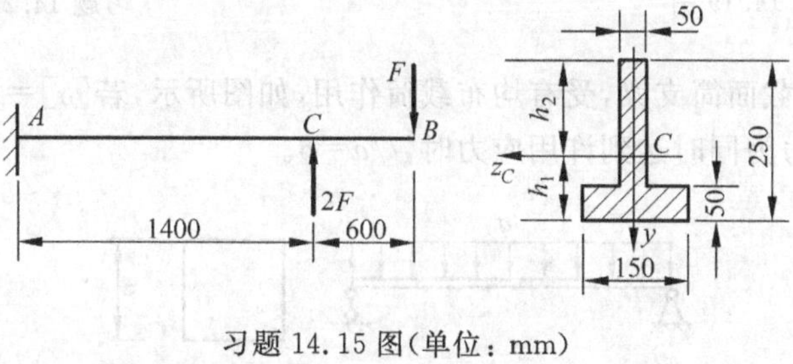

习题 14.15 图(单位：mm)

14.16　图示横截面为⊥形的铸铁承受纯弯曲，材料的拉伸和压缩许用应力之比为$[\sigma_t]/[\sigma_c]=1/4$。求水平翼缘的合理宽度 b。

14.17　铸铁梁的载荷及截面尺寸如图所示。许用拉应力$[\sigma_t]=40$ MPa，许用压应力$[\sigma_c]=160$ MPa。试：(1)作出最大正弯矩和最大负弯矩所在截面的应力分布图，并标明其应力数值；(2)求梁中的最大拉应力和最大压应力；(3)按正应力强度条件校核梁的强度；(4)若载荷不变，但将 T 形截面倒置成为⊥形，是否合理？何故？

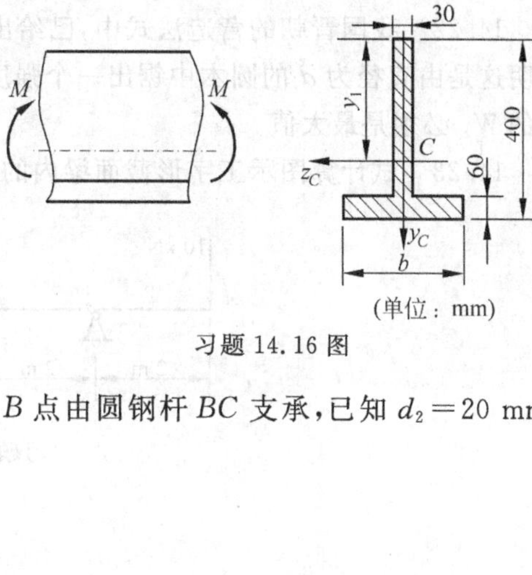

习题 14.16 图

14.18　圆截面为 $d_1=40$ mm 的钢梁 AB。B 点由圆钢杆 BC 支承，已知 $d_2=20$ mm。

梁及杆的$[\sigma]=160$ MPa，试求许用均布荷载q。

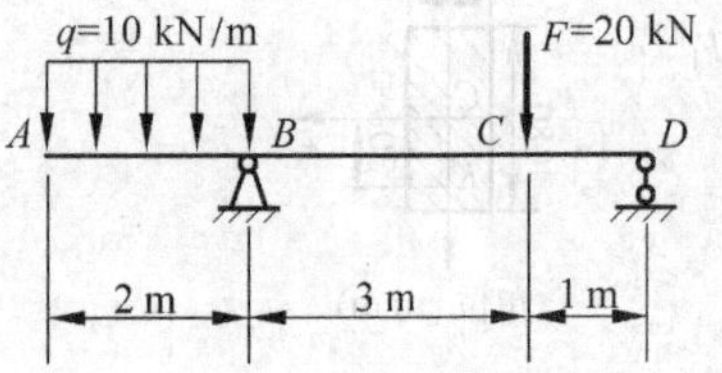

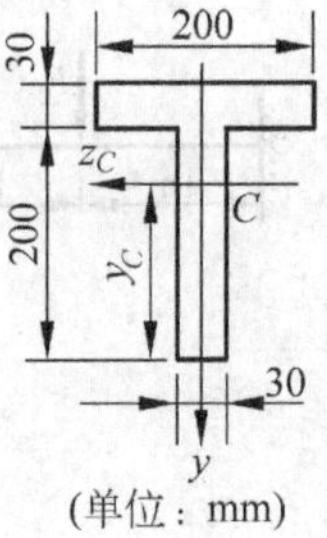

习题 14.17 图

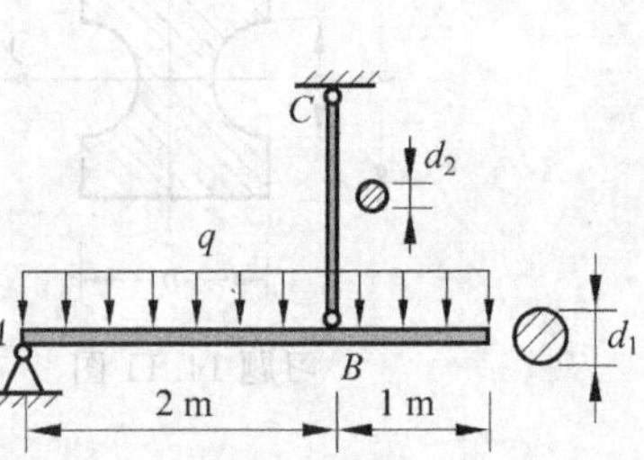

习题 14.18 图

14.19　当载荷F直接作用在简支梁AB的跨度中点时，梁内最大弯曲正应力超过许用应力30%。为了消除此种过载，配置一辅助梁CD，试求辅助梁的最小长度a。

14.20　图示简支梁，由No28工字钢制成，在集度为q的均布载荷作用下，测得横截面C底边的纵向正应变$\varepsilon=3.0\times10^{-4}$，试计算梁内的最大弯曲正应力，已知钢的弹性模量$E=200$ GPa，$a=1$ m。

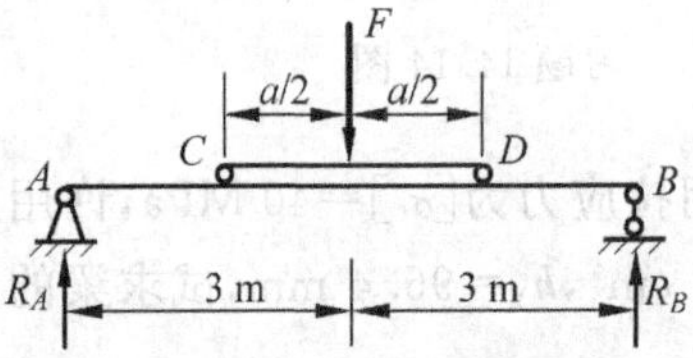

习题 14.19 图

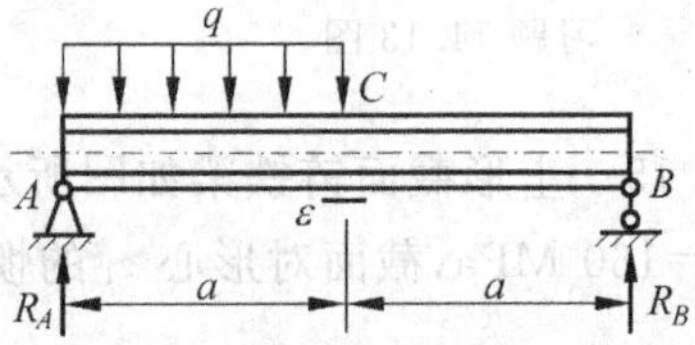

习题 14.20 图

14.21　正方形截面简支梁，受有均布载荷作用，如图所示，若$[\sigma]=6[\tau]$，证明：当梁内最大正应力和切应力为同时达到许用应力时，$l/a=6$。

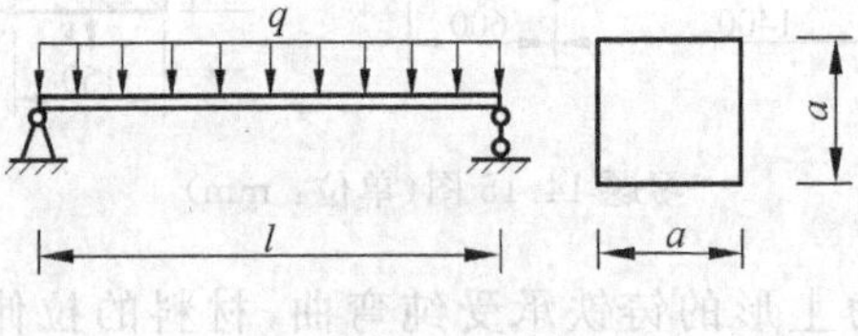

习题 14.21 图

14.22　我国晋朝的营造法式中，已给出梁截面的高、宽比约为$h/b=3/2$。试从理论上证明这是由直径为d的圆木中锯出一个强度最大的矩形截面梁的最佳比值。提示：所得截面的W_z必须是最大值。

14.23　试计算图示工字形截面梁内的最大正应力和最大切应力。

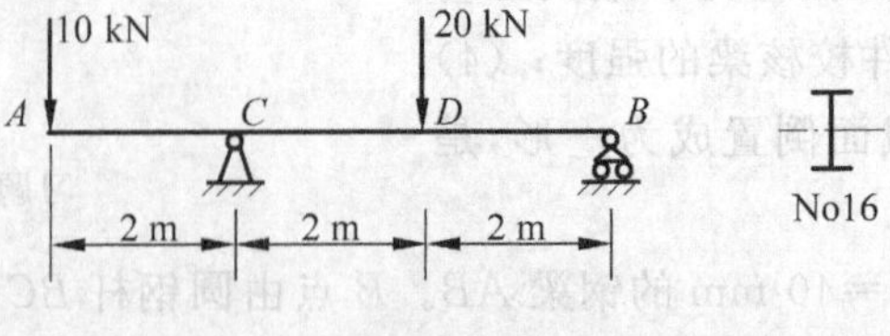

习题 14.23 图

14.24　图示矩形截面简支梁 F、a、d、h 已知，试计算 D 左截面上 K 点的正应力及剪应力。

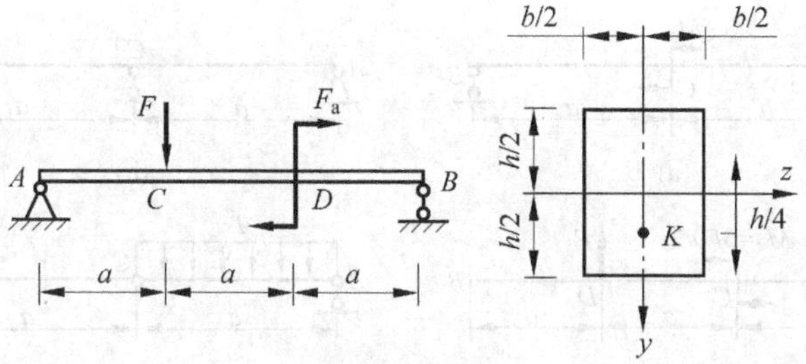

习题 14.24 图

14.25　一个长为 l 的悬臂梁，在其自由端受有集中力 F。此梁横截面为薄壁圆环，外径为 D，壁厚为 $t(t \ll D)$，试证明此梁的最大正应力与最大切应力之比为 $2l/D$。由此题可以看出，当 $l=5D$ 时 $\sigma_{\max}$ 是 $\tau_{\max}$ 的 10 倍。可见即使是闭口薄壁截面梁，其弯曲切应力也是不大的。

14.26　起重机下的梁由两根工字钢组成，起重机自重 $Q=50$ kN，起重量 $P=10$ kN。许用应力$[\sigma]=160$ MPa，$[\tau]=100$ MPa。若暂不考虑梁的自重，试按正应力强度条件选定工字钢型号，然后再按切应力强度条件进行校核。

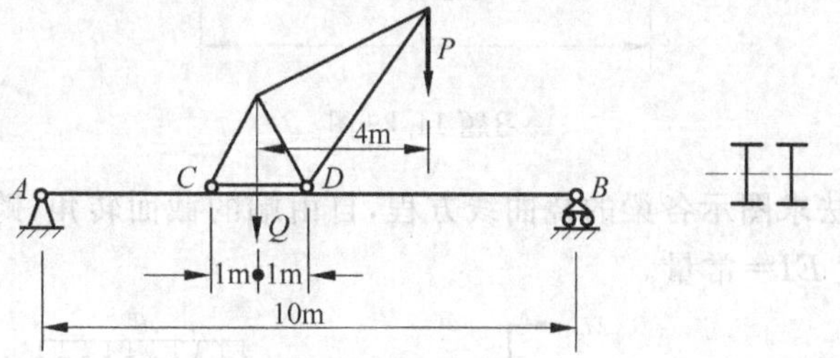

习题 14.26 图

14.27　在矩形截面的纯弯曲梁实验中，按下列实验装置进行实验，在 $F=2500$ N 时测得 5 个不同通道上的一组应变数据($\mu\varepsilon$)：78、−77、176、−173、0。试将该组数据对应 1～5 应变片的位置排序。

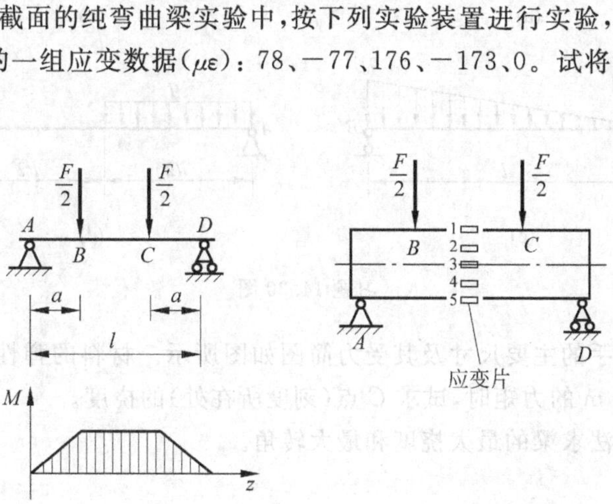

习题 14.27 图

14.28　图示各梁，抗弯刚度 EI 为常数。试根据梁的弯矩图与约束条件画出挠曲线的大致形状。

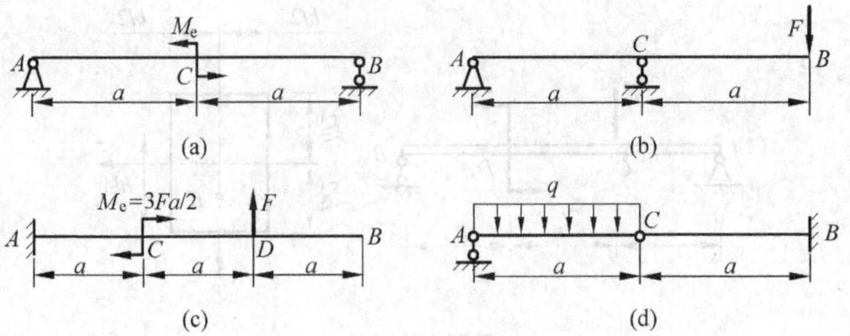

习题 14.28 图

14.29　已知图示简支梁跨度为 l，在梁的两端分别作用有平面弯力偶 m_1 和 m_2。假设梁抗弯刚度 EI 为常数，今欲使梁的挠曲线在 $x=l/3$ 处出现一拐点，试确定两力偶的比值 m_1/m_2。

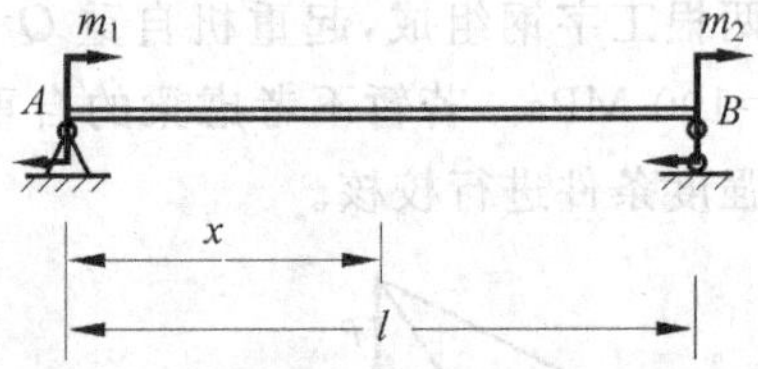

习题 14.29 图

14.30　用积分法求图示各梁的挠曲线方程，自由端的截面转角，跨度中点的挠度和最大挠度。设抗弯刚度 EI＝常量。

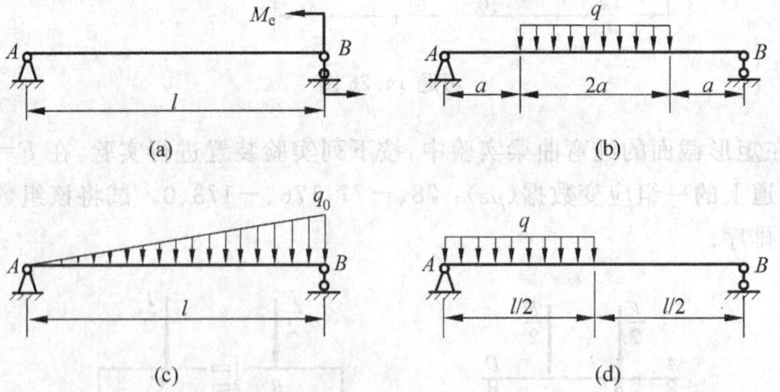

习题 14.30 图

14.31　弹簧扳手的主要尺寸及其受力简图如图所示。材料的弹性模量 $E=210$ GPa。当扳手产生 200 N·m 的力矩时，试求 C 点（刻度所在处）的挠度。

14.32　用积分法求梁的最大挠度和最大转角。

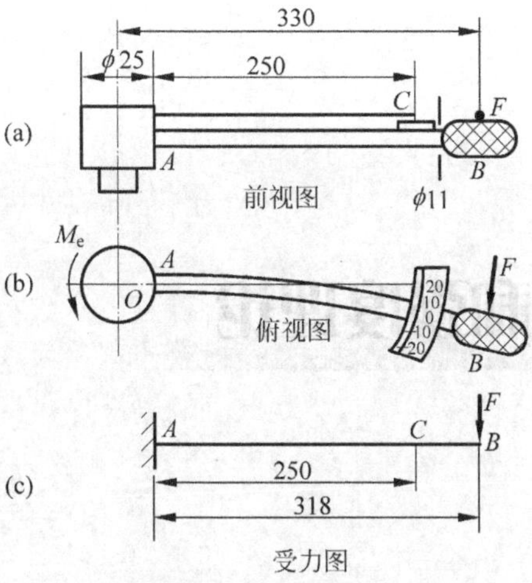

习题 14.31 图（单位：mm）

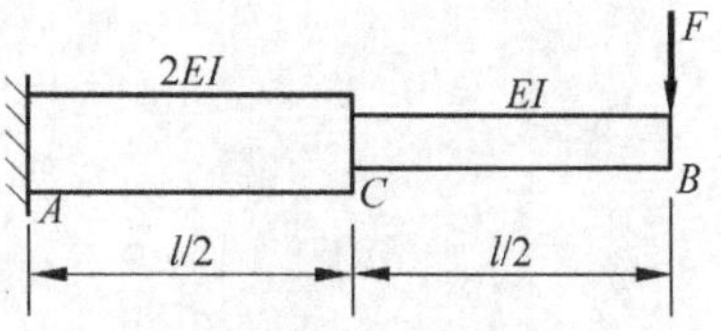

习题 14.32 图

14.33　图示各梁，抗弯刚度 EI 为常数。试用叠加法计算截面 B 的转角和截面 C 的挠度。

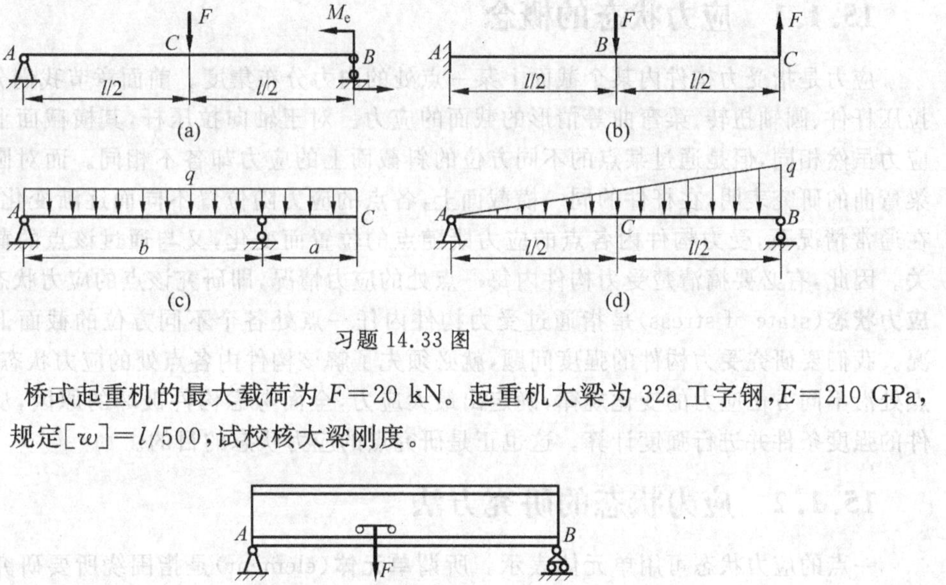

习题 14.33 图

14.34　桥式起重机的最大载荷为 $F=20$ kN。起重机大梁为 32a 工字钢，$E=210$ GPa，$l=8.7$ m。规定$[w]=l/500$，试校核大梁刚度。

习题 14.34 图

第15章

应力状态分析和强度理论

15.1 应力状态概述

15.1.1 应力状态的概念

应力是指受力构件内某个截面上某一点处的内力分布集度。前面章节我们分析了轴向拉压杆件、圆轴扭转、梁弯曲等情形的截面的应力。对于轴向拉压杆，其横截面上各点处的应力虽然相同，但是通过某点的不同方位的斜截面上的应力却各不相同。而对圆轴扭转或梁弯曲的研究表明，在杆件的同一横截面上，各点的应力随位置不同而逐渐变化。概括之，在通常情况下，受力构件内各点的应力既随点的位置而变化，又与通过该点的截面方位相关。因此，有必要搞清楚受力构件内每一点处的应力情况，即研究该点的应力状态。一点的**应力状态**(state of stress)是指通过受力构件内任一点处各个不同方位的截面上的应力情况。我们要研究受力构件的强度问题，就必须先了解该构件内各点处的应力状态，即了解各点处沿不同方位应力的变化规律，确定出最大应力，全面考虑构件破坏的原因，从而建立构件的强度条件并进行强度计算。这也正是研究点的应力状态的目的。

15.1.2 应力状态的研究方法

一点的应力状态可用单元体表示。所谓**单元体**(element)是指围绕所要研究的点取的一个微小的正六面体。当正六面体三个相互垂直的边尺寸趋近于零时，正六面体即收缩为该点，我们称此正六面体为单元体(图 15.1)。

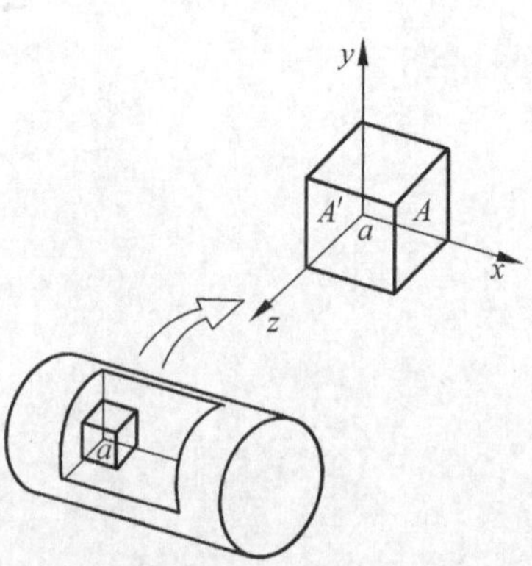

图 15.1

要表示构件内某点的应力状态，可围绕该点取一单元体，并标出各面上的应力分量。图 15.2(a)所示为轴向拉杆，为表示杆中 A 点的应力状态，可围绕 A 点取一单元体，如图 15.2(b)所示，该单元体只有 x 面(左右侧面)上有正应力 $\sigma_x = F/A$，其他各面上均无应力。

图 15.3 所示为圆轴扭转时，轴表面上 A 点的应力状态，单元体左右两侧面上有切应力 $\tau = \dfrac{T}{W_t}$，考虑到切

应力互等定理，该单元体上下两面也有与此相等的切应力。

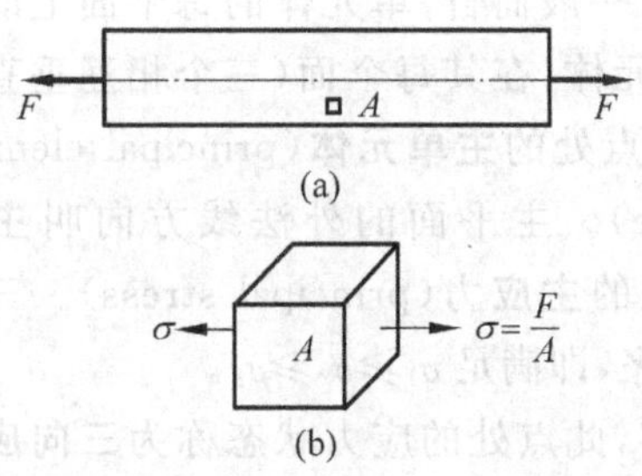

图　15.2

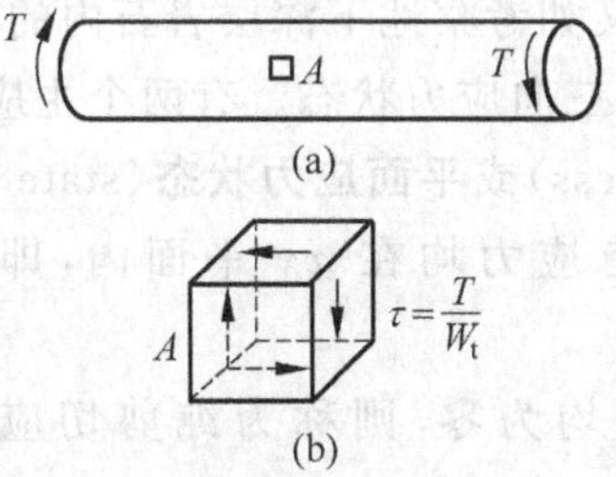

图　15.3

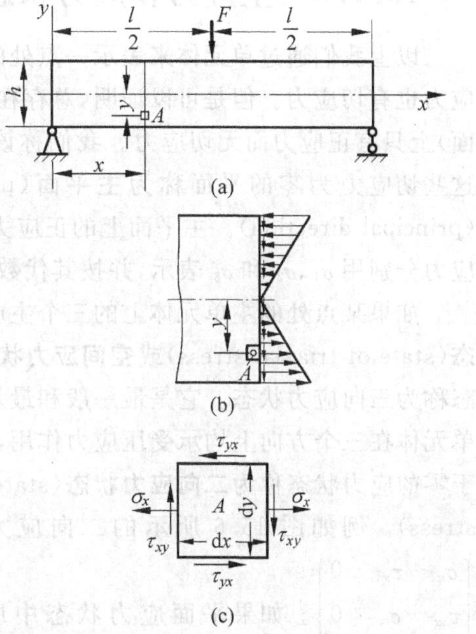

图　15.4

又如图 15.4 所示为一矩形截面简支梁，在距左端为 x 的截面上，选取距中性轴为 y 的一个 A 点。围绕 A 点，用一对无限靠近的横截面和一对无限靠近的纵截面切出一个单元体。在这个单元体的前、后侧面上没有应力(属自由表面)。在单元体的左、右侧面上则有正应力 $\sigma_A=\dfrac{M_A y}{I_z}$ 和切应力 $\tau_A=\dfrac{F_{sA}S_z^*}{I_z b}$，其中 $M_A=\dfrac{1}{2}Fx$，$F_{sA}=\dfrac{1}{2}F$ 分别为 A 点所在横截面的弯矩与剪力。因为单元体的左、右侧面无限靠近，所以这两个面上正应力和切应力数值分别相等而且符号相反。根据切应力互等定理，在单元体上、下两面上存在大小相等的切应力。

而在通常情况下，某一点的应力状态以 2 阶张量形式表达(详细论述可参考弹性力学教材)。即对于复杂受力构件内某点取一单元体，一般情况下单元体各面上均有应力，且每一面上同时存在三个应力分量：一个法向分量——正应力 σ_i 和两个切向分量——切应力 τ_{ij} 和 τ_{ik}，如图 15.5 所示。这样，单元体上共有 9 个应力分量，即构成 2 阶应力张量。

$$\begin{bmatrix} \sigma_x & \tau_{xy} & \tau_{xz} \\ \tau_{yx} & \sigma_y & \tau_{yz} \\ \tau_{zx} & \tau_{zy} & \sigma_z \end{bmatrix}$$

根据切应力互等定理，可得 $\tau_{xy}=-\tau_{yx}$，$\tau_{yz}=-\tau_{zy}$，$\tau_{zx}=-\tau_{xz}$。因此上述 9 个应力分量中只有 6 个分量是独立的。

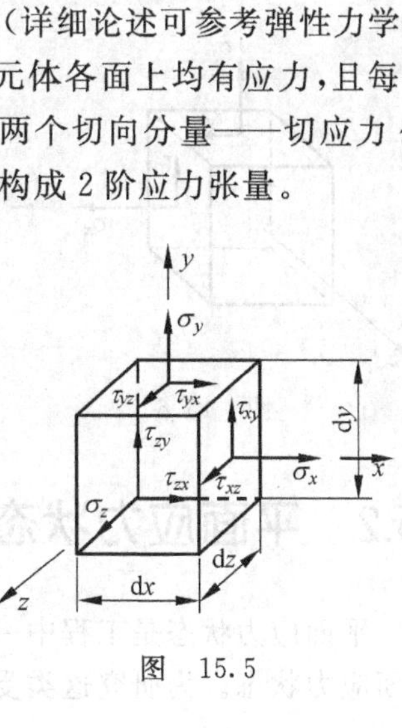

图　15.5

根据单元体的定义，对于同一个点，可在其周围取任意个空间方位不同的单元体。因各单元体的方位不同，所以不同单元体上各面的应力分量亦不相同。换言之，一点的应力状态(应力张量)与坐标系选取有关。

15.1.3 主应力和应力状态的分类

以上我们通过单元体来表示一点处的应力状态。一般而言，单元体的每个面上既有正应力也有切应力。但是可以证明，总存在这样一个单元体，在其每个面（三个相互垂直的侧面）上只有正应力而无切应力。我们称该单元体为该点处的**主单元体**（principal element）。这些切应力为零的平面称为**主平面**（principal plane）。主平面的外法线方向叫**主方向**（principal direction）。主平面上的正应力称为该点处的**主应力**（principal stress）。三个主应力分别用 σ_1、σ_2 和 σ_3 表示，并按其代数值的大小排序，即满足 $\sigma_1 \geqslant \sigma_2 \geqslant \sigma_3$。

如果某点处的主单元体上的三个主应力都不为零，此点处的应力状态称为**三向应力状态**（state of triaxial stress）或**空间应力状态**（state of space stress）。图 15.5 所示的应力状态称为三向应力状态。它是最一般和最复杂的情况。又如考察地下深层岩石内的一点，其单元体在三个方向上均承受压应力作用，因此该点处于三向应力状态。有两个主应力不等于零的应力状态称为**二向应力状态**（state of biaxial stress）或**平面应力状态**（state of plane stress）。例如图 15.6 所示的二向应力状态，即所有应力均在 xy 平面内，即应力为 $\begin{pmatrix}\sigma_x & \tau_{xy} & 0\\ \tau_{yx} & \sigma_y & 0\\ 0 & 0 & 0\end{pmatrix}$。如果平面应力状态中所有的正应力均为零，则称为纯剪切应力状态（图 15.7），即应力为 $\begin{pmatrix}0 & \tau_{xy} & 0\\ \tau_{yx} & 0 & 0\\ 0 & 0 & 0\end{pmatrix}$。而如果只有一个主应力不为零，则属于**单向应力状态**（state of uniaxial stress），如图 15.8 所示应力为 $\begin{pmatrix}\sigma_x & 0 & 0\\ 0 & 0 & 0\\ 0 & 0 & 0\end{pmatrix}$。二向应力状态和三向应力状态统称**复杂应力状态**（state of complex stress）。单向应力状态亦称为**简单应力状态**。显然单向应力状态和二向应力状态都可视为三向应力状态的特殊情形。

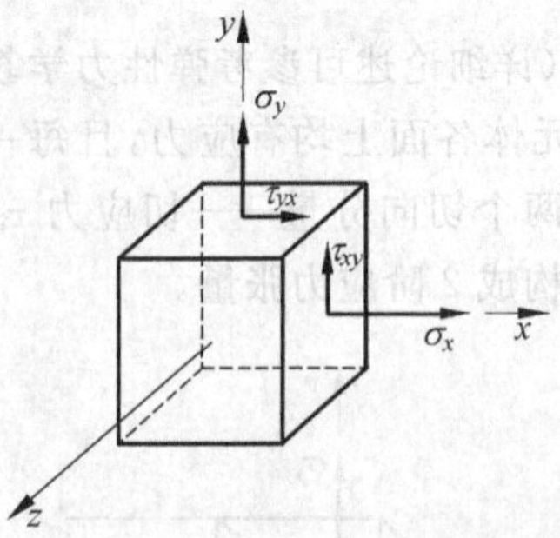

图 15.6

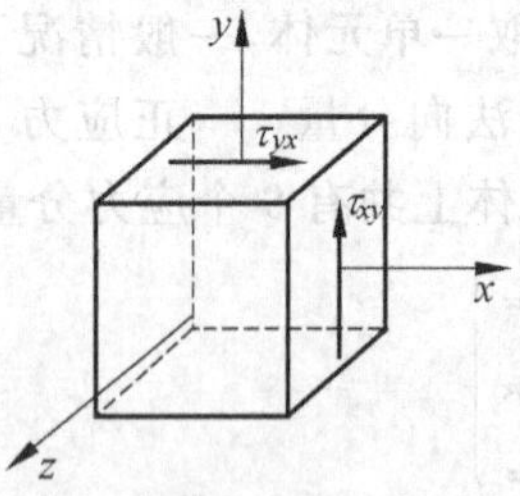

图 15.7

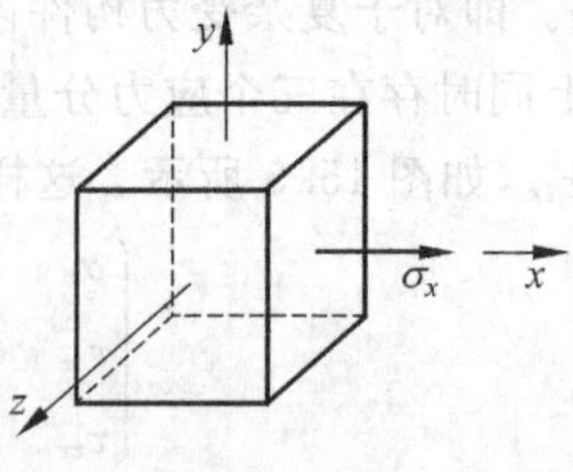

图 15.8

15.2 平面应力状态分析——解析法

平面应力状态是工程中一种常见的复杂应力状态。许多构件受力时，其危险点即处于平面应力状态。为研究这类受力构件的强度，自然需要确定在危险点处的主应力。因此，有必要分析在平面应力状态下已知通过一点的某些截面的应力如何求出通过该点的其他截面上的应力,从而确定主应力和主平面。

15.2.1 任意斜截面上的应力

对图 15.9(a)所示单元体,假设应力分量 σ_x、σ_y、τ_{xy} 均为已知,根据切应力互等定理,有 $\tau_{yx}=-\tau_{xy}$。考虑到它们均处于 xy 平面内,因此只要用图 15.9(b)(即单元体在 z 轴的投影)即可表示该平面应力状态。关于应力的正负号规定为:正应力以拉应力为正、压应力为负;而切应力对单元体内任一点的矩为顺时针方向规定为正、反之为负。根据这一正负号规则,图 15.9(a)中的 σ_x、σ_y、τ_{xy} 为正,而 τ_{yx} 为负。

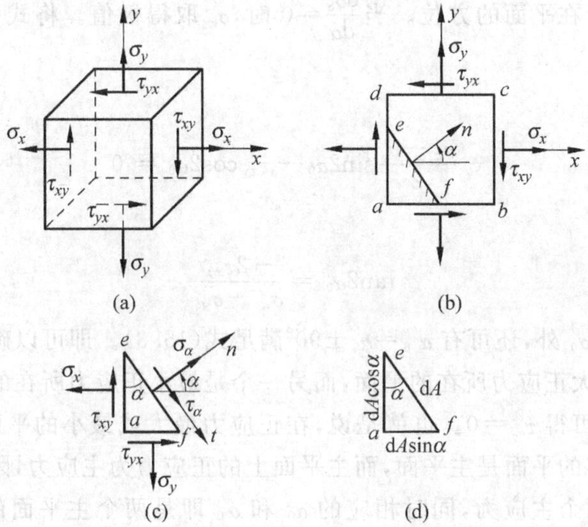

图 15.9

ef 是过 a 点平行于 z 轴的任意一个斜截面,如图 15.9(b)所示。该截面外法线方向 n 与 x 轴的夹角为 α,定义为该斜截面的方位角,且规定由 x 轴转到外法线 n 为逆时针方向时 α 为正。斜截面 ef 将单元体分成了两部分,下面研究 aef 部分的平衡,如图 15.9(c)所示。若 ef 面的面积为 $\mathrm{d}A$,则 af 面和 ae 面的面积分别为 $\mathrm{d}A\sin\alpha$ 和 $\mathrm{d}A\cos\alpha$,如图 15.9(d)所示。假设斜截面 ef 上的正应力和切应力分别为 σ_α 和 τ_α。沿 ef 面的外法线 n 和切线 t 方向投影,得静力平衡方程为

$$\sum F_n=0,$$

$$\sigma_\alpha \mathrm{d}A-(\sigma_x \mathrm{d}A\cos\alpha)\cos\alpha+(\tau_{xy}\mathrm{d}A\cos\alpha)\sin\alpha-(\sigma_y \mathrm{d}A\sin\alpha)\sin\alpha+(\tau_{yx}\mathrm{d}A\sin\alpha)\cos\alpha=0$$

$$\sum F_t=0,$$

$$\tau_\alpha \mathrm{d}A-(\sigma_x \mathrm{d}A\cos\alpha)\sin\alpha-(\tau_{xy}\mathrm{d}A\cos\alpha)\cos\alpha+(\sigma_y \mathrm{d}A\sin\alpha)\cos\alpha+(\tau_{yx}\mathrm{d}A\sin\alpha)\sin\alpha=0$$

考虑切应力互等和三角变换,化简上述平衡方程,最终可得

$$\sigma_\alpha=\frac{\sigma_x+\sigma_y}{2}+\frac{\sigma_x-\sigma_y}{2}\cos2\alpha-\tau_{xy}\sin2\alpha \tag{15.1}$$

$$\tau_\alpha=\frac{\sigma_x-\sigma_y}{2}\sin2\alpha+\tau_{xy}\cos2\alpha \tag{15.2}$$

式(15.1)和式(15.2)即是平面应力状态下通过一点的任意斜截面（方位角为 α）上应力的解析公式。

如果在上述公式中令 σ_y 和 τ_{xy} 为 0，即应力状态由一般的平面应力状态退化为单向应力状态，则此时公式可简化为式(11.2)和式(11.3)。可见，轴向拉压杆斜截面上的应力表达式正是上述正应力和切应力公式的特殊情况。

15.2.2 主应力与主平面

由式(15.1)和式(15.2)可知，斜截面上的正应力和切应力随截面方位角 α 的改变而变化，它们都是 α 的周期函数。根据高等数学知识，正应力和切应力必有极值。不妨先探讨正应力的极值和它们所在平面的方位。当 $\frac{d\sigma_\alpha}{d\alpha}=0$ 时，σ_α 取得极值。将式(15.1)对 α 求导，并令 $\frac{d\sigma_\alpha}{d\alpha}=0$，可得

$$-\frac{\sigma_x-\sigma_y}{2}\sin 2\alpha_0-\tau_{xy}\cos 2\alpha_0=0$$

于是

$$\tan 2\alpha_0=\frac{-2\tau_{xy}}{\sigma_x-\sigma_y} \tag{15.3}$$

由式(15.3)可知，除 α_0 外，还可有 $\alpha'_0=\alpha_0\pm 90°$ 满足式(15.3)。即可以确定相互垂直的两个平面，其中一个是最大正应力所在的平面，而另一个是最小正应力所在的平面。将式(15.3)代入式(15.2)，显然可得 $\tau_{\alpha_0}=0$。也就是说，在正应力最大或最小的平面上，切应力恰好为零。因为切应力为零的平面是主平面，而主平面上的正应力为主应力，因此上述最大正应力或最小正应力即为两个主应力，同时相应的 α_0 和 α'_0 即是两个主平面的方位角或主方向。由式(15.3)，得

$$\cos 2\alpha_0=\pm\frac{\sigma_x-\sigma_y}{\sqrt{(\sigma_x-\sigma_y)^2+4\tau_{xy}}},\ \sin 2\alpha_0=\mp\frac{2\tau_{xy}}{\sqrt{(\sigma_x-\sigma_y)^2+4\tau_{xy}}}$$

将上述三式代入式(15.1)，得

$$\left.\begin{matrix}\sigma_{\max}\\ \sigma_{\min}\end{matrix}\right\}=\frac{\sigma_x+\sigma_y}{2}\pm\sqrt{\left(\frac{\sigma_x-\sigma_y}{2}\right)^2+\tau_{xy}^2} \tag{15.4}$$

需要指出的是，对于平面应力状态，除上述两个主应力外，另外一个主应力当然为 0，且相应主平面是 z 平面。

15.2.3 最大切应力

同理，也可考察切应力 τ_α 的极值及其所在截面的方位。将式(15.2)对 α 求导，并令 $\frac{d\tau_\alpha}{d\alpha}=0$，可得

$$\tan 2\alpha_1=\frac{\sigma_x-\sigma_y}{2\tau_{xy}} \tag{15.5}$$

同样，由式(15.5)可解出相差 90°的 α_1 和 α'_1（$\alpha'_1=\alpha_1\pm 90°$），由它们可以确定两个相互垂直的平面，分别作用有最大和最小切应力。由式(15.5)求出 $\sin 2\alpha_1$ 和 $\cos 2\alpha_1$，代入

式(15.2),可得到最大和最小切应力为

$$\left.\begin{matrix}\tau_{\max}\\ \tau_{\min}\end{matrix}\right\}=\pm\sqrt{\left(\frac{\sigma_x-\sigma_y}{2}\right)^2+\tau_{xy}^2} \tag{15.6}$$

值得注意的是,上述最大和最小切应力是指在 xy **平面内的最大和最小切应力**(maximum/minimum in-plane shear stress)。作为对比,不妨考察一下正应力值。将上述 $\sin2\alpha_1$ 和 $\cos2\alpha_1$ 代入式(15.1),得最大或最小切应力平面上的正应力为

$$\sigma_{\alpha_1}=\frac{\sigma_x+\sigma_y}{2}$$

比较式(15.3)和式(15.5),可得

$$\tan2\alpha_0\tan2\alpha_1=-1$$

所以有

$$\alpha_1=\alpha_0+45° \tag{15.7}$$

式(15.7)表明,最大和最小切应力所在平面与主平面的夹角为45°。

对比式(15.4)和式(15.6),有

$$\left.\begin{matrix}\tau_{\max}\\ \tau_{\min}\end{matrix}\right\}=\pm\frac{\sigma_{\max}-\sigma_{\min}}{2} \tag{15.8}$$

即 xy 平面内的最大或最小切应力的绝对值等于该平面内两个主应力之差的一半。

例 15.1 单元体的应力状态如图15.10所示,试用解析法求:(1)图中所示斜截面上的应力;(2)主应力和主平面,并绘于单元体上;(3)xy 平面内的最大切应力及其所在截面方位,并绘于单元体上。

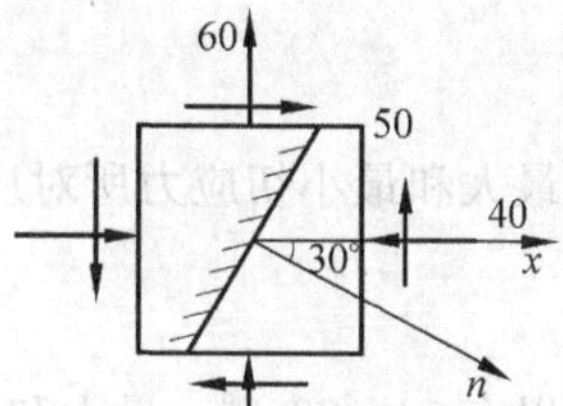

图 15.10(单位:MPa)

(1) 对于图示应力状态,有

$\sigma_x=-40\ \text{MPa},\sigma_y=60\ \text{MPa},\tau_{xy}=-50\ \text{MPa},\alpha=-30°$。

由式(15.1)和式(15.2),得

$$\begin{aligned}\sigma_\alpha&=\frac{\sigma_x+\sigma_y}{2}+\frac{\sigma_x-\sigma_y}{2}\cos2\alpha-\tau_{xy}\sin2\alpha\\&=\frac{-40+60}{2}+\frac{-40-60}{2}\cos(-60°)+50\sin(-60°)\\&=-58.3\ \text{MPa}\end{aligned}$$

$$\begin{aligned}\tau_\alpha&=\frac{\sigma_x-\sigma_y}{2}\sin2\alpha+\tau_{xy}\cos2\alpha\\&=\frac{-40-60}{2}\sin(-60°)+(-50)\cos(-60°)\\&=18.3\ \text{MPa}\end{aligned}$$

(2) 主应力

$$\left.\begin{matrix}\sigma_{\max}\\ \sigma_{\min}\end{matrix}\right\}=\frac{\sigma_x+\sigma_y}{2}\pm\sqrt{\left(\frac{\sigma_x-\sigma_y}{2}\right)^2+\tau_{xy}^2}$$

$$=\frac{-40+60}{2}\pm\sqrt{\left(\frac{-40-60}{2}\right)^2+(-50)^2}=\begin{cases}80.7\ \text{MPa}\\-60.7\ \text{MPa}\end{cases}$$

所以 $\sigma_1 = 80.7\ \text{MPa}, \sigma_2 = 0\ \text{MPa}, \sigma_3 = -60.7\ \text{MPa}$

$$\tan 2\alpha_0 = \frac{-2\tau_{xy}}{\sigma_x - \sigma_y} = \frac{-2(-50)}{-40-60} = -1 \Rightarrow \alpha_0 = 67.5^\circ$$

在单元体上绘制主应力和主平面位置如图 15.11 所示。

(3) 利用式(15.6),有

$$\left.\begin{matrix}\tau_{\max}\\ \tau_{\min}\end{matrix}\right\} = \pm\sqrt{\left(\frac{\sigma_x - \sigma_y}{2}\right)^2 + \tau_{xy}^2}$$

$$= \pm\sqrt{\left(\frac{-40-60}{2}\right)^2 + (-50)^2}$$

$$= \begin{cases} 70.7\ \text{MPa} \\ -70.7\ \text{MPa} \end{cases}$$

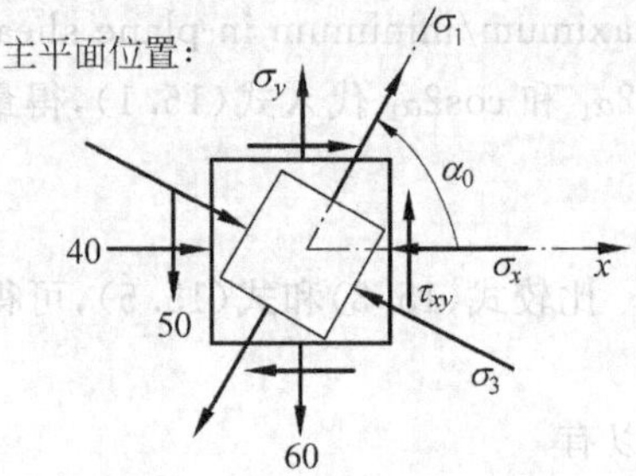

图 15.11

所以 $\tau_{\max} = 70.7\ \text{MPa}$,而 $\tau_{\min} = -70.7\ \text{MPa}$。

或亦可直接利用式(15.8),得

$$\left.\begin{matrix}\tau_{\max}\\ \tau_{\min}\end{matrix}\right\} = \pm\frac{\sigma_{\max} - \sigma_{\min}}{2}$$

$$= \pm\frac{80.7 - (-60.7)}{2}$$

$$= \pm 70.7\ \text{MPa}$$

而最大和最小切应力所对应截面方位角应满足式(15.5)或式(15.7),即

$$\tan 2\alpha_1 = \frac{\sigma_x - \sigma_y}{2\tau_{xy}} = \frac{-40-60}{2(-50)} = 1$$

所以有 $\alpha_1 = 22.5^\circ$。最大和最小切应力截面及相应方位角绘于图 15.12。

例 15.2 图 15.13 所示为纯剪切应力状态,求其主应力和主平面,并绘于单元体上。

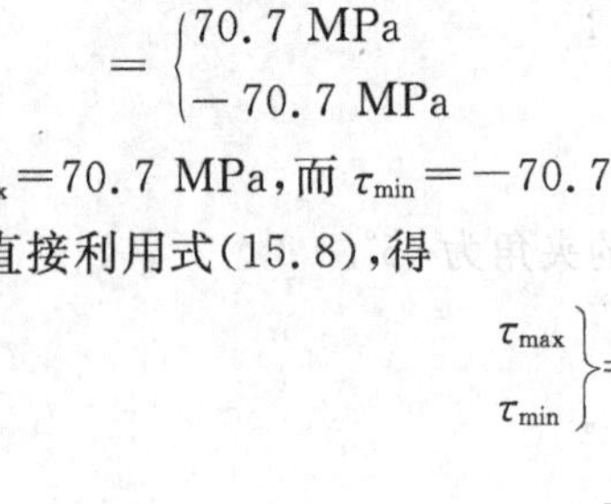

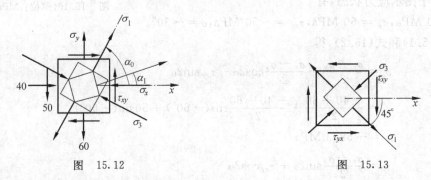

图 15.12

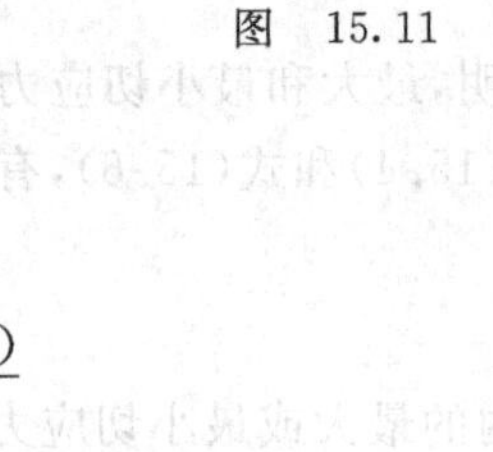

图 15.13

解 对于纯剪切应力状态,有 $\sigma_x = 0, \sigma_y = 0, \tau_{xy} = \tau_{xy}$,则平面内的最大和最小正应力为

$$\left.\begin{matrix}\sigma_{\max}\\ \sigma_{\min}\end{matrix}\right\} = \frac{\sigma_x + \sigma_y}{2} \pm \sqrt{\left(\frac{\sigma_x - \sigma_y}{2}\right)^2 + \tau_{xy}^2} = 0 \pm \sqrt{0 + \tau_{xy}^2} = \pm\tau_{xy}$$

所以三个主应力分别为 $\sigma_1 = \tau_{xy}, \sigma_2 = 0, \sigma_3 = -\tau_{xy}$。

主平面方位角应满足 $\tan 2\alpha_0 = \dfrac{-2\tau_{xy}}{\sigma_x - \sigma_y} = \dfrac{-2\tau_{xy}}{0} = -\infty$,所以 $\alpha_0 = -45^\circ$。主应力和主平面位置已绘于图 15.13。

15.3 平面应力状态分析——图解法

15.3.1 应力圆方程

如上节所述，我们可以利用解析式(15.1)和式(15.2)对平面应力状态进行分析(称为解析法)。这两个公式可视为方位角α的参数方程，若消去参数α，可得

$$\left(\sigma_\alpha-\frac{\sigma_x+\sigma_y}{2}\right)^2+\tau_\alpha^2=\left(\frac{\sigma_x-\sigma_y}{2}\right)^2+\tau_{xy}^2 \tag{15.9}$$

考虑到式中σ_x、σ_y和τ_{xy}均为已知量，因此式(15.9)在σ-τ直角坐标系中恰好是圆的方程。其圆心C的坐标为$\left(\frac{\sigma_x+\sigma_y}{2},0\right)$，半径$R$为$\sqrt{\left(\frac{\sigma_x-\sigma_y}{2}\right)^2+\tau_{xy}^2}$，如图15.14所示。该圆称为**应力圆或莫尔圆**(Mohr's circle for stresses)。

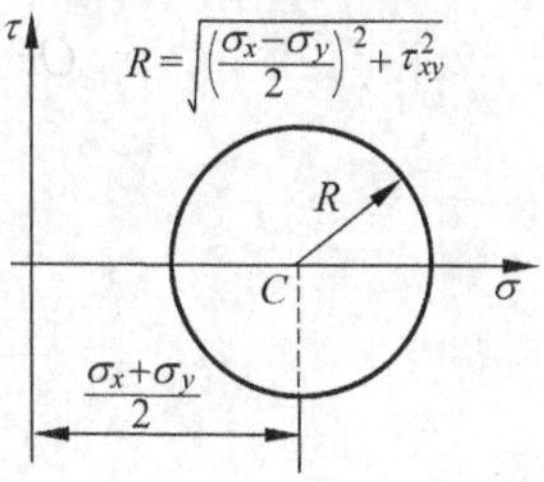

图 15.14

15.3.2 应力圆的绘制

以图15.15(a)所示平面应力状态为例，简要说明应力圆的作法：

(1) 在σ-τ坐标系中，按照适当的比例尺以单元体x、y平面上的应力数据绘制两个坐标点$D(\sigma_x,\tau_{xy})$和$D'(\sigma_y,\tau_{yx})$(图15.15(b))；

(2) 以直线连接D、D'两点，与坐标横轴(σ)交于C点。以C点为圆心，CD为半径画圆，如图15.15(b)所示。

现在证明该圆周即是图15.15(a)所示平面应力状态的应力圆。显然线段$OC=\frac{OA+OB}{2}=\frac{\sigma_x+\sigma_y}{2}$，所以圆心$C$坐标应为$\left(\frac{\sigma_x+\sigma_y}{2},0\right)$，而半径$CD=\sqrt{CA^2+AD^2}=\sqrt{\left(\frac{\sigma_x-\sigma_y}{2}\right)^2+\tau_{xy}^2}$，因此，该圆周就是前面提及的应力圆。

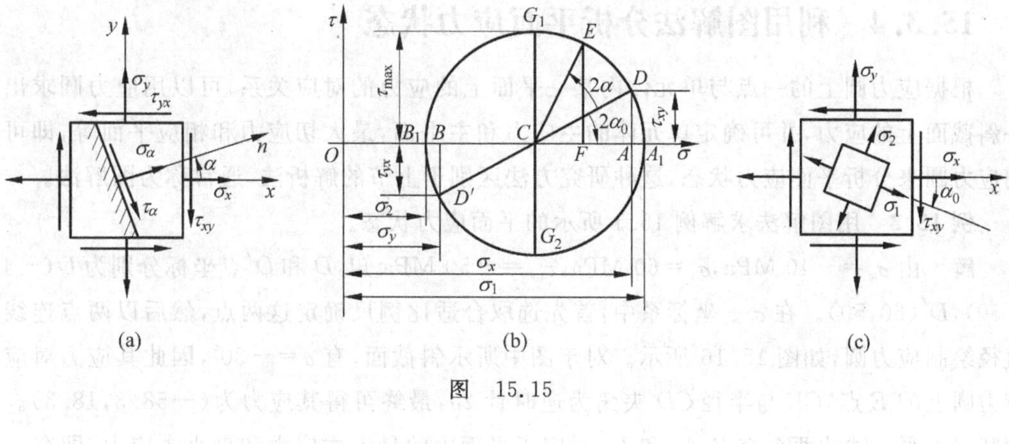

图 15.15

15.3.3 应力圆与单元体的对应关系

如图 15.15(b)所示应力圆已绘好,那么接下来应如何利用应力圆来确定单元体内方位角为 α 的斜截面上的应力呢?欲求得斜截面上的正应力和切应力,只要将半径 CD 沿逆时针方向旋转 2α 到达 CE 处,所得 E 点的横坐标和纵坐标值即分别是 α 斜截面上的 σ_α 与 τ_α。这是因为 E 点坐标是

$$\begin{aligned}
OF &= OC + CF \\
&= OC + CE\cos(2\alpha_0 + 2\alpha) \\
&= OC + CE\cos 2\alpha_0 \cos 2\alpha - CE\sin 2\alpha_0 \sin 2\alpha \\
&= OC + CD\cos 2\alpha_0 \cos 2\alpha - CD\sin 2\alpha_0 \sin 2\alpha \\
&= OC + CB_1\cos 2\alpha - DB_1 \sin 2\alpha \\
&= \frac{\sigma_x + \sigma_y}{2} + \frac{\sigma_x - \sigma_y}{2}\cos 2\alpha - \tau_{xy}\sin 2\alpha
\end{aligned}$$

而

$$\begin{aligned}
EF &= CE\sin(2\alpha_0 + 2\alpha) \\
&= CD\sin 2\alpha_0 \cos 2\alpha + CD\cos 2\alpha_0 \sin 2\alpha \\
&= \frac{\sigma_x - \sigma_y}{2}\sin 2\alpha + \tau_{xy}\cos 2\alpha
\end{aligned}$$

与式(15.1)和式(15.2)比较,可见

$$OF = \sigma_\alpha, EF = \tau_\alpha$$

这证明,E 点的坐标就代表了方位角为 α 的斜截面上的应力。

总之,单元体内任意斜截面上的应力都对应于应力圆上的一点。单元体内某一平面沿某一转向旋转时,相应应力圆半径应沿相同转向旋转,且单元体内平面的外法线转过 α 角,对应于应力圆半径转过 2α 的圆心角。同时单元体和应力圆的应力符号也是相互对应的,即单元体内的正拉应力,在应力圆上位于纵坐标轴的右方,反之位于左方;使单元体有逆时针旋转趋势的切应力,在应力圆上位于横坐标轴的下方,反之位于上方。

15.3.4 利用图解法分析平面应力状态

根据应力圆上的一点与单元体内某一平面上的应力的对应关系,可以用应力圆求出任一斜截面上的应力,并可确定单元体的主应力和主平面,最大切应力和相应平面等,即可利用应力圆来分析平面应力状态,这种研究方法区别于上节的解析法,通常称为图解法。

例 15.3 用图解法求解例 15.1 所示的平面应力状态。

解 由 $\sigma_x = -40$ MPa,$\sigma_y = 60$ MPa,$\tau_{xy} = -50$ MPa 知,D 和 D' 点坐标分别为 $D(-40,-50)$,$D'(60,50)$。在 σ-τ 坐标系中,首先选取合适比例尺确定这两点,然后以两点连线为直径绘制应力圆,如图 15.16 所示。对于图中所示斜截面,有 $\alpha = -30°$,因此其应力对应于应力圆上的 E 点,CE 与半径 CD 夹角为逆时针 2α,最终可得其应力为(−58.3,18.3)。应力圆与水平 σ 轴的两个交点 A_1 和 B_1 对应于平面内的最大主应力和最小主应力,即有 $\sigma_1 =$

80.7 MPa，$\sigma_2=-60.7$ MPa，水平 σ 轴与半径 CD 的夹角为 $2\alpha_0=135°$，从而可以确定 $\alpha_0=67.5°$。

同理，可得 xy 平面内的最大切应力对应于应力圆上的 G_1 点和 G_2 点，即满足 $\tau_{max}=CG_1=R=70.7$ MPa，$\tau_{min}=CG_2=-R=-70.7$ MPa，且其方位为 $2\alpha_1=45°$，所以有 $\alpha_1=22.5°$。

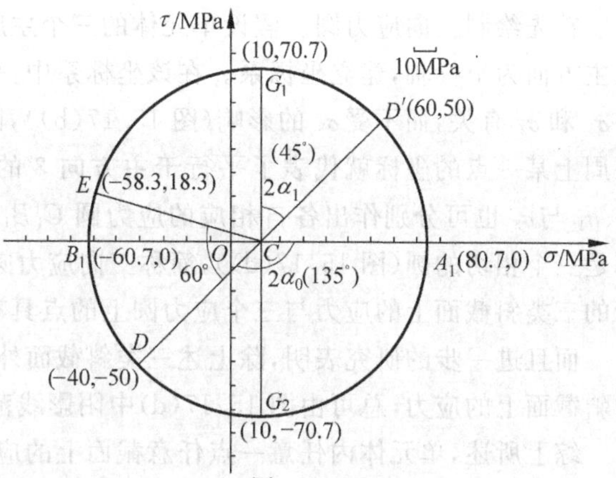

图　15.16

对比此处图解法得到的结果和例 15.1 解析法的结果，容易发现二者是完全吻合的。实际上，在应力状态分析中，一方面可利用解析法计算，另一方面可绘制应力圆草图进行分析，二者可互为校核和验证，以确保分析结果的正确性。

15.4　三向应力状态分析

前面讨论了二向应力状态下的应力分析，这一节将简要介绍一下三向应力状态。

如 15.1 节所述，在一般情况下，三向应力状态表现为一个二阶应力张量（6 个独立的应力分量），如图 15.5 所示。对于三向应力状态，可推导出其任意斜截面上应力的解析公式，并进一步得到其主应力和主平面，此处从略。关于三向应力状态的深入讨论可参考相关弹性力学教材。这里我们只研究在单元体的三个主应力已知的情况下如何确定最大正应力和最大切应力，以便应用于强度计算。

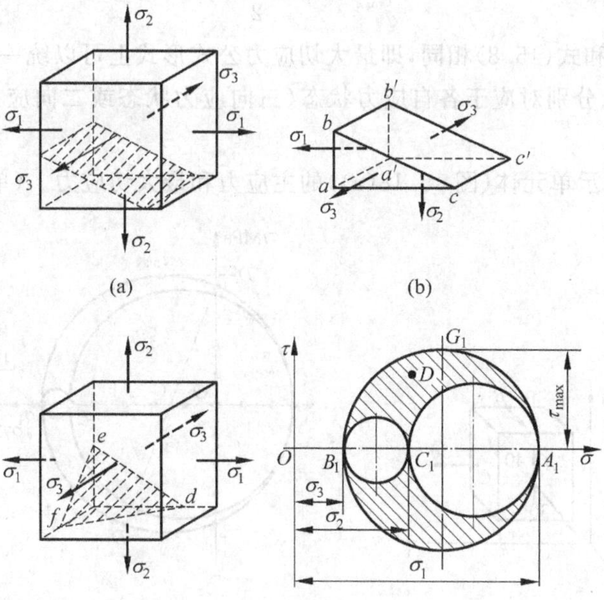

图　15.17

首先绘制三向应力圆。假设单元体的三个主应力 σ_1、σ_2、σ_3 已知，如图 15.17(a)所示，并以主方向为坐标轴，建立坐标系。在该坐标系中，平行于主方向 3 的某一斜截面上的应力只与 σ_1 和 σ_2 有关，而不受 σ_3 的影响(图 15.17(b))，因此由 σ_1、σ_2 可作出一个应力圆 A_1C_1，其圆周上某一点的坐标就代表了平行于主方向 3 的某一个斜截面上的应力。同理，由 σ_2 与 σ_3、σ_1 与 σ_3 也可分别作出各自相应的应力圆 C_1B_1、A_1B_1。这样一来，三向应力状态的应力圆是三个相切的圆(图 15.17(d))，简称三向应力圆。与三向主应力 σ_1、σ_2 和 σ_3 方向各自平行的三类斜截面上的应力与三个应力圆上的点具有一一对应关系。

而且进一步的研究表明，除上述三类斜截面外，与三个主应力 σ_1、σ_2 和 σ_3 方向均不平行的斜截面上的应力，总可由图 15.17(d)中阴影线范围内的某一点 D 来表示。

综上所述，单元体内任意一点任意截面上的应力都对应于其三向应力圆上或阴影线区域内的一点。

下面我们利用三向应力圆来分析单元体内的最大正应力和最大切应力。

根据图 15.17(d)，最大正应力作用的截面必然和最大的应力圆 A_1B_1 上的点对应。很明显，跟 A_1、B_1 对应的主应力 σ_1、σ_3 分别代表单元体中的最大正应力和最小正应力，即有

$$\sigma_{\max} = \sigma_1, \sigma_{\min} = \sigma_3 \tag{15.10}$$

观察图 15.17(d)，容易看出**单元体内最大切应力**(absolute maximum shear stress)对应于最大应力圆的 G_1 点的纵坐标，即

$$\tau_{\max} = \frac{\sigma_1 - \sigma_3}{2} \tag{15.11}$$

值得注意的是，上式表达的是三向应力状态下整个单元体内的最大切应力，它与二向应力状态平面内的最大切应力不同(见式(15.6)和式(15.8))。对于三向应力状态，满足式(15.10)，所以式(15.11)可改写为

$$\tau_{\max} = \frac{\sigma_{\max} - \sigma_{\min}}{2} \tag{15.12}$$

上式在形式上和式(15.8)相同，即最大切应力公式形式上可以统一由式(15.8)表达，只不过其中 $\sigma_{\max}$ 和 $\sigma_{\min}$ 分别对应于各自应力状态(三向应力状态或二向应力状态)下的最大和最小正应力。

例 15.4 求图示单元体(图 15.18(a))的主应力和最大切应力。(单位：MPa)

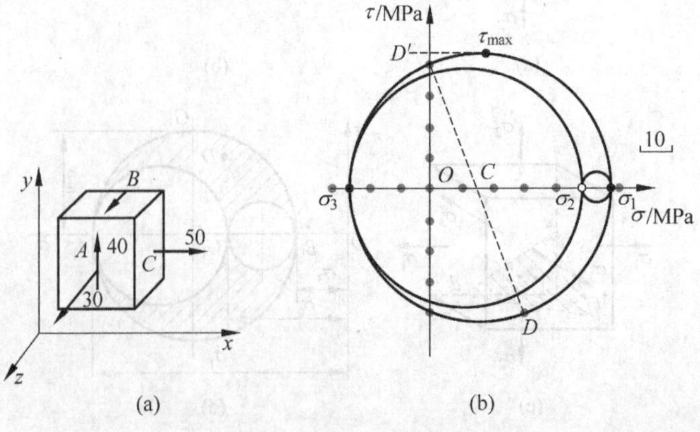

(a) (b)

图 15.18

解　由单元体应力状态，知垂直于 x 轴平面（yz 平面）为主平面之一，其上主应力为 50 MPa。

建立应力坐标系如图 15.18(b)所示，设定比例尺，并在图 15.18(b)上绘制 yz 平面应力圆和三向应力圆。根据三向应力圆，显然有 $\sigma_1=58$ MPa，$\sigma_2=50$ MPa，$\sigma_3=-27$ MPa，则单元体内的最大切应力 $\tau_{\max}=\dfrac{\sigma_1-\sigma_3}{2}=\dfrac{58-(-27)}{2}=43$ MPa。

15.5　广义胡克定律

对于轴向拉伸或压缩，在线弹性范围内，应力与应变的关系为

$$\sigma = E\varepsilon \text{ 或 } \varepsilon = \frac{\sigma}{E} \tag{15.13}$$

这就是胡克定律（见 11.4 节）。与此同时，轴向变形还会引起横向应变 ε'：

$$\varepsilon' = -\mu\varepsilon = -\mu\frac{\sigma}{E} \tag{15.14}$$

在纯剪切的情况下，当切应力不超过剪切比例极限时，切应力与切应变之间的关系亦服从剪切胡克定律，即

$$\tau = G\gamma \text{ 或 } \gamma = \frac{\tau}{G} \tag{15.15}$$

在 15.1 节，我们利用单元体法分析了一点处的应力状态。在最普遍的情况下，描述一点处的应力状态，需要使用应力张量（图 15.5）来表达，它有 9 个应力分量。考虑到切应力互等定理，τ_{xy} 和 τ_{yx}，τ_{yz} 和 τ_{zy}，τ_{zx} 和 τ_{xz} 分别大小相等，因此，这 9 个应力分量中，独立的分量只有 6 个。这种普遍情况，可视为三组单向拉压应力和三组纯剪切的组合。对于各向同性材料，当变形很小且在线弹性范围内时，线应变只与正应力有关，而与切应力无关；切应变只与切应力有关，而与正应力无关。如此一来，可以利用上述三式求出各应力分量各自所对应的某一方向的应变，然后再使用叠加原理将这些应变进行叠加，即得到这一方向总的应变值。例如，因 σ_x 单独作用引起的 x 方向的线应变为$\dfrac{\sigma_x}{E}$，而因 σ_y、σ_z 单独作用引起的 x 方向的线应变则分别为$-\mu\dfrac{\sigma_y}{E}$、$-\mu\dfrac{\sigma_z}{E}$，注意到三个切应力分量对 x 方向的线应变没有贡献。叠加上述结果，可得

$$\varepsilon_x = \frac{\sigma_x}{E} - \mu\frac{\sigma_y}{E} - \mu\frac{\sigma_z}{E} = \frac{1}{E}[\sigma_x - \mu(\sigma_y + \sigma_z)] \tag{15.16}$$

同理，可求出沿 y 和 z 方向的线应变 ε_y 和 ε_z。最终有

$$\begin{cases} \varepsilon_x = \dfrac{1}{E}[\sigma_x - \mu(\sigma_y + \sigma_z)] \\ \varepsilon_y = \dfrac{1}{E}[\sigma_y - \mu(\sigma_z + \sigma_x)] \\ \varepsilon_z = \dfrac{1}{E}[\sigma_z - \mu(\sigma_x + \sigma_y)] \end{cases} \tag{15.17}$$

切应变与切应力之间的关系仍然满足剪切胡克定律，且与正应力分量无关。因此，xy、

yz 和 zx 三个面内的切应变分别为

$$\gamma_{xy} = \frac{\tau_{xy}}{G}, \gamma_{yz} = \frac{\tau_{yz}}{G}, \gamma_{zx} = \frac{\tau_{zx}}{G} \tag{15.18}$$

式(15.17)和式(15.18)称为**广义胡克定律**(generalized Hooke's law)。值得指出的是，只有当材料为各向同性，且处于线弹性范围之内时，广义胡克定律才成立。

当单元体的六个面均为主平面时，不妨令坐标轴 x、y、z 的方向分别与三个主应力 σ_1、σ_2、σ_3 方向重合，则此时有

$$\begin{aligned} \sigma_x = \sigma_1, \sigma_y = \sigma_2, \sigma_z = \sigma_3 \\ \tau_{xy} = 0, \tau_{yz} = 0, \tau_{zx} = 0 \end{aligned} \tag{15.19}$$

此时广义胡克定律可简化为

$$\begin{cases} \varepsilon_1 = \dfrac{1}{E}[\sigma_1 - \mu(\sigma_2 + \sigma_3)] \\ \varepsilon_2 = \dfrac{1}{E}[\sigma_2 - \mu(\sigma_3 + \sigma_1)] \\ \varepsilon_3 = \dfrac{1}{E}[\sigma_3 - \mu(\sigma_1 + \sigma_2)] \\ \gamma_{xy} = 0, \gamma_{yz} = 0, \gamma_{zx} = 0 \end{cases} \tag{15.20}$$

可见三个坐标平面内的切应变均为0，所以坐标 x、y、z 的方位就是主应变的方位。换言之，主应变和主应力的方向是重合的。即上式中的 ε_1、ε_2、ε_3 为主应变。

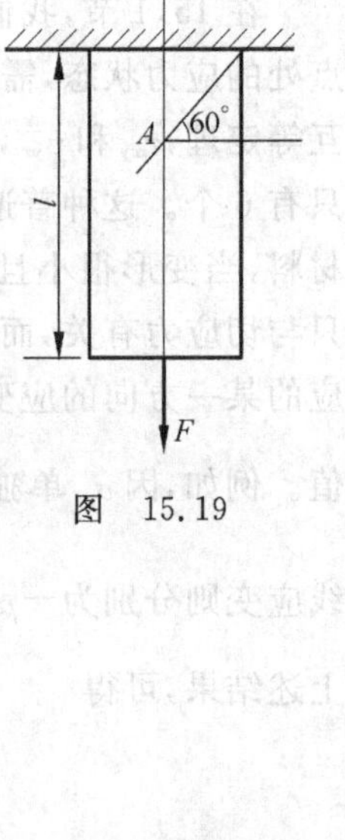

图 15.19

例 15.5 如图 15.19 所示一钢质圆杆，直径 $d=20$ mm，已知 A 点在与水平线成 60°方向上的正应变 $\varepsilon_{60°}=4.1\times10^{-4}$，试求载荷 F。已知 $E=210$ GPa，$\mu=0.28$。

解 A 点处于单向应力状态，横截面上的正应力为 $\sigma=\dfrac{F_N}{A}=\dfrac{4F}{\pi d^2}$。

根据轴向拉压杆斜截面正应力公式，有

$$\sigma_\alpha = \sigma\cos^2\alpha$$

则对于图示 60°位置，其方位角 α 实际为 $-30°$，所以有 $\sigma_{60°} = \sigma\cos^2(-30°)=\dfrac{3}{4}\sigma$，则 $\sigma_{-30°}=\sigma\cos^2(60°)=\dfrac{1}{4}\sigma$。

由广义胡克定律得

$$\begin{aligned} \varepsilon_{60°} &= \frac{1}{E}(\sigma_{60°} - \mu\sigma_{-30°}) = \frac{\sigma}{4E}(3-\mu) \\ &= \frac{F}{E\pi d^2}(3-\mu) \end{aligned}$$

所以

$$\begin{aligned} F &= \frac{E\pi d^2\varepsilon_{60°}}{3-\mu} = \frac{210\times10^3\times\pi\times20^2\times4.1\times10^{-4}}{3-0.28}\text{N} \\ &= 39.8\ \text{kN} \end{aligned}$$

例 15.6 图 15.20 所示槽形刚体内放置一边长为 $a=10$ mm 的正方体钢块，钢块顶面

承受大小为 8 kN 的均布载荷作用。试求钢块的三个主应力和主应变。已知钢的弹性模量 $E=210$ GPa，$\mu=0.3$。

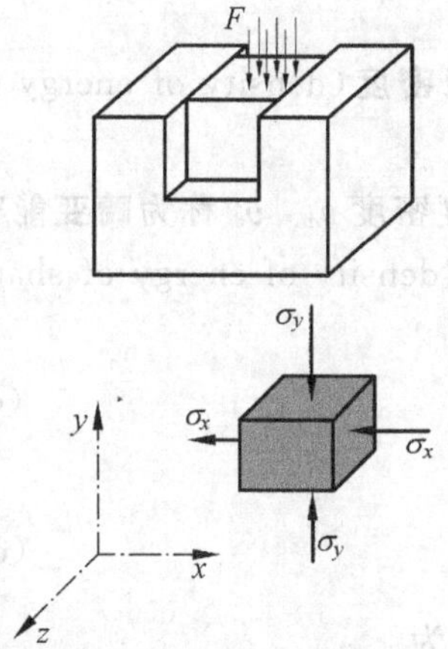

图 15.20

解 选取图示坐标系。考察正方体钢块，其 z 截面为自由表面，所以 $\sigma_z=0$；同时钢块在侧向（x 方向）变形受阻，因此 $\varepsilon_x=0$。另钢块 y 截面的应力为

$$\sigma_y=\frac{F}{a^2}=\frac{-8\times10^3\,\mathrm{N}}{(0.01\,\mathrm{m})^2}=-80\ \mathrm{MPa}$$

由广义胡克定律公式(15.20)，有

$$\varepsilon_x=\frac{1}{E}[\sigma_x-\mu(\sigma_y+\sigma_z)]$$

将 $\varepsilon_x=0$ 和 $\sigma_z=0$ 代入上式，得

$$\sigma_x=\mu\sigma_y=0.3\times(-80\ \mathrm{MPa})=-24\ \mathrm{MPa}$$

按照主应力的规定，我们有

$$\sigma_1=\sigma_z=0,$$
$$\sigma_2=\sigma_x=-24\ \mathrm{MPa},$$
$$\sigma_3=\sigma_y=-80\ \mathrm{MPa}$$

将上述 3 个主应力代入广义胡克定律，可求得相应三个主应变为

$$\varepsilon_1=\frac{1}{E}[\sigma_1-\mu(\sigma_2+\sigma_3)]$$
$$=\frac{[0-0.3(-24-80)]\times10^6\ \mathrm{Pa}}{210\times10^9\ \mathrm{Pa}}=1.49\times10^{-4}$$
$$\varepsilon_2=\frac{1}{E}[\sigma_2-\mu(\sigma_3+\sigma_1)]=0$$
$$\varepsilon_3=\frac{1}{E}[\sigma_3-\mu(\sigma_1+\sigma_2)]$$
$$=\frac{[-80-0.3\times(0-24)]\times10^6\ \mathrm{Pa}}{210\times10^9\ \mathrm{Pa}}=-3.47\times10^{-4}$$

15.6 复杂应力状态下的应变能密度

对于轴向拉伸或压缩的杆件，利用弹性应变能和外力做功在数值上相等的关系（称虚位移原理或虚功原理），在材料服从胡克定律的情况下，可得到其**应变能密度**（density of strain energy）为

$$v_\varepsilon=\frac{1}{2}\sigma\varepsilon \tag{a}$$

对于二向或三向应力状态，应变能与外力做功在数值上仍应相等。在线弹性的假设下，每一主应力与相应的主应变之间仍保持线性关系，因而与每一主应力相应的应变能密度仍可按式(a)计算。最终三向应力状态下的应变能密度可表达为

$$v_\varepsilon=\frac{1}{2}\sigma_1\varepsilon_1+\frac{1}{2}\sigma_2\varepsilon_2+\frac{1}{2}\sigma_3\varepsilon_3 \tag{b}$$

将广义胡克定律公式(15.20)代入式(b)，可得

$$v_\varepsilon = \frac{1}{2E}[\sigma_1^2 + \sigma_2^2 + \sigma_3^2 - 2\mu(\sigma_1\sigma_2 + \sigma_2\sigma_3 + \sigma_1\sigma_3)] \tag{15.21}$$

单元体的变形一方面可表现为体积的变化，而一方面也可表现为形状的改变。因此，单元体的应变能密度 v_ε 也可区分为两部分：

(1) 因体积改变而储存的应变能密度 v_v，称为**体积改变能密度**(density of energy of volume change)；

(2) 体积不变，仅由于正方体改变为长方体而储存的应变度密度 v_d。v_d 称为**畸变能密度**(density of distortional strain energy)或**形状改变比能密度**(density of energy of shape change)。即满足

$$v_\varepsilon = v_v + v_d \tag{c}$$

可以证明，体积改变能密度 v_v(推导从略)可表达为

$$v_v = \frac{1-2\mu}{6E}(\sigma_1 + \sigma_2 + \sigma_3)^2 \tag{d}$$

将式(15.21)和式(d)代入式(c)，经整理可得畸变能密度 v_d 为

$$v_d = \frac{1+\mu}{6E}[(\sigma_1 - \sigma_2)^2 + (\sigma_2 - \sigma_3)^2 + (\sigma_3 - \sigma_1)^2] \tag{15.22}$$

15.7 强度理论概述

在第 11 章我们曾讨论了低碳钢和铸铁在轴向拉伸和压缩时的破坏现象。由讨论可知，塑性材料如低碳钢，以出现较大塑性变形(屈服)为失效标志，而脆性材料如铸铁，则通常体现为断裂失效。在单向受力情况下，出现塑性变形时的屈服极限 σ_s 和发生断裂时的强度极限 σ_b 可由单向拉伸(压缩)实验来测定。可把 σ_s 和 σ_b 统称为极限应力 σ_u，于是可建立如下强度条件

$$\sigma_{max} \leqslant [\sigma] \tag{15.23}$$

式中，$[\sigma]=\frac{\sigma_u}{n}$，为许用应力，$n$ 为安全因数。

式(15.23)即是构件中的危险点处于单向应力状态下的强度条件。它是在单向拉伸或压缩实验的基础上建立的。

显然，这种直接根据单轴实验来确定失效状态、建立强度条件的方法是非常简明直观的。然而，实际构件中的危险点常处于复杂应力状态，如果仿照上述方法来建立复杂应力状态下的强度条件，则势必要对材料在各种复杂应力状态下进行实验，以测定相应的极限应力。而进行复杂应力状态下的实验，在技术上远比单向拉伸或压缩实验困难得多；况且，考虑到应力组合的方式和比值的各种可能性，复杂应力状态必然是多种多样甚至变化无穷，完全用实验方法来确定材料的极限应力既困难，又过于烦琐，几乎不具有可行性。所以关于复杂应力状态下的强度条件，通常并不是用直接实验的方法去建立，而是在分析各种破坏现象的基础上，利用推理的方法，提出适当的假设而建立的。

尽管材料失效现象比较复杂，但经过归纳，强度不足引起的失效主要有屈服和断裂两种基本模式。人们在生产活动中，综合分析和研究了材料的失效现象，对材料失效的原因提出

了各种假说。这些关于材料失效原因与失效规律的假说称为**强度理论**(theory of strength)。强度理论认为,不论材料处于何种应力状态,只要失效的模式相同,其失效的原因就是相同的。这样,就可利用轴向拉伸实验结果来建立材料在复杂应力状态下的强度条件。

根据材料失效的两种基本模式,强度理论也分成两类:一类是解释断裂失效的,其中有**最大拉应力理论**(maximum tensile stress theory)和**最大拉应变理论**(maximum tensile strain theory);另一类是用于屈服破坏的,其中有**最大切应力理论**(maximum shear stress theory)和**畸变能密度理论**(distortional strain energy density theory)。这四种理论是当前常用的四种强度理论,本章主要讲述上述强度理论。

值得注意的是,本章所讨论的强度理论,适用于常温、静载条件下的均匀、连续和各向同性的材料。对于受动载荷(如冲击载荷或交变载荷)作用,或材料具有初始裂纹以及材料各向异性等情形下的材料强度理论,可参阅其他相关文献。

15.8 关于断裂的强度理论

15.8.1 最大拉应力理论(第一强度理论)

这一理论把材料断裂的主要原因归结为最大拉应力。即认为,不论材料处于何种应力状态,只要最大拉应力达到材料单向拉伸断裂时的极限拉应力即强度极限,材料就发生断裂。按此理论,材料断裂准则为

$$\sigma_1 = \sigma_b \tag{a}$$

以极限应力 σ_b 除以安全因数 n,得许用应力$[\sigma]$,因此,与第一强度理论相应的强度条件为

$$\sigma_1 \leqslant [\sigma] \tag{15.24}$$

实验表明,铸铁、玻璃、石膏等脆性材料在二向或三向拉伸断裂时,该理论与实验结果相当吻合。但这一理论没有考虑其他两个主应力的影响。另外,对于没有拉应力的情况,如三向压应力状态,该理论不适用。

15.8.2 最大拉应变理论(第二强度理论)

最大拉应变理论认为,引起材料断裂的主要原因是最大拉应变。即认为,不论材料处于何种应力状态,只要最大拉应变 ε_1 达到材料单向拉伸断裂时的极限拉应变值 ε_{1u},材料就发生断裂。按此理论,材料断裂准则为

$$\varepsilon_1 = \varepsilon_{1u} \tag{b}$$

对于铸铁等脆性材料,从受力直到拉断,其应力-应变关系基本服从胡克定律。因此,复杂应力状态下的最大拉应变为

$$\varepsilon_1 = \frac{1}{E}[\sigma_1 - \mu(\sigma_2 + \sigma_3)] \tag{c}$$

而材料在单向拉伸断裂时的极限拉应变则为

$$\varepsilon_{1u} = \frac{\sigma_b}{E} \tag{d}$$

把式(c)和式(d)代入式(b)，得以主应力表示的断裂准则为

$$\sigma_1 - \mu(\sigma_2 + \sigma_3) = \sigma_b \tag{e}$$

由式(e)并考虑安全因数后，可得相应的强度条件为

$$\sigma_1 - \mu(\sigma_2 + \sigma_3) \leqslant [\sigma] \tag{15.25}$$

实验证明，某些脆性材料在双向拉伸—压缩应力状态下，且压应力值大于拉应力值时，该理论与实验结果大致吻合。此外，该理论能够很好地解释砖、石等脆性材料在轴向受压(试件与实验机夹板间摩擦较小条件下)时，试件沿纵向截面断裂的现象。

式(15.24)和式(15.25)表明，当由强度理论建立构件的强度条件时，形式上是将主应力的某一综合值与材料单向拉伸许用应力相比较。主应力的这一综合值称为**相当应力**(equivalent stress)，用σ_r表示。第一强度理论和第二强度理论的相当应力分别用σ_{r1}和σ_{r2}表示，则第一强度理论和第二强度理论对应的强度条件，即式(15.24)和式(15.25)，可相应改写为

$$\sigma_{r1} = \sigma_1 \leqslant [\sigma] \tag{15.26}$$

$$\sigma_{r2} = \sigma_1 - \mu(\sigma_2 + \sigma_3) \leqslant [\sigma] \tag{15.27}$$

15.9 关于屈服的强度理论

15.9.1 最大切应力理论（第三强度理论）

最大切应力理论把材料屈服的主要原因归结为最大切应力，认为，不论材料处于何种应力状态，只要最大切应力τ_{max}达到材料单向拉伸屈服时的最大切应力τ_s，材料即发生屈服。按此理论，材料的屈服准则为

$$\tau_{max} = \tau_s \tag{a}$$

由式(15.11)可知，复杂应力状态下的最大切应力为

$$\tau_{max} = \frac{1}{2}(\sigma_1 - \sigma_3) \tag{b}$$

而对于材料单向拉伸屈服，有$\sigma_1 = \sigma_s$，$\sigma_2 = \sigma_3 = 0$，代入式(b)，得到其最大切应力τ_s为

$$\tau_s = \frac{\sigma_s - 0}{2} = \frac{\sigma_s}{2} \tag{c}$$

应注意到，在轴向拉伸作用下，根据第11章结论，可知方位角为45°的斜截面上的切应力最大，为相应横截面上正应力的0.5倍，而此时因材料屈服，横截面上的正应力为σ_s，因此最大切应力τ_s等于$0.5\sigma_s$，可见与式(c)完全一致。

把式(b)和式(c)代入式(a)中，得材料的屈服准则

$$\sigma_1 - \sigma_3 = \sigma_s \tag{d}$$

上式是由Tresca于1864年提出的，因此也称为Tresca屈服准则(屈服条件)。

以许用应力$[\sigma]$代替σ_s，得到按第三强度理论建立的强度条件

$$\sigma_{r3} = \sigma_1 - \sigma_3 \leqslant [\sigma] \tag{15.28}$$

式中，σ_{r3}为最大切应力理论的相当应力。

对于塑性材料，最大切应力理论与实验结果比较接近，而且简明易懂，因此在工程中广为应用。该理论的缺陷是忽略了中间主应力 σ_2 对材料屈服的影响。在二向应力状态下，该理论所得结果较实验结果偏于安全。

15.9.2 畸变能密度理论(第四强度理论)

这一理论认为畸变能密度是引起材料屈服的主要原因。即认为，不论材料处于何种应力状态，只要畸变能密度 υ_d 达到材料单向拉伸屈服时的畸变能密度 υ_d^0，材料就发生屈服。按此理论，材料屈服准则为

$$\upsilon_d = \upsilon_d^0 \tag{e}$$

在复杂应力状态下，畸变能密度由式(15.22)表达，即

$$\upsilon_d = \frac{1+\mu}{6E}[(\sigma_1-\sigma_2)^2+(\sigma_2-\sigma_3)^2+(\sigma_3-\sigma_1)^2] \tag{f}$$

则只要在式(f)中令 $\sigma_1=\sigma_s$，$\sigma_2=\sigma_3=0$，即得单向拉伸屈服时的畸变能密度为

$$\upsilon_d^0 = \frac{1+\mu}{6E}[(\sigma_s-0)^2+(0-0)^2+(0-\sigma_s)^2] = \frac{1+\mu}{3E}\sigma_s^2 \tag{g}$$

把式(f)和式(g)代入式(e)，整理后得材料屈服准则：

$$\sqrt{\frac{1}{2}[(\sigma_1-\sigma_2)^2+(\sigma_2-\sigma_3)^2+(\sigma_3-\sigma_1)^2]} = \sigma_s \tag{h}$$

则相应的强度条件为

$$\sigma_{r4} = \sqrt{\frac{1}{2}[(\sigma_1-\sigma_2)^2+(\sigma_2-\sigma_3)^2+(\sigma_3-\sigma_1)^2]} \leqslant [\sigma] \tag{15.29}$$

式中，σ_{r4}为畸变能密度理论的相当应力，称为 Mises 等效应力。

关于强度理论的应用，一般来说，铸铁、混凝土、砖、岩石、玻璃等脆性材料通常以断裂的方式失效，宜采用第一和第二强度理论。而低碳钢、铝合金、铜等塑性材料通常以屈服的方式破坏，宜采用第三和第四强度理论。

值得指出的是，本书所述的四种强度理论只是工程计算中常用的强度理论，除此之外，还有其他多种强度理论，如莫尔-库仑理论、双切应力理论等。而且，现有的强度理论还不足以圆满解决工程实践中的各种强度问题，因此强度理论仍然有待发展和完善。

建立了强度条件，就可以对构件进行强度计算。通常，构件的强度计算包括如下三方面内容：

(1) 强度校核。即检查构件危险点应力是否满足强度条件。

(2) 设计截面。即根据满足强度条件的要求，计算构件截面尺寸大小。

(3) 计算许可载荷。即根据满足强度条件的要求，计算构件所能承受的最大载荷。

例 15.7 利用强度理论建立图 15.21 所示纯剪切应力状态的强度条件，并寻求许用切应力[τ]与许用拉应力[σ]之间的关系。

对于图 15.21 所示纯剪切应力状态，根据例 15.2，其三向主应力分别为

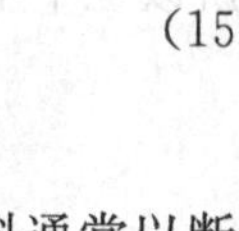

图 15.21

$$\sigma_1=\tau,\sigma_2=0,\sigma_3=-\tau$$

(1) 对于脆性材料，采用第一强度理论和第二强度理论。

第一强度理论相应强度条件为 $\sigma_1\leqslant[\sigma]$，而 $\sigma_1=\tau$，所以有 $\tau\leqslant[\sigma]$，考虑到 $\tau\leqslant[\tau]$，所以有 $[\tau]=[\sigma]$；

第二强度理论相应强度条件为 $\sigma_1-\mu(\sigma_2+\sigma_3)\leqslant[\sigma]$，而 $\sigma_1=\tau,\sigma_2=0,\sigma_3=-\tau$，则纯剪切应力状态强度条件为 $(1+\mu)\tau\leqslant[\sigma]$，即 $\tau\leqslant[\sigma]/(1+\mu)$，考虑到脆性材料 $\mu=0.23\sim0.27$，所以有 $[\tau]=0.8[\sigma]$。

(2) 对于塑性材料，采用第三强度理论和第四强度理论。

$\sigma_{r3}=\sigma_1-\sigma_3=2\tau$，相应的强度条件为 $2\tau\leqslant[\sigma]$，虑及 $\tau\leqslant[\tau]$，所以有 $[\tau]=0.5[\sigma]$；

$\sigma_{r4}=\sqrt{\frac{1}{2}[(\sigma_1-\sigma_2)^2+(\sigma_2-\sigma_3)^2+(\sigma_3-\sigma_1)^2]}=\sqrt{3}\tau$，相应的强度条件为 $\sqrt{3}\tau\leqslant[\sigma]$，虑及 $\tau\leqslant[\tau]$，所以有 $[\tau]=0.6[\sigma]$。

所以，对于脆性材料，有 $[\tau]=(0.8\sim1.0)[\sigma]$；而对于塑性材料，则有 $[\tau]=(0.5\sim0.6)[\sigma]$。

例 15.8 图 15.22 所示为单向拉伸与纯剪切的组合应力状态，试根据第三和第四强度理论建立相应的强度条件。

解 对于图示平面应力状态，有 $\sigma_x=\sigma,\sigma_y=0,\tau_{xy}=\tau$，由式(15.4)知，平面内的最大和最小正应力分别为

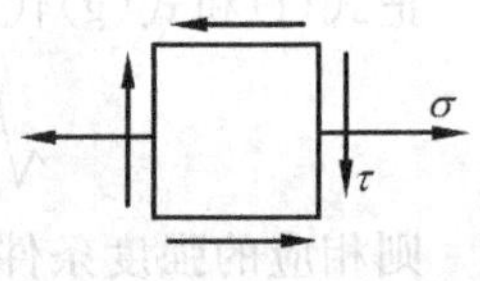

图 15.22

$$\left.\begin{matrix}\sigma_{max}\\\sigma_{min}\end{matrix}\right\}=\frac{1}{2}(\sigma\pm\sqrt{\sigma^2+4\tau^2})$$

所以三个主应力分别为

$$\left.\begin{matrix}\sigma_1\\\sigma_3\end{matrix}\right\}=\frac{1}{2}(\sigma\pm\sqrt{\sigma^2+4\tau^2}),\sigma_2=0$$

若按第三强度理论，则由式(15.28)，得相应的强度条件为

$$\sigma_{r3}=\sqrt{\sigma^2+4\tau^2}\leqslant[\sigma]$$

若按第四强度理论，则由式(15.29)，得相应的强度条件为

$$\sigma_{r4}=\sqrt{\sigma^2+3\tau^2}\leqslant[\sigma]$$

上述组合应力状态在工程构件的强度计算中经常碰到，是一种常见的应力状态。例如机械与工程结构中的传动轴与曲柄轴等，常处于弯扭或拉扭组合变形状态，其横截面上各点（除上、下边缘和中性层上的点）处的应力状态通常就是单向拉伸与纯剪切组合应力状态。在第 16 章，还将专门介绍组合应力状态下的强度计算问题。

习题

15.1 单元体各面上的应力如图所示，应力单位为 MPa。计算图中指定截面（$\theta=45^\circ$的斜截面）上的正应力和切应力。

15.2 试求图示单元体指定斜截面上的应力。

15.3 已知应力状态如图所示，应力单位为 MPa。试用解析法和应力圆分别求：(1)主应

力大小，主平面位置；(2)在单元体上绘出主平面位置及主应力方向；(3)最大切应力。

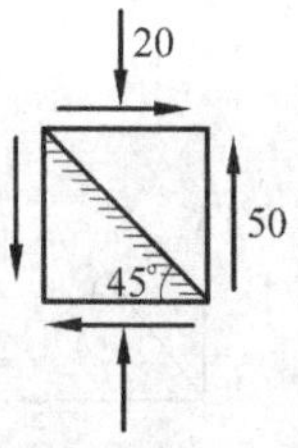

习题 15.1 图

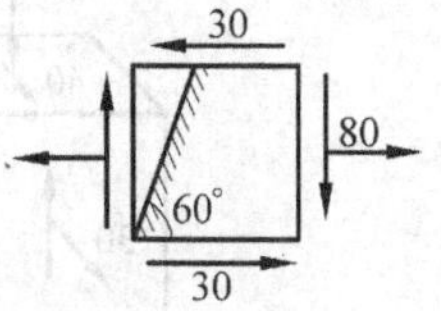

习题 15.2 图(单位：MPa)

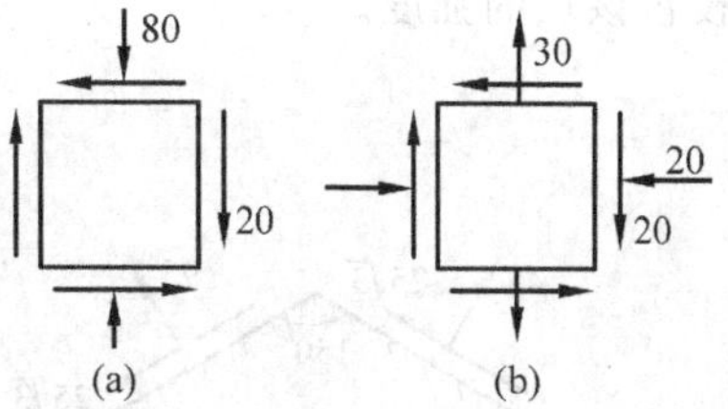

习题 15.3 图

15.4　单元体应力状态如图所示，试求：(1)外法线与 x 轴成顺时针 30°夹角的斜截面上的正应力与切应力；(2)该单元体的三个主应力；(3)该单元体最大切应力。

15.5　已知一点的应力状态如图所示，试求相当应力 σ_{r3}。

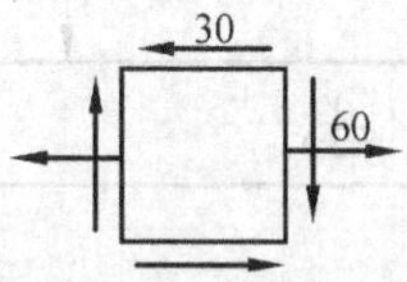

习题 15.4 图(单位：MPa)

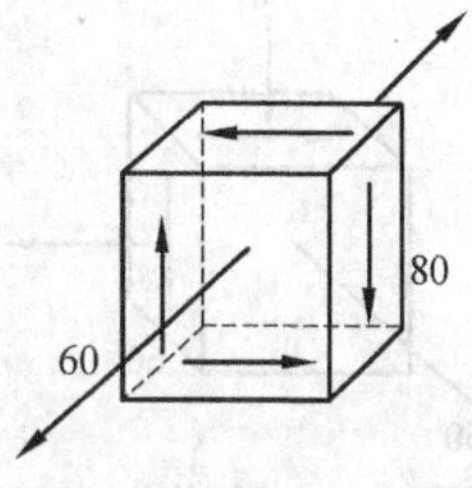

习题 15.5 图(单位：MPa)

15.6　已知某点在两个方位面上的应力，如图所示，试求：(1) 该点在 AB 面上的应力 σ_α 和 τ_α 大小；(2)该点的三个主应力 σ_1、σ_2、σ_3 的大小；(3)沿 y 轴方向的正应变 ε_y。已知材料的弹性模量 E=200 GPa，泊松比 μ=0.3。

15.7　单元体应力状态如图所示，试求：(1)外法线与 x 轴(水平向右)成顺时针 60°夹角的斜截面上的正应力与切应力；(2)该单元体的三个主应力及主应力所在的方位；(3)该单元体最大切应力。

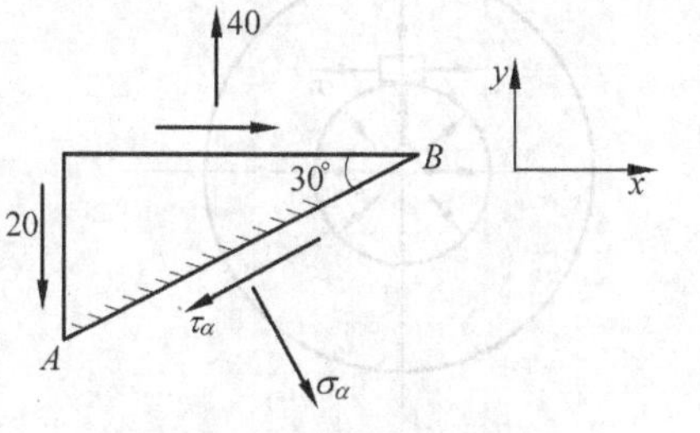

习题 15.6 图(单位：MPa)

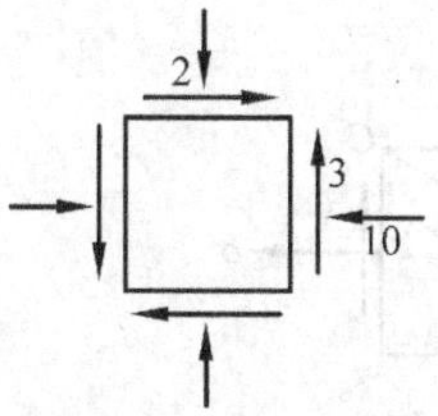

习题 15.7 图(单位：MPa)

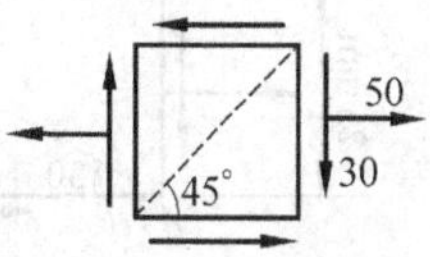

习题 15.8 图

15.8　已知应力状态如图所示，应力单位为 MPa，试求图示虚线斜截面的正应变。已知材料 E=70 GPa，泊松比 μ=0.33。

15.9　利用广义胡克定律，推导各向同性弹性材料的弹性常数 E、G 和 μ 之间的关系。

15.10　受力体在通过某点两个平面上的应力如图所示，试求其主应力的大小和主平面的位置。

15.11　试求图示应力状态的主应力及最大切应力，应力单位为 MPa。

15.12　某低碳钢杆，其危险点的应力状态如图所示，$[\sigma]=170$ MPa。试用第三强度理论校核该点的强度。

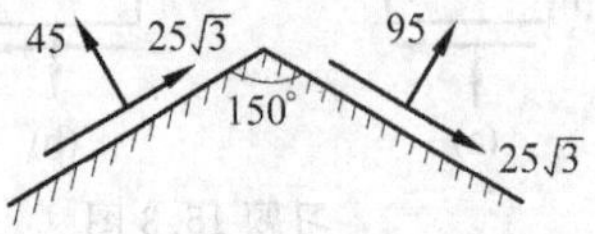

习题 15.10 图（单位：MPa）

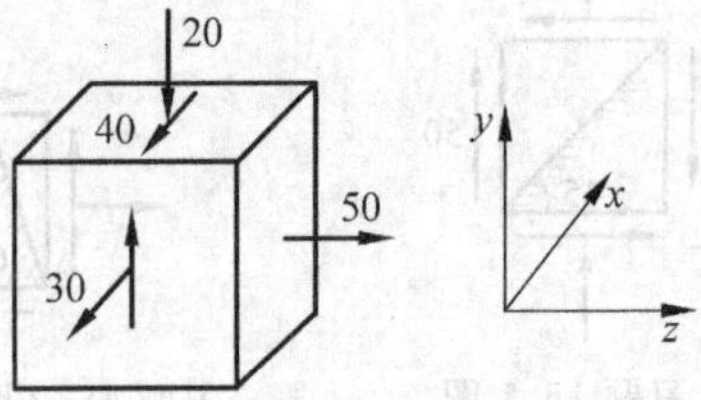

习题 15.11 图

15.13　列车通过钢桥时，用变形仪测得钢桥横梁 A 点的应变为 $\varepsilon_x=0.0004$，$\varepsilon_y=-0.00012$。试求 A 点在 x 和 y 方向的正应力。设 $E=200$ GPa，$\mu=0.3$。

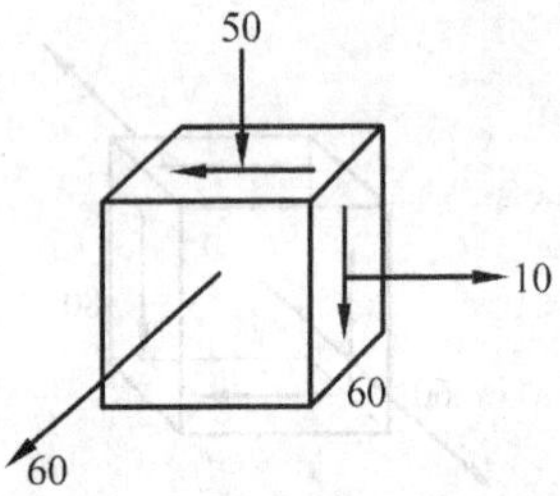

习题 15.12 图（单位：MPa）

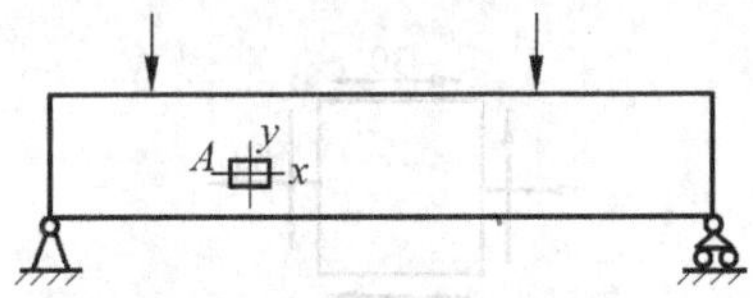

习题 15.13 图

15.14　从钢构件内某一点的周围取出一部分，如图所示。根据理论计算已经求得 $\sigma=30$ MPa，$\tau=15$ MPa。已知材料 $E=200$ GPa，$\mu=0.3$。试求对角线 AC 的长度改变量 Δl。

15.15　某厚壁筒横截面如图所示。在危险点处，$\sigma_t=500$ MPa，$\sigma_r=-350$ MPa，第三个主应力垂直于图面，是拉应力，且其数值为 420 MPa。试分别按第三强度理论和第四强度理论计算其相当应力。

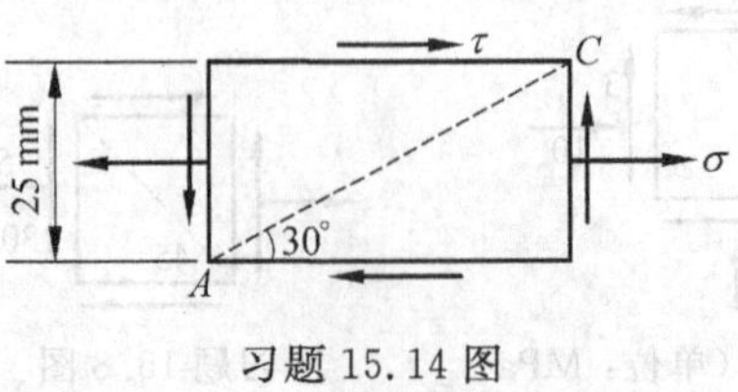

习题 15.14 图

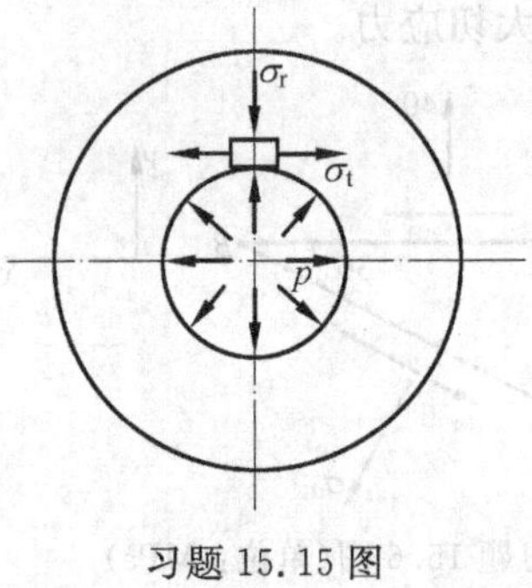

习题 15.15 图

第16章

组合变形

16.1 组合变形和叠加原理

在前面几章中分别探讨了杆件在轴向拉压、剪切、扭转和平面弯曲等基本变形时的强度和刚度问题，而在工程实践中有很多构件，在载荷作用下往往会同时产生两种或两种以上的基本变形，这种变形称为**组合变形**（combined deformation）。例如，烟囱在自重和风载作用下会发生轴向压缩变形和弯曲变形（图 16.1(a)），厂房中的立柱因受偏心压力 F 作用，在产生压缩变形的同时也伴有弯曲变形（图 16.1(b)）。而机械设备或工程结构中的传动轴（图 16.1(c)），除发生扭转变形外，通常也会产生弯曲变形。

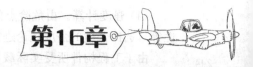

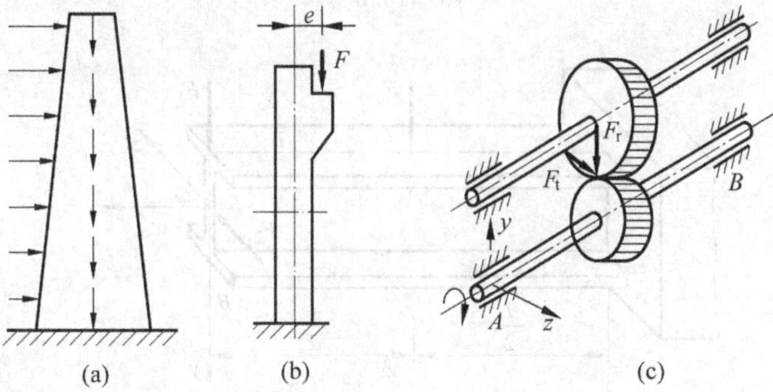

图 16.1

如果构件的材料服从胡克定律，且符合小变形假设，那么可以应用叠加原理来计算在组合变形时的应力和变形。其基本步骤为：

(1) 外力分析。将作用在构件上的载荷进行简化和分解，使得构件在分解并重组的每一组载荷作用下只产生一种基本变形。

(2) 内力分析。根据每一种基本变形的载荷情况，利用截面法求出内力并画出相应内力图，据此判断构件危险截面的位置。

(3) 应力分析。根据危险截面的应力分布规律，判断危险点的位置，同时算出该点的应力状态。

(4) 强度计算。由危险点的应力状态求出主应力，并结合构件的材料性质（如塑性、脆性等），选择合适的强度理论进行强度计算。

由于工程构件所受实际载荷的复杂性，因此可以有很多种不同类型的组合变形。其中最常见的有斜弯曲、拉伸（压缩）和弯曲的组合变形（简称拉（压）弯组合变形）以及弯曲和扭转的组合变形（简称弯扭组合变形），等。本章主要讨论这三类组合变形。

16.2 斜弯曲

梁在两个纵向对称平面内发生弯曲变形，变形后的轴线与外力不在同一纵向平面内，这种变形称为斜弯曲。梁上的外力都垂直于轴线，外力的作用面不在梁的纵向对称面内或梁的两个纵向对称面内同时作用有载荷，如图 16.2、图 16.3 所示。变形后梁的轴线不在外力的作用平面内，由直线变为曲线。

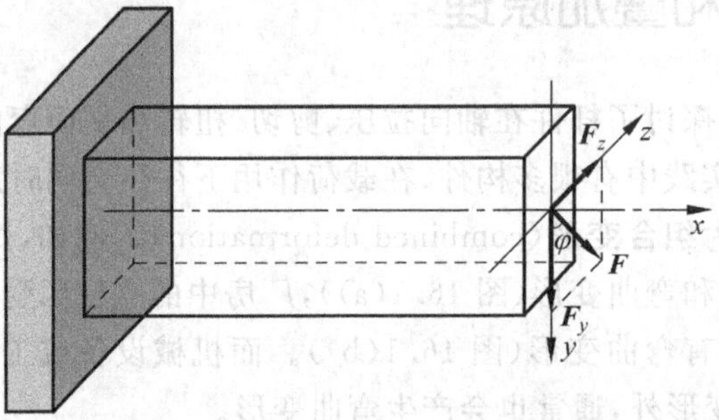

图 16.2

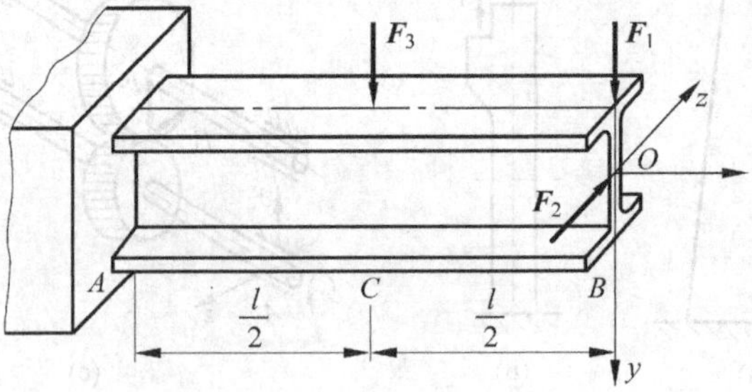

图 16.3

图 16.2 所示的悬臂梁，跨度为 l，作用于右端面形心 C 的外力 F 垂直于轴线 x，与 y 轴夹角为 φ。将 F 向主轴分解成 F_y、F_z 两个分量：

$$F_y = F\cos\varphi, F_z = F\sin\varphi \tag{a}$$

在 F_y 作用下梁将在 xOy 平面内发生平面弯曲变形；而在 F_z 作用下梁将在 xOz 平面内发生平面弯曲变形，任一横截面内有两个弯矩分量（忽略剪力，图 16.4）

$$M_z(x) = F_y x = Fx\cos\varphi, M_y(x) = F_z x = Fx\sin\varphi \tag{b}$$

在 xOy 面内弯曲，截面内任一点 $k(y,z)$ 的正应力

$$\sigma_k^{M_z} = \frac{M_z y}{I_z} \tag{c}$$

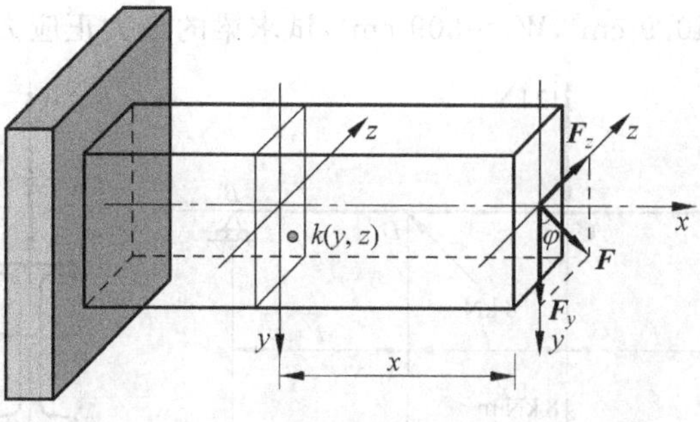

图　16.4

在 xOz 面内弯曲，点 $k(y,z)$ 的正应力

$$\sigma_k^{M_y} = \frac{M_y z}{I_y} \tag{d}$$

围绕点 $k(y,z)$ 取出单元体，仍为单向应力状态，故点 $k(y,z)$ 的正应力可直接由上述 2 个正应力叠加得到，即

$$\sigma_k = \sigma_k^{M_z} + \sigma_k^{M_y} = \frac{M_z y}{I_z} + \frac{M_y z}{I_y} \tag{e}$$

由式(b)可知，固定端截面的弯矩最大，分别为 $M_{z\max} = F_y l$ 和 $M_{y\max} = F_z l$，因此固定端截面为该梁的危险截面。再根据式(e)，不难看出，该梁横截面上的最大正应力发生在固定端截面上离中性轴最远的点上。对于有凸角点的截面，例如矩形截面、工字型截面等，最大正应力发生在某凸角点上，如图 16.5 所示。其中，危险点 b 点为最大拉应力点，而 d 点为最大压应力点，二者数值相等，且满足

$$\sigma_{\max} = \sigma_{t\max} = \sigma_{c\max} = \frac{M_{z\max} y_{\max}}{I_z} + \frac{M_{y\max} z_{\max}}{I_y} = \frac{M_{z\max}}{W_z} + \frac{M_{y\max}}{W_y} \tag{16.1}$$

则该悬臂梁的正应力强度条件可写为

$$\sigma_{\max} \leqslant [\sigma] \tag{16.2}$$

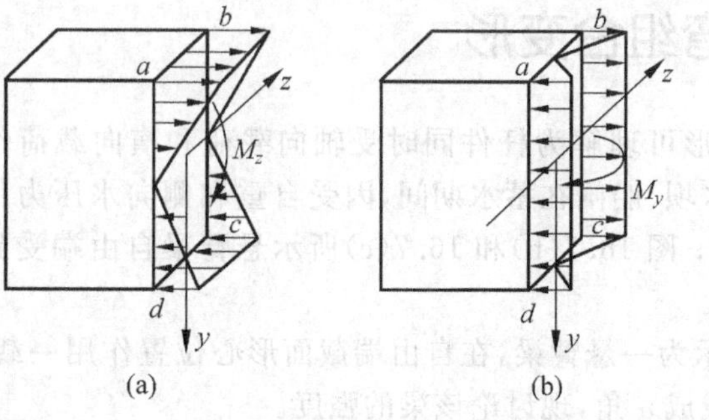

图　16.5

值得注意的是，圆形截面梁的截面没有棱角，不能按上述方法计算，因为两个弯矩引起最大应力点不是同一个点。由于圆为中心对称图形，故只需将危险截面上的两个弯矩合成后，即可按对称弯曲计算最大正应力和建立相应强度条件。危险截面上的合成弯矩

$$M_{\max} = \sqrt{M_{z\max}^2 + M_{y\max}^2}$$

例 16.1　由 22a 工字钢制成的简支梁，如图 16.6 所示。已知，$l=1$ m，$F_1=8$ kN，$F_2=$

12 kN,工字钢的 $W_y=40.9\ \text{cm}^3$,$W_z=309\ \text{cm}^3$,试求梁的最大正应力。

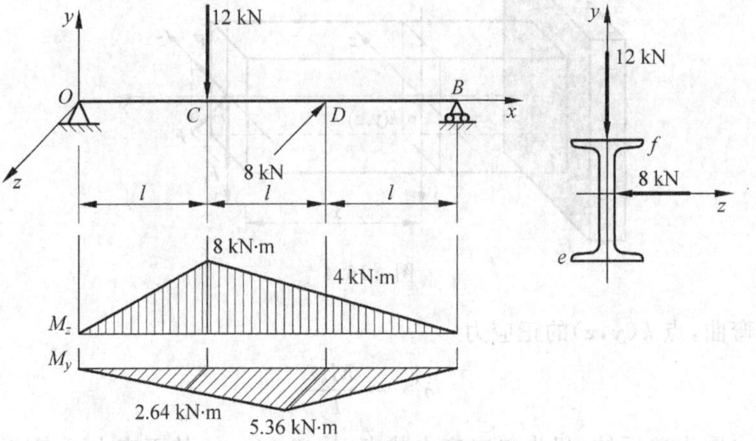

图 16.6

解 作用于梁上的外力分别在 xOy、xOz 两个形心主轴平面内,梁 OB 发生斜弯曲。分别求出在两个平面内的支座约束反力,并画出弯矩图。

$$M_{yC}=2.64\ \text{kN}\cdot\text{m},M_{zC}=8\ \text{kN}\cdot\text{m},M_{yD}=5.36\ \text{kN}\cdot\text{m},M_{zD}=4\ \text{kN}\cdot\text{m}$$

对于 C 截面,e、f 两点分别有最大拉应力与最大压应力,其值为

$$\sigma_{C\max}=\frac{M_{yC}}{W_y}+\frac{M_{zC}}{W_z}=\left(\frac{2.64\times10^3}{40.9\times10^{-6}}+\frac{8\times10^3}{309\times10^{-6}}\right)\text{Pa}=90.4\ \text{MPa}$$

对于 D 截面,e、f 两点分别有最大拉应力与最大压应力,其值为

$$\sigma_{D\max}=\frac{M_{y_D}}{W_y}+\frac{M_{z_D}}{W_z}=\left(\frac{5.36\times10^3}{40.9\times10^{-6}}+\frac{4\times10^3}{309\times10^{-6}}\right)\text{Pa}=144\ \text{MPa}$$

故梁的最大正应力在 D 截面,其值

$$\sigma_{\max}=\sigma_{D\max}=144\ \text{MPa}$$

16.3 拉(压)弯组合变形

拉(压)弯组合变形可理解为杆件同时受轴向载荷和横向载荷作用而产生的变形。例如,水利枢纽中的拦水坝、船闸在蓄水期间,因受自重和侧向水压力作用而发生压弯组合变形,如图 16.7(a)所示;图 16.7(b)和 16.7(c)所示悬臂梁自由端受到轴向力和横向力作用而发生拉弯组合变形。

如图 16.8(a)所示为一悬臂梁,在自由端截面形心位置作用一载荷 F,该载荷在梁的纵向对称面内,且与轴线成 α 角,现讨论该梁的强度。

(1) 外力分析

如图 16.8(b)所示,载荷 F 可分解为 $F_x=F\cos\alpha$,$F_y=F\sin\alpha$,前者使梁产生轴向拉伸,而后者使梁产生平面弯曲,因此可视为轴向拉伸与弯曲的组合变形。

(2) 内力分析

F_x 引起的轴力 $F_N(x)=F_x=F\cos\alpha$,可见各个横截面上的轴力是相同的,见图 16.8(c);而 F_y 引起弯曲,其弯矩 $M_z(x)=-F_yx=-F\sin\alpha\cdot x$,弯矩图见图 16.8(d)。由内力图(轴力图和弯矩图)可知,固定端为危险截面。

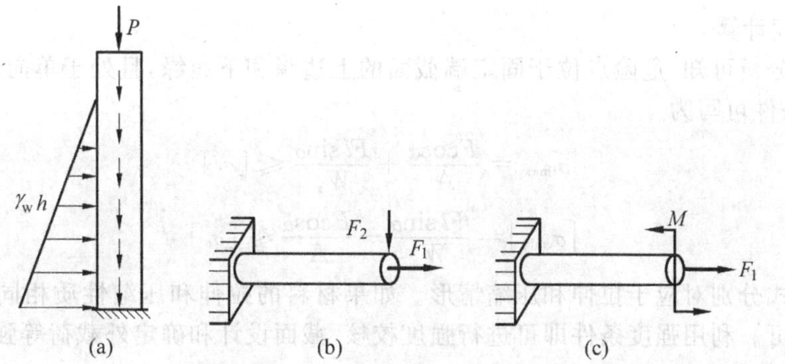

图 16.7

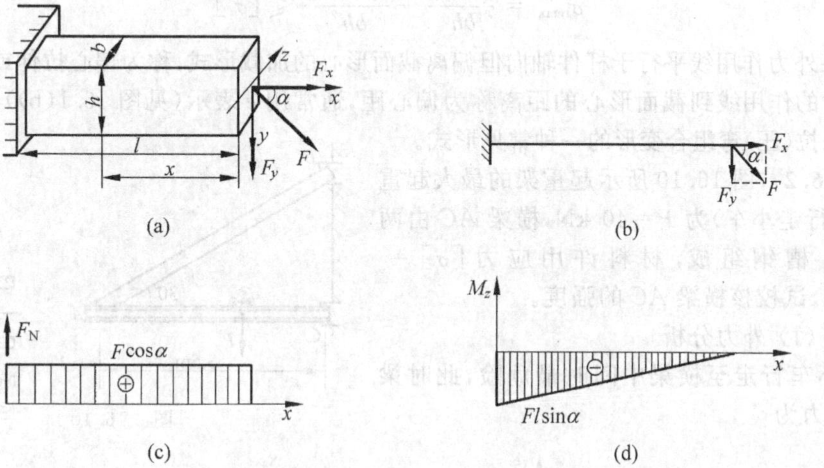

图 16.8

(3) 应力分析

分析固定端截面上因轴力和弯矩引起的正应力。与轴力对应的正应力 $\sigma_N=\dfrac{F_N(l)}{A}=\dfrac{F\cos\alpha}{A}$，该拉应力在截面上是均匀分布的，如图 16.9(a)所示。而与弯矩相应的弯曲正应力 $\sigma_M=\dfrac{M_z(l)y}{I_z}=\dfrac{-Fl\sin\alpha\cdot y}{I_z}$，其分布见图 16.9(b)。将拉应力 σ_N 与弯曲正应力 σ_M 叠加，得到固定端截面上的应力，即 $\sigma=\sigma_N+\sigma_M=\dfrac{F\cos\alpha}{A}-\dfrac{Fl\sin\alpha\cdot y}{I_z}$，其分布规律如图 16.9(c)所示。由图 16.9(c)可知，最大拉应力发生在截面上边缘，而最小压应力则发生在截面下边缘，即有

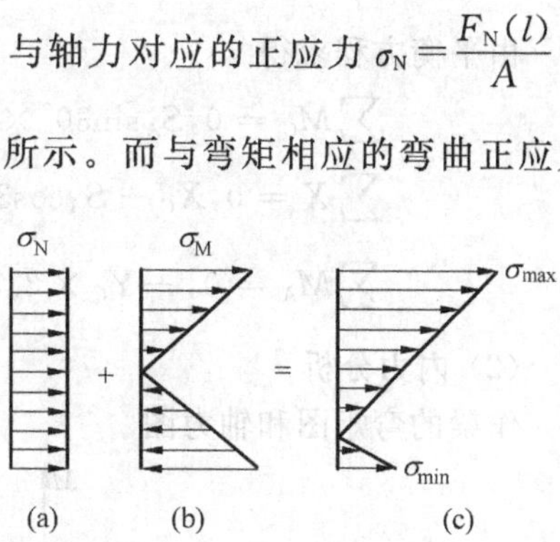

图 16.9

$$\sigma_{tmax}=\frac{F\cos\alpha}{A}-\frac{Fl\sin\alpha\cdot(-y_{max})}{I_z}=\frac{F\cos\alpha}{A}+\frac{Fl\sin\alpha}{W_z} \tag{a}$$

$$\sigma_{cmax}=\frac{F\cos\alpha}{A}-\frac{Fl\sin\alpha\cdot y_{max}}{I_z}=\frac{F\cos\alpha}{A}-\frac{Fl\sin\alpha}{W_z} \tag{b}$$

(4) 强度计算

由上述分析可知,危险点位于固定端截面的上边缘和下边缘,且处于单向应力状态。因此,其强度条件可写为

$$\sigma_{\mathrm{tmax}}=\frac{F\cos\alpha}{A}+\frac{Fl\sin\alpha}{W_z}\leqslant[\sigma_{\mathrm{t}}] \tag{16.3}$$

$$|\sigma_{\mathrm{cmin}}|=\frac{Fl\sin\alpha}{W_z}-\frac{F\cos\alpha}{A}\leqslant[\sigma_{\mathrm{c}}] \tag{16.4}$$

上述两式分别对应于拉伸和压缩情形。如果材料的拉伸和压缩性质相同,则只需满足式(16.3)即可。利用强度条件即可进行强度校核、截面设计和确定外载荷等强度计算。

对于矩形截面而言,满足 $A=bh$,$W_z=\frac{1}{6}bh^2$,则强度条件可表达为

$$\sigma_{\mathrm{tmax}}=\frac{F\cos\alpha}{bh}+\frac{6Fl\sin\alpha}{bh^2}\leqslant[\sigma_{\mathrm{t}}] \tag{16.5}$$

如果外力作用线平行于杆件轴向但偏离截面形心的加载形式,称为偏心拉伸或偏心压缩。偏心压力的作用线到截面形心的距离称为偏心距,通常用 e 表示(见图 16.1(b))。偏心拉伸(压缩)是拉(压)弯组合变形的一种常见形式。

例 16.2 图 16.10 所示起重架的最大起重量(包括行走小车)为 $P=40$ kN,横梁 AC 由两根 No18 槽钢组成,材料许用应力 $[\sigma]=130$ MPa。试校核横梁 AC 的强度。

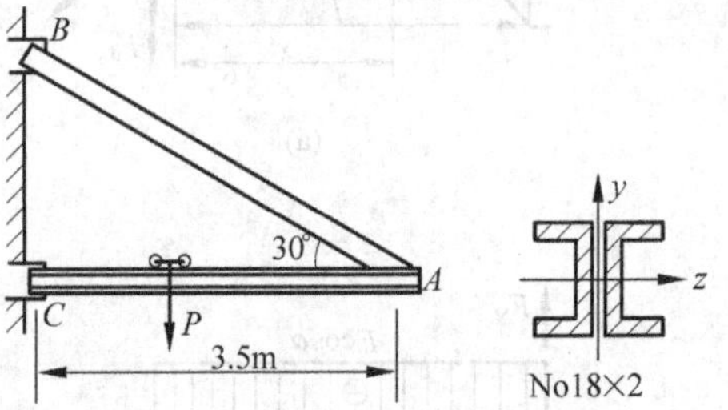

图 16.10

解 (1) 外力分析

当小车行走至横梁中间时最危险,此时梁 AC 的受力为

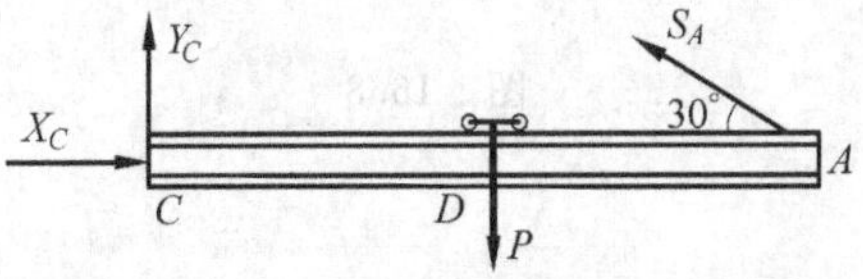

由平衡方程求得

$$\sum M_C=0, S_A\sin30^\circ\times3.5-P\times1.75=0, S_A=P=40\ \mathrm{kN}$$
$$\sum X=0, X_C-S_A\cos30^\circ=0, X_C=S_A\cos30^\circ=34.64\ \mathrm{kN}$$
$$\sum M_A=0, -Y_C\times3.5+P\times1.75=0, Y_C=\frac{1}{2}P=20\ \mathrm{kN}$$

(2) 内力分析

作梁的弯矩图和轴力图

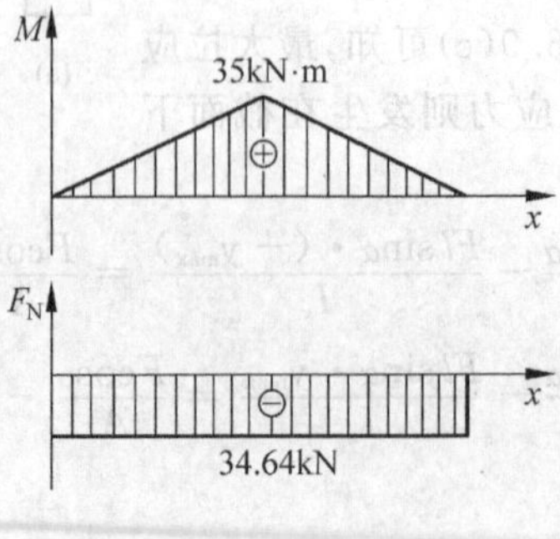

此时横梁发生压弯组合变形，D 截面为危险截面，

$$F_N = S_A \cdot \cos 30° = 34.64\ \text{kN}, M_{\max} = \frac{Pl}{4} = \frac{40\times 3.5}{4} = 35\ \text{kN}\cdot\text{m}$$

(3) 应力分析

由附录 B 型钢表查得 No18 槽钢

$$W_z = 152\ \text{cm}^3, A = 29.299\ \text{cm}^2$$

(4) 强度校核

$$\begin{aligned}\sigma_{\max} = |\sigma_{c\max}| &= \frac{F_N}{2A} + \frac{M_{\max}}{2W_z} \\ &= \frac{34.64\times 10^3}{2\times 29.299\times 10^{-4}} + \frac{35\times 10^3}{2\times 152\times 10^{-6}} \\ &= 121\ \text{MPa} < [\sigma]\end{aligned}$$

故梁 AC 满足强度要求。

例 16.3　用以夹紧工件的夹紧器的截面 m—m 为矩形(图 16.11(a))，材料的许用应力 $[\sigma]=160$ MPa，最大夹紧力 $F=2$ kN，偏心距 $e=60$ cm，试计算截面尺寸 b。设 $h=2b$。

解　(1) 外力与内力分析。以截面 m—m 将夹紧器截开，保留上面部分(图 16.11(b))，由于夹紧力 F 与截面形心有偏心距 e，因此该截面上的内力为

$$N = F = 2\ \text{kN}$$

$$M = Fe = (2\times 10^3\times 0.6)\ \text{N}\cdot\text{m} = 1200\ \text{N}\cdot\text{m}$$

显然，与 m—m 截面平行的其他截面上的内力也与此相同。

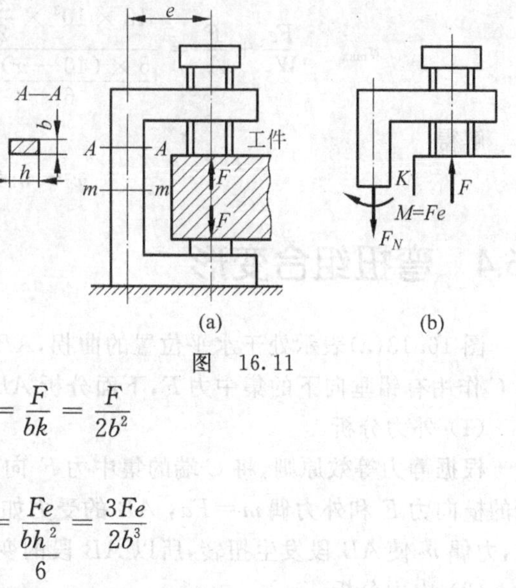

图　16.11

(2) 应力分析。根据拉伸与弯曲应力分布规律，可知危险点在截面内缘上的 K 点，危险点的拉伸正应力为

$$\sigma_N = \frac{F}{A} = \frac{F}{bk} = \frac{F}{2b^2}$$

最大弯曲拉应力为

$$\sigma_M = \frac{M}{W_k} = \frac{Fe}{\frac{bh^2}{6}} = \frac{3Fe}{2b^3}$$

(3) 按强度条件计算尺寸：

$$\begin{aligned}\sigma_{\max} = \sigma_N + \sigma_M &= \frac{F}{2b^2} + \frac{3Fe}{2b^3} \\ &= \frac{2\times 10^3}{2b^2} + \frac{3\times 2\times 10^3\times 60}{2b^3} \leqslant [\sigma] = 160\ \text{MPa}\end{aligned}$$

解得

$$b \geqslant 10.6\ \text{mm}$$

(4) 讨论。如果对夹紧器 m—m 截面上两种拉应力求比值，则有

$$\frac{\sigma_M}{\sigma_N} = \frac{3e}{b}$$

以 $e=60$ mm，$b=10.6$ mm 代入上式，得

$$\frac{\sigma_{\mathrm{M}}}{\sigma_{\mathrm{N}}}=\frac{3\times 60}{10.6}=17$$

由此可见，因载荷的偏心作用所产生的弯曲拉应力是夹紧器强度问题的主要因素，所以在工程设计中应该尽量减小载荷的偏心。

例 16.4 图 16.12 所示板件，载荷 $F=12$ kN，许用应力$[\sigma]=100$ MPa，试求板边切口的允许深度 x。（$\delta=5$ mm）

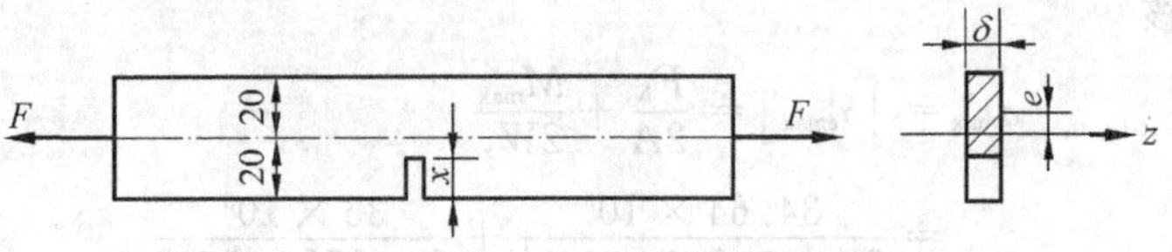

图 16.12

解 (1) 切口截面偏心距和抗弯截面模量：

$$e=\frac{x}{2},W_z=\frac{\delta(40-x)^2}{6}$$

(2) 切口截面上发生拉弯组合变形：

$$\sigma_{\max}=\frac{Fe}{W_z}+\frac{F}{A}=\frac{12\times 10^3\times\frac{x}{2}}{\frac{5\times(40-x)^2}{6}}+\frac{12\times 10^3}{5\times(40-x)}=100\ \mathrm{MPa}$$

解得

$$x=5.2\ \mathrm{mm}$$

16.4 弯扭组合变形

图 16.13(a)表示处于水平位置的曲拐，AB 段为直径为 d 的等截面圆杆，在曲拐的自由端 C 作用有铅垂向下的集中力 F，下面分析 AB 段的变形。

(1) 外力分析

根据静力等效原则，将 C 端的集中力 F 向 AB 杆的截面 B 的形心平移，得到作用在 B 端的横向力 F 和外力偶 $m=Fa$，AB 的受力如图 16.13(b)所示，力 F 使 AB 段发生平面弯曲，力偶 m 使 AB 段发生扭转，所以 AB 段的变形为弯扭组合变形。

(2) 内力分析

作出 AB 杆的弯矩图和扭矩图，见图 16.13(c)、(d)，弯矩图为斜直线，最大弯矩发生在固定端 A 的横截面，扭矩图为水平线，因此固定端 A 的横截面为危险截面。

(3) 应力分析

在危险截面 A 上，弯矩 M 产生正应力，其分布情况如图 16.13(e)所示，最大拉应力发生在最上端 k_1 点，最大压应力发生在最下端 k_2 点，其值可由下式求得

$$\sigma=\frac{M}{W_z}\tag{c}$$

扭矩 T 在横截面上产生切应力，其分布情况如图 16.13(e)所示。

横截面圆周上各点切应力均达到最大值，其值可由下式求得

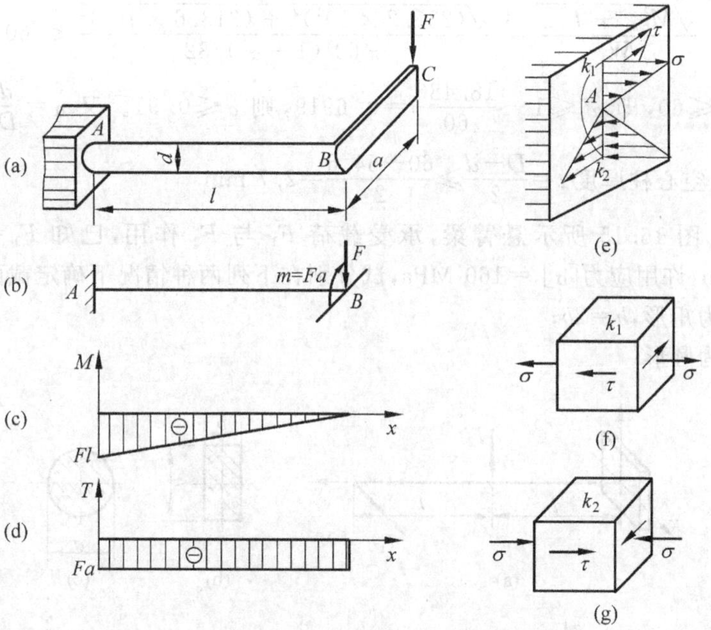

图 16.13

$$\tau=\frac{T}{W_t} \tag{d}$$

可见,A 截面上 k_1 和 k_2 点的正应力和剪应力同时达到最大值,均为危险点。

(4) 强度计算

k_1 和 k_2 点的单元体如图 16.13(f)、(g)所示,均为平面应力状态,注意到 $W_t=2W_z$,按照第三和第四强度理论,并结合式(c)和式(d),分别建立如下强度条件

$$\sigma_{r3}=\sqrt{\sigma^2+4\tau^2}=\frac{\sqrt{M^2+T^2}}{W_z}\leqslant[\sigma] \tag{16.6}$$

$$\sigma_{r4}=\sqrt{\sigma^2+3\tau^2}=\frac{\sqrt{M^2+0.75T^2}}{W_z}\leqslant[\sigma] \tag{16.7}$$

例 16.5 如图 16.14 所示结构,已知 $q=2\ \text{kN/m}^2$,$[\sigma]=60\ \text{MPa}$,试用第三强度理论确定空心柱 AB 的厚度 t(外径 $D=60\ \text{mm}$)。

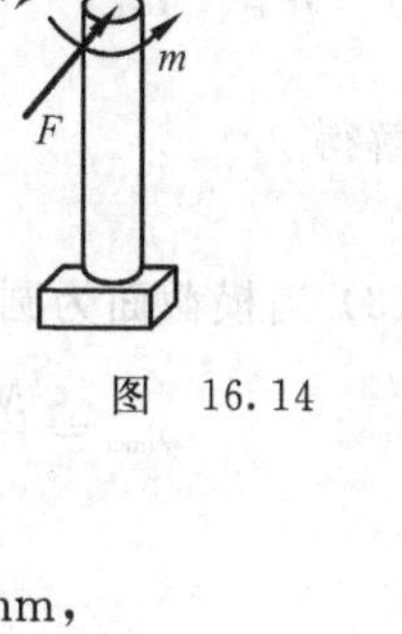

图 16.14

解 (1) 外力的简化

$$F=qA=2\times10^{-3}\times\frac{1}{4}\pi\,500^2=392\ \text{N}$$

$$m=F\times600=392\times600=235.2\times10^3\ \text{N}\cdot\text{mm}$$

(2) 强度计算(危险截面——固定端)

$$M_{max}=F\cdot AB=392\times800=313.6\times10^3\ \text{N}\cdot\text{mm},$$

$$T_{max}=m=235.2\times10^3\ \text{N}\cdot\text{mm},$$

由式(16.6),得

$$\sigma_{r3}=\frac{\sqrt{M_{max}^2+T_{max}^2}}{W}=\frac{\sqrt{(235.2\times10^3)^2+(313.6\times10^3)^2}}{\pi\,60^3(1-\alpha^4)/32}\leqslant 60\ \text{MPa}$$

所以有$\frac{18.486}{1-\alpha^4}\leqslant 60$，即 $\alpha^4\leqslant 1-\frac{18.486}{60}=0.6919$，则 $\alpha\leqslant 0.91$。又 $\alpha=\frac{d}{D}$，故 $d=\alpha D\leqslant$ 54.6 mm，所以空心柱厚度 $t=\frac{D-d}{2}\geqslant\frac{60-54.6}{2}=2.7$ mm

例 16.6　图 16.15 所示悬臂梁，承受载荷 F_1 与 F_2 作用，已知 $F_1=800$ N，$F_2=1.6$ kN，$l=1$ m，许用应力$[\sigma]=160$ MPa，试分别在下列两种情况下确定截面尺寸。

(1) 截面为矩形，$h=2b$；

(2) 截面为圆形。

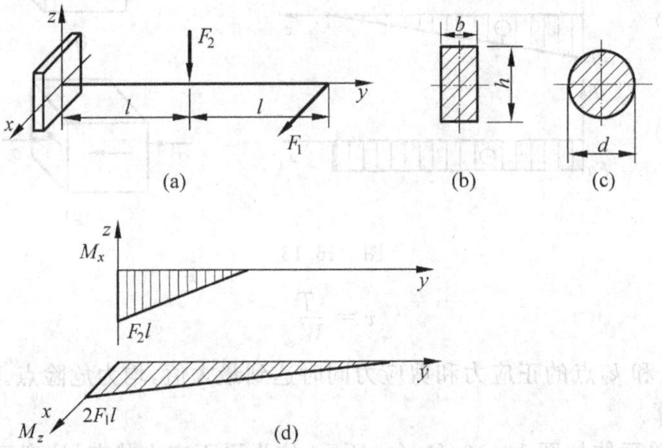

图　16.15

解　(1) 该悬臂梁在载荷 F_2 作用下发生 yz 平面内的弯曲，而载荷 F_1 则引起 xy 平面内的弯曲，因此该悬臂梁属于两个平面（相互垂直）弯曲的组合变形。绘制 yz 平面内的弯矩 M_x 图和 xy 平面内的弯矩 M_z 图，如图 16.15(d)所示。可见固定端截面为危险截面。

(2) 当横截面为矩形时，依据弯曲正应力强度条件：

$$\sigma_{max}=\frac{M_x}{W_x}+\frac{M_z}{W_z}=\frac{F_2\cdot l}{\frac{b\cdot h^2}{6}}+\frac{2F_1\cdot l}{\frac{h\cdot b^2}{6}}=\frac{800\times10^3}{\frac{2b^3}{3}}+\frac{2\times1.6\times10^6}{\frac{b^3}{3}}\leqslant[\sigma]=160\ \text{MPa}$$

解得

$$b\geqslant 35.6\ \text{mm},h\geqslant 71.2\ \text{mm}$$

(3) 当横截面为圆形时，依据弯曲正应力强度条件：

$$\sigma_{max}=\frac{M_{max}}{W}=\frac{\sqrt{M_x^2+M_z^2}}{W}=\frac{\sqrt{(F_2\cdot l)^2+(2F_1\cdot l)^2}}{\frac{\pi\cdot d^3}{32}}$$

$$=\frac{\sqrt{(800\times10^3)^2+(2\times1.6\times10^6)^2}}{\frac{\pi\cdot d^3}{32}}\leqslant[\sigma]=160\ \text{MPa}$$

解得

$$d\geqslant 52.4\ \text{mm}$$

例 16.7 在图 16.16 所示的折杆中，已知 $F_1=10$ kN，$F_2=1$ kN，$l=1.2$ m，$a=1$ m，圆截面杆的直径 $d=50$ mm，材料许用应力$[\sigma]=160$ MPa，试按照第三强度理论校核 AB 杆的强度。

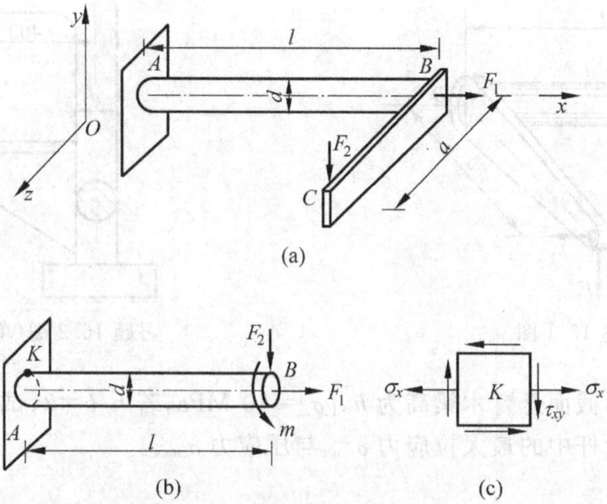

图 16.16

解 将载荷 F_2 向 B 点截面形心简化，绘出 AB 段的受力图，如图 16.16(b)所示。可见，该折杆属于拉弯扭组合变形。从 K 点处截取一单元体，其上的应力情况如图 16.16(c)所示。其中 σ_x 为 K 点横截面的应力，是由 F_1 和 F_2 共同引起的，其值为

$$\sigma_x=\frac{F_1}{A}+\frac{F_2 l}{W_z}=\frac{F_1}{\frac{\pi d^2}{4}}+\frac{F_2 l}{\frac{\pi}{32}d^3}=\frac{10\times10^3}{\frac{\pi}{4}\times0.05^2}+\frac{1\times10^3\times1.2}{\frac{\pi}{32}\times0.05^3}=102.9\ \text{MPa}$$

τ_{xy} 是由 m 引起的：

$$\tau_{xy}=\frac{M}{W_t}=\frac{1\times10^3\times1}{\frac{\pi}{16}\times0.05^3}=40.7\ \text{MPa}$$

K 点的主应力为

$$\begin{matrix}\sigma_1\\ \sigma_3\end{matrix}=\frac{\sigma_x}{2}\pm\sqrt{\left(\frac{\sigma_x}{2}\right)^2+\tau_{xy}^2}=\frac{102.9}{2}\pm\sqrt{\left(\frac{102.9}{2}\right)^2+40.7^2}=\begin{cases}117.1\ \text{MPa}\\ -14.1\ \text{MPa}\end{cases},\sigma_2=0$$

按第三强度理论有 $\sigma_{r3}=\sigma_1-\sigma_3=117.1+14.1=131.2\ \text{MPa}<[\sigma]$

或者直接给出：对于图 16.16(c)，其第三强度理论可写成

$$\sigma_{r3}=\sqrt{\sigma_x^2+4\tau_{xy}^2}=\sqrt{102.9^2+4\times40.7^2}=131.2\ \text{MPa}<[\sigma]$$

即 AB 杆是安全的。

习题

16.1 图示钢质拐轴，受铅垂载荷 F_1 和水平载荷 F_2 共同作用，试按照第四强度理论建立轴 AB 的强度条件。已知 AB 轴直径为 d，轴长为 l，拐臂长度为 a，许用应力为$[\sigma]$。

16.2 图示钻床的立柱为铸铁制成，$F=15$ kN，许用拉应力为$[\sigma_t]=35$ MPa。试确定立柱所需要的直径 d。

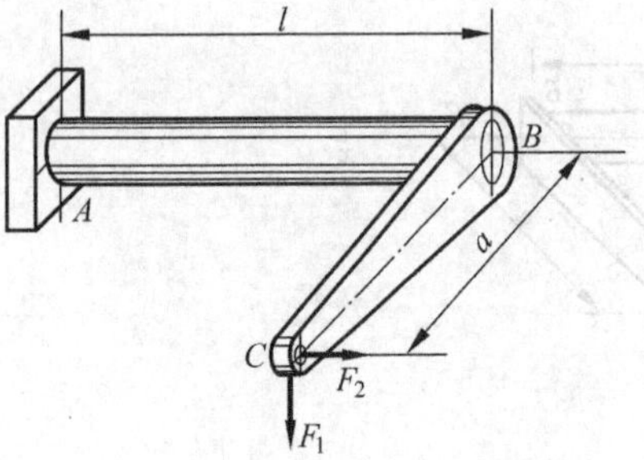

习题 16.1 图

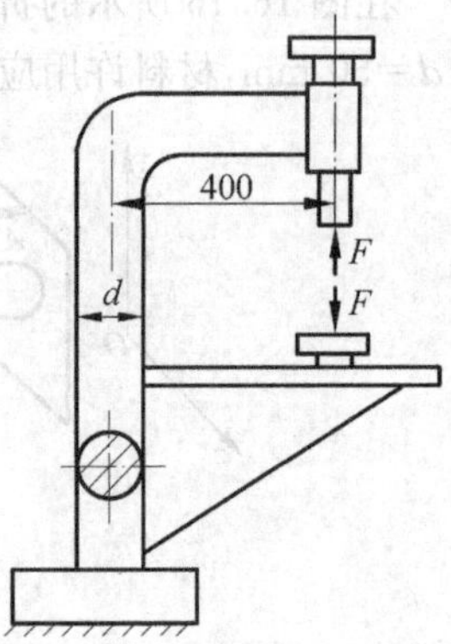

习题 16.2 图(单位：mm)

16.3　图示矩形截面悬臂木梁高为 h，$[\sigma]=10$ MPa，若 $h/b=2$，试确定其截面尺寸。

16.4　计算图示杆中的最大拉应力 σ_{tmax} 与压应力 σ_{cmax}。

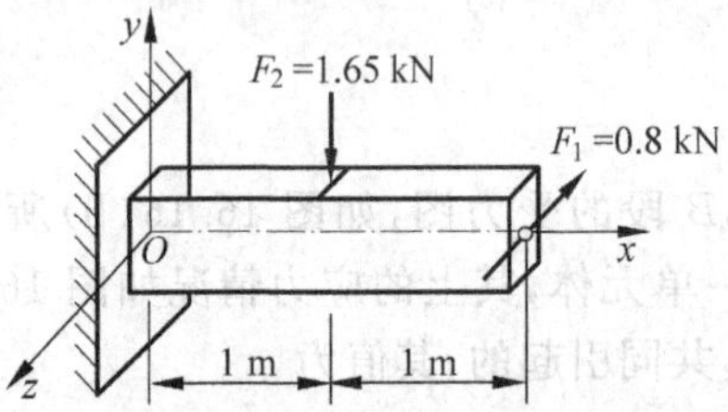

习题 16.3 图

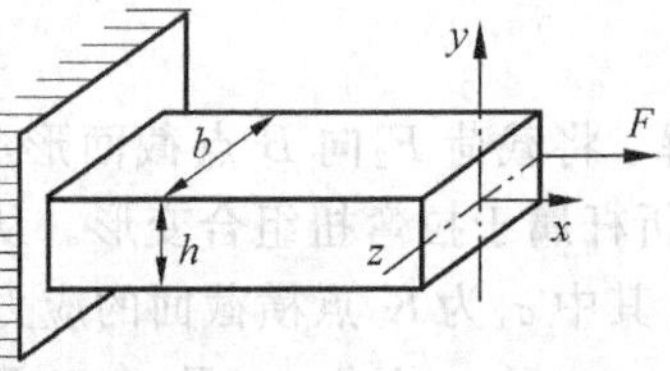

习题 16.4 图

16.5　图示截面钢杆，用应变片测得其上、下表面正应变为 $\varepsilon_a=1.0\times10^{-3}$ 与 $\varepsilon_b=0.4\times10^{-3}$ 材料的弹性模量 $E=210$ GPa。求拉力及其偏心距 e 的数值。

16.6　图中 CD 段的组合变形分别是哪两个基本变形组合而成？如何计算 CD 段的最大拉应力？

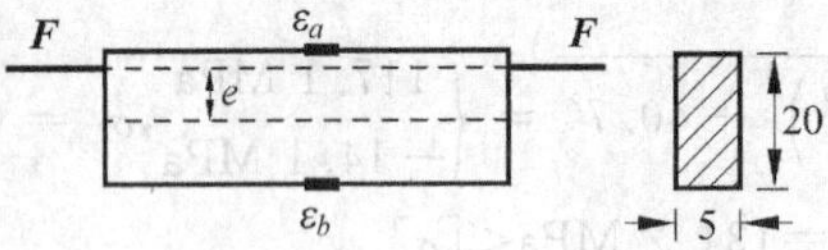

习题 16.5 图(单位：mm)

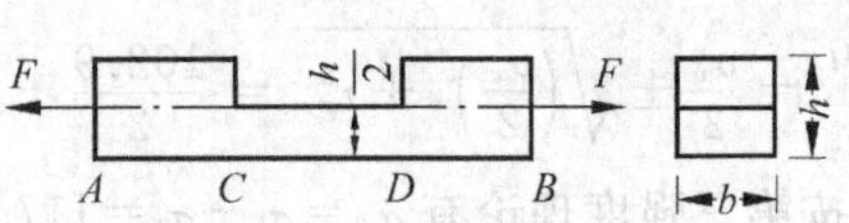

习题 16.6 图

16.7　钢传动轴如图。齿轮 A 直径 $D_A=200$ mm，受径向力 $F_{Ay}=3.64$ kN、切向力 $F_{Az}=10$ kN 作用；齿轮 C 直径 $D_C=400$ mm，受径向力 $F_{Cz}=1.82$ kN、切向力 $F_{Cy}=5$ kN 作用。若$[\sigma]=120$ MPa，试按第三强度理论设计轴径 d。

16.8　图示圆截面悬臂梁，承受集中力 F 和扭力偶 M 的共同作用，杆用塑性材料制成。

(1) 画出 AC 的弯矩图和扭矩图；

(2) 确定该梁的危险截面；

(3) 已知 $F=10$ kN，$M=3$ kN · m，材料许用应力为$[\sigma]=160$ MPa，$AB=BC=a=0.4$ m，试根据第三强度理论设计梁直径 d 的大小。

16.9　图示手摇铰车的轴的直径 $d=30$ mm，材料为 Q235 钢，$[\sigma]=80$ MPa。试按第

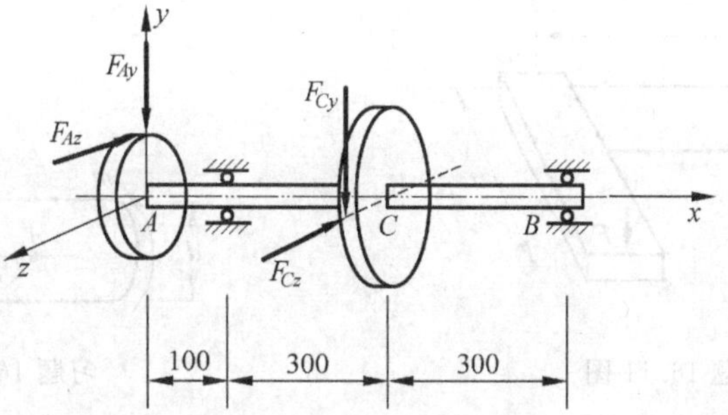

习题 16.7 图(单位：mm)

三强度理论求铰车的最大起重量 P。

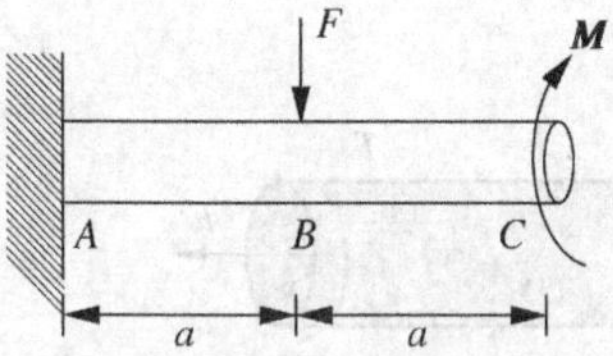

习题 16.8 图

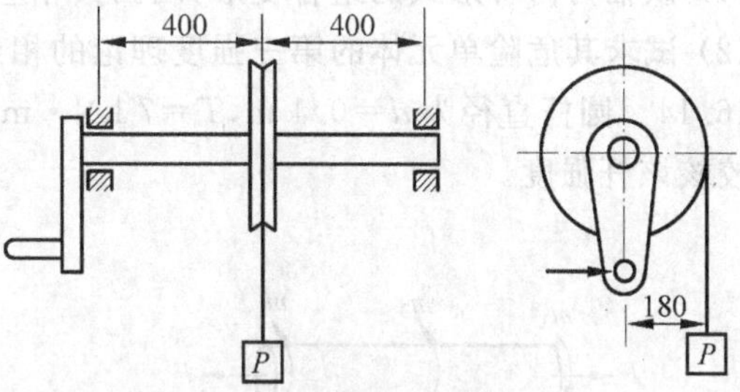

习题 16.9 图(单位：mm)

16.10　图示齿轮传动轴，用钢制成。在齿轮 1 上，作用有径向力 $F_y=3.64$ kN、切向力 $F_z=10$ kN；在齿轮 2 上，作用有切向力 $F'_y=5$ kN、径向力 $F'_z=1.82$ kN。若许用应力 $[\sigma]=100$ MPa，试根据第四强度理论确定轴径。

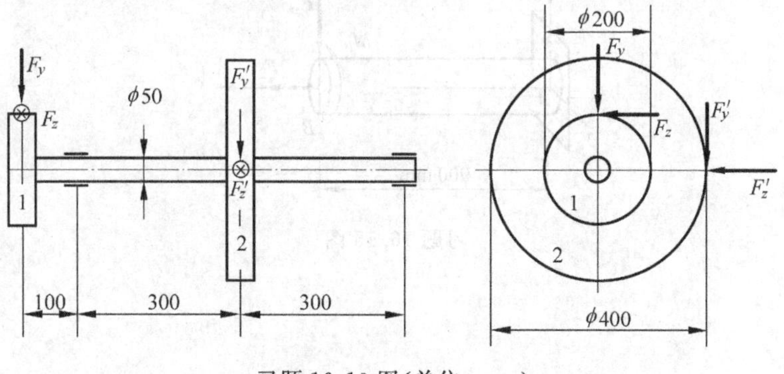

习题 16.10 图(单位：mm)

16.11　图示水平曲拐，AB 段的直径为 d，长度为 l，BC 段的长度为 a。

(1) 试画出固定端圆截面最上端 D 点的单元体的应力状态分布示意图；

(2) 若 $l=150$ mm，$a=140$ mm，$[\sigma]=130$ MPa，$F=20$ kN，用第三强度理论求 AB 杆直径 d。

16.12　图示圆轴，直径 d，材料弹性模量 E、泊松比 μ 及扭转力偶矩 m 均已知。试求表面 A 点沿水平线成 45°方向的线应变 ε_{45°。

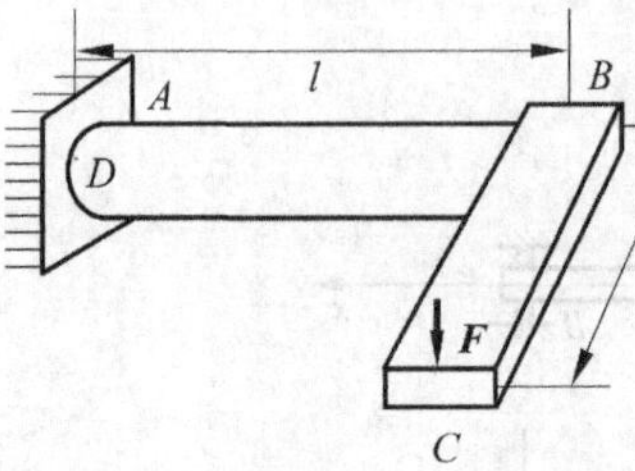

习题 16.11 图

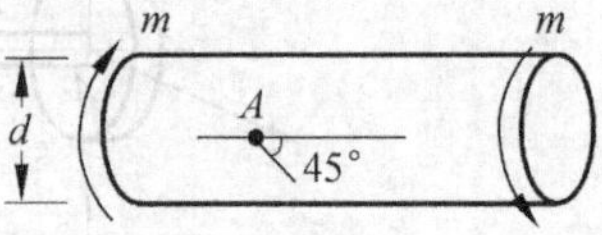

习题 16.12 图

16.13　圆轴直径 $d=20$ mm，已知 $m_1=0.1$ kN·m，$m_2=0.2$ kN·m，$m_3=0.3$ kN·m，$F=10$ kN。

(1) 该轴为何种形式的组合变形，画出其相应的内力图；

(2) 试求其危险单元体的第三强度理论的相当应力。

16.14　圆杆直径为 $d=0.1$ m，$T=7$ kN·m，$F=50$ kN，$[\sigma]=100$ MPa，试按第三强度理论校核该杆强度。

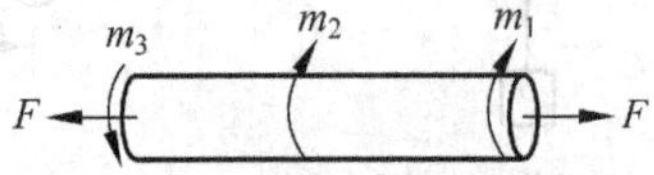

习题 16.13 图

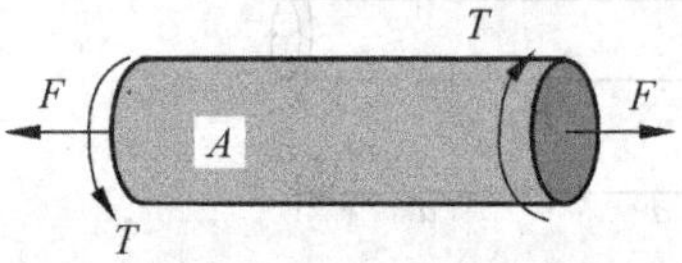

习题 16.14 图

16.15　直径 $d=60$ mm 的圆杆如图所示，作用在 B 端的载荷 $F_1=500$ N、$F_2=15$ kN，$M_B=1200$ N·m。已知 $[\sigma]=100$ MPa。试按第三强度理论校核此杆的强度。

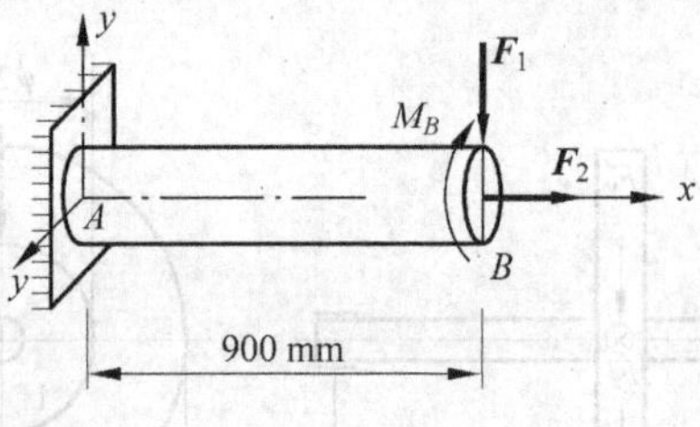

习题 16.15 图

第17章

压杆稳定

如绪论所述，强度、刚度和稳定性是保证变形固体正常工作的三个基本要求。第 10 章至第 16 章主要研究了变形固体的强度和刚度问题，本章则讨论工程中常见的压杆稳定性问题。

17.1 压杆稳定性的概念

稳定性可简单理解为物体承受载荷后保持原有平衡状态的能力。压杆的稳定性是指压杆保持原来平衡状态的能力。

在第 11 章研究直杆轴向压缩时，我们认为杆始终在直线形态下维持平衡，杆的失效破坏是由于强度不足所致。而在工程实践中发现，对于较细长的压杆，当它们所受到的轴向压力还远未达到其发生强度失效时的数值时，就可能会突然产生显著的弯曲变形而使结构丧失工作能力。这种细长压杆的失效并非强度问题，而是由于压杆丧失了原有直线平衡状态所致，这种现象称为**失稳**(buckling)，也称屈曲，它是不同于强度失效的又一种失效形式。

考虑图 17.1 所示两端铰支的细长压杆，受到轴向压力 F 的作用而保持直线形态的平衡。现在，假设此压杆受到一微小的横向干扰力，使之发生微弯曲变形，如图 17.1(a)中虚线所示。当干扰力解除后，会出现下述两种情况：

(1) 当轴向压力 F 小于某一数值时，压杆又恢复到原来的直线平衡形态，如图 17.1(b)所示，即压杆原有直线形态平衡是稳定的；

(2) 当轴向压力 F 增加到这一数值时，压杆不再恢复到原来的直线平衡形态，而是保持微弯曲形态的平衡，如图 17.1(c)所示，即压杆原有直线平衡形态是不稳定的。

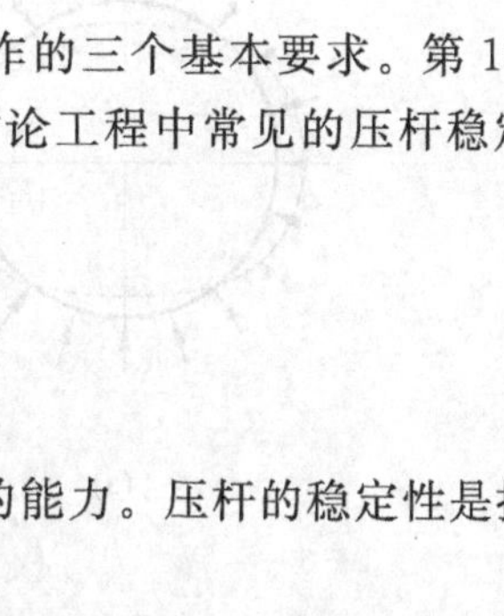

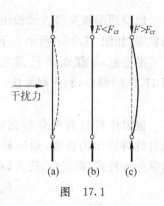

图 17.1

可见，压杆失稳与否，与其所受轴向压力 F 的大小密切相关。当轴向压力 F 由小逐渐增加到某一数值时，压杆的直线形态平衡由稳定过渡到不稳定。压杆的直线形态平衡由稳定过渡到不稳定所受的轴向压力的临界值，称为压杆的**临界载荷**(critical loading)，用 F_{cr} 表示。换言之，压杆失稳就是因为轴向压力达到或超过了它的临界载荷，使压杆的直线形态平衡变为不稳定所致，因此研究压杆稳定问题的关键是确定其临界载荷。本章主要介绍压杆临界载荷和临界应力的确定方法以及压杆的稳定条件与合理设计等。

在机械或工程结构中，压杆较为常见，如汽缸或油缸中的活塞杆、内燃机或蒸汽机等的连件、桁架结构中的抗压杆、建筑结构中的立柱、火箭的级间连接支杆等。为保证其正常工作，一般需要考虑其稳定性。除压杆外，其他构件也存在稳定性问题。例如，受均匀外压作用的薄壁圆筒，当外压达到临界值时，圆筒就会发生失稳，由原来的圆形变成椭圆形（图 17.2(a)）；又如工字梁在最大抗弯刚度平面内弯曲时，会因外力达到临界值而发生侧向弯曲，并伴随扭转（图 17.2(b)）；厂房内的一细长立柱因两端外载荷设计不当而发生了屈曲失稳（图 17.2(c)）。这些都是稳定性不足导致的构件失效。限于篇幅，本章只讨论压杆的稳定。

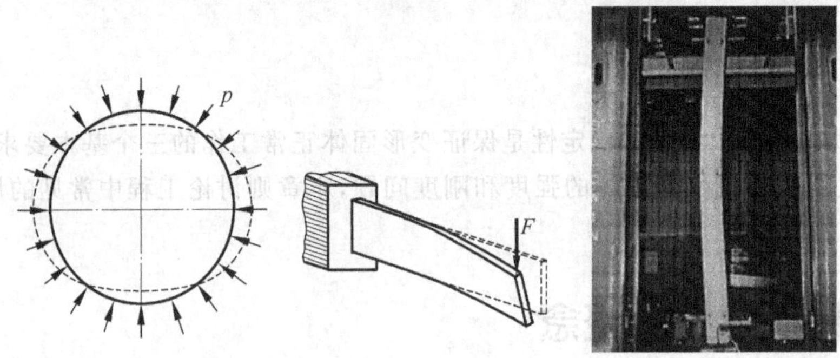

(a)　　(b)　　(c)

图 17.2

17.2 细长压杆的临界载荷

17.2.1 两端铰支

假设两端铰支等直细长压杆所受的轴向压力刚好等于其临界载荷，压杆保持微弯曲平衡状态，如图 17.3(a)所示。下面从挠曲线近似微分方程入手，推导其临界载荷。

沿任意 x 截面将已发生微弯曲的压杆截开，选择 AC 曲线段作为研究对象，如图 17.3(b)所示，利用截面法，有

$$M(x) = -F_{cr}w \tag{a}$$

假设压杆材料符合胡克定律，且杆内应力不超过材料的比例极限，则压杆挠度满足挠曲线近似微分方程式，将式(a)代入，有

$$EIw'' = -F_{cr}w \tag{b}$$

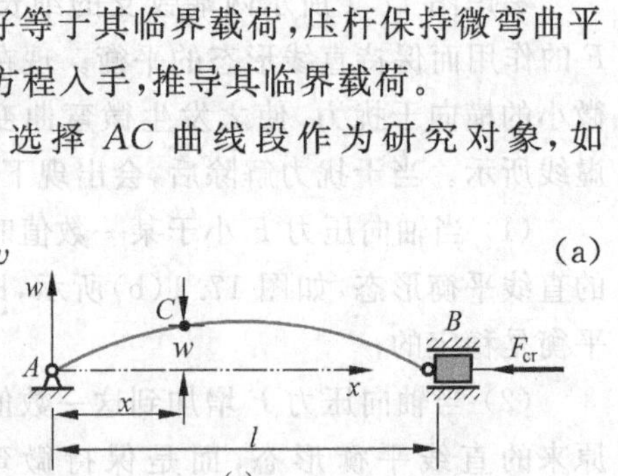

图 17.3

令 $k^2 = \dfrac{F_{cr}}{EI}$，则式(b)可改写为

$$w'' + k^2 w = 0 \tag{c}$$

此微分方程的通解为

$$w = A\sin kx + B\cos kx \tag{d}$$

式中 A、B 为积分常数，由压杆的边界条件确定。

该压杆为两端铰支，其边界条件为 $w(0)=w(l)=0$。将式(d)代入边界条件，得到

$$A\sin 0 + B\cos 0 = 0 \tag{e}$$

$$A\sin kl + B\cos kl = 0 \tag{f}$$

由(e)、(f)得 $B=0$ 和 $A\sin kl=0$。积分常数 A 不可能等于零，否则挠曲线方程将变为 $w\equiv 0$，即压杆始终保持直线平衡形态，这与压杆保持微弯曲平衡形态相矛盾。因此只能有

$$\sin kl = 0 \tag{g}$$

式(g)的解为

$$kl = n\pi \quad (n = 0,1,2,3,\cdots) \tag{h}$$

由(h)可得

$$k = \frac{n\pi}{L} = \sqrt{\frac{F_{cr}}{EI}} \tag{i}$$

进一步有

$$F_{cr} = \frac{n^2\pi^2 EI}{l^2} \quad (n = 0,1,2,3,\cdots) \tag{j}$$

式(j)表明，使压杆保持曲线形态平衡的压力在理论上是多解的。而在这些压力中，使压杆保持微弯曲的最小轴向压力，才是其临界载荷，因此只能取 $n=1$，且 I 应为压杆横截面的最小惯性矩，即压杆将绕惯性矩最小的轴发生微弯曲。因此，最终得到两端铰支等直细长压杆的临界载荷为

$$F_{cr} = \frac{\pi^2 EI_{min}}{l^2} \tag{17.1}$$

式(17.1)称为**临界载荷的欧拉公式**(Euler's formula of critical loading)。由式(17.1)可以看出，两端铰支细长压杆的临界载荷与截面抗弯刚度成正比，而与杆长的平方成反比。

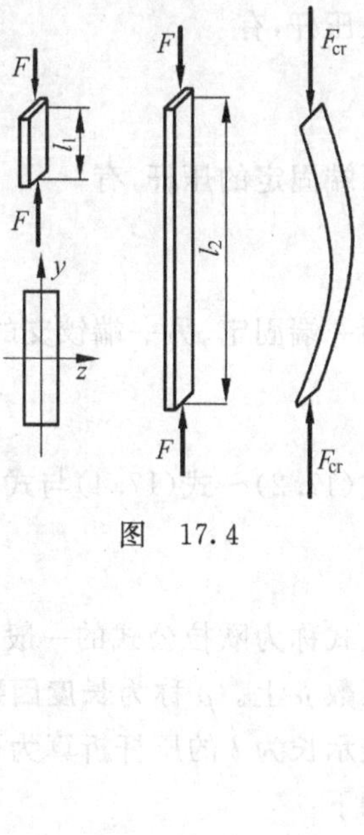

图　17.4

例 17.1　图 17.4 所示矩形截面木杆(30 mm×5 mm)，对其施加轴向压力，假设材料的抗压强度 $\sigma_c=40$ MPa，弹性模量 $E=10$ GPa，当长度分别为 $l_1=30$ mm，$l_2=1000$ mm 时，求临界载荷 F_{cr}。

解　(1) 短杆是强度问题

$$F_{1cr} = A\sigma_c = 30\times 5\times 40 = 6\ \text{kN}$$

(2) 细长杆是稳定问题

$$I_y = \frac{hb^3}{12} = \frac{30\times 5^3}{12} = 312.5$$

$$F_{2cr} = \frac{\pi^2 EI_{min}}{l_2^2} = \frac{\pi^2\times 10\times 10^9\times 312.5\times 10^{-12}}{1^2} = 30.84\ \text{N}$$

所以，$F_{1cr}=6$ kN，$F_{2cr}=30$ N，$F_{1cr}/F_{2cr}=200$。可见细长杆所能承受的临界轴向载荷远远小于短杆情形，属典型的压杆稳定性问题而非强度问题。

例 17.2　图 17.5 所示细长圆截面连杆，长度 $l=800$ mm，直径 $d=20$ mm，材料为

Q235 钢,弹性模量 $E=200$ GPa,试计算连杆的临界载荷 F_{cr}。

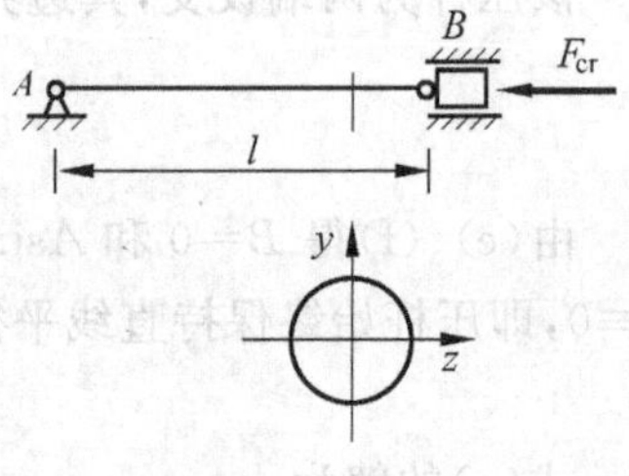

图 17.5

解 (1) 细长压杆的临界载荷

$$F_{cr}=\frac{\pi^2 EI}{l^2}=\frac{\pi^2 E}{l^2}\cdot\frac{\pi d^4}{64}$$

$$=\frac{\pi^3\times 200\times 10^9\times 0.02^4}{0.8^2\times 64}$$

$$=24.2\ \text{kN}$$

(2) 从强度分析 $\sigma_s=235$ MPa

$$F=A\sigma_s=\frac{0.02^2\pi}{4}\times 235\times 10^6=73.8\ \text{kN}$$

所以,$\dfrac{F}{F_{cr}}=3.1$。

17.2.2 两端非铰支

在工程实际中,细长压杆除两端铰支外,还可有其他多种支承约束方式。例如千斤顶的螺杆,其下端可认为是固定支座,而上端可视为自由端,即螺杆可简化为下端固支、上端自由的压杆。另压杆的两端也可均为固支,或一段固支,另一端铰支等。对于上述两端非铰支的细长压杆,其临界载荷也可用 17.2.1 节类似的方法确定。例如一端固定、另一端自由的细长压杆,有

$$F_{cr}=\frac{\pi^2 EI}{(2l)^2} \tag{17.2}$$

两端固定的压杆,有

$$F_{cr}=\frac{\pi^2 EI}{(0.5l)^2} \tag{17.3}$$

而一端固定、另一端铰支的压杆有

$$F_{cr}=\frac{\pi^2 EI}{(0.7l)^2} \tag{17.4}$$

式(17.2)~式(17.4)与式(17.1)相似,它们可统一写成如下形式

$$F_{cr}=\frac{\pi^2 EI}{(\mu l)^2} \tag{17.5}$$

上式称为欧拉公式的一般形式。由式(17.5)可见,两端约束对临界载荷的影响主要体现在系数 μ 上。μ 称为**长度因数**(factor of length),μl 称为压杆的**相当长度**(equivalent length),表示长为 l 的压杆折算为两端铰支杆时的长度。几种常见约束条件下的长度因数 μ 列出如下:

两端铰支 $\mu=1$

一端固定,另一端自由 $\mu=2$

两端固定 $\mu=0.5$

一端固定,另一端铰支 $\mu=0.7$

以上所列的只是几种较典型情况,实际中的压杆约束情况可能更复杂。对于复杂约束情形,其长度因数可查找相关设计规范。

例 17.3 求图 17.6 所示细长压杆的临界载荷。(xz 面两端铰支,长 l_2;xy 面一端固

定，一端铰支，长 l_1）。

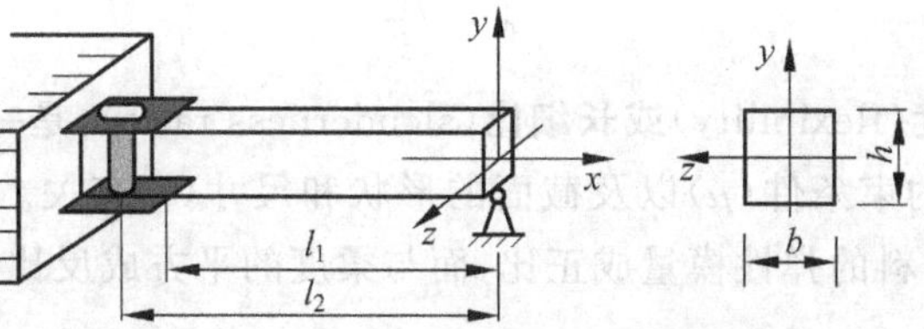

图 17.6

解 （1）绕 y 轴，两端铰支：$\mu=1.0, I_y=\dfrac{b^3h}{12}, F_{cry}=\dfrac{\pi^2 EI_y}{l_2^2}$

（2）绕 z 轴，左端固定，右端铰支：

$$\mu=0.7, I_z=\frac{bh^3}{12}, F_{crz}=\frac{\pi^2 EI_z}{(0.7l_1)^2}$$

（3）压杆的临界载荷 $F_{cr}=\min(F_{cry}, F_{crz})$

例 17.4 求图 17.7 所示细长压杆的临界载荷，已知 $l=0.5$ m，$E=200$ GPa。

解 图(a)一端固定，一端铰支

$$\mu=0.7, I_{min}=\frac{50\times10^3}{12}=4167\ \text{mm}^4$$

$$F_{cr}=\frac{\pi^2 I_{min}E}{(\mu_1 l)^2}=\frac{\pi^2\times4167\times200\times10^3}{(0.7\times500)^2}$$

所以 $F_{cr}=67.14$ kN

图(b)查表，$I_y=14.76\ \text{cm}^4, I_z=3.89\ \text{cm}^4$

$$\mu=2, I_{min}=I_z=3.89\times10^{-8}\ \text{m}^4$$

$$F_{cr}=\frac{\pi^2 I_{min}E}{(\mu_2 l)^2}=\frac{\pi^2\times0.389\times10^{-8}\times200\times10^6}{(2\times0.5)^2}$$

所以 $F_{cr}=76.8$ kN

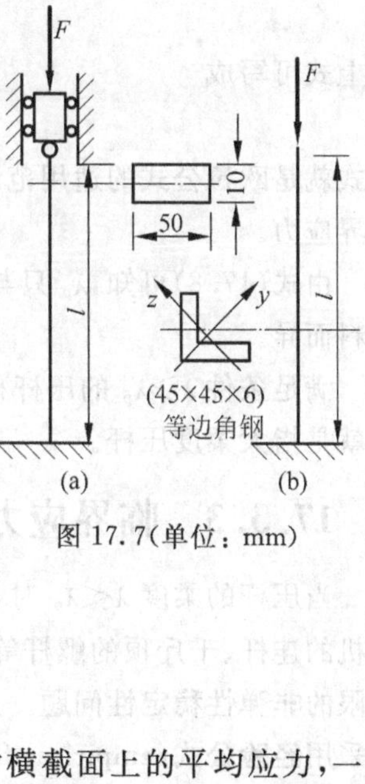

图 17.7（单位：mm）

17.3 压杆的临界应力

17.3.1 临界应力

压杆的**临界应力**(critical stress)是指压杆处于临界状态时横截面上的平均应力，一般用 σ_{cr} 表示。将式(17.5)的两端同时除以压杆的横截面面积 A，即可得到与压杆临界载荷所对应的临界应力

$$\sigma_{cr}=\frac{F_{cr}}{A}=\frac{\pi^2 EI}{(\mu l)^2 A} \tag{17.6}$$

引入横截面的惯性半径 i

$$i^2=\frac{I}{A}$$

则式(17.6)可改写为

$$\sigma_{cr}=\frac{\pi^2 E}{\lambda^2} \tag{17.7}$$

式(17.7)称为**临界应力的欧拉公式**(Euler's formula of critical stress)。式中

$$\lambda = \frac{\mu l}{i} \tag{17.8}$$

λ 称为压杆的**柔度**(flexibility)或**长细比**(slenderness ratio),是一个量纲为一的物理量,它与压杆的长度(l)、约束条件(μ)以及截面的形状和尺寸(i)有关。式(17.7)表明,细长压杆的临界应力,与其材料的弹性模量成正比,而与柔度的平方成反比。

17.3.2 欧拉公式的适用范围

在推导欧拉公式时,利用了挠曲线的近似微分方程,而该方程仅适用于杆内应力不超过材料的比例极限 σ_p 的情况。换言之,只有当临界应力 σ_{cr} 小于比例极限 σ_p 时,欧拉公式(17.5)或式(17.7)才是正确的,即

$$\sigma_{cr} = \frac{\pi^2 E}{\lambda^2} \leqslant \sigma_p \text{ 或 } \lambda \geqslant \pi\sqrt{\frac{E}{\sigma_p}}$$

如果令

$$\lambda_p = \pi\sqrt{\frac{E}{\sigma_p}}$$

则上式可写成

$$\lambda \geqslant \lambda_p \tag{17.9}$$

上式就是欧拉公式的适用范围,即只有当 $\lambda \geqslant \lambda_p$ 时,才能用欧拉公式计算压杆的临界载荷或临界应力。

由式(17.8)可知,λ_p 只与压杆材料的弹性模量 E 及比例极限 σ_p 有关,因此,λ_p 值仅随材料而异。

满足条件 $\lambda \geqslant \lambda_p$ 的压杆称为**大柔度压杆**(long columns)。之前经常提到的细长压杆,一般就是指大柔度压杆。

17.3.3 临界应力的经验公式

当压杆的柔度 $\lambda < \lambda_p$ 时,临界应力 $\sigma_{cr} > \sigma_p$,欧拉公式已不适用。常见的一些压杆,如内燃机的连杆、千斤顶的螺杆等,其 λ 就往往小于 λ_p,这类压杆的失稳属于临界应力超过比例极限的非弹性稳定性问题。这类压杆的临界应力可利用解析方法求解,但在工程实际中通常采用**经验公式**(empirical formula)计算。这些公式的建立依赖于大量的实验资料。这里只介绍常用的直线公式和抛物线公式。

1. 直线公式

对于由合金钢、铝合金、铸铁与松木等材料制作的非细长压杆,可采用直线型经验公式计算临界应力,该公式的一般表达式为

$$\sigma_{cr} = a - b\lambda \tag{17.10}$$

式中,a 和 b 是与材料性能有关的常数。在使用上述直线公式时,柔度 λ 存在一最低界限值 λ_0,其值与材料的压缩极限应力 σ_{cu} 有关。因为对于柔度很小的短压杆,如压缩试验用的金属短柱或水泥块,受压时并不会像大柔度压杆那样出现弯曲失稳,而是因压应力达到压缩极

限应力 σ_{cu} 而破坏，是强度不够引起的失效。例如，对于塑性材料，其压缩极限应力为屈服极限 σ_s，按式(17.10)算出的临界应力最大值只能等于 σ_s，即令 $\sigma_{cr}=\sigma_a$，得

$$\sigma_s = a - b\lambda_0$$

则

$$\lambda_0 = \frac{a-\sigma_s}{b} \tag{17.11}$$

λ_0 与 λ_p 一样也是只与材料性能有关的常数。几种常用材料的 a、b 和 λ_0、λ_p 值如表 17.1 所示。

若 $\lambda \leqslant \lambda_0$，应按照强度问题计算，即应满足

$$\sigma_{cr} = \frac{F_N}{A} \leqslant \sigma_s \tag{17.12}$$

对于脆性材料，其压缩极限应力为强度极限 σ_b，式(17.11)和式(17.12)中 σ_s 应改为 σ_b。

表 17.1 几种常用材料的 a、b、λ_p、λ_0

材料名称	a/MPa	b/MPa	λ_p	λ_0
硅钢 $\sigma_s=353$ MPa $\sigma_b \geqslant 510$ MPa	578	3.744	100	60
铬钼钢	980	5.29	55	0
Q235 钢 $\sigma_s=235$ MPa $\sigma_b \geqslant 372$ MPa	304	1.12	100	57
优质碳钢 $\sigma_s=306$ MPa $\sigma_b \geqslant 471$ MPa	461	2.568	86	60
铝合金	372	2.14	50	0
铸铁	331.9	1.453		
松木	29	0.19	59	0

综上所述，根据柔度大小可将压杆分为三类，并分别按不同方式计算其临界应力。$\lambda \geqslant \lambda_p$ 的压杆属于**大柔度压杆(细长压杆)**，是在材料比例极限内的稳定性问题，临界应力用欧拉公式计算；$\lambda_0 \leqslant \lambda \leqslant \lambda_p$ 的压杆，称为**中柔度压杆(中长压杆)**，属超过材料比例极限的稳定性问题，可按式(17.10)等经验公式计算其临界应力；当 $\lambda \leqslant \lambda_0$ 的压杆属于短粗杆，称为**小柔度杆(短杆)**，它不存在稳定性问题，应按强度问题计算，即临界应力就是压缩极限应力 σ_{cu}(例如塑性材料的屈服极限 σ_s 或脆性材料的强度极限 σ_b)。在上述三种情况下，压杆临界应力 σ_{cr} 随柔度 λ 变化的曲线如图 17.8 所示，称为**临界应力总图**。

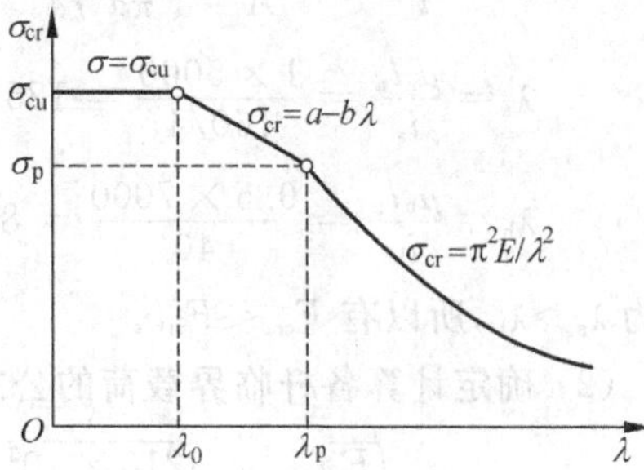

图 17.8

2. 抛物线公式

对于结构钢与低合金结构钢等材料制作的非细长压杆，可采用抛物线型经验公式计算临界应力，其一般形式为

$$\sigma_{cr} = a_1 - b_1\lambda^2$$

式中 a_1 和 b_1 也是与材料性能有关的常数。参照图 17.8，根据欧拉公式和上述抛物线公式，也可绘制其临界应力总图如图 17.9 所示。

例 17.5 图 17.10 所示结构，杆长为 $l=200\ \text{mm}$，$\lambda_p=50$，$\lambda_0=10$，$a=384\ \text{MPa}$，$b=2.18\ \text{MPa}$。

求：(1)杆的柔度 λ；(2)临界力 F_{cr}。

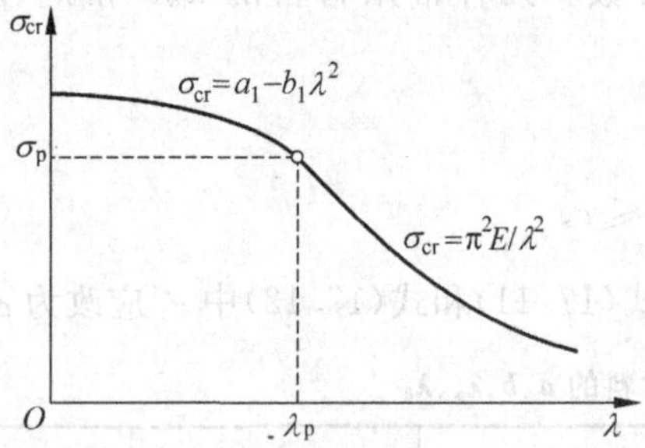

图 17.9

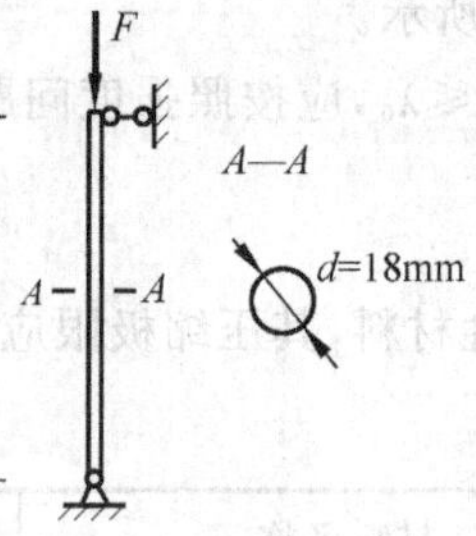

图 17.10

解 杆横截面的惯性半径为

$$i = \sqrt{\frac{I}{A}} = \sqrt{\frac{\pi d^4}{64} \Big/ \frac{\pi d^2}{4}} = \frac{d}{4}$$

则杆的柔度

$$\lambda = \frac{\mu l}{i} = \frac{\mu l}{d/4} = \frac{1 \times 200}{18/4} = 44.44 < \lambda_p$$

$$\lambda_0 < \lambda < \lambda_p \text{ 中柔度杆}$$

$$\sigma_{cr} = a - b\lambda = 384 - 2.18 \times 44.44 = 287.12\ \text{MPa}$$

$$F_{cr} = \sigma_{cr} \cdot A = 287.12 \times \frac{\pi \times 18^2}{4} = 73.03\ \text{kN}$$

例 17.6 如图 17.11 所示圆截面压杆，直径 $d=160\ \text{mm}$，$E=210\ \text{GPa}$，$\sigma_p=206\ \text{MPa}$，$\sigma_s=235\ \text{MPa}$，$\sigma_{cr}=(304-1.12\lambda)\ \text{MPa}$

(1) 分析哪一根压杆的临界载荷比较大；

(2) 求二杆的临界载荷。

解 (1)判断临界载荷大小

$$\lambda = \frac{\mu l}{i},\ i^2 = \frac{I}{A} = \frac{\pi d^4/64}{\pi d^2/4},\ i = \frac{d}{4}$$

$$\lambda_a = \frac{\mu_a l_a}{i_a} = \frac{1 \times 5000}{160/4} = 125,$$

$$\lambda_b = \frac{\mu_b l_b}{i_b} = \frac{0.5 \times 7000}{40} = 87.5$$

因为 $\lambda_a > \lambda_b$，所以有 $F_{cra} < F_{crb}$。

(2) 确定计算各杆临界载荷的公式

$$\lambda_p = \pi\sqrt{\frac{E}{\sigma_p}} = \pi\sqrt{\frac{210 \times 10^3}{206}} = 100$$

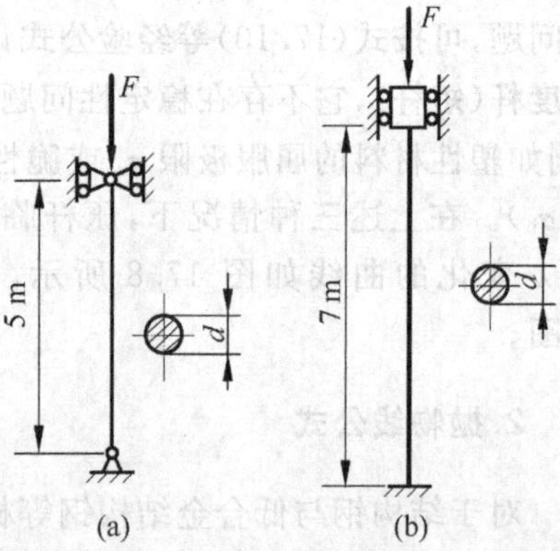

图 17.11

$$\lambda_0 = \frac{304 - 235}{1.12} = 61.6$$

所以 $\lambda_a = 125 > \lambda_p = 100, \lambda_0 = 61.6 < \lambda_b = 87 < \lambda_p = 100$

计算各杆临界载荷的大小

$$F_{cra} = \frac{\pi^2 EI}{(\mu l)^2} = \frac{\pi^2 \times E}{\lambda^2} A = \frac{\pi^2 \times 210 \times 10^3}{125^2} \times \frac{1}{4}\pi \times 160^2 = 2663\ \text{kN}$$

$$F_{crb} = \sigma_{crb} A = (304 - 1.12\lambda) A = (304 - 1.12 \times 87.5) \times \frac{\pi}{4} \times 160^2 = 4115.4\ \text{kN}$$

所以 $F_{cra} = 2663\ \text{kN}, F_{crb} = 4115.4\ \text{kN}$

例 17.7 图 17.12 所示矩形截面压杆，有三种支承方式。杆长 l=300 mm，截面宽度 b=20 mm，高度 h=12 mm，弹性模量 E=70 GPa，λ_p=50，λ_0=30，中柔度杆的临界应力公式为 σ_{cr}=(382−2.18 λ) MPa，试计算它们的临界载荷，并进行比较。

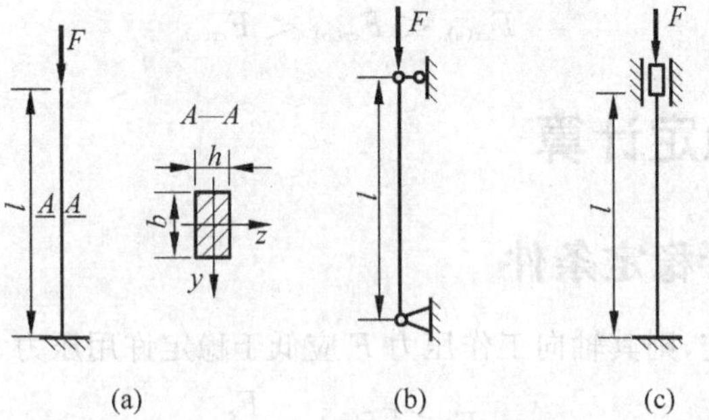

图 17.12

解 图(a)

(1) 比较压杆弯曲平面的柔度：$I_z = \frac{1}{12}b^3h$，而 $I_y = \frac{1}{12}bh^3$，所以

$$I_y < I_z, i_y < i_z, \lambda_y = \frac{\mu l}{i_y}, \lambda_z = \frac{\mu l}{i_z}$$

所以 $\lambda_y > \lambda_z$

长度因数： $\mu = 2$

$$\lambda_y = \frac{\mu l}{i_y} = \frac{\mu l}{\sqrt{\frac{I_y}{A}}} = \frac{\mu l}{\sqrt{\frac{\frac{1}{12}bh^3}{bh}}} = \frac{\sqrt{12}\mu l}{h} = \frac{\sqrt{12} \times 2 \times 0.3}{0.012} = 173.2$$

(2) 压杆是大柔度杆，用欧拉公式计算临界载荷：

$$F_{cr(a)} = \sigma_{cr} \times A = \frac{\pi^2 E}{\lambda_y^2} \times A = \frac{\pi^2 \times 70 \times 10^9}{173.2^2} \times 0.02 \times 0.012 = 5.53\ \text{kN}$$

图(b)

(1) 长度因数和失稳平面的柔度：

$$\mu = 1$$

$$\lambda_y = \frac{\mu l}{i_y} = \frac{\sqrt{12}\mu l}{h} = \frac{\sqrt{12} \times 1 \times 0.3}{0.012} = 86.6$$

(2) 压杆仍是大柔度杆，用欧拉公式计算临界载荷：

$$F_{cr(b)} = \sigma_{cr} \times A = \frac{\pi^2 E}{\lambda_y^2} \times A = \frac{\pi^2 \times 70 \times 10^9}{86.6^2} \times 0.02 \times 0.012 = 22.1\ \text{kN}$$

图(c)

(1) 长度因数和失稳平面的柔度：

$$\mu = 0.5$$

$$\lambda_y = \frac{\mu l}{i_y} = \frac{\sqrt{12}\mu l}{h} = \frac{\sqrt{12} \times 0.5 \times 0.3}{0.012} = 43.3$$

(2) 压杆是中柔度杆，选用经验公式计算临界载荷：

$$F_{cr(c)} = \sigma_{cr} \cdot A = (a - b\lambda)A = (382 - 2.18 \times 43.3) \times 10^6 \times 0.02 \times 0.12 = 69.0\ \text{kN}$$

三种情况的临界载荷的大小排序：

$$F_{cr(a)} < F_{cr(b)} < F_{cr(c)}$$

17.4 压杆的稳定计算

17.4.1 压杆稳定条件

为使压杆保持稳定，则其轴向工作压力 F 应低于稳定许用压力，即压杆的稳定条件为

$$F \leqslant [F_{st}] = \frac{F_{cr}}{n_{st}} \tag{17.13}$$

式中，$[F_{st}]$为**稳定许用压力**(allowable force for stability)，n_{st} 为**稳定安全因数**(safety factor for stability)。

压杆的临界载荷 F_{cr}与压杆实际工作压力 F 的比值称为压杆的工作安全因数，用 n 表示。则稳定条件式(17.13)可改写为

$$n = \frac{F_{cr}}{F} \geqslant n_{st} \tag{17.14}$$

式(17.14)表明，为保证压杆不失稳，则必须满足压杆的工作安全因数大于等于规定的稳定安全因数。

将式(17.13)两端同除以压杆的横截面面积 A，得到

$$\sigma \leqslant [\sigma_{st}] = \frac{\sigma_{cr}}{n_{st}} \tag{17.15}$$

式中，$[\sigma_{st}]$为**稳定许用应力**(allowable stress for stability)。式(17.15)称为用应力形式表示的压杆稳定条件。

对于压杆，杆件的初弯曲、加载偏心、材料不均匀以及不完善的端部约束条件等难以避免的不利因素，都会严重影响压杆的稳定性，降低其临界载荷。而这些因素对强度的影响远远低于对稳定性的影响。因此，在选择稳定安全因数时，一般要使其高于强度安全因数。

17.4.2 折减系数法

式(17.15)是用安全因数形式表示的压杆稳定条件。在工程实践中，也经常采用折减系

数法进行稳定性计算。该方法中的稳定许用应力采取如下形式：

$$[\sigma_{st}] = \varphi[\sigma] \tag{17.16}$$

将式(17.16)代入式(17.15)，得稳定条件为

$$\sigma \leqslant [\sigma_{st}] = \varphi[\sigma] \tag{17.17}$$

式中，$[\sigma]$为许用压应力，φ是一个小于1的系数，称为**折减系数**，其值与压杆的柔度和材料等因素有关。各种轧制与焊接钢构件的折减系数可查阅《钢结构设计规范》(GBJ17—1988)，而木制构件的折减系数可查阅《木结构设计规范》(GBJ5—1988)。图17.13列出了几种常用材料的 φ-λ 曲线，这些曲线即是根据上述规范绘制而成的。

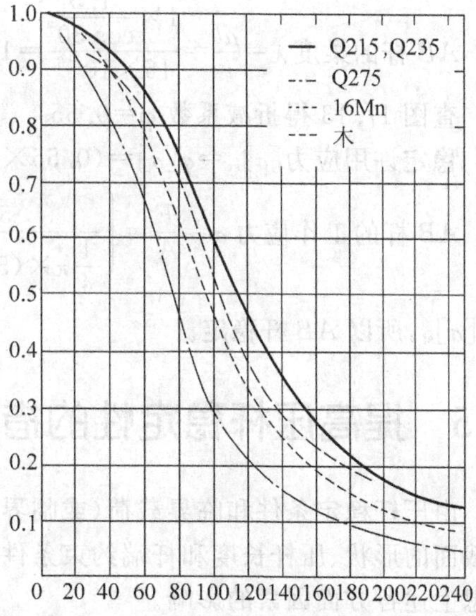

图 17.13

例 17.8 一等直压杆长 $l=3.4$ m，$A=14.73$ cm^2，$I=79.95$ cm^4，$E=210$ GPa，$F=60$ kN，两端为铰支座，规定稳定安全因数 $n_{st}=2$，$\lambda_p=100$，试对压杆进行稳定校核。

解 $\lambda=\frac{\mu l}{i}=\frac{\mu l}{\sqrt{I/A}}=\frac{1.0\times 3.4\times 100}{\sqrt{79.95/14.73}}=145.9>\lambda_p=100$，即杆件属于大柔度压杆，所以其临界载荷满足欧拉公式，即有

$$F_{cr}=\frac{\pi^2 EI}{(\mu l)^2}=\frac{\pi^2 E}{\lambda^2}A=\frac{\pi^2\times 210\times 10^3}{145.9^2}\times 14.73\times 10^2=143.3\ \text{kN}$$

则 $\frac{F_{cr}}{n_{st}}=\frac{143.3}{2}=71.7$ kN，满足 $F=60\ \text{kN}\leqslant\frac{F_{cr}}{n_{st}}$，即压杆是稳定的。

例 17.9 简易吊车摇臂如图17.14(a)所示。两端铰支的 AB 杆由钢管制成，材料为Q235钢，其强度许用应力$[\sigma]=140$ MPa，试校核 AB 杆的稳定性。

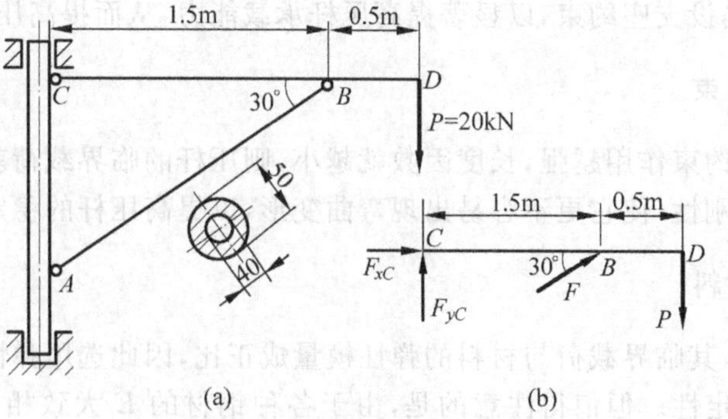

图 17.14

解 求 AB 杆所受的轴向压力，为此取 CD 杆为研究对象，绘制其受力图，如图17.14(b)所示。由 $\sum M_C=0$，$1.5\times F\times\sin 30°-2\times P=0$，得 $F=\frac{2\times P}{1.5\times\sin 30°}=\left(\frac{2\times 20}{1.5\times 0.5}\right)\text{kN}=53.3\ \text{kN}$。

AB 杆横截面的惯性半径 $i=\sqrt{\dfrac{I}{A}}=\left(\dfrac{1}{4}\sqrt{50^2+40^2}\right)\ \text{mm}=16\ \text{mm}$

AB 杆的柔度 $\lambda=\dfrac{\mu l}{i}=\dfrac{1\times\dfrac{1.5}{\cos 30^\circ}}{16\times10^{-3}}=108$

查图 17.13 得折减系数 $\varphi=0.55$

稳定许用应力 $[\sigma]_{st}=\varphi[\sigma]=(0.55\times140)\ \text{MPa}=77\ \text{MPa}$

AB 杆的工作应力 $\sigma=\dfrac{F}{A}=\left[\dfrac{53.3\times10^3}{\dfrac{1}{4}\pi\times(50^2-40^2)\times10^{-6}}\right]\text{Pa}=75.4\ \text{MPa}$

$\sigma<[\sigma]_{st}$，所以 AB 杆稳定。

17.5 提高压杆稳定性的措施

由压杆稳定条件和临界载荷（或临界应力）的计算公式可知，影响压杆稳定性的因素有：横截面的形状、压杆长度和杆端约束条件、材料性能等。因此，提高压杆的稳定性需要综合考虑上述各方面因素的影响。

1. 选择合理的截面形状

在截面面积保持一定的情况下，应尽可能选择惯性矩较大的截面形状，例如使用空心截面代替实心截面，另在选择截面形状与尺寸时，还应考虑到失稳的方向性。如果压杆在各纵向平面内的柔度不同，它总是在柔度最大的平面内失稳，因此理想的设计是使压杆在各纵向平面内的柔度相等，使其具有同样的稳定性。

2. 减小压杆长度

细长压杆的临界载荷与杆长的平方成反比，在条件允许的情况下，应尽量减少压杆的长度，或在压杆中间增设支座约束，以显著提高压杆承载能力，从而提高压杆的稳定性。

3. 增强杆端约束

支座对压杆的约束作用越强，长度因数就越小，则压杆的临界载荷就越大。因此应尽可能增强支座约束的刚性，使它更不容易出现弯曲变形，以提高压杆的稳定性。

4. 合理选用材料

对于细长压杆，其临界载荷与材料的弹性模量成正比，因此选用弹性模量较高的材料有利于提高压杆的稳定性。但值得注意的是，由于各种钢材的 E 大致相同，所以对于细长压杆，选用优质钢材或低碳钢差别不大。对于中柔度压杆，经验公式表明其临界应力与材料的强度有关，因此选用优质钢材可以在一定程度上提高压杆的稳定性。

习题

17.1 由压杆挠曲线的近似微分方程，推导两端固定压杆的欧拉公式。

17.2 图示两端球形铰支细长压杆，弹性模量 $E=200$ GPa，试用欧拉公式计算其临界载荷。

(1) 圆形截面，$d=25$ mm，$l=1.0$ m；

(2) 矩形截面，$h=2b=40$ mm，$l=1.0$ m；

(3) 16 号工字钢，$l=2.0$ m。

17.3 图示桁架，由两根弯曲刚度 EI 相同的等截面细长压杆组成，设载荷 F 与杆 AB 的轴线的夹角为 θ，且 $0<\theta<\pi/2$，试求载荷 F 的最大值。

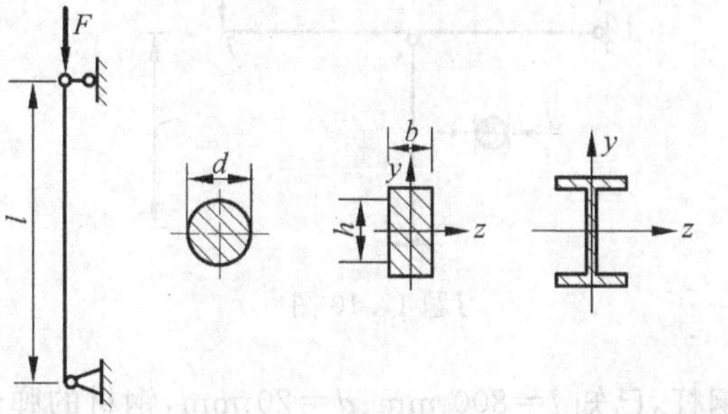

习题 17.2 图

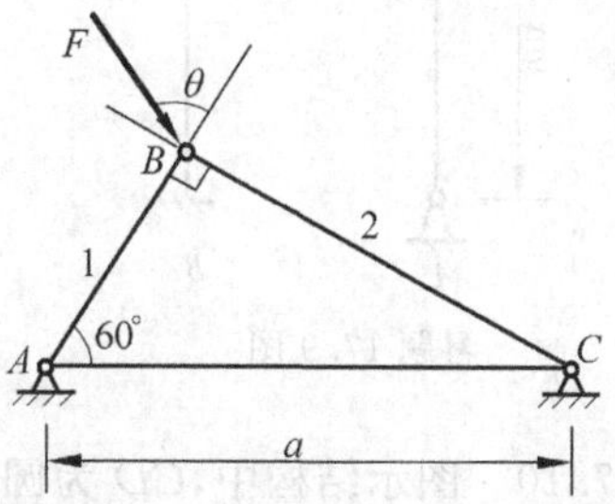

习题 17.3 图

17.4 某钢材的比例极限 $\sigma_p=230$ MPa，屈服应力 $\sigma_s=274$ MPa，弹性模量 $E=200$ GPa，中柔度杆的临界应力公式为 $\sigma_{cr}=338-1.60\lambda$ (MPa)。试计算 λ_p 和 λ_0，并绘制临界应力总图($0\leqslant\lambda\leqslant150$)。

17.5 两端铰支木柱的横截面为 120 mm×200 mm 的矩形，$l=4$ m，木材的 $E=10$ GPa，$\sigma_p=20$ MPa。计算临界应力的公式有欧拉公式和直线公式 $\sigma_{cr}=28.7-0.19\lambda$ (MPa)，试求木柱的临界应力。

17.6 由 Q235 制成的 22a 工字钢压杆，两端固支，$E=200$ GPa，杆长 $l=7$ m，稳定安全因数 $n_{st}=3.0$，试求压杆的轴向安全许可载荷。

17.7 某工厂自制的简易起重机如图所示。压杆 BD 为 20 号槽钢，材料为 Q235 钢，弹性模量 $E=200$ GPa，最大起重量 $P=40$ kN。如规定稳定安全因数 $n_{st}=5$，试校核压杆 BD 的稳定性。

17.8 在图示结构中，AB 为圆截面杆，其直径 $d=80$ mm，杆长 $l_1=4.5$ m，BC 为正方形截面杆，其边长 $a=70$ mm，杆长 $l_2=3$ m。两杆的材料相同，弹性模量 $E=2\times10^5$ MPa，$\lambda_p=123$。试求此结构的临界载荷。

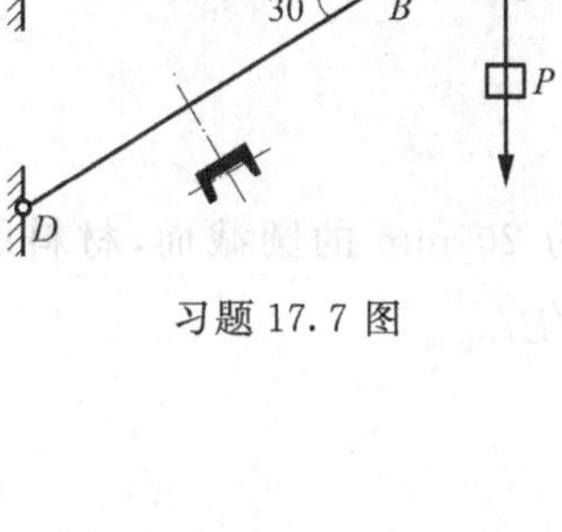

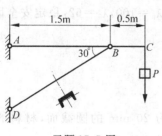

习题 17.7 图

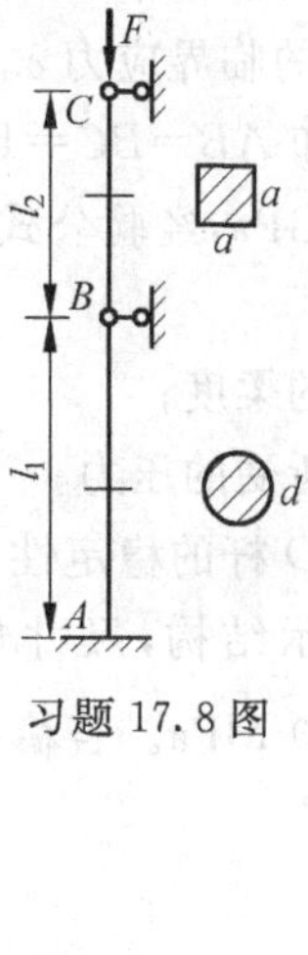

习题 17.8 图

17.9　图示两根直径 $d=20$ cm 的圆截面压杆，杆长 $l=9$ m。已知材料为 Q235 钢，$E=200$ GPa，$\lambda_p=100$，$\lambda_0=62$，中长杆临界应力公式 $\sigma_{cr}=(304-1.12\lambda)$ MPa。A 杆两端铰支，B 杆两端固定，受力相同。

(1) 计算两根杆的柔度，并判断这两根杆中哪根是大柔度杆？

(2) 计算两根杆的临界载荷。

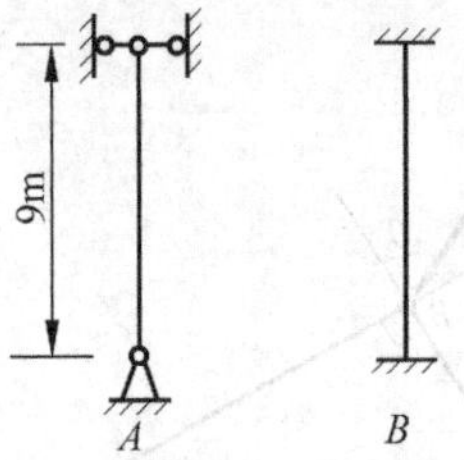

习题 17.9 图

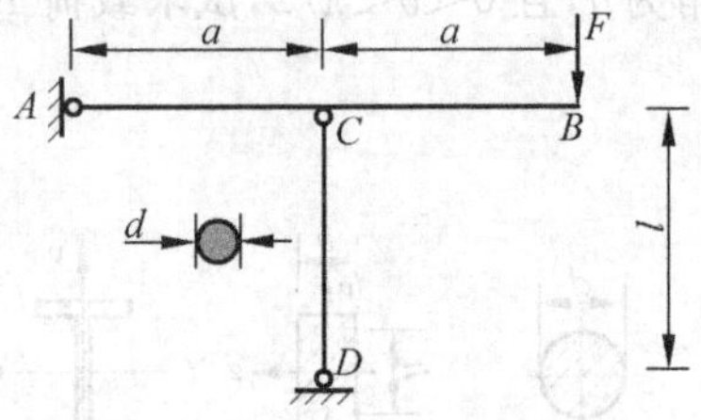

习题 17.10 图

17.10　图示结构中，CD 为圆形截面钢杆，已知 $l=800$ mm、$d=20$ mm，钢材的弹性模量 $E=2\times10^5$ MPa，比例极限 $\sigma_p=200$ MPa，$\lambda_p=100$，$\lambda_0=60$，稳定安全因数 $n_{st}=3$，经验公式 $\sigma_{cr}=304-1.12\lambda$ (MPa)。

(1) 计算 CD 杆的柔度；

(2) 试从 CD 杆的稳定性考虑求该结构的许可载荷[F]。

17.11　图示压杆由直径 $d=60$ mm 的圆钢制成，$E=200$ GPa，$\lambda_p=100$，$\lambda_0=60$，中长杆临界应力公式 $\sigma_{cr}=304-1.12\lambda$ (MPa)。

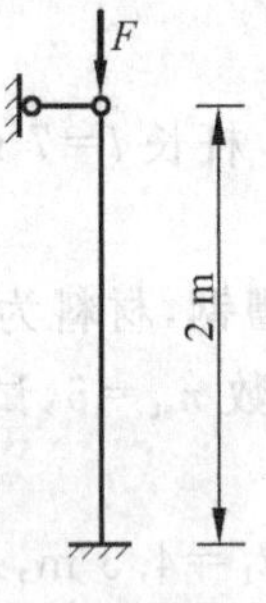

习题 17.11 图

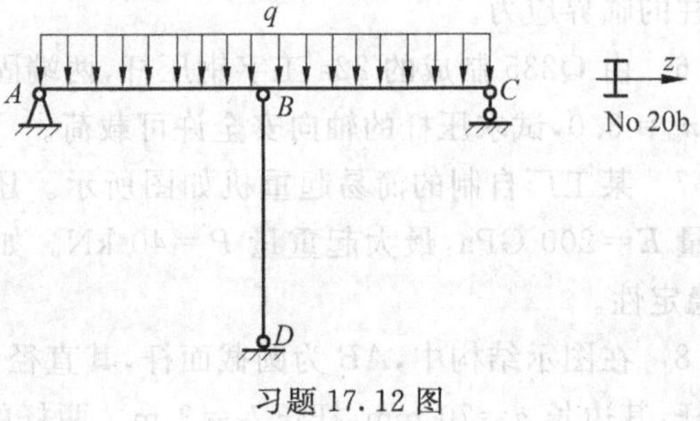

习题 17.12 图

(1) 计算杆的惯性半径，柔度。判断这根杆是大柔度杆，中柔度杆还是小柔度杆？

(2) 求压杆的临界应力 σ_{cr} 和临界载荷 F_{cr}。

17.12　已知 $AB=BC=1$ m，$BD=0.8$ m，均布载荷集度 $q=20$ kN/m，A3 钢材料的弹性模量 $E=206$ GPa，经验公式 $\sigma_{cr}=304-1.12\lambda$ (MPa)，$\lambda_p=100$，$\lambda_0=62$，稳定安全因数为 $n_{st}=2.0$。试求

(1) BD 杆的柔度；

(2) BD 杆所受的压力；

(3) 校核 BD 杆的稳定性。

17.13　图示结构，尺寸如图所示，立柱 CD 直径为 20 mm 的圆截面，材料的 $E=200$ GPa，$\sigma_p=200$ MPa。若稳定安全因数 $n_{st}=2$，$\lambda_p=\pi\sqrt{E/\sigma_p}$。

求：(1) CD 杆的柔度；(2) 校核 CD 杆的稳定性。

17.14 简易桁架如图所示，杆 AB 和 AC 均为圆钢杆，AB 杆的 $d_1=30$ mm，AC 杆的 $d_2=20$ mm。材料为 Q235 钢，$E=200$ GPa，$\lambda_p=100$，$\lambda_0=60$，若规定强度安全因数 $n_s=2$，稳定安全因数 $n_{st}=3$，试确定此桁架所能承受的最大载荷。

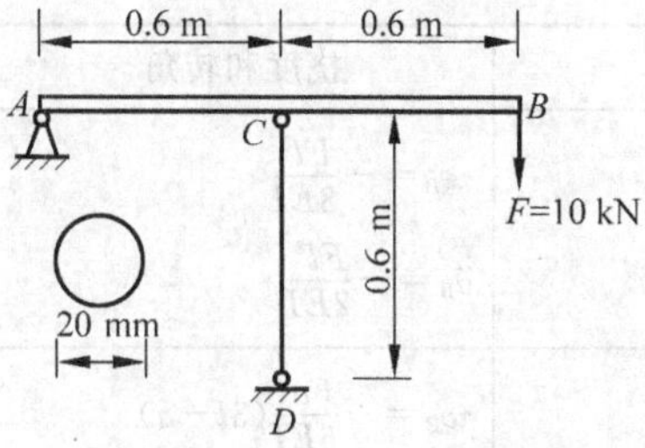

习题 17.13 图

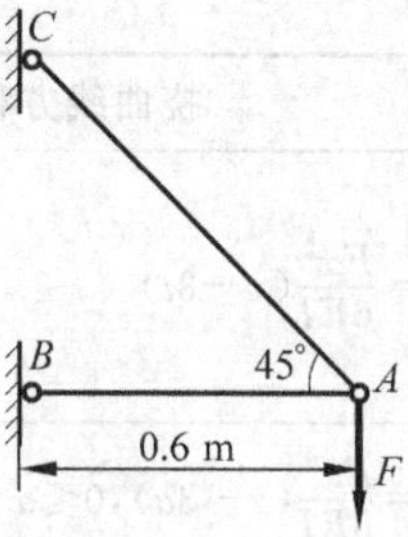

习题 17.14 图

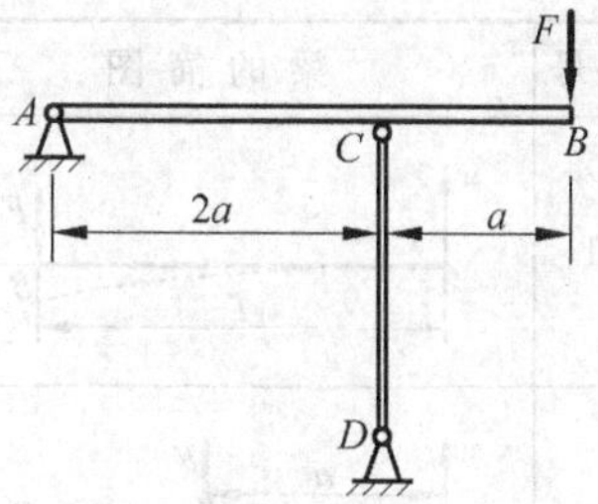

习题 17.16 图

17.15 上端自由下端固定的立柱，轴向压力 $F=200$ kN，柱长 $l=2$ m，材料为 Q235 钢，许用压应力$[\sigma]=160$ MPa，试为立柱选择工字钢型号。

17.16 图中 AB 为刚性梁，低碳钢压杆 CD 直径 $d=40$ mm，长 $l=1.2$ m，$E=200$ GPa，试计算压杆失稳时的载荷 F_{max}。

附录 A 梁的挠度与转角

序号	梁的简图	挠曲线方程	挠度和转角
1	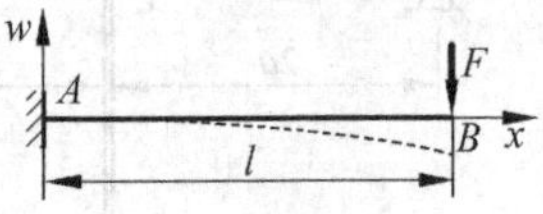	$w=\frac{Fx^2}{6EI}(x-3l)$	$w_B=-\frac{Fl^3}{3EI}$ $\theta_B=-\frac{Fl^2}{2EI}$
2	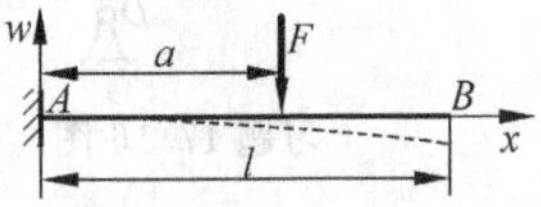	$w=\frac{Fx^2}{6EI}(x-3a),0\leqslant x\leqslant a$ $w=\frac{Fa^2}{6EI}(a-3x),a\leqslant x\leqslant l$	$w_B=-\frac{Fa^2}{6EI}(3l-a)$ $\theta_B=-\frac{Fa^2}{2EI}$
3	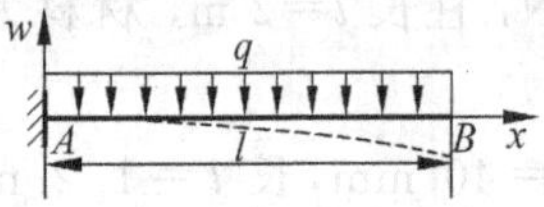	$w=\frac{qx^2}{24EI}(4lx-6l^2-x^2)$	$w_B=-\frac{ql^4}{8EI}$ $\theta_B=-\frac{ql^3}{6EI}$
4	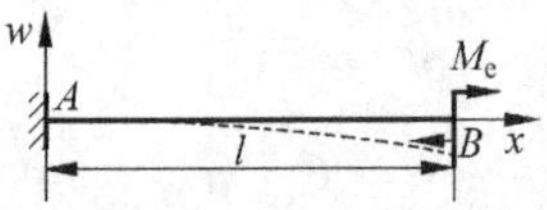	$w=-\frac{M_e x^2}{2EI}$	$w_B=-\frac{M_e l^2}{2EI}$ $\theta_B=-\frac{M_e l}{EI}$
5	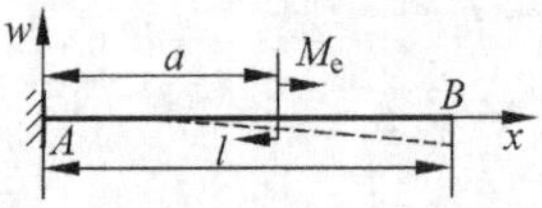	$w=-\frac{M_e x^2}{2EI},0\leqslant x\leqslant a$ $w=-\frac{M_e a}{EI}\left(\frac{a}{2}-x\right),a\leqslant x\leqslant l$	$w_B=-\frac{M_e a}{EI}\left(l-\frac{a}{2}\right)$ $\theta_B=-\frac{M_e a}{EI}$
6	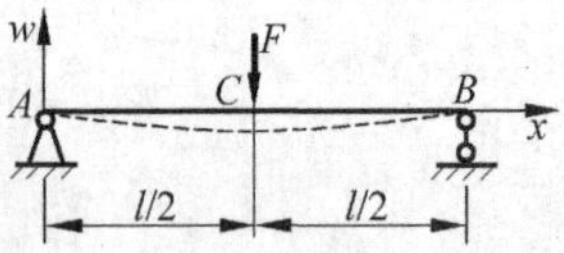	$w=\frac{Fx}{12EI}\left(x^2-\frac{3l^2}{4}\right),0\leqslant x\leqslant\frac{l}{2}$	$w_C=-\frac{Fl^3}{48EI}$ $\theta_A=-\theta_B=-\frac{Fl^2}{16EI}$
7	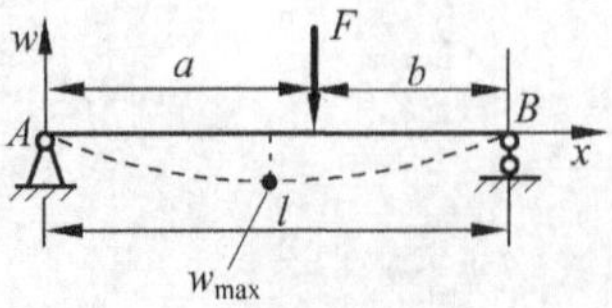	$w=\frac{Fbx}{6lEI}(x^2-l^2+b^2),0\leqslant x\leqslant a$ $w=\frac{Fb}{6lEI}\left[x^3-\frac{l}{b}(x-a)^3-(l^2-b^2)x\right],$ $a\leqslant x\leqslant l$	$w_{\max}=-\frac{Fb(l^2-b^2)^{3/2}}{9\sqrt{3}lEI}$ (设 $a>b$，位于 $x=\sqrt{\frac{l^2-b^2}{3}}$ 处) $\theta_A=-\frac{Fb(l^2-b^2)}{6lEI}$ $\theta_B=\frac{Fa(l^2-a^2)}{6lEI}$
8	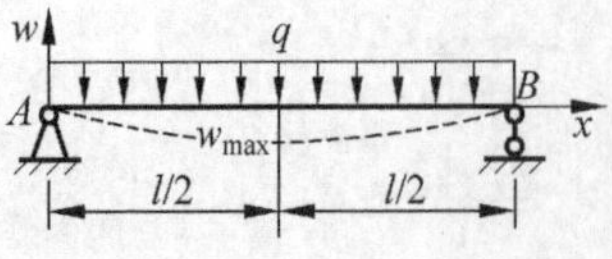	$w=\frac{qx}{24EI}(2lx^2-x^3-l^3)$	$w_{\max}=-\frac{5ql^4}{384EI}$ $\theta_A=-\theta_B=-\frac{ql^3}{24EI}$

续表

序号	梁的简图	挠曲线方程	挠度和转角
9	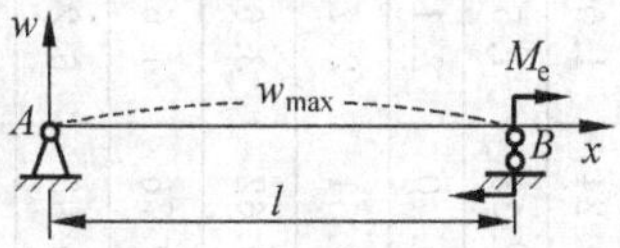	$w=\dfrac{M_e x}{6lEI}(l^2-x^2)$	$w_{max}=\dfrac{M_e l^2}{9\sqrt{3}EI}$ (位于 $x=l/\sqrt{3}$ 处) $\theta_A=\dfrac{M_e l}{6EI}$ $\theta_B=-\dfrac{M_e l}{3EI}$
10	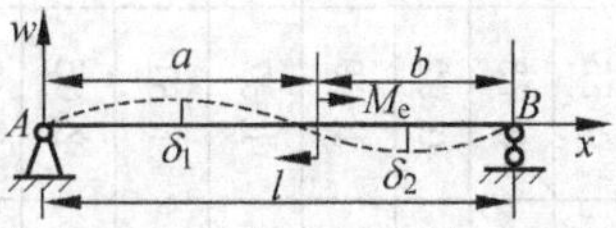	$w=\dfrac{M_e x}{6lEI}(l^2-3b^2-x^2)$, $0\leqslant x\leqslant a$ $w=\dfrac{M_e(l-x)}{6lEI}(3a^2-2lx+x^2)$, $a\leqslant x\leqslant l$	$\delta_1=\dfrac{M_e(l^2-3b^2)^{3/2}}{9\sqrt{3}lEI}$ (位于 $x=\sqrt{l^2-3b^2}/\sqrt{3}$ 处) $\delta_2=-\dfrac{M_e(l^2-3a^2)^{3/2}}{9\sqrt{3}lEI}$ (位于距 B 端 $\sqrt{l^2-3a^2}/\sqrt{3}$ 处) $\theta_A=\dfrac{M_e(l^2-3b^2)}{6lEI}$ $\theta_B=\dfrac{M_e(l^2-3a^2)}{6lEI}$

附录B 型 钢 表

附表 B.1 热轧等边角钢(GB 9787—1988)

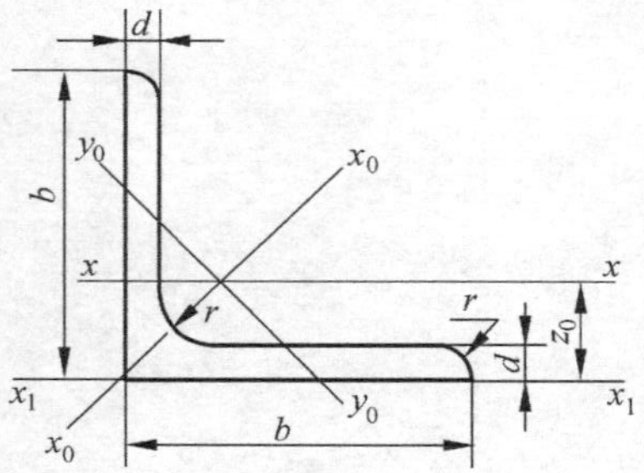

符号意义：b—— 边宽度；
d—— 边厚度；
r—— 内圆弧半径；
r_1—— 边端内圆弧半径；
I—— 惯性矩；
i—— 惯性半径；
W—— 抗弯截面系数；
z_0—— 重心距离

角钢号数	尺寸/mm			截面面积/cm²	理论质量/(kg/m)	外表面积/(m²/m)	参考数值										z_0/cm
							$x—x$			$x_0—x_0$			$y_0—y_0$			$x_1—x_1$	
	b	d	r				I_x/cm^4	i_x/cm	W_x/cm^3	I_{x0}/cm^4	i_{x0}/cm	W_{x0}/cm^3	I_{y0}/cm^4	i_{y0}/cm	W_{y0}/cm^3	I_{x1}/cm^4	
2	20	3	3.5	1.132	0.889	0.078	0.40	0.59	0.29	0.63	0.75	0.45	0.17	0.39	0.20	0.81	0.60
		4		1.459	1.145	0.077	0.50	0.58	0.36	0.78	0.73	0.55	0.22	0.38	0.24	1.09	0.64
2.5	25	3		1.432	1.124	0.098	0.82	0.76	0.46	1.29	0.95	0.73	0.34	0.49	0.33	1.57	0.73
		4		1.859	1.459	0.097	1.03	0.74	0.59	1.62	0.93	0.92	0.43	0.48	0.40	2.11	0.76
3.0	30	3	4.5	1.749	1.373	0.117	1.46	0.91	0.68	2.31	1.15	1.09	0.61	0.59	0.51	2.71	0.85
		4		2.276	1.786	0.117	1.84	0.90	0.87	2.92	1.13	1.37	0.77	0.58	0.62	3.63	0.89
3.6	36	3		2.109	1.656	0.141	2.58	1.11	0.99	4.09	1.39	1.61	1.07	0.71	0.76	4.68	1.00
		4		2.756	2.163	0.141	3.29	1.09	1.28	5.22	1.38	2.05	1.37	0.70	0.93	6.25	1.04
		5		3.382	2.654	0.141	3.95	1.08	1.56	6.24	1.36	2.45	1.65	0.70	1.09	7.84	1.07

续表

角钢号数	尺寸/mm			截面面积/cm^2	理论质量/(kg/m)	外表面积/(m^2/m)	参考数值										z_0/cm
							$x-x$			x_0-x_0			y_0-y_0			x_1-x_1	
	b	d	r				I_x/cm^4	i_x/cm	W_x/cm^3	I_{x0}/cm^4	i_{x0}/cm	W_{x0}/cm^3	I_{y0}/cm^4	i_{y0}/cm	W_{y0}/cm^3	I_{x1}/cm^4	
4.0	40	3	5	2.359	1.852	0.157	3.58	1.23	1.23	5.69	1.55	2.01	1.49	0.79	0.96	6.41	1.09
		4		3.086	2.422	0.157	4.60	1.22	1.60	7.29	1.54	2.58	1.91	0.79	1.19	8.56	1.13
		5		3.791	2.976	0.156	5.53	1.21	1.96	8.76	1.52	3.10	2.30	0.78	1.39	10.74	1.17
4.5	45	3		2.659	2.088	0.177	5.17	1.40	1.58	8.20	1.76	2.58	2.14	0.89	1.24	9.12	1.22
		4		3.486	2.736	0.177	6.65	1.38	2.05	10.56	1.74	3.32	2.75	0.89	1.54	12.18	1.26
		5		4.292	3.369	0.176	8.04	1.37	2.51	12.74	1.72	4.00	3.33	0.88	1.81	15.25	1.30
		6		5.076	3.985	0.176	9.33	1.36	2.95	14.76	1.70	4.64	3.89	0.88	2.06	18.36	1.33
5	50	3	5.5	2.971	2.332	0.197	7.18	1.55	1.96	11.37	1.96	3.22	2.98	1.00	1.57	12.50	1.34
		4		3.897	3.059	0.197	9.26	1.54	2.56	14.70	1.94	4.16	3.82	0.99	1.96	16.69	1.38
		5		4.803	3.770	0.196	11.21	1.53	3.13	17.79	1.92	5.03	4.64	0.98	2.31	20.90	1.42
		6		5.688	4.465	0.196	13.05	1.52	3.68	20.68	1.91	5.85	5.42	0.98	2.63	25.14	1.46
5.6	56	3	6	3.343	2.624	0.221	10.19	1.75	2.48	16.14	2.20	4.08	4.24	1.13	2.02	17.56	1.48
		4		4.390	3.446	0.220	13.18	1.73	3.24	20.92	2.18	5.28	5.46	1.11	2.52	23.43	1.53
		5		5.415	4.251	0.220	16.02	1.72	3.97	25.42	2.17	6.42	6.61	1.10	2.98	29.33	1.57
		6		8.367	6.568	0.219	23.63	1.68	6.03	37.37	2.11	9.44	9.89	1.09	4.16	46.24	1.68
6.3	63	4	7	4.978	3.907	0.248	19.03	1.96	4.13	30.17	2.46	6.78	7.89	1.26	3.29	33.35	1.70
		5		6.143	4.822	0.248	23.17	1.94	5.08	36.77	2.45	8.25	9.57	1.25	3.90	41.73	1.74
		6		7.288	5.721	0.247	27.12	1.93	6.00	43.03	2.43	9.66	11.20	1.24	4.46	50.14	1.78
		8		9.515	7.469	0.247	34.46	1.90	7.75	54.56	2.40	12.25	14.33	1.23	5.47	67.11	1.85
		10		11.657	9.151	0.246	41.09	1.88	9.39	64.85	2.36	14.56	17.33	1.22	6.36	84.31	1.93

续表

角钢号数	尺寸/mm			截面面积/cm^2	理论质量/(kg/m)	外表面积/(m^2/m)	参考数值										z_0/cm
							x—x			x_0—x_0			y_0—y_0			x_1—x_1	
	b	d	r				I_x/cm^4	i_x/cm	W_x/cm^3	I_{x0}/cm^4	i_{x0}/cm	W_{x0}/cm^3	I_{y0}/cm^4	i_{y0}/cm	W_{y0}/cm^3	I_{x1}/cm^4	
		4		5.570	4.372	0.275	26.39	2.18	5.14	41.80	2.74	8.44	10.99	1.40	4.17	45.74	1.86
		5		6.875	5.397	0.275	32.21	2.16	6.32	51.08	2.73	10.32	13.34	1.39	4.95	57.21	1.91
7	70	6	8	8.160	6.406	0.275	37.77	2.15	7.48	59.93	2.71	12.11	15.61	1.38	5.67	68.73	1.95
		7		9.424	7.398	0.275	43.09	2.14	8.59	68.35	2.69	13.81	17.82	1.38	6.34	80.29	1.99
		8		10.667	8.373	0.274	48.17	2.12	9.68	76.37	2.68	15.43	19.98	1.37	6.98	91.92	2.03
		5		7.412	5.818	0.295	39.97	2.33	7.32	63.30	2.92	11.94	16.63	1.50	5.77	70.56	2.04
		6		8.797	6.905	0.294	46.95	2.31	8.64	74.38	2.90	14.02	19.51	1.49	6.67	84.55	2.07
7.5	75	7	9	10.160	7.976	0.294	53.57	2.30	9.93	84.96	2.89	16.02	22.18	1.48	7.44	98.71	2.11
		8		11.503	9.030	0.294	59.96	2.28	11.20	95.07	2.88	17.93	24.86	1.47	8.19	112.97	2.15
		10		14.126	11.089	0.293	71.98	2.26	13.64	113.92	2.84	21.48	30.05	1.46	9.56	141.71	2.22
		5		7.912	6.211	0.315	48.79	2.48	8.34	77.33	3.13	13.67	20.25	1.60	6.66	85.36	2.15
		6		9.397	7.376	0.314	57.35	2.47	9.87	90.98	3.11	16.08	23.72	1.59	7.65	102.50	2.19
8	80	7	9	10.860	8.525	0.314	65.58	2.46	11.37	104.07	3.10	18.40	27.09	1.58	8.58	119.70	2.23
		8		12.303	9.658	0.314	73.49	2.44	12.83	116.60	3.08	20.61	30.39	1.57	9.46	136.97	2.27
		10		15.126	11.874	0.313	88.43	2.42	15.64	140.09	3.04	24.76	36.77	1.56	11.08	171.74	2.35
		6		10.637	8.350	0.354	82.77	2.79	12.61	131.26	3.51	20.63	34.28	1.80	9.95	145.87	2.44
		7		12.301	9.656	0.354	94.83	2.78	14.54	150.47	3.50	23.64	39.18	1.78	11.19	170.30	2.48
9	90	8	10	13.944	10.946	0.353	106.47	2.76	16.42	168.97	3.48	26.55	43.97	1.78	12.35	194.80	2.52
		10		17.167	13.476	0.353	128.58	2.74	20.07	203.90	3.45	32.04	53.26	1.76	14.52	244.07	2.59
		12		20.306	15.940	0.352	149.22	2.71	23.57	236.21	3.41	37.12	62.22	1.75	16.49	293.76	2.67

续表

角钢号数	尺寸/mm			截面面积/cm^2	理论质量/(kg/m)	外表面积/(m^2/m)	参考数值										z₀/cm
							$x-x$			x_0-x_0			y_0-y_0			x_1-x_1	
	b	d	r				I_x/cm^4	i_x/cm	W_x/cm^3	I_{x0}/cm^4	i_{x0}/cm	W_{x0}/cm^3	I_{y0}/cm^4	i_{y0}/cm	W_{y0}/cm^3	I_{x1}/cm^4	z_0/cm
10	100	6	12	11.932	9.366	0.393	114.95	3.10	15.68	181.98	3.90	25.74	47.92	2.00	12.69	200.07	2.67
		7		13.796	10.830	0.393	131.86	3.09	18.10	208.97	3.89	29.55	54.74	1.99	14.26	233.54	2.71
		8		15.638	12.276	0.393	148.24	3.08	20.47	235.07	3.88	33.24	61.41	1.98	15.75	267.09	2.76
		10		19.261	15.120	0.392	179.51	3.05	25.06	284.68	3.84	40.26	74.35	1.96	18.54	334.48	2.84
		12		22.800	17.898	0.391	208.90	3.03	29.48	330.95	3.81	46.80	86.84	1.95	21.08	402.34	2.91
		14		26.256	20.611	0.391	236.53	3.00	33.73	374.06	3.77	52.90	99.00	1.94	23.44	470.75	2.99
		16		29.267	23.257	0.390	262.53	2.98	37.82	414.16	3.74	58.57	110.89	1.94	25.63	539.80	3.06
11	110	7	12	15.196	11.928	0.433	177.16	3.41	22.05	280.94	4.30	36.12	73.38	2.20	17.51	310.64	2.96
		8		17.238	13.532	0.433	199.46	3.40	24.95	316.49	4.28	40.69	82.42	2.19	19.39	355.20	3.01
		10		21.261	16.690	0.432	242.19	3.39	30.60	384.39	4.25	49.42	99.98	2.17	22.91	444.65	3.09
		12		25.200	19.782	0.431	282.55	3.35	36.05	448.17	4.22	57.62	116.93	2.15	26.15	534.60	3.16
		14		29.056	22.809	0.431	320.71	3.32	41.31	508.01	4.18	65.31	133.40	2.14	29.14	625.16	3.24
12.5	125	8	14	19.750	15.504	0.492	297.03	3.88	32.52	470.89	4.88	53.28	123.16	2.50	25.86	512.01	3.37
		10		24.373	19.133	0.491	361.67	3.85	39.97	573.89	4.85	64.93	149.46	2.48	30.62	651.93	3.45
		12		28.912	22.696	0.491	423.16	3.83	41.17	671.44	4.82	75.96	174.88	2.46	35.03	783.42	3.53
		14		33.367	26.193	0.490	481.65	3.80	54.16	763.73	4.78	86.41	199.57	2.45	39.13	915.61	3.61
14	140	10		27.373	21.488	0.551	514.65	4.34	50.58	817.27	5.46	82.56	212.04	2.78	39.20	915.11	3.82
		12		32.512	25.522	0.551	603.68	4.31	59.80	958.79	5.43	96.85	248.57	2.76	45.02	1099.28	3.90
		14		37.567	29.490	0.550	688.81	4.28	68.75	1093.56	5.40	110.47	284.06	2.75	50.45	1284.22	3.98
		16		42.539	33.393	0.549	770.24	4.26	77.46	1221.81	5.36	123.42	318.67	2.74	55.55	1470.07	4.06

续表

角钢号数	尺寸/mm			截面面积/cm^2	理论质量/(kg/m)	外表面积/(m^2/m)	参考数值										z₀
							$x-x$			x_0-x_0			y_0-y_0			x_1-x_1	
	b	d	r				I_x/cm^4	i_x/cm	W_x/cm^3	I_{x0}/cm^4	i_{x0}/cm	W_{x0}/cm^3	I_{y0}/cm^4	i_{y0}/cm	W_{y0}/cm^3	I_{x1}/cm^4	z_0/cm
16	160	10	16	31.502	24.729	0.630	779.53	4.98	66.70	1237.30	6.27	109.36	321.76	3.20	52.76	1365.33	4.31
		12		37.441	29.391	0.630	916.58	4.95	78.98	1455.68	6.24	128.67	377.49	3.18	60.74	1639.57	4.39
		14		43.296	33.987	0.629	1048.36	4.92	90.95	1665.02	6.20	147.17	431.70	3.16	68.24	1914.68	4.47
		16		49.067	38.518	0.629	1175.08	4.89	102.63	1865.57	6.17	164.89	484.59	3.14	75.31	2190.82	4.55
18	180	12	16	42.241	33.159	0.710	1321.35	5.59	100.82	2100.10	7.05	165.00	542.61	3.58	78.41	2332.80	4.89
		14		48.896	38.383	0.709	1514.48	5.56	116.25	2407.42	7.02	189.14	621.53	3.56	88.38	2723.48	4.97
		16		55.467	43.542	0.709	1700.99	5.54	131.13	2703.37	6.98	212.40	689.60	3.55	97.83	3115.29	5.05
		18		61.955	48.634	0.708	1875.12	5.50	145.64	2988.24	6.94	234.78	762.01	3.51	105.14	3502.43	5.13
20	200	14	18	54.642	42.894	0.788	2103.55	6.20	144.70	3343.26	7.82	236.40	863.83	3.98	111.82	3734.10	5.46
		16		62.013	48.680	0.788	2366.15	6.18	163.65	3760.89	7.79	265.93	971.41	3.96	123.96	4270.39	5.54
		18		69.301	54.401	0.787	2620.64	6.15	182.22	4164.54	7.75	294.48	1076.74	3.94	135.52	4808.13	5.62
		20		76.505	60.056	0.787	2867.30	6.12	200.42	4554.55	7.72	322.06	1180.04	3.93	146.55	5347.51	5.69
		24		90.661	71.168	0.785	3338.25	6.07	236.17	5294.97	7.64	374.41	1381.53	3.90	166.65	6457.16	5.87

注：截面图中的 $r_1=d/3$ 及表中 r 值，用于孔型设计，不作为交货条件。

附表B.2 热轧不等边角钢(GB 9788—1988)

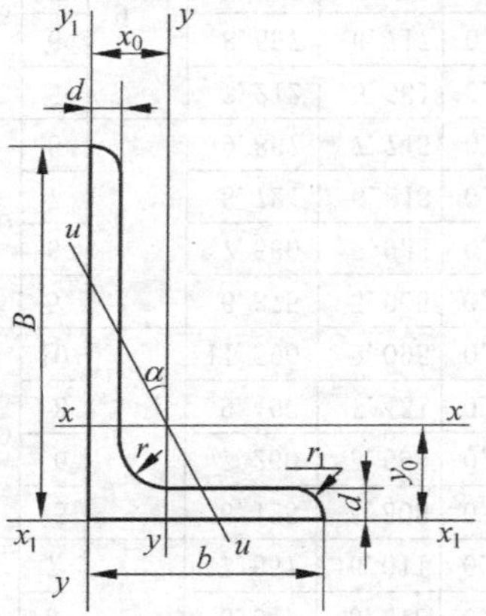

符号意义：B—— 长边宽度；　b—— 短边宽度；
d—— 边厚；　r—— 内圆弧半径；
r_1—— 边端内圆弧半径；　x_0—— 形心坐标；
y_0—— 形心坐标；　I—— 惯性矩；
i—— 惯性半径；　W—— 抗弯截面系数

角钢号数	尺寸/mm				截面面积/cm²	理论质量/(kg/m)	外表面积/(m²/m)	参考数值													
								x—x			y—y			x_1—x_1		y_1—y_1		u—u			
	B	b	d	r				I_x/cm⁴	i_x/cm	W_x/cm³	I_y/cm⁴	i_y/cm	W_y/cm³	I_{x1}/cm⁴	y_0/cm	I_{y1}/cm⁴	x_0/cm	I_u/cm⁴	i_u/cm	W_u/cm³	tan α
2.5/1.6	25	16	3	3.5	1.162	0.912	0.080	0.70	0.78	0.43	0.22	0.44	0.19	1.56	0.86	0.43	0.42	0.14	0.34	0.16	0.392
			4		1.499	1.176	0.079	0.88	0.77	0.55	0.27	0.43	0.24	2.09	0.90	0.59	0.46	0.17	0.34	0.20	0.381
3.2/2	32	20	3		1.492	1.171	0.102	1.53	1.01	0.72	0.46	0.55	0.30	3.27	1.08	0.82	0.49	0.28	0.43	0.25	0.382
			4		1.939	1.22	0.101	1.93	1.00	0.93	0.57	0.54	0.39	4.37	1.12	1.12	0.53	0.35	0.42	0.32	0.374
4/2.5	40	25	3	4	1.890	1.484	0.127	3.08	1.28	1.15	0.93	0.70	0.49	5.39	1.32	1.59	0.59	0.56	0.54	0.40	0.385
			4		2.467	1.936	0.127	3.93	1.26	1.49	1.18	0.69	0.63	8.53	1.37	2.14	0.63	0.71	0.54	0.52	0.381
4.5/2.8	45	28	3	5	2.149	1.687	0.143	4.45	1.44	1.47	1.34	0.79	0.62	9.10	1.47	2.23	0.64	0.80	0.61	0.51	0.383
			4		2.806	2.203	0.143	5.69	1.42	1.91	1.70	0.78	0.80	12.13	1.51	3.00	0.68	1.02	0.60	0.66	0.380
5/3.2	50	32	3	5.5	2.431	1.908	0.161	6.24	1.60	1.84	2.02	0.91	0.82	12.49	1.60	3.31	0.73	1.20	0.70	0.68	0.404
			4		3.177	2.494	0.160	8.02	1.59	2.39	2.58	0.90	1.06	16.65	1.65	4.45	0.77	1.53	0.69	0.87	0.402

续表

角钢号数	尺寸/mm				截面面积/cm^2	理论质量/(kg/m)	外表面积/(m^2/m)	参考数值													
								$x-x$			$y-y$			x_1-x_1		y_1-y_1		$u-u$			
	B	b	d	r				I_x/cm^4	i_x/cm	W_x/cm^3	I_y/cm^4	i_y/cm	W_y/cm^3	I_{x1}/cm^4	y_0/cm	I_{y1}/cm^4	x_0/cm	I_u/cm^4	i_u/cm	W_u/cm^3	$\tan\alpha$
5.6/3.6	56	36	3	6	2.743	2.153	0.181	8.88	1.80	2.32	2.92	1.03	1.05	17.54	1.78	4.70	0.80	1.73	0.79	0.87	0.408
			4		3.590	2.818	0.180	11.45	1.78	3.03	3.76	1.02	1.37	23.39	1.82	6.33	0.85	2.23	0.79	1.13	0.408
			5		4.415	3.466	0.180	13.86	1.77	3.71	4.49	1.01	1.65	29.25	1.87	7.94	0.88	2.67	0.79	1.36	0.404
6.3/4	63	40	4	7	4.058	3.185	0.202	16.49	2.02	3.87	5.23	1.14	1.70	33.30	2.04	8.63	0.92	3.12	0.88	1.40	0.398
			5		4.993	3.920	0.202	20.02	2.00	4.74	6.31	1.12	2.71	41.63	2.08	10.86	0.95	3.76	0.87	1.71	0.396
			6		5.908	4.638	0.201	23.36	1.96	5.59	7.29	1.11	2.43	49.98	2.12	13.12	0.99	4.34	0.86	1.99	0.393
			7		6.802	5.339	0.201	26.53	1.98	6.40	8.24	1.10	2.78	58.07	2.15	15.47	1.03	4.97	0.86	2.29	0.389
7/4.5	70	45	4	7.5	4.547	3.570	0.226	23.17	2.26	4.86	7.55	1.29	2.17	45.92	2.24	12.26	1.02	4.40	0.98	1.77	0.410
			5		5.609	4.403	0.225	27.95	2.23	5.92	9.13	1.28	2.65	57.10	2.28	15.39	1.06	5.40	0.98	2.19	0.407
			6		6.647	5.218	0.225	32.54	2.21	6.95	10.62	1.26	3.12	68.35	2.32	18.58	1.09	6.35	0.93	2.59	0.404
			7		7.657	6.011	0.225	37.22	2.20	8.03	12.01	1.25	3.57	79.99	2.36	21.84	1.13	7.16	0.97	2.94	0.402
(7.5/5)	75	50	5	8	6.125	4.808	0.245	34.86	2.39	6.83	12.61	1.44	3.30	70.00	2.40	21.04	1.17	7.41	1.10	2.74	0.435
			6		7.260	5.699	0.245	41.12	2.38	8.12	14.70	1.42	3.88	84.30	2.44	25.37	1.21	8.54	1.08	3.19	0.435
			8		9.467	7.431	0.244	52.39	2.35	10.52	18.53	1.40	4.99	112.50	2.52	34.23	1.29	10.87	1.07	4.10	0.429
			10		11.590	9.098	0.244	62.71	2.33	12.79	21.96	1.38	6.04	140.80	2.60	43.43	1.36	13.10	1.06	4.99	0.423
8/5	80	50	5	8	6.375	5.005	0.255	41.96	2.56	7.78	12.82	1.42	3.32	85.21	2.60	21.06	1.14	7.66	1.10	2.74	0.388
			6		7.560	5.935	0.255	49.49	2.56	9.25	14.95	1.41	3.91	102.53	2.65	25.41	1.18	8.85	1.08	3.20	0.387
			7		8.724	6.848	0.255	56.16	2.54	10.58	16.96	1.39	4.48	119.33	2.69	29.82	1.21	10.18	1.08	3.70	0.384
			8		9.867	7.745	0.254	62.83	2.52	11.92	18.85	1.38	5.03	136.41	2.73	34.32	1.25	11.38	1.07	4.16	0.381
9/5.6	90	56	5	9	7.212	5.661	0.287	60.45	2.90	9.92	18.32	1.59	4.21	121.32	2.91	29.53	1.25	10.98	1.23	3.49	0.385
			6		8.557	6.717	0.286	71.03	2.88	11.74	21.42	1.58	4.96	145.59	2.95	35.58	1.29	12.90	1.23	4.18	0.384
			7		9.880	7.756	0.286	81.01	2.86	13.49	24.36	1.57	5.70	169.66	3.00	41.71	1.33	14.67	1.22	4.72	0.382
			8		11.183	8.779	0.286	91.03	2.85	15.27	27.15	1.56	6.41	194.17	3.04	47.93	1.36	16.34	1.21	5.29	0.380

续表

角钢号数	尺寸/mm				截面面积/cm²	理论质量/(kg/m)	外表面积/(m²/m)	参考数值													
								x—x			y—y			$x_1—x_1$		$y_1—y_1$		u—u			
	B	b	d	r				I_x/cm⁴	i_x/cm	W_x/cm³	I_y/cm⁴	i_y/cm	W_y/cm³	I_{x1}/cm⁴	y_0/cm	I_{y1}/cm⁴	x_0/cm	I_u/cm⁴	i_u/cm	W_u/cm³	tan α
10/6.3	100	63	6	10	9.617	7.550	0.320	99.06	3.21	14.64	30.94	1.79	6.35	199.71	3.24	50.50	1.43	18.42	1.38	5.25	0.394
			7		11.111	8.722	0.320	113.45	3.20	16.88	35.26	1.78	7.29	233.00	3.28	59.14	1.47	21.00	1.38	6.02	0.394
			8		12.584	9.878	0.319	127.37	3.18	19.08	39.39	1.77	8.21	266.32	3.32	67.88	1.50	23.50	1.37	6.78	0.391
			10		15.467	12.142	0.319	153.81	3.15	23.32	47.12	1.74	9.98	333.06	3.40	85.73	1.58	28.33	1.35	8.24	0.387
10/8	100	80	6	10	10.637	8.350	0.354	107.04	3.17	15.19	61.24	2.40	10.16	199.83	2.95	102.68	1.97	31.65	1.72	8.37	0.627
			7		12.301	9.656	0.354	122.73	3.16	17.52	70.08	2.39	11.71	233.20	3.00	119.98	2.01	36.17	1.72	9.60	0.626
			8		13.944	10.946	0.353	137.92	3.14	19.81	78.58	2.37	13.21	266.61	3.04	137.37	2.05	40.58	1.71	10.80	0.625
			10		17.167	13.476	0.353	166.87	3.12	24.24	94.65	2.35	16.12	333.63	3.12	172.48	2.13	49.10	1.69	13.12	0.622
11/7	110	70	6	10	10.637	8.350	0.354	133.37	3.54	17.85	42.92	2.01	7.90	265.78	3.53	69.08	1.57	25.36	1.54	6.53	0.403
			7		12.301	9.656	0.354	153.00	3.53	20.60	49.01	2.00	9.09	310.07	3.57	80.82	1.61	28.95	1.53	7.50	0.402
			8		13.944	10.946	0.353	172.04	3.51	23.30	54.87	1.98	10.25	354.39	3.62	92.70	1.65	32.45	1.53	8.45	0.401
			10		17.167	13.467	0.353	208.39	3.48	28.54	65.88	1.96	12.48	443.13	3.70	116.83	1.72	39.20	1.51	10.29	0.397
12.5/8	125	80	7	11	14.096	11.066	0.403	227.98	4.02	26.86	74.42	2.30	12.01	454.99	4.01	120.32	1.80	43.81	1.76	9.92	0.408
			8		15.989	12.551	0.403	256.77	4.01	30.41	83.49	2.28	13.56	519.99	4.06	137.85	1.84	49.15	1.75	11.18	0.407
			10		19.712	15.474	0.402	312.04	3.98	37.33	100.67	2.26	16.56	650.09	4.14	173.40	1.92	59.45	1.74	13.64	0.404
			12		23.351	18.330	0.402	364.41	3.95	44.01	116.67	2.24	19.43	780.39	4.22	209.67	2.00	69.35	1.72	16.01	0.400
14/9	140	90	8	12	18.038	14.160	0.453	365.64	4.50	38.48	120.69	2.59	17.34	730.53	4.50	195.79	2.04	70.83	1.98	14.31	0.411
			10		22.261	17.475	0.452	445.50	4.47	47.31	146.03	2.56	21.22	913.20	4.58	245.92	2.21	85.82	1.96	17.48	0.409
			12		26.400	20.724	0.451	521.59	4.44	55.87	169.79	2.54	24.95	1096.09	4.66	296.89	2.19	100.21	1.95	20.54	0.406
			14		30.456	23.908	0.451	594.10	4.42	64.18	192.10	2.51	28.54	1279.26	4.74	348.82	2.27	114.13	1.94	23.52	0.403

续表

角钢号数	尺寸/mm				截面面积/cm²	理论质量/(kg/m)	外表面积/(m²/m)	参考数值														
								x—x			y—y			x_1—x_1		y_1—y_1		u—u				
	B	b	d	r				I_x/cm^4	i_x/cm	W_x/cm^3	I_y/cm^4	i_y/cm	W_y/cm^3	I_{x1}/cm^4	y_0/cm	I_{y1}/cm^4	x_0/cm	I_u/cm^4	i_u/cm	W_u/cm^3	tan α
16/10	160	100	10	13	25.315	19.872	0.512	668.69	5.14	62.13	205.03	2.85	26.56	1362.89	5.24	336.59	2.28	121.74	2.19	21.92	0.390
			12		30.054	23.592	0.511	784.91	5.11	73.49	239.09	2.82	31.28	1635.56	5.32	405.94	2.36	142.33	2.17	25.79	0.388
			14		34.709	27.247	0.510	896.30	5.08	84.56	271.20	2.80	35.83	1908.50	5.40	476.42	2.43	162.23	2.16	29.56	0.385
			16		39.281	30.835	0.510	1003.04	5.05	95.33	301.60	2.77	40.24	2181.79	5.48	548.22	2.51	182.57	2.16	33.44	0.382
18/11	180	110	10	14	28.373	22.273	0.571	956.25	5.80	78.96	278.11	3.13	32.49	1940.40	5.89	447.22	2.44	166.50	2.42	26.88	0.376
			12		33.712	26.464	0.571	1124.72	5.78	93.53	325.03	3.10	38.32	2328.35	5.98	538.94	2.52	194.87	2.40	31.66	0.374
			14		38.967	30.589	0.570	1286.91	5.75	107.76	369.55	3.08	43.97	2716.60	6.06	631.95	2.59	222.30	2.39	36.32	0.372
			16		44.139	34.649	0.569	1443.06	5.72	121.64	411.85	3.06	49.44	3105.15	6.14	726.46	2.67	248.84	2.38	40.87	0.369
20/12.5	200	125	12		37.912	29.761	0.641	1570.90	6.44	116.73	483.16	3.57	49.99	3193.85	6.54	787.74	2.83	285.79	2.74	41.23	0.392
			14		43.867	34.436	0.640	1800.97	6.41	134.65	550.83	3.54	57.44	3726.17	6.62	922.47	2.91	326.58	2.73	47.34	0.390
			16		49.739	39.045	0.639	2023.35	6.38	152.18	615.44	3.52	64.69	4258.86	6.70	1058.86	2.99	366.21	2.71	53.32	0.388
			18		55.526	43.588	0.639	2238.30	6.35	169.33	677.19	3.49	71.74	4792.00	6.78	1197.13	3.06	404.83	2.70	59.18	0.385

注：(1) 括号内型号不推荐使用。

(2) 截面图中的 $r_1=d/3$ 及表中 r 值，用于孔型设计，不作为交货条件。

附表B.3 热轧槽钢(GB 707—1988)

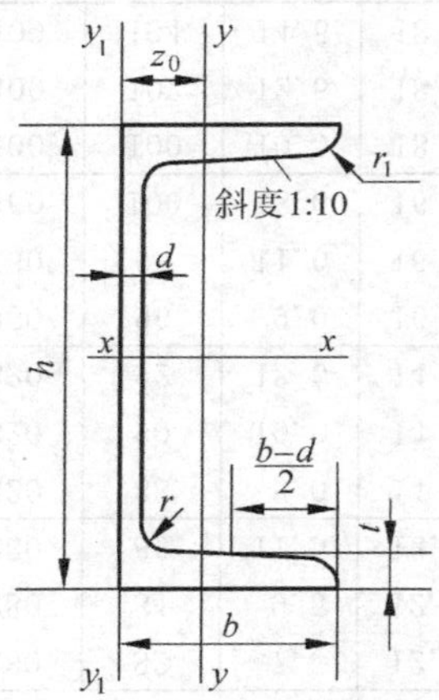

符号意义：h——高度；　r_1——腿端圆弧半径；
b——腿宽度；　I——惯性矩；
d——腰厚度；　W——抗弯截面系数；
t——平均腿厚度；　i——惯性半径；
r——内圆弧半径；　z_0——y—y 轴与 y_1—y_1 轴间距

型号	尺寸/mm						截面面积/cm²	理论重量/(kg/m)	参考数值							
									x—x			y—y			y_1—y_1	z_0/cm
	h	b	d	t	r	r_1			W_x/cm^3	I_x/cm^4	i_x/cm	W_y/cm^3	I_y/cm^4	i_y/cm	I_{y1}/cm^4	
5	50	37	4.5	7	7.0	3.5	6.928	5.438	10.4	26.0	1.94	3.55	8.30	1.10	20.9	1.35
6.3	63	40	4.8	7.5	7.5	3.8	8.451	6.634	16.1	50.8	2.45	4.50	11.9	1.19	28.4	1.36
8	80	43	5.0	8	8.0	4.0	10.248	8.045	25.3	101	3.15	5.79	16.6	1.27	37.4	1.43
10	100	48	5.3	8.5	8.5	4.2	12.748	10.007	39.7	198	3.95	7.8	25.6	1.41	54.9	1.52
12.6	126	53	5.5	9	9.0	4.5	15.692	12.318	62.1	391	4.95	10.2	38.0	1.57	77.1	1.59
14a	140	58	6.0	9.5	9.5	4.8	18.516	14.535	80.5	564	5.52	13.0	53.2	1.70	107	1.71
14b	140	60	8.0	9.5	9.5	4.8	21.316	16.733	87.1	609	5.35	14.1	61.1	1.69	121	1.67
16a	160	63	6.5	10	10.0	5.0	21.962	17.240	108	866	6.28	16.3	73.3	1.83	144	1.80
16	160	65	8.5	10	10.0	5.0	25.162	19.752	117	935	6.10	17.6	83.4	1.82	161	1.75

续表

型号	尺寸/mm						截面面积/cm²	理论重量/(kg/m)	参考数值								
									x—x			y—y			y_1—y_1	
	h	b	d	t	r	r_1			W_x/cm^3	I_x/cm^4	i_x/cm	W_y/cm^3	I_y/cm^4	i_y/cm	I_{y1}/cm^4	z_0/cm
18a	180	68	7.0	10.5	10.5	5.2	25.699	20.174	141	1270	7.04	20.0	98.6	1.96	190	1.88
18	180	70	9.0	10.5	10.5	5.2	29.299	23.000	152	1370	6.84	21.5	111	1.95	210	1.84
20a	200	73	7.0	11	11.0	5.5	28.837	22.637	178	1780	7.86	24.2	128	2.11	244	2.01
20	200	75	9.0	11	11.0	5.5	32.837	25.777	191	1910	7.64	25.9	144	2.09	268	1.95
22a	220	77	7.0	11.5	11.5	5.8	31.846	24.999	218	2390	8.67	28.2	158	2.23	298	2.10
22	220	79	9.0	11.5	11.5	5.8	36.246	28.453	234	2570	8.42	30.1	176	2.21	326	2.03
25a	250	78	7.0	12	12.0	6.0	34.917	27.410	270	3370	9.82	30.6	176	2.24	322	2.07
25b	250	80	9.0	12	12.0	6.0	39.917	31.335	282	3530	9.41	32.7	196	2.22	353	1.98
25c	250	82	11.0	12	12.0	6.0	44.917	35.260	295	3690	9.07	35.9	218	2.21	384	1.92
28a	280	82	7.5	12.5	12.5	6.2	40.034	31.427	340	4760	10.9	35.7	218	2.33	388	2.10
28b	280	84	9.5	12.5	12.5	6.2	45.634	35.823	366	5130	10.6	37.9	242	2.30	428	2.02
28c	280	86	11.5	12.5	12.5	6.2	51.234	40.219	393	5500	10.4	40.3	268	2.29	463	1.95
32a	320	88	8.0	14	14.0	7.0	48.513	38.083	475	7600	12.5	46.5	305	2.50	552	2.24
32b	320	90	10.0	14	14.0	7.0	54.913	43.107	509	8140	12.2	59.2	336	2.47	593	2.16
32c	320	92	12.0	14	14.0	7.0	61.313	48.131	543	8690	11.9	52.6	374	2.47	643	2.09
36a	360	96	9.0	16	16.0	8.0	60.910	47.814	660	11 900	14.0	63.5	455	2.73	818	2.44
36b	360	98	11.0	16	16.0	8.0	68.110	53.466	703	12 700	13.6	66.9	497	2.70	880	2.37
36c	360	100	13.0	16	16.0	8.0	75.310	59.118	746	13 400	13.4	70.0	536	2.67	948	2.34
40a	400	100	10.5	18	18.0	9.0	75.068	58.928	879	17 600	15.3	78.8	592	2.81	1070	2.49
40b	400	102	12.5	18	18.0	9.0	83.068	65.208	932	18 600	15.0	82.5	640	2.78	1140	2.44
40c	400	104	14.5	18	18.0	9.0	91.068	71.488	986	19 700	14.7	86.2	688	2.75	1220	2.42

附表B.4 热轧工字钢(GB 706—1988)

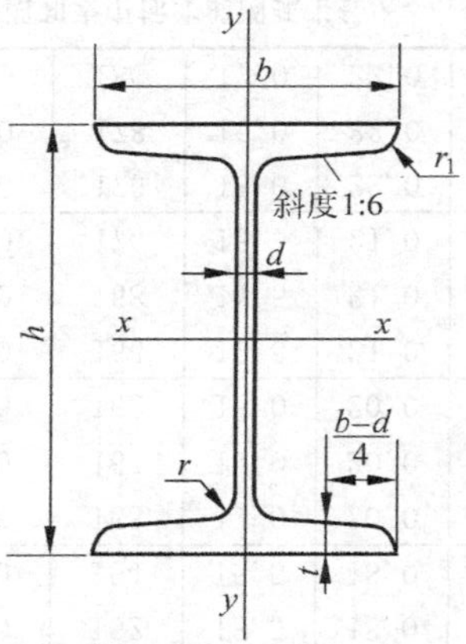

符号意义：h——高度；
b——腿宽度；
d——腰厚度；
t——平均腿厚度；
r——内圆弧半径；
r_1——腿端圆弧半径；
I——惯性矩；
W——抗弯截面系数；
i——惯性半径；
S——半截面的静力矩

型号	尺寸/mm						截面面积/cm²	理论质量/(kg/m)	参考数值						
									x—x				y—y		
	h	b	d	t	r	r_1			I_x/cm⁴	W_x/cm³	i_x/cm	$(I_x:S_x)$/cm	I_y/cm⁴	W_y/cm³	i_y/cm
10	100	68	4.5	7.6	6.5	3.3	14.345	11.261	245	49.0	4.14	8.59	33.0	9.72	1.52
12.6	126	74	5.0	8.4	7.0	3.5	18.118	14.223	448	77.5	5.20	10.8	46.9	12.7	1.61
14	140	80	5.5	9.1	7.5	3.8	21.516	16.890	712	102	5.76	12.0	64.4	16.1	1.73
16	160	88	6.0	9.9	8.0	4.0	26.131	20.513	1130	141	6.58	13.8	93.1	21.1	1.89
18	180	94	6.5	10.7	8.5	4.3	30.756	24.143	1660	185	7.36	15.4	122	26.0	2.00
20a	200	100	7.0	11.4	9.0	4.5	35.578	27.929	2370	237	8.15	17.2	158	31.5	2.12
20b	200	102	9.0	11.4	9.0	4.5	39.578	31.069	2500	250	7.96	16.9	169	33.1	2.06
22a	220	110	7.5	12.3	9.5	4.8	42.128	33.070	3400	309	8.99	18.9	225	40.9	2.31
22b	220	112	9.5	12.3	9.5	4.8	46.528	36.524	3570	325	8.78	18.7	239	42.7	2.27
25a	250	116	8.0	13.0	10.0	5.0	48.541	38.105	5020	402	10.2	21.6	280	48.3	2.40
25b	250	118	10.0	13.0	10.0	5.0	53.541	42.030	5280	423	9.94	21.3	309	52.4	2.40
28a	280	122	8.5	13.7	10.5	5.3	55.404	43.492	7110	508	11.3	24.6	345	56.6	2.50
28b	280	124	10.5	13.7	10.5	5.3	61.004	47.888	7480	534	11.1	24.2	379	61.2	2.49

续表

型号	尺寸/mm						截面面积/cm^2	理论质量/(kg/m)	参考数值						
									x—x				y—y		
	h	b	d	t	r	r_1			I_x/cm^4	W_x/cm^3	i_x/cm	$(I_x:S_x)/cm$	I_y/cm^4	W_y/cm^3	i_y/cm
32a	320	130	9.5	15.0	11.5	5.8	67.156	52.717	11100	692	12.8	27.5	460	70.8	2.62
32b	320	132	11.5	15.0	11.5	5.8	73.556	57.741	11600	726	12.6	27.1	502	76.0	2.61
32c	320	134	13.5	15.0	11.5	5.8	79.956	62.765	12200	760	12.3	26.3	544	81.2	2.61
36a	360	136	10.0	15.8	12.0	6.0	76.480	60.037	15800	875	14.4	30.7	552	81.2	2.69
36b	360	138	12.0	15.8	12.0	6.0	83.680	65.689	16500	919	14.1	30.3	582	84.3	2.64
36c	360	140	14.0	15.8	12.0	6.0	90.880	71.341	17300	962	13.8	29.9	612	87.4	2.60
40a	400	142	10.5	16.5	12.5	6.3	86.112	67.598	21700	1090	15.9	34.1	660	93.2	2.77
40b	400	144	12.5	16.5	12.5	6.3	94.112	73.878	22800	1140	16.5	33.6	692	96.2	2.71
40c	400	146	14.5	16.5	12.5	6.3	102.112	80.158	23900	1190	15.2	33.2	727	99.6	2.65
45a	450	150	11.5	18.0	13.5	6.8	102.446	80.420	32200	1430	17.7	38.6	855	114	2.89
45b	450	152	13.5	18.0	13.5	6.8	111.446	87.485	33800	1500	17.4	38.0	894	118	2.84
45c	450	154	15.5	18.0	13.5	6.8	120.446	94.550	35300	1570	17.1	37.6	938	122	2.79
50a	500	158	12.0	20.0	14.0	7.0	119.304	93.654	46500	1860	19.7	42.8	1120	142	3.07
50b	500	160	14.0	20.0	14.0	7.0	129.304	101.504	48600	1940	19.4	42.4	1170	146	3.01
50c	500	162	16.0	20.0	14.0	7.0	139.304	109.354	50600	2080	19.0	41.8	1220	151	2.96
56a	560	166	12.5	21.0	14.5	7.3	135.435	106.316	65600	2340	22.0	47.7	1370	165	3.18
56b	560	168	14.5	21.0	14.5	7.3	146.635	115.108	68500	2450	21.6	47.2	1490	174	3.16
56c	560	170	16.5	21.0	14.5	7.3	157.835	123.900	71400	2550	21.3	46.7	1560	183	3.16
63a	630	176	13.0	22.0	15.0	7.5	154.658	121.407	93900	2980	24.5	54.2	1700	193	3.31
63b	630	178	15.0	22.0	15.0	7.5	167.258	131.298	98100	3160	24.2	53.5	1810	204	3.29
63c	630	180	17.0	22.0	15.0	7.5	179.858	141.189	102000	3300	23.8	52.9	1920	214	3.27

注：截面图和表中标注的圆弧半径 r、r_1 值，用于孔型设计，不作为交货条件。

部分习题答案

第1篇　静　力　学

第2章　平面力系

2.1　$F_{AC}=207\ \mathrm{N}, F_{BC}=164\ \mathrm{N}$

2.2　$F_D=\frac{F}{2}, F_A=1.12F$

2.3　$\boldsymbol{F}_R=17.13\ \mathrm{kN}, (\boldsymbol{F}_R, x)=40.99°$

2.4　$F_B=10\ \mathrm{kN}, F_A=10\sqrt{5}\ \mathrm{kN}, \alpha_A=18.4°$

2.5　$F_A=F_E=166.7\ \mathrm{N}$

2.6　$F_{AB}=28.36\ \mathrm{kN}, F_{AC}=28.78\ \mathrm{kN}$

2.7　$F_1=0.61F_2$

2.8　(a) $F_A=F_B=\frac{M}{l}$；(b) $F_A=F_B=\frac{M}{l}$；(c) $F_A=F_B=\frac{M}{l\cos\theta}$

2.9　$F_A=F_C=0.354\frac{M}{a}$

2.10　$F_A=F_B=750\ \mathrm{N}$

2.11　$F_A=F_B=333.3\ \mathrm{N}$

2.12　$M_2=1000\ \mathrm{N\cdot m}$

2.13　$M_1=3\ \mathrm{N\cdot m}, F_{AB}=5\ \mathrm{N}$

2.14　$F_A=\frac{\sqrt{2}M}{l}$

2.15　主矢 0，主矩 $2Fa$ 逆时针

2.16　(1) $F_R=-150\ \mathrm{N}, M_O=900\ \mathrm{N\cdot mm}$；　(2) $d=6\ \mathrm{mm}$

2.17　简化为一个力，$F_R=F$ 方向向上，在 A 点右侧，距离为 $d=\left(2-\frac{\sqrt{3}}{2}\right)a$

2.18　(a) $F_{Ax}=0, F_{Ay}=-\frac{1}{2}\left(F+\frac{M}{a}\right), F_B=\frac{1}{2}\left(3F+\frac{M}{a}\right)$

(b) $F_{Ax}=0, F_{Ay}=-\frac{1}{2}\left(F+\frac{M}{a}-\frac{5qa}{2}\right), F_B=\frac{1}{2}\left(3F+\frac{M}{a}-\frac{qa}{2}\right)$

2.19　$T=1.155P, F_A=1.155P$

2.20　$F_A=1074.9\ \mathrm{N}$

2.21　$F_{Ax}=10\ \mathrm{kN}, F_{Ay}=10\ \mathrm{kN}, M_A=-50\ \mathrm{kN\cdot m}$

2.22　$X_A=\frac{5P}{2}, Y_A=2P$；$X_B=-\frac{3P}{2}, Y_B=-2P$；$X_C=-\frac{5P}{2}, Y_C=-P$

2.23　$F_A=-35\ \mathrm{kN}, F_B=80\ \mathrm{kN}, F_D=-5\ \mathrm{kN}, F_C=25\ \mathrm{kN}$

2.24　$F_B=Q+\frac{aP}{2l}, F_C=Q+\left(1-\frac{a}{2l}\right)P, F_D=\left(Q+\frac{aP}{l}\right)\frac{l\cos\alpha}{2h}$

2.25　$F_{Cx}=-10.39$ kN(←), $F_{Cy}=-12.75$ kN(↓), $M_A=1.44$ kN·m(顺时针)

2.26　$F_{Ax}=12$ kN, $F_{Ay}=1.5$ kN；$F_B=10.5$ kN, $F_{BC}=15$ kN

2.27　$\frac{\pi}{2}\geqslant\theta\geqslant\arctan\frac{1}{2f_{sA}}$

2.28　$F_1=-5.33F, F_2=2F, F_3=-1.67F$

2.29　$F_4=20$ kN, $F_5=10\sqrt{2}$ kN, $F_7=-20$ kN, $F_{10}=-43.6$ kN

2.30　$F_1=-\frac{4F}{9}, F_2=-\frac{2F}{3}, F_3=0$

2.31　(1) 平衡；(2) $F_A=F_B=72$ N

2.32　12 kN

2.33　$10P$

2.34　5000 N

2.35　$x\geqslant 12$ cm

第3章　空间力系

3.1　$F_{Rx}=-434.7$ N, $F_{Ry}=249.6$ N, $F_{Rz}=-34.2$ N

$M_x=-65.2$ N·m, $M_y=-36.64$ N·m, $M_z=130.4$ N·m

3.2　$F_R=20$ N平行于 z 轴正向，作用线由 $x_C=70$ mm, $y_C=32.5$ mm确定

3.3　$\frac{Fab}{\sqrt{a^2+b^2}}, -\frac{Fbc}{\sqrt{a^2+b^2}}, -\frac{Fac}{\sqrt{a^2+b^2}}$

3.4　$0, -\frac{Fa}{2}, \frac{\sqrt{6}}{4}Fa$

3.5　$M_x(F)=-F_1\cdot l-F_3\cdot a=-F(l+a)$

$M_y(F)=F_1\cdot b-F_2\cdot a=F(b-a)$

$M_z(F)=F_2\cdot l+F_3\cdot b=F(l+b)$

3.6　$M_x=\frac{F}{4}(h-3r), M_y=\frac{\sqrt{3}F}{4}(h+r), M_z=-\frac{Fr}{2}$

3.7　$F_{Ax}=250$ N, $F_{Ry}=0$, $F_{Rz}=300$ N

$M_x=0$ N·m, $M_y=-35.5$ N·m, $M_z=19$ N·m

3.8　主矢为：$F'_R=-300\mathrm{i}-200\mathrm{j}+300\mathrm{k}$(N)，主矩为：$M_O=200\mathrm{i}-300\mathrm{j}$ (N·m)；简化结果为一合力。

3.9　$y_C=4$ cm

3.10　(a) $x_C=0, y_C=153.6$ mm

(b) $x_C=19.74$ mm, $y_C=39.74$ mm

3.11　$x_C=0, y_C=64.55$ mm

第2篇　运　动　学

第4章　点的运动学

4.1　$y=l\tan kt, v=lk\sec^2 kt, a=2lk^2\tan kt\sec^2 kt$

$\theta=\frac{\pi}{6}, v=\frac{4lk}{3}, a=\frac{8\sqrt{3}}{9}lk^2$

$\theta=\frac{\pi}{3}, v=4lk, a=8\sqrt{3}\,lk^2$

4.2 $v=150$ mm/s 在出发点左方 2500 mm

4.3 $v=1.1547$ m/s

4.4 椭圆 $\left(\frac{x}{b}\right)^2+\left(\frac{y}{c}\right)^2=1$

$x=b\sin\omega t, y=c\cos\omega t$

$v_x=b\omega\cos\omega t, v_y=-c\omega\sin\omega t$

$a_x=-b\omega^2\sin\omega t, a_y=-c\omega^2\cos\omega t$

4.5 $x=200\cos\frac{\pi}{5}t$ mm, $y=100\sin\frac{\pi}{5}t$ mm

轨迹：$\frac{x^2}{40000}+\frac{y^2}{10000}=1$

4.6 $v=-\frac{v_0}{x}\sqrt{x^2+l^2}, a=-\frac{v_0^2l^2}{x^3}$

4.7 $a_M=3.12$ m/s^2

4.8 $\sqrt{\frac{4k^2R^2+16k^4t^4}{R^2}}$

4.9 $v=\frac{u}{\sin\varphi}, a=\frac{u^2}{r\sin^3\varphi}$

第 5 章　刚体的基本运动

5.1 $v=1.005$ m/s, $a=5.05$ m/s^2

5.2 $v_M=10.47$ m/s, $a=54.83$ m/s^2

5.3 $t=0, v_M=15.7$ cm/s, $a_M^\tau=0, a_M^n=6.17$ cm/s^2

$t=2$ s, $v_M=0, a_M^\tau=-12.3$ cm/s^2, $a_M^n=0$

5.4 $\omega=2$ rad/s, $D=500$ mm

5.5 $\omega=3$ rad/s, $\alpha=9\sqrt{3}$ rad/s^2

5.6 $\omega=2$ rad/s, $\alpha=4.47$ rad/s^2, $a_B=30$ cm/s^2

5.7 $x=0.2\cos4t$(式中 x 以 m 计), $v=-0.4$ m/s, $a=-2.078$ m/s^2

5.8 $t=20.94$ s, $n_2=200$ r/m, $i_{12}=2$

5.9 $\omega=\frac{v}{2l}, \alpha=-\frac{v^2}{2l^2}$

5.10 (1) $\alpha_2=\frac{5000\pi}{d^2}$ rad/s^2；　(2) $a=592.2$ m/s^2

第 6 章　点的合成运动

6.2 $v_r=0.544$ m/s, v_r 与平带之间的夹角 $\alpha=12°52'$

6.3 $v_A=\frac{lav}{x^2+a^2}$(v_A 垂直于 OA)

6.4 (a) $\omega_2=1.5$ rad/s(逆时针)

(b) $\omega_2=2$ rad/s(逆时针)

6.5　$v_a=v\tan\varphi(\uparrow)$

6.6　$v_a=175$ m/s(78°)，$a_a=292$ m/s^2(71°)

6.7　$\omega_1=\dfrac{\omega}{4}$(逆时针)，$\alpha_1=0.65\omega^2$(顺时针)

6.8　$v_{AB}=e\omega(\uparrow)$

6.9　$v_{CD}=\dfrac{2}{3}l\omega(\uparrow)$

6.10　$\omega_{OA}=\dfrac{v}{\sqrt{3}R}$(逆时针)，$\boldsymbol{a}_r=\dfrac{1}{\sqrt{3}}\left(\dfrac{v^2}{R}+a\right)\boldsymbol{\tau}+\dfrac{v^2}{3R}\boldsymbol{n}$

6.11　$v_{CD}=0.3\omega(\uparrow)$，$a_{CD}=0.3a-0.4\omega^2(\uparrow)$

6.12　$\omega_{OB}=1.8$ rad/s(逆时针)，$\alpha_{OB}=\dfrac{a_e}{OA}=\dfrac{168}{50}=3.36$ rad/s^2

6.13　$\omega_{O_1D}=\dfrac{\omega}{2}\cos\alpha$(逆时针)，$v_{BC}=2r\omega\cdot\cos\alpha/\sin\beta(\leftarrow)$

6.14　$x=0.1t^2$(x 以 m 计)，$y=h-0.05t^2$(y 以 m 计)

$y=h-\dfrac{x}{2}$

$v=0.1\sqrt{5}t$(v 以 m/s 计)，$a=0.1\sqrt{5}$(a 以 m/s^2 计)

6.15　$v_a=10\sqrt{3}$ cm/s($\uparrow$)，$v_r=20\sqrt{3}$ cm/s(30°)

$a_a=\sqrt{3}$ cm/s^2($\uparrow$)，$a_r=2\sqrt{3}$ cm/s^2(30°)

6.16　$a_a=27.78$ cm/s^2(84°)

6.17　$v=0.173$ m/s($\uparrow$)，$a=0.05$ m/s^2($\downarrow$)

第7章　刚体的平面运动

7.1　平行移动：图(a)CD、图(b) CD

定轴转动：图(a)O_1A、O_2C、O_3D，图(b)AC、BD

平面运动：图(a)AB、DE、OE

7.3　$x_A=(R+r)\cos\dfrac{\alpha t^2}{2}$，$y_A=(R+r)\sin\dfrac{\alpha t^2}{2}$，$\varphi_A=\dfrac{1}{2r}(R+r)\alpha t^2$

7.4　$\omega_{ABC}=1.072$ rad/s(逆时针)，$v_D=0.254$ m/s($\leftarrow$)

7.5　$v_F=0.462$ m/s($\uparrow$)，$\omega_{EF}=1.333$ rad/s(顺时针)

7.6　$\omega_{AB}=2$ rad/s(顺时针)，$\alpha_{AB}=16$ rad/s^2(顺时针)，$a_B=565.6$ cm/s^2($\downarrow$)

7.7　$v_C=\dfrac{\sqrt{3}v_0}{3}(\uparrow)$，$a_C=\dfrac{8\sqrt{3}v_0^2}{9b}$(30°)

7.8　$v_C=20\sqrt{10}$ cm/s($\nearrow$)

7.9　当 $\beta=0°$时，$v_B=v_C=2v_A(\rightarrow)$

当 $\beta=90°$时，$v_B=v_C\cos45°=v_A(\rightarrow)$

7.10　$\omega_{AB}=5$ rad/s(顺时针)

$\omega_{BC}=5$ rad/s(顺时针)

7.11 $\omega_{OB}=3.75$ rad/s(逆时针)，$\omega_1=6$ rad/s(逆时针)

7.12 $a_n=2r\omega_0^2$，$a_\tau=r(\sqrt{3}\omega_0^2-2\alpha_0)$

7.13 $v_B=2$ m/s(→)，$v_C=2.828$ m/s(↘45°)，$a_B=8$ m/s^2(↑)，$a_C=11.31$ m/s^2(↖45°)

7.14 $v_B=\sqrt{3}\omega_0 r$(↙60°)，$a_B=\dfrac{\omega_0^2 r}{3}$(↗60°)，$v_C=\dfrac{3}{2}\omega_0 r$(↓)，$a_C=\dfrac{\sqrt{3}}{12}\omega_0^2 r$(↑)

7.15 $\omega_{O_2D}=0.577$ rad/s(逆时针)，α_{O_2}

7.16 $\omega_{O_1A}=0.2$ rad/s(逆时针)，$\alpha_{O_1A}=0.0416$ rad/s^2(顺时针)

第3篇 动 力 学

第8章 动力学基本原理

8.1 (a) $P=\dfrac{m\omega l}{2}$，$L_O=\dfrac{ml^2\omega}{3}$，$T=\dfrac{ml^2\omega^2}{6}$

(b) $P=m\omega e$，$L_O=\left(\dfrac{mr^2}{2}+me^2\right)\omega$，$T=\dfrac{1}{2}\left(\dfrac{mr^2}{2}+me^2\right)\omega^2$

(c) $P=mv$，$L_O=\dfrac{mrv}{2}$，$T=\dfrac{3mv^2}{4}$

8.2 $F=1068$ N

8.3 $4ml\omega$

8.4 $F_x=30$ N

8.5 $F_{NA}=m\dfrac{bg-ha}{c+b}$，$F_{NB}=m\dfrac{cg+ha}{c+b}$，当 $a=\dfrac{b-c}{2h}g$ 时，$F_{NA}=F_{NB}$

8.6 $a=\dfrac{m_2b-f(m_1+m_2)g}{m_1+m_2}$

8.7 $s_A=93$ mm(向右)，$s_B=167$ mm(向右)

8.8 (a) $\alpha=\dfrac{g}{2r}$，$F_{Ox}=0$，$F_{Oy}=\dfrac{1}{2}mg$

(b) $\alpha=\dfrac{3g}{2r}$，$F_{Ox}=0$，$F_{Oy}=\dfrac{1}{3}mg$

8.9 $\alpha_1=\dfrac{2(MR_2-M'R_1)}{(m_1+m_2R_2)R_1^2}$

8.10 $a=2$ m/s^2，$F_{nA}=232.5$ N，$F_{nB}=257.5$ N

8.11 $F=269.3$ N

8.12 $\alpha=\dfrac{(Mi-PR)g}{(J_1i^2+J_2)g+PR^2}$

8.13 $T=\dfrac{1}{4}r_1^2\omega_1^2(m_1+m_2)$

8.14 6.2 N·m

8.15 4900 N·m

8.16 −2.072 N·m

8.17 $f=0.28$

8.18　$v_A=\sqrt{3gl}$

8.19　$v=2.36\ \mathrm{m/s}$

8.20　$\omega=\frac{2}{l}\sqrt{\frac{3\pi M}{m_1+m_2}}$

8.21　$v=\sqrt{\frac{4m_2gh}{m_1+2m_2}}, a=\frac{2m_2g}{m_1+2m_2}$

8.22　$v_B=6.26\ \mathrm{m/s}$

8.23　$\delta_{\max}=6.67\ \mathrm{cm}$

8.24　$M=5.86\ \mathrm{kN\cdot m}$

8.25　(1) $\omega_B=0, \omega_{AB}=4.95\ \mathrm{rad/s}$

(2) $\delta=81.7\ \mathrm{mm}$

8.26　$\omega=\frac{2}{r}\sqrt{\frac{M-m_2gr(\sin\theta+f\cos\theta)}{m_1+2m_2}\phi}, \alpha=\frac{2[M-m_2gr(\sin\theta+f\cos\theta)]}{r^2(m_1+2m_2)}$

8.27　$v=\sqrt{\frac{2s(M-m_1gr\sin\theta)}{r(m_1+m_2)}}, a=\frac{s(M-m_1gr\sin\theta)}{r(m_1+m_2)}$

8.28　$a=\frac{3m_1g}{4m_1+9m_2}$

第9章　达朗贝尔原理

9.1　$g\tan(\theta-\varphi)\leqslant a\leqslant g\tan(\theta+\varphi)$

9.2　(1) $a_C=3.56\ \mathrm{m/s^2}$; (2) $a_C=3.48\ \mathrm{m/s^2}$

9.3　$m_3=50\ \mathrm{kg}, a=2.45\ \mathrm{m/s^2}$

9.4　$F_{Cx}=0, F_{Cy}=\frac{3m_1+m_2}{2m_1+m_2}m_2g, M_C=\frac{3m_1+m_2}{2m_1+m_2}m_2gl$

9.5　$M=\frac{\sqrt{3}}{4}(m_1+2m_2)gr-\frac{\sqrt{3}}{4}m_2r^2\omega^2$

$F_{Ox}=-\frac{\sqrt{3}}{4}m_1r\omega^2, F_{Oy}=(m_1+m_2)g-(m_1+2m_2)\frac{r\omega^2}{4}$

9.6　$a=\frac{8F}{11m}$

9.7　(1) $a=a_t=\frac{1}{2}g=4.9\ \mathrm{m/s^2}, F_{AD}=72\ \mathrm{N}, F_{BE}=268\ \mathrm{N}$

(2) $a=a_n=(2-\sqrt{3})g=2.63\ \mathrm{m/s^2}, F_{AD}=F_{BE}=248.5\ \mathrm{N}$

9.8 (1) $\omega=\sqrt{\frac{3g}{l}(1-\cos\theta)}, \alpha=\frac{3g}{2l}\sin\theta$

$F_{Bx}=\frac{3}{4}mg\sin\theta(3\cos\theta-2), F_{By}=mg-\frac{3}{4}mg(3\sin^2\theta+2\cos\theta-2)$

(2) $\theta_1=\arccos\frac{2}{3}$

(3) $v_c=\frac{1}{3}\sqrt{7gl}, \omega=\sqrt{\frac{8g}{3l}}$

9.9　(a)动平衡,(b)静平衡,(c)、(d)既不是动平衡也不是静平衡

第4篇　材 料 力 学

第10章　材料力学基础

10.4　6×10^{-4}

10.5　$(\gamma_A)_a=0,(\gamma_A)_b=-2\alpha$

第11章　轴向拉伸与压缩

11.1

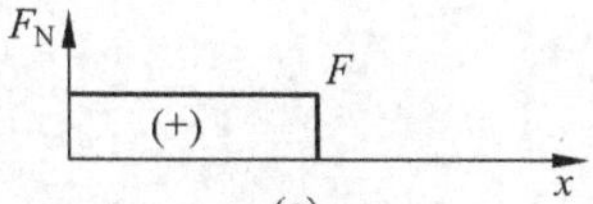

(a)

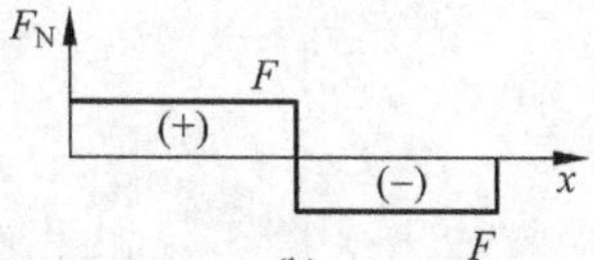

(b)

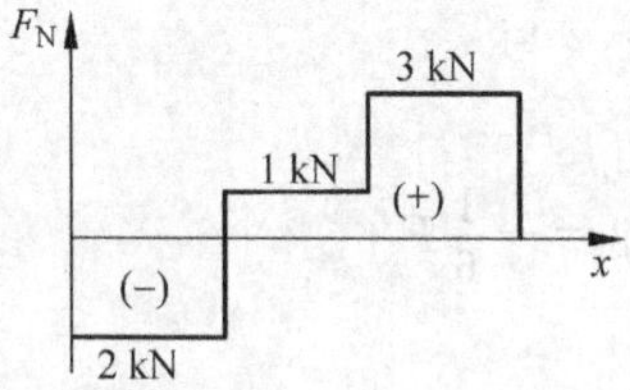

(c)

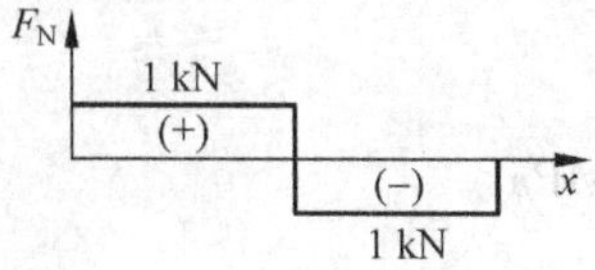

(d)

11.2

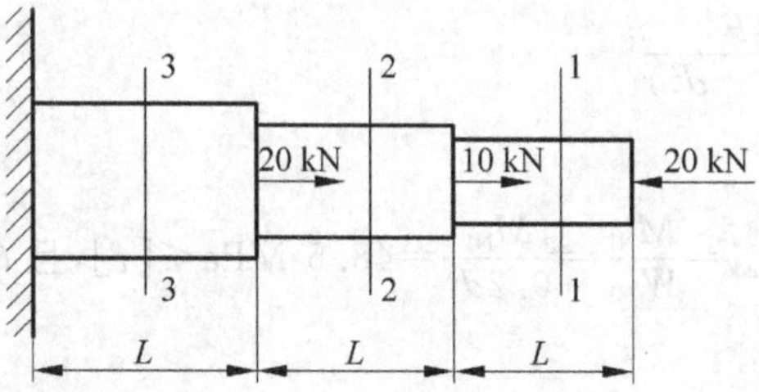

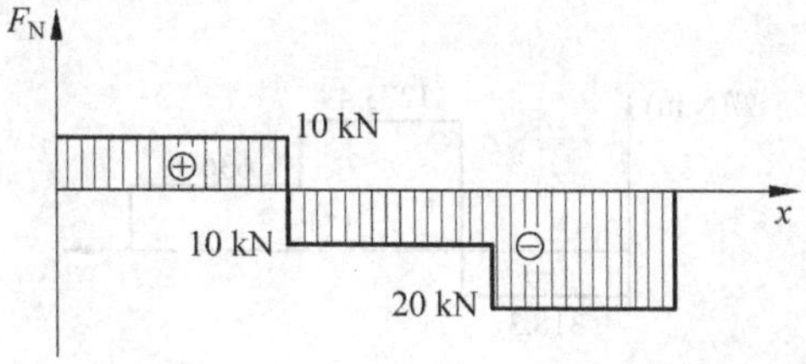

各截面上的应力：

1—1 截面，$\sigma_1=\frac{F_{N1}}{A_1}=-100\ \text{MPa}$

2—2 截面，$\sigma_2=\frac{F_{N2}}{A_2}=-33.3\ \text{MPa}$

3—3 截面，$\sigma_3=\frac{F_{N3}}{A_3}=25\ \text{MPa}$

11.3　$\sigma_{\max}=127.4\ \text{MPa}$，$\Delta l=1.147\ \text{mm}$，$\tau_{\max}=63.7\ \text{MPa}$

11.4　$\sigma_\theta=5\ \text{MPa}$，$\tau_\theta=5\ \text{MPa}$

11.5　$\Delta l=-0.2\ \text{mm}$

11.6　$[F]=40.4\ \text{kN}$

11.7　$\frac{\sqrt{3}Fl}{EA}$，$\frac{Fl}{EA}$

11.8　$E=208\ \text{GPa}$，$\mu=0.317$

11.9　$E=220\ \text{GPa}$，$\sigma_s=240\ \text{MPa}$，$\sigma_b=445\ \text{MPa}$，$\delta\approx28\%$，塑性材料

11.10　$x=\frac{l_1E_2A_2}{l_1E_2A_2+l_2E_1A_1}l$

11.11　$F_{N1}=\frac{5}{6}F$，$F_{N2}=\frac{1}{3}F$，$F_{N3}=-\frac{1}{6}F$

11.12　$E=70\ \text{GPa}$，$\mu=0.33$

11.13　$\delta=23\%$，$\psi=59\%$

第 12 章　剪切和挤压

12.1　$\tau=0.952\ \text{MPa}$，$\sigma_{bs}=7.41\ \text{MPa}$

12.2　满足剪切和挤压强度要求。

12.3　$\tau=2F/\pi d^2$，$\sigma_{bs}=F/2td$（铆钉侧面上下两部分），$\sigma_{bs}=F/td$（铆钉侧面中间部分）

12.4　17.6 MPa

12.5　$\tau=\frac{F}{\pi dh}$，$\sigma_{bs}=\frac{4F}{\pi(D^2-d^2)}$

第 13 章　扭转

13.1　AC 段为危险段，$\tau_{\max}=\frac{M_{N1}}{W_{N1}}=\frac{M_{N1}}{0.2d_1^3}=48.5\ \text{MPa}<[\tau]$，且 $\theta_{\max}=1.74°<[\varphi']$，因此该轴满足强度和刚度要求

13.2　(1) 轴的扭矩图：

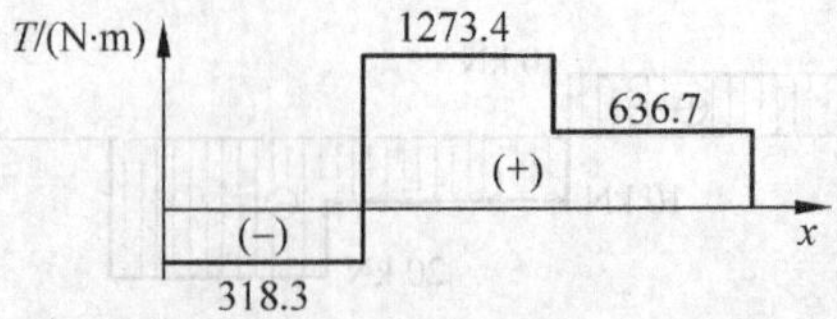

$T_{\max}=1273.4\ \text{N}\cdot\text{m}$

(2) 对调后 $T_{\max}=955\ \text{N}\cdot\text{m}$，所以对轴的受力有利。

13.3　63.7 MPa, 84.9 MPa, 42.4 MPa

13.4　$M=\dfrac{3G\pi d^4\varphi_B}{64a}$

13.5　$d\geqslant 57.7$ mm

13.8　$\phi_C=32ml/G\pi d^4+32\times 3ml/G\pi(2d)^4=38ml/G\pi d^4$

$$\tau_{\max1}/\tau_{\max2}=\left(\dfrac{3m}{\dfrac{8\pi d^3}{16}}\right)\Bigg/\left(\dfrac{m}{\dfrac{\pi d^3}{16}}\right)=3/8$$

13.9　$\tau=127$ MPa、255 MPa、509MPa

13.10　$\tau_{\max实}=14.9$ MPa, $\tau_{\min空}=14.6$ MPa, $\varphi_{BA}=0.53°$

13.11　$D_1=45$ mm; $D_2=46$ mm, $d_2=23$ mm

13.12　$M_{T\max}=9.64$ kN·m, $\tau_{\max}=52.4$ MPa

13.13　$d_1=85$ mm, $d_2=75$ mm

13.14　$M_B=4.79$ kN·m, $M_C=3.22$ kN·m

第14章　梁的平面弯曲

14.1　(a) $F_{sA+}=F, M_{A+}=0$; $F_{sC}=F, M_C=\dfrac{Fl}{2}$; $F_{sB}=F, M_B=Fl$

(b) $R_A=R_B=\dfrac{M_e}{l}, F_{sA+}=-R_A=-\dfrac{M_e}{l}, M_{A+}=M_e$; $F_{sC}=-R_A=-\dfrac{M_e}{l}$

$M_c=M_e-R_A\times\dfrac{l}{2}F_{sB}=-R_B=-\dfrac{M_e}{l}, M_B=0$

(c) $R_A=\dfrac{Fb}{a+b}, R_B=\dfrac{Fa}{a+b}$; $F_{sA+}=R_A=\dfrac{Fb}{a+b}, M_{A+}=0$

$F_{sC-}=R_A=\dfrac{Fb}{a+b}, M_{C-}=R_A\times a=\dfrac{Fab}{a+b}$

$F_{sC+}=-R_B=-\dfrac{Fa}{a+b}, M_{C+}=R_B\times b=\dfrac{Fab}{a+b}$

$F_{sB-}=-R_B=-\dfrac{Fa}{a+b}, M_{B-}=0$

(d) $F_{sA+}=q\times\dfrac{l}{2}=\dfrac{ql}{2}, M_{A+}=-q\times\dfrac{l}{2}\times\dfrac{3l}{4}=-\dfrac{3ql^2}{8}$

$F_{sC-}=q\times\dfrac{l}{2}=\dfrac{ql}{2}, M_{C-}=-q\times\dfrac{l}{2}\times\dfrac{l}{4}=-\dfrac{ql^2}{8}$

$F_{sC+}=q\times\dfrac{l}{2}=\dfrac{ql}{2}, M_{C+}=-q\times\dfrac{l}{2}\times\dfrac{l}{4}=-\dfrac{ql^2}{8}$

$F_{sB-}=0, M_{B-}=0$

(e) $F_{sC}=-110$ N, $M_C=-22$ N·m, $F_{sD^-}=200$ N, $M_{D^-}=-44$ N·m, $F_{sD^+}=-110$ N, $M_{D^+}=-44$ N·m

(f) $F_{sC}=1333$ N, $M_C=266.6$ N·m, $F_{sD^-}=-667$ N, $M_D=333.4$ N·m

(g) $F_{sC-}=-qa, M_{C-}=-qa^2/2, F_{sD-}=-\dfrac{3}{2}qa, M_{D-}=-2qa^2$

14.2　(a) $|F_{s\max}|=F, |M_{\max}|=Fl/2$; (b) $|F_{s\max}|=3ql/4, |M_{\max}|=ql^2/4$; (c) $|F_{s\max}|=$

$2F$，$|M_{max}|=Fa$；(d) $|F_{smax}|=qa$，$|M_{max}|=\frac{3}{2}qa^2$；(e) $|F_{smax}|=\frac{5}{3}F$，$|M_{max}|=\frac{5}{3}Fa$；(f) $|F_{smax}|=\frac{3}{2}\frac{M}{a}$，$|M_{max}|=\frac{3}{2}M$；(g) $|F_{smax}|=\frac{3}{8}qa$，$|M_{max}|=\frac{9}{128}qa^2$；(h) $|F_{smax}|=\frac{7}{2}F$，$|M_{max}|=\frac{5}{2}Fa$；(i) $|F_{smax}|=\frac{5}{8}qa$，$|M_{max}|=\frac{1}{8}qa^2$；(j) $|F_{smax}|=30\ \text{kN}$，$|M_{max}|=15\ \text{kN}\cdot\text{m}$；(k) $|F_{smax}|=qa$，$|M_{max}|=qa^2$；(l) $|F_{smax}|=qa$，$|M_{max}|=qa^2$

14.3　各梁约束处的反力均为$F/2$，(d)种加载方式使梁中的最大弯矩呈最小，故最大弯曲正应力最小，从强度方面考虑，此种加载方式最佳。

14.4　(a) $|F_{smax}|=F$，$|M_{max}|=2Fl$；(b) $|F_{smax}|=\frac{1}{2}ql$，$|M_{max}|=\frac{1}{8}ql^2$；(c) $|F_{smax}|=\frac{1}{4}ql$，$|M_{max}|=\frac{1}{32}ql^2$；(d) $|F_{smax}|=\frac{9}{8}ql$，$|M_{max}|=ql^2$；(e) $|F_{smax}|=\frac{1}{4}ql$，$|M_{max}|=\frac{3}{32}ql^2$；(f) $|F_{smax}|=\frac{4}{9}ql$，$|M_{max}|=\frac{8}{81}ql^2$

14.5　$x=\frac{l}{2}-\frac{d}{4}$，$M_{maxC}=\frac{2P}{l}\left(\frac{l}{2}-\frac{d}{4}\right)^2$

14.6

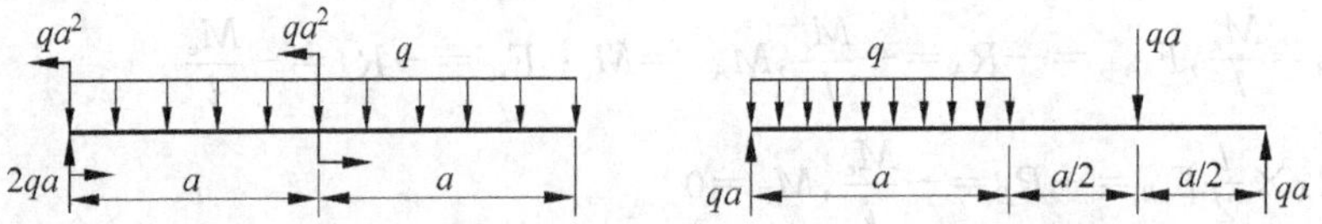

(a)　　(b)

14.7　$a=\frac{\sqrt{2}-1}{2}l=0.207l$

14.8　$\sigma_{max}=200\ \text{MPa}$

14.9　(1) $\sigma_1=\sigma_2=61.7\ \text{MPa}$；(2) $\sigma_{max}=92.6\ \text{MPa}$；(3) $\sigma_{max}=104.2\ \text{MPa}$

14.10　$I_z=\frac{\pi D^4}{64}-\left[\frac{ba^3}{12}+ab\left(h+\frac{a}{2}\right)^2\right]$

14.11　$I_z=\frac{bh^3}{12}-\frac{\pi d^4}{64}$，$W_z=\frac{bh^2}{6}-\frac{\pi d^4}{32h}$

14.12　$\sigma_{max}=176\ \text{MPa}$，$\sigma_K=132\ \text{MPa}$

14.13　$b\geqslant 277\ \text{mm}$，$h\geqslant 416\ \text{mm}$

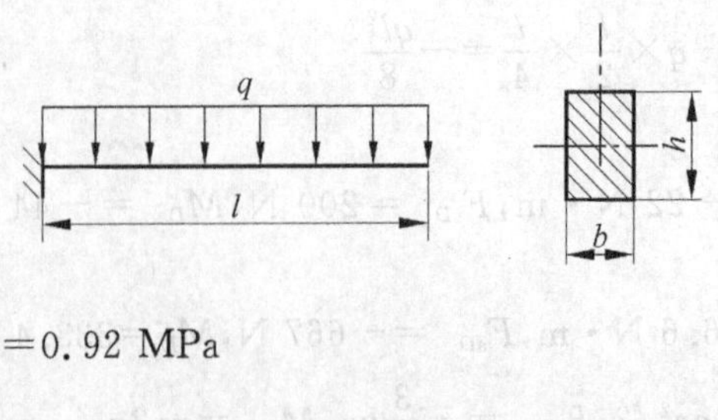

14.14　$\sigma_t=2.67\ \text{MPa}$，$\sigma_c=0.92\ \text{MPa}$

14.15　$F=44.3\ \text{kN}$

14.16　$b=510\ \text{mm}$

14.17 B 截面的 $\sigma_t=24.12$ MPa，$\sigma_c=52.4$ MPa；C 截面的最大拉应力 $\sigma_t=26.2$ MPa 梁的强度足够。讨论：当梁的截面倒置时，梁内的最大拉应力发生在 B 截面上 $\sigma_t=52.4$ MPa，梁的强度不够

14.18 $q=2.01$ kN/m

14.19 $a=1.385$ m

14.20 $\sigma_{max}=67.5$ MPa

14.23 $\sigma_{max}=141.8$ MPa，$\tau_{max}=18.1$ MPa

14.24 $\sigma_K=M\cdot y/I_z=(Fa/3\times h/4)/(bh^3/12)=Fa/bh^2$

14.26 取 25b 工字钢

14.27 −173、−77、0、78、176

14.28

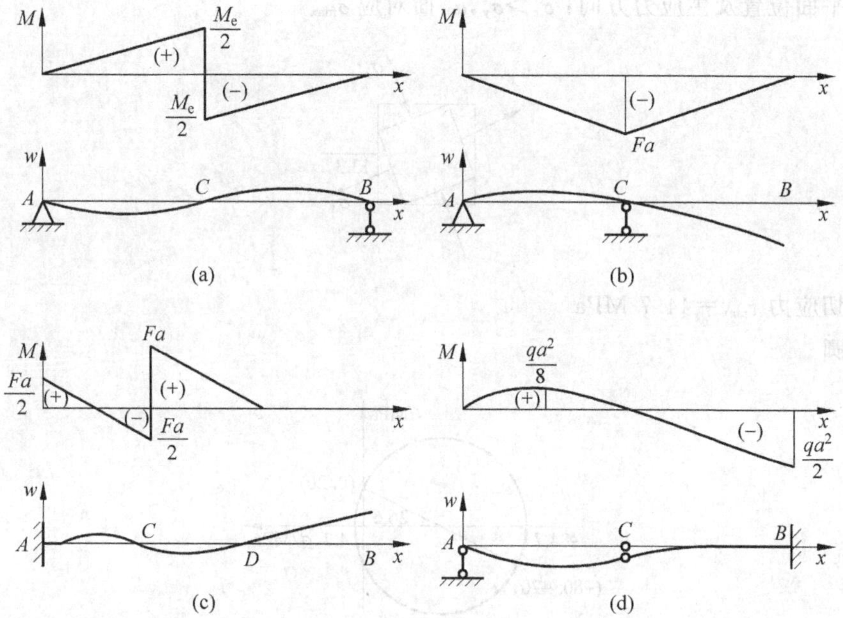

(a) (b) (c) (d)

14.29 1/2

14.31 $w_C=29.4$ mm

14.32 $w_{max}=-\dfrac{3Fl^3}{16EI}$，$\theta_{max}=-\dfrac{5Fl^2}{16EI}$

14.33 (a) $\theta_B=\theta_{B1}+\theta_{B1}=\dfrac{Fl^2}{16EI}+\dfrac{M_e l}{3EI}(\circlearrowright)$，$w_C=w_{C1}+w_{C2}=\dfrac{Fl^3}{48EI}+\dfrac{M_e l^2}{16EI}(\downarrow)$；

(b) $\theta_B=\dfrac{1}{EI}\left(\dfrac{Fl}{2}\right)\left(\dfrac{l}{2}\right)=\dfrac{Fl^2}{4EI}(\circlearrowright)$，

$w_C=w_B+\theta_B\left(\dfrac{l}{2}\right)+w_{C3}=\dfrac{Fl^3}{16EI}+\dfrac{Fl^3}{8EI}+\dfrac{Fl^3}{24EI}=\dfrac{11Fl^3}{48EI}(\uparrow)$；

(c) $\theta_B=\dfrac{qb^3}{24EI}-\dfrac{b}{3EI}\left(\dfrac{qa^2}{2}\right)=\dfrac{qb}{24EI}(b^2-4a^2)$，

$w_C=\theta_B \cdot a+w_{C2}=\frac{qab}{24EI}(b^2-4a^2)-\frac{qa^4}{8EI}=\frac{qa}{24EI}(b^3-4a^2b-3a^3)$；

(d) $\theta_B=\int_0^l \frac{q_0x^2(l^2-x^2)}{6l^2EI}\mathrm{d}x=\frac{q_0l^3}{45EI}$(↻)，$w_C=\frac{1}{2}\delta=-\frac{5q_0l^4}{768EI}$(↓)

14.34　$|w_{\max}|=0.0137\ \mathrm{m}<[w]=l/500=0.0175\ \mathrm{m}$

第15章　应力状态和强度理论

15.1　40 MPa，10 MPa

15.2　$\sigma_{-30°}=86$ MPa，$\tau_{-30°}=-19.6$ MPa

15.3　图(a)：

(1) 主平面位置和主应力大小：

$$\alpha_0=-13.3°,\alpha_0+90°=76.7°;\ \sigma_1=4.7\ \mathrm{MPa},\sigma_2=0,\sigma_3=-84.7\ \mathrm{MPa}$$

(2) 画主平面位置及主应力方向：$\sigma_x>\sigma_y$，α_0 面对应 $\sigma_{\max}$

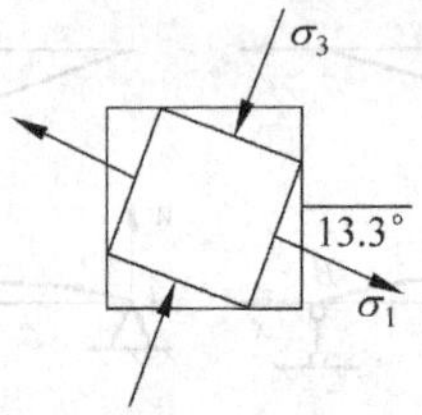

(3) 最大切应力 $\tau_{\max}=44.7$ MPa

(4) 应力圆

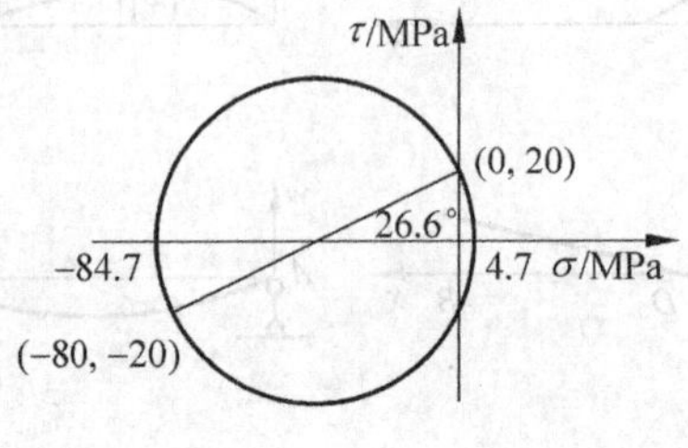

图(b)：

(1) 主平面位置和主应力大小：

$$\alpha_0=19.3°,\alpha_0+90°=109.3°;\ \sigma_1=37\ \mathrm{MPa},\sigma_2=0,\sigma_3=-27\ \mathrm{MPa}$$

(2) 画主平面位置及主应力方向：$\sigma_x<\sigma_y$，α_0 面对应 $\sigma_{\min}$

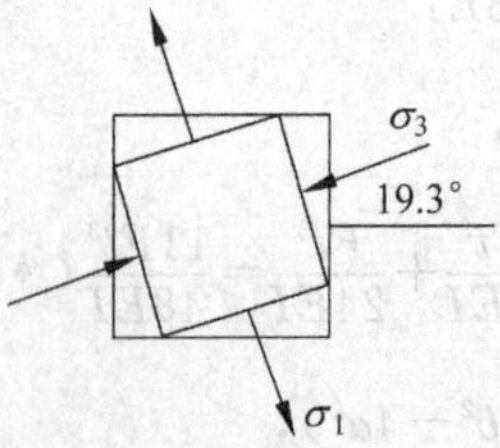

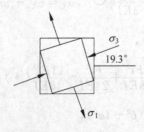

(3) 最大切应力 $\tau_{max}=32$ MPa

(4) 应力圆

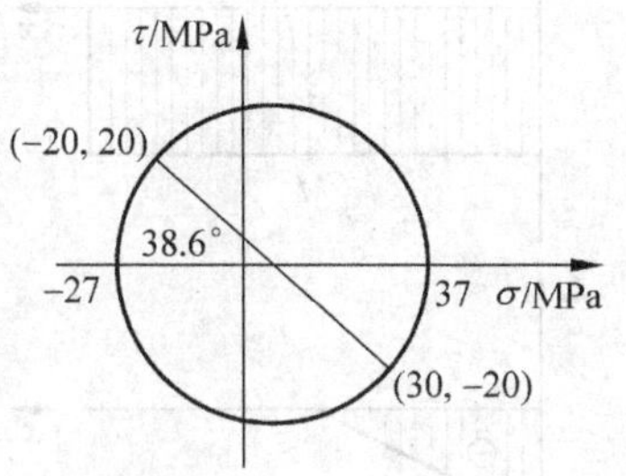

15.4 $\sigma_\alpha=70.98$ MPa, $\tau_\alpha=-10.98$ MPa

$\sigma_1=72.43$ MPa, $\sigma_2=0$, $\sigma_3=-12.43$ MPa, $\tau_{max}=42.43$ MPa

15.5 $\sigma_{r3}=160$ MPa

15.6 (1) $\sigma_{-60°}=12.67$ MPa, $\tau_{-60°}=27.3$ MPa

(2) $\sigma_1=48.28$ MPa, $\sigma_2=0$, $\sigma_3=-8.28$ MPa

(3) $\varepsilon_y=0.2\times10^{-3}$

15.7 $\sigma_\alpha=-6.6$ MPa, $\tau_\alpha=4.964$ MPa; $\sigma_1=0$, $\sigma_2=-1$ MPa, $\sigma_3=-11$ MPa

$\alpha_0=71.6°$; $\tau_{max}=5.5$ MPa

15.8 -331×10^{-6}

15.10 $\sigma_1=120$ MPa, $\sigma_2=20$ MPa, $\sigma_3=0$

$\alpha_0=30°$, $\alpha_0+90°=120°$

15.11 $\sigma_1=52.2$ MPa, $\sigma_2=50$ MPa, $\sigma_3=-42.2$ MPa

$\tau_{max}=47.2$ MPa

15.12 $\sigma_{r3}=147.1$ MPa$<[\sigma]$,所以满足强度要求

15.13 $\sigma_x=80$ MPa, $\sigma_y=0$

15.14 9.3×10^{-3} mm

15.15 $\sigma_{r3}=850$ MPa, $\sigma_{r4}=813$ MPa

第16章 组合变形

16.1 $\frac{1}{\pi d^2}\sqrt{\left(4F_2+\frac{32\sqrt{F_2^2a^2+F_1^2l^2}}{d}\right)^2+\left(\frac{144F_1a}{d}\right)^2}\leqslant[\sigma]$

16.2 $d=122$ mm

16.3 $h=180$ mm

16.4 $4F/bh$, $2F/bh$

16.5 $F=18.44$ kN, $e=1.786$ mm

16.6 $\sigma_{tmax}=\sigma_N+\sigma_M=8F/bh$

16.7 $d=50.72$ mm

16.8

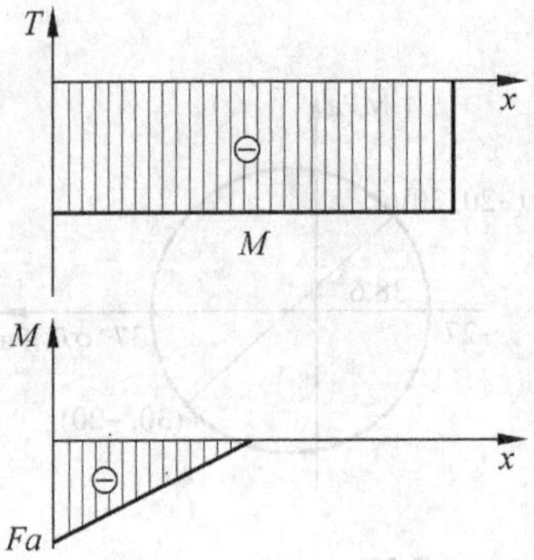

A点所在横截面为梁的危险截面，$d \geqslant 68.2$ mm

16.9　788 N

16.10　$d \geqslant 51.9$ mm

16.11　$d \geqslant 63.9$ mm

16.12　$\varepsilon_{45^\circ}=\dfrac{1}{E}(1+\mu)\dfrac{16m}{\pi d^3}$

16.13　383.3 MPa

16.14　71.7 MPa

16.15　62.51 MPa

第17章　压杆稳定

17.2　37.8 kN，52.6 kN，459 kN

17.3　$F=\dfrac{4\sqrt{10}\pi^2 EI}{3a^2}$

17.4　$\lambda_p=92.6, \lambda_0=40$

17.5　$\sigma_{cr}=7.40$ MPa

17.6　$[F]=120$ kN

17.7　$n=6.5>n_{st}$，所以压杆BD稳定

17.8　$F_{cr}=400$ kN

17.9　(1) $\lambda_A=180, \lambda_B=90$，$A$杆是大柔度压杆；

(2) $F_{Acr}=1911$ kN，$F_{Bcr}=6308$ kN

17.10　$\lambda=160>100$，为大柔度杆；$[F]=4.03$ kN

17.11　$\lambda=93.33$，为中柔度杆，$\sigma_{cr}=199.47$ MPa，$F_{cr}=563.99$ kN

17.12　(1) $\lambda=80$；(2) $F=22.8$ kN；(3) $F_{cr}=269$ kN，$\dfrac{F_{cr}}{F}>n_{st}$，所以该压杆稳定

17.13　(1) $\lambda=120$；(2) $F_{CD}=20$ kN，$F_{cr}=43$ kN，$\dfrac{F_{cr}}{F_{CD}}>n_{st}$，所以该压杆稳定

17.14　$F_{max}=26.7$ kN

17.15　No 25a

17.16　$F_{max}=114.8$ kN

参考文献

[1] 哈尔滨工业大学理论力学教研室.简明理论力学[M].2版.北京：高等教育出版社，2010.

[2] 赵关康，张国民.工程力学简明教程[M].3版.北京：机械工业出版社，2006.

[3] 刘鸿文.简明材料力学[M].2版.北京：高等教育出版社，2008.

[4] 单辉祖.材料力学教程[M].北京：高等教育出版社，2004.

[5] 天津大学材料力学教研室，苏翼林.材料力学[M].北京：人民教育出版社，1980.

[6] 西南交通大学应用力学与工程系.工程力学教程[M].2版.北京：高等教育出版社，2009.

[7] 胡增强，郭昌寰.工程力学[M].徐州：中国矿业大学出版社，1991.

[8] 鲍俊，黄慧春.工程力学[M].北京：机械工业出版社，2004.

[9] 张少实.新编材料力学[M].2版.北京：机械工业出版社，2010.

[10] 曹丽杰，刘小妹，李培超.材料力学[M].北京：清华大学出版社，2013.

[11] 景荣春.工程力学简明教程[M].北京：清华大学出版社，2007.

[12] BEER F P，JOHNSTON E R，DeWOLF J T，et al. Mechanics of Materials [M]. 5th ed. New York：McGraw-Hill，2009.

[13] HIBBELER R C.工程力学(静力学).10版影印版. Engineering Mechanics Statics [M]. 10th ed. 北京：高等教育出版社，2004.

[14] HIBBELER R C.工程力学(动力学).10版影印版. Engineering Mechanics Dynamics [M]. 10th ed. 北京：高等教育出版社，2004.

[15] HIBBELER R C.材料力学.5版影印版. Mechanics of Materials [M]. 5th ed. 北京：高等教育出版社，2004.